石油天然气设备润滑手册

OIL AND GAS EQUIPMENT LUBRICATION HANDBOOK

于博生　翟尚江　主编

石油工业出版社

内 容 提 要

本手册内容分为三篇：第一篇系统介绍摩擦、磨损、润滑的基础知识和润滑技术，以及常用润滑油的性能、分类、技术标准和选用更换等；第二篇主要介绍通用车辆、工程机械、钻井设备、固井设备、物探设备、测井设备、井下作业设备、钻采特车、抽油机、压缩机、注输泵的润滑方式、管理要求及润滑图表；第三篇主要介绍设备润滑管理的基本要求、润滑站建设及管理、过滤净化技术、油液监测技术及设备润滑安全、环保与经济的相关知识及要求。

本手册可供油气田及相关企业从事设备操作、维修、管理和润滑油品采购、管理的技术人员和管理人员查阅和使用。

图书在版编目（CIP）数据

石油天然气设备润滑手册／于博生，翟尚江主编．—北京：石油工业出版社，2019.7

ISBN 978-7-5183-3340-0

Ⅰ．①石… Ⅱ．①于…②翟… Ⅲ．①油气田－机械设备－润滑－手册 Ⅳ．① TE94-62

中国版本图书馆 CIP 数据核字（2019）第 080218 号

出版发行：石油工业出版社
　　　　　（北京安定门外安华里2区1号　100011）
　　　　网　址：www.petropub.com
　　　　编辑部：(010) 64523583　图书营销中心：(010) 64523633
经　　销：全国新华书店
印　　刷：北京中石油彩色印刷有限责任公司

2019年7月第1版　2019年7月第1次印刷
787×1092毫米　开本：1/16　印张：39.75
字数：890千字

定价：180.00元
（如出现印装质量问题，我社图书营销中心负责调换）

《石油天然气设备润滑手册》编委会

前　　言

　　润滑是机械设备安全、可靠、经济和节能运行的保证，设备润滑管理是设备管理工作的重要组成部分，采用科学管理的手段，按照技术规范和标准的要求，实现设备正确选用油品、合理润滑，是保证设备经济可靠、高效运行、节能环保的重要措施。油气生产上中下游采用大量机械设备，包括各种车辆、工程机械、物探装备、钻井装备、采油装备、井下作业装备、各种特车以及压缩机等，为了提高设备生产效率、延长设备使用寿命、降低运行维护成本，从而促进企业生产发展，提高企业的经济效益和社会效益，必须全行业做好设备的润滑管理工作，为此，我们组织编写了《石油天然气设备润滑手册》。

　　本手册主要包括三篇：第一篇设备润滑技术及润滑油，介绍了润滑以及润滑油相关的基本知识，给出了常用润滑油的技术性能和规范；第二篇油气田主要设备润滑及用油，简要介绍了油气田主要设备的结构特点、组成、润滑方式与原理、润滑原理及润滑要求，收集了油气田主要设备的润滑图表，内容包括润滑点、润滑部位、推荐用油、润滑保养规范和换油规范等；第三篇设备润滑管理，系统介绍适应油气田企业机械设备润滑管理成功经验、做法和要求。设备润滑图表来自于生产第一线，并经过实践检验，同时由专家审核，保证了设备润滑图表的正确性和实用性。本书可作为油气田及相关企业设备管理、使用、维修人员和油品管理人员工作参考读物，也可作为油品管理培训参考教材。

　　本手册由中国石油勘探与生产分公司和中国石油集团油田技术服务有限公司（工程技术分公司）组织编写，参与编写的单位包括大庆油田、长庆油田、西南油气田、辽河油田、华北油田、渤海钻探、东方物探、中油测井以及中国石油润滑油公司等，具体分工如下：第一篇由中国石油润滑油公司李琪、徐美娟、苗新峰编写。第二篇第一章由大庆油田有限责任公司刘振龙、耿中亮编写；第二篇第二、八章由大庆油田、辽河油田张河、张中宝、邵帅共同编写；第二篇第三章由渤海钻探工程有限公司王希军、陈岩、米永强编写；第二篇第四章由渤海钻探工程有限公司吴广福、段云刚编写；第二篇第五章由东方地球物理公司李刚、谭启恒编写；第二篇第六章由中国石油集团测井有限公司建振国、翟国忠编写；第二篇第七章由渤海钻探工程有限公司罗勇、陈如鹤、钱艳涛编写；第二篇第九章由辽河油田分公司邵帅、回连军编写；第二篇第十章由长庆油田、西南油气田李开连、马科笃、霍丙新、谢凌共同编写；第二篇第十一章由华北油田分公司李聚献、郭银春编写。第三篇由大庆油田有限责任公司刘振龙编写。

本手册在编写过程中得到了有关油田、钻探公司和科研单位的大力支持，表示感谢！

由于我们水平有限，加之润滑油发展较快，收集资料不够全面，有关管理方面的知识介绍局限于油气田方面的经验，可能有片面性，不足之处，请广大读者批评指正。

目　　录

第一篇　设备润滑技术与润滑油

第三篇　设备润滑管理

|第一篇|
设备润滑技术与润滑油

    本篇的主要内容是设备润滑技术与设备润滑油。重点介绍了油气田设备使用的主要润滑油品种,包括油品性能、油品选用等内容。

第一章　设备润滑基础

各种运动的机器零件，在工作过程中相对运动的两个接触表面都会产生摩擦和磨损，为了减少机器零件的摩擦和磨损，通常有效的方法是在发生摩擦的零件表面添加各种润滑剂，使两摩擦面之间形成一层润滑膜，将直接接触的表面分隔开来，变干摩擦为润滑剂分子间的内摩擦，从而达到降低温度、减少摩擦、降低磨损、延长机械设备使用寿命的目的。

摩擦过程，其实质就是能量的消耗过程。据统计，目前世界上大约有 1/3～1/2 的能源消耗在各种不同形式摩擦上。因此，减少摩擦，也就是减少摩擦损耗，可以提高效率，节约能源。

一般来说，摩擦的结果必然形成磨损。磨损是材料的消耗过程。但在特定情况下，摩擦不一定导致磨损，如流体润滑中外摩擦转变为内摩擦，有能量损失，不一定有材料损失。

润滑是降低摩擦和减少磨损的重要措施。摩擦、磨损与润滑三者之间是密切相关联的。

第一节　摩　擦

摩擦是指两个相互接触的物体在外力的作用下，发生相对运动或者相对运动趋势时，在切相面之间产生切向的运动阻力。

据估计，消耗在摩擦过程中的能量约占世界工业能耗的 30%。在机器工作过程中，磨损会使机器的工作性能与可靠性逐渐降低，甚至可能导致零件的突然破坏。人类很早就开始对摩擦现象进行研究，并取得了大量的成果，特别是近几十年来已在一些机器或零件的设计中开始考虑了磨损寿命问题。在零件的结构设计、材料选用、加工制造、表面强化处理、润滑剂的选用、操作与维修等方面采取措施，有效地解决零件的摩擦与磨损问题，提高机器的工作效率，减少能量损失，降低材料消耗，保证机器工作的可靠性。

在机器工作时，零件之间不但相互接触，而且接触的表面之间还存在着相对运动。从摩擦学的角度看，这种存在相互运动的接触面可以看作为摩擦副。有 4 种摩擦分类方式：按照摩擦副的运动状态分类、按照摩擦副的运动形式分类、按照摩擦副表面的润滑状态分类、按照摩擦副所处的工况条件分类。这里主要以根据摩擦副之间的状态不同分类，摩擦可以分为干摩擦、边界摩擦、流体摩擦和混合摩擦。

一、干摩擦

当摩擦副表面间不加任何润滑剂时，将出现固体表面直接接触的摩擦，工程上称为干摩擦。此时，两摩擦表面间的相对运动将消耗大量的能量并造成严重的表面磨损。

二、边界摩擦

当摩擦副表面间有润滑油存在时，润滑油会在金属表面上形成极薄的边界膜。边界膜的厚度非常小，不足以将微观不平的两金属表面分隔开，所以相互运动时，金属表面的微凸出部分将发生接触，这种状态称为边界摩擦。

三、流体摩擦

当摩擦副表面间形成的油膜厚度达到足以将两个表面的微凸出部分完全分开时，摩擦副之间的摩擦就转变为油膜之间的摩擦，这称为流体摩擦。形成流体摩擦的方式有两种：一是通过液压系统向摩擦面之间供给压力油，强制形成压力油膜隔开摩擦表面，这称为流体静压摩擦；二是通过两摩擦表面在满足一定的条件下，相对运动时产生的压力油膜隔开摩擦表面，这称为流体动压摩擦。流体摩擦是在流体内部的分子间进行的，所以摩擦系数极小。

四、混合摩擦

当摩擦副表面间处在边界摩擦与流体摩擦的混合状态时，称为混合摩擦。在一般机器中，摩擦表面多处于混合摩擦状态。混合摩擦时，表面间的微凸出部分仍有直接接触，磨损仍然存在。但是，由于混合摩擦时的流体膜厚度要比边界摩擦时的厚，减小了微凸出部分的接触数量，同时，增加了流体膜承载的比例，所以混合摩擦状态时的摩擦系数要比边界摩擦时小得多。

第二节　磨　　损

摩擦副表面间的摩擦造成表面材料逐渐损失的现象称为磨损。零件表面磨损后不但会影响其正常工作，如齿轮和滚动轴承的工作噪声增大，而承载能力降低；同时，还会影响机器的工作性能，如工作精度、效率和可靠性降低，噪声与能耗增大，甚至造成机器报废。通常，零件的磨损是很难避免的。但是，只要在设计时注意考虑避免或减轻磨损，在制造时注意保证加工质量，而在使用时注意操作与维护，就可以在规定的年限内，使零件的磨损量控制在允许的范围内，就属于正常磨损。另外，工程上也有不少利用磨损的场合，如研磨、跑合过程就是有用的磨损。

一、磨损的阶段

对机械零件的实际使用和理论研究表明，机械零件的正常磨损过程大致分为 3 个阶段：初期磨损阶段、稳定磨损阶段和剧烈磨损阶段，如图 1-1-1 所示。

1. 初期磨损阶段

初期磨损阶段又称为磨合期。磨合期是摩擦初期改变摩擦表面几何形状和表面物理化学特性的过程。在磨合期内，由于表面高低不平，实际接触表面小，接触点的压应力大，磨损较大。机械零件在初期磨损阶段的特点是在较短的工作时间内，表面发生了较大的磨损量。这是由于零件刚开始工作时，表面微凸出部分的曲率半径小，实际接触面积小，造成较大的接触压强，同时，曲率半径小也不利于润滑油膜的形成与稳定。如果在两表面定期注入润滑油，也往往由于摩擦产生大量热而使油膜遭到破坏，引起黏着磨损。所以在磨合期运行时，要求载荷和速度小，润滑油多些。载荷小，接触点压应力小，磨损小，因塑性变形产生的热量也小；润滑油多，使摩擦表面获得较好的润滑与冷却，并将磨屑带走，从而减少磨粒磨损。如果在磨合期开始就提高载荷和速度，则会造成润滑不充分，结果摩擦表面不仅不能获得光滑表面，而且越来越粗糙，使配合性质发生恶化。

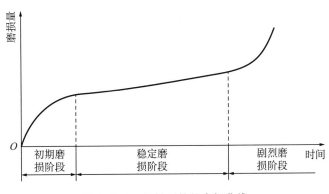

图 1-1-1　机械零件的磨损曲线

2. 稳定磨损阶段

第二阶段为正常磨损期，或者称为稳定磨损期。经过初期磨损阶段后，零件表面磨损得很缓慢。这是由于经过初期磨损阶段后，表面微凸出部分的曲率半径增大，高度降低，接触面积增大，使得接触压强减小，同时，还有利于润滑油膜的形成与稳定。稳定磨损阶段决定了零件的工作寿命。因此，延长稳定磨损阶段对零件工作是十分有利的。工程实践表明，利用初期磨损阶段可以改善表面性能，提高零件的工作寿命。

3. 剧烈磨损阶段

第三阶段为急剧磨损期，是磨损的最后阶段。零件在经过长时间的工作之后，即稳定磨损阶段之后，由于各种因素的影响，磨损速度急剧加快，磨损量明显增大。此时，零件的表面温度迅速升高，工作噪声与振动增大，导致零件不能正常工作而失效。在实际中，磨损的三个阶段并没有明显的界限。

在机械工程中，零件磨损是一个普遍的现象。尽管人类已对磨损开展了广泛的科学研究，但是从工程设计的角度看，关于零件的耐磨性或磨损强度的理论仍然不十分成熟。

二、磨损的分类

一般磨损的分类要考虑 3 方面的作用影响：

（1）表面的作用。如机械运动的形式、表面分子作用形式等。

（2）表层的变化。物理性能的变化，如硬度等；化学性能的变化，如化学膜的作用变化；表层的结构变化，是变形还是无变形等，以及组织成分的变化，如钢的表层含碳量等。

（3）破坏的形式。主要是磨屑形式和表面磨损形状。

1. 黏着磨损

在摩擦副表面间，微凸出部分相互接触，承受着较大的载荷，相对滑动引起表面温度升高，导致表面的吸附膜（如油膜、氧化膜）破裂，造成金属基体直接接触并"焊接"到一起。与此同时，相对滑动的切向作用力将"焊接"点（即粘着点）剪切开，造成材料从一个表面上被撕脱下来黏附到另一表面上。由此形成的磨损称为黏着磨损。通常多是较软表面上的材料被撕脱下来，黏附到较硬的表面上。零件工作时，载荷越大，速度越高，材料越软，黏着磨损越容易发生。黏着磨损严重时也称为"胶合"。

影响黏着磨损的主要因素：同类摩擦副材料比异类材料容易黏着；脆性材料比塑性材料的抗黏着能力高；在一定范围内的表面粗糙度越高抗黏着能力越强；此外，黏着磨损还与润滑剂、摩擦表面温度及压强有关。

在工程上，可以从摩擦副的材料选用、润滑和控制载荷及速度等方面采取措施来减小黏着磨损。

2. 腐蚀磨损

在机器工作时，摩擦副表面会与周围介质接触，如有腐蚀性的液体、气体、润滑剂中的某种成分，发生化学反应或电化学反应形成腐蚀物造成的磨损，称为腐蚀磨损。腐蚀磨损过程十分复杂，它与介质、材料和温度等因素有关。影响腐蚀磨损的主要因素有周围介质、零件表面的氧化膜性质及环境温度等。

3. 磨料磨损

落入摩擦副表面间的硬质颗粒或表面上的硬质凸起物对接触表面的刮擦和切削作用造成的材料脱落现象，称为磨料磨损。磨料磨损会造成表面凹痕或凹坑。其中，硬质磨料可能来自冷却硬化后脱落的金属屑或由外界进入。加强防护与密封，做好润滑油的过滤，提高表面硬度可以增加零件耐磨料磨损的寿命。

4. 接触疲劳磨损

在接触变应力作用一段时间后，摩擦副表面会出现材料脱落的现象，这称为接触疲劳磨损。接触变应力作用一段时间后，造成的材料脱落会不断地扩展，形成成片的麻点或凹坑，导致零件失效。

在实际中，零件表面的磨损大都是几种磨损作用的结果。因此，在机械设计中，一定要根据零件的具体工况，从结构、材料、制造、润滑和维护等方面采取措施提高零件的耐磨性。

影响接触疲劳磨损的主要因素有摩擦副材料组合、表面粗糙度、润滑油黏度以及表面硬度等。

三、磨损的评价方法

（1）磨损量。由磨损引起的材料损失量称为磨损量，它可通过测量长度、体积或质量的变化而得到，并相应称它们为线磨损量、体积磨损量和质量磨损量。

（2）磨损率。单位时间内单位载荷下材料的磨损量表示。

（3）耐磨性。称耐磨耗性。指材料抵抗磨损的性能，以规定摩擦条件下的磨损率或磨损度的倒数来表示。材料的耐磨损性能，用磨耗量或耐磨指数表示。

四、摩擦与磨损关系

摩擦不是材料的固有特性，而是摩擦副的一种系统响应。没有化学膜和吸附物的两个洁净表面将产生很大的摩擦。同摩擦一样，磨损不是材料的固有特性，运行工况影响界面的磨损。有时候人们错误地认为高摩擦因数的界面就有高磨损率，这是不完全正确的。例如，在固体材料中，聚合物界面虽然有较低的摩擦，但却出现较大的磨损，而陶瓷界面有中度摩擦，却产生极低的磨损。

第三节 润 滑

润滑是人们向摩擦、磨损作斗争的一种手段。一般来说，在摩擦副之间加入某种物质，用来控制摩擦、降低磨损以达到延长使用寿命的措施叫做润滑。能起到降低摩擦副之间摩擦阻力的物质都称为润滑剂（或称减摩剂，包括液态、气态、半固体及固体物质）。

一、润滑的类型

根据摩擦副表面间形成的润滑状态和特征分为以下几种。

1. 流体润滑

摩擦表面完全被连续的润滑剂膜分隔开，变金属接触干摩擦为液体的内摩擦，通常液体润滑剂的摩擦因数仅为 0.001 ~ 0.1，只有金属直接接触时的几十分之一，磨损轻微流体润滑包括以下 4 种：

（1）流体动压润滑。依靠运动副两个滑动表面，在相对运动时形成一层具有足够压力的流体膜，将摩擦表面分隔开的一种润滑状态。

（2）流体静压润滑。利用外部的流体压力源或供油装置，将具有一定压力的流体润滑剂输送到支承的油腔内，形成具有足够压力的流体润滑膜，将表面分隔开的一种润滑状态，又称外供压润滑。

（3）流体动静压润滑。兼有流体动压及流体静压润滑作用，可使支承表面之间在静止、起动、停止、稳定运动或是工况交变状况下均能保持流体润滑作用。

（4）弹性流体动压润滑。两个相对运动表面间的弹性变形与润滑剂之间形成的压力与黏度、温度与黏度效应，产生不同厚度的油膜厚度，对摩擦副起到的润滑状态。

2. 边界润滑

摩擦表面的微凸体接触较多，润滑剂的流体润滑不能完全起作用，载荷几乎全部通过微凸体以及润滑剂和表面之间相互作用所生成的边界润滑膜。边界润滑剂膜可以分为物理吸附膜、化学吸附膜、沉积膜及固体润滑剂膜等。

3. 混合润滑（或称半流体润滑）

几种润滑状态同时存在的润滑状态。例如摩擦面上同时出现液体润滑、边界润滑和干摩擦的润滑状态。

4. 无润滑或干摩擦

摩擦表面之间不存在任何润滑剂或润滑剂的流体润滑作用，由表面上存在的固体膜及氧化膜或金属基体润滑的状态。

二、润滑油的作用

润滑油是用在各种类型机械上，以减少摩擦、保护机械及加工件为目的的液体润滑剂，主要起润滑、冷却、防锈、清洁、密封和缓冲等作用。润滑油占全部润滑材料的85%，种类牌号繁多，现在世界年用量4000余万吨。润滑油的作用主要包括以下几方面：

（1）减摩抗磨。降低摩擦阻力以节约燃料，减少磨损以延长机械寿命，提高经济效益。

（2）冷却。随时将摩擦热排出机外。

（3）密封。防泄漏、防尘、防窜气。

（4）抗腐防锈。保护摩擦表面不受油变质或外来侵蚀。

（5）清洗。清洗排除摩擦面的积垢。

（6）应力分散缓冲。分散负荷和缓和冲击及减振。

（7）动能传递。可以作为静力的传递介质，用于液压系统和遥控马达及摩擦无级变速等。

第四节　润滑油基础知识

一、润滑油组成

润滑油一般由基础油和添加剂两部分组成。基础油是润滑油的主要成分，决定着润滑油的基本性质，添加剂则可弥补和改善基础油性能方面的不足，赋予润滑油某些新的性能，是润滑油的重要组成部分。

1. 润滑油基础油

润滑油基础油主要分矿物油和合成油。矿物油是由原油通过常减压蒸馏、丙烷脱沥青（重质油）、溶剂精制、溶剂脱蜡、白土精制和加氢补充精制而得。生产过程基本不改变烃类结构，生产的基础油性质取决于原料中理想组分的含量和性质。合成油是通过化学合成或精炼的方法获得的，其工艺复杂，生产成本高，但是拥有矿物油不可比拟的优势；如黏温性能好，可保证设备在高温下有足够的润滑油膜，低温下流动性好；蒸发损失小，机油消耗低等。用其调合的产品具有优异的抗氧性能，可延长油品的换油期。美国石油学会（API）将基础油分为表1-1-1中的5类，其中Ⅰ类、Ⅱ类和Ⅲ类属于矿物油，Ⅳ类和Ⅴ类属于合成油。

润滑油基础油选用何种类型，不仅要考虑到产品的性能要求、基础油本身的性能（如黏温性能、挥发性能、抗氧化性能、抗乳化性能等）和成本，还要考虑到所选基础油对添加剂的溶解性和感受性，因为不同组成的基础油对复合配方中的添加剂的溶解性和感受性不同，这将直接影响到添加剂相关性能的发挥。即使是同一类基础油，由于油源、生产工艺不同，导致其组成不同，其表现出的性能也不完全相同。

2. 添加剂

添加剂是润滑油的精髓，其主要作用是：赋予油品新的使用性能；改善基础油的性能；减缓油品发生人们所不希望的性能变化的速度。因此，根据润滑油要求的质量和性能，对添加剂精心选择和仔细平衡，进行合理调配，是保证润滑油质量的关键。一般常用的添加剂有：黏度指数改进剂、降凝剂、抗氧抗腐剂、清净分散剂、摩擦改进剂、油性剂、极压抗磨剂、抗泡剂、金属钝化剂、防锈剂、破乳剂等。

表 1-1-1　API 基础油分类

基础油类别	饱和烃含量，%	硫含量，%	黏度指数 I_v
Ⅰ类	< 90	> 0.03	$80 \leqslant I_v < 120$
Ⅱ类	≥ 90	< 0.03	$80 \leqslant I_v < 120$
Ⅲ类	≥ 90	< 0.03	$I_v \geqslant 120$
Ⅳ类	聚 α-烯烃（PAO）		
Ⅴ类	除Ⅰ类、Ⅱ类、Ⅲ类和Ⅳ类以外的其他基础油		

二、润滑油的性能

润滑油是一种技术密集型产品，是复杂的碳氢化合物的混合物，而其真正使用性能又是复杂的物理或化学变化过程的综合效应。润滑油的性能包括一般理化性能、特殊理化性能以及模拟和台架试验评定性能。

1. 一般理化性能

润滑油的理化指标界定了润滑油的基本性质。每一类润滑油脂都有其共同的一般理化性能，以表明该产品的内在质量。这些一般理化性能如下。

1）色度

油品的颜色，往往可以反映同一生产厂家生产的不同批次产品的质量稳定性、所用基础油的精制程度以及在储存和使用中产品氧化变质的程度。

对于基础油来说，一般精制程度越高，其烃的氧化物和硫化物脱除得越干净，颜色也就越浅。但是，即使精制深度相同，不同基质的原油所生产的基础油，其颜色和透明度也可能是不相同的。

对于新的成品润滑油，由于添加剂的使用，颜色作为判断基础油精制程度高低的指标已失去了它原来的意义，主要用于判断同一生产厂家生产的不同批次产品的质量稳定性。

在储存和使用中，油品颜色的变化程度与油品变质的程度密切相关。

2）密度

密度是润滑油最简单、最常用的物理性能指标，单位 g/cm³。润滑油的密度随其组成中含碳、氧、硫的数量的增加而增大，因而在同样黏度或同样相对分子质量的情况下，含芳烃多的，含胶质和沥青质多的润滑油密度最大，含环烷烃多的密度居中，含烷烃多的密度最小。

3）黏度

黏度反映油品的内摩擦力，是表示油品流动性的一项指标，是润滑油最重要的特性之一；同时，也是设备润滑中润滑油选用、代用和更换的基础参数。润滑油黏度的表示方法有很多种，一般分为运动黏度、动力黏度、恩氏黏度、雷氏黏度和赛氏黏度，其中使用最广泛的是运动黏度和动力黏度。运动黏度适用于牛顿流体，是润滑油在重力作用下流动时内摩擦力的量度，单位 mm²/s；动力黏度适用于非牛顿流体，是润滑油在一定剪切应力作用下流动时内摩擦力的量度，单位 mPa·s。

4）黏度指数

黏度指数表示油品黏度随温度变化的程度。黏度指数越高，表示油品黏度受温度的影响越小。黏度指数是基础油分类的一项重要指标。

5）闪点

闪点是表示油品蒸发倾向和安全性的一项指标，单位℃。闪点的测定方法分为开口杯法和闭口杯法。开口杯法用于测定重质润滑油的闪点；闭口杯法用于测定燃料和轻质润滑油的闪点。一般而言，闪点越高，油品的使用温度越高。但是，闪点不等于高温使用极限。

油品的危险等级是根据闪点划分的，闪点在45℃以下为易燃品，45℃以上为可燃品，在油品的储运过程中严禁将油品加热到它的闪点温度。在黏度相同的情况下，闪点越高越好。因此，用户在选用润滑油时，应根据使用温度和润滑油的工作条件进行选择。一般认为，闪点比使用温度高20～30℃，即可安全使用。

6）倾点和凝点

倾点是在规定的冷却条件下油品能够流动时的最低温度，凝点是在规定的冷却条件下油品失去流动性时的最高温度，单位都是℃。润滑油的倾点和凝点都是表示润滑油低温流动性的一项重要质量指标，两者无原则的差别，只是测定方法稍有不同。同一油品的凝点和倾点并不完全相等，一般倾点都高于凝点2～3℃，但也有例外。

凝点或倾点，对于生产、运输和使用都有重要意义。倾点或凝点高的润滑油不能在低温下使用。相反，在气温较高的地区则没有必要使用倾点或凝点低的润滑油。因为润滑油的凝点越低，其生产成本越高，造成不必要的浪费。一般说来，使用的润滑油的凝点应比使用环境的最低温度低5～7℃。但是特别还要提及的是，在选用低温的润滑油时，应结合油品的凝点、低温黏度及黏温特性全面考虑。因为低凝点的油品，其低温黏度和黏温特性亦有可能不满足要求。

7）酸值、碱值和中和值

酸值是表示润滑油中含有酸性物质的指标，单位 mgKOH/g。酸值分强酸值和弱酸值两种，两者合并即为总酸值（简称 TAN）。通常所说的酸值，实际上是指总酸值。

碱值是表示润滑油中碱性物质含量的指标，单位 mgKOH/g。碱值亦分强碱值和弱碱值两种，两者合并即为总碱值（简称 TBN）。通常所说的碱值实际上是指总碱值。

中和值实际上包括了总酸值和总碱值。除了另有注明，一般所说的中和值，实际上仅是指总酸值，其单位也是 mgKOH/g。

对于新油、在用油和废油，酸值和碱值有着截然不同的意义。新油的酸值代表了基础油的精制深度和酸性添加剂的加入量。一般来说，基础油的酸值非常小（在 0.02mgKOH/g 以下），因此，酸值的大小可以判断酸性添加剂的加量是否足够。碱值是判断碱性添加剂的加量是否足够的依据之一。对于在用油和废油，酸值和碱值则代表油品在储存和使用中氧化变质的程度，酸值过高或碱值过低，都说明油品氧化变质严重或添加剂消耗过大，应考虑换油。值得注意的是，某些新油在使用初期，由于添加剂逐步耗解，酸值会首先下降，随着添加剂耗尽，油品氧化，酸值又缓慢上升。

8）水分

水分是指润滑油中含水量（质量分数），单位%。在润滑油产品分析标准中，小于0.03%即为痕迹。润滑油中水分的存在，会破坏润滑油形成的油膜，使润滑效果变差，加速有机酸对金属的腐蚀作用，锈蚀设备，使油品容易产生沉渣。总之，润滑油中水分越少越好。

9）机械杂质

机械杂质是指存在于润滑油中不溶于汽油、乙醇和苯等溶剂的沉淀物或胶状悬浮物的质量分数，单位%。这些杂质大部分是砂石和铁屑之类，以及由添加剂带来的一些难溶于溶剂的有机金属盐。通常，润滑油基础油的机械杂质都控制在0.005%以下（机械杂质在0.005%以下被认为是无）。

10）硫酸盐灰分

硫酸盐灰分表示在规定条件下，试样被灼烧炭化后所剩残渣，用硫酸处理后再经煅烧所得的恒重物的质量分数，单位%。对于加有金属盐类添加剂的油品（新油），硫酸盐灰分是定量控制添加剂加入量的手段。

11）泡沫特性

泡沫特性是在规定条件下测定油品泡沫倾向性和泡沫稳定性，可判断其中混入空气后油气的分离能力，单位mL/mL。润滑油在实际使用中，不可避免会混入空气，以致形成气泡而使润滑油的流动性变坏，润滑性变差，甚至发生气阻影响供油，使机件得不到足够的润滑而磨损。

2. 特殊理化性能

除了上述一般理化性能之外，每一种润滑油品还应具有表征其使用特性的特殊理化性质。越是质量要求高，或是专用性强的油品，其特殊理化性能就越突出。反映这些特殊理化性能的试验方法如下。

1）氧化安定性

氧化安定性说明润滑油的抗老化性能。一些工业润滑油都有此项指标要求。测定油品氧化安定性的方法很多，基本上都是一定量的油品在有空气（或氧气）及金属催化剂的存在下，在一定温度下氧化一定时间，然后测定油品的酸值、黏度变化及沉淀物的生成情况。一切润滑油都依其化学组成和所处外界条件的不同，而具有不同的自动氧化倾向。随使用过程而发生氧化作用，因而逐渐生成一些醛、酮、酸类和胶质、沥青质等物质，氧化安定性则是抑制上述不利于油品使用的物质生成的性能。

2）热安定性

热安定性表示油品的耐高温能力，也就是润滑油对热分解的抵抗能力，即热分解温度。一些高质量的抗磨液压油、压缩机油等都提出了热安定性的要求。油品的热安定性主要取决于基础油的组成，很多分解温度较低的添加剂往往对油品安定性有不利影响；抗氧剂也不能明显地改善油品的热安定性。

3）油性和极压性

油性是润滑油中的极性物在摩擦部位金属表面上形成坚固的理化吸附膜，从而起到耐高负荷和抗摩擦磨损的作用，而极压性则是润滑油的极性物在摩擦部位金属表面上，受高温、高负荷发生摩擦化学作用分解，并和表面金属发生摩擦化学反应，形成低熔点的软质（或称具可塑性的）极压膜，从而起到耐冲击、耐高负荷高温的润滑作用。

4）腐蚀和锈蚀

由于油品的氧化或添加剂的作用，常常会造成钢和其他有色金属的腐蚀。腐蚀试验一般是将紫铜条放入油中，在 100℃下放置 3h，然后观察铜的变化；而锈蚀试验则是在水和水汽作用下，钢表面会产生锈蚀，测定防锈性是将 30mL 蒸馏水或人工海水加入到 300mL 试油中，再将钢棒放置其内，在 54℃下搅拌 24h，然后观察钢棒有无锈蚀。油品应该具有抗金属腐蚀和防锈蚀作用，在工业润滑油标准中，这两个项目通常都是必测项目。

5）水解安定性

水解安定性表征油品在水和金属（主要是铜）作用下的稳定性，当油品酸值较高，或含有遇水易分解成酸性物质的添加剂时，常会使此项指标不合格。它的测定方法是将试油加入一定量的水之后，在铜片和一定温度下混合搅动一定时间，然后测水层酸值和铜片的失重。

6）抗乳化性

工业润滑油在使用中常常不可避免地要混入一些冷却水，如果润滑油的抗乳化性不好，它将与混入的水形成乳化液，使水不易从循环油箱的底部放出，从而可能造成润滑不良。因此，抗乳化性是工业润滑油的一项很重要的理化性能。

7）空气释放值

液压油标准中有此要求，因为在液压系统中，如果溶于油品中的空气不能及时释放出来，那么它将影响液压传递的精确性和灵敏性，严重时就不能满足液压系统的使用要求。测定此性能的方法与抗泡性类似，不过它是测定溶于油品内部的空气（雾沫）释放出来的时间。

8）橡胶密封性

在工业用油系统中以橡胶做密封件者居多，在机械中的油品不可避免地要与一些密封件接触，橡胶密封性不好的油品可使橡胶溶胀、收缩、硬化、龟裂，影响其密封性，因此要求油品与橡胶有较好的适应性。液压油标准中要求橡胶密封性指数，它是以一定尺寸的橡胶圈浸油一定时间后的变化来衡量。

9）剪切安定性

加入黏度指数改进剂的油品在使用过程中，由于机械剪切的作用，油品中的高分子聚合物被剪断，使油品黏度下降，影响正常润滑。因此，剪切安定性是这类油品必测的特殊理化性能。测定剪切安定性的方法很多，有超声波剪切法、喷嘴剪切法、威克斯泵剪切法、FZG 齿轮机剪切法，这些方法最终都是测定油品的黏度下降率。

10）溶解能力

溶解能力通常用苯胺点来表示。不同级别的油对复合添加剂的溶解极限苯胺点是不同的，低灰分油的极限值比过碱性油要大，单级油的极限值比多级油要大。

11）蒸发损失

蒸发损失是油品在规定条件下蒸发后其损失量所占的百分数。基础油的挥发性对油耗、黏度稳定性、氧化安定性等均有影响。这些性质对发动机油的油耗尤其重要。

12）防锈性能

工业齿轮油和液压油、防锈油脂均有此项要求，但是各自所用的方法不同。工业齿轮油和液压油采用 GB/T 11143 方法，而防锈油脂的试验方法包括潮湿试验、盐雾试验、叠片试验、水置换性试验，此外还有百叶箱试验、长期储存试验等。

13）电气性能

电气性能是绝缘油的特有性能，主要有介质损失角、介电常数、击穿电压、脉冲电压等。基础油的精制深度、杂质、水分等均对油品的电气性能有较大的影响。

14）其他理化性能

每种油品除一般性能外，都应有自己独特的特殊性能。例如，淬火油要测定冷却速度；乳化油要测定乳化稳定性；液压导轨油要测防爬系数；喷雾润滑油要测油雾弥漫性；冷冻机油要测凝絮点；齿轮油要测成沟点等。这些特性都需要基础油特殊的化学组成，或者加入某些特殊的添加剂来加以保证。

3. 模拟和台架试验评定性能

润滑油在评定了它们的特殊理化性能之后，一般还要进行某些台架试验，台架试验通过之后方能投入使用。

工业齿轮油都要评定其极压抗磨性能。常用的试验机有四球试验机、梯姆肯环块试验机、FZG 齿轮试验机等。

车辆齿轮油要求进行一系列全尺寸后桥台架试验，包括低速高扭矩或高速低扭矩齿轮试验（CRC L–37）、高速冲击载荷齿轮试验（CRC L–42）、锈蚀试验（CRC L–33）及热氧化安定性的齿轮试验（CRC L–60 或 CRC L–60–1）。

发动机油要求进行一系列全尺寸台架试验。如 API 质量标准中，规定柴油机油要进行 Caterpillar、Mack、Cummins 等发动机试验；汽油机油则进行 MS 程序 Ⅱ D（锈蚀、抗磨损）、Ⅲ E（高温氧化）和 Ⅴ E（低温油泥）等试验。这些台架试验投资很大，且试验费用很高，对试验条件如环境控制、燃料标准等都有严格要求，不是一般试验室都能具备评定条件的，只能在全国集中设置几个评定点，来评定这些油品。

第二章 内 燃 机 油

伴随着排放法规的日益严格，促使内燃机厂家不断采用新技术，例如三元催化转化器技术，涡轮增压技术，汽油直喷技术，颗粒捕集器、催化颗粒捕集器和选择性催化转化器废气再循环技术，混合动力技术等，这些技术力求通过发动机的高效燃烧和排出到大气之前的处理来降低排放，从而推动了内燃机油规格的不断更新和内燃机油质量的迅速提高。同时，面临节能的需求，内燃机油将逐渐向低黏度和长换油周期方向发展。

第一节 概   述

所有内燃机油规格都包括黏度牌号和质量等级两个方面，也就是说描述发动机润滑油，既要说明其黏度牌号，又要说明其质量等级。在质量等级方面有美国 API（美国石油协会）和欧洲 ACEA（欧洲汽车制造协会）以及各大 OEM（原始设备制造商）不同的规格要求，而在黏度牌号方面，世界各国均参照美国 SAE（美国汽车工程师协会）的标准 SAE J300 进行分类。

现在国际上通用的内燃机油黏度分类，是美国汽车工程师协会（SAE）黏度分类标准 SAE J300（表 1-2-1），它规定了内燃机油在高温和低温条件下的流变性能。

表 1-2-1 SAE J300 黏度分类

SAE 黏度等级	低温动力黏度（最大）mPa·s	边界泵送温度下的黏度（最大）mPa·s	运动黏度（100 ℃），mm²/s	
			最小	最大
0W	6200（−35 ℃）	60000（−40 ℃）	3.8	—
5W	6600（−30 ℃）	60000（−35 ℃）	3.8	—
10W	7000（−25 ℃）	60000（−35 ℃）	4.1	—
15W	7000（−20 ℃）	60000（−30 ℃）	5.6	—
20W	9500（−15 ℃）	60000（−25 ℃）	5.6	—
25W	13000（−10 ℃）	60000（−15 ℃）	9.3	—
20			5.6	< 9.3
30			9.3	< 12.5
40			12.5	< 16.3
40			12.5	< 16.3
50			16.3	< 21.9
60			21.9	< 26.1

第二节 柴油机油

一、柴油机油的性能要求

柴油机采用压燃原理,不需要点火系统,由曲柄连杆和配气两大机构、燃料供给系、进排气系、润滑系、冷却系、启动系和电源等组成。其中,柴油机润滑油的作用主要包括润滑和减磨、冷却、清洁、密封、防锈和抗腐蚀以及减振等。

柴油机一般作商用车的主要动力,长时间高速运转工况较多,导致其热负荷高、油品氧化变质,进一步造成气缸、活塞—活塞环等高温部位易生成漆膜和积炭。因此,柴油机油侧重于油品的高温清洁性和高温氧化性,具体地说,应该具备以下基本性能。

1.适宜的黏度和良好的黏温特性

柴油机油的黏度关系到柴油机的启动性、机件的磨损程度、柴油和润滑油的消耗量及功率损失的大小。柴油机油黏度过大表现为流动性差、进入摩擦面所需时间长、机件磨损增加、柴油消耗增大、清洗及冷却性差,但密封性好;黏度过小,不能形成可靠油膜、不能保持润滑、密封性差、磨损大、功率下降。因此,柴油机油必须有适宜的黏度。此外,柴油机油的工作范围很广,要求300℃左右有足够的黏度保证润滑,在0℃以下,甚至 −40℃时有足够的流动性保证顺利启动,所以要求柴油机油具有良好的黏温性能,即黏度随温度变化比较小。

2.清净分散性

柴油燃烧时易生成炭粒和烟臭,与柴油机油高温氧化生成的积炭和油泥很容易聚集变大,沉积在活塞、活塞环槽、气缸壁上,使发动机磨损增大、散热不良、活塞环黏接、换气不良、排气不畅、油耗上升和功率下降。因此,柴油机油应具有良好的清净分散性能,能把附着在汽缸壁及活塞上的氧化产物清洗下来,并使之均匀地分散在柴油机油当中。

3.高温氧化和热稳定性能

柴油机本身就具有负荷重的特点,且随着设计技术的不断提高,特别是增压技术的进步,柴油机气缸区的温度比其他内燃机要高很多,在苛刻条件下,第一环带的温度可达250 ~ 300℃。尽管借助曲轴箱油的冷却作用能降低环带的温度,但吸收的热量又能使曲轴箱的温度升高。在长期持续高温下,柴油机油中大部分有机化合物易氧化和热分解,形成酸性物质、漆膜、油泥和积炭等。由此导致油品的润滑性变差,甚至丧失;同时,漆膜和积炭不仅造成发动机气缸过热、活塞环密封性下降,而且使发动机的功率损失增大。所以,柴油机油高温抗氧化性和热稳定性能尤为重要。

4.抗磨性能

柴油机使用的大多是滑动轴承,且负荷重;同时,气缸壁上油膜保持性差。因此,要求柴油机油在高负荷、高速的条件下,必须有良好的润滑性能及抗磨性能。

5. 酸中和性能

柴油中一般含有一定量的硫化物，其燃烧后产生的酸性气体与水结合易形成硫酸或亚硫酸等物质；柴油机油在使用过程中，自身氧化也可以生成酸性物质。这些酸性物质对柴油机的金属都会产生腐蚀。而一般柴油机强化程度高，负荷重，主轴承和曲轴轴承必须使用机械强度较高的耐磨合金，如铜铅、镉银、锡青铜或铅青铜等合金，这些合金的抗腐蚀性能都恰恰很差。为了保证轴承不因腐蚀作用而损坏，要求柴油机油具有很好的酸中和能力，减少酸性物质对发动机零部件的损害。

6. 抗泡性能

发动机油在运转过程中，由于曲轴的强烈搅动、喷射冷却以及液压循环容易产生泡沫，会使油膜遭到破坏，使摩擦面磨损加剧甚至发生烧结，并促进润滑油氧化变质，还会使润滑系统产生气阻，影响机油的正常循环。因此，抗泡性能是发动机油的重要指标，润滑油需具有抑制泡沫的产生及消泡的功能。

7. 剪切稳定性

柴油机油中大分子有机物，尤其是增黏剂，在使用过程中受到机械剪切的作用，分子链可能被"剪断"，使油品黏度下降，影响正常润滑，因此柴油机油需要具有良好的抗剪切稳定性。

二、柴油机油的分类

1. 按黏度分类

我国柴油机油现行标准为 GB 11122—2006《柴油机油》，将机油分为冬季用油（W 级）和非冬季用油。冬季用油按低温黏度和低温泵送性划分，共有 0W、5W、10W、15W 和 20W 五个等级，级号越小适应的温度就越低；非冬季用油按 100℃时的运动黏度分级，共有 20、30、40、50 和 60 五个等级，其级号越大，适应的温度越高。这 10 个级号的油品，均为单级油，只能满足低温或高温条件使用，因而单级油的使用有明显的地区范围和季节的限制。

另外，为增大柴油机油对季节和气温的适应范围，我国国家标准还规定了多级油的黏度级号，如 5W/30、5W/40、10W/30 和 20W/50 等多级油，其分子表示低温黏度等级，分母表示 100℃时的运动黏度等级。多级油在油中添加了黏度指数改进剂，能同时满足某 W 级油和非 W 级油的黏度要求，有较宽的温度使用范围。例如，5W/40 既符合 5W 级油黏度要求，又符合 40 级油黏度要求，在全国冬夏季均可通用。

2. 按质量等级分类

美国 API 标准是最重要的两大标准之一，自 API 标准发布以来，便深深影响着世界润滑油质量等级的规定和发展。我国柴油机油从 20 世纪 80 年代以来，主要采用 API 的规格。目前，柴油机油的规格已经发展到 CK-4 级别，不同级别柴油机油的特点见表 1-2-2。

3. 柴油机油标准

中国柴油机油规格（GB 11122）基本参照 API 规格制定，黏度分类参照 SAE J300 标准制定，性能和使用试验的分类基本参照了 SAE J183 标准，并结合实际情况制定了柴油机油国家标准，包括 CC、CD、CF、CF-4、CH-4 和 CI-4 等 6 个柴油机油品种，具体的黏度指标和理化指标见表 1-2-3 至表 1-2-5。当前国家标准与 API 最高质量级别 CK-4/FA-4 还相差两个级别，未来我国柴油机油的质量级别将逐渐与国外同步。

表 1-2-2 柴油机油的质量等级

API 质量等级	使用特点	备注
CC	对于柴油机具有控制高温沉积物和轴瓦腐蚀的性能	在用
CD	具有很好的抑制高温沉积物和轴承腐蚀的能力	在用
CF	能有效地控制活塞沉积物、磨损和含铜轴承的腐蚀，并且可以用于推荐使用 CD 级油的柴油机油	在用
CF-4	具有很好的节省油耗和控制活塞沉积物的能力	在用
CH-4	在柴油机高速运行温度、高烟炱条件下使用，具有比 CF-4 级机油更优越的性能	在用
CI-4	对于配备废气再循环系统 (EGR) 的车辆，CI-4 级机油可有效维持发动机的稳定性。具有更优良的烟炱分散能力，能进一步降低发动机排放，延长换油周期	在用
CJ-4	CJ-4 标准的机油要求使用低硫和超低硫的柴油燃料	在用
CK-4	CK-4 作为 CJ-4 的直接升级版，是目前 API 柴油机油的最高等级，能够有效提高车辆燃油经济性能，减少排放污染，维护环境的可持续发展	在用

表 1-2-3 柴油机油黏温性能要求 (1)（GB11122—2006）

项目		低温动力黏度 mPa·s 不大于	边界泵送温度 ℃ 不高于	运动黏度 (100℃) mm²/s	高温高剪切黏度 (150℃, 10^6s^{-1}) mPa·s 不小于	黏度指数 不小于	倾点 ℃ 不高于
试验方法		GB/T 6538	GB/T 9171	GB/T 265	SH/T 0618、SH/T 0703、SH/T 0751	GB/T 1995、GB/T 2541	GB/T 3535
CC[①] CD	0W/20	3250 (−30℃)	−35	5.6 ~ < 9.3	2.6	—	−40
	0W/30	3250 (−30℃)	−35	9.3 ~ < 12.5	2.9	—	
	0W/40	3250 (−30℃)	−35	12.5 ~ < 16.3	2.9	—	
	5W/20	3500 (−25℃)	−30	5.6 ~ < 9.3	2.6		−35
	5W/30	3500 (−25℃)	−30	9.3 ~ < 12.5	2.9		
	5W/40	3500 (−25℃)	−30	12.5 ~ < 16.3	2.9		
	5W/50	3500 (−25℃)	−30	16.3 ~ < 21.5	3.7		
	10W/30	3500 (−20℃)	−25	9.3 ~ < 12.5	2.9		−30
	10W/40	3500 (−20℃)	−25	12.5 ~ < 16.3	2.9		
	10W/50	3500 (−20℃)	−25	16.3 ~ < 21.5	3.7		
	15W/30	3500 (−15℃)	−20	9.3 ~ < 12.5	2.9		−23
	15W/40	3500 (−15℃)	−20	12.5 ~ < 16.3	3.7		
	15W/50	3500 (−15℃)	−20	16.3 ~ < 21.5	3.7		

续表

项目		低温动力黏度 mPa·s 不大于	边界泵送温度 ℃ 不高于	运动黏度 （100℃） mm²/s	高温高剪切黏度 （150℃，10⁶s⁻¹） mPa·s 不小于	黏度指数 不小于	倾点 ℃ 不高于
试验方法		GB/T 6538	GB/T 9171	GB/T 265	SH/T 0618、 SH/T 0703、 SH/T 0751	GB/T 1995、 GB/T 2541	GB/T 3535
CC① CD	20W/40	4500（-10℃）	-15	12.5 ~ < 16.3	3.7	—	-18
	20W/50	4500（-10℃）	-15	16.3 ~ < 21.9	3.7	—	
	20W/60	4500（-10℃）	-15	21.9 ~ < 26.1	3.7	—	
	30	—	—	9.3 ~ < 12.5	—	75	-15
	40	—	—	12.5 ~ < 16.3	—	80	-10
	50	—	—	16.3 ~ < 21.9	—	80	-5
	60	—	—	21.9 ~ < 26.1	—	80	-5

① CC 不要求测定高温高剪切黏度。

表 1-2-4　柴油机油黏温性能要求（2）（GB 11122—2006）

项目		低温动力黏度 mPa·s 不大于	低温泵送黏度 （在无屈服应力时） mPa·s 不高于	运动黏度 （100℃） mm²/s	高温高剪切黏度 （150℃，10⁶s⁻¹） mPa·s 不小于	黏度指数 不小于	倾点 ℃ 不高于
试验方法		GB/T 6538	SH/T 0562	GB/T 265	SH/T 0618、 SH/T 0703、 SH/T 0751	GB/T 1995、 GB/T 2541	GB/T 3535
CF CF-4 CH-4① CI-4	0W/20	6200（-35℃）	60000（-40℃）	5.6 ~ < 9.3	2.6	—	-40
	0W/30	6200（-35℃）	60000（-40℃）	9.3 ~ < 12.5	2.9	—	
	0W/40	6200（-35℃）	60000（-40℃）	12.5 ~ < 16.3	2.9	—	
	5W/20	6600（-30℃）	60000（-35℃）	5.6 ~ < 9.3	2.6	—	-35
	5W/30	6600（-30℃）	60000（-35℃）	9.3 ~ < 12.5	2.9	—	
	5W/40	6600（-30℃）	60000（-35℃）	12.5 ~ < 16.3	2.9	—	
	5W/50	6600（-30℃）	60000（-35℃）	16.3 ~ < 21.5	3.7	—	
	10W/30	7000（-25℃）	60000（-30℃）	9.3 ~ < 12.5	2.9	—	-30
	10W/40	7000（-25℃）	60000（-30℃）	12.5 ~ < 16.3	2.9	—	
	10W/50	7000（-25℃）	60000（-30℃）	16.3 ~ < 21.5	3.7	—	
	15W/30	7000（-20℃）	60000（-25℃）	9.3 ~ < 12.5	2.9	—	-25
	15W/40	7000（-20℃）	60000（-25℃）	12.5 ~ < 16.3	3.7	—	
	15W/50	7000（-20℃）	60000（-25℃）	16.3 ~ < 21.5	3.7	—	
	20W/40	9500（-15℃）	60000（-20℃）	12.5 ~ < 16.3	3.7	—	-20

续表

项目		低温动力黏度 mPa·s 不大于	低温泵送黏度（在无屈服应力时）mPa·s 不高于	运动黏度（100℃）mm²/s	高温高剪切黏度（150℃，$10^6 s^{-1}$）mPa·s 不小于	黏度指数 不小于	倾点 ℃ 不高于
试验方法		GB/T 6538	SH/T 0562	GB/T 265	SH/T 0618、SH/T 0703、SH/T 0751	GB/T 1995、GB/T 2541	GB/T 3535
CF CF-4 CH-4② CI-4	20W/50	9500（-15℃）	60000（-20℃）	16.3～<21.9	3.7	—	-20
	20W/60	9500（-15℃）	60000（-20℃）	21.9～<26.1	3.7	—	
	30	—	—	9.3～<12.5	—	75	-15
	40	—	—	12.5～<16.3	—	80	-10
	50	—	—	16.3～<21.9	—	80	-5
	60	—	—	21.9～<26.1	—	80	-5

① CI-4 所有黏度等级的高温高剪切黏度均为不小于 3.5 mPa·s，但当 SAE J300 指标高于 3.5 mPa·s 时，允许以 SAE J300 为准。

表 1-2-5 柴油机油理化性能要求（GB 11122—2006）

项目		质量指标				试验方法
		CC CD	CF CF-4	CH-4	CI-4	
水分（体积分数），%		痕迹	痕迹	痕迹	痕迹	GB/T 260
泡沫性（泡沫倾向/泡沫稳定性）mL/mL	24℃ 不大于	25/0	20/0	10/0	10/0	GB/T 12579
	93.5℃ 不大于	150/0	50/0	20/0	20/0	
	后 24℃ 不大于	25/0	20/0	10/0	10/0	
蒸发损失（质量分数），%	诺亚克法（250℃，1h）不大于	—	—	20	18	NB/SH/T 0059
	气相色谱法（371℃馏出量）	—	—	17	15	ASTM D6417
机械杂质（质量分数），% 不大于		≤0.01				GB/T 511
闪点（开口），℃（黏度等级） 不低于		200（0W、5W 多级油）205（10W 多级油）215（15W/20W 多级油）220（30）225（40）230（50）240（60）				GB/T 3536

三、柴油机油的选用与更换

选用合适的柴油机油对保证柴油机正常工作、延长其使用寿命十分关键。及时、合理地更换柴油机油可以保证柴油机正常润滑，又可以降低成本、节约资源。合适的柴油机油既要有正确的质量等级，又要有适宜的黏度牌号，两者缺一不可。根据柴油机的结构特点、技术要求、柴油品质等，先确定其质量等级，再根据发动机的使用外部环境温度、发动机使用情况等，选择适宜的黏度牌号。

1. 质量等级选择

柴油机油的选用应根据柴油机制造商的推荐、柴油机的机械负荷和热负荷、工作条件的苛刻程度、燃料性质等来确定。

柴油机制造商在设备或车辆出厂时，都会对柴油机润滑油的使用做严格的试验，并会在出厂说明中推荐选用的柴油机油，这是柴油机油选用的首要依据。当然，这不是唯一依据，还应根据具体使用条件加以调整，质量等级的选择宜高不宜低。

柴油机的热负荷和机械负荷是影响润滑油质量变化的主要因素，柴油机负荷大，工作温度高，工作强度剧烈，要求使用柴油机油的质量也越高。

随着排放法规日益苛刻，柴油机技术不断改进，对柴油机油的性能提出了更加严格的要求，柴油机油的质量等级不断升级，此时柴油机油质量级别应主要根据排放的要求选择。

由于我国排放法规采用欧洲排放体系，而内燃机油又采用美国API规格（表1-2-6），这对于柴油机油的选油造成了一定的难度。因此，应该结合排放标准和发动机采用的技术来合理选择润滑油，如满足国Ⅲ排放标准的发动机，使用高压共轨技术的推荐选用CH-4及以上油品，而采用直列泵加EGR技术的发动机，则推选使用CI-4$^+$及以上的机油；对于国Ⅳ发动机一般都要使用DPF技术、需要限制柴油机油硫磷含量，应推荐使用CJ-4油品。

表1-2-6　中国、欧洲和美国排放法规及美国、欧洲对应的油品规格

排放法规			油品规格	
中国（执行年）	欧洲（执行年）	美国（执行年）	欧洲	美国
国Ⅰ（2000）	Euro Ⅰ（1993）	1991	E2-96	CF-4
国Ⅱ（2003）	Euro Ⅱ（1996）	1994	E3-96	CG-4
国Ⅲ（2008）	Euro Ⅲ（2000）	EPA-1998（1998）	E5-99	CH-4
国Ⅳ（2010）	Euro Ⅳ（2005）	EPA-2004（2002）	E6-04，E7-04	CI-4 或 CJ-4
国Ⅴ（2012）	Euro Ⅴ（2008）	EPA-2007（2007）	E4-08，E6-08	CJ-4

选用柴油机油的质量等级时，除上述选用原则外，还应根据使用环境和发动机技术改进来综合考虑。建议以下三种情况之一者，使用的润滑油要考虑提高一个挡次或缩短换油周期。

（1）长时间在高温高速下工作，尤其是满载长距离行驶。

（2）柴油机处于灰尘大的场所。

（3）柴油中硫含量每增加1%。

2. 黏度等级的选择

黏度是柴油机油的重要指标，确定柴油机油的质量等级后，选择合适的黏度就显得更为重要。选择适宜的黏度等级，就是要求在高温下油品有足够大的黏度，以保证发动机在运转时的润滑和密封；而在低温下，又有足够小的黏度，以保证发动机低温启动性良好。

柴油机油的黏度等级的选用原则有：

（1）工作地区的环境温度或工作环境温度。应尽量选用黏温特性好、黏度指数高的多级油。多级油使用温度范围比单级油宽，具有高低温黏度油的双重特性。如 5W/30 的油品同时具有 5W 和 30 两种黏度等级油的特性，与单级油相比极大地扩大了使用范围。这样不但可以减少因气温变化带来更换机油的麻烦，而且可以减少浪费。但固定式发动机在工作环境温度较高的情况下，尽量选择单级油，如 40 和 50 等，以保证供油压力的稳定，降低机油消耗。表 1-2-7 为柴油机油黏度等级选用表。

表 1-2-7 柴油机油黏度等级选用表

黏度等级	适用环境气温，℃
0W	−35 ～ −15
5W	−30 ～ −10
0W/20	−35 ～ 20
5W/20	−30 ～ 20
5W/30	−30 ～ 30
10W/30	−25 ～ 30
10W/40	−25 ～ 40
15W/30	−20 ～ 30
15W/40	−20 ～ 40
20W/40	−15 ～ 40
20W/50	−15 ～ 50
20	−10 ～ 20
30	−5 ～ 30
40	5 ～ 40

（2）根据载荷选用。我国南方夏季气温较高，对重负荷、长距离运输、工况恶劣的车辆应选用黏度较大的发动机油。

（3）根据发动机的机况选用。新设备或车辆零部件配合间隙小，可选用黏度较低的柴油机油；旧设备或车辆已有一定程度的磨损，配合间隙大，需黏度大的油以得到好的密封。

3. 柴油机油的更换

柴油机油在使用一段时间后，由于油品氧化、污染而引起质量品质下降，降低原有的使用性能，所以柴油机油应定期更换。换油周期有按质和按时换油两种方式。按时换油就是按车辆或设备出厂说明书规定的里程、运行时间更换润滑油。按质换油则是按照相应的换油标准达到规定值时更换润滑油。2010 年我国制定了柴油机油的换油标准 GB/T 7607，在发动机油中任何一项指标达到该标准时就应更换新油，见表 1-2-8。

表 1-2-8　柴油机油推荐换油指标

项目		换油指标				试验方法
		CC	CD	CF-4	CH-4	
100℃运动黏度变化率，%	超过	±25		±20		GB/T 11137
闪点（闭口），℃	低于	130				GB/T 261
碱值下降率，%	大于	50				SH/T 0251
正戊烷不溶物质量分数，%	大于	2.0				GB/T 8926 B 法
铁含量，μg/g	大于	200 100①	150 100①	150		GB/T 17476 或 SH/T 0077、ASTM D6596
铜含量，μg/g	大于	—	—	50		GB/T 17476
铝含量，μg/g	大于	—	—	30		GB/T 17476
硅含量，μg/g	大于	—	—	30		GB/T 17476
酸值增值，mg (KOH)/g	大于	2.5				GB/T 7304
水分（质量分数），%	大于	0.2				GB/T 260

①适用于固定式柴油机。

第三节　汽油机油

一、汽油机油的性能要求

随着汽车内燃机技术的快速发展，对润滑性能的要求也日趋苛刻，除润滑油基本性能要求外，主要还体现在延长换油周期、降低 SAPS（磷、硫、灰分）和燃油经济性的不断提高。

1. 延长发动机油换油期的要求

发动机制造商从保护发动机、降低维护成本、方便用户的角度不断提出延长换油期的要求，要求内燃机油具有长期有效的润滑能力，使新一代发动机油各种性能的要求不断提高，特别是抗氧化、抗磨损性能的提升。

2. 对尾气处理装置及对降低排放影响的要求

为减少排放，汽车制造商在汽车上都安装了尾气处理装置。如在轿车上安装三元催化转化（TWC）装置，在欧 V 排放柴油车上安装柴油颗粒捕捉器（DPF）和选择催化转化器（SCR）等尾气处理装置。因为尾气处理装置的使用，在发动机工作过程中，将会有少量机油被带入燃烧室参与燃烧并通过排气系统排出，内燃机油的组分将会对尾气处理装置和排放产生一定的影响。内燃机油中的硫元素和磷元素会使三元催化转化器催化剂中毒，降低三元催化转化器的活性；内燃机油燃烧产生的灰分会部分堵塞尾气处理装置，造成尾气处理装置效率的降低。另外，由于燃料油中的硫元素含量目前已降至 50mg/kg 以下，那么由润滑油带来的燃烧气体中硫元素含量的增加已不能被忽略，它会直接影响到发动机的排放。因此，为防止尾气处理催化剂中毒、尾气处理装置堵塞和降低排放，要求限制内燃机油中硫元素磷元素和灰分含量。

3. 提高燃料经济性的要求

为减少二氧化碳的排放量，各国对汽车的燃料经济性提出了越来越高的要求。随着规格的不断更新，GF-6 规格将在 GF-5 基础上提高节能性并于 2020 年出台。随着汽车发动机设计及制造技术的提升，为了最大限度地提高燃油经济性，以日本汽车厂商为代表的企业已经在探索和使用低黏度油品，例如 5W/20 和 0W/20，甚至 0W/16。可见，随着业界对燃油经济性的追求，低黏度化和高燃油经济性会不断地出现在未来的油品规格中。而使用低黏度油品必须考虑的就是在保证燃油经济性的同时不会造成抗磨性能的降低，需提高油品的抗磨性能。

4. 适宜的黏度和良好的黏温性能

润滑油的黏度关系到发动机的启动性、机件的磨损程度、燃油和润滑油的消耗量及功率损失的大小，机油黏度过大、流动性差、进入摩擦面所需的时间长、机件磨损增加、燃料消耗增大、清洗及冷却性差，但密封性好；黏度过小，不能形成可靠的油膜、不能保持润滑、密封性差、磨损大、功率下降。所以黏度过大过小都不好，应当黏度适宜。

5. 良好的清净分散性能

汽油机油应该具有良好的分散性能和清净性能，能把附着在气缸壁及活塞上的氧化产物清洗下来并使之均匀地分散在机油中，当机油的清净性差时，会使聚集在发动机高温部位的氧化产物继续氧化，从而产生大量的漆膜、积炭，导致活塞环黏结磨损加剧甚至发生拉缸等事故；当机油的分散性差，被清洗下来的高温沉积物和油泥无法均匀地分散在机油当中，造成油路及机油滤网堵塞，导致机油压力异常、氧化加剧，甚至无法正常供油，造成烧瓦现象。

6. 优良的抗磨性能

汽油机轴承系统要承受很大的负荷，在高负荷、高速的条件下，汽油机油必须有良好的抗磨损性能。

7. 优异的抗氧化和热安定性

发动机在工作温度下，由于金属的催化作用，受氧气及燃烧产物的影响，产生氧化、聚合、缩合等反应物，如酸性物质漆膜、油泥和积炭等使油品的润滑性变差甚至丧失；同时，由于漆膜和积炭的生成，传热效果下降、散热效果不好，不仅造成发动机气缸过热、活塞环密封性下降，而且使发动机的功率损失增大，特别是汽油机的油箱容积小，单位体积润滑油所承受的热负荷增大，所以，汽油机油要具有优异的热氧化安定性和高温抗氧化性能。

8. 良好的抗泡性

在发动机运转中，由于曲轴的高速运转起到剧烈搅拌作用，机油很容易产生泡沫，会使油膜遭到破坏，使摩擦面摩擦加剧甚至发生烧结，并促进润滑油氧化变质，还会使润滑系统产生气阻，影响机油的正常循环。因此，抗泡性是发动机油的重要质量指标，润滑油需有抑制泡沫的产生及消泡的作用，保证机油的正常功效。

二、汽油机油的分类与标准

1. 分类

汽油机油标准的产生与环保法规、汽车新技术的应用、节能等方面休戚相关。汽油发动机的升级换代是汽油机油升级换代的推动力，当今更好地满足汽车提高燃料经济性、降低排放的要求，延长发动机使用寿命成为汽油机油升级换代的首位推动力。

国际上主流的轿车发动机油质量级别规格有 3 个：一个是由美国石油学会（API）负责公布和审批的，分为"SX"系列，主要包括 SC、SD、SE、SF、SG、SH、SJ、SL、SM 和 SN 等级，目前在用等级为 SL、SM、SN（使用性能说明见表 1-2-9），前 7 个已废除；另一个是由国际润滑油标准审核委员会（ILSAC）负责公布，由 API 代行认证的；再一个是欧洲汽车制造业协会（ACEA）产品标准，而机油的黏度级别的分类则以美国汽车工程师协会 SAE J300 标准为准。除了国际认可的主流标准外，由于 OEM 全球发展一致性的要求，现今很多 OEM 都逐步将 API、ILSAC 和 ACEA 规格融合在一起，再加入 OEM 内部发动机测试试验形成了各类 OEM 规格，如德国大众 VW50X 系列轻负荷发动机油规格、通用的 DEXOS1TM 规格。API 汽油机油质量分类见表 1-2-9。由于目前 SJ 以下级别的汽油机油已淘汰，所以该表仅列出 SJ 以上质量级别的汽油机油使用性能说明

表 1-2-9　API 汽油机油使用性能说明

API 分类	使用性能说明
SL	适用于 2001 年以后生产的新型高档轿车和赛车，如奔驰、宝马、法拉利等，满足欧Ⅲ排放标准。GF-3 同时加上了节能要求
SM	适用于 2004 年以后生产的新型高档轿车及赛车，如奔驰、宝马、法拉利等，满足欧Ⅳ排放标准。卓越的积炭、油泥抑制能力和抗氧化能力，降低机油消耗。GF-4 同时加上了节能性能要求
SN	适用于 2009 年以后生产的新型高档轿车和赛车，如奔驰、宝马、法拉利等，满足欧Ⅴ排放标准。是目前性能最高档的油品。GF-5 同时加上了节能性能要求

2. 标准

1）国际标准

美国 API 标准中对轿车发动机油分类为"SX"系列，现有最高质量级别为 SN。ILSAC 规格基本是在 API 标准的基础上增加了节能台架要求，将轿车发动机油分类为"GF-X"系列，现有最高质量级别为 GF-5。相对于欧洲 ACEA 标准，API/ILSAC 更注重节能要求及元素含量限制，2010 年开始认证的 GF-5 规格油品磷含量限制为 0.06%～0.08%，并增加了磷元素的蒸发损失测试、加大了其余台架的苛刻度。预计在 2020 年颁布的 GF-6 规格，也

将延续对油品硫元素和磷元素的限制，除燃油经济性将进一步提高外，还引入涡轮增压直喷发动机作为台架本体，开发更为苛刻的发动机台架试验代替目前的 GF-5 台架要求，同时 GF-6 规格也将向低黏度油品的方向发展。

欧洲内燃机油标准是由 ACEA 提出，从 1996 年首次颁布以来，大致两年变化一次，黏度分类执行 SAE J300，质量方面曾经分为 A 系列乘用车汽油机油规范、B 系列乘用车柴油机油规范。为了方便和简化车用油、防止误用，2004 年后将 A 系列和 B 系列合并成为 A/B 系列，也就是说任何一个小轿车发动机油配方，要同时覆盖汽油发动机油及柴油发动机油的性能要求。除此之外，为满足欧 V 以后排放标准，2007 年 ACEA 发展了一个低硫、低磷、低灰分的乘用车发动机用油标准 C 系，主要针对保护汽车尾气处理装置。目前，最新的 ACEA 发动机油规范是 2016 年颁布的，A/B 系列中包含了 A3/B3、A3/B4 和 A5/B5 三种质量级别（常规灰分油），可用于汽油/轻负荷柴油轿车发动机的润滑。A3/B3 具有优异的剪切稳定性，适用于老技术的高性能汽油及柴油小轿车发动机，是目前 A/B 系列中规格最低的品种；A3/B4 具有优异的剪切稳定性，适用于高性能汽油及直喷柴油小轿车发动机；同时，可以覆盖 B3 的性能要求，具有较高的碱值和灰分，可用于燃油质量不高的地区；A5/B5 相比 A3/B4，具有燃油经济性，但碱值没有要求那么高。C 系列中包含了 C1、C2、C3、C4 和 C5 五种规格，是一类专门针对保护后处理装置的油品规格，C 系列油品都具有低硫、低磷、低灰分的特点，一般应用于燃油质量高的地区，其中 C5 是新增的低黏度（XW-20）机油规格，C2、C3 和 C5 的灰分相比 C1 和 C4 要稍高一些，C1 和 C5 对节能要求最高，C3 和 C4 只对 XW-30 黏度有节能要求，其节能要求在 C 系列油品中最低。从规格发展来看，低磷、低硫、低灰分（低 SAPS）的环保型油将是今后油品发展的主要趋势，其需求将随着排放法规及轿车保有量的增长迅速增加。

2）中国标准

中国汽油机油规格（GB 11121）基本参照 API 规格制定，黏度分类参照 SAE J300 标准制定，性能和使用试验的分类基本参照了 SAE J183 标准，并结合实际情况制定了汽油机油国家标准，共包括 SE、SF、SG、SH、GF-1、SJ、GF-2、SL 和 GF-3 等 9 个汽油机油品种。该标准中黏度范围实行双轨制，SE 和 SF 中挡质量级别的产品其黏度分类参照 SAE J300—1994 制定，SG、SH、GF-1、SJ、GF-2、SL 和 GF-3 等高质量级别的产品黏度分类参照 SAE J300—1999 制定。当前国家标准与 API 最高质量级别 SN/GF-5 还相差两个级别，未来国内汽油机油的质量级别将逐渐与国外同步。

三、汽油机油的选用与更换

1. 质量等级的选择

选择机油应根据发动机的要求进行选择，首先要参照发动机或汽车制造商在产品出厂时规定的质量等级，对于运行苛刻的情况，可以在说明书要求质量等级之上适当提高，选油原则以就高不就低为准。在实际使用时还须注意发动机的类型，如欧系车多为轻负荷柴油/汽油通用型轿车，应依据其推荐的油品等级选用满足 ACEA 标准的 A/B 系列或 C 系列（适用于加装为其处理装置的车型）机油，而美、日、韩系轿车多为汽油轿车，可选满足 API/ILSAC 的质量等级油品。

2. 黏度等级的选择

在机油的选用中，除质量等级的确定非常重要外，黏度等级选用是否恰当也是极为重要。机油黏度过低、油膜强度不够会增加摩擦与磨损；机油黏度过高，在发动机启动的瞬间不能及时到达摩擦件表面，也会造成摩擦与磨损，还会造成不必要的功率损失。发动机油黏度级别的选择，主要从发动机的工况和环境条件来考虑。

一般轿车发动机油黏度级别有 XW/20、XW/30 和 XW/40，对于没有节能要求或发动机负荷较大、老旧的情况下，可选用 XW/40 等黏度稍大的机油。有节能要求且发动机较新的情况下，可以选用 XW/20 和 XW/30 等黏度较低的机油，其中 XW/20 燃油经济性比 XW/30 好。

此外，还要根据地区环境温度及季节变化来选用，如在夏季或地区环境温度高的情况下，一般选用 10W/40 或 15W/40 等高黏度机油。在冬季或地区环境温度低的情况下，可选用 XW/20 和 XW/30（"X" 为 0 或 5）低黏度且流动性好的机油。

总的来说就是当发动机状况良好，且季节温度较低，应尽可能使用黏度较小的机油，以使油路畅通。如在高温季节或发动机严重磨损的状况下，应选用高黏度的机油有利于形成油膜，减少发动机磨损。

3. 发动机油的更换

机油的更换期主要考虑以下 4 个方面：新车磨合期结束后；到了推荐的换油里程；季节更换；机油被污染或变质更换。其中换油里程是由油品研发部门或汽车发动机生产厂家，在进行了发动机试验或道路行车试验后，在汽车或发动机使用手册中予以规定，但规定的换油里程并不适用于所有情况，还要按照实际的车况及使用情况来定，如车辆常在城市行驶，发动机停停开开，引擎磨损比较大，润滑油也更易变质，此时最好缩短换油期才能有效保护发动机；相反，如果发动机工况缓和平稳，则可以适当延长换油期。

更换发动机机油时，应在热机状态下进行，放尽原有的机油后，再装入清洗机油至油尺正常刻度线，启动发动机，15 ~ 20min 后放尽机油，清洗或更换发动机机油滤清器，按发动机规定的机油量加注新油，加入新油后，进行数分钟的试运行，观察机油压力及发动机有无异响，停机数分钟后，检查机油液面高度是否达到要求，一切正常后方可继续使用。

此外，加注润滑油要适量，加注过多会使润滑油的消耗量增大，且易窜入燃烧室使积炭增多、发动机排污严重；加注不足则会影响发动机的正常润滑和冷却，使油温超高或发生磨损。另外，不同品牌及规格的润滑油最好不要混用。可参考 GB/T 8028—2010《汽油机油换油指标》更换汽油发动机润滑油。

第四节　燃气发动机油

一、燃气发动机油的性能要求

与汽油和柴油驱动的发动机相比，燃气发动机产生的排放物少，且在能源日益紧张的今天，燃料费用也具有很好的驱动力，因此，可燃气体作为代用燃料在发动机领域的使用也逐渐增加。其中压缩天然气 CNG、液化天然气 LNG 是最常使用的。燃气发动机不同于普通汽油发动机和柴油发动机，表现为发动机工作过程中温度高（排气温度比汽柴油温度高200℃），润滑油容易发生强烈的氧化和硝化反应，促使润滑油老化；可燃气体中含有一定量的硫化氢等腐蚀气体，需要燃气发动机油具有适量的灰分。燃气发动机的结构、燃料及工况等方面与汽油机和柴油机明显不同，对油品清净性、分散性、抗氧性及抗磨性的侧重点则明显不同。基于燃气发动机的特殊要求，燃气发动机必须使用专用润滑油。

（1）良好的抗氧化、硝化性能。

润滑油的寿命基本是受润滑油的氧化速度决定，氧化物和硝化物是油品在高温下运行中形成的物质，对于油品进一步氧化变质有促进作用，特别是燃气发动机油处于高温下，更容易生成氧化物和硝化物。对于发动机而言，因部分燃烧产物窜入曲轴箱中，进一步促进了油品的性能劣化，氧化反应以外的其他劣化因素影响也很大。因此，油品的寿命不仅单纯由氧化来决定，还与油品的高温清净分散性及发动机的运行工况密切相关。

（2）适当的灰分。

硫酸盐灰分是燃气发动机油的一项重要指标。硫酸盐灰分主要来源发动机油中常用的清净剂及 ZDDP 抗氧抗磨抗腐剂等，硫酸盐灰分的大小在一定程度上是润滑油酸中和作用及高温清净能力的反应。天然气中硫含量一般很低，燃烧中产生的酸性物质较少，其对灰分（碱值）的需求主要是为了阀系等部位的润滑。对酸气（硫化氢含量较高）等硫化氢及腐蚀性气体含量较高的天然气，则需要较高的碱值以中和燃烧产生的酸性物质，减少发动机部件的腐蚀。

（3）良好的高温清净性及活塞沉积物控制能力。

发动机油的碱值（TBN）表示发动机油中和燃烧及氧化而生成的各类酸性物质的能力，随使用时间的延长，油品的 TBN 值会发生明显的衰变，TBN 过低将导致酸值（TAN）值过快增长，酸腐蚀、磨损及油品变质等问题加快，但碱值过高将会造成活塞沉积物增加，引起粘环、拉缸等事件。在燃气发动机油配方中通常使用中、低碱值清净剂提高油品的高温清净性，以减少活塞沉积物的形成。

（4）良好的抗磨及防腐蚀性。

同普通发动机类似，燃气发动机的凸轮—挺杆摩擦副及活塞上下止点附近等部位一般处于边界润滑，要求油品具有良好的抗磨性能，以降低发动机磨损。特别是固定式燃气发动机通常会在野外满负荷下长时间运转，在油温高、温度湿度变化大等恶劣的自然环境下，要求油品具有优良的防锈防腐蚀及抗磨性能。

二、燃气发动机油的分类

根据燃气发动机油中的灰分含量，燃气发动机油分为无灰、低灰、中灰及高灰产品，具体分类见表1-2-10。

表1-2-10 燃气发动机油灰分分类

分类	无灰	低灰	中灰	高灰
硫酸盐灰分，%	< 0.15	0.15 <灰分< 0.6	0.60 <灰分< 1.5	> 1.5

　　燃气发动机油根据燃气发动机设备的运行方式和用途可分为移动式燃气发动机油和固定式燃气发动机油，移动式燃气发动机油适用于以天然气为燃料的轻型、中型和重型车辆的发动机设备的润滑要求，固定式燃气发动机油适用于以天然气为燃料的固定式较高输出功率、涡轮增压二冲程和四冲程天然气发动机、双燃料发动机以及整体式天然气压缩机的润滑要求。

　　由于燃气发动机结构、气源组成及使用环境的复杂多变，目前还没有形成世界上统一的燃气发动机油标准，也没有标准台架评定方法。润滑油生产商往往与设备制造商（OEM）合作，通过使用试验，开发满足特定 OEM 用油要求的产品，并获得其认证。因此，评定一款燃气发动机油质量优劣的方法，首先是评定燃气发动机油是否具有适宜的硫酸盐灰分、碱值、黏度和较高的黏度指数等，其次是采用柴油机油标准发动机台架试验来评定燃气发动机油的高温清净性及抗氧抗腐性能等，最后可通过行车试验来评定燃气发动机油的综合使用性能。

三、燃气发动机油的选用与更换

　　燃气发动机油的选用需要考虑发动机的参数、燃气的性质、环境因素等。固定式燃气发动机大多处于常年不间断运转中，根据设备制造商要求和润滑油生产商推荐，一般选用单级润滑油即可满足要求。移动式燃气发动机油同普通的汽油发动机和柴油发动机一样，一方面需要满足发动机本身的要求，另一方面需要考虑环境温度。固定式和移动式燃气发动机油的选用见表 1-2-11。燃气发动机油环境温度机油黏度选用参照柴油机油黏度等级选用表。

表 1-2-11　燃气发动机油选用

固定式		移动式	
无灰型	燃气硫含量比较低的四冲程燃气发动机、二冲程燃气发动机	公交车	公交车专用燃气发动机油
低灰型	燃气硫含量较低的四冲程燃气发动机	重型卡车	普通型
			长换油周期型
中灰型	燃气硫含量较高的四冲程燃气发动机	轿车	轿车专用燃气发动机油
高灰型	根据特殊气源及客户要求		

　　与其他任何油品一样，燃气发动机油在使用过程中也会发生油品性能衰变。当某个性能或某些性能不能达到发动机的使用要求时，就得更换新油或对油品进行处理，以维持设备的正常运转。燃气发动机油没有专门的换油指标，一般参考 API CF-4 的换油指标。

第三章 齿 轮 油

齿轮传动是机械传动中应用最广的一种传动形式，效率高，结构紧凑，工作可靠，寿命长。由于齿轮传动可以在任意两轴之间传递运动和动力，且传递功率范围大、效率高，广泛应用于矿山机械、交通运输、电力、化工机械及军事工业的各种传动机械。齿轮油是保证齿轮传动工作效率和延长齿轮使用寿命的重要润滑材料。

齿轮油广泛应用于各种齿轮传动装置上，按照应用领域不同，可分为车辆齿轮油和工业齿轮油。车辆齿轮油是重要的润滑油产品，主要用于各种汽车手动变速器和驱动桥的润滑。工业齿轮油用于各种机械设备齿轮及蜗轮蜗杆传动装置的润滑，在使用过程中起到润滑、冷却、清洗和防锈防腐等作用。

第一节 车辆齿轮油

车辆齿轮主要用于各种车辆的变速器、转向器以及前桥和后桥的减速机构。主要类型有直齿、斜齿、圆柱齿轮、人字圆柱齿轮、直轮、斜轮、弧齿、圆锥齿轮及准双曲面齿轮等。准双曲面齿轮的齿轮弯曲强度和接触强度较高，传动功率大，传动平稳，齿面间啮合平顺性好，减速比大，适于高速。但齿面间滑移速度大，且接触应力大，润滑条件苛刻，对润滑剂有较高要求，特别是车辆后桥齿轮油，要求更为苛刻。

一、车辆齿轮油的性能要求

车辆齿轮油主要用于汽车变速器、差速器、分动器和轮边减速器的润滑。尤以差速器的使用条件最为苛刻，特别是随着汽车发动机功率的提高和速度的增加。双曲线齿轮已成为汽车通用的减速装置。对齿轮油的要求比其他任何类型齿轮的要求都要高。由于汽车双曲线齿轮的负荷重（3000MPa），滑动速度大，要求齿轮油具有良好的极压抗磨性能、热氧化安定性、低温流动性、黏温性和抗腐蚀防锈性能。

1.适宜的黏度

适宜的运动黏度是保证齿轮形成良好润滑状态的关键。齿轮在正常运转条件下，齿面经常处于弹性流体动力润滑状态，齿轮油的黏度对承载能力有重要影响。油的黏度高，弹性流体动力润滑油膜厚度厚，齿轮油的承载能力高，有利于齿面保护；但黏度不是越高越好，因为齿轮工作时搅动齿轮油，液体内摩擦产生摩擦热，会使油温升高，导致齿面和齿轮整体温度随之升高，反而会破坏油膜，所以车辆齿轮油规格首先要规定适宜的黏度范围。

另外，齿轮是喷溅式润滑，低温时齿轮油须具有足够的流动性，齿轮转动时才能将足够量的油带到齿面及轴承，防止出现损伤，车辆齿轮油在低温下的表观黏度和成沟点在一定程度上说明齿轮油在低温下的流动性。

2. 极压抗磨性

车辆运行过程中，传动系齿轮常要经受低速高扭矩和高速冲击负荷两种苛刻工况，需要驱动桥润滑油具有良好的极压抗磨性。低速高扭矩，是在相对低的运转速度下传递大扭矩，例如重载的车辆或牵引拖车的车辆爬山时，驱动桥基本处于边界润滑条件，硫的极压作用已不明显，主要是含磷添加剂在金属磨损表面形成反应膜起保护作用。金属与金属在压力下接触，可以导致金属变形，典型的破坏形式包括擦伤、波纹、点蚀、剥落。

高速冲击负荷，通常发生在高速下迅速地减速时。在减速过程中，齿轮的滑下一侧在很短的时间内吸收大量能量、构成冲击，破坏形式主要是擦伤或胶合。

3. 热氧化安定性

汽车车体设计的不断改进，使空气动力学性能的运用更趋合理，车辆行驶时空气阻力减小，流过驱动桥外表面的空气流量减少，散热性变差，摩擦热难于散发，齿轮油的氧化问题变得突出起来。氧化会生成油泥，使油品黏度增加、影响流动；氧化产生的腐蚀性物质，会加速金属的腐蚀和锈蚀；氧化生成的极性物质，易与油中极性添加剂一起形成沉淀物从油中析出，使密封件硬化；沉淀覆盖在零件表面，形成有机物薄膜，进一步影响散热。因此，要求车辆齿轮油必须具有良好的热氧化安定性。

4. 防锈与防腐性

车辆齿轮油需要添加极性添加剂来增强极压抗磨性，但添加剂的极性必须适当以确保不致引起部件的腐蚀和锈蚀。齿轮装置中某些滑动轴承部件是用青铜或其他铜合金制成，铜容易与极压剂反应而被腐蚀；此外，由于昼夜的大气温差，大气中的水蒸气夜间难免会在齿轮装置中冷凝，导致金属产生锈蚀。因此，车辆齿轮油应具有良好的防锈与防腐性。

5. 抗泡性

齿轮油在空气存在的情况下受到激烈的搅拌，会产生许多小气泡，它们若能很快上升到液面并消失就不会影响使用，若形成泡沫则会发生溢流和磨损等事故。在夹带泡沫的齿轮油被送到润滑部位，难于形成有效的油膜，是齿轮磨损和胶合等破坏性事故的主要原因。泡沫严重时，油常从齿轮箱的通气孔中逸出，并促进润滑油氧化变质，还会使润滑系统气阻，影响润滑油循环。因此，齿轮油必须具有优异的抗泡性。

6. 贮存稳定性及相容性

长期贮存中，特别是高温或低温下贮存时，齿轮油的某些添加剂可能析出，或者油中的添加剂相互反应，生成油不溶物。硫—磷型车辆齿轮油的贮存安定性及相容性明显好于硫—磷—氯型车辆齿轮油，应尽量使用硫—磷型车辆齿轮油。

7. 密封适应性

齿轮油中由于有基础油和极压抗磨剂等，会造成密封材料熔胀、硬化，因而机械强度和使用寿命下降。同时会发生变形，密封作用变差。伴随着密封材料的密封性能下降，会使齿轮油因泄漏而油量不足，以及外部异物进入齿轮传动副和轴承而造成损伤。另外，泄漏出来的齿轮油如果接触到制动器或轮胎等机件后，会因发生滑动而危及行车安全。所以齿轮油与密封材料必须有很好的相容性。

8. 剪切安定性

大跨度多级齿轮油中通常要加入乙烯—丙烯共聚物（OCP）或聚甲基丙烯酸酯（PMA）等黏度指数改进剂提高油品黏度及黏温性能，这些添加剂要求在机械剪切作用下黏度损失适度，否则油品的黏度下降很快，造成承载能力下降，不利于齿面保护。

9. 同步器的耐久性、抗点蚀性

同步器是变速箱中最容易出问题的地方，所以同步性能的好坏直接反映了变速箱的质量。由于同步器的广泛应用，对于手动变速箱油同步耐久性、抗点蚀性也给予了特别关注，是检验变速箱油质量的最重要和苛刻的指标。

随着载重和轻型运输车的发展，以及环境保护要求和政策法规的压力，对车辆齿轮油提出了更高的性能要求，如：更好的氧化安定性与燃料经济性、更佳的抗擦伤能力和抗磨损性能等；随着人们环保健康意识的提高，油品的毒性、低气味也将会影响到齿轮油的技术发展。

二、车辆齿轮油分类与标准

1. 车辆齿轮油分类

国内汽车齿轮油分类有两种：一种是按黏度分类，其分类标准参照 SAE 黏度分类（SAE J306）执行，具体见表 1-3-1。另一种按质量分类，具体见表 1-3-2。

1）黏度分类

根据美国汽车工程师协会（SAE J306）2005 年最新的黏度分类（表 1-3-1），将车辆齿轮油黏度等级由 1991 年的 7 种牌号增加到 11 种。其中带尾缀"W"的 70W、75W、80W 和 85W 为低温环境用齿轮油，它根据齿轮油低温表观黏度达到 150Pa·s 的最高温度和 100℃时的最小运动黏度两相指标划分。没有尾缀"W"的是根据 100℃时的运动黏度范围划分为 80、85、90、110、140、190 和 250，没有考虑到低温性能。目前广泛使用的车辆齿轮油为多级油，满足车辆齿轮油在温差大、条件苛刻的环境下使用。原厂设备制造商们（OEM）对齿轮油如后桥效率、温度控制、节能、传动性能及其他方面性能要求是 SAE 对车辆齿轮油黏度分类进一步细化的原因。

表 1-3-1 美国汽车工程师协会（SAE J306）的黏度分类

SAE 黏度级别	黏度 150000cP 最高温度 ℃	100℃黏度，cSt	
		最小	最大
70W	−55	4.1	—
75W	−40	4.1	—
80W	−26	7.0	—
85W	−12	11.0	—
80	—	7.0	< 11.0
85	—	11.0	< 13.5

续表

SAE 黏度级别	黏度150000cP最高温度 ℃	100℃黏度，cSt	
		最小	最大
90	—	13.5	＜18.5
110	—	18.5	＜24.0
140	—	24.0	＜32.5
190	—	32.5	＜41.0
250	—	41.0	—

从表1-3-1中可看到这个面向OEM和用户的齿轮油黏度划分规格增加了两个新的黏度级别80和85，且低黏度级别黏度指标降低，顺应了车用齿轮油朝着低黏度多级方向的发展趋势，使润滑油产品具有更好的质量划分。此外，该规格还增加了剪切安定性的指标，以保证齿轮油在使用过程中保持有效的黏度。

2）质量等级分类

世界各国广泛采用美国石油学会（API）车辆齿轮油规格和美国军用车辆齿轮油规格对油品进行分类命名。根据齿轮油的用途和苛刻的工作条件，API把车辆齿轮油分成GL-1、GL-2、GL-3、GL-4、GL-5和GL-6等6个质量等级以及MT-1和PG-2试验规格，具体使用说明见表1-3-2。由于GL-1、GL-2和GL-3质量等级的车辆齿轮油已经被淘汰，故表中只列出了GL-4以上质量等级车辆齿轮油使用说明。

表1-3-2　API车龄齿轮油使用说明

质量分类	使用说明
GL-4	在低速高扭矩，高速低扭矩工况下的各种齿轮，特别是客车和其他车辆用准双曲面齿轮，规定用GL-4的油。要求油品抗擦伤性能等于或优于CRC参考油RGO-105，并要通过试验程序，其性能水平达到1972年4月起用的ASTM STP-512的要求
GL-5	在高速冲击负荷、高速低扭矩、低速高扭矩下操作的各种齿轮，特别是客车和其他车辆的准双曲面齿轮规定用GL-5油。要求其抗擦伤性能等于或优于CRC参考油RGO-110，并要通过试验程序，其性能达到1972年4月起用的ASTM STP-512规定的要求
GL-6	这个分类已经被废除，评价润滑油性能试验程序所用的设备已经不存在了
PG-2	PG-2用于重型卡车的后桥传动装置，是GL-5的升级换代油，该油应具有良好的热安定性、清净性、与密封材料的配伍性，良好的抗剥落性能，抗擦伤性能要等于或优于GL-5油，并能保护铜金属不腐蚀，正式规格可能是GL-7；和GL-5相比，增加了一个齿轮剥落试验（Mack Spalling）和密封件适应性试验D5662，同时，改进了原先L-60氧化试验的重复性和试验中的漏油问题成为L-60-1，增加了漆膜评分和油泥评分。目前剥落试验尚未正式公布，剥落试验由于设备太复杂，重复性差，准备用L-37改变条件来做齿轮剥落试验

在此期间，美军于1995年实施了MIL-PRF-2105E规格，在MIL-L-2105D（GL-5）基础上补加了MT-1规格的相关要求，成为当今世界上最高的车辆齿轮油规格。SAE（美国汽车工程师协会）在2005年提出的SAE J2360规格，与MIL-PRF-2105E相当，它包括API GL-5、MT-1以及MIL-PRF-2105E规格中所有的后桥和齿轮箱台架试验，并且包括

必要的道路测试来证明其使用性能，已被包括北美 OEM 和世界许多国家认可，通过此标准的齿轮油产品能够很好地满足后桥及非同步变速器的苛刻要求。

2. 车辆齿轮油标准

常用的车辆齿轮油标准由国际标准、国家标准（包括行业标准）及 OEM 标准等几类。

1）国际标准

世界各国广泛采用美国石油学会（API）车辆齿轮油规格和美国军用车辆齿轮油规格对油品进行分类命名。1987 年，由于环保的要求，出现了 MIL-L-2105D 规格的硫—磷型齿轮油，明确规定致癌物质和潜在的致癌物质不得用于配制车辆齿轮油。

在此期间，美军于 1998 年实施了 MIL-PRF-2105E 规格（表 1-3-3）。在 MIL-L-2105D（GL-5）基础上补加了 MT-1 规格的相关要求，成为当今世界上最高的车辆齿轮油规格。SAE（美国汽车工程师协会）在 2004 年提出的 SAE J2360 规格，与 MIL-PRF-2105E 相当，它包括 API GL-5、MT-1 以及 MIL-PRF-2105E 规格中所有的后桥和齿轮箱台架试验，并且包括必要的道路测试来证明其使用性能，已被包括北美 OEM 和世界许多国家认可，通过此标准的齿轮油产品能够很好地满足后桥及非同步变速器的苛刻要求。GL-5+ 是中国石油润滑油公司开发的适用于目前高增长需求的各类重载及超载汽车的驱动桥润滑油，尤其是双曲线齿轮驱动桥的齿轮油，该标准的部分技术指标见表 1-3-3。

表 1-3-3 超重负荷车辆齿轮油（GL-5+）主要技术指标

项目			质量指标			试验方法
			80W/90	85W/90	85W/140	
运动黏度（100℃），mm²/s			13.5 ～ < 24.0	13.5 ～ < 24.0	24 ～ 41	GB/T 265
表观黏度达 150Pa·s 时的温度，℃		不高于	−26		−12	GB/T 11145
倾点，℃			报告			GB/T 3535
成沟点，℃		不高于	−35		−20	SH/T 0300
闪点（开口），℃			165	165	180	GB/T 3536
腐蚀试验（铜片，121℃，3h），级			3			GB/T 5096
机械杂质，%（质量分数）			0.08			GB/T 511
水分，%（质量分数）			痕迹			GB/T 260
泡沫性 （泡沫倾向/泡沫稳定性） mL/mL	24℃	不大于	20/0			GB/T 12579
	93.5℃	不大于	50/0			
	后 24℃	不大于	20/0			
贮存稳定性	固体沉淀物，%（质量分数）不大于		0.25			SH/T 0037
	液体沉淀物，%（体积分数）不大于		0.50			
极压性能 （梯姆肯试验机法）	通过负荷，N	不小于	267			GB/T 11144
抗磨损性能（四球机法）	磨斑直径（392N，60min），mm 不大于		0.40			NB/SH/T 0189
极压性能（四球法）	最大无卡咬负荷 P_D，N	不小于	3920			GB/T 3142
承载能力 （CL-100 齿轮机法）	失效级	不小于	12			NB/SH/T 0306

1997年，美国汽车工程师协会（SAE）、美国材料与试验学会（ASTM）和美国石油学会（API）开始考虑车辆齿轮油的换代问题，提出了MT-1规格的齿轮油，MT-1是手动传动系统所用高于GL-4的齿轮油，用在重型卡车及公共汽车的手动变速箱上，要求具有良好的热安定性、清净性、抗氧化性、抗磨性、抗泡性并和密封材料及青铜件有良好的配伍性。

2）国家标准及行业标准

我国现行的重负荷车辆齿轮油标准为GB 13895—2018《重负荷车辆齿轮油（GL-5）》，主要规定了重负荷车辆齿轮油（GL-5）的性能要求（表1-3-4）。

表1-3-4　重负荷车辆齿轮油主要技术指标

项目		质量指标						试验方法
		75W	80W/90	85W/90	85W/140	90	140	
运动黏度（100℃），mm²/s		≥4.1	13.5～24.0	13.5～24.0	24.0～41.0	13.5～24.0	24.0～41.0	GB/T 265
倾点，℃		报告						GB/T 3535
表观黏度达150Pa·s时的温度，℃ 不高于		-40	-26	-12			—	GB/T 11145
闪点（开），℃ 不低于		150	165		180		200	GB/T 3536
成沟点，℃ 不高于		-45	-35	-20		-17.8	-6.7	SH/T 0030
黏度指数 不低于		报告				75		GB/T 2541
起泡性（泡沫倾向）mL 不大于	24℃	20						GB/T 12579
	93.5℃	50						
	后24℃	20						
腐蚀试验（铜片，121℃，3h），级 不大于		3						GB/T 5096
机械杂质，% 不大于		0.05						GB/T 511
水分 不大于		痕迹						GB/T 260
戊烷不溶物		报告						GB/T 8926—88(A法)
硫酸盐灰分		报告						GB/T 2433

1996年交通部制定了行业标准JT/T 224—1996《中负荷车辆齿轮油安全使用技术条件》，2008年又进行了修订，表1-3-5列出了JT/T 224—2008《中负荷车辆辆齿轮油》要求的技术指标。

表1-3-5　中负荷车辆齿轮油的主要技术指标

项目		技术要求			试验方法
		90	85W/90	80W/90	
运动黏度（100℃），mm²/s		13.5～24.0	13.5～24.0	13.5～24.0	GB/T 265
黏度指数 不小于		75	—	—	GB/T 2541
表观黏度达150Pa·s时的温度，℃ 不高于		—	-12	-26	GB/T 11145
闪点（开口），% 不低于		180	180	165	GB/T 3536

续表

项目		技术要求			试验方法
		90	85W/90	80W/90	
倾点，℃ 不高于		−10	−15	−27	GB/T 3535
机械杂质，% 不大于		0.05	0.05	0.05	GB/T 511
水分 不大于		痕迹	痕迹	痕迹	GB/T 260
铜片腐蚀（121℃，3h），级 不大于		3b	3b	3b	GB/T 5096
锈蚀试验（15 号钢棒）		无锈	无锈	无锈	GB/T 11143（A 法）
泡沫倾向性/泡沫稳定性 mL/mL	24℃ 不大于	100/0	100/0	100/0	GB/T 12579
	93℃ 不大于	100/0	100/0	100/0	
	后24℃ 不大于	100/0	100/0	100/0	
磷含量，%		报告	报告	报告	SH/T 0296
硫含量，%		报告	报告	报告	GB/T 387

三、车辆齿轮油选用与更换

1. 车辆齿轮油选用

正确选用车辆齿轮油要从两方面入手：一方面，要根据油品最低环境温度和传动装置最高运行温度来确定油品的黏度等级；另一方面，要根据齿轮类型、工作条件确定油品的种类或质量等级，如 GL-4、GL-5 等。

例如，对于使用螺旋伞齿轮的汽车变速箱，齿面负荷小，可选用手动变速箱油；而对于采用准双曲面齿轮的后桥装置，使用范围在我国三北地区，最好选用 80W/90 或 75W/90 GL-5 车辆齿轮油，以防止齿面的损伤。考虑到我国幅员辽阔，南北气候与冬季、夏季气候环境温度相差很大，使用多级油（例如 85W/90、85W/140 或 80W/90、80W/140 等）可以减少随季节换油造成的浪费，表 1-3-6 列出了不同环境温度下对应的车辆齿轮油黏度级别。

表 1-3-6　车辆齿轮油黏度级别选用表

环境温度，℃	车辆齿轮油选用的黏度级别
−57 ～ 10	75W
−25 ～ 49	80W/90
−15 ～ 49	85W/90
−15 ～ 49	85W/140
−12 ～ 49	90
−7 ～ 49	140

变速箱和后桥应分开选油。变速箱和后桥齿轮的材质和结构不同，分开选油保证变速箱密封件不泄漏，铜部件不腐蚀及后桥齿轮得到充分润滑。所以手动变速箱要选用手动变速箱专用油。

通常情况下，为保证齿轮的正常润滑，如果主减速器是双曲线齿轮，且齿面负荷在 2000MPa 以上、滑移速度超过 10m/s、油温高达 120 ～ 130℃以上的车辆，必须选用含有大量极压剂的重负荷车辆齿轮油 GL-5；高轴偏置双曲线齿轮后桥传动（偏置大于 2in 并接近环齿轮直径的 25%）最好选用抗擦伤性能高于 API GL-5 的超重型后桥齿轮油，中国石油润滑油公司与东风汽车有限公司和中国第一汽车集团有限公司已联合开发成功超重型后桥齿轮油，其抗擦伤性能明显高于 API GL-5 车辆齿轮油。

选择的齿轮油质量级别不高会引起以下问题。

（1）后桥齿轮运转有异响或磨损严重。

（2）齿轮齿面擦伤。

（3）油品短期氧化严重，黏度变化快。

（4）橡胶等密封件发生溶涨、硬化而漏油等。

选择的齿轮油质量级别不高会引起后桥齿轮运转有异响或磨损严重；齿面擦伤；油品短期氧化严重，黏度变化快和橡胶等密封件发生溶涨、硬化而漏油等问题。

2. 车辆齿轮油更换

目前，我国重负荷车辆齿轮油换油指标符合 GB/T 30034—2013《重负荷车辆齿轮油（GL-5）换油指标》要求（表 1-3-7）。指标包括油品的黏度、酸值、戊烷不溶物、水分、铁含量变化。车辆在长期高温和有氧环境下黏度会逐渐增加，对于加有聚甲基丙烯酸酯等黏度指数改进剂的齿轮油，则由于黏度指数改进剂分子被剪切，会使黏度下降。齿轮油随着油品氧化、极压抗磨剂热分解或水解产生酸性物质而使油品的酸值增大；另外，还会引起水分增加、抗泡性和抗乳化性变坏。油品氧化产生的不溶物以及磨损杂质如铁含量的增加均会导致油品性质的不断恶化，继续使用会引起严重后果。但对于变速箱油没有制定相关换油指标。

表 1-3-7 重负荷车辆齿轮油换油指标

项目		换油指标	试验方法
100℃运动黏度变化率，%	超过	-15 ～ +10	GB/T 265
酸值变化量，%	超过	±1	GB/T 7304
正戊烷不溶物，%	大于	1.0	GB/T 8926（B 法）
水分（质量分数），%	大于	0.5	GB/T 260
铁含量，μg/g	大于	2000	GB/T 17476，ASTM D6595
铜含量，μg/g	大于	100	GB/T 17476，SH/T 0102，ASTM D6595

第二节 工业齿轮油

按齿轮封闭形式的不同，齿轮传动装置有闭式和开式两种形式。其中，闭式齿轮油是工业齿轮油的主体，用于封闭的齿轮箱，均为连续润滑用油（飞溅、循环或喷射等），蜗轮蜗杆油也属于闭式齿轮油的一种。开式齿轮油用于非封闭的齿轮及链条系统的润滑,均为间歇或滴入式润滑用油。

齿轮和齿轮传动的分类方法较多,最常见的是圆柱齿轮、圆锥齿轮和蜗轮蜗杆齿轮三种。

工业齿轮一般用于高速轻载、高速重载和低速重载三大类运动和动力的传递。齿轮曲率半径小形成油楔的条件差,每次啮合均需重新建立油膜,且啮合表面不相吻合,有滚动也有滑动,形成油膜的条件较差。实际上齿轮润滑既有流体动力润滑和弹性流体润滑,又有边界润滑。

一、工业闭式齿轮油

1. 工业闭式齿轮油性能要求

工业闭式齿轮油的使用条件经常是高温、高负荷、多水、多灰尘污染场合。这些因素极大地影响润滑过程,对工业齿轮油提出了更苛刻的要求。具体说就是要有适宜的黏度,良好的黏温性能、良好的极压抗磨性、氧化安定性和热安定性、抗乳化性和抗泡性、防锈防腐性以及剪切安定性和适宜的低温性能。

(1) 合适的黏度与良好的黏温性能。

黏度是工业闭式齿轮油最基本的性能之一。黏度过低,形成的油膜薄,容易破裂,引起摩擦齿面的直接接触,使齿面磨损剧烈、发热,严重时发生烧结。黏度过大,油品的内摩擦力大,流动性差,齿轮在运转中因油品阻力发热,且造成动力损失。良好的黏温性,可以在齿面摩擦高温条件下仍保持足够的润滑油膜,不至发生磨损。在低温时油品具有足够的流动性,齿面润滑部位有足够的齿轮油,防止启动磨损。

(2) 良好的极压抗磨性。

良好的极压抗磨性是齿轮油最重要的性能。齿轮油在高速、低速、重载或冲击负荷下,迅速形成边界吸附膜或化学反应膜,防止齿面发生磨损、擦伤、胶合等破坏现象,使齿轮装置得以长期运行。

(3) 良好的氧化安定性和热安定性。

工业闭式齿轮油在工作中总是被机件剧烈搅拌,与空气、金属、杂质等频繁接触。齿轮油在较高温度下运转时,容易加快油的氧化,会使油的质量劣化,失去原有性能。因此,齿轮油应具有良好的热安定性和氧化安定性,以保证正常使用寿命。

(4) 良好的防锈防腐性。

工业闭式齿轮油在使用过程中,由于氧化和添加剂的作用而使齿面腐蚀;同时,使用过程中水的侵入是不可避免的,闭式齿轮箱的呼吸作用产生的水珠也会进入到齿轮箱中,在水与氧的作用下,齿轮和油箱就会生锈。腐蚀和锈蚀产物还会进一步引起齿轮油的变质,产生恶性循环。

(5) 良好的抗泡性和抗乳化性。

工业闭式齿轮油在使用中由于搅拌作用容易产生泡沫,如果生成的泡沫不能很快消失,会破坏油膜的完整性,使润滑失效;泡沫的导热性差,会引起齿面过热,使油膜破裂。因此,齿轮油应具有良好的抗泡性。

工业闭式齿轮油在工作中不可避免与水接触（如轧钢机冷却水进入轧机系统），如果齿轮油的分水能力差，油水就会形成稳定的乳化体，影响承载油膜的形成，导致齿面的擦伤和磨损。所以，齿轮油应具有良好的抗乳化性。除上述要求外，工业闭式齿轮油还应具有良好的剪切安定性，存储安定性以及密封件的配伍性等。

2. 工业闭式齿轮油分类与标准

1）黏度分类

我国工业闭式齿轮油按 GB/T 3141—1994《工业液体润滑剂 ISO 黏度分类》标准，根据 40℃ 运动黏度在 32 ～ 3200mm²/s 范围内分成 20 个黏度等级。每个黏度等级用最接近 40℃ 中间点运动黏度（mm²/s）的正数值来表示，每个黏度等级的运动黏度范围允许为中间点运动黏度的 ±10%。表 1-3-8 列出了工业闭式齿轮油的黏度等级。

表 1-3-8　工业闭式齿轮油的黏度分类

黏度等级	中间点运动黏度（40℃）mm²/s	运动黏度范围（40℃），mm²/s	
		最小	最大
32	32	28.8	35.2
46	46	41.4	50.6
68	68	61.2	74.8
100	100	90	110
150	150	135	165
220	220	198	242
320	320	288	352
460	460	414	506
680	680	612	748
1000	1000	900	1100
1500	1500	1350	1650
2200	2200	1980	2420
3200	3200	2880	3520

2）质量等级分类

工业闭式齿轮油分为 8 个系列产品，详细分类见表 1-3-9。其中 5 个是矿物型润滑油，分别为 CKB（抗氧防锈工业闭式齿轮油）、CKC（中负荷工业闭式齿轮油）、CKD（重负荷工业闭式齿轮油）、CKE（涡轮蜗杆油）和 CKE/P（极压涡轮蜗杆油）；两个是合成型润滑油，分别为 CKS（合成烃齿轮油）和 CKT（合成烃极压齿轮油）；一个是润滑脂 CKG（普通齿轮润滑脂）。涡轮蜗杆油主要用于涡轮蜗杆传动装置的润滑，对油品性能要求比较特殊；合成烃齿轮油多用于极苛刻工况。

表 1-3-9　工业闭式齿轮油分类

代号	通用名称	适用范围
CKB	抗氧防锈型齿轮油	适用于齿面接触应力小于 500MPa 的工业齿轮传动润滑
CKC	中负荷工业齿轮油	适用于齿面接触应力 500～1100MPa 的工业齿轮传动润滑
CKD	重负荷工业齿轮油	适用于齿面接触应力大于 1100MPa 的工业齿轮传动润滑
CKE（轻负荷）CKE/P（重负荷）	涡轮蜗杆油 极压涡轮蜗杆油	摩擦系数低，适合涡轮蜗杆传动润滑
CKS	合成烃齿轮油	适用于轻负荷极高、极低温度下齿轮的润滑
CKT	合成烃极压齿轮油	适用于中负荷极高、极低温度下工作的齿轮的润滑
CKG	普通齿轮润滑脂	适用于轻负荷下运转的齿轮润滑

　　抗氧防锈型工业闭式齿轮油（L-CKB）、中负荷或普通工业闭式齿轮油（L-CKC）和重负荷或极压工业闭式齿轮油（L-CKD），可满足各种齿轮传动装置的润滑需求。

　　3）工业闭式齿轮油标准

　　（1）国际标准。

　　常用的工业齿轮油标准由国际标准、先进的国外标准、国家标准和设备制造商（OEM）标准等几类。其中具有影响力的国外标准有 AGMA（美国齿轮制造业协会）、AIST（美国钢铁技术协会）标准和德国工业标准等。不同工业闭式齿轮油规格的比较见表 1-3-10。

表 1-3-10　不同工业闭式齿轮油规格的比较

性能试验			AIST 224	AGMA 9005-E02	DIN 51517-3	ISO 12925 Type CKD	试验方法
Timken OK 负荷，N		不小于	266.9	—	—	—	ASTM D2782
四球试验	烧结负荷 P_D，N	不小于	2450	—	—	—	ASTM D2783 ASTM D4172
	磨损指数 Z_{MZ}，N	不小于	441	—	—	—	
	磨斑直径 D，mm	不大于	0.35	—	—	—	
FZG（A/8.3/90）擦伤实验，级		不小于	11	12	12	12	ISO 14635-1
FE-8 磨损实验（D7.5/80-80）	滚动件磨损，mg	不大于	—	—	30	—	DIN 51819-3
	保持架磨损量，mg	不大于	—	—	报告	—	
铜片腐蚀（100℃，3h），级		不大于	1b	1b	1b	1b	ASTM D130
防锈试验	A：蒸馏水		通过	—	通过	通过	ASTM D665
	B：合成海水		通过	通过	—	通过	
抗氧化性（121℃，312h）	100℃黏度增长，%	不大于	6	6	6	6	ASTM D2893
	沉淀值，mL	不大于	0.1	—	—	0.1	
抗泡沫性 mL/mL	前 24℃	不大于	—	50/0	100/10	100/10	ASTM D892
	93.5℃	不大于	—	50/0	100/10	100/10	
	后 24℃	不大于	—	50/0	100/10	100/10	

续表

性能试验			AIST 224	AGMA 9005-E02	DIN 51517-3	ISO 12925 Type CKD	试验方法
抗乳化性 (82℃)	油中水, %	不大于	2.0	2.0	—	2.0	ASTM D2711
	乳化层, mL	不大于	1.0	1.0	—	1.0	
	总分离水, mL	不大于	80	80	—	80	
水分离性, min		不大于	—	—	30	—	ASTM D1401

（2）中国标准。

我国现行的工业闭式齿轮油标准为 GB 5903—2011，主要规定了 L-CKB 抗氧防锈型工业闭式齿轮油、L-CKC 中负荷工业闭式齿轮油、L-CKD 重负荷工业闭式齿轮油三大类主要产品的性能要求，见表 1-3-11。

表 1-3-11　工业闭式齿轮油主要技术指标

项目			技术指标			试验方法
质量级别			L-CKB	L-CKC	CKD	
黏度等级（按 GB 3141）			220	220	220	—
运动黏度（40℃）, mm²/s			198～242	198～242	198～242	GB/T 265
外观			透明	透明	透明	目测
运动黏度（100℃）, mm²/s			报告	报告	报告	GB/T 265
黏度指数		不小于	90	90	90	GB/T 2541
闪点（开口）, ℃		不低于	200	200	200	GB/T 267
倾点, ℃		不高于	-8	-9	-9	GB/T 3535
水分, %		不大于	痕迹	痕迹	痕迹	GB/T 260
机械杂质, %		不大于	0.02	0.02	0.02	GB/T 511
铜片腐蚀, 级（100℃, 3h）		不大于	1	1	1	GB/T 5096
液相锈蚀试验（24h）			无锈	无锈	无锈	GB/T 11143（B 法）
氧化安定性［中和值达 2.0mg（KOH）/g］h 不小于			500	—	—	GB/T 12581
氧化安定性（95℃, 312h）	100℃运动黏度增长, %	不大于	—	6	6	SH/T 0123
	沉淀值, mL	不大于	—	0.1	0.1	
泡沫性（泡沫倾向/泡沫稳定性）mL/mL	24℃	不大于	75/10	50/0	50/0	GB/T 12579
	93.5℃	不大于	75/10	50/0	50/0	
	后 24℃	不大于	75/10	50/0	50/0	
抗乳化性（32℃）	油中水, %（体积分数）	不大于	0.5	2.0	2.0	GB/T 8022
	乳化层, mL	不大于	2.0	1.0	1.0	
	总分离水, mL	不小于	30	80	80	

3. 工业闭式齿轮油的选用与更换

1）工业闭式齿轮油的选用

一般齿轮设备制造商在设备说明书或有关手册中规定了该设备使用工业闭式齿轮油的品种和牌号。用户首先要根据设备制造商的推荐选用工业闭式齿轮油，但也会遇到在许多场合用户的工艺状况及使用环境与设备制造商规定不一致的情况，有的还按过去的老牌号或使用习惯来选油，不太清楚新旧牌号的差异，给用户自行选油带来了困扰，甚至因选油不当产生许多使用问题。

选择合适的工业闭式齿轮油尤为重要。选择工业闭式齿轮油有以下4条原则：

（1）根据齿面接触应力选择工业闭式齿轮油类型。

（2）根据齿轮线速度选择工业闭式齿轮油的黏度等级。速度高的选用低黏度油，速度低的选用高黏度油。

（3）根据使用环境温度选择工业闭式齿轮油的黏度等级。油温高，使用齿轮油的黏度应大一些；夏季使用黏度高的油，冬季使用黏度低的油。

（4）考虑齿轮润滑和轴承润滑是否处在同一润滑系统中，是滚动轴承还是滑动轴承，滑动轴承要求齿轮油的黏度较低。

工业用齿轮的类型、使用条件和用油品种见表1-3-12。工业闭式齿轮油质量等级的选择是依据齿面接触应力和齿轮类型，工业闭式齿轮油质量等级的选择见表1-3-13。

表1-3-12　齿轮类型、使用条件与用油品种

齿轮类型	使用条件	用油品种
直齿轮、斜齿轮、锥齿轮	轻负荷	抗氧防锈型齿轮油
	重负荷	极压型齿轮油
涡轮	不论任何使用条件	极压型或合成型齿轮油
准双曲线齿轮		双曲线齿轮油
开式齿轮		开式齿轮用合成齿轮油

表1-3-13　工业闭式齿轮油质量等级的选择

齿面接触应力 MPa	齿轮使用工况	推荐用油
<350	无冲击负荷一般齿轮传动	抗氧防锈工业齿轮油（L-CKB）
350～1100	有冲击负荷一般齿轮传动，如矿井提升机、露天采掘机、水泥磨、化工机械、水利电力机械、冶金矿山机械、船舶海港机械等的齿轮传动	中负荷工业齿轮油（L-CKC）
>1100	有冲击负荷的苛刻齿轮传动，如冶金轧钢、井下采掘、水泥球磨机等高温、有冲击、含水部位的齿轮传动	重负荷工业齿轮油（L-CKD）

2）工业闭式齿轮油的更换

工业闭式齿轮油在使用过程中会逐步变质、劣化，这主要表现在理化指标上发生变化。

（1）黏度增加。齿轮油在使用过程中逐渐氧化，生成的氧化产物是导致黏度增加的重要原因之一。此外，混合在油中的金属磨粒及油溶性的金属化合物，因水分而生成的乳化状油泥，也致使油的黏度增加。

（2）生成油泥。油泥的主要成分是非溶性的氧化物、胶质、沥青质等，此外，还含有水分和外界污染物。

（3）酸值增加。这主要是由于油在氧化过程中产生酸性氧化物，因而不含添加剂的齿轮油氧化后导致酸值增加。

（4）极压剂的消耗。在使用过程中，齿轮油中的极压剂由于金属之间的化学反应和受热分解而逐渐被消耗。

（5）水分增加。由于齿轮装置的运行和停车时的温度变化，空气中的水分在齿轮油中冷凝下来。

（6）金属杂质。由于齿轮和轴承的磨损，使齿轮油中金属面粉末、磨粒逐渐增多。

（7）抗泡性变坏。由于硅油抗泡添加剂沉淀所致。工业闭式齿轮油更换与齿轮磨合情况、齿轮的载荷、齿轮油的种类和质量、润滑部位在机械中的重要性等均有关。一般，用油量较少的齿轮箱可根据实践经验定期换油。如美国齿轮制造业协会（AGMA）规定正常情况下6个月换油。工况条件控制比较好又没有水汽混入情况，换油周期可达1年或工作8000h。

对于集中供油润滑系统的大型齿轮装置，要根据监控装置齿轮油质量的变化来确定是否换油。为了定期进行质量监控，我国制定了L-CKC中负荷和L-CKD重负荷工业闭式齿轮油换油标准NB/SH/T 0586（表1-3-14），其中有一项指标达到换油指标时，就应采取换油或者处理在用油的措施。

表1-3-14　工业齿轮油换油指标

项目		L-CKC换油	L-CKD换油	试验方法
外观		异常①	异常①	目测
40℃运动黏度变化率，%	超过	±15	±15	GB/T 265
水分（质量分数），%	大于	0.5	0.5	GB/T 260
机械杂质（质量分数），%	大于或等于	0.5	0.5	GB/T 511
铜片腐蚀（100，3h），级	大于或等于	3b	3b	GB/T 5096
梯姆肯OK值，N	小于或等于	133.4	178	GB/T 11144
酸值增加，mg（KOH）/g	大于或等于	—	1.0	GB/T 7304
铁含量，mg/kg	大于或等于	—	200	GB/T 17476

①外观异常是指使用后油品颜色与新油相比变化非常明显（如新油的黄色或棕黄色等变为黑色）或油品中能观察到明显的油泥状物质或颗粒状物质等。

通过对在用工业闭式齿轮油指标监控，及时发现问题、解决问题，是设备高效率、长周期稳定运行的保证。此外，还可以避免过早换油，给用户带来成本的增加或盲目凭经验延长换油周期而损害齿轮设备造成停产，带来更大的损失。

二、开式齿轮油

1. 开式齿轮油的性能要求

顾名思义，工业闭式齿轮油应用在闭式齿轮箱中；开式齿轮油适用于无齿轮箱或有半封闭式齿轮箱的低速重负荷齿轮装置。工业闭式齿轮油的黏度牌号以40℃运动黏度分类，而开式齿轮油是以100℃运动黏度分类的。两者也有不同的性能要求，闭式齿轮油除去常规的理化性能要求外，特别注重于极压抗磨性、氧化安定性等的要求；而开式齿轮油要求具有良好的黏附性和内聚性，是闭式齿轮油不具备的。

2. 开式齿轮油的分类

1）分类

（1）黏度分类。按照100℃运动黏度划分，一般分为68，100，150，220和320。

（2）质量等级分类。普通开式齿轮油通常是具有抗腐性的复合型聚合物产品，极压型的油品在此基础上要改善和提高极压、抗磨和抗腐性。

2）标准

（1）国际标准。开式齿轮油标准主要是美国齿轮制造业协会的AGMA 251.02 R&O标准，我国的标准也主要参考这个标准进行制定。

（2）中国标准。我国开式齿轮油参考了原AGMA 251.02 R&O标准，制定了SH 0363普通开式齿轮油标准（表1-3-15）。

表1-3-15 普通开式齿轮油主要技术指标

项目	技术指标					试验方法
黏度等级（按100℃运动黏度划分）	68	100	150	220	320	—
相近的原牌号	1 号	2 号	3 号	4 号	5 号	—
运动黏度（100℃），mm²/s	60～75	90～110	135～165	200～245	290～350	GB/T 265
闪点（开口），℃ 不低于	200	200	200	210	210	GB 267
钢片腐蚀（45钢片，100℃，3h）	合格					SH/T 0195
防锈性（蒸馏水，15钢）	无锈					GB/T 11143
最大无卡咬负荷（P_B），N（kgf） 不小于	686（70）					GB 3142
清洁性	必须无砂子和磨料					目测

3. 开式齿轮油的选用与更换

开式齿轮油的选择应综合考虑齿轮的封闭程度、圆周速度、齿轮尺寸、工作环境及润滑油的给油方式等因素，依据齿轮运转及承受载荷等来确定开式齿轮油的黏度和类型。开式齿轮油黏度的选择一般参照美国齿轮制造业协会（AGMA）开式齿轮油黏度选用标准AGMA 251.02进行。

三、蜗轮蜗杆油

1.蜗轮蜗杆油的性能要求

蜗轮蜗杆是主要的传动方式之一，用以传递空间交错的两轴之间的动力和运动。它具有体积小、传动速比大、运转平稳、噪声小、蜗轮输出扭矩大等特点。在具有这些良好特性的同时，也带来了以下后果：（1）运转过程中接触点相对滑动大；（2）润滑油不易进入啮合部位。因此，极易引起发热量大、散热困难、传动效率低、蜗轮磨损快。为了降低摩擦、减少磨损，蜗轮蜗杆主要采用晶格不同、互溶性小的钢—铜摩擦副。除却设计水平、精度材质等因素外，润滑介质——蜗轮蜗杆油的性能特点也至关重要。总的说来，性能要求有以下几点。

（1）具有良好的润滑性能，摩擦系数小，油膜强度高；

（2）具有优良的黏温性能和低温性能，保证在温度变化时能充分润滑蜗轮蜗杆副，并能清洁齿面；

（3）具有优良的防锈性能和防腐蚀性能，对铜、锌等材料无腐蚀；

（4）具有优良的极压抗磨性能，能提供较高的承载能力；

（5）具有高的传动效率，可降低工作温度和能耗；

（6）具有优良的氧化安定性和热安定性，有更长的使用寿命，减少换油次数；

（7）有优良的抗泡性能，可抑制泡沫的产生以及使泡沫迅速消失，保证设备安全运行。

2.蜗轮蜗杆油的分类

1）黏度分类

按照40℃运动黏度分类，一般分为220，320，460，680和1000。

2）质量等级分类

L-CKE为复合型蜗轮蜗杆油，主要用于铜—钢配对的圆柱型和双包围等类型的承受轻负荷，传动中平稳无冲击的蜗轮蜗杆副润滑，分一级品和合格品。L-CKE/P为极压型蜗轮蜗杆油，主要用于铜—钢配对的圆柱型承受重负荷，传动中有振动和冲击的蜗轮蜗杆副润滑，也分为一级品和合格品。

3.蜗轮蜗杆油的标准

1）国际标准

国际上倾向于采用以下几个规格作为蜗轮蜗杆传动润滑油规格。

（1）普通型。以美国 AGMA 250.04 及美军 MIL-L-15019E6315 规格为代表。

（2）极压型蜗轮蜗杆油。以美军 MIL-L-18486B（OS）规格为代表。美国 AGMA 250.04 部分指标见表 1-3-16。

2）中国标准

我国蜗轮蜗杆油参考了美国军用标准 MIL-L-15019E-1982 中 6135 号制定了 SH/T 0094 普通蜗轮蜗杆油 L-CKE 标准，参考美国军用标准 MIL-L-18486B（OS）—1982 制定了 SH/T 0094 极压型蜗轮蜗杆油 L-CKE/P 标准，主要技术指标见表 1-3-17。

表1-3-16　国外蜗轮蜗杆油采用的规格指标

项目	AGMA250.04 规格指标			试验方法
黏度等级	460	680	1000	
	7 COMP	8 COMP	8A COMP	
运动黏度（40℃），mm²/s	414～506	612～748	900～1100	ASTM D88
黏度指数　　　　　不小于	90			ASTM D2270
铜片腐蚀试验（121℃，3h），级　不大于	1			ASTM D130
液相锈蚀试验（B法）	无锈			ASTM D665
泡沫性，mL/mL	24℃　　不大于	75/10		ASTM D892
	93.5℃　不大于	75/10		
	后24℃　不大于	75/10		
清洁度	无砂粒和磨料			—

表1-3-17　我国蜗轮蜗杆油主要技术指标

项目	L-CKE			L-CKE/P			试验方法
黏度等级	460	680	1000	460	680	1000	试验方法
质量等级	一级品			一级品			
运动黏度（40℃），mm²/s	414～506	612～748	900～1100	414～506	612～748	900～1100	GB/T 265
黏度指数　　　　不小于	90			90			HG 3031
闪点，℃　　　　不小于	220			220			GB/T 3536
倾点，℃　　　　不大于	-6			-12			GB/T 3535
机械杂质，%　　不大于	0.02			0.02			GB/T 511
水分，%　　　　不大于	痕迹			痕迹			GB/T 260
皂化值，mg(KOH)/g　不大于	9～25			25			GB/T 8021
铜片腐蚀试验（100℃,3h),级　不大于	1			1			GB/T 5096
液相锈蚀试验	蒸馏水	无锈		—			GB/T 11143
	合成海水	—		无锈			
硫含量，% 　　　不大于	1.0			1.25			SH/T 0303
氯含量，% 　　　不大于	—			0.03			SH/T 0161
沉淀值，mL　　　不大于	0.05			—			SH/T 0024
泡沫性，mL/mL	24℃　　不大于	75/10		75/10			GB/T 12579
	93.5℃　不大于	75/10		75/10			
	后24℃　不大于	75/10		75/10			

4. 蜗轮蜗杆油的选用与更换

蜗轮蜗杆传动具有与齿轮传动不同的特点，对润滑油也有特殊要求。蜗杆副滑动速度大，发热量高，蜗轮常用青铜制造，有时也可用黄铜或铸铁制造，蜗杆一般用合金钢制成，这样从材料的配对上可以起到降低磨损和抗胶合的作用。而在润滑油的选择方面，一般要选择黏度牌号较高，对铜无腐蚀作用的蜗轮蜗杆油。对于高负荷淬硬蜗杆和起动频繁的蜗轮副，要求选用含有极压添加剂的蜗轮蜗杆油。

蜗轮蜗杆油黏度牌号的选择，有几种不同方法。我国一般是根据滑动速度来选的，美国 AGMA 250.04 是根据蜗杆副中心距和蜗杆转速来选的。德国 DIN 51509-Teil1 是根据力—速度因子来选的。在这几种选油方法中，以德国 DIN 51509 较为简便易行且考虑全面，它不仅考虑到速度的影响，而且把输出扭矩也考虑在内，因此，用此种选油方法更科学。

蜗轮蜗杆油的更换，一般按照设备厂商的推荐换油周期进行油品的更换。

四、抽油机油

1. 抽油机油性能要求

抽油机减速箱的润滑对抽油机的正常工作起着至关重要的作用，中国石油主产区地处北方地区，冬天比较寒冷，夏天又比较炎热，每个油田的工作环境不尽相同，因此，要求抽油机油具有良好的黏温性能、抗磨性、氧化安定性、防锈性、抗乳化性等。

对氧化安定性提出要求是因为抽油机减速箱用齿轮油在工作中被不断搅拌，与空气、金属和杂质等接触，在温度较高的情况下容易氧化变质；对低温性能提出要求是由于抽油机在野外作业温差变化大，为保证设备在冬季正常运转，对油品的低温性能提出了较高的要求；极压抗磨性能是齿轮的承载能力，除了与润滑油的黏度有关外，主要与润滑油添加剂的性能有关；对防腐蚀性能提出要求是因为抽油机减速箱用齿轮油氧化产生的酸性物质对齿轮可造成腐蚀，齿面及油箱会产生锈蚀、腐蚀，不仅破坏了齿轮的几何特点和润滑状态，腐蚀、锈蚀产物会进一步引起油质变坏；对抗乳化性能提出要求是因为抽油机在户外作业，如设备密封不好很容易进水，油中含水会加速抽油机减速箱用齿轮油中有机酸对金属的腐蚀，造成机械设备的锈蚀、抗乳化性能变差、添加剂水解，严重影响润滑油的质量。

2. 抽油机油分类与标准

抽油机油的黏度牌号分类参照工业闭式齿轮油 100、150 和 220 执行。抽油机油是中国石油润滑油公司结合我国油田抽油机行业的设备润滑情况，专门为抽油机研制的润滑油品。执行中国石油润滑油公司制定的 Q/SY 1138《寒区抽油机用润滑油技术条件》（表 1-3-18 和表 1-3-19）。

表 1-3-18　寒区抽油机用润滑油部分技术指标

项目		质量指标			试验方法
		100	150	220	
运动黏度（40℃），mm²/s		90 ~ 110	135 ~ 165	198 ~ 242	GB/T 265
黏度指数	不小于	90			HG 3031
闪点（开口），℃	不小于	180			GB/T 3536
倾点，℃	不高于	见表 1-3-19			GB/T 3535
铜片腐蚀（121℃，3h），级	不大于	1			GB/T 5096

续表

项目			质量指标			试验方法
			100	150	220	
泡沫性，mL/mL	24℃	不大于	75/10			GB/T 12579
	93.5℃	不大于	75/10			
	后24℃	不大于	75/10			
抗乳化性（82℃）	油中水（体积分数），% 不大于		1.0			GB/T 8022
	乳化层，mL	不大于	2.0			
	总分离水，mL	不小于	60			
承载能力（CL-100 或 FZG 齿轮机法）失效级		不小于	9			NB/SH/T 0306

表 1-3-19 寒区抽油机用润滑油倾点要求

产品标记	使用环境温度，℃	黏度等级	倾点，℃
L-PO 100 （-8）	−45 ~ 10	100	≤ -8
L-PO 100 （-20）			≤ -20
L-PO 100 （-30）			≤ -30
L-PO 100 （-40）			≤ -40
L-PO 100 （-50）			≤ -50
L-PO 150 （-8）	−35 ~ 45	150	≤ -8
L-PO 150 （-20）			≤ -20
L-PO 150 （-30）			≤ -30
L-PO 150 （-40）			≤ -40
L-PO 220 （-8）	−5 ~ 70	220	≤ -8

　　注：用户需根据当地油田的环境温度选择合适的齿轮减速箱润滑油，特别是在寒冷地区运行的抽油机，必须保证润滑油在最低环境温度下不引起过大起动转矩而烧坏其电动机。

第四章　液压系统用油及液力传动油

　　机械装置中以液体为工作介质传递和转换能量，并进行控制的传动称液体传动。其中，借助液体的动能传递能量称为液力传动，利用密闭容积内液体的压力能传递和转换能量称为液压传动。液压传动的工作介质称为液压油，用作液力传动介质的油，通常被称之为液力传动油。

　　广义的液压油包括矿物液压油和水—乙二醇、多元醇酯、磷酸酯等非油基液压液，是工业润滑油中用量最大的油品之一。液力传动油一般用于由液力变矩器、液力偶合器和机械变速器构成的车辆自动变速器中作为工作介质，包括 6 号液力传动油、8 号液力传动油以及各种类型自动传动液等。

第一节　液压油系统用油

一、液压油的性能要求

　　液压传动具有元件体积小、结构紧凑、操作灵活方便、传递功率大等优点，在机床、石油机械、冶金机械、工程机械、农业机械、汽车、船舶以至航空、宇宙航行等诸多领域得到了广泛应用。液压油作为液压系统的重要组成部分之一，在系统运转过程中，除了实现能量的传递、转换和控制外，还起着系统的润滑、冷却、防锈、防腐等作用。因此，如果把液压泵比作为液压系统的"心脏"，那么液压油就是液压系统的"血液"。

　　液压油质量的优劣直接影响着液压系统的灵活性、准确性和可靠性，液压技术的不断发展（大功率、小体积、高压力），对液压油性能提出了严格要求。

1. 适宜的黏度和良好的黏温性能

　　液压泵是液压系统中对液压油黏度最敏感的关键元件之一，一般情况下，液压系统及其元件是根据主油泵所要求的液压油黏度进行设计和选择，因此要求液压油在使用温度范围内具有适宜的黏度。黏度过大时，会增加管路中的输送阻力，造成工作过程中能量损失增加，主机空载损失加大，温升快，工作温度过高，在主泵吸油端可能出现"空穴"现象；黏度过小时，则不能保证工程机械良好的润滑条件，加剧零部件的磨损且系统泄漏增加，引起油泵容积效率下降。

　　黏温性是指油液黏度升降程度随温度而变化的程度，通常用黏度指数表示。黏度指数越大，表示油品的黏度随温度的变化程度越小，温度升高时油品黏度下降程度越小，从而使液压系统的内泄漏不致过大；同时，黏度指数越大，温度降低油品黏度升高程度也越小，这就保证了油品的低温黏度小于泵的最大启动黏度。因此，高黏度指数液压油适用温度范围更宽。

2. 润滑性（抗磨性）

在高压及高转速条件下工作的液压系统，液压元件内部的摩擦，在高负荷或启动、停车的工况下，多数处于边界润滑状态，这将产生不同程度的摩擦磨损。对于润滑性不好的液压油，容易出现边界润滑，甚至发生干摩擦、加剧磨损。因此，要求润滑油必须具有足够的润滑性，尽可能避免干摩擦、减少磨损，确保液压系统长时间地正常工作。

液压油抗磨性的评价方法除齿轮试验机、四球试验机以外，还包括各种泵台架，如Vickers 104C 叶片泵（14MPa）、Vickers 35VQ25A 高压叶片泵（21MPa）、Denison T6H20C混合泵（柱塞泵 28MPa，叶片泵 25MPa）等。

3. 防锈防腐蚀性

无论在液压泵中、液压阀中还是液压管路中，液压油均与铜、铁等金属直接接触，液压油必须具有优异的防锈防腐性，保护铜铁部件。抗腐蚀性和防锈性不合格就会使系统出现锈蚀，这些锈蚀颗粒随油循环将造成摩擦表面的磨粒磨损，并因其催化作用而加剧油品的氧化。因此，要求油品具有抑制腐蚀和锈蚀的能力，最大程度地保护金属表面。评价液压油的防锈性能的方法是 GB/T 11143《加抑制剂矿物油在水存在下防锈性能试验法》，包括蒸馏水法和合成海水法两种；评价液压油防腐性能的试验方法是 GB/T 5096《石油产品铜片腐蚀试验法》。

4. 抗泡沫性和空气释放性

空气污染是造成液压油失效的原因之一。油中空气表现为气泡（直径大于 1mm）和雾沫空气（直径小于 0.5mm）两种形式，气泡能较快上升到油面消失，而雾沫空气不容易逸出油面。一般认为油液不可压缩，但空气的可压缩性较大（约为油液的 10000 倍）。溶解在油液中的空气，压力低时会从油中逸出，产生气泡，形成空穴现象。高压下气泡会很快被击碎，急剧被压缩而产生噪声和气穴腐蚀；同时，造成油液局部温度急剧升高，加剧油品的氧化变质。对移动设备液压系统而言，由于油箱体积的缩小，对油品此项性能的要求更加苛刻。液压油抗泡沫性的评价方法是 GB/T 12579《润滑油泡沫特性测定法》，空气释放值的评价方法是 SH/T 0308《润滑油空气释放值测定法》。

5. 氧化安定性和热稳定性

油品在高温下运行，在钢、铜等金属的催化作用下，会发生氧化，生成油泥等沉积物。过度的氧化会造成油品黏度和酸值的增长，造成阀黏结、油泥堵塞和铜腐蚀等，损害液压系统，同时使油品的寿命大大缩短，因此要求油品有良好的氧化安定性和热稳定性。由于节能、环保等各方面的原因，工程机械各 OEM 等纷纷要求延长油品的换油期，对油品此项性能的要求也越来越高。液压油氧化安定性的评价方法为 GB/T 12581《加抑制剂矿物油氧化特性测定法》，即 ASTM D943 氧化，热稳定性的评价方法为 SH/T 0209《液压油热稳定性测定法》。

6. 耐水性

液压油在使用过程中，由于冷凝、泄漏等原因很容易混入水分。水分的增加会造成添加剂的水解，生成酸性物质，从而造成铜部件的腐蚀；水分的存在会加剧油品的氧化，生成的不溶物会堵塞过滤器等。

液压油的耐水性主要包括水分离性、水解安定性和湿式过滤性等。水分离性，即油品在混入水之后可以迅速分水，产生尽可能少的乳化液；水解安定性，即油品在进水后不易发生水解，生成尽可能少的酸性物质，对铜腐蚀小；湿式过滤性，即油品进水后生成尽可能少的不溶物，不会造成精密过滤器的堵塞。液压油水分离性的评价方法为 GB/T 7305《石油和合成液水分离性测定法》，水解安定性的评价方法为 SH/T 0301《液压液水解安定性测定法（玻璃瓶法）》，湿式过滤性的评价方法有 SH/T 0210《液压油过滤性试验法》等。

7. 密封材料适应性

适应性指液压油对其接触的各种金属材料、非金属材料如橡胶、涂料、塑料等无侵蚀作用。反过来，这些材料也不会使油污染变质，彼此相适应。油品与密封材料不适应会产生金属腐蚀、涂料溶解、橡胶的过分膨胀或收缩等。同时，油品与密封材料不适应也会加快油品的变质，缩短油品和设备的寿命。因此，要求液压油必须与系统的各种密封材料相适应，评价液压油密封材料适应性的方法有 SH/T 0305 等《石油产品密封适应性指数测定法》。

8. 剪切安定性

对 HV 和 HS 等低温液压油产品，为了提高其黏度指数，通常加入聚甲基丙烯酯等高分子聚合物作为黏度指数改进剂。这些物质的分子链较长，油液流经阀的小孔及环状缝隙时，受到很大的剪切作用，往往会使高分子断链、油液黏温特性下降。鉴于黏度和黏温特性的重要性，因此要求液压油有较强的抗剪切能力。液压油剪切安定性的评价方法是 SH/T 0103《含聚合物油剪切安定性的测定 柴油喷嘴法》。

9. 清洁度

液压油的清洁度，是指液压油中所含固体颗粒及污染物的多少。在用液压油中的颗粒杂质主要包括砂尘、管道锈屑、焊屑等，它们来自未清洗或清洗不彻底的管道、未过滤或过滤不好的液压油以及通过呼吸孔等各种途径从外界进入的杂质。这些颗粒杂质会造成元件表面的磨粒磨损，引起阀的黏结、失灵，加剧油品的变质等。油品的清洁度一般用颗粒计数法测定，可采用 GB/T 14039《液压传动 油液固体颗粒污染等级代号》(ISO 4406：1999)或 NAS 1638 的分类法表示。

10. 抗燃性

在钢厂等有高温热源和明火附近的液压系统，由于存在泄漏破裂等原因，会造成液压油与高温热源或明火接触，使用矿物液压油就会导致火灾的发生。为了安全起见，在这种特殊场合使用的液压油必须具备抗燃性。此外，在航空、国防工业的某些特殊液压系统中为了安全也提出了抗燃要求。

二、液压油的分类

广义的液压油泛指应用于流体静压系统中的液压介质，包括矿物油基、合成烃、水基等各种组成形式；狭义的液压油则单指矿物油和合成烃型，即表 1-4-1 中的 HH、HL、HM、HR、HV、HS 和 HG 等。其中，HH 液压油是不含任何添加剂的精制矿物油，虽列入分类中，但液压系统不宜使用，我国也无产品标准；HR 液压油是在 HL 液压油的基础上添加黏度指数改进剂，适用于环境变化大的中、低压系统，使用面较窄、用量小，国标中也未设此类油品，有需要 HR 液压油的场合，可选用 HV 液压油。

液压油产品标准大致分为两类：一是国际（或国家）标准，如：ISO 11158、ASTM D6158、DIN 51524 和 GB 11118.1 等；二是行业标准，如：日本工程机械行业 JCMAS HK、美国钢铁工业协会 AISE No. 126&127、美国机动工程师协会 SAE MS 1004、德国钢铁协会 SEB 18122 等。

表 1-4-1　润滑剂和有关产品的分类——第 2 部分：H 组（液压系统）

特殊应用	更具体应用	组成和特性	产品符号 ISO-L	典型应用	备注
流体静压系统		无抗氧剂的精制矿物油	HH		
		精制矿物油、并改善其防锈和抗氧性	HL		
		HL 油、并改善其抗磨性	HM	有高负荷部件的一般液压系统	
		HL 油、并改善其黏温性	HR		
		HM 油，并改善其黏温性	HV	建筑和船舶设备	
		无难燃要求的合成液	HS		特殊性能
	用于环境可接受的液压液场合	甘油三酸脂	HETG	一般液压系统（可移动式）	每个品种的基础液的最小含量应不少 70%（质量分数）
		聚乙二醇	HEPG		
		合成酯	HEES		
		聚 α 烯烃和相关烃类产品	HEPR		
	液压导轨系统	HM 油，并具有抗黏—滑性	HG	液压和滑动轴承导轨润滑系统合用的机床在低速下使振动或间断滑动（黏—滑）减为最小	这种液体具有多种用途，但并非在所有液压应用中皆有效
	用于使用难燃液压液的场合	水包油型乳化液	HFAE		通常含水大于 80%（质量分数）
		水的化学溶液	HFAS		通常含水大于 80%（质量分数）
		油包水乳化液	HFB		
		含聚合物水溶液①	HFC		通常含水大于 35%（质量分数）
		磷酸酯无水合成液①	HFDR		
		其他成分的无水合成液	HFDU		
流体动力系统	自动传动系统		HA		与这些应用有关的分类尚未进行详细研究，以后可以增加
	耦合器和变矩器		HN		

①这类液体也可以满足 HE 品种规定的生物降解性和毒性要求。

1. 国际标准 ISO 11158

现行国际标准 ISO 11158 发布于 2009 年，包括 HH、HL、HM、HV 和 HG 五个品种。其中对 HM 级别的油品，除限定了 0℃ 和 40℃ 黏度之外，还对 100℃ 黏度的最小值进行了限定。对所有油品，要求测试油品与丁腈橡胶（NBR）的相容性（100℃，168h）。

2. 国家标准

我国目前现行液压油产品标准为 GB 11118.1，最新版本发布于 2011 年，包括 HL、HM、HV、HS 和 HG 五个种类产品。我国液压油产品的主要性能指标见表 1–4–2。

表 1–4–2 我国液压油产品的主要性能指标

项目	试验方法	项目		试验方法
密度（20℃），kg/m³	GB/T 1884 和 GB/T 1885	泡沫性（泡沫倾向/泡沫稳定性）mL/mL	程序Ⅰ（24℃）	GB/T 12579
			程序Ⅱ（93.5℃）	
			程序Ⅲ（后 24℃）	
色度，号	GB/T 6540	空气释放值（50℃），min		SH/T 0308
外观	目测	密封适应性能指数		SH/T 0305
闪点，℃	GB/T 3536	抗乳化性（乳化液到 3mL 的时间），min		GB/T 7305
运动黏度（40℃），mm²/s	GB/T 265	氧化安定性	1500h 后总酸值（以 KOH 计），mg/g	GB/T 12581 SH/T 0565
			1000h 后油泥，mg	
运动黏度 1500mm²/s 时的温度，℃	GB/T 265	旋转氧弹（150℃），min		SH/T 0193
黏度指数	GB/T 1995	磨斑直径（392N，60min，75℃，1200r/min），mm		NB/SH/T 0189
倾点，℃	GB/T 3535	齿轮机试验/失效级		NB/SH/T 0306
酸值，mg（KOH）/g	GB/T 4945	双泵（T6H20C）试验	叶片和柱销总失重，mg	GB 11118.2—2011 附录 A
			柱塞总失重，mg	
水分（质量分数），%	GB/T 260	水解安定性	铜片失重，mg/cm²	SH/T 0301
			水层总酸度（以 KOH 计），mg	
			铜片外观	
机械杂质	GB/T 511	热稳定性（135℃，168h）	铜棒失重，mg/200mL	SH/T 0209
			钢棒失重，mg/200mL	
			总沉渣重，mg/100mL	
			40℃运动黏度变化率，%	
			酸值变化率，%	
			铜棒外观	
			钢棒外观	
清洁度	DL/T 432 和 GB/T 14039	过滤性，s	无水	SH/T 0210
			2% 水	
铜片腐蚀（100℃，3h），级	GB/T 5096	剪切安定性（250 次循环后，40℃运动黏度下降率），%		SH/T 0103
液相锈蚀试验（24h）	GB/T 11143			

3. 行业标准

液压油广泛应用于工程机械、矿山机械、钢铁行业和机床等多个领域。针对行业的用油特点，各国家制定了液压油产品的行业标准，例如德国钢铁协会标准 SEB 181222、日本工程机械行业标准 JCMAS HK 等。

三、液压油的选用和更换

1. 液压油品种的选择

液压油包括矿物油型、合成型和水基型等多种类别，各类别又包含不同的黏度等级以及不同的性能指标，在选择最适合的液压油之前首先选择合适的液压油品种（依据 JB/T 10607—2006《液压系统工作介质使用规范》），具体见表 1-4-3，考虑的因素包括液压油泵的类型、液压系统工作压力、液压油工作温度及其他工况条件等。

1）液压泵的类型

从泵的类型来看，对抗磨性要求的高低顺序为叶片泵＞柱塞泵＞齿轮泵。若为叶片泵，无论压力高低，均应至少选择 HM 级别液压油。对于低压的柱塞泵，可以选择 HM 或 HL 级别液压油，但对于高压柱塞泵，则必须选择 HM 级别液压油。齿轮泵对油品的要求较低，可以选择 HL 或者 HM 级别液压油，但对于高性能的齿轮泵，还应尽量选择 HM 级别液压油。对于组合泵系统，应以叶片泵为主进行选择。

需要指出的是，对于含有银部件的液压系统，必须使用无灰抗磨液压油（以前也称抗银液压油），以免银部件受到腐蚀。

2）液压系统工作压力

无论是哪种类型的液压泵，随着工作压力上升，泵内的摩擦就会加剧，如果所用油品的抗磨性不足，就会造成泵的过度磨损，甚至造成整个设备的损坏。因此，对于压力较高的系统，至少应该选择 HM 抗磨液压油，而对于那些高于 20MPa 的叶片泵、高于 30MPa 的柱塞泵液压系统，则应考虑选择抗磨性更好的 HM 级别高压型抗磨液压油产品。

3）液压油工作温度

温度的变化会造成油品黏度的变化。对于那些在冬季室外工作的液压机械来说，启动时油品处于一个较低的温度，若油品的低温性能或黏温性能差，则可能因油品已经凝固或黏度很大，超过泵的最大启动黏度，造成泵无法启动。此时，若改用一个低黏度等级的油品，可能解决了低温启动的问题，但当设备开始工作后，油温上升，油品黏度下降，则很可能低于泵的最小工作黏度，无法形成足够厚度的油膜，造成泵的磨损。因此，对于在温度变化比较大的室外工作的液压设备，应该选择低温性和黏温性更好的 HV 级别和 HS 级别液压油。HV 级别和 HS 级别液压油的特点是黏度指数高，黏温性能好，油品在低温下的黏度不会变得太大，高温下的黏度又不会变得太小，保持在一个适当的黏度变化范围内，满足泵对油品黏度的要求。

4）其他工况条件

对于在高温热源或明火附近工作的液压系统，如钢厂、炼厂、煤矿等，由于传统矿物油基液压油在高温或明火下存在燃烧等安全隐患，必须使用抗燃液压油，如水—乙二醇 HFC、磷酸酯 HFDR 等。

表 1-4-3 液压油品种的选择

使用工况 工作环境	系统压力：< 6.3MPa 系统温度：< 50℃	系统压力：6.3 ～ 16MPa 系统温度：< 50℃	系统压力：6.3 ～ 16MPa 系统温度：50 ～ 80℃	系统压力：> 16MPa 系统温度：80 ～ 120℃
室内—固定液压设备	HL, HM	HL, HM	HM	HM（高压）
露天—寒区和严寒区	HR, HM	HV, HS	HV, HS	HV, HS
高温热源或明火附近	HFAE, HFAS	HFB, HFC	HFDR	HFDR

2. 液压油黏度的选择

黏度是液压油选择的基本要求之一，对于每一个固定的液压泵，均存在一个最佳的黏度操作范围，在这一范围内，泵的总效率最高，即最大程度地利用能量。黏度选择偏高会引起系统功率损失过大，偏低则会降低液压泵的容积效率、增加磨损、增大泄漏。

液压油黏度的选择应考虑液压油的黏度—温度特性，并应考虑液压系统的设计特点、工作和工作压力。在液压系统中，液压泵是对黏度变化最敏感元件之一。一般情况下，环境温度和工作温度低时，应选择黏度低（牌号小）的液压油。反之，应选择黏度（牌号大）的液压油，并应保证系统主要元件对黏度范围的要求。系统其他元件应根据所选定的液压油黏度范围进行设计和选择。

表 1-4-4 给出了对于不同液压泵类型和工作压力所推荐的液压油黏度等级。

表 1-4-4 不同液压泵类型及工作压力下推荐的液压油黏度等级

液压泵类型	工作压力，MPa	黏度等级（40℃）	
		工作温度< 50℃	工作温度 50 ～ 80℃
叶片泵	< 6.3	32, 46	46, 68
	> 6.3	46, 68	68, 100
齿轮泵	< 6.3	32, 46	46, 68
	> 6.3	46, 68	68, 100
径向柱塞泵	< 6.3	32, 46, 68	100, 150
	> 6.3	68, 100	100, 150
轴向柱塞泵	< 6.3	32, 46	68, 100
	> 6.3	46, 68	100, 150

正确合理地选用液压油可以提高液压设备运行的可靠性，延长系统和元件的使用寿命，有助于设备安全运行。选择高质量的液压油，还可以延长油品的使用周期，从一次投入的角度看，花费虽大，但从油品的使用寿命、元件的寿命、运行的维护和生产效率的角度上看，经济上还是非常合算的。

3. 液压油的更换

液压油在使用过程中由于其他油品的混入、外界的尘土、金属碎末、锈蚀粒子和水的污染以及液压油自身的氧化等原因，都可能降低液压油的使用寿命。当油品的质量不能满足液压系统的使用要求时，则必须更换液压油。

目前对液压油的更换主要存在两种方式：一是按质换油，即参照换油指标，某一项不合格即换油；二是按时换油，或者按照设备商或油品供应商推荐周期换油。

工程机械设备由于存在流动性大、取样困难、使用情况多变等特点，主要采用按时换油的方式。基于油品品质及工况的不同，液压油的换油期在 2000 ~ 5000h 不等。如流动式起重机应执行 JB/T 9737《流动式起重机液压油固体颗粒污染等级测量和选用》等。

对于固定的液压系统，推荐采用按质换油的方式，表 1-4-5 列出了抗磨液压油 L-HM 换油指标（NB/SH/T 0599）可供用户参考使用。该指标要求在用液压油品中任何一项指标达到换油指标要求，就可以更换或者处理在用油品。

表 1-4-5 抗磨液压油 L-HM 换油指标

项目		换油指标	试验方法
40℃运动黏度变化率，%	超过	±10	GB/T 265
水分（质量分数），%	大于	0.1	GB/T 260
色度增加，号	大于	2	GB/T 6540
酸值增加[①]，mg（KOH）/g	大于	0.3	GB/T 264，GB/T 7304
正戊烷不溶物[②]，%	大于	0.10	GB/T 8926（A 法）
铜片腐蚀（100℃，3h），级	大于	2a	GB/T 5096
泡沫特性（24℃）（泡沫倾向/泡沫稳定性）mL/mL	大于	450/10	GB/T 12579
清洁度	大于	-/18/15 或 NAS 9	GB/T 14039 或 NAS 1638

①结果有争议时以 GB/T 7304 为仲裁方法。
②允许采用 GB/T 511 方法，使用 60 ~ 90℃石油醚作溶剂，测定试样机械杂质。
注：HV、HS 等液压油参照执行。

液压油 L-HM 换油指标只是基本的换油标准，对于不同的液压设备，还应该对油品的性能指标进行跟踪测试，根据设备的实际需求来判断油品是否变质，是否应该换油。为取得能真实准确反映出整个液压系统油质变化的具有代表性的油样，建议在液压系统正常工作时采样，即液压油至少循环 1h 后取样。取样瓶的清洁度要达到要求，取样后要有记载并在瓶上贴标签，最好使用专用取样瓶。在分析化验油样前，一定要摇动油样至沉淀物浮起混合均匀。

在更换液压油的时候应注意对系统进行彻底的清洗，即使是在更换同一品种的液压油时，也要用新的液压油冲洗 1 ~ 2 次。

另外，液压油不能随意混用。由于配方体系的差异，不同厂家生产的、不同牌号的液压油之间可能不相容，因此，未经许可，不得随意将不同牌号的液压油混用，即使是同一厂家的也不可。若要更换液压油品种，则必须按照换油步骤，用新油对系统进行彻底清洗后方可使用。

第二节　液力传动油

一、液力传动油的性能要求

液力传动油需要具备的主要性能主要有以下几点。

1. 低温性和黏温性

液力传动油的使用温度范围很宽，一般为 −40 ～ 170℃。自动变速器的功能对液力传动油的黏度十分敏感。而组成自动变速器的各部件对液力传动油的黏度要求不同：从提高液力变矩器的传动效率、控制系统动作的灵敏性角度看，黏度低有利；为满足齿轮和轴承的润滑要求，减少液压控制系统和油泵泄漏，液力传动油的黏度也不能过低。因此，液力传动油必须兼顾多种功能，具有适当的黏度和良好的低温性、黏温性。

对液力传动油要求 100℃、40℃和 −40℃时的黏度，并要求进行稳定性试验，即测定耐久性试验后的 100℃时的黏度。

2. 热氧化安定性

液力传动油的热氧化安定性是使用中一个极为重要的问题，因为液力传动油的使用温度很高，如热氧化安定性不好，则会生成油泥、漆膜和沉淀物，少量沉淀物便会使自动变速器液压控制机构的管路和阀门的工作受到影响，油内氧化生成的酸或过氧化物对轴承、橡胶密封材料也有损害。因此，对液力传动油热氧化安定性要求严格。各种规格液力传动油热氧化安定性多采用专门的氧化试验来评定。

3. 抗磨性

为确保自动变速器的行星齿轮机构、轴承、垫圈和油泵等长期正常工作，要求液力传动油必需润滑良好。变速机构中主要零件的接触面多为钢和钢、钢和青铜等，因此液力传动油应保证对不同材料的摩擦副都应具有良好抗磨性。液力传动油的抗磨性是通过四球机磨损试验、梯姆肯磨损试验和叶片泵试验来评定的。

4. 与橡胶材料的适应性

液力传动油不应使自动变速机构中使用的丁腈橡胶、丙烯橡胶和硅橡胶等密封材料过分膨胀、收缩和硬化，否则将会产生漏油和其他危害。液力传动油与橡胶密封材料的适应性通过橡胶浸泡试验来评定。

5. 摩擦特性

自动液力变速器换挡执行机构的离合器属于湿式多片摩擦离合器，液力传动油作为润滑摩擦片表面的介质，要求有与摩擦片相匹配的静、动摩擦系数，否则会影响换挡性能。摩擦特性通过台架试验或行车试验进行评定。

6. 抗泡沫性

液力传动油产生泡沫对液力传动系统危害极大。泡沫使液力变矩器传递效率下降；泡沫影响自动控制系统的准确性；泡沫的可压缩性导致液压系统压力波动和下降，甚至供油中断。液力传动油的抗泡沫性能通过 GB/T 12579 或 ASTM D892 程序试验来评价。

液力耦合器由于其工作系统较简单,液力传动油主要作为传动介质,要求液力传动油具有一定的密度、黏度、一定的黏温性能、低温性能、剪切安定性和氧化安定性。而液力变矩器由于其同离合器或制动器等结构联用,相对于耦合器,运行时润滑油温度更高,所以对抗氧防腐性能要求更高;同时,由于离合器片的存在,要求润滑油具有一定的摩擦特性;为了防止齿轮点蚀,要求润滑油具有一定的极压抗磨性;考虑到变矩器产品的使用范围,对润滑油产品的低温流变性也提出了更高的要求。表 1-4-6 列出液力耦合器传动油和变矩器对液力传动油的各种性能要求。

表 1-4-6　液力耦合器和变矩器对液力传动油的各种性能要求

性能要求	耦合器润滑油	变矩器润滑油
黏度	+	+
黏温性能	+	++
低温性能	+	++
剪切安定性	+	+
高温防腐性	+	++
氧化安定性	+	++
抗磨性	+	++
摩擦特性	+	+

注:"+"表示具有性能要求;"++"表示更高的性能要求。

二、液力传动油分类

液力传动油分类比较复杂,国际上没有通用的行业标准,国内也没有国标。目前,液力传动油主要以设备制造商(OEM)自行制定的标准为主。

20 世纪 20 年代初,美国材料与试验协会(ASTM)和美国石油学会(API)把液力传动液分为 3 类,即 PTF-1、PTF-2 和 PTF-3。

PTF-1 主要用于轿车、轻型载货车的液力传动系统,包括通用汽车公司(GM)Dexron Ⅱ D、Dexron Ⅱ E、Dexron Ⅲ 和 Dexron Ⅳ,福特汽车公司(Ford)Mercon 系列。

PTF-2 主用用于重负荷功率转换器,卡车负荷较大的汽车自动传动装置,多级变矩器和液力耦合器,包括艾利逊公司(Allison C-3、C-4、C-5)、卡特彼勒公司(Caterpillar TO-3、TO-4)等。

PTF-3 用于农业及建筑机械的分动箱传动装置,液压、齿轮、刹车和发动机共用的润滑系统,包括约翰狄尔公司(Johndeer J-120B、J-14B、JDT-303)、福特公司(Ford M2C41A、MIC86A、MIC134A)等。

变矩器用油随着汽车和非公路设备安装了变矩器的变速箱和其他动力装置的发展而发展。变矩器能使设备自动适应行驶阻力的变化、提高汽车的动力性能、起步无冲击、变速振动小,过载时还能起保护作用,使发动机处于最佳工况,能充分利用发动机功率,并有利于消除排气污染。变矩器专用油除进行动力传递外,还要起润滑、冷却、液压控制、传动装置保护以及有助于平滑变速的作用。

变矩器专用油是一种多功能、多用途的油，用于大型装载车的变速传动箱、动力转向系统以及工业上的各种扭矩转换器、液力耦合器、功率调节泵及动力转向器等。为了实现自动变速装置的多种功能和用途，对变矩器专用油提出了既全面又苛刻的性能要求，是目前工业润滑油中技术最复杂，性能要求最高的油液之一。

1. 国际标准

1）汽车自动传动液标准

自动传动液规格以设备制造商规格为主，表1-4-7列举了各设备制造商的自动传动液规格及其黏度性能。

表 1-4-7　设备制造商的自动传动液规格及其黏度性能

设备制造商名称	规格	运动黏度，cSt		黏度指数	-40℃布氏黏度，cP	圆锥剪切后100℃运动黏度，cSt
		40℃	100℃			
GM	Dexron Ⅵ	≤ 32	≤ 6.4	≥ 145	≤ 15000	≥ 5.5
	Dexron Ⅲ	—	≥ 6.8		≤ 20000	—
Ford	Mercon L Ⅴ	—	≤ 6.2	—	≤ 12000	≥ 5.0
	Mercon SP		5.0 ~ 6.0		7500±2000	≥ 4.0
	Mercon Ⅴ		≥ 6.8		≤ 13000	≥ 6.0
Allison	C-4	—	—	—	≤ 20000	—
	TES 295		≥ 7.0		≤ 8700	≥ 6.5
Chrysler	ATF+4	—	7.3 ~ 7.8		≤ 10000	≥ 6.5
Voith	G607/G1363		—		≤ 20000	≥ 5.3
Toyota	T-Ⅳ	35.4	7.1	170	19500	—
	WS	23.66	5.4	173	8950	—
JASO	1A（M315-2004）		≥ 5.7	≥ 120	≤ 20000	≥ 5.7

自动变速箱包括步进式自动变速箱（AT）、双离合器变速箱（DCT）和无级自动变速箱（CVT）。由于各种类型的变速器的变速机理、技术和材料等不同，故对润滑油的性能要求也不同（表1-4-8）。

对于步进式自动变速箱而言，主要差别体现在离合器摩擦片材质的差别和控制离合器啮合的压力设计，每个设备制造商都有自己特殊的要求，欧美采用博格华纳公司的摩擦片较多，日本采用dynax公司的摩擦片较多，两者的差异比较大。尽管摩擦片的供应商可能比较少，但是变速箱设计不一样，接合压力有区别，相对于同样的扭矩，摩擦片的摩擦系数要求就产生了差异，从而导致了自动变速箱油ATF的差异，这一点可以从两个方面体现出来：一个是众多的ATF规格，如通用的Dexron、福特的Mercon等；第二是ILSAC在制定全球通用ATF规格上进行了多年的研究，最后不得不放弃这个想法。步进式自动变速箱用油（STEP-ATF）（含重负荷自动传动液），国外的自动传动液规格以设备制造商规格为主。

目前，设备制造商（OEM）以外的规格只有日本 JASO M348 规格，是对 ATF 的一个通用要求。OEM 规格中以通用的 Dexron 规格体系和福特的 Mercon 规格体系最为流行。

表 1-4-8 不同类型变速器对润滑油性能的要求

性能要求		MTF	ATF	CVTF		DCTF
				带式	链式	
同步器齿环性能测试		★				★
抗颤耐久性			★			★
钢—钢摩擦系数				★		
牵引力特性					★	
基本性能	低温流动性		★	★	★	★
	剪切安定性		★	★	★	★
	氧化安定性		★	★	★	★
	热稳定性		★	★	★	★
	离合器摩擦特性		★	★	★	★
	摩擦耐久性		★	★	★	★
	抗磨损性能	★	★	★	★	★
	抗疲劳性能	★	★	★	★	★
	抗泡性／通风试验	★	★	★	★	★
	材料相容性		★	★	★	★

设备发展的驱动力来自 3 个方面：一是舒适性和免维护性，主要体现在换挡质量的改进和换油期的延长，这方面对油品的要求体现在氧化安定性、剪切稳定性、摩擦特性和摩擦耐久性方面。二是环保，主要体现在环保材料的选用和橡胶相容性要求。三是节能，主要体现在变速箱的小型化和大功率化，同时，包括降低内摩擦引起的能量损失；小型化，导致变速箱内润滑油热负荷升高，提高了对氧化安定性的要求，小型化带来的离合器的尺寸变小，结合大功率化的要求，导致或提高了啮合压力，或要求更高的摩擦系数，前者提高了润滑油抗磨性要求，后者提高了对润滑油摩擦特性的要求；小型化的同时，也提高了对润滑油抗泡沫性能的要求。因此，对动力传动系统用油的主要需求包括更好的氧化安定性、更好的剪切稳定性、更好的抗磨性、更好的摩擦特性和摩擦耐久性、更好的橡胶相容性和抗泡沫特性。

自动传动液最关键的问题是摩擦磨损。为了平衡摩擦特性和抗磨损性之间的关系，有必要进行自动传动液核心添加剂的研究，建立自动传动液基础研究平台，主要包括两个部分内容：一是核心添加剂，如各种结构的含硫剂、硫磷氮剂、含硼剂、含氮的摩擦改进剂的设计合成；二是摩擦磨损表象和机理的研究；通过核心添加剂的合成以及机理研究，逐步形成自动传动液的核心配方体系，使其具备基本性能要求。

2）非公路机械液力传动油

非公路机械液力传动油主要用于农用机械、建筑机械和矿山机械，国内只有关于农用拖拉机油的标准，目前尚没有建筑机械和矿山机械的国标和行标。表1-4-9列出了目前国际工程机械部分设备制造商（OEM）的用油规格以及类别。从这个规格可以看出，国际设备制造商（OEM）液力传动油大致可分为3类：第一类是UTTO型，主要以拖拉机制造业为主；第二类是重负荷液力传动油型，主要包括caterpillar、komatsu以及ZF；第三类类型复杂，包括ATF型、齿轮油型、液压油型等。

表1-4-9　主要OEM规格和认证要求

设备制造商（OEM）	主要规格	认证类型	分类
约翰迪尔公司	J-20C	自认证	UTTO
纽荷兰公司	MAT 3525 MAT 3505 Ford M2C134D	只提供给合作工厂	
沃尔沃建筑设备公司	VCE 1273.03/WB101	正式认证	
采埃孚公司	ZF TE-ML-03E ZF TE-ML-06E ZF TE-ML-06B	正式认证	
迈赛弗格森公司	CMS M1145 M-1135	正式认证	
久保田公司	Kubota UDT Super UDT	—	
卡特彼勒公司	Caterpillar TO-4	自认证	TO-4
小松公司	KES 07.868.1	只提供给合作工厂	
采埃孚公司	ZF TE-ML 03C	正式认证	
艾利逊公司	Allison C-4	油公司认证	
美国石油协会	API GL-4	自认证	
帕克公司	Denison HF-0	正式认证	
伊顿威格士公司	Brochure694	正式认证	
日本工程机械协会（JCMAS）	JCMAS HK P-041	—	

　　我国从20世纪80年代，开始生产传动—液压共用油的拖拉机，发展了拖拉机液压传动两用油。目前生产的拖拉机大多数为液压传动共用一个油箱，且是干式刹车装置，可选用液压传动两用油。为满足引进拖拉机用油的需要，采用进口复合剂生产发动机—液压系统—传动装置—刹车装置通用的拖拉机油（STOU）和液压系统—传动装置—刹车装置通用的拖拉机油（UTTO）。

　　非公路机械设计上的主要进展包括紧凑的装备、减小油箱体积、增加功率、增加传动齿轮、节能等，相应地在传动系用油方面，主要包括延长换油期、减小刹车的颤动、增加动摩擦系数、改善氧化安定性、改善摩擦耐久性以及提高抗磨性等。

　　2.国内液力传动油标准

　　中国石油润滑油公司和中国液压气动密封协会液力分会合作制定了机械工业协会《液

力传动油》行业标准，分别满足液力耦合器和液力变矩器用油的标准。此标准结合重负荷液力传动液和汽车自动传动液（ATF），构建中国的液力传动油标准体系。表1-4-10列出了液力传动油（JB/T 12194）技术要求。

表1-4-10　液力传动油主要性能指标

项目			耦合器液力传动油技术指标	变矩器液力传动油技术指标	试验方法
运动黏度（100℃），mm²/s		不小于	6.0	7.0	GB/T 265
黏度指数		不小于	100	120	GB/T 2541
闪点（开口），℃		不低于	160	180	GB/T 3536
倾点，℃		不高于	−20	−30	GB/T 3535
机械杂质，%（质量分数）		不大于	无	无	GB/T 511
水分，%（质量分数）		不大于	痕迹	痕迹	GB/T 260
泡沫性	24℃	不大于	50/0	50/0	GB/T 12579
	93℃	不大于	50/0	50/0	
	后24℃	不大于	50/0	50/0	
橡胶相容性	氟橡胶	体积变化率，%	0～4	0～4	CEC-L-39-T-96
		硬度变化，HA	−8～4	−8～4	
	丙烯酸酯橡胶	体积变化率，%	0～4	0～4	
		硬度变化，HA	−2～5	−2～5	
	丁腈橡胶	体积变化率，%	0～6	0～6	
		硬度变化，HA	−9～5	−9～5	
铜片腐蚀（100℃，3h）		不大于	1b	1b	GB/T 5096
液相锈蚀（A法）			无锈	无锈	GB/T 11143
圆锥滚子剪切安定性（60℃，40h）	100℃运动黏度，mm²/s	不大于	—	6.0	NB/SH/T 0845
	100℃运动黏度下降率，%	不大于	15	20	
氧化安定性［酸值达2.0mg（KOH）/g的时间］，h		不小于	1000	—	GB/T 12581
FZG齿轮机实验失效载级		不小于	—	10	NB/SH/T 0306

三、液力传动油的选用和更换

1. 使用液力传动油的设备以及选油原则

一般情况下，装配有液力耦合器或液力变矩器的工程机械、冶金设备、矿山机械、车辆等需要使用液力传动油。液力传动油的选用一般要考虑两个条件：设备和设备使用温度。其中按照设备使用温度选油主要是液力变矩器用，按照液力变矩器的启动温度，选择具有合适低温黏度的液力传动油。通常情况下，要保证在最低使用温度下，低温动力黏度大于3500mPa·s。

选用液力传动油主要看设备传动结构的类型，耦合器可以使用32号汽轮机油、6号液力传动油或者 8 号液力传动油，变矩器设备一般选用 6 号液力传动油和 8 号液力传动油。表 1-4-11 列出了部分设备的传动结构类型。

表 1-4-11 部分设备的传动结构类型

设备分类	设备名称	传动结构类型
矿山机械	钻采机械、各种破碎机、球磨机、离心分析机、矿用泥浆泵、巷道风机、巷道挖掘机	耦合器
起重运输机械	各种带式运输机、刮板运输机、内燃机车、自行式矿车、斗轮堆取料机、提升机	耦合器
工程机械	单斗挖掘机、斗轮挖掘机、叉车、塔式起重机、混凝土搅拌机、铲运机、平地机、压路机	耦合器
电力设备、化工、船舶	发电机锅炉给水泵、循环水泵、鼓风机、引风机、挖泥船挖掘机、船用螺旋桨推进器、输油泵、注水机、燃气轮机组、舰船气垫船、压缩机、原油管道泵	变矩器
其他	拔丝机、各种冲床、剪床、锻锤、立式车床、压力机、纤维机械、食品机械、纺织厂空调风机、自来水泵	耦合器或者变矩器

含有液力变矩器的设备包括轿车、工程机械、载重车等。选油取决于设备制造商。一般情况下，轿车按照汽车使用手册选油，必须选用手册推荐油品或者是符合手册要求规格的自动传动液。

对于非公路设备进口变速箱，按照设备制造商要求进行选油。通常情况下，卡特彼勒和艾利逊等公司都有自己的用油规范，如卡特彼勒公司的 Caterpillar TO-4 液力传动油规格，艾利逊公司的 TES 439 规格，我们必须选用符合其规格要求的液力传动油。

对于国产变速箱，简单行星齿轮式变速箱可以根据变矩器用油规范选用油品，如 6 号液力传动油和 8 号液力传动油。

2. 液力传动油的更换

1）车辆自动传动油换油指标

自动变速箱厂商对于油品的换油周期都有一个合理建议。自动变速箱润滑油换油周期一般都超过 10×10^4 km，在恶劣的工作环境下也可以达到 6×10^4 km 换油的要求。各种变速箱对于润滑油是否要进行更换有自己的指标限定要求，表 1-4-12 列出车辆自动变速箱润滑油需要更换的常规指标，可供参考。

表 1-4-12 车辆自动变速箱润滑油更换常用指标

项目	更换指标
运动黏度（100℃）变化值率，%	> 20
酸值增加，mg（KOH）/g	> 2.0
金属含量，μg/g	Fe > 100，Cu > 75

2）非公路设备液力传动油换油指标

非公路设备变速箱制造商为了保护设备，通常也会推荐一个换油周期。对于进口设备变速箱，使用满足 Caterpillar TO-4 规格液力传动油或者 TES 439 规格液力传动油，表

1-4-13 列出非公路设备液力传动油换油指标供参考。

表 1-4-13　非公路设备液力传动油更换指标

项目	更换指标
运动黏度（100℃）变化值率，%	＞20
酸值增加，mg（KOH）/g	＞2.0
金属含量，μg/g	Fe＞100 Cu＞100
油泥	沉积

国产行星齿轮变速箱多数选用铜粉末冶金摩擦片，由于设备加工精度的问题，选用 6 号或 8 号液力传动油时，通常会有较多的铜元素磨损和油泥产生，对这种现象，表 1-4-14 列出国产行星齿轮变速箱液力传动油换油指标供参考。

表 1-4-14　国产行星齿轮变速箱液力传动油更换指标

项目	更换指标
运动黏度（100℃）变化值率，%	＞20
酸值增加，mg（KOH）/g	＞2.0
金属含量，μg/g	Fe＞200 Cu＞200
油泥	沉积

第五章 压 缩 机 油

压缩机是一种通过压缩气体来提高气体压力的通用机械，是一类非常重要的工业机械设备。压缩机油也是工业用油中重要的一大类产品，它主要用于空气压缩机和气体压缩机的润滑。

第一节 概 述

压缩机油主要用于压缩机内部的摩擦部件，如汽缸、活塞排气阀、主轴承、连接轴承和十字头、滑板等的润滑。其作用在于减少摩擦和磨损，同时也起到密封、冷却、防锈和防腐蚀等作用。

我国压缩机油的分类标准 GB/T 7631.9—2014《润滑剂、工业用油和有关产品（L 类）的分类 第 9 部分：D 组（压缩机)》修改采用 ISO 6743-3（2003）版，本部分规定了 L 类（润滑剂、工业用油和有关产品）的 D 组空气压缩机润滑剂、气体压缩机润滑剂和制冷压缩机润滑剂的详细分类。提供国内常用空气压缩机润滑剂、气体压缩机润滑剂和制冷压缩机润滑剂一个合理使用范围，而不是通过产品规格和产品描述对这些压缩机润滑剂进行不必要的限制，空气压缩机润滑剂的分类见表 1-5-1，将空气压缩机油由原来的 6 种类型整合成 DAA、DAB、DAG、DAH 和 DAJ 共 5 种类型，并对其内涵进行了重新定义，特别是对压缩腔室有油润滑的容积型空压机油的定义有很大变化（表 1-5-2 和表 1-5-3），气体压缩机润滑剂分类见表 1-5-4。

表 1-5-1 空气压缩机润滑剂分类（GB/T 7631.9）（D 组）

组别	应用范围	特殊应用	更具体应用	产品类型	品种代号 L—	典型应用
D	空气压缩机	压缩腔室有油润滑的容积型空压机	循环十字头和活塞或滴油回转（叶片式）压缩机	通常为深度精制矿物油，也可为半合成或合成油	DAA	一般负荷
				通常按一定配方调制的半合成或合成油，也可能为按一定配方调制的深度精制矿物	DAB	重载负荷
			喷油回转（叶片和螺杆）式压缩机	矿物油，也可为深度精制矿物油	DAG	换油周期 ≤ 2000h
				通常为按一定配方调制的深度精制矿物油，也可为按一定配方调制的半合成	DAH	换油周期 > 2000h 和 ≤ 4000h
				通常按一定配方调制的半合成或合成油	DAJ	换油周期 > 4000h

表 1-5-2 滴油润滑的往复式和回转式空气压缩机用油分类（GB/T 7631.9—2014）

负荷	用油品种代号 L—	运转周期	操作条件		
			排气温度① ℃	压差②④ MPa	排气压力③④ MPa
普通	DAA⑤	间断或连续运转	≤ 165	≤ 2.5	≤ 7.0
苛刻	DAB⑥	间断或连续运转	> 165	> 2.5	> 7.0

①油腔排气最大温度。

②抽排气最大压差。

③最大排气压力。

④ 1MPa=10bar。

⑤所有使用条件满足时采用。

⑥其中任何一项使用条件满足或所有使用条件都满足时采用。

表 1-5-3 喷油回转式空气压缩机用油分类（GB/T 7631.9—2014）

负荷	用油品种代号 L—	负荷	操作条件
普通	DAG	接近连续或连续	空气和油最大排出温度≤ 100℃
苛刻	DAH	间歇	油排出温度＜ 100℃，或空气最大排出温度＞ 100℃
		连续	空气和油最大排出温度＞ 100℃

表 1-5-4 气体压缩机润滑剂分类（D 组）（GB/T 7631.9—2014）

组别	应用范围	特殊应用	更具体应用	产品类型	品种代号 L—	典型应用	备注
D	气体压缩机	适用于容积型往复式和回转式压缩机，用于除制冷循环和热泵循环或空气压缩机以外的所有气体压缩机	不与深度精制矿物油起化学反应或不使矿物油的黏度降低到不能使用程度的气体	深度精制矿物油	DGA	＜ 10^4kPa 压力下的氮、氢、氨、氩、二氧化碳；任何压力下的氦、二氧化硫、硫化氢；＜ 10^3kPa 压力下的一氧化碳	有些润滑油中所含的某些添加剂要与氨反应
			用 DGA 油的气体，但含有湿气或冷凝物	特定矿物油	DGB	＜ 10^4kPa 压力下的氮、氢、氨、氩、二氧化碳	有些润滑油中所含的某些添加剂要与氨反应
			在矿物油中有高的溶解度而降低其黏度的气体	通常为合成液	DGC	任何压力下的烃类；＞ 10^4kPa 压力下的氨、二氧化碳	有些润滑油中所含的某些添加剂要与氨反应
			与矿物油发生化学反应的气体	通常为合成液	DGD	任何压力下的氯化氢、氯、氧和富氧空气；＞ 10^3kPa 压力下的一氧化碳	对于氧和富氧空气应禁止使用矿物油，只有少数合成液是合适的
			非常干燥的惰性气或还原气（露点＜ −40℃）	通常为合成液	DGE	＞ 10^4kPa 压力下的氮、氢、氩	这些气体使润滑困难，应特殊考虑

第二节　空气压缩机油

　　压缩腔室有油润滑的容积型空压机主要分为往复式和螺杆式，压缩介质为空气，通常适用空气压缩机油。空气压缩机工作时压缩机油处于高压、高温及有冷凝水存在的环境，起着气缸运动部件的润滑、防锈抗腐和空气密封作用。

一、空气压缩机油的性能要求

1. 防锈性

　　除了轻负荷空压机油（DAA）外，其他类型压缩机油都要求有良好的防锈性，这是由于压缩机在工作过程中不可避免会出现冷凝水或吸入含有湿气的空气，因此要考虑水分引起的锈蚀；为了改进油品的防锈性，必须添加防锈剂。

2. 分水性

　　分水性能是压缩机油的重要性能之一，除轻负荷空压机油（DAA）以外，其他类型压缩机油都要求具有好的分水性。压缩机在运行中不断与空气中的冷凝水相遇并被剧烈搅拌，易产生乳化现象，造成油水不易分离、增大油耗。由于油被乳化而使油膜破坏、造成磨损。乳化的油会使灰尘、砂砾和污泥难以分散，影响阀的功能，增加摩擦、磨损和氧化。因此，压缩机油要具有良好的抗乳化性能和油水分离性能。以活塞式空气压缩机油为例，其乳化现象发生的机理是一级气缸的高温压缩气，经冷却后吸入二级气缸时，降到露点温度以下，使水分分离出来，进入润滑系统中，经空气的剧烈搅拌，油品产生乳化，使系统工作条件恶化，易造成运动部件的磨损、腐蚀，加速油品老化。

　　为了提高压缩机油的抗乳化性，一方面通过提高基础油的精制深度，另一方面主要是通过精心地选择合适的添加剂，提高油品的抗乳化能力。抗乳化度是测定含水润滑油在一定温度下（低黏度油54℃，高黏度油82℃）经搅拌后的油水分离能力（GB/T 7305），分离时间越短、抗乳化性越好，一般要求不大于 30 min。

3. 氧化安定性

　　对于往复式空气压缩机，润滑油在气缸内活塞部位不断与高压热空气相接触，极易引起油品的氧化、分解，生成胶质和各种酸类物质。如有氧化催化作用的金属磨屑的存在，则会加剧油品的氧化、变质。分解的油气在压缩气缸中与氧混合到一定浓度和温度时，会自燃和有气缸爆炸的危险，直接影响到安全生产，对人身生命和财产安全构成极大的威胁。因此，氧化安定性是往复式空压机油的关键控制指标。

　　从回转式压缩机的使用工况看，虽然油品的工作温度并不太高，但润滑的环境较为苛刻。润滑油在循环使用中，在气缸中反复被雾化并充分与空气混合，极易被氧化变质生成各种有机酸、胶质、沥青质等物质，使油品的颜色变深、酸值增高、黏度增大并出现沉积物，从而减少油的喷入量，冷却效果下降，使油品和机器的温度升高，造成过量磨损，降低压缩机效率，若不及时采取措施，发生气缸爆炸的可能性也是存在的。因此，要求回转式空压机油必须具有长寿命，只有这样才能保证油品长期安全使用；通过添加一种或几种复合的抗氧剂来提高空气压缩机油的氧化安定性。

4. 积炭倾向性

空气压缩机油生成积炭的能力称为积炭倾向性。压缩机油的抗积炭倾向性对压缩机的可靠运行至关重要，在实际使用中，压缩机着火爆炸事故的发生多与压缩机积炭有关。使用积炭倾向大的劣质压缩机油时易在排气系统生成大量积炭，极易引起着火爆炸，直接危害生产和人身财产的安全。因此，对压缩机油积炭倾向性越小越好。

油品中易生成积炭的物质主要是胶质、沥青和多环芳烃聚合物。所以空压机油一般采用窄馏分深度精制基础油（低残炭），在添加剂的选用上尽量避免使用有灰添加剂。

润滑油老化特性测定法（GB/T 12709）和减压蒸馏出80%残留物性质的测定（GB/T 9168）是国内外评定空气压缩机油积炭倾向普遍采用的试验方法。这两项试验方法的试验条件较为苛刻，如果油品的精制深度不够或含有残渣油（光亮油）组分或添加有灰添加剂，都很难达到油品的技术要求。

5. 抗泡性

由于回转式空气压缩机具有体积小、转速快等特点，因此在循环使用过程中，油品处于剧烈搅动状态，极易产生泡沫。在常压下，油中通常会溶有一定量空气，而在加压下，油中溶解的空气量会增多。压缩机在启动或泄压时，油池中的油也易起泡，大量的油泡沫灌进油气分离器，使阻力增大，油耗增加，会造成严重过载、超温等异常现象。因此，为了保证回转式空气压缩机油的抗泡性，必须在油中加入适量抗泡剂以保证油品的起泡倾向性小和消泡性好，测定抗泡性的试验方法为GB/T 12579。

此外，压缩机油还需要具有挥发性小、合适的倾点、无机械杂质和低水分等性能要求，以保证压缩机能够长期安全运行。

二、空气压缩机油的分类与标准

1. 分类

1）黏度分类

压缩机油黏度等级根据GB/T 3141《工业液体润滑剂ISO黏度分类》划分，按GB 12691规定往复式空气压缩机L-DAA、DAB黏度等级（按40℃运动黏度）有ISO VG32、VG 46、VG 68、VG 100和VG 150；按ISO/DP 6521.3规定，回转式（螺杆）空气压缩机油黏度等级（按40℃运动黏度）有ISO VG15、VG 22、VG 32、VG 46、VG 68和VG 100。

2）质量等级分类

空气压缩机润滑剂分为往复式空气压缩机油和螺杆式空气压缩机油，往复式空气压缩机油适用于压缩腔室有油润滑的往复式空压机和滴油回转（叶片）式压缩机，分为普通负荷的L-DAA、苛刻负荷的L-DAB，螺杆式空气压缩机油适用于压缩腔室有油润滑的喷油回转（叶片和螺杆）式压缩机，按换油周期的长短分为L-DAG、L-DAH和L-DAJ三个质量等级。

2. 标准

目前，世界范围关于螺杆式空气压缩机油的通用性标准是 1983 年颁布的 ISO/DP 6521.3（表 1-5-5）。

德国工业标准 DIN 51506（表 1-5-6）是最具代表性的空气压缩机油标准。该标准中包含了 VB（VB-L）、VC（VC-L）和 VDL 共 3 种级别的油品，适用于不同负荷空气压缩机的润滑。VB 和 VC 为不含添加剂的纯矿物油，属于轻负荷型空气压缩机油；VB-L 和 VC-L 则含有抗老化性能的添加剂，属于中等负荷型空气压缩机油；VDL 属于高压、重负荷型空气压缩机油。

GB 5904《轻负荷喷油回转式空气压缩机油》（表 1-5-7）和 GB 12691《空气压缩机油》（表 1-5-8）系分别参照国际标准化组织 ISO/DP 6521.3 中的 DAG 标准草案和德国标准 DIN51506-85 而制定。GB 12691 增加了抗乳化、液相锈蚀等重要质量指标及其他一些理化项目，特别是还列入了能反映压缩机积炭倾向的最主要的关键质量指标老化特性和 20% 残留物性质。

表 1-5-5 空气压缩机油 DAG 部分标准

项目		黏度牌号						试验方法
黏度等级		15	22	32	46	68	100	ISO 3448
运动黏度（40℃）（±10%）mm²/s		13.5~16.5	19.8~24.2	28.8~35.2	41.4~50.6	61.2~74.8	90~110	ISO 3104
黏度指数 不小于		90						ISO 2909
倾点，℃ 不高于		-9						ISO 3016
铜片腐蚀（100℃，3h）级 不大于		1b						ISO 2160
抗乳化性，min	54℃ 不大于	30					30	DP 6614
	82℃ 不大于							
防锈性（24h）		无锈						7120 A
抗泡性（24℃吹气5min/静止10min）mL 不大于		300/0						
氧化安定性，h 不低于		1000						ISO 4263

表1-5-6 德国压缩机油主要性能指标

润滑油类型	VB和VBL									VC和VCL					VDL				
按DIN 51519中的黏度等级	22	32	46	68	100	150	220	320	460	32	46	68	100	150	32	46	68	100	150
运动黏度 mm²/s（40℃）	19.8~24.2	28.8~35.2	41.4~50.6	61.2~74.8	90~110	135~165	198~242	288~352	414~506	28.8~35.2	41.4~50.6	61.2~74.8	90~110	135~165	28.8~35.2	41.4~50.6	61.2~74.8	90~110	135~165
运动黏度 mm²/s（100℃）	4.3	5.4	6.6	8.8	11	15	19	23	30	5.4	6.6	8.8	11	15	5.4	6.6	8.8	11	15
闪点（开口），℃ 不小于	175	175	195	195	205	210	225	255	255	175	195	195	205	210	175	195	195	205	210
倾点，℃ 不大于	-9	-9	-9	-9	-9	-3	-3	0	0	-9	-9	-9	-9	-3	-9	-9	-9	-9	-3
氧化灰分，% 不大于	VB和VC为0.02																		
硫酸盐灰分，% 不大于	VBL、VCL、和VDL 由供油者提供数据																		
水分，% 不大于	0.1																		
中和值（酸），mg(KOH)/g 不小于	VB和VC为0.15																		
总酸量，%	VB、VCL和VDL 由供油者提供数据																		
水溶性酸碱	中性																		
老化性质 a. 空气老化后康氏残炭增加，%	2.0	2.0	2.0	2.0	2.0	2.0	2.5	2.5	2.5	1.5	1.5	1.5	1.5	2.0	无要求				
老化性质 b. 空气老化（Fe₂O₃）后康氏残炭增加，%	无要求														2.5	2.5	2.5	3.0	3.0
润滑油按DIN 51356蒸出80%后的残渣康氏残炭，%	无要求									0.3	0.3	0.3	0.3	0.75	0.3	0.3	0.3	0.3	0.6
运动黏度（40℃），mm²/s	无要求									新油的5倍									

表1-5-7　轻负荷喷油回转式空气压缩机油主要性能指标

项目			质量指标					试验方法
黏度等级			15	22	32	46	68	100	GB/T 3141
运动黏度（40℃），mm²/s			13.5～16.5	19.8～24.2	28.8～35.2	41.4～50.6	61.2～74.8	90.0～100	GB/T 265
黏度指数		不小于			90				GB/T 2541
倾点，℃		不高于			−9				GB/T 3535
闪点（开口），℃		不低于	165	175	190	200	210	220	GB/T 267
腐蚀（T₃铜片，100℃，3h）级		不大于			1				GB/T 5096
起泡性（24℃），mL									
泡沫倾向		不大于			100				GB/T 12579
泡沫稳定性		不大于			0				
破乳化性（到乳化层为3mL的时间）min	54℃	不大于			30				GB/T 7305
	82℃	不大于			30				
液相锈蚀（A法）					无锈				GB/T 11143
氧化安定性，h		不少于			1000				GB/T 12581
机械杂质，%		不大于			0.01				GB/T 511
水分，%		不大于			痕迹				GB/T 260
水溶性酸或碱					无				GB/T 259
残炭（加剂前），%					报告				GB/T 268

表1-5-8 往复式空气压缩机油主要性能指标

项目	L-DAA					L-DAB					试验方法
黏度等级	32	46	68	100	150	32	46	68	100	150	
运动黏度, mm²/s 40℃	28.8~35.2	41.6~50.6	61.2~74.8	90.0~110	135~165	28.8~35.2	41.6~50.6	61.2~74.8	90.0~110	135~165	GB/T 265
运动黏度, mm²/s 100℃			报告					报告			GB/T 265
倾点, ℃ 不高于			-9		-3			-9		-3	GB/T 3535
闪点(开口), ℃ 不低于	175	185	195	205	215	175	185	195	205	215	GB/T 3536
腐蚀试验(铜片, 100℃, 3h), 级 不大于			1					1			GB/T 5096
抗乳化性(40-37-3mL), min 54℃ 不大于			—					30			GB/T 7305
抗乳化性(40-37-3mL), min 82℃ 不大于			—					30			GB/T 7305
液相锈蚀试验(蒸馏水)			—					无锈			GB/T 11143
硫酸盐灰分, %			报告					报告			GB/T 2433
老化特性, % a.200℃, 空气 蒸发损失, % 不大于			15					20			NB/SH/T 0912
老化特性, % a.200℃, 空气 康氏残炭增值, % 不大于			1.5					2.5			NB/SH/T 0912
老化特性, % b.200℃, 空气, 三氧化二铁 蒸发损失, % 不大于			—					—			NB/SH/T 0912
老化特性, % b.200℃, 空气, 三氧化二铁 康氏残炭增值, % 不大于			2.0					3.0			NB/SH/T 0912

质量指标

三、空气压缩油的选用与更换

为了保证安全生产，避免造成用油上的混乱，下列原则可供用户有关人员参考。

1. 负荷的定义及各种负荷空压机油的选用

对于空压机油下列原则应予以考虑：压缩机设计、环境条件和操作条件。重要的是保证安全、使空压机的运转条件保持在足以防止或减少排气系统生成积炭。

2. 黏度的选择

在我国尽管有一些单位开展了这方面的研究工作，设备使用单位也积累了一些宝贵的经验，但黏度的选择还是没有一个正式的标准可循，仍然还是凭经验进行的。

尽管如此，下列选油介绍可供借鉴。

粗选原则：高速、水冷式、低压、小压比的压缩机应选用低黏度润滑油。

对于长期在高温环境（大于30℃）下使用，以及经过长期使用后，对于冷却系统工作不良的压缩机，建议至少选用 L-DAB 空气压缩机油。

不同牌号的压缩机油不能混用。如果质量及牌号不同的油混用，会降低油品的性能，并产生黏性沉积物和漆状沉淀物，堵塞供油系统，影响油的压送。在市场上若一时无较低档油出售时，可选用高一档的油，但高档的油却不可用低挡油代替，更不能选用假冒伪劣产品，否则会酿成大祸，切不可掉以轻心。

压缩机压送不同气体时所用润滑剂的选用参考、不同类型压缩机选油原则分别列入表1-5-9 和表1-5-10。

表 1-5-9 压缩机压送不同气体时所用润滑剂的选用参考

介质类型	对润滑剂的要求	推荐润滑剂
空气	因有氧，油的抗氧化性能要好，油的闪点应比最高排气温度高40℃	空气压缩机油
氢、氮	无特殊影响，可用与空气介质一致的压缩机油	L-DAB100 或 L-DAB150 压缩机油，传动部件用 L-AN100 全损耗系统用油
氩、氦、氖	气体较重，气体中应不含水分和油，多用膜片式压缩机压送	一般用膜式压缩机，没有气缸润滑问题。内腔用 L-HL32 液压油、汽轮机油或全损耗系统用油
氧	会使润滑油剧烈氧化和爆炸，不用矿物油润滑	无油润滑
氯	在一定条件下与烃作用生成氯化氢	无油润滑（石墨）
硫化氢、二氧化碳、一氧化碳	润滑油应不含水分，否则水溶解气体可生成酸，会破坏润滑性	L-DAB 压缩机油或抗氨汽轮机油或高碱值单级发动机油（20W/20，30W，40W）
一氧化氮、二氧化硫	能与油互溶，降低黏度，油中应不含水分并应防止生成腐蚀性酸	高碱值单级发动机油（20W/20，30W，40W）或抗氨汽轮机油
氨	如有水分会与油的酸性氧化物生成沉淀，与酸性防锈剂生成不溶性皂	抗氨汽轮机油
天然气	含油湿气	湿气用合成压缩机油，干气用压缩机油
石油气	会产生冷凝液稀释润滑油	L-DAB100 或 L-DAB150 压缩机油

续表

介质类型	对润滑剂的要求	推荐润滑剂
乙烯	避免润滑油与压送气体混合而影响产品性能，不用矿物油润滑	白油或液体石蜡
丙烷	与油混合可被稀释，高纯度的丙烷应用无油润滑	L-DAB100 或 L-DAB150 压缩机油；在螺杆压缩机推荐使用 ISO VG68-100 酯基或聚乙二醇基压缩机油
焦炉气、水煤气	润滑油应能抵抗硫化氢腐蚀	如采用往复式压缩机，可选用 DAA 100 或 DAA 150 空气压缩机油
煤气	需要配套润滑油过滤设施	经过滤的 DAA 100 或 DAA 150 压缩机油，传动部件用 TSA46、68 汽轮机油或全损耗系统用油

表 1-5-10　不同类型压缩机选油原则

黏度等级	活塞压缩机	注油螺杆压缩机	滑动叶片压缩机
VG32		矿物油 加氢油 聚 α 烯烃 (PAO)	
VG46		矿物油 加氢油 聚 α 烯烃 (PAO) 可生物降解多元醇酯(POE)	
VG68 (SAE 20)	矿物油 聚 α 烯烃 双酯	矿物油 加氢油 聚 α 烯烃 (PAO) 可生物降解多元醇酯(POE)	矿物油 加氢油 双酯
VG100 (SAE30)	矿物油 聚 α 烯烃 双酯		矿物油 加氢油 双酯
VG150 (SAE40)	矿物油 聚 α 烯烃 双酯		

四、空气压缩机油的更换

通常会对润滑油进行定期抽样分析，根据分析结果决定是否换油。不能笼统地确定一个统一的压缩机油换油时间，这是因为压缩机的结构形式不同所致。即使结构形式相同，也会因压缩介质、操作条件、压缩机油的质量、工作环境的差异，使换油时间有所不同，但是我们都可以用科学的方法、大量的试验并结合实际经验来确定换油指标，即在压缩机运行中经常观察油品的颜色和清洁度，定期采样分析油品的黏度、酸值、正庚烷不溶物等物化性质。

如达到或超过换油指标，应全部或部分更换和补充新油。正常情况下应每连续工作时间达到 2000 ～ 4000h 可更换一次油冷却器、油气分离器及油路系统中的油，同时，更换或清洗过滤器。为了取得最佳效果，必须将润滑部位彻底清洗干净。清洗步骤包括放掉旧油，除掉沉积物，用新油冲洗。清洗系统之后，如果有必要进行跑合，在跑合 150 ～ 250h 后，再放掉跑合油。

1. 往复式空压机油

当出现下列情况之一者，应考虑换油：

（1）油品出现变色，或色度加深 4 级以上；

（2）酸值增加值大于 0.5mg（KOH）/g；

（3）黏度变化率超过 ±15%；

（4）正庚烷不溶物超过 0.5%。

2. 回转式空压机油

回转式空压机油的换油指标（NB/SH/T 0538《轻负荷喷油回转式空气压缩机油换油指标》）见表 1-5-11，可供参考，规定凡达到表中指标之一，应考虑更换新油。

表 1-5-11　回转式压缩机油换油指标

项目		换油指标	试验方法
运动黏度（40℃）变化率，%	超过	±10	GB/T 265
酸值增加值，mgKOH/g	大于	0.2	GB/T 7304
正戊烷不溶物（质量分数），%	大于	0.5	GB/T 8926
氧化安定性（旋转氧弹，150℃），min	小于	50	SH/T 0193
水分（质量分数），%	大于	0.1	GB/T 260

第三节　烃类气体压缩机油

压缩腔室有油润滑的容积型气体压缩机也分为往复式和回转式，压缩介质为除空气和制冷剂以外的气体，如果压缩介质是天然气和乙烯、丙烯等烃类气体，通常使用烃类气体压缩机油。

一、烃类气体压缩机油的性能要求

1. 天然气

天然气压缩机的润滑一般用矿物油型压缩机油。但天然气会被油吸收，使油的黏度降低，因此选用油的黏度牌号一般要比相同型号，同等压力的空气压缩机所用油的黏度牌号要更高些。不同天然气中乙烷以上的可凝物含量，干气为 2 ～ 13mL/m³ 以内，贫气为 13 ～ 40mL/m³，湿气为 40 ～ 54mL/m³。对湿气或贫气，宜在压缩机油中加 3% ～ 5% 的脂肪油。湿度大的可掺 10% ～ 20% 的脂肪油，亦有用 5% ～ 8% 的植物油脂或动物脂混合油，以防凝聚物的液体冲洗油膜。对含硫气体最好用 SAE 30 的重负荷发动机油。对发动机和压缩机在一起的设备，可用发动机所用的相同润滑油，以保护设备不被含硫气体腐蚀。 在7.5MPa 压力以上时，对含硫气体使用 SAE 50 或 SAE 60 的重负荷发动机油。

2. 烃类气体

这类气体能与矿物油互溶，从而降低油品的黏度。高分子烃气体在较低压力下会冷凝，必须考虑到湿度对油的影响，对润滑油的要求与天然气相同。丙烷、丁烷、乙烯、丁二烯这些气体易与油混合，会稀释润滑油。因此，需要用黏度较大的油，以抵制气体和其冷凝液的稀释和冲洗的影响。压缩纯度要求特别高的气体如丙烷，一般采用无油润滑。若采用油润滑时，可用肥皂润滑剂或乙醇肥皂溶液，以提供必要的润滑。压缩高压合成用的乙烯时，为了避免润滑油的污染，影响产品性能和纯度，应采用无污染的合成油型压缩机油或液体石蜡等作为润滑油。例如，从日本引进的 30 万吨乙烯装置上的二台高压和超高压压缩机内部用润滑剂为聚异丁烯，其分子量为 1500。焦炉气中含有大量氢和碳氢化合物，气体不纯净，因此，一般用离心式压缩机。如采用往复式压缩机，可选用 DAB100 或 DAB150 空气压缩机油。

二、烃类气体压缩机油的分类与标准

我国压缩机油的分类标准 GB/T 7631.9《润滑剂、工业用油和有关产品（L 类）的分类第 9 部分：D 组（压缩机)》气体压缩机润滑剂按压缩介质的不同分为 L–DGA、L–DGB、L–DGC、L–DGD 和 L–DGE 五类，压缩各种烃类气体的气体润滑剂属于 L–DGC 类，被称为烃类气体压缩机油，目前国内外均无烃类气体压缩机油相关的产品标准。

三、烃类气体压缩机油的选用与更换

迄今，烃类气体压缩机油的选用没有统一的标准可循，建议用户根据以往的使用经验和设备制造商的推荐和建议进行科学合理地选油和用油。

第六章　涡 轮 机 油

涡轮机油（也称汽轮机油或透平油）是工业润滑油中很重要的一类油品，它主要用于电厂的蒸汽轮机、燃气轮机、水轮机及大中型船舶汽轮机、工业汽轮机的润滑。此外，还广泛用于离心式压缩机、涡轮鼓风机等转动设备的润滑。

第一节　概　　述

在汽轮机组的滑动轴承中，涡轮机油充满于轴颈和轴瓦之间，形成流体润滑，从而起到减轻摩擦、降低磨损的作用。用于调速系统的涡轮机油，作为液压介质，传递压力，参与调速系统工作。此外，涡轮机油还具有冷却、清洗、防腐以及密封的作用。

我国涡轮机油的分类标准 GB/T 7631.10《润滑剂、工业用油和有关产品（L 类）的分类 第 10 部分：T 组（涡轮机）》（表 1-6-1）等效采用 ISO 6743-5：2006。该标准根据汽轮机的工作原理和应用特点，分为蒸汽涡轮机、燃气驱动涡轮机、单轴联合循环涡轮机、控制系统水力涡轮机等主要应用场合。应用于蒸汽涡轮机、燃气驱动涡轮机和循环涡轮机的油品根据基础油的组成（矿物油、合成油或磷酸酯）和性能特点（抗氧防锈性、高温抗氧性、极压性等）分为 12 个品种，其中 2 个是蒸汽轮机油、7 个是燃气轮机油、2 个是循环涡轮机油、1 个是磷酸酯抗燃油。涡轮机油黏度等级按 GB/T 3141《工业液体润滑剂 ISO 黏度分类》常用黏度等级（按 40℃运动黏度）有 32、46、68、100。

表 1-6-1　润滑剂、工业用油和有关产品（L 类）—T 组（涡轮机）分类

组别符号	一般应用	特殊应用	更具体应用	产品类型和（或）性能要求	符号 ISO-L	典型应用
T	涡轮机	蒸汽	一般用途	具有防锈和抗氧化性的深度精制的石油基润滑油	TSA	不需要润滑剂具有抗燃性的发电、工业驱动装置和相配套的控制机构和不需改善齿轮承载能力的船舶驱动装置
			齿轮连接到负荷	具有防锈、抗氧化性和高承载能力的深度精制的石油基润滑油	TSE	需要润滑剂改善齿轮承载能力的发电、工业驱动装置、船舶齿轮装置及其相配套的控制系统
			抗燃	磷酸酯基润滑剂	TSD	要求润滑剂具有抗燃性液体的发电、工业驱动装置及其相配套的控制装置
		燃气直接驱动或通过齿轮驱动	一般用途	具有防锈和抗氧化性的深度精制的石油基润滑油	TGA	不需要润滑剂抗燃性的发电、工业驱动装置和相配套的控制机构以及不需改善齿轮承载能力的船舶驱动装置
			高温使用	具有防锈性和抗氧化性的深度精制的石油基润滑油	TGB	要求润滑剂具有抗高温性的发电、工业驱动装置和相配套的控制系统

组别符号	一般应用	特殊应用	更具体应用	产品类型和（或）性能要求	符号 ISO—L	典型应用
T	涡轮机	燃气直接驱动或通过齿轮驱动	特殊用途	聚 α 烯烃和相关烃类的合成液	TGCH	要求润滑剂具有特殊性能（增强的）氧化安定性，低温性能的发电、工业驱动装置和相配套的控制系统
			特殊用途	合成酯型的合成液	TGCE	需要润滑剂具有特殊性能（增强的）氧化安定性，低温性能的发电、工业驱动装置和相配套的控制系统
			抗燃	磷酸酯润滑剂	TGD	要求润滑剂具有抗燃性的发电、工业驱动装置及其相配套的控制装置
			高承载能力	具有防锈、抗氧化性和高承载能力的深度精制的石油基润滑油	TGE	需要润滑剂改善齿轮承载能力的发电、工业驱动装置、船舶齿轮装置及其相配套的控制系统
			高温使用高承载能力	具有防锈、抗氧化性和高承载能力的深度精制的石油基润滑油	TGF	要求润滑剂具有抗高温和承载性能的发电、工业驱动装置及其相配套的控制系统
		具有公共润滑系统，单轴连接循环涡轮机	高温使用	具有防锈和抗氧化性的深度精制的石油基或合成基润滑油	TGSB	不需要润滑剂抗燃性的发电和控制系统
			高温使用和高承载能力	具有高承载能力、防锈和抗氧化性的深度精制的石油基或合成基润滑油	TGSE	不需要润滑剂抗燃性，但需要改善齿轮承载能力的发电和控制系统
		控制系统	抗燃	磷酸酯控制液	TCD	润滑剂和抗燃液分别（独立）供给的蒸汽、燃气、水力轮机控制装置
		水力涡轮机	一般用途	具有防锈和抗氧化性的深度精制的石油基润滑油	THA	具有液压系统的水力涡轮机
			特殊用途	聚 α 烯烃和相关烃类的合成液	THCH	需要润滑剂具有排水毒性低和环境保护性能的水力涡轮机
			特殊用途	合成酯型的合成液	THCE	需要润滑剂具有排水毒性低和环境保护性能的水力涡轮机

第二节　抗氧防锈汽轮机油

在涡轮机中，汽轮机油主要起润滑、调速、防锈和冷却作用。在蒸汽轮机、离心式压缩机、工业汽轮机设备上最常用的是抗氧防锈汽轮机油。

一、抗氧防锈汽轮机油的性能要求

汽轮机的主蒸汽参数由亚临界（16～19MPa，538℃/538℃）和超临界（24～26MPa，566℃/566℃）向超超临界（28～31MPa，600℃/600℃）发展，单机功率也越来越大，随之带来的问题是轴承温度和载荷也越来越高。抗氧防锈汽轮机油由于长期在可能接触蒸汽的环境下使用，因此应具备以下的性能。

1. 适当的黏度和较好的黏温性能

抗氧防锈汽轮机油主要润滑高速轴承及调速系统，适当的黏度可以提供足够的润滑油膜，满足设备的润滑要求。通常黏度范围（ISO VG32、VG46）的油适用于直接耦合的设备，如汽轮发电机组。抗氧防锈汽轮机油除了要有适当的黏度外，还要具有良好的黏温特性。为了保证机组在不同的温度下都能得到可靠的润滑，要求油品的黏度随温度的变化越小越好，一般要求涡轮机油的黏度指数不低于 90。

2. 良好的防锈性

抗氧防锈汽轮机油在工作过程中混入蒸汽或水的可能性非常大，油品中含有水分极易产生锈蚀，锈蚀产生的颗粒物会引起机组调速系统失灵，导致机组振动和过量磨损等不良后果。抗氧防锈汽轮机油中通常添加防锈剂以提高油品的防锈性能，防锈剂是表面活性剂，能在金属表面形成致密的保护膜，有效地防止水分与金属表面接触。评价抗氧防锈汽轮机油防锈性能的方法是 GB/T 11143《加抑制剂矿物油在水存在下防锈性能试验法》（合成海水法）。

3. 良好的分水性能

抗氧防锈汽轮机油在使用过程中易与水接触，如果油的分水性能不好，不能及时将进入油中的水分离出去，在激烈的搅拌下，油和水会形成较为稳定的乳胶体，不停地在油系统中循环。油中存在的乳胶体有很多危害：

（1）改变油的黏度特性，油的润滑性能变坏，有可能导致轴承损坏；

（2）引起油系统部件的腐蚀；

（3）加速油品的老化。

抗氧防锈汽轮机油的分水性能与基础油的精制深度和添加剂有关。基础油的精制深度越高，胶质、沥青质、环烷酸和多环芳烃的含量越少，油品的分水性能就越好。此外，加入涡轮机油中的添加剂应尽可能地不破坏油品的分水性。抗氧防锈汽轮机油的水分离性测试方法有 GB/T 7305《石油和合成液水分离性测定法》，后者的试验条件是采用蒸汽进行乳化，该法在欧洲普遍使用。

4. 良好的空气分离性

空气以 4 种形式存在于油中，即游离空气、泡沫、夹带的空气和溶解的空气。泡沫通常指直径较大的（大于 1mm）、浮于油液表面的气泡，而夹带空气通常指在强烈的搅动下产生的非常细小的气泡，它使油品呈雾状，并在短时间内难以变透明。一般情况下，溶解在油中的空气对操作不会有大的影响，然而在温度升高或压力突降（如管路急转弯处，或在阀、节流孔等处），溶解的空气就可能从油中逸出，变成游离空气，在剧烈搅动的条件下形成夹带空气。油中夹带的空气会造成诸多危害，如加速油的老化、使系统的控制精度下降等。因此，要求涡轮机油夹带的雾沫空气越少越好。现代大容量的涡轮机组油的循环倍率增加，油在油箱中逗留的时间缩短了，良好的空气分离性更加重要。检测涡轮机油泡沫特性的方法是 GB/T 12579《润滑油泡沫特性测定法》，空气释放性能的方法是 SH/T 0308《润滑油空气释放值测定法》。

5. 良好的氧化安定性

蒸汽轮机的平均油温为 45 ～ 65℃，局部过热点可达 80 ～ 150℃。较高的温度会引发油品的热氧化反应，水分和金属的存在会加速油品氧化，氧化生成的水可导致设备锈蚀和油品乳化，氧化生成的酸会腐蚀金属，腐蚀产生的金属离子溶解在油中会进一步加快油品的氧化，这些都将导致汽轮机润滑失效。随着机组功率增大，油品的使用条件更加苛刻，因此良好的氧化安定性成为抗氧防锈汽轮机油的一项极其重要的性能。评价抗氧防锈汽轮机油氧化安定性的方法有 GB/T 12581《加抑制剂矿物油氧化特性测定法》（ASTM D943，氧化特性）和 SH/T 0193《润滑油氧化安定性的测定 旋转氧弹性法》（旋转氧弹）等。

6.较小的油泥和漆膜生成趋势

近年来，油泥和漆膜问题逐渐增加，油泥会导致涡轮机组出现很多问题，如过滤器堵塞、供油不足、轴承磨损、调速失灵等后果，最终造成非正常停机的损失。因此，较小的油泥和漆膜生成趋势也成为汽轮机油的发展趋势之一。

7.良好的清洁性

油中的固体颗粒是非常有害的，因为固体颗粒会使摩擦副表面产生磨粒磨损，导致轴承和轴颈损坏，并引发控制系统故障。固体颗粒的来源包括设备安装、检修时遗留的残渣；油品生产运输及注油过程中混入的空气中的尘埃；锈蚀产生的锈渣；氧化产生的沉积物等。机组运行过程中，固体颗粒物会在系统中逐渐积累，需要采用过滤或离心装置除去。油品的清洁度可采用重量法或颗粒计数法测定，清洁度水平可采用 GB/T 14039《液压传动油液固体颗粒污染等级代号》的分类法表示，系统中油品的清洁度等级需符合 OEM 或电厂的要求，GB 11120《涡轮机油》规定，抗氧防锈汽轮机油 L－TSA（A 级）标准要求清洁度等级应不超过 −/18/15。

二、抗氧防锈汽轮机油的分类及标准

1.分类

1）黏度分类

抗氧防锈汽轮机油的黏度等级根据 GB/T 3141《工业液体润滑剂 ISO 黏度分类》划分，其中抗氧防锈汽轮机油 L－TSA（B 级）黏度等级（按 40℃运动黏度）包括 ISO VG32、VG 46、VG 68 和 VG 100；L－TSA（A 级）和 L－TSE，黏度等级（按 40℃运动黏度）包括 ISO VG32、VG 46 和 VG 68。

2）质量等级分类

抗氧防锈汽轮机油分为一般用途的 L－TSA 级别和特殊用途的 L－TSE 级别。其 L－ 中TSA 级别是具有防锈和抗氧化性的深度精制的石油基润滑油，适用于不需要润滑剂具有抗燃性的发电、工业驱动装置和相配套的控制机构和不需改善齿轮承载能力的船舶驱动装置。GB 11120《涡轮机油》中规定，L－ TSA 按质量等级分为 B 级和 A 级，L－TSE 是在 L－TSA（A 级）的基础上，改善了齿轮承载能力，增加了 FZG（齿轮机试验）失效级的要求。

2.标准

1）国际标准

国际标准主要有国际标准化组织的 ISO 8068、德国的 DIN 51515−1、英国的 BS 489、美国的 ASTM D4304、日本的 JISK 2213 等。其中最有代表性的是 ISO 8068，包括抗氧防锈汽轮机油 L–TSA 和 L–TSE，L–TSA 主要质量指标见表 1–6–2，L–TSE 是在 L–TSA 的基础上增加了极压性能的要求。

表 1–6–2　抗氧防锈汽轮机油主要性能指标

项目			VG32	VG46	VG68	试验方法
黏度指数		不小于	90			ISO 2909
酸值，mg(KOH)/g		不大于	0.2			ISO 6618 或 ISO 6619 或 ISO 7537
水分，%（质量分数）		不大于	0.02			ISO 6296
泡沫特性，mL/mL 不大于	24℃		450/0			ISO 6247
	93.5℃		50/0			
	后 24℃		450/0			
空气释放值，50℃，min		不大于	5	5	6	ISO 9120
铜片腐蚀（100℃/3h），级		不大于	1			ISO 2160
液相锈蚀（B 法），级			无锈			ISO 7120
水分离性（54℃），min		不大于	30			ISO 6614
氧化安定性（TOST 法）	1000h 的酸值，mg(KOH)/g	不大于	0.3	0.3	0.3	ISO 4263–1
	酸值达 2.0mg（KOH）/g 的时间，h	不小于	3500	3000	2500	
	1000h 的油泥，mg	不大于	200	200	200	
氧化安定性	总氧化产物（TOP），%（质量分数）	不大于	0.40	0.50	0.50	ISO 7624
	油泥，%（质量分数）	不大于	0.25	0.30	0.30	
过滤性（干法），%		不小于	85			ISO 13357–2
过滤性（湿法），%			通过			ISO 13357–1
污染度，级		不大于	–/17/14			ISO 4406

2）中国标准

我国于 2012 年 6 月正式实施《涡轮机油》，其中抗氧防锈汽轮机油按质量等级分为 L–TSA（B 级）和 L–TSA（A 级），L–TSA（A 级）高于 L–TSA（B 级），L–TSA（A 级）主要质量指标见表 1–6–3，L–TSE 是在 L–TSA（A 级）的基础上，增加了极压性能的要求。

表 1–6–3　我国抗氧防锈汽轮机油 L–TSA（A 级）主要质量指标

项目			VG32	VG46	VG68	试验方法
黏度指数		不小于	90			GB/T 1995 GB/T 2541
酸值，mg（KOH）/g		不大于	0.2			GB/T 4945
水分，%（质量分数）		不大于	0.02			GB/T 11133
泡沫特性 mL/mL	24℃	不大于	450/0			GB/T 12579
	93.5℃	不大于	50/0			
	后 24℃	不大于	450/0			

续表

项目		VG32	VG46	VG68	试验方法
空气释放值（50℃），min	不大于	5	5	6	SH/T 0308
铜片腐蚀（100℃/3h），级	不大于	1			GB/T 5096
液相锈蚀（B法），级		无锈			GB/T 11143
抗乳化性（54℃），min	不大于	15	15	30	GB/T 7305
氧化安定性（TOST法）	1000h的酸值，mg(KOH)/g 不大于	0.3	0.3	0.3	GB/T 12581
	酸值达2.0mg(KOH)/g的时间，h 不小于	3500	3000	2500	
	1000h的油泥，mg 不大于	200	200	200	
过滤性（干法），%	不小于	85			SH/T 0805
过滤性（湿法），%		通过			SH/T 0805
清洁度，级	不大于	—/18/15			GB/T 14039

昆仑长寿命汽轮机油 KTL 具有多年电力、石化行业使用业绩，其主要质量指标参考国际主流设备制造商（OEM）标准制定，高于国家标准 GB 11120—2011，执行 Q/SY RH2087 标准，见表 1-6-4。极压型长寿命汽轮机油 KTL（EP）是在 KTL 基础上，增加了极压性能的要求。

表 1-6-4　昆仑长寿命汽轮机油 KTL 的主要性能指标

项目		质量指标			试验方法
黏度等级		32	46	68	
运动黏度（40℃），mm²/s		28.8~35.2	41.4~50.6	61.2~74.8	GB/T 265
黏度指数	不小于	100			GB/T 1995
色度，号	不大于	2.0			GB/T 6540
闪点，℃ 不低于	开口	205	210	220	GB/T 3536
	闭口	170	170	170	GB/T 261
倾点，℃	不高于	−18			GB/T 3535
酸值，mg(KOH)/g	不大于	0.2			GB/T 4945
水分，%（质量分数）	不大于	0.02			GB/T 11133
泡沫性（泡沫倾向/泡沫稳定性），mL/mL	程序Ⅰ（24℃）不大于	300/0			GB/T 12579
	程序Ⅱ（93.5℃）不大于	50/0			
	程序Ⅲ（后24℃）不大于	300/0			
铜片腐蚀（100℃，3h），级	不大于	1			GB/T 5096
液相锈蚀（24h）		合格			GB/T 11143（B法）
空气释放值，min	不大于	4	4	6	SH/T 0308

三、抗氧防锈汽轮机油的选用与更换

抗氧防锈汽轮机油除了应用于电厂的各类汽轮机组外，还可用于工业汽轮机、压缩机、风机、某些泵和轴承等多种设备。各类设备的工况不同，对油品的性能要求也不尽相同。根据工况条件选择适当的油品是保证设备得到良好润滑的第一个重要步骤。

1. 抗氧防锈汽轮机油的选用

1) 中小容量的汽轮机发电机组

200MW 以下的中小容量的机组，由于蒸汽温度和压力均不高，轴承内润滑油温度一般为 40 ～ 50℃，最高不超过 50 ～ 60℃，因而对润滑油的要求并不高，L-TSA（B 级）汽轮机油可满足润滑要求。

2) 大容量蒸汽轮机发电机组

300MW 和 600MW 的机组的蒸汽初温可达 538℃，亚临界机组的压力为 17.3MPa，超临界机组的压力为 25.3MPa，超超临界机组的压力可达 32.5MPa，此类机组对润滑油的氧化安定性要求较高，L-TSA（A 级）汽轮机油可满足此类机组的润滑需求。

3) 工业汽轮机及其他设备

离心式压缩机轴承为滑动轴承，采用压力循环润滑方式。润滑油进入轴承后，由于附着力的作用，将随旋转转轴做旋转运动，并形成压力油膜将做旋转运动的转子抬起，使轴瓦和轴颈实现液体润滑，润滑工况与蒸汽轮机相似。离心式压缩机、离心泵、风机等工业设备应根据设备制造商（OEM）使用手册规定，选用合适黏度等级的 L-TSA 汽轮机油，如润滑部位有齿轮，则推荐具有一定承载能力的 L-TSE 汽轮机油。

2. 抗氧防锈汽轮机油的更换

抗氧防锈汽轮机油在使用过程中会因氧化和蒸发而使黏度增大，氧化物的增加会使水分离性能下降、酸值增大，氧化产生的（溶于水的）低分子有机酸会腐蚀机件；油中如果混入有害化学物质、进入水蒸气或机械杂质，也会使油品变质。当油品的质量下降到一定程度后，就需要更换。一般抗氧防锈汽轮机油的性能质量达到 NB/SH/T 0636—2013《L-TSA 汽轮机油换油指标》其中之一者，见表 1-6-5，就应当进行更换或处理。

表 1-6-5　L-TSA 汽轮机油换油指标

项目		换油指标				试验方法
黏度等级（按 GB 3141—1994）		32	46	68	100	—
40℃运动黏度变化率，%	超过	±10				GB/T 265
酸值增加值，mg(KOH)/g	大于	0.3				GB/T 264
水分（质量分数），%	大于	0.1				GB/T 260，GB/T 11133，GB/T 7600
氧化安定性旋转氧弹（150℃），min	小于	60				SH/T 0193
抗乳化性（54℃）[1]，min	大于	40		60		GB/T 7305
防锈性能（蒸馏水[2]）		不合格				GB/T 11143
清洁度[3]		报告				DL/T 432

[1] 当使用 100 号油时，测试温度为 82℃。

[2] 当使用于船舶设备时采用合成海水法，指标为中等锈蚀或严重锈蚀。

[3] 根据设备制造商的要求。

第三节　燃气轮机油

燃气轮机是以连续流动的气体为工作介质带动叶轮高速旋转，燃料燃烧产生能量转变为有用功的内燃式动力机械。燃气轮机作为提供动力的设备，常用于直接驱动或通过齿轮驱动压缩机组或其他设备。燃气轮机油除了应用于电厂的燃气轮机组外，还可用于工业燃气轮机等多种设备。

一、燃气轮机油的性能要求

燃气轮机及联合循环机组因其供电效率高、建设周期短、建设费用低等优点，在世界范围内已成为火电发展的主要方向。燃气轮机单机功率已达到 350MW 等级，进气温度可高达 1500℃。由于燃气轮机油长期在高温的环境下运行，因此应具备以下的性能要求。

1. 适当的黏度和较好的黏温性能

燃气轮机油主要润滑高速轴承及调速系统，适当的黏度可以提供足够的润滑油膜，满足设备的润滑要求。通常黏度牌号为 32 和 46 的油品适用于直接耦合的设备，如汽轮发电机组。涡轮机油除了要有适当的黏度外，还要具有良好的黏温特性。为了保证机组在不同的温度下都能得到可靠的润滑，要求油品的黏度随温度的变化越小越好，一般要求燃气轮机油的黏度指数不低于 90。

2. 良好的氧化安定性

随着燃气轮机技术发展，大型燃机进气初温可达 1500℃ 以上，导致平均油温为 50 ～ 95℃，局部过热点可达 150 ～ 280℃，比蒸汽轮机高。高温会引发油品的加速氧化，氧化生成的酸会腐蚀金属，腐蚀产生的金属离子溶解在油中会进一步加快油品的氧化，这些都将导致燃气轮机润滑失效。随着机组功率增大，油品的使用条件更加苛刻，因此，良好的氧化安定性成为燃气轮机油的一项极其重要的性能。评价燃气轮机油氧化安定性的方法有 GB/T 12581《加抑制剂矿物油氧化特性测定法》（ASTM D943，氧化特性），SH/T 0193《润滑油氧化安定性的测定　旋转氧弹性法》（旋转氧弹）等。

3. 较小的油泥和漆膜生成趋势

近年来，一些重负荷燃气轮机的油泥和漆膜问题逐渐增加，燃气轮机的高温也会促使油泥和漆膜的生成。油泥会导致涡轮机组出现很多问题，如过滤器堵塞、供油不足、轴承磨损、阀黏结，调速失灵等后果，最终造成非正常停机的损失。因此，较小的油泥和漆膜生成趋势也成为燃气轮机油的要求之一。

4. 良好的空气分离性

燃气轮机在运行中可能会将空气卷入油中，形成夹带空气。而夹带的空气会造成诸多危害，如加速油的老化、使系统的控制精度下降等。因此，要求燃气轮机油夹带的雾沫空气越少越好。检测燃气轮机油泡沫特性的方法是 GB/T 12579《润滑油泡沫特性测定法》，空气释放性能的方法是 SH/T 0308《润滑油空气释放值测定法》。

5. 良好的清洁性

油中的固体颗粒是非常有害的，因为固体颗粒会使摩擦副表面产生磨粒磨损，导致轴承和轴颈损坏，并引发控制系统故障。固体颗粒的来源包括设备安装、检修时遗留的残渣；油品生产运输及注油过程中混入的空气尘埃；锈蚀产生的锈渣；氧化产生的沉积物等。机组运行过程中，固体颗粒物会在系统中逐渐积累，需要采用过滤或离心装置除去。油品的清洁度可采用重量法或颗粒计数法测定，清洁度等级可采用 GB/T 14039《液压传动油液固体颗粒污染等级代号》的分类法表示，系统中油品的清洁度等级需符合 OEM（设备制造商）或电厂的要求，GB 11120–2011《涡轮机油》规定，L–TGA 油品清洁等级应不超过 –/18/15。

二、燃气轮机油的分类及标准

1. 分类

1）黏度分类

燃气轮机油黏度等级一般根据 GB/T 3141《工业液体润滑剂 ISO 黏度分类》划分，按 GB 11120—2011《涡轮机油》的规定，L–TGA、L–TGE 燃气轮机油黏度等级按 40℃运动黏度划分为 32、46 和 68 三个牌号。

2）质量等级分类

按 GB 11120—2011《涡轮机油》的规定，燃气轮机油分为 L–TGA 和 L–TGE。L–TGA 是含有抗氧剂和腐蚀抑制剂的精制矿物油型润滑油，适用于不需要润滑剂具有抗燃性的发电、工业驱动装置和相配套的控制机构以及不需改善齿轮承载能力的船舶驱动装置。L–TGE 是为润滑齿轮系统而在 L–TGA 的基础上，增加了极压性要求的燃气轮机油。

2. 标准

1）国际标准

国际标准主要有国际标准化组织的 ISO 8068：2006、德国的 DIN 51515–2、英国的 BS 489、美国的 ASTM D4304、日本的 JISK 2213 等。其中最有代表性的是 ISO 8068：2006，包括燃气轮机油 2 类 L–TGA/ L–TGE，L–TGA 主要质量指标见表 1–6–6，L–TGE 是在 L–TGA 的基础上增加了极压性能的要求。

表 1–6–6　燃气轮机油 TGA 的主要技术指标

性能			VG32	VG46	VG68	试验方法
黏度指数		不小于		90		ISO 2909
酸值，mg（KOH）/g		不大于		0.2		ISO 6618 或 ISO 6619 或 ISO 7537
水分，%（质量分数）		不大于		0.02		ISO 6296
泡沫特性，mL/mL	24℃	不大于		450/0		ISO 6274
	93.5℃	不大于		50/0		
	后 24℃	不大于		450/0		

性能			VG32	VG46	VG68	试验方法
空气释放值，50℃，min		不大于	5	5	6	ISO 9120
铜片腐蚀（100℃/3h），级		不大于	1			ISO 2160
液相锈蚀（B法），级			无锈蚀			ISO 7120
水分离性（40–37–3mL）（54℃），min		不大于	30			ISO 6614
氧化安定性（TOST法）	1000h的酸值，mg（KOH）/g	不大于	0.3	0.3	0.3	ISO 4263–1
	酸值达2.0mg（KOH）/g的时间，h	不小于	3500	3000	2500	
	1000h的油泥，mg	不大于	200	200	200	
氧化安定性	总氧化产物（TOP），%（质量分数）	不大于	0.40	0.50	0.50	ISO 7624
	油泥，%（质量分数）	不大于	0.25	0.30	0.30	
过滤性（干法），%		不小于	85			ISO 13357–2
过滤性（湿法），%			通过			ISO 13357–1
污染度，级		不大于	–/17/14			ISO 4406

2）中国标准

我国于2012年6月正式实施GB 11120—2011《涡轮机油》，该标准参照ISO 8068：2006修订。L–TGA主要质量指标见表1–6–7，L–TGE是在L–TGA的基础上，增加了极压性能的要求。

表1–6–7　燃气轮机油L–TGA主要质量指标

性能			VG32	VG46	VG68	试验方法
黏度指数		不小于	90			GB/T 1995 GB/T 2541
酸值，mg（KOH）/g		不大于	0.2			GB/T 4945
水分，%（质量分数）		不大于	0.02			GB/T 11133
泡沫特性 mL/mL	24℃	不大于	450/0			GB/T 12579
	93.5℃	不大于	50/0			
	后24℃	不大于	450/0			
空气释放值，50℃，min		不大于	5	5	6	SH/T 0308
铜片腐蚀（100℃/3h），级		不大于	1			GB/T 5096
氧化安定性（TOST法）	1000h的酸值，mg（KOH）/g	不大于	0.3	0.3	0.3	GB/T 12581
	酸值达2.0mg（KOH）/g的时间，h	不小于	3500	3000	2500	
	1000h的油泥，mg	不大于	200	200	200	
过滤性（干法），%		不小于	85			SH/T 0805
过滤性（湿法），%			通过			SH/T 0805
污染度，级		不大于	–/17/14			GB/T 14039

三、燃气轮机油的选用与更换

燃气轮机油除了应用于电厂的燃气轮机组外，还可用于工业燃气轮机等多种设备。各类设备的工况不同，对油品的性能要求也不尽相同。根据工况条件选择适当的油品是保证设备得到良好润滑的第一个重要步骤。

1. 燃气轮机油的选用

1）燃气轮机

燃气轮机是用燃烧产生的高温气体冲击动叶片，带动主轴旋转的涡轮机。燃气轮机与蒸汽轮机一样，其润滑系统均采用静压润滑。对于轻负荷的燃气轮机，如果润滑油的运行温度与蒸汽轮机相近，可以使用 L–TSA 汽轮机油。某些高温中的重负荷燃气轮机，进气温度可达上千摄氏度，润滑油的运行温度在 80℃ 左右，有时可超过 100℃，且与密封空气接触，受热氧化作用十分激烈，因此需要使用高温抗氧化性能更好的油品，如 GB 11120—2011 中规定的 L–TGA 燃气轮机油。当润滑系统含有齿轮设备时，应选用具有极压性的 L–TGE 燃气轮机油。

2）燃气—蒸汽联合循环

在燃气轮机和蒸汽轮机联合发电的装置中，如果采用同一润滑系统，则不宜使用含 ZDDP 的汽轮机油，因为 ZDDP 在与串入的水蒸气接触时，易水解，使油品乳化。普通的联合循环装置可选用 GB 11120—2011 中规定的 L–TGSB 汽轮机油，该类油品综合了 L–TSA 和 L–TGA 的性能要求。大容量重负荷的联合循环机组应选用 L–TGSE 汽轮机油，该类油品综合了 L–TGE 和 L–TSE 的性能要求。

2. 涡轮机油的更换

燃气轮机油在使用过程中会因高温氧化和蒸发而使黏度增大，氧化物的增加会使酸值增大，氧化产生的低分子有机酸会腐蚀机件；油中如果混入有害化学物质、进入机械杂质，也会使油品变质。当油品的质量下降到一定程度后，就需要更换。

国家标准 GB/T 7596《电厂运行中矿物涡轮机油质量》主要适用于电厂运行中燃气轮机油，见表 1–6–8，非电厂使用的汽轮机油可参考该标准。

表 1–6–8 运行中燃气轮机油质量标准

序号	项目		质量指标	检验方法
1	外观		透明，无杂质或悬浮物	DL/T 429.1
2	色度		无异常变化	GB 6540
3	运动黏度（40℃）mm²/s	32[①]	不超过新油测定值 ±5%	GB/T 265
		46[①]		
4	酸值增加值，mg（KOH）/g		≤ 0.3	GB/T 264
5	泡沫性（泡沫倾向性/泡沫稳定性）mL/mL	24℃ 不大于	500/10	GB/T 12579
		93.5℃ 不大于	100/10	
		后 24℃ 不大于	500/10	

续表

序号	项目	质量指标	检验方法
6	空气释放值（50℃），min	≤ 10	
7	颗粒污染等级（SAE AS4059F），级	≤ 8	DL/T 432
8	旋转氧弹值	不低于新油原始测定值的 25%，且 ≥ 200 值的 25%，且 ≥ 200	SH/T 0193

① 32 和 46 为汽轮机油的黏度等级。

第七章　润　滑　脂

润滑脂是将稠化剂分散于基础油中形成的一种固体或半流体的产物，其中也可能包含为改善其特性而加入的某些添加剂。随着生产力水平的提高，新技术、新材料、新机器不断涌现，润滑脂也由最初的钙基脂、钠基脂，发展到如今的复合锂基脂、聚脲润滑脂、复合磺酸钙基润滑脂等品种。润滑脂在各行各业使用广泛，尤其是汽车、钢铁、矿石水泥、工程机械等行业对润滑脂的质量要求越来越高。因此，充分了解和认识润滑脂的组成和性能，引导使用者合理选脂用脂，对设备润滑管理而言十分重要。

第一节　润滑脂的组成与性能

一、润滑脂的组成

从润滑脂的定义可知，润滑脂是由稠化剂稠化基础油并加入添加剂制成，因此其主要成分为基础油、稠化剂和添加剂，它们在润滑脂中发挥着不同的作用。

1. 基础油

基础油在润滑脂中占70% ~ 98%，对润滑脂的抗氧化性、高低温性、胶体安定性、蒸发损失及使用寿命起决定作用，对脂的润滑性及添加剂的感受性也有影响。例如，基础油的低倾点往往生产出来的润滑脂低温流动性较好；较大黏度的基础油生产得到的润滑脂一般会具有较小锥入度、较好的胶体安定性。

常用的基础油分为矿物油、合成烃油、酯类油、硅油、聚醚以及含氟油。

1) 矿物油

矿物油根据原油不同而有环烷基油、石蜡基油和中间基油等类型，由于化学组成上的差异，对稠化剂在油中的稠化能力以及对润滑脂的产品性能都有不同的影响。根据使用温度、轴承尺寸和运转速度等选用不同的矿物油作为润滑脂的基础油。

2) 合成烃油

合成烃油主要有聚 α - 烯烃（PAO）、重烷基苯和低分子量聚异丁烯。生产润滑脂常用的是聚 α - 烯烃。具有比较全面的优质性能，具有良好的黏温性、低温性、热安定性和氧化安定性，特别适用于在高温下及宽温度范围内使用的润滑脂，但抗磨性及对部分添加剂溶解性不如矿物基础油，橡胶相容性差。聚 α - 烯烃会使某些橡胶产生收缩、变硬，从而影响橡胶的密封性能。

3) 酯类油

酯类油具有良好的润滑性、黏温性、高温性、低温性，极低的毒性和可生物降解性，可用来制备高低温润滑脂，以及生物降解润滑脂（双酯和多元醇酯降解率高达90%以上），对环境污染小。是目前较为广泛使用的合成润滑油之一。作为润滑脂基础油的酯类油包括二元酸酯、三羟甲基丙烷酯、季戊四醇酯、双季戊四醇酯等。

4）硅油

硅油具有黏度指数高、凝固点低、化学安定性好、电气性能优异等优点，缺点是边界润滑性差。作为润滑脂基础油的硅油有甲基硅油、甲苯基硅油、氯苯基硅油、乙基硅油、烷基硅油、氟硅油等。

除此之外，能作为润滑脂基础油的还有聚醚类油，包括聚苯醚和聚亚烷基醚油，含氟油包括全氟碳油、氟氯碳油和全氟烷基聚醚。

2. 稠化剂

稠化剂约占润滑脂总量的 4% ~ 20%，是润滑脂的重要组成部分，在润滑脂中形成三维结构骨架，将润滑油固定，形成一种凝胶状物质。作为润滑脂的稠化剂必须满足：在基础油中能均匀分散，并长时间内不互相聚集成大颗粒；表面亲油，能与基础油形成稳定的分散体系；具有一定的稳定性，能抵抗温度、压力等外界条件变化；不腐蚀金属。

稠化剂对润滑脂的性质有很大的影响，稠化剂的性质和含量主要决定润滑脂的耐水、耐热和稠度等性能。稠化剂的含量越多，稠化能力越强，润滑脂越稠。稠化剂耐热性和耐水性越好，润滑脂就越能耐高温和水。稠化剂可分为皂基、烃基、无机、有机等类型，不同稠化剂类型各具特色，决定了润滑脂的使用寿命、使用温度范围等。

（1）皂基稠化剂—脂肪酸金属皂。皂基稠化剂是由动植物油脂、脂肪酸与金属氢氧化物（碱）作用而生成。皂基润滑脂有锂基、钠基、钡基、钙基、铝基润滑脂，这类仅含一种金属皂的润滑脂称为单皂基润滑脂；由两种或两种以上脂肪酸金属盐作稠化剂的润滑脂称混合皂基润滑脂，如锂钙基、钙钠基润滑脂，其性能上可集中多种皂基的优点；由高分子酸金属皂与低分子酸金属皂共结晶形成的皂基称复合皂基，如复合钙基、复合锂基，由于复合使润滑脂滴点明显提高。

（2）无机稠化剂。膨润土和硅胶是制备润滑脂的常用无机稠化剂。用做润滑脂稠化剂的膨润土，还必须进行表面处理，使其具有亲油性。硅胶一般指二氧化硅，硅胶表面一般是亲水的，经过表面改质后可转变为憎水硅胶。

（3）有机稠化剂。用于润滑脂的有机稠化剂较多，常用的有阴丹士林蓝（制高温脂），酞菁铜，它们有良好的化学安定性和热安定性，在 600℃ 以下，只能挥发，而不会分解。另外，还有耐热性好、抗磨性和抗化学性好的聚四氟乙烯稠化剂等。能作为润滑脂有机稠化剂的还有脲基、十八烷基对苯二甲酸金属盐等。

（4）烃基稠化剂。石蜡和地蜡是制取烃基润滑脂的稠化剂。石蜡为白色至黄色的片状结晶体，其主要是正构烃。地蜡为针状结晶体，主要组成是环烷烃和异构烃。

3. 添加剂

为赋予或改善润滑脂的使用性能，需要添加一种或多种添加剂。一般情况下，润滑油适用的添加剂，也适用于润滑脂，但由于润滑脂与润滑油用途不同，因此润滑脂产品中一般不会添加清净剂、分散剂、消泡剂等。润滑脂常用的添加剂种类一般有：抗氧剂、极压抗磨剂、防锈防腐剂、结构改善剂、填充剂、增黏剂、着色剂，其作用见表 1-7-1。

表1-7-1 润滑脂添加剂的种类及作用

添加剂种类	典型添加剂类型	主要作用
抗氧剂	酚类或胺类	阻碍基础油氧化，抑制皂基润滑脂中脂肪酸和甘油的氧化，改善润滑脂的抗氧化安定性
极压抗磨剂	含硫、磷、氯、铅和钼的化合物、金属盐、硼酸盐	通过化学反应在金属表面形成具有低剪切强度的固体膜，改善摩擦副之间的油膜状况
防锈防腐剂	苯并三氮唑及其衍生物、噻二唑衍生物	极性基团优先吸附在金属表面，形成保护膜，在一定程度上阻止氧、水等与金属表面的接触，防止金属表面锈蚀
结构改善剂	弱极性化合物	调节润滑脂的胶体安定性
填充剂	二硫化钼、石墨、聚四氟乙烯（PTFE）	在遇到重负荷、振动、冲击负荷或高温条件下起补强作用
增黏剂	聚异丁烯、聚乙烯、乙丙共聚物	增强润滑脂对金属表面的附着力
着色剂	油溶性颜料	赋予润滑脂特殊的颜色

二、润滑脂的性能

润滑脂的主要性能包含以下10个方面。

1. 稠度

稠度是衡量润滑脂软硬稠度的主要指标，与性能无关。稠度的选择主要取决于加脂方式以及气温变化，通常人工加脂使用3号和2号，集中润滑系统一般选用2号和1号，而0号、00号和000号属于半流体润滑脂，通常用于齿轮和链条等的浸没或飞溅润滑。我国目前的分类标准依照美国润滑脂协会NLGI的分类方法，将润滑脂稠度按锥入度值共分为9个等级，6号最硬，000号最软，与其对应的锥入度值见表1-7-2。

表1-7-2 润滑脂稠度与锥入度值的关系

NLGI 稠度	6	5	4	3	2	1	0	00	000
锥入度（25℃）0.1mm	85~115	130~160	175~205	220~250	265~295	310~340	355~385	400~430	445~475

2. 高温性

润滑脂的高温性决定了润滑脂在高温下的结构保持能力和运行寿命，主要取决于稠化剂、基础油、添加剂的类型，高温性能好的润滑脂一般选择复合锂、复合磺酸钙、聚脲、复合铝等，基础油一般选用耐热性好的基础油，以提高使用温度，延长使用寿命。润滑脂高温性通常用滴点来衡量，但滴点并不是润滑脂耐高温的极限值，通常来说，润滑脂的短期最高使用温度极限应低于滴点60℃左右。

3. 剪切稳定性

润滑脂剪切稳定性又称之为机械安定性，是指润滑脂在一定的剪切作用后，产品稠度的变化趋势，一般用机械作用前后锥入度的差异来表示，差值越大，剪切稳定性越差。剪切稳定性是润滑脂的重要使用性能，是影响润滑脂使用寿命的重要因素。润滑脂的机械安定性主要取决于润滑脂的稠化剂类型及制备工艺。

4. 胶体稳定性

润滑脂的胶体安定性是指润滑脂抵抗温度和压力的影响而保持其胶体结构的能力，即阻止从润滑脂中析出润滑油的能力。分油是润滑脂的一种特性，任何一种润滑脂都有分油现象。分油并不是越小越好，过小的分油不利于润滑，当然分油过大表明脂的胶体安定性不好，会缩短使用寿命，当润滑脂分油比例达到50%左右时，润滑脂变硬，胶体结构破坏，将失去润滑作用，不能满足设备的润滑脂需求。

5. 极压抗磨性

极压抗磨性是润滑脂在经受重负荷和冲击负荷的工作条件下抵抗结构破坏并保持润滑的能力，也是衡量润滑脂保护润滑部件在苛刻条件下易发生磨损、擦伤、烧结等失效现象的能力。润滑脂的极压抗磨性与基础油运动黏度及添加剂有关。

6. 防腐防锈性

润滑脂保护金属免于锈蚀的能力即为润滑脂的防腐防锈性。一般情况下，金属部件在空气及水汽环境中很容易发生锈蚀，涂上具有防腐防锈性的润滑脂后，就会阻止外界的空气、水及其他一些腐蚀性气体或液体直接与金属接触，保护了金属表面，延长其使用寿命。润滑脂本身具有一定的防护性，为提高其性能更大范围的应用，可以通过加入防腐蚀剂来达到要求。

7. 抗水黏附性

润滑脂抗水黏附性是指润滑脂在使用过程中与水或水蒸气接触时，在金属表面抵御抗水冲洗的能力，间接反映了润滑脂与金属表面的黏附性能的强弱。很多情况下，润滑脂是在水存在的环境中使用的，在潮湿和混入水的环境中工作的机械设备，在选用润滑脂时应考虑到润滑脂的抗水性能是否良好。

8. 抗氧化性

润滑脂的抗氧化性是指润滑脂在储存或高温条件下使用时抵抗氧化的能力，润滑脂的抗氧化性是影响润滑脂使用寿命的重要因素之一。润滑脂若被氧化，其胶体结构被破坏，不能满足机械设备的润滑要求，产生的酸还会腐蚀设备，因此在高温条件下使用的润滑脂或换脂周期较长的机械设备用润滑脂及长期储存的润滑脂都应该考虑到它的抗氧化性能。

9. 低温性

润滑脂的低温性是指润滑脂在低温环境下，其稠度变化的趋势，应用在低温下运转设备的润滑脂必须考虑其低温性，否则，可能由于低温的影响，无法使润滑脂泵送至需润滑的部位，会使机械设备难以启动，运行力矩增大，甚至导致轴承抱死。

10. 介质相容性

润滑脂具有辅助密封作用，经常与橡胶、尼龙等密封件接触，在一定条件下，油脂中的极性物质可能会导致密封件的加速老化、变硬变软、膨胀或收缩，影响密封效果。因此，在与密封件接触的场合，必须考虑与接触的密封件材质的相容性，来选择适宜的润滑脂。此外，还应考虑润滑脂所接触到的介质如酸类、醇类、有机溶剂等化学品，这些介质可能会破坏润滑脂的胶体稳定性。

第二节　润滑脂的分类与标准

一、润滑脂分类

由于不同用户对产品需求差异化以及设备润滑管理水平的差异，导致国内润滑脂品种、型号众多，润滑脂的分类和命名方法错综复杂。通常润滑脂主要采用按组成分类和按用途分类的方法大致分类。

1. 按组成分类

1）皂基润滑脂

（1）钙基润滑脂。钙基润滑脂滴点较低，一般在90℃以下，使用温度不宜超过60℃，不适合机械在高负荷、高强度条件下运行。钙基脂由于皂纤维较长，因此具有较好的黏附性和疏水性，常用于户外作业的设备润滑，尤其是农用机械的润滑和防护。

（2）锂基润滑脂。锂基润滑脂是现代社会需求量最大、应用最广泛的润滑脂。不仅可以满足一般机械润滑要求，而且能承担一些极端条件下的润滑工作，产品性价比较高。

（3）复合锂基润滑脂。在锂基润滑脂基础上发展起来的复合锂基脂，以其优异的耐高温性、抗水性、抗微动磨损性以及较长的使用寿命，迅速成为最有前景的高性能润滑脂产品。

（4）复合钙基润滑脂。钙基润滑脂中加入少量低分子酸钙盐制备出的复合钙基润滑脂就具有较好的耐高温性，使用温度可在 -50 ~ 150℃范围内，在具备钙基类润滑脂良好的抗水和黏附性的基础上，还具有良好的耐高温性。

（5）复合铝基润滑脂。复合铝基润滑脂皂纤维结构比其他皂基润滑脂更细腻均匀，滴点高，结构稳定，胶体安定性、抗水性都较好，尤其对于长距离集中供脂系统尤为合适。

（6）复合磺酸钙基润滑脂。复合磺酸钙润滑脂具有优异的极压抗磨性能和防锈性能，同时，机械安定性、胶体安定性、抗水性也十分优异，被称为是"新一代高效润滑脂"，特别适用于重负荷的工况。

2）非皂基润滑脂

（1）聚脲润滑脂。聚脲基润滑脂是耐高温长寿命润滑脂之一，由于不含金属离子，稠化剂对基础油没有催化氧化等作用，提高了润滑脂的高温氧化寿命。同时，具有良好的泵送性、抗水淋性、机械安定性，也适用于集中润滑系统。

（2）膨润土润滑脂。膨润土润滑脂是一类重要的非皂基的高温润滑脂，具有良好的高温性能、机械安定性和胶体安定性，广泛用于各个领域。

（3）硅脂。硅脂的稠化剂为二氧化硅。硅脂具有良好的密封性和阻尼性能，广泛应用于密封、阻尼等特殊场合。

（4）聚四氟乙烯润滑脂。聚四氟乙烯脂是以聚四氟乙烯（PTFE）为稠化剂，稠化特殊合成油制备而成的特种润滑脂，具有良好的耐高温、抗化学介质、抗辐射等能力。主要应用于极高温度（超过300℃）、与化学介质直接接触的润滑场合。

2.按用途分类

1）抗磨润滑脂

抗磨润滑脂主要起降低机械摩擦，防止机械磨损的作用。

2）密封润滑脂

密封润滑脂在许多机械设备的静密封和动密封过程中担当主要或辅助密封材料，如石油专用钻具螺纹脂、多效密封润滑脂和真空密封硅脂等。密封润滑脂应用场合广泛、性能要求也各不相同。

3）防护润滑脂

防护润滑脂在金属表面黏附力强，可以保护金属长期不锈蚀，有些防护润滑脂还可以保护在不同介质中的金属部件不被腐蚀。

二、润滑脂的标准

目前，国内对润滑脂的质量控制并没有统一的标准。由于不同用户对润滑脂性能需求的差异化，除了几种通用的润滑脂产品具有国家标准和行业标准外，各大润滑脂生产商均建立了自己的企业标准及协议标准。中国石油润滑油公司针对不同的用户需求，对部分润滑脂产品也制定了自己的企业标准。

1.钙基润滑脂

钙基润滑脂是由动植物脂肪酸钙皂稠化矿物基础油制成，产品广泛适用于农用机械、冶金、纺织等重负荷、水环境下的机械设备润滑，使用温度范围 $-10 \sim 60℃$。钙基润滑脂的主要技术指标见表1-7-3。

表1-7-3 钙基润滑脂的主要技术指标（GB 491）

项目		质量指标				试验方法
规格		1号	2号	3号	4号	
外观		淡黄色至暗褐色油膏				目测
工作锥入度，0.1mm		310 ~ 340	265 ~ 295	220 ~ 250	175 ~ 205	GB/T 269
滴点，℃		80	85	90	95	GB/T 4929
腐蚀（T₃铜片，24h）		铜片上没有绿色或黑色变化				GB 7326
水分，%	不大于	1.5	2.0	2.5	3.0	GB/T 512
钢网分油量（60℃，24h）	不大于		12	8	6	NB/SH/T 0324
灰分，%		3.0	3.5	4.0	4.5	SH/T 0327
延长工作锥入度 (1.0×10^4 次与工作锥度入差值），0.1mm　不大于			30	35	40	GB/T 269
水淋流失量（38℃，1h），%	不大于		10	10	10	SH/T 0109
矿物油运动黏度（40℃），mm²/s		28.8 ~ 74.8				GB/T 265

2. 通用锂基润滑脂

通用锂基润滑脂具有良好的抗水性、机械安定性、防锈性和氧化安定性等特点，属于多用途、较长寿命、宽温度范围使用的一种润滑脂，适用于 $-20 \sim 120℃$ 范围内各种机械设备滚动轴承和滑动轴承及其他摩擦部位的润滑。1 号脂可用于集中润滑系统，2 号和 3 号脂可用于手工注脂。通用锂基脂的主要技术指标见表 1-7-4。

表 1-7-4 通用锂基润滑脂的主要技术指标（GB/T 7324）

项目		质量指标			试验方法
		1 号	2 号	3 号	
外观		浅黄至褐色光滑油膏			目测
工作锥入度，0.1mm		310 ~ 340	265 ~ 295	220 ~ 250	GB/T 269
滴点，℃	不低于	170	175	180	GB/T 4929
腐蚀（T_2 铜片，100℃，24h）		铜片无绿色或黑色变化			GB 7326（乙法）
钢网分油（100℃，24h），%	不大于	10	5		NB/SH/T 0324
蒸发量（99℃，22h）/%	不大于	2.0			GB/T 7325
杂质（显微镜法）个 /cm³	10μm 以上 不大于	2000			SH/T 0336
	25μm 以上 不大于	1000			
	75μm 以上 不大于	200			
	125μm 以上 不大于	0			
氧化安定性（99℃，100h，0.760MPa）压力降，MPa	不大于	0.070			SH/T 0325
相似黏度（-15℃，10s⁻¹），Pa·s	不大于	800	1000	1300	SH/T 0048
延长工作锥入度（1.0×10^5 次），0.1mm	不大于	380	350	320	GB/T 269
水淋流失量（38℃，1h），%	不大于	10	8		SH/T 0109
防腐蚀性（52℃，48h）		合格			GB/T 5018

3. 极压锂基润滑脂

极压型润滑脂采用脂肪酸锂皂稠化矿物基础油，并加入抗氧剂和极压剂，适用于在 $-20 \sim 120℃$ 范围内的高负荷机械设备轴承及齿轮的润滑，也可以用于集中润滑系统。极压锂基润滑脂的主要技术指标见表 1-7-5。

表 1-7-5 极压锂基润滑脂的主要技术指标（GB/T 7323—2008）

项目		质量指标				试验方法
		00 号	0 号	1 号	2 号	
工作锥入度，0.1mm		400 ~ 430	355 ~ 385	310 ~ 340	265 ~ 295	GB/T 269
滴点，℃	不低于	165		170		GB/T 4929
腐蚀（T_2 铜片，100℃，24h）		铜片无绿色或黑色变化				GB 7326（乙法）

项目			质量指标				试验方法
			00 号	0 号	1 号	2 号	
钢网分油（100℃，24h），%		不大于	—	—	10	5	NB/SH/T 0324
蒸发量（99℃，22h），%		不大于	2.0				GB/T 7325
杂质（显微镜法）个 /cm³	25μm 以上	不大于	3000				SH/T 0336
	75μm 以上	不大于	500				
	125μm 以上	不大于	0				
相似黏度（−10℃，10s⁻¹），Pa·s		不大于	100	150	250	500	SH/T 0048
延长工作锥入度（1.0×10^5 次），0.1mm		不大于	450	420	380	350	GB/T 269
水淋流失量（38℃，1h），%		不大于	—	—	10	10	SH/T 0109
防腐蚀性（52℃，48h）			合格				GB/T 5018
极压性能，N	梯姆肯法（OK 值）不小于		133		156		NB/SH/T 0203
	四球机法（P_B）不小于		588				SH/T 0202

4. 二硫化钼极压锂基润滑脂

二硫化钼极压锂基润滑脂采用脂肪酸锂皂稠化矿物基础油，并加入极压添加剂和二硫化钼制得的抗极压型润滑脂，适用于在 −20 ~ 120℃ 范围的轧钢机械、矿山机械、重型起重机械等重负荷齿轮和轴承的润滑，并能使用于有冲击负荷的部件润滑。二硫化钼极压锂基润滑脂的主要技术指标见表 1−7−6。

表 1−7−6　二硫化钼极压锂基润滑脂的主要技术指标（NB/SH/T 0587）

项目		质量指标			试验方法
		0 号	1 号	2 号	
工作锥入度，0.1mm		355 ~ 385	310 ~ 340	265 ~ 295	GB/T 269
滴点，℃	不低于	170		175	GB/T 4929
腐蚀（T₂铜片，100℃，24h）		铜片无绿色或黑色变化			GB 7326（乙法）
钢网分油（100℃，24h），%	不大于	—	10	5	SH/T 0324
蒸发量（99℃，22h），%	不大于	2.0			GB/T 7325
延长工作锥入度（1.0×10^5 次），0.1mm	不大于	420	390	360	GB/T 269
水淋流失量（38℃，1h），%	不大于	—	10		SH/T 0109
防腐蚀性（52℃，48h）		合格			GB/T 5018
极压性能（梯姆肯法）OK 值，N	不小于	177			SH/T 0203
相似黏度（−10℃，10s⁻¹），Pa·s	不大于	150	250	500	SH/T 0048

5. 极压复合锂基脂

极压复合锂基脂是采用高级脂肪酸锂皂和低分子酸锂盐共结晶，稠化矿物油或合成油，并加入抗氧剂和极压剂制得的抗极压型润滑脂。极压复合锂基脂具有良好的高温特性和极压抗磨特性，在钢铁、汽车工业和许多工业部门具有广阔的应用市场。极压复合锂基脂的主要技术指标见表 1-7-7。

表 1-7-7　极压复合锂基脂的主要技术指标（SH 0535）

项目		标准			试验方法
		1 号	2 号	3 号	
工作锥入度，0.1mm		310～340	265～295	220～250	GB/T 269
延长工作锥入度 (1.0×10⁵ 次) 变化率，% 不大于		15	20	20	GB/T 269
滴点，℃ 不低于		250	260	260	GB/T 3498
腐蚀（T₂铜片，100℃，24h）		铜片无绿色或黑色变化	铜片无绿色或黑色变化	铜片无绿色或黑色变化	GB 7326（乙法）
钢网分油（100℃，24h），% 不大于		6	5	3	NB/SH/T 0324
防腐蚀性（52℃，48h）		合格	合格	合格	GB/T 5018
氧化安定性（99℃，100h，0.770MPa）压力降，MPa 不大于		0.070	0.070	0.070	SH/T 0325
极压性能（四球机法）	P_D，N 不小于	3089	3089	3089	SH/T 0202
	ZMZ，N 不小于	411	411	441	
漏失量（104℃，6h），g 不大于		5.0	2.5	2.5	SH/T 0326
蒸发度（180℃，1h），% 不大于		5	5	5	GB/T 7325
相似黏度 (−10℃，10s⁻¹)，Pa·s 不大于		500	800	1200	SH/T 0048
水淋流失量（38℃，1h），% 不大于		10	10	10	SH/T 0109
梯姆肯试验 OK 值，N 不小于		156	156	156	SH/T 0203

中国石油润滑油公司在极压复合锂基脂基础上，研制出了综合性能更好的 HP-R 高温润滑脂产品，该产品解决了传统极压抗磨剂在高温下对润滑脂结构的负面影响，极大地延长了复合锂基脂的高温寿命；同时，该产品的抗水性能得到了极大的提高，可用于高温、重负荷、接触大量水的工况环境下的车辆、工程机械以及其他苛刻条件下的设备润滑（表 1-7-8）。

表 1-7-8　HP-R 高温润滑脂的主要技术指标（Q/SY RH2199）

项目	质量指标				试验方法
	HP-R（A 型）			HP-R（B 型）	
	2 号	T2 号	3 号		
外观	绿色均匀油膏			蓝色均匀油膏	目测
工作锥入度，0.1mm	265～295	245～275	220～250	235～265	GB/T 269

续表

项目		质量指标			试验方法
		HP-R（A 型）			
		2 号	T2 号	3 号	HP-R（B 型）
滴点，℃ 不低于		260			GB/T 3498
钢网分油（100℃，24h）（质量分数），% 不大于		5.0			NB/SH/T 0324
腐蚀（T₂铜片，100℃，24h）		铜片无绿色或黑色变化			GB 7326（乙法）
水淋流失量（38℃，1h），%（质量分数） 不大于		5.0			SH/T 0109
延长工作锥入度（1.0×10⁵ 次）变化率，% 不大于		20			GB/T 269
加水延长工作锥入度（10 万次）变化率，% 不大于		—		25	GB/T 269
蒸发量（99℃，22h）（质量分数），% 不大于		1.0			GB/T 7325
蒸发度（180℃，1h）（质量分数），% 不大于		—			SH/T 0337
氧化安定性（99℃，100h，0.770MPa）压力降，MPa 不大于		0.070			SH/T 0325
漏失量（104℃，6h），g 不大于		5.0			SH/T 0326
防腐蚀性（52℃，48h）		合格			GB/T 5018
抗磨损性能（四球机法）磨痕直径（392N，60min），mm 不大于		0.55			SH/T 0204
极压性能（四球机法）	P_D，N 不小于	2452			SH/T 0202
	ZMZ，N 不小于	—			
极压性能（梯姆肯法）OK 值，N 不小于		178			SH/T 0203
低温转矩（-15℃），N·m	启动 不大于	0.79			SH/T 0338
	运转 不大于	0.39			
相似黏度（-10℃，10s⁻¹），Pa·s 不大于		—			SH/T 0048

6. 复合磺酸钙基脂

复合磺酸钙基脂是近年来发展的高性能润滑脂之一，是以高碱性磺酸钙为原料，将牛顿体的高碱值磺酸钙在转相剂作用下转变为非牛顿体高碱性磺酸钙，稠化基础油，并加入皂化酸、碱复合反应，得到复合磺酸钙基脂。复合磺酸钙基脂广泛应用于钢铁、冶炼、造纸、海洋运输、建筑机械和食品机械等行业，尤其是在高温、潮湿、腐蚀、重载、冲击负荷存在时，性能更优异。而且，该脂不含重金属和有害环境的其他功能添加剂，适合作为环保型润滑脂。复合磺酸钙基脂的主要技术指标见表1-7-9。

表 1-7-9　复合磺酸钙基脂的主要技术指标（Q/SY RH2152）

项目		质量指标			试验方法
		1 号	T1 号	2 号	
外观		均匀光滑软膏			目测
工作锥入度，0.10mm		310 ～ 340	290 ～ 320	265 ～ 295	GB/T 269
滴点，℃	不低于	280			GB/T 3498
腐蚀（T₂铜片，100℃，24h）		铜片无绿色或黑色变化			GB 7326（乙法）
延长工作锥入度（10×10 次）变化值，0.10mm	不大于	65	60	55	GB/T 269
氧化安定性（99℃，100h，0.770MPa）压力降，MPa	不大于	0.070			SH/T 0325
水淋流失量（79℃，1h）（质量分数），%	不大于	1.8	1.8	1.5	SH/T 0109
相似黏度（−10℃，10s⁻¹），Pa·s	不大于	800	800	1000	SH/T 0048
蒸发度（180℃，1h）（质量分数），%	不大于	5.0	5.0	3.0	SH/T 0337
钢网分油（100℃，24h）（质量分数），%	不大于	8.0	8.0	5.0	NB/SH/T 0324
极压性能（四球机法）P_D，N	不小于	3089			SH/T 0202
极压性能（四球机法）（75℃，1200r/min，392N，60min）磨斑直径，mm	不大于	0.55			SH/T 0204

7. 聚脲润滑脂

聚脲润滑脂是由异氰酸酯和有机胺反应生成的聚脲化合物，稠化基础油制备的润滑脂。选择不同类型的有机胺和异氰酸酯可以合成不同种类的脲基稠化剂。极压聚脲脂是在聚脲润滑脂基础上添加极压添加剂制备而成，可以广泛用于电器、冶金、钢铁、造纸、汽车等，使用温度范围为 −20 ～ 180℃。极压聚脲润滑脂的主要技术指标见表 1-7-10。

表 1-7-10　极压聚脲润滑脂的主要技术指标（SH/T 0789）

项目		质量指标			试验方法
		0 号	1 号	2 号	
工作锥入度，0.1mm		355 ～ 385	310 ～ 340	265 ～ 295	GB/T 269
滴点，℃	不低于	250			GB/T 4929
腐蚀（T₂铜片，100℃，24h）		铜片无绿色或黑色变化			GB 7326（乙法）
钢网分油（100℃，24h），%	不大于	—	8	5	NB/SH/T 0324
蒸发量（99℃，22h），%	不大于	1.5			GB/T 7325
延长工作锥入度（1.0×10⁵ 次）差值变化率，%	不大于	15	20	25	GB/T 269
水淋流失量（38℃，1h），%	不大于	—	7	5	SH/T 0109
防腐蚀性（52℃，48h）		合格			GB/T 5018

项目			质量指标			试验方法
			0 号	1 号	2 号	
极压性能	梯姆肯法，N	不小于	178			SH/T 0203
	四球机法最大无卡咬负荷 P_B，N	不小于				SH/T 0202
相似黏度（−10℃，10s⁻¹），Pa·s		不大于	300	500	1000	SH/T 0048
轴承寿命（149℃），h		不小于	—	—	120	SH/T 0428

8. 石油天然气工业套管、油管、管线管和钻柱构件用螺纹脂

石油天然气工业套管、油管、管线管和钻柱构件用螺纹脂是属于专用润滑脂，产品执行 GB/T 23512《石油天然气工业 套管、油管、管线管和钻柱构件用螺纹脂的评价与试验》。该标准等效采用 API RP 5A3—2009、ISO 13678 标准。规定了带螺纹的管套、油管、管线管和旋转台肩式连接所用螺纹脂的要求、检验和试验方法，以及用于评价螺纹脂在实验室情况下的使用性能和物理及化学性能。

第三节　润滑脂的选用与加注

一、润滑脂的选用

1. 润滑油和润滑脂的优缺点

对于设备润滑而言，选择润滑油还是润滑脂，决定于设备的设计、加油方式以及维护条件。与润滑油相比，润滑脂有其特有的优点和缺点。润滑脂润滑的优点包括：

（1）润滑脂的黏附性好，在摩擦表面上的保持能力强，润滑周期长，减少润滑剂消耗；另外，可以防止水分、尘土和其他机械杂质进入摩擦表面，保护金属长期不腐蚀。

（2）润滑脂的使用寿命长，供油次数少，不需要经常添加，在经常加油困难的摩擦部位上，使用润滑脂润滑较为有利。

（3）润滑脂使用温度范围更广，油膜厚度范围比润滑油更宽。

（4）润滑脂承载能力强，可以添加固体润滑材料，更适用于重负荷、低速、高低温、极压以及有冲击负荷的苛刻条件，也适用于间歇或往复运动的部件上进行润滑。

润滑脂润滑的缺点主要表现在润滑脂冷却散热作用不如润滑油。用润滑脂润滑的设备在低温启动时，摩擦力矩大。更换润滑脂比更换润滑油过程复杂等。

2. 润滑脂的选择原则

润滑脂的选用原则有以下几点。

1）了解设备情况

（1）了解设备润滑部位类型。润滑部位例如：轴承、链条、缆绳、齿轮、万向节等，不同的设备对润滑脂的稠度、稠化剂类型、抗磨性要求是不一样的。

（2）了解润滑脂在该设备的主导作用。

（3）了解设备型号、已投用年限。

（4）了解主体设备产能。

（5）了解设备润滑故障率和故障记录。

2）设备商推荐润滑脂、曾用脂和现用脂情况

对于进口或国产的机械设备，原则上应当遵照制造商说明书规定使用润滑脂。需要注意的是，如果在设备说明书中推荐的润滑脂属于过时的低挡润滑脂产品时，此时应该推荐先进的润滑脂牌号和品种作为设备用脂。

另外，对设备更换润滑脂时，还应该详细了解曾用脂和现用脂的使用情况，必要时需分析检测曾用脂和现用脂的组成及理化指标，并进行现用脂和新品种润滑脂的混兑相容性试验，最终选择一种适宜的润滑脂。

3）工作条件

（1）工作温度。润滑点的工作温度对润滑脂的润滑作用和使用寿命有很大影响，一般认为润滑点工作温度超过润滑脂允许的使用温度上限后，温度每升高 $10 \sim 15℃$，润滑脂的寿命约降低 1/2，这是由于润滑脂基础油对蒸发损失、氧化变质和胶体分油现象加速所致。

润滑点的工作温度还随周围环境介质温度的变化而变化，我国幅员广阔，南北地区和冬夏之间气温有较大差别，如北方某些严寒区冬季气温有可能降至 $-40℃$ 以下，在选用润滑脂时应考虑气温变化对起动力矩和润滑性的影响。此外，负荷、速度、长期连续运行、润滑脂装填得太多等因素也对润滑点的工作温度有一定影响。

（2）转速。润滑部件的运转速度越高，润滑脂所受的剪切应力就越大，稠化剂形成的润滑脂纤维骨架受到的破坏作用也越大，脂的使用寿命就会缩短。在温度、负荷条件相同时，速度是影响润滑脂应用的主要因素。通常滚动轴承根据其平均直径 d （mm）与运转速度 n （r/min）的乘积 dn，即速度因数的大小，来选择相应的润滑剂。对于滚动和圆柱滚子轴承，一般来说，内径在 50mm 以下时，当 dn 值小于 300000 时，可以采用润滑脂；dn 值大于 300000 时，采用润滑油润滑。对于运转速度越高的轴承，应选用锥入度越大的润滑脂，以减少其摩擦阻力；但润滑脂受到的剪切力将会相应增大，其润滑能力将会降低，此时，应选用抗剪切性能好的润滑脂。

（3）负荷。对于重负荷润滑点应选用稠化剂含量高、具有较高极压性和抗磨性的润滑脂。对于有冲击负荷或振动的润滑点应选用含有固体润滑剂（石墨、二硫化钼等）的润滑脂。

（4）环境条件。环境条件是指润滑点的工作环境和周围介质，如空气湿度、尘埃和是否有腐蚀性介质等。在潮湿环境和与水接触的情况下，可选用抗水性较好的润滑脂，如钙基、锂基、复合钙基脂。条件苛刻时，应选用加有防锈剂的润滑脂，而不宜选用抗水性较差的钠基脂。处在有强烈化学介质的环境中的润滑点，应选用抗化学介质的合成润滑脂，如氟碳润滑脂等。

二、油田与钻探行业特色润滑脂

油田与钻探行业设备绝大多数处于户外作业，工况环境恶劣。其中钻探行业的设备是用脂量大、对润滑脂质量要求最高的设备，润滑脂的质量好坏直接影响到钻探设备的作业

效率，中国石油润滑油公司针对钻探设备的特点开发了一系列油田与钻探行业特色润滑脂。

1. 8901 钻具螺纹脂

该润滑脂采用无机稠化剂稠化基础油，并添加抗氧剂、防锈剂以及固体填料等制成。具有良好的高温性，在高温下防止螺纹黏扣，拆卸、清洗方便；良好的极压抗磨性能，在高负荷、大扭矩应力条件下，避免螺纹擦伤和粘扣；优良的防锈和耐介质性能，避免螺纹部位的锈蚀。主要用于油田钻杆或钻铤螺纹的密封以及润滑。在高温、高负荷、大扭矩应力条件下，能防止钻井液泄漏、避免螺纹擦伤和黏扣，拆卸清洗方便。使用温度范围为 $-20 \sim 160℃$。表 1−7−11 为 8901 钻具螺纹脂典型数据。

表 1−7−11　8901 钻具螺纹脂典型数据

项目	典型数据	试验方法
工作锥入度，0.1mm	365	GB/T 269
滴点，℃	260	GB/T 3498
腐蚀（T_3 铜片，100℃，3h）	无绿色或黑色变化	SH/T 0331
钢网分油（65℃，24h），%	2.5	SH/T 0324
极压性能（四球机法）P_D 值，N	4900	SH/T 0202

2. 8902 套管螺纹密封脂

该润滑脂本采用无机稠化剂稠化中等黏度基础油，并加入抗氧剂、防锈剂、一定比例的固体润滑剂和填料等添加剂而制成。具有优良的抗介质能力，在中等强度酸或碱的溶液中，脂结构完好；耐压密封性好，可承受 59MPa 蒸汽压力；良好的防锈性优能，保证润滑与密封部位不腐蚀；良好的极压抗磨性能，减少润滑部位的磨损。主要用于石油探井套管油管螺纹、套管接头、阀门和管道接头螺纹的密封与润滑。使用温度范围为 $-15 \sim 200℃$。表 1−7−12 为 8902 套管螺纹密封脂典型数据。

表 1−7−12　8902 套管螺纹密封脂典型数据

项目		典型数据	试验方法
工作锥入度，0.1mm		320	GB/T 269
腐蚀（T_3 铜片，100℃，3h）		无绿色或黑色变化	SH/T 0331
钢网分油（65℃，24h），%		2.5	SH/T 0324
抗酸碱试验	28%HCl	无变化	
	pH 值为 12 的溶液	无变化	

3. 7019 高温润滑脂

该润滑脂采用复合皂基稠化剂稠化合成油，并加有抗氧、极压抗磨等添加剂精制而成。

具有滴点高、高温不流淌、低温不开裂的良好耐温特性；良好的机械安定性和胶体稳定性；适宜的黏附性能；较长的使用寿命，其使用寿命是锂基脂的 4 倍以上。主要适用于纺织、印染、石化、钢铁、浮法玻璃生产中的高温轴承以及各大型、中型、小型电动机。各中等负荷和重负荷滚动、滑动轴承及烘烤设备的齿轮、链条托轮等传动部位的润滑。使用温度范围为 −30 ～ 160℃，短期可达 180℃。表 1−7−13 为 7019 高温润滑脂典型数据。

表 1−7−13 7019 高温润滑脂典型数据

项目		典型数据	试验方法
工作锥入度，0.1mm		275	GB/T 269
滴点，℃		290	GB/T 3498
腐蚀（T_3 铜片，100℃，3h）		无绿色或黑色变化	SH/T 0331
分油量（压力法），%		9.06	GB/T 392
氧化安定性 （99℃，100h，0.760MPa）	压力降，MPa	0.025	SH/T 0325
	蒸发度（180℃，1h），%	3.25	SH/T 0337

4. 低温锂基脂

该润滑脂采用脂肪酸锂皂稠化矿油并加入抗氧、防锈等添加剂制得。皂纤维结构合理，分布均匀，在剪切力的作用下能保持较好的润滑脂结构特征；防锈性能良好，能够防止轴承运转过程中的锈蚀；具有优良的抗水性、热安定性。适用于各种机械设备的滚动轴承及其他摩擦部位的润滑。使用温度范围为 −40 ～ 120℃。表 1−7−14 为低温锂基脂典型数据。

表 1−7−14 低温锂基脂典型数据

项目	典型数据				试验方法
	0 号	1 号	2 号	3 号	
工作锥入度，0.1mm	370	326	278	235	GB/T 269
延长工作锥入度（1.0×10^5 次），0.1mm	390	348	315	270	GB/T 269
滴点，℃	175	193	198	205	GB/T 3498
腐蚀（T_3 铜片，100℃，3h）	无绿色或黑色变化				SH/T 0331

5. 抽油机专用润滑脂

传统抽油机用脂一般为设备厂家推荐锂基润滑脂，产品维护周期为 6 个月。抽油机专用润滑脂可以延长抽油机维护保养周期 3 ～ 4 倍，极大地降低了抽油机的维护保养成本。

抽油机专用润滑脂采用复合金属皂稠化高品质矿物油以及合成油，并加入特殊抗磨剂及抗氧化剂等多种添加剂制成。稠化剂—基础油结构稳定，高温寿命长；在湿度较大或者进水条件下仍可确保轴承的润滑，保证轴承不被锈蚀；黏附性强，高温高速条件下不流失，不甩油。适用于抽油机各型轴承的润滑。使用的温度范围为 −40 ～ 180℃。表 1−7−15 为抽油机专用润滑脂典型数据。

表 1−7−15　抽油机专用润滑脂典型数据

项目	典型数据	试验方法
工作锥入度，0.1mm	275	GB/T 269
延长工作锥入度（1.0×10⁵ 次），0.1mm	296	GB/T 269
滴点，℃	300	GB/T 3498
腐蚀（T₃ 铜片，100℃，3h）	无绿色或黑色变化	SH/T 0331
极压性能（梯姆肯法）OK 值，N	178	NB/SH/T 0203
漏失量（104℃，6h），g	1.06	SH/T 0109

6. 车辆用脂——HP−R 高温润滑脂

油田和钻探行业的运输车辆和工程车辆大部分时间都在环境和路况极其恶劣的野外作业，维修不方便，对润滑脂的产品质量和可靠性要求远远高于普通运输车辆。昆仑 HP−R 高温润滑脂是专门针对载重车辆底盘和轮毂轴承的长寿命、高可靠性要求设计开发的一款专用产品（表 1−7−16）。产品使用寿命是普通锂基脂的 3 倍。昆仑 HP−R 高温润滑脂在湿度较大或者轮毂进水的条件下仍可确保轴承的润滑，保证轮毂轴承不被锈蚀；黏附性强，高温高速条件下不流失，不甩油；使用寿命长，换脂周期达到 2×10⁴km 以上。适合重载车辆、工程车、公交巴士前后轮轴承及其他摩擦部位的润滑，可以广泛应用在湿热地区、山区道路运行的车辆。使用温度范围为 −30 ～ 180℃。

表 1−7−16　昆仑 HP−R 高温润滑脂典型数据

项目	典型数据	试验方法
工作锥入度，0.1mm	245	GB/T 269
延长工作锥入度（1.0×10⁵ 次），0.1mm	266	GB/T 269
滴点，℃	310	GB/T3498
腐蚀（T₃ 铜片，100℃，3h）	无绿色或黑色变化	SH/T 0331
极压性能（梯姆肯法）OK 值，N	178	NB/SH/T 0203
漏失量（104℃，6h），g	1.06	SH/T 0109

三、润滑脂的加注

定期加注润滑脂是设备维护保养的重要环节。如何做到合理加注、补充润滑脂，需要设备管理人员对润滑脂正确使用有一定的认识。

1. 润滑脂的填充量

润滑脂的填充量要适宜，加脂量过大，会使摩擦力矩增大，温度升高，耗脂量增大；而加脂量过少，则不能获得可靠润滑而发生干摩擦。一般来讲，对于密封轴承来说，加脂量为轴承内总空隙体积的 1/4 ~ 1/3；对于开放式轴承而言，一般填充轴承内总空隙的 1/2 ~ 2/3。若轴承为低速重载条件，润滑脂加注量需增加；若速度较高，则需适当减少填充量，并选择稠度较低的产品。

对于润滑脂补充量，全球著名轴承制造商 SKF 公司给出了润滑脂填充量的估算公式：

$$Q = 0.005 \, D \, B$$

式中　Q——填充量，g；

$\quad\quad D$——轴承外径，mm；

$\quad\quad B$——轴承宽度，mm。

2. 润滑脂的加注注意事项

不同润滑脂存在兼容性问题。如果润滑脂不兼容，混合后会导致润滑脂滴点下降，锥入度增加（变软），剪切安定性降低，轴承润滑质量下降。因此，不同类型润滑脂不得混用；即使是同一类型但来自不同厂家的也应慎重混用。避免润滑脂混用问题，可以在各润滑点明确标识润滑脂的类型、加注量等信息，同时，明显标识了不同用途的润滑脂枪，应避免误用。

第八章 其他油品

第一节 冷冻机油

冷冻机油是制冷式压缩装置的专用润滑油，是决定和影响制冷系统制冷功能和效果至关重要的组成部分。由于冷冻机油是在有制冷剂的特殊环境下工作的，因此具有下述特性：

（1）冷冻机油与制冷剂在制冷压缩系统内直接接触；

（2）有少量冷冻机油被携入制冷剂管线内参与冷冻循环；

（3）在全封闭压缩机内，冷冻机油与电动机的线圈及密封件等有机材料密切接触；

（4）冷冻机油处于排气阀的高温和膨胀阀、蒸发器的低温这两种极端的温度条件下。

一、冷冻机油性能要求

冷冻机油是制冷压缩机的专用润滑油，和一般润滑油一样，在制冷压缩机中起润滑、密封、防锈和带走热量的作用。制冷循环系统中关键组件对冷冻机油的性能要求见表1-8-1。

表1-8-1　制冷循环系统中关键组件对冷冻机油的性能要求

制冷循环系统组件	性能要求
压缩机	（1）与制冷剂共存时具有优良的化学稳定性； （2）有良好的润滑性； （3）有极好的与制冷剂的相溶性； （4）对绝缘材料和密封材料具有优良的适应性； （5）有良好的抗泡性能
冷凝器	有优良的与制冷剂的相溶性
膨胀阀	（1）无蜡状物絮状分离； （2）不含水
蒸发器	（1）有优良的低温流动性； （2）无蜡状物絮状分离； （3）不含水； （4）有优良的与制冷剂的相溶性

冷冻机油通常重点关注六大性能指标。

（1）黏度和黏度温度特性。以保证冷冻机油在各种不同温度下都具有良好的润滑性和流动性。

（2）热化学安定性。决定了油品使用寿命的长短。

（3）热稳定性。挥发性高、闪点低的油易在高温阀片处挥发、变黏而生成积炭。一般来说，冷冻机油的闪点应比制冷压缩机的最高排气温度高 20 ～ 30℃。

（4）低温特性。

①低温流动性——难溶于制冷剂的油品。油的凝点过高，当其随制冷剂进入制冷系统后，就会在蒸发器盘管等低温部位滞留或凝固，严重时会堵塞管道使设备不能正常运转。

②溶解性——与制冷剂部分溶解的油品。启动压缩机，因底部制冷剂层的黏度过小，将造成滑动部件烧结或机体的异常振动。另外，由于油与制冷剂相分离，还会在蒸发器和冷凝器等低温区造成回流困难和影响传热效率等问题。

③絮凝点——油中的石蜡基组分"絮凝"出来，造成毛细管和膨胀阀堵塞，使制冷剂的循环中断。

④润滑性。加入润滑添加剂才能使冷冻机油的润滑性能有明显的改进，满足苛刻的要求。

⑤水分。冷冻机油对水分的要求十分严格，溶有水分的氨能使油发生乳化，并在油箱内产生大量泡沫。这不仅会降低油的润滑性，而且会使润滑系统不能正常供油，导致压缩系统磨损和发生故障，含水量超过 $100 \times 10^{-6} \mathrm{kg/m^3}$ 就要做报废处理。

二、冷冻机油的分类与标准

冷冻机油是制冷式压缩装置的专用润滑油，是决定和影响制冷系统制冷功能和效果至关重要的组成部分。早期在 ISO 发表的冷冻机油 ISO 6743-3B—1988 分类标准中，列有 DRA、DRB、DRC 和 DRD 共 4 个品种。我国于 2012 年颁布的推荐性冷冻机油国家标准（GB/T 16630）参照更新后的 ISO 6743-3—2003 分类标准，将产品分类标准调整为 DRA、DRB、DRD、DRE 和 DRG 共 5 个品种，见表 1-8-2。

表 1-8-2　冷冻机油分类（GB/T 16630）

分组字母	主要应用	制冷剂	润滑剂类别	润滑剂类型	代号	典型应用
D	压缩机制冷系统	氨	不可溶	深度精制的矿油或合成烃油	DRA	工商制冷
			可溶	聚（亚烷基）二醇油	DRB	工商制冷
		含氢氟烃类（HFC）	可溶	聚酯类油，聚乙烯醚，聚（亚烷基）二醇油	DRD	家用制冷、民用商用空调、热泵
		含氢氟氯烃类（HCFC）	可溶	精制的矿油，合成烃油，合成油	DRE	家用制冷、民用商用空调、热泵
		碳氢类	可溶	深度精制的矿物油，合成烃油，合成油	DRG	工业制冷、家用制冷、民用商用空调、热泵

冷冻机油部分技术指标（GB/T 16630）见表 1-8-3 和表 1-8-4。

表1-8-3 L-DRA、L-DRB和L-DRD冷冻机油部分技术指标

项目	L-DRA						L-DRB						L-DRD												试验方法
黏度等级	15	22	32	46	68	100	22	32	46	68	100	150	7	10	15	22	32	46	68	100	150	220	320	460	GB/T 3141
外观	清澈透明						清澈透明						清澈透明												目测
运动黏度(40℃) mm²/s	13.5~16.5	19.8~24.2	28.8~35.2	41.4~50.6	61.2~74.8	90.0~110	19.8~24.2	28.8~35.2	41.4~50.6	61.2~74.8	90.0~110	135~165	6.12~7.48	9.00~11.0	13.5~16.5	19.8~24.2	28.8~35.2	41.4~50.6	61.2~74.8	90.0~110	135~165	198~242	288~352	414~506	GB/T 265
倾点 ℃ 不高于	−39	−36	−33	−33	−27	−21							−39	−39	−39	−39	−39	−39	−36	−33	−30	−21	−21	−21	GB/T 3535
闪点 ℃ 不低于	150		160		170		200						130	150			180		180	210					GB/T 3536
密度(20℃) kg/m³	报告						报告						报告												GB/T 1884及GB/T 1885
酸值，mg(KOH)/g 不大于	0.02												0.10												GB/T 4945
灰分，% 不大于	0.005												—												GB/T 508
水分，mg/kg 不大于	30						350						300						100						ASTM D6304
颜色，号 不大于	1	1	1	1.5	2.0	2.5																			GB/T 6540
铜片腐蚀(T₂铜片，100℃，3h) 级 不大于	1						1						1												GB/T 5096
击穿电压，kV 不小于							—						25												GB/T 507
残炭(质量分数)，% 不大于	0.05												—												GB/T 268

表1-8-4　L-DRE和L-DRG冷冻机油部分技术指标

项目	L-DRE 15	22	32	46	56	68	100	150	220	320	460	L-DRG 8	10	15	22	32	46	68	100	150	220	320	460	试验方法
黏度等级	15	22	32	46	56	68	100	150	220	320	460	8	10	15	22	32	46	68	100	150	220	320	460	GB/T 3141
外观	清澈透明											清澈透明												目测
运动黏度(40℃), mm²/s	13.5~16.5	19.8~24.2	28.8~35.2	41.4~50.6	50.8~61.0	61.2~74.8	90.0~110	135~165	198~242	288~352	414~506	8.5~9.0	9.0~11.0	13.5~16.5	19.8~24.2	28.8~35.2	41.4~50.6	61.2~74.8	90.0~110	135~165	198~242	288~352	414~506	GB/T 265
倾点, ℃ 不高于	−39	−36	−36	−33	−30	−27	−24	−18	−15	−12	−9	−48	−45	−39	−36	−33	−33	−24	−24	−24	−21	−15	−12	GB/T 3535
闪点, ℃ 不低于	150	160	160	170	170	180	180	210	210	210	225	145	145	150	150	160	160	170	170	210	210	210	225	GB/T 3536
酸值, mg(KOH)/g 不大于	0.02											0.02												GB/T 4945 / GB/T 7304
灰分, % 不大于	0.005											—												GB/T 508
水分, mg/kg 不大于	30											30												ASTM D6304
苯胺点, ℃ 不大于																								GB/T 262
颜色, 号 不大于	0.5	1.0	1.0	1.5	2.0	2.0								0.5	1.0		1.0	1.5	2.0					GB/T 6540
铜片腐蚀(T₂铜片,100℃,3h),级 不大于	1											1												GB/T 5096
击穿电压, kV 不小于	25											25												GB/T 507
残炭(质量分数), % 不大于	0.03											0.03												GB/T 268
絮凝点, ℃ 不高于	−45	−42	−42	−42	−42	−42	−35	−20	−20	−20	−20	−42	−42	−42	−42	−42	−42	−35	−35	−30	−25	−20	−20	GB/T 12577

国内外的冷冻机油标准较多，比较有代表性的标准如英国标准 BS 2626、德国标准 DIN 51503-1：2011-01（Lubricants-Refrigerator Oils）及日本工业标准 JIS K 2211 等。我国国家质监总局于 2013 年 3 月 1 日推出了 GB/T 16630 冷冻机油标准，昆仑冷冻机油满足上述标准要求。昆仑冷冻机油一览表见表 1-8-5。

表 1-8-5　昆仑冷冻机油产品一览表

类别	R717（氨）冷媒冷冻机油	碳氢化合物（R290、R600a）冷媒冷冻机油	氟利昂（R22）冷媒冷冻机油	氟利昂（R22、R134a、R152a、混合）冷媒冷冻机油
顶级产品	KHP1000 系列 全合成 卓越保护 超长寿命 超宽的使用温度范围	KHP1000 系列 全合成 卓越保护 超长寿命 超宽的使用温度范围	KHP2000 系列 全合成	KHP3000 系列（PAG 型）全合成 KHP4000 系列（POE 型）全合成
高端产品	KHT 系列 半合成 超强保护 优异极压 更长寿命 宽广的使用温度范围	KHT 系列 半合成 超强保护 优异极压 更长寿命 宽广的使用温度范围	L-DRE W 系列 半合成 优异极压 更长寿命 环保认证	
主流产品	L-DRA 系列 专业应用 增强保护 延长寿命 环保认证	L-DRG 系列 极压 超强保护 延长寿命 环保认证	L-DRE 系列 极压 超强保护 延长寿命 环保认证	

三、冷冻机油选用与更换

冷冻机油选择得是否适当，直接影响到制冷设备能否正常运行、机械寿命、动力消耗及冷冻机油的消耗等。合适的冷冻机油应该是既能保证制冷系统正常运行、设备磨损正常，又能使动力消耗和冷冻机油耗量最小。冷冻机油在制冷系统中的工作条件因制冷压缩机种类、制冷量大小、制冷系统本身工作条件（包括排气温度和蒸发温度等）、制冷剂种类、甚至制冷压缩机的加工质量等不同而不同，因此选择冷冻机油需要考虑以下因素：

（1）制冷系统所用制冷剂决定了所使用的冷冻机油类型；油品的选型和制冷剂类型必须匹配，制冷剂与冷冻机油类型的匹配关系见表 1-8-6。

（2）制冷压缩机机型和运行工况决定冷冻机油的黏度和抗磨性；

（3）制冷系统最低温度决定选择冷冻机油的低温性能；

（4）冷冻机油是选择矿物油型还是合成油型还需参考制冷压缩机排气温度及油温设定要求。制冷剂与冷冻机油类型的匹配关系见表1-8-6。

表1-8-6 制冷剂与冷冻机油类型的匹配关系

类型	使用制冷剂类型	选用冷冻机油类型
矿物油型	氨（R717）及碳氢类制冷剂（HC）	环烷基型（MO）
		石蜡基（MO）
	含氢氟氯烃类制冷剂（HCFC）	环烷基型（MO）
半合成型	氨（R717）及含氢氟氯烃类制冷剂（HCFC）	聚 α- 烯烃（PAO）+ 矿油
	含氢氟氯烃类制冷剂（HCFC）	烷基苯（AB）+ 矿油
全合成型	含氢氟烃类制冷剂（HFC）	聚（亚烷基）二醇（PAG）
	含氢氟烃类制冷剂（HFC）	多元醇酯（POE）
	氨（R717）及碳氢类制冷剂（HC）	聚 α- 烯烃（PAO）
	含氢氟氯烃类制冷剂（HCFC）	烷基苯（AB）

冷冻机在选用润滑油时，应通过对冷冻机的类型、所用制冷剂的种类及其蒸发温度、冷冻机的具体工作条件（如速度高低、负荷大小、工作环境等）等信息的综合分析而确定。

1. 昆仑工业制冷冷冻机油选用

昆仑工业制冷冷冻机油的选用见表1-8-7和表1-8-8。

表1-8-7 昆仑工业制冷冷冻机油选用

制冷剂		蒸发器温度，℃		压缩机类型[①]						
ASHRAE 名称	类型	最低温度	最高温度	活塞式			螺杆式			离心式	
R12	CFC	−40	+40		4	5	10	12	11	12
R502	CFC	−50	−20	10		17	18	19		
R22	HCFC	−25	+10	4	5	6	10	11	12	5
R22	HCFC	−30	+10				10	11	12	5
R22	HCFC	−40	+10			17	18	19		18
R123	HCFC	0	+20						5	12
R124	HCFC	0	+80	5			18			

续表

制冷剂		蒸发器温度，℃		压缩机类型①						
ASHRAE 名称	类型	最低温度	最高温度	活塞式			螺杆式			离心式
R401a	HCFC	−20	+10	4	17					
R402a	HCFC	−50	−30	17						
R408a	HCFC	−50	−30	17			18			
R409a	HCFC	−20	+10	4	17					
R290	C₃H₃（丙烷）	−30	+20				20			21
R600/600a	丁烷和异丁烷	−30	+20				20			21
R717	NH₃	−30	+10	2	8	15	2	8	15	8
R717	NH₃	−50	+10		15	16		15	16	15
R744	CO₂	−55	−10							
R134a	HFC	−30	+10	22			23	24		23
R407C	HFC	0	+10	22			23	24		23
R410a	HFC	−25	+10	22			23	24		23
R410b	HFC	−25	+10	22			23	24		23
R417a（Isceon MO59）	HFC	−15	+15	22			23	24		23
R422a（Isceon MO79）	HFC	−25	−5	22			23	24		23
R422d（Isceon MO22）	HFC	−25	+10	22			23	24		23
R427a（FX100）	HFC	−20	+10	22			23	24		23
R507/507a	HFC	−20	0	22			23	24		23

① 1 ~ 24 对应表 1−8−8 中昆仑润滑油产品编号。

表 1-8-8　昆仑工业制冷冷冻机油系列产品适用范围及性能特点

产品系列	适用范围	性能特点	编号	产品名称	技术	ISO VG
昆仑 L-DRA 系列	高性能环烷基矿物油。适用于氨制冷压缩机	优良的低温性能及润滑性，良好的氧化安定性和热安定性，环保认证	1	昆仑冷冻机油 L-DRA 46	MO（矿物环烷）	46
			2	昆仑冷冻机油 L-DRA 68	MO（矿物环烷）	68
			3	昆仑冷冻机油 L-DRA 100	MO（矿物环烷）	100
昆仑 L-DRE 系列	高性能特殊工艺环烷基矿物油。适用于氨制冷压缩机	优良的低温性能及润滑性，良好的氧化安定性和热安定性，环保认证	4	昆仑冷冻机油 L-DRE 46	MO（矿物环烷）	46
			5	昆仑冷冻机油 L-DRE 68	MO（矿物环烷）	68
			6	昆仑冷冻机油 L-DRE 100	MO（矿物环烷）	100
昆仑 KHT 系列	聚 α-烯烃半合成油。适用于氨制冷压缩机及热泵	优异的低温性能及润滑性，良好的氧化安定性和热安定性，优异的耐氟性	7	昆仑冷冻机油 KHT46	PAO/MO（半合成）	32
			8	昆仑冷冻机油 KHTA68	PAO/MO（半合成）	46
			9	昆仑冷冻机油 KHT100	PAO/MO（半合成）	68
昆仑 L-DREW 系列	AB 烷基苯半合成油。适用于氟/氨制冷压缩机及热泵	优异的低温润滑性，突出的氧化安定性和热安定性，环保认证	10	昆仑冷冻机油 L-DRE46W	AB/MO（半合成）	46
			11	昆仑冷冻机油 L-DRE56W	AB/MO（半合成）	56
			12	昆仑冷冻机油 L-DRE68W	AB/MO（半合成）	68
昆仑 KHP1000 系列	性能卓越的聚 α-烯烃合成油。适用于制冷压缩机及热泵	优秀的低温性能及互溶性。制冷剂混溶状态黏度损失小。形成有效保护油膜，具有更加突出的轴封特性，长寿命，环保认证	13	昆仑冷冻机油 KHP 1032	PAO（聚 α-烯烃全合成）	32
			14	昆仑冷冻机油 KHP 1046	PAO（聚 α-烯烃全合成）	46
			15	昆仑冷冻机油 KHP 1068	PAO（聚 α-烯烃全合成）	68
			16	昆仑冷冻机油 KHP 1100	PAO（聚 α-烯烃全合成）	100
昆仑 KHP2000 系列	性能卓越的 AB 烷基苯合成油。适用于氟制冷压缩机及热泵	优秀的低温性能及润滑性。与氟制冷剂优良的互溶性。具有更突出的密封特性，及材料相容性，长寿命，环保认证	17	昆仑冷冻机油 KHP 2046	AB（烷基苯全合成）	46
			18	昆仑冷冻机油 KHP 2068	AB（烷基苯全合成）	68
			19	昆仑冷冻机油 KHP 2100	AB（烷基苯全合成）	100
昆仑 KHP3000 系列	高性能聚醚型合成油。适用于特殊制冷用途	优秀的低温性能及润滑性，剪切稳定性高，热稳定性出色，不易形成油泥或沉积物，适合与 CO_2 制冷剂（碳氢化合物）或 CO_2 制冷剂一起使用，环保认证	20	昆仑冷冻机油 KHP 3068	PAG（聚醚全合成）	68
			21	昆仑冷冻机油 KHP 3100	PAG（聚醚全合成）	100
昆仑 KHP4000 系列	高性能多元醇酯（POE）合成油。适用于制冷压缩机及热泵	经过特殊设计。适合与 HCFC 及 HCF 制冷剂一起使用。采用合成多元醇酯配制而成。优秀的低温性能及润滑性，出色，环保认证	22	昆仑冷冻机油 KHP 4046	POE（多元醇酯全合成）	46
			23	昆仑冷冻机油 KHP 4068	POE（多元醇酯全合成）	68
			24	昆仑冷冻机油 KHP 4100	POE（多元醇酯全合成）	100

2.冷冻机油的更换

冷冻机油长期在制冷系统内循环，经受各种热力过程的温度、压力变化，与制冷剂、水及其他物质（如不凝性气体、密封圈、有机绝缘材料、金属机件等）的相互作用，品质容易发生变化，使油中出现悬浮有机酸、聚合物、酯和金属块等腐蚀产物，导致油的表面张力下降，腐蚀性增强，性能变坏。合理的换油周期首先以保证对机械设备提供良好的润滑为前提。由于机械设备的设计、结构、工况及润滑方式的不同，以及不同品牌和类型的冷冻机油生产工艺存在差异，换油周期的确定需在长期运行中积累和总结经验，制订换油的特定极限值。昆仑系列冷冻机油换油周期推荐见表1-8-9。

表1-8-9 昆仑系列冷冻机油换油周期推荐

品种	产品名称	品种代号	冷媒	油品类型	推荐换油时间，h
氨制冷剂系统用油	L-DRA 冷冻机油	L-DRA	R717	环烷基	5000
	KHT 冷冻机油	KHT	R717	半合成 PAO	8000
	KHP1000 冷冻机油	KHP 1000	R717	PAO	10000
含氢氟氯烃类制冷剂冷媒系统用油	L-DRE 冷冻机油	L-DRE	R22	环烷基	5000
	L-DRE K 冷冻机油	L-DRE K	R22	环烷基	全封闭压缩机（同寿命）
	L-DREW 冷冻机油	L-DREW	R22（R717）	半合成 AB	8000
	KHP2000 冷冻机油	KHP2000	R22	AB	8000
碳氢类制冷剂系统用油	L-DRG 冷冻机油	L-DRG	R600a	环烷基	全封闭压缩机（同寿命）
	L-DRG H 冷冻机油	L-DRG H	R600a	半合成 PAO	全封闭压缩机（同寿命）
含氢氟烃类制冷剂系统用油	KHP3000 冷冻机油	KHP 3000	R290	PAG	10000
	KHP4000 冷冻机油	KHP 4000	R134a（R22）	POE	10000

第二节 变压器油

变压器油又称电气绝缘油，是指用于变压器、电抗器、互感器、套管和油开关等充油电气设备中，起绝缘、冷却和灭弧等作用的液体绝缘材料，包括变压器油和低温开关油。目前，高压开关已普遍采用六氟化硫气体开关代替油开关，油开关生产厂也采用变压器油代替专用的低温开关油。

一、性能要求

变压器油是一种运行周期长、对电力设备安全至关重要的特殊介质，质量要求很高。一般来说需要具有优异的电气性能、较好的冷却散热性能、良好的低温性能、极好的抗氧化性能、适宜的溶解性能以及环境可接受性。

1.优异的电气绝缘性能

变压器油在电气设备中主要起到绝缘冷却作用，因此必须具有较高的击穿电压、脉冲击穿电压和体积电阻率，较低的介质损耗因数和静电趋势；对少油高电场强度的电气设备如互感器等，还应具有较低的析气性。

无论是环烷基变压器油还是石蜡基变压器油，只要其基础油经过适度的精制处理，脱除油中的硫、氮杂质及胶质、多环芳烃等非理想组分，其调和的变压器油均具有较好的绝缘性能即具有较低的介质损耗因数、体积电阻率和静电趋势，较高的击穿电压和脉冲击穿电压。

2. 较好的散热冷却性能

变压器油的主要作用之一是填充于固体绝缘材料之间进行热传导，所以变压器油在运行温度条件下黏度应该尽量低才能充分发挥这一作用。变压器油在 40℃ 时的运动黏度一般要求不大于 $12mm^2/s$，为保证低温下变压器的正常启动，在变压器最低冷起动并加电压温度下，其运动黏度不应大于 $1800mm^2/s$。

3. 良好的低温性能

变压器油的低温性能主要是指倾点和低温运动黏度。变压器油的倾点是一项相当重要的指标，对于气候寒冷的地区，低倾点具有特别重要的意义，因为低倾点能保证在这个气候条件下变压器仍可安全启动，特别是对断路器那样的执行机构具有决定性意义。倾点指标是电力部门根据气候条件选择变压器油牌号的主要依据。

4. 良好的抗氧化性能和适宜的溶解能力

变压器油在电场、高温、溶解氧、水分和金属催化剂（铜、铁、铝、银等）的作用下，会发生氧化缩合而产生酸性油泥，悬浮在油中的油泥会造成变压器油绝缘能力下降，如果这些酸性油泥从油中析出黏附在固体绝缘材料、沉积于循环油道、冷却散热片等地方，会破坏固体绝缘材料并严重影响散热，引起变压器线圈局部过热。所以，抗氧化性能好的变压器油能够尽量减缓油品的氧化，减少油泥的生成，有利于电气设备的长期、安全运行。

变压器油的溶解性能是指变压器油溶解氧化油泥及溶解电气设备故障局部高压放电使油分解产生的碳粒的能力，变压器油的溶解性能好可以使氧化油泥和碳粒溶解分散在油中，避免其沉降在固体绝缘材料上造成变压器油工作温度升高和绝缘性能的降低。

抗氧化性能是变压器油质量分级的主要指标，变压器油质量的优劣主要取决于变压器油抗氧化性能和溶解性能的平衡。环烷基变压器油由于富含环烷烃，在保证溶解性能的基础上，基础油精制深度可以控制得较深，即芳烃含量在较低的水平、对抗氧剂的感受性好，因而具有较好的抗氧化性能，同时，也能保证具有极好的电气性能；而石蜡基变压器油石蜡烃含量高，为改善溶解性能，必须含有更多的芳香烃，从而影响其抗氧化性能和电气性能。

5. 安全、健康和环境可接受性能

近年来，随着人们安全、健康和环保意识的提高，对变压器油提出了更高的要求，主要是要求 PCA（极性多环芳烃，致癌物）含量小于 3%、不含 PCB（多氯联苯，强致癌物）等。

二、变压器油的分类

变压器油根据其基础油来源可分为矿物油型、合成油型和植物油型三大类。工业上用量最多的是矿物油型变压器油，是原油通过一定的加工工艺生产的基础油，加入少量复合添加剂调制而成的优质石油产品。

矿物油型变压器油国内执行标准 GB 2536《电工流体 变压器油和开关用的未使用过

的矿物绝缘油》，该标准将变压器油分为不加抗氧抑制剂变压器油、加微量抗氧抑制剂和加抗氧抑制剂变压器油三类，根据抗氧化性能优劣分为通用和特殊用途两个级别，按冷启动加电温度（LCSET）确定低温性能（倾点）。其中，通用变压器油适用于330kV以下（含330kV）的变压器和有类似要求的电气设备，特殊变压器油适用于500kV及以上的大容量变压器和有类似要求的电气设备。

昆仑变压器油系列产品是国内最优质的环烷基变压器油产品，主要由中国石油润滑油公司克拉玛依润滑油厂生产。

中国石油润滑油公司参照国际惯例，采取三段方式对昆仑变压器油产品进行了系统编号。其中开始的字母KI（Kunlun Insulating Oil的缩写）代表中国石油变压器油产品系列；中间的阿拉伯数字代表倾点特性；后缀代表产品生产地和特殊性能，如X指含抗氧抑制剂的变压器油，G指析气性为负值、具有吸气性能的产品，见表1-8-10。

表1-8-10 昆仑变压器油分类

编号	用途	级别	基属	符合标准	生产商
KI50GX	SIEMENS公司技术制造的HVDC	高级别	环烷基	GB 2536，IEC 60296（I），ASTM D3487（II）	中国石油润滑油公司
KI50X	ABB公司技术制造的HVDC	高级别	环烷基	GB 2536，IEC 60296（I），ASTM D3487（II）	
KI45X	适用所有变压器	高级别	环烷基	GB 2536，IEC 60296（I），ASTM D3487（II）	
KI25X	适用所有变压器	高级别	环烷基	GB 2536	

三、变压器油的选用与更换

变压器油的选用见DL/T 1094《电力变压器绝缘油选用导则》；变压器油运行维护及更换见GB/T 14542《变压器油维护管理导则》。

国内通常按电气设备使用地区的气候条件和电压等级来选用变压器油。一般为保证冬季室外变压器能随时投运，规定使用倾点不高于当地最低气温的变压器油，如最低气温高于-10℃的地区用10号变压器油、最低气温低于-10℃、高于-25℃的地区用25号变压器油、最低温度低于-25℃且高于-45℃的地区用45号变压器油。倾点低的油可代替倾点高的油，反之则不行。

300kV以下电压等级的变压器，在最低气温-25℃以上的地区可以选择KI25X和KI20X；在最低气温为-25℃以下的地区可选择KI45X。

300kV和500kV的超高压变压器及750kV和1000kV的特高压变压器，在最低气温为-25℃以上的地区可选择KI25X；在最低气温为-25℃以下的地区应选择KI45X。

第三节　有机热载体

有机热载体是填充在间接加热系统中的一种热载体，用于高温加热过程中精确控制温度、同一系统中加热和冷却或单一冷却目的。与直接明火或水蒸气加热相比，使用有机热载体具有设计简单、操作方便、使用温度范围宽、操作压力低、传热均匀、维修成本低、投资少、能效高等特点。

一、有机热载体的性能要求

由于工艺要求不同，加热方式亦不同，系统的设计有多种类型。装置的一次填装从几十公斤到几百吨不等，工况条件也有很大差别。因此，要求有机热载体要具有良好的热稳定性和氧化稳定性、初馏点高、蒸气压低、易流动、无腐蚀及良好的相容性，从提高热效率角度考虑，其导热性能要良好，即传热系数要大，同时还需要较高的安全性。

1. 良好的热稳定性

热稳定性是有机热载体区别于其他产品的重要的使用性能。用以表示在某一特定温度下有机热载体因受热发生裂解进而聚合的程度。有机热载体，特别是矿物油型有机热载体，在加热操作过程中因受热易产生分解和缩合反应，并伴有气体生成，致使有机热载体液的相对密度、运动黏度等均发生变化。生成的裂解气虽可设法排出系统外，但缩合物即会在加热炉管或加热器的传热面上产生积炭，严重时即造成加热炉管或加热器的破坏。为此，通常有机热载体要有较高的热稳定性。

2. 初馏点高、蒸气压低

有机热载体的初馏点通常应高于系统中油的使用温度（开式设备），以免因沸腾而发生冒油或冲油，降低传热系统的整体安全性和热传导的经济性。有机热载体在使用温度下蒸气压的大小直接关系到传热系统的设计操作安全。有机热载体的蒸气压越低，则装置投资越省，生产过程中安全性越大。

3. 较高的自燃点和闪点

有机热载体必须具有较高的自燃点和闪点。因为矿物油型和合成油型都具有可燃性，当跑、冒、漏的热油与空气混合时会发生爆炸，造成人身伤亡和设备损坏。

4. 良好的氧化安定性

氧化安定性是指有机热载体在高温下接触空气等外来污染物而老化的程度。有机热载体氧化会生成有机酸，腐蚀过滤器和热交换器。

5. 良好的传热性能

一般要求有机热载体要有适宜的运动黏度和较好的黏温性能。运动黏度低的油比较容易以湍流的状态通过加热器，一方面可避免油在加热器内产生过热，另一方面还可提高传热系统的传热效率。较好的黏温性能，可使系统在达到工作温度之前，装置易于启动。有机热载体的比热容和导热率越高，则系统的传热效率越好。

6. 良好的低温流动性

有机热载体应考虑低温流动性，特别当大型设备在冷循环启动时，需要良好的流动性，即有机热载体的流动点要求低、运动黏度低。这样，可保证循环泵启动顺利。

7. 无腐蚀性及良好的相容性

有机热载体应避免腐蚀设备，对矿物油来说，要使硫含量尽可能小。有机热载体还需要与系统材料有良好的相容性，与系统中垫片等不发生反应。

8.无毒性或基本无毒性

为了保障人身健康和环保需要，要求热传导液的毒性要小，最好无毒无味。

二、有机热载体的分类及标准

有机热载体产品依据GB/T 7631.12划分产品品种，并按照使用状态、适用的传热系统类型和最高允许使用温度确定产品代号，具体分类见表1-8-11。

表1-8-11 有机热载体产品分类（GB/T 7631.12）

产品品种	L-QB		L-QC		L-QD
产品类型	精制矿物油型	普通合成型	精制矿物油型	普通合成型	具有特殊商热稳定性合成型
使用状态	液相	液相或气相/液相	液相	液相或气相/液相	液相或气相/液相
适用的传热系统类型	闭式或开式		闭式		闭式
产品代号	L-QB280，L-QB300		L-QC310，L-QC320		L-QD330，L-QD340，L-QD350，L-QDX X X①

① L-QDX X 指经热稳定性试验确定的最高允许使用温度高于350℃的某一产品，如L-QD360，L-QD370，L-QD380，L-QD390 和L-QD400 等。

有机热载体是在高温条件下使用的有机传热介质，为了保证锅炉及传热系统安全运行，有机热载体的生产商应严格执行 TSG G0001《锅炉安全技术监察规程》关于有机热载体的相关要求。有机热载体的部分技术指标见表1-8-12。

表1-8-12 有机热载体的主要技术指标

项目		质量指标								试验方法
		L-QB		L-QC①		L-QD①				
		280	300	310	320	330	340	350	XXX	
最高允许使用温度②，℃		280	300	310	320	330	340	350	XXX	GB/T 23800
外观		清澈透明，无悬浮物								目测
自燃点，℃	不低于	最高允许使用温度								SH/T 0642
闪点，℃	闭口 不低于	100								GB/T 261
	开口③ 不低于	180		—						GB/T 3536
硫含量（质量分数），%	不大于	0.2								GB/T 388、GB/T 11140、GB/T 17040、SH/T 0172、SH/T 0689⑤
氯含量，mg/kg	不大于	20								附录B

续表

项目		质量指标								试验方法
		L–QB		L–QC①		L–QD①				
		280	300	310	320	330	340	350	XXX	
酸值，mg（KOH）/g　　　　　不大于		0.05								GB/T 4945②、GB/T 7304
铜片腐蚀（100℃，3h），级　　不大于		1								GB/T 5096
水分，g/kg　　　　　　　　　不大于		500								GB/T 11133、SH/T 0246、ASTM D6304⑤
水溶性酸碱		无								GB/T 0259
倾点，℃　　　　　　　　　　不高于		−9			报告⑥					GB/T 3535
残炭（质量分数），%　　　　　不大于		0.05								GB/T 268⑤、SH/T 0170、GB/T 17144
运动黏度，mm²/s	0℃	报告④						报告④		GB/T 265
	40℃　　　　不大于	40						报告④		
	100℃	报告④						报告④		
热氧化安定性（175℃，72h）⑦	黏度增长（40℃），% 不大于	40				—				附录C
	酸值增加（以KOH计），mg/g 不大于	0.8								
	沉渣，mg/100g　　不大于	50								
热稳定性（最高使用温度下加热）	外观	透明无悬浮物和沉淀（720h）				透明无悬浮物和沉淀（1000h）				GB/T 23800
	变质率，%　　　不大于	10（720h）				10（1000h）				

①　L–QC 和 L–QD 类有机热载体应用在闭式系统中使用。

②　在实际使用过程中，最高工作温度较最高允许使用温度至少应低 10℃，L–QB 和 L–QC 的最高允许液膜温度为最高允许温度加 20℃，L–QD 的最高允许液膜温度为最高允许使用温度加 30℃。相关要求见《锅炉安全技术监察规程》。

③　有机热载体在开式传热系统中使用时，要求开口闪点符合指标要求。

④　所有"报告"项目，由生产商或经销商向用户提供实测数据，以供选择。

⑤　测定结果有争议时，硫含量测定以 SH/T 0689 为仲裁方法、酸值以 GB/T 4945 为仲裁方法、残炭以 GB/T 268 为仲裁方法、水分以 ASTM D6304 为仲裁方法。

⑥　初馏点低于最高工作温度时，应采用闭式传热系统。

⑦　热氧化安定性达不到指标要求时，有机热载体应在闭式系统中使用。

三、有机热载体的选用与更换

有机热载体是在高温条件下使用的有机热介质，为了保证锅炉及传热系统安全运行，必须合理地选择合适的有机热载体产品。

1. 按使用温度限值选择产品

有机热载体的使用温度限值是指与热传导系统高效、安全运转有直接关系的温度上限和下限。

（1）最高使用温度。最高使用温度指在加热出口处测得的主流体最高允许温度。如实际测得的温度高于此温度，则主流体将发生较大量裂解。产品的最高使用温度需经热稳定性试验确定。有机热载体的实际使用温度应比其最高使用温度低 20～30℃。从应用实际考虑，建议矿物油型产品实际使用温度最好低于 280℃。在 300℃以上使用时应选择 L-QD 合成型产品。

（2）最高油膜温度。最高油膜温度指流经加热器的有机热载体与加热器内管壁相接触的边界层的最高允许温度。如实际油膜温度高于此温度，则边界层中的有机热载体将发生较大量裂解。在加热操作中为保证主流体所需温度，油膜温度一般较主流体温度高。有机热载体的传热性能越好，则所需油膜温度越低。

（3）初馏点。初馏点是液相用有机热载体的重要使用温度限值，在液相系统中如油膜温度低于有机热载体的初馏点，则可在常压下保持液相运行。如果选择适当，膨胀槽可不采用氮气封闭，操作可在常压下进行。

（4）倾点或凝点。倾点或凝点是重要的温度下限值，特别当大型设备在冷循环启动时，需要良好的流动性，保证循环泵启动顺利。在选择产品时，需根据工艺要求及工况条件选择具有适当的倾点或凝点的产品。

2. 综合考虑产品的其他性能

在具有适宜的使用温度限值的产品中作进一步选择可考虑以下指标：

（1）随温度而变的传热性能指标。在整个使用温度范围内（包括启动条件下）所选产品具有较低的黏度和蒸气压、较大的密度、较高的比热容和导热系数。

（2）安全性能指标。有机热载体为可燃液体，选择时应充分考虑安全和环境因素。闪点是主要的安全指标，但并不是越高越好。闪点过高则黏度大、流动性和传热性差。

有机热载体在运行中热裂解、缩合、结焦等现象会无规律地发生，是否更换需从几项指标综合考虑。GB 24747《有机热载体安全技术条件》明确规定了在用有机热载体更换及废弃的条件，见表 1-8-13。

表 1-8-13 在用有机热载体验证指标和试验方法

项目		允许使用质量指标	安全警告质量指标	停止使用质量指标	试验方法
外观	分层	无	轻微	明显	目测
	沉淀	无	轻微	明显	
	乳化	无	轻微	明显	
闪点（闭口），℃		≥ 100	60～100	≤ 60	GB/T 261
运动黏度(40℃) mm²/s	L-QB、L-QC 类	< 40	40～50	> 50	GB/T 265
	L-QD 类	< 40	40～60	> 60	
残炭（质量分数），%		< 1.0	1.0～1.5	> 1.5	GB/T 17144
酸值，mg（KOH）/g		< 0.5	0.5～1.5	> 1.5	GB 24747—2009 附录 A
水分，mg/kg		< 500	500～1000	> 1000	GB/T 11133

项目		允许使用质量指标	安全警告质量指标	停止使用质量指标	试验方法
5% 低沸物的馏出温度，℃	在最高工作温度低于未使用有机热载体初馏点的情况下	—	不大于在用有机热载体最高工作温度	不大于在用有机热载体系统的回流温度	GB/T 6536
	在最高工作温度高于未使用有机热载体初馏点的情况下	—	不大于未使用有机热载体的 2% 馏出温度		

第四节　轴　承　油

轴承润滑的目的是通过供给摩擦面之间润滑油，使之形成油膜，借以分散负荷并减少摩擦和磨损，防止轴承烧结。要求润滑油确保形成足够支承负荷强度的油膜所需的黏度、油性和极压抗磨性，要有足以排除摩擦热所需的流动性，以便起到减摩和冷却的作用，还要有必要的抗腐防锈、抗氧化、抗乳化和消泡等作用。

主轴轴承油是精密机床及类似设备主轴轴承的专用润滑油（又称轴承油）。它对保证主轴的工作精度和使用性能，延长其使用寿命起着十分重要的作用，主要用于锭子和油膜轴承以及精密机床主轴轴承，也可用于仪表轴承和其他精密机械润滑。

一、轴承油的性能要求

轴承油的作用是降低主轴温升、减少主轴磨损、抗腐防锈以及延长主轴使用寿命。因此，轴承油在性能需要具有合适的黏度和良好的黏温性能、良好的润滑性和一定的抗磨性、良好的抗氧化性和良好的防锈性和抗泡性。

油膜轴承油产品能满足高速线材轧机精轧机组高温、多尘、有冲击负荷及经常与水接触等苛刻工况的要求。既要考虑到油膜轴承对油品润滑性的要求，又要考虑到齿轮传动对油品极压性的要求。另外，由于辊箱面板和辊环端面间采用耐油橡胶密封环进行机械密封，辊环处于高速旋转状态，加上轧制时较高压力的冷却水的连续喷射，极易在密封环受损部位进入大量的冷却水，这就要求油品应具有优异的油水分离性能和防锈防腐性能等。因此，油膜轴承油必须具有优良的综合性能。

1. 合适的黏度和优异的黏温性能

运动黏度是油膜轴承油的一个重要指标，它决定了油品对油膜轴承的润滑和冷却效果。黏度太大会造成流动阻力增大，冷却性能差；黏度太小会使轴承不易形成油楔。轧机在工作过程中要求有稳定的轧辊开口度，才能保证轧材的厚度公差。开口度虽由轧机压下装置确定，但轧辊轴承油膜的厚度若发生变化，也会影响钢材质量，尤其是在轧制 0.1mm 以下的很薄的钢带时十分重要。所以要求油膜轴承油的黏度能保持稳定，除了要求在油膜轴承润滑系统进油温度恒定外，油品本身具有较高的黏度指数也很关键，一般不低于 90，使其黏度随温度的变化尽量减小。

2. 良好的抗乳化性 (油水分离性)

高速线材轧机油膜轴承油的分水性是油品的关键性能。轧机在轧制过程中，常常采用压力水或乳化液进行冷却，因此水分难免进入油中。润滑油中夹带水分，会造成许多不良影响。易腐蚀设备、使部件生锈。形成油包水的乳化液，使油品黏度显著增加，严重时乳化液呈半固体，影响润滑，导致磨损。乳化液的形成会造成抽油困难，使用中产生的氧化产物和油泥，形成胶状油团，可能会堵塞过滤器。在过滤器上会堆积黏稠乳液，导致润滑油量不足。会使某些添加剂水解、失效，破坏正常运转下的流体润滑，缩短油品使用寿命。所以要求油膜轴承的润滑油能尽快地与水分离，使油品不易乳化，且使混入油品中的水迅速分离，使其自然沉降到油箱底部并定期放掉。

3. 良好的抗磨性能

油膜轴承是以流体动力润滑理论为基础设计的，在正常工作状态，油在轴颈和轴瓦之间形成一个完整的极薄的压力油膜以隔开金属与金属的直接接触；在开机、停机时，由于受速度的影响并有冲击负荷，其润滑状态处于边界润滑和半流体润滑状态，油膜尚未完全形成，因此，油品良好的抗磨性能可以减少磨损，延长轴承的使用寿命，减少换辊次数，并在水分侵入时亦能保持良好的润滑作用。

4. 优异的氧化安定性

油品在工作条件十分恶劣的情况下，极易氧化，生成胶质、油泥，影响油水分离、正常润滑及散热，还可能堵塞滤网威胁安全运转。氧化的同时，生成酸性物质对设备产生腐蚀。氧化产物还是一种表面活性物质，会恶化抗乳化性。现代轧机的轧制速度日益提高，特别是用计算机控制的连轧机，作业率很高。在正常生产中，除了换辊外很少停机。因此，要求油膜轴承润滑油抗氧化性能好，使用寿命长。氧化安定性不仅影响油品的润滑性能，决定油品的使用寿命，同时氧化生成物，如非油溶性氧化物即油泥会堵塞油眼、管线、滤油器以及润滑系统中的其他部件，导致轴承及其他部件润滑不良，出现过度磨损。油溶性氧化物可与油一起循环，侵蚀轴承以及其他金属表面，形成凹坑，导致机件损坏，并在高温工件上形成漆膜物，它是导致油品分水性差、泡沫过多的主要原因。

5. 良好的防锈性和耐铜腐蚀性

由于高速线材轧机大量用水进行冷却，油中进水不可避免。水是锈蚀的主要条件，因此润滑油一定要具有良好的保护能力，防止轧机部件锈蚀。油膜轴承润滑油对衬套内衬的合金不得有腐蚀作用，对轴承的其他金属部件应有良好的防锈作用。同时，对轴承的橡胶密封圈应有相容性，以免破坏胶圈的密封性能，使水和其他杂质进入轴承内引起油质变化。

6. 抗泡性

润滑油发泡过多会引起齿轮及轴承缺油等问题，不利于高速线材轧机的精轧段润滑。具有良好的抗泡性，能保证油品返回油箱时把空气迅速释放出来；能确保在油品循环中产生的泡沫易于消失，保证正常供油及形成油膜。

7. 抗剪切性

油膜轴承的润滑油在轴承内，承受着极高的压力和频繁的剪切作用。如果抗剪切性能不好，其黏度会很快发生变化，一般都会使黏度下降。油膜轴承润滑油的黏度都比较高，一般不宜添加增黏剂，其原因就是增黏剂会降低油的抗剪切能力。

二、轴承油的分类与标准

国外根据各种轧机不同使用性能要求，将轴承油分为三挡。

Ⅰ挡：抗氧抗乳化型，相当于 Mobil Vacuolinel00 系列和日本出光兴产 Daphne 等产品，简称 100 系列。

Ⅱ挡：抗氧抗乳化防锈型，相当于 Mobil Vacuoline300 系列和日本出光兴产 DaphneB 等产品，简称 300 系列。

Ⅲ挡：抗氧抗乳化防锈抗磨型，相当于 Mobil Vacuoline500 系列和 Sun5100、Sun5150 和 Sun5220 等产品，简称 500 系列。

国际上较有影响的油膜轴承油标准是美钢（USS）136"重负荷循环油"，见表 1-8-14。

表 1-8-14　美钢（USS）136 油膜轴承油主要技术指标

项目			美钢 -136 规格	试验方法
黏度（40℃），mm²/s			90 ~ 110	ASTM D88
黏度指数		不小于	95	ASTM D2270
倾点，℃		不大于	-12	ASTM D97
闪点（开口），℃		不小于	200	ASTM D92
水分，%			痕迹	—
机械杂质，%		不大于	0.01	
比色，级		不大于	3.5	
防锈性 A/B			无锈 / 无锈	ASTM D665
铜片腐蚀（100℃ ×3h），级			1	ASTM D130
抗泡沫（24℃，消泡时间），min		不大于	10	ASTM D892
抗乳化 D2711A 法	总分水，mL	不小于	36	ASTM D2711
	D1401，min	不大于	20	ASTM D1401
抗氧化（氧弹），min		不小于	120 报告	ASTM D2272 ASTM D943
四球机试验	ZMZ，N（kgf）	不小于	294（30）	ASTM D2783
	P_D，N（kgf）	不小于	1470（150）	
	D（196N，60min），mm 不大于		0.5	ASTM D2266
FZG 齿轮机试验（通过），级			9	DIN 51354

我国按照 ISO 标准分类，将轴承用润滑油分为两类，包括轴承油（L-FC 小类），离合器油、主轴油（L-FD 小类）和油膜轴承油等。

轴承油是适用于滑动轴承或滚动轴承和有关离合器的压力、油浴和油雾（悬浮微粒）润滑。为防止离合器腐蚀或打滑，FC 油应不含抗磨或极压添加剂。

主轴油是在轴承油基础上改善了抗磨性，适用于滑动或滚动轴承的压力、油浴和油雾（悬浮微粒）润滑。

按照 GB 7631.4 分类标准制定的轴承油产品标准 SH 0017 于 1992 年 4 月 1 日实施，标准中轴承油分为 11 个黏度牌号，离合器油、主轴油分为 7 个黏度牌号。

近十几年来，我国陆续引进了大量的高速线材轧机、大型板材轧机、棒型材轧机等。这些轧机运行速度快、负载重，其"心脏"部位的油膜轴承长期处于高温、高压、多尘和多水的恶劣工况条件下运行。因此，要求所用的润滑油能适应高速、重载、连续、自动化、大型化以及高温、高负荷和各种不同的高压冷却水水质等。若润滑油不匹配，便会造成油膜轴承齿轮等摩擦运动部件的磨损或烧毁，尤其是高速线材精轧机每秒运行 80 多米的线速度，油膜轴承对润滑油的要求更高。

1. 主轴油的规格标准

主轴油 L-FD 主要技术指标（SH 0017）见表 1-8-15。

2. 轴承油 L-FC 规格标准

轴承油 L-FC 主要技术指标（SH 0017）见表 1-8-16。

表 1-8-15　主轴油 L-FD 主要技术指标

黏度等级（按 GB 3141）		2	3	5	7	10	15	22	
运动黏度（40℃），mm²/s		1.98~2.42	2.88~3.52	4.14~5.06	6.12~7.48	9~11	13.5~16.5	19.8~24.2	GB/T 265
黏度指数　　　　　不小于		报告							GB/T 2541
倾点，℃　　　　　不高于		12							GB/T 3535
闪点，℃	开口　不低于	—			115		140		GB/T 3536
	闭口　不低于	70	80	90	—				GB/T 261
中和值，mg（KOH）/g		报告							GB/T 4945
泡沫性（泡沫倾向/泡沫稳定性，24℃）mL/mL　　　　　不大于		100/10							GB/T 12579
腐蚀试验（铜片，100℃，3h），级　不大于		1（50℃）			1				GB/T 5096
液相锈蚀试验（蒸馏水）		无锈							GB/T 11143
抗磨性	最大无卡咬负荷 P_B　N（kgf）　不小于	—							GB/T 3142
	磨斑直径（196N，60min，75℃，1500r/min），mm 不大于	0.5							SH/T 0189
水分，%　　　　　不大于		痕迹							GB/T 260
机械杂质，%　　　不大于		无							GB/T 511
抗乳化性，min　　不大于		报告（用 25℃）							GB/T 7305

注：FD2 的磨斑直径测定的温度条件为 50℃。

表 1-8-16　轴承油 L-FC 的主要技术指标

黏度等级（按 GB 3141）		2	3	5	7	10	15	22	32	46	68	100	试验方法
运动黏度 (40℃)，mm²/s	不小于	1.98~2.42	2.88~3.52	4.14~5.06	6.12~7.48	9~11	13.5~16.5	19.8~24.2	28.8~35.2	41.4~50.6	61.2~74.8	90~110	GB/T 265
黏度指数	不小于						报告						GB/T 2541
倾点，℃	不高于		—	-18					-12			-6	GB/T 3535
闪点　开口，℃	不低于				115		140		160		180		GB/T 3536
闪点　闭口，℃	不低于	70	80	90									GB/T 261
中和值，mg(KOH)/g	不大于						报告						GB/T 4945
泡沫性（泡沫倾向/泡沫稳定性，24℃）mL/mL	不大于						100/10						GB/T 12579
腐蚀试验（铜片，100℃，3h），级	不大于	1 (50℃)						1					GB/T 5096
液相锈蚀试验（蒸馏水）	不大于						无锈						GB/T 11143
氧化安定性　a. 酸值到 2.0mg(KOH)/g 时间，h	不小于									1000			GB/T 12581
氧化安定性　b. 氧化后酸值增加 mg(KOH)/g	不大于			0.2					—		—		SH/T 0196（用100℃）
氧化后沉淀，%	不大于			0.02									
机械杂质，%	不大于				无					0.007			GB/T 511
抗乳化性，min	不大于		报告（黏度等级 22 用 25℃，黏度等级 32~68 用 54℃，黏度等级 100 用 82℃）										GB/T 7305
水分，%	不大于						痕迹						GB/T 260

三、轴承油的选用与更换

1. 滑动轴承用油的黏度选择

选择滑动轴承润滑油黏度的方法有很多，最简单实用的方法是查表法。根据轴承的负荷、转数、温度和润滑方法，综合考虑合适的润滑油黏度。具体见表1-8-17和表1-8-18。

表1-8-17　滑动轴承用润滑油黏度选择（一）[①]

转速，r/min	给油方法	选择的适宜黏度（40℃），mm²/s
< 50	循环、油浴、针阀、油垫、油环、油链 滴下、手加	135 ～ 190 135 ～ 240
50 ～ 100	循环、油浴、油链、油垫、油环 滴下、手加	100 ～ 145 100 ～ 190
100 ～ 150	循环、油浴、油环、油链 滴下、手加	60 ～ 90 60 ～ 110
500 ～ 1000	循环、油浴、油环 滴下、手加	55 ～ 75 55 ～ 85
1000 ～ 3000	滴下、油浴、油环、循环、喷雾	25 ～ 55
3000 ～ 5000	油浴、油环、循环、喷雾	18 ～ 32
> 5000	循环、喷雾	10 ～ 20

[①]轴承运行工况：低负荷至中负荷（小于2.94MPa），运转温度小于60℃。

表1-8-18　滑动轴承用润滑油黏度选择（二）[②]

转速，r/min	给油方法	选择的适宜黏度（40℃），mm²/s
50 以下	循环、油浴、针阀、油　油链、油环	290 ～ 380
	滴下、手加	290 ～ 400
50 ～ 100	循环、油浴、油垫、油链、油环	180 ～ 270
	滴下、手加	185 ～ 330
100 ～ 250	循环、油浴、油环	140 ～ 200
	滴下、手加	135 ～ 240
250 ～ 500	循环、油浴、油环	100 ～ 170
	滴下、手加	100 ～ 180
500 ～ 750	循环、油浴、油环	90 ～ 120
	滴下、手加	90 ～ 135

[①]轴承运行工况：中负荷至高负荷（2.94 ～ 7.35MPa），运转温度小于50℃。

2. 滚动轴承用油的黏度选择

各轴承制造厂对于滚动轴承润滑油的黏度规定大体相同，如瑞典SKF公司、日本精工

（NSK）等都规定在运转温度条件下，一般球型滚动轴承、圆柱滚动轴承等用黏度为 13mm²/s、圆锥形、球面形滚柱轴承用黏度为 20mm²/s，推力球面滚柱轴承用黏度为 32mm²/s 的精制润滑油，并依运转条件，适当加抗氧化、抗磨损、防锈等添加剂。详细选用适宜黏度的查表法很复杂，并且对某些参数需用图表补正。为查找简便起见，表 1-8-19 仅介绍各种滚动轴承适用润滑油黏度的简单查表选定法。

表 1-8-19　滚动轴承用润滑油黏度选择

运转温度（环境温度），℃	速度指数 [内径（mm）× 转速（r/min）]	选择的适宜黏度（40℃），mm²/s	
		普通负荷	高负荷或冲击负荷
−10 ~ 0	各种	15 ~ 30	27 ~ 55
0 ~ 60	< 15000	35 ~ 60	80 ~ 110
	15000 ~ 80000	27 ~ 50	55 ~ 70
	80000 ~ 150000	18 ~ 32	27 ~ 45
	150000 ~ 500000	10 ~ 13	18 ~ 32
60 ~ 100	< 15000	100 ~ 150	150 ~ 240
	15000 ~ 80000	80 ~ 110	100 ~ 140
	80000 ~ 150000	45 ~ 65	70 ~ 140
	150000 ~ 500000	25 ~ 32	45 ~ 60
100 ~ 150	各种	200 ~ 380	
0 ~ 60	自动定心滚动轴承	35 ~ 60	
60 ~ 100		105 ~ 150	

3. 主轴油的合理选用

主轴油选用的主要依据是机床主轴的转速，以及主轴和轴承之间的间隙大小。主轴油系列产品应用技术规范见表 1-8-20。滑动轴承主要依据主轴与轴承之间隙来选用主轴油，见表 1-8-21。

表 1-8-20　主轴油系列产品应用技术规范

主轴油产品牌号	应用技术规范
2，5，7，15	主要用于精密机床的主轴滑动轴承、主轴箱
5	用于 15000r/min 以上细纱锭子
7	用于 15000r/min 的细纱锭子、8000 ~ 12000r/min 的高速轻负荷机械和缝纫机
10	用于 10000 ~ 13000r/min 的细纱锭子、轻型针织机，5000 ~ 8000r/min 的轻负荷机械，5000r/min 以上的小型电动机、缝纫机及普通仪表轴承
15，22	可充当低压系统用油和其他精密机械用油

表 1-8-21 主轴油的选用（滑动轴承）

主轴与轴承之间隙，mm	选取的主轴油牌号（L-FD）	主轴与轴承之间隙，mm	选取的主轴油牌号（L-FD）
0.002 ~ 0.006	2	0.010 ~ 0.030	7，10
0.006 ~ 0.010	3，5，7	0.030 ~ 0.060	15，22

滚动轴承转速在 3000r/min 以下者用精密机床主轴润滑脂或 F-LD22 主轴油，转速在 3000r/min 以上者最好使用主轴油，选用的油品黏度可依据轴承转数的高低来选用。

4. 油膜轴承油的合理选用

油膜轴承是滑动轴承的一种，主要用于大型高速轧机轧辊和高速线材轧机组、中连轧机组以及精轧机组（包括预精轧）轧辊。油膜轴承与一般滑动轴承有以下主要区别：

（1）与油膜轴承配合的轧辊轴线速度极高，适于高速化运转。

（2）油膜轴承承载负荷很大，适于大型化。

（3）油膜轴承在正常工作状态，轴与轴承能瞬时保持油膜，并靠轴的高速转动和润滑油膜的流体动压作用，使轴与轴承间容易形成流体润滑状态。

（4）油膜轴承因所处使用环境，容易进水。

虽然滑动轴承的一些属性与选油因素基本适用于油膜轴承，但是大型高速轧机的负荷极高，为保持油膜所需的润滑油黏度，往往高达一般滑动轴承润滑油黏度选用的上限，甚至要超过此上限，查表法和查图法是难以胜任的。因此，油膜轴承油的选用要注意以下几点：

根据润滑部件的类型，确定其品质等级。如果只给油膜轴承润滑，属动压或静压润滑形式，选用普通型（抗氧防锈型）油膜轴承油即可；如果同时给油膜轴承、滚动轴承、齿轮等部件润滑，要满足设备动压和极压润滑的要求，则要选用重负荷（抗磨型）油膜轴承油。此外，由于轧机冷却水不可避免地污染油品，影响油品的性能，而且不同工厂水质差异很大，对油品性能影响也不等同。高速、无水部位的油膜轴承，选择 100 系列（即抗氧抗乳化型）中适当黏度牌号的产品；高速、近水部位的油膜轴承，选择 300 系列适当黏度牌号的产品；高速、高负荷、易进水部位的油膜轴承，选择 500 系列适当黏度牌号的产品。

低黏度、中黏度级别的油膜轴承油，其选用的黏度要参考滑动轴承润滑油的选择进行选用，并要注意负荷适用范围。

5. 轴承油的换油期

滑动轴承润滑油的换油期，依润滑方法各异，集中循环润滑系统依换油指标，定期检测达到换油指标时为换油基准。滚动轴承润滑油的换油期，随轴承工作条件（温度、负荷、转速、接触介质）而不同，一般 50℃ 运转的轴承每年换 1 次，100℃ 以上运转的轴承每年换油 1 ~ 3 次。单列球滚动轴承每天运转 8h，负荷为 166bar 以下的轴承换油期和轴承速度指数的关系见表 1-8-22。

表 1-8-22 换油期和轴承速度指数关系

速度指数 [内径（mm）× 转速（r/min）]	50000	100000	200000	300000	400000
换（加）油期，月	36	18	6	2	1

油膜轴承油的换油指标比较难确定，其主要由各用户根据自己的设备及具体情况而掌握，重点考察油的黏度变化（±10%）、酸值的增加 [无添加剂为 1.0mg（KOH）/g；加添加剂为 2.0mg（KOH）/g] 和油中水分的含量（0.2%）。

第五节　制　动　液

一、制动液的作用

制动系统的功用是减速停车、驻车制动。按照功用，制动系统可以分为：行车制动系统（使行驶中的汽车减低速度甚至停车的一套专门装置）；驻车制动系统（使已停驶的汽车驻留原地不动的一套装置）；第二制动系统（在行车制动系统失效的情况下保证汽车仍能实现减速或停车的一套装置）；辅助制动系统（在汽车下长坡时用以稳定车速的一套装置）。按制动力的来源，制动系统可以分为：人力制动系统（以驾驶员的肌体作为唯一制动能源的制动系统）；动力制动系统（完全依靠发动机动力转化成的气压或液压进行制动的制动系统）；伺服制动系统（兼用人力和发动机动力进行制动的制动系统）。按照制动能量的传输方式，制动系统又可分为机械式、液压式、气压式、气顶液式和电磁式等。目前，一般乘用车和部分轻型商用车多使用液压制动系统，而中重型商用车和部分商用车使用气顶液压式制动系统。

在液压式制动系统中，用于传递压力的制动液（又称刹车油）的性能对安全制动有重要影响。制动液在制动系统中的作用可概括为以下 4 个主要方面：

（1）传能作用。传递制动能量（压力），驱动制动装置正常可靠地工作。

（2）散热作用。制动装置执行制动刹车时，因摩擦作用而使摩擦零部件温度迅速升高，制动液可在一定程度上起到冷却降温作用。

（3）防锈（防腐）作用。当制动系统中的金属零部件暴露在大气中时，由于化学腐蚀和电化学腐蚀的双重作用，极易发生锈蚀（腐蚀），如果使用防腐蚀性能优良的制动液产品，则有利于提高制动系统金属零部件的防腐蚀性能。

（4）润滑作用。制动系统中制动元器件工作时，会产生滑动摩擦，制动液对此可起到润滑作用。

二、制动液的性能要求

鉴于制动液在汽车制动系统中所起的重要作用，加之汽车制动液质量状况是影响车辆能否安全行驶的重要因素，理想的汽车合成制动液应能同时满足以下主要性能要求：

（1）优异的高温性能。干、湿平衡回流沸点要高，蒸发性要小，以满足车辆在炎热地区和山区使用要求。

（2）优良的低温性能。−40℃运动黏度低，低温流动性要好，以满足车辆在寒区和严寒区条件下的使用要求。

（3）优良的金属防腐蚀性能。以保护制动系统中各种金属零部件在使用过程中不发生腐蚀。

（4）较低的水敏感性。吸湿性或吸收水分后对湿平衡回流沸点的影响要小，以保证制动液在储存和使用过程中水分对制动液的性能影响小。

（5）优良的橡胶皮碗适应性能。以避免橡胶皮碗在使用过程中过分溶胀或收缩而导致制动迟滞和失灵。

（6）优良的热安定性、化学稳定性。以保证制动液有较长的保质储存期及使用寿命。

（7）良好的润滑性能。能对制动传动机构中的运动部件起良好的润滑作用。

三、制动液的标准

随着对汽车制动系统安全性能的重视，制动液已经由原来使用的醇型制动液、矿物油制动液发展到现在广泛应用的合成型制动液。

合成型制动液主要包括醇醚型、酯型和硅酮型，使用最多的是前两种。针对合成制动液的相应标准有美国汽车工程师协会 SAE 标准、美联邦车辆安全规范 FMVSS NO.116 和国际标准 ISO 4925。

醇醚型制动液（主要采用的是聚乙二醇醚体系）具有较低的运动低温、良好的橡胶适应性，对金属的腐蚀较低，但聚乙二醇醚吸收空气中的水分后易水解，生成低沸点共沸物或少量酸性物质，导致制动液高温性能下降，并且随着水分含量的增加，制动液对金属的防护性能降低，容易加快制动系统金属零部件的锈蚀。

酯型制动液主要包括羧酸酯型和硼酸酯型制动液，目前用量最大的是硼酸酯类型的，DOT4 制动液主要就是硼酸酯型制动液，由于硼酸酯能与水发生化学反应而减少制动液中溶解水或游离水的存在，从而改变酯型制动液的水敏感性能，因此，硼酸酯型制动液得到快速发展，比 DOT4 制动液使用寿命更优异的乙二醇醚硼酸酯型超级 DOT4 和 DOT5.1 制动液随之问世。其中 DOT5.1 制动液是满足 DOT5 性能指标要求的合成硼酸酯型制动液。

硅酮型制动液具有更优异的高、低温性能，吸水性小，且吸水后的黏度和沸点几乎不变，是一种全天候的制动液，但其成本是醇醚型制动液的 2 ~ 3 倍，并与醇醚型制动液不相容，所以迄今，硅酮型制动液主要在美军车辆及少数特种车辆（例如赛车）上使用，其他车辆使用较少。

我国目前的合成制动液标准有 GB 12981《机动车辆制动液》和汽车行业推出的行业标准 QC/T 670《汽车合成制动液》。其中 GB 12981 参照 ISO 4925：2005《道路车辆—液压制动系统用非石油基制动液规范》制定，包括 HZY3、HZY4、HZY5 和 HZY6 等 4 个品种。其中 HZY3、HZY4、HZY5 和 HZY6 分别对应 ISO 4925：2005 中 Class3、Class4、Class5.1 和 Class6；另外，HZY3、HZY4 和 HZY5 对应于 FMVSS NO.116 标准的 DOT3、DOT4 和 DOT5.1。QC/T 670 内容是以 GB 12981—1991 为基础，同时参照 FMVSS No.116 而制定的；同时，根据国内实际情况增加了对铸铁的锈蚀试验和与 CSAE 液体的相容性试验两项要求，标准包括 V3 和 V4 两个品种。表 1-8-23 给出了我国制动液标准规格及典型数据。

表 1-8-23　我国制动液标准规格及典型数据

种类		HZY3	HZY4	HZY5	HZY6	V3	V4	试验方法
执行标准		GB 12981				QC/T 670		
平衡回流沸点，℃　　　　不大于		205	230	260	250	205	250	SH/T 0430
湿平衡回流沸点，℃　　　不大于		140	155	180	165	140	163	GB 12981
运动黏度（-40℃），mm²/s 不大于		1500	1500	900	750	1500	1300	GB/T 265
金属腐蚀性	质量变化率 mg/cm² 不大于	镀锡铁片		±0.2			±0.2		GB 12981
		钢		±0.2			±0.2		
		铝		±0.2			±0.2		
		铸铁		±0.1			±0.1		
		黄铜		±0.4			±0.4		
		紫铜		±0.4			±0.4		
		锌		±0.4			±0.4		
备注		金属腐蚀性试验条件：100℃，120h				金属腐蚀性试验条件：100℃，260h		—

四、制动液的选用、更换与储存

1. 制动液产品的选用

通常情况下应按照车辆使用说明书的规定选择使用相应的制动液产品。若必须重新选用制动液产品时，应遵循以下原则：

（1）选用的制动液产品质量等级不能低于车辆制造厂规定的制动液质量等级；

（2）可以选用比车辆制造厂规定的制动液质量更高等级的制动液产品；

（3）所选用的制动液产品类型应与车辆制造厂规定使用的制动液类型一致；

（4）应选用知名厂家生产的、性能稳定、质量有保证的制动液产品。

2. 制动液产品的更换

通常 DOT3/HZY3 级制动液平衡回流沸点低于 155℃，DOT4/HZY4 级制动液平衡回流沸点低于 170℃时，应更换制动液。

制动液更换时须注意以下事项：

（1）没有使用完的制动液要放在原包装容器内，拧紧桶盖，密闭保存；

（2）制动液对车身涂层有腐蚀作用，严防与涂层接触；

（3）排除制动系统中的旧制动液后，需使用新制动液清洗制动系统后再加注制动液；

（4）加注过程中，应该使用洁净工具擦拭制动系统贮液罐或压力管等部件内壁，以避免造成对制动液的污染；

（5）严禁向制动液中混入矿物油和合成油。

3. 制动液产品的储存

（1）制动液产品的储存场地应保持清洁、干燥和通风，不能露天存放制动液；

（2）制动液产品的外包装和内包装均应保持完好无损，避免空气进入制动液中产生吸湿现象；

（3）制动液产品的存放区域应与车辆用其他石油化工产品存放区分隔开，以避免受到污染；

（4）制动液储存场地的温度不应太高，一般不要超过30℃。如有可能，最好采用地下或半地下储存库房存放制动液产品。

五、昆仑制动液产品介绍

制动液产品的正确选用对车辆的正常运行至关重要，中国石油润滑油公司针对油田车辆运行环境的特点开发了适用于油田企业设备的专用产品。

1.V3汽车合成制动液

该产品为醇醚型合成制动液，加入性能优良的防锈剂、抗氧剂等调制而成，能使制动系统中各金属零部件不发生锈蚀、腐蚀，确保长期正常、可靠工作；具有优良的高温抗气阻性能和良好的低温流动性能，性能指标超过FMVSS NO.116 DOT3标准及SAE J1703标准。能通过24h潮湿防锈试验和260h金属腐蚀试验，可替代HZY3等级或进口DOT3等级制动液使用。V3汽车合成制动液典型数据见表1-8-24。

表1-8-24　V3汽车合成制动液典型数据

项　　目		质量标准	典型数据	试验方法
pH值		7.0～11.5	8.79	GB/T 7304
平衡回流沸点，℃		≥205	218	SH/T 0430
湿平衡回流沸点，℃		≥140	151	GB 12981
运动黏度，mm²/s	100℃	≥1.5	1.90	GB/T 265
	40℃	≤1500	1350	GB/T 265
金属腐蚀性 （100℃，260h） 试片质量变化，mg/cm²	镀锡铁片	±0.2	−0.008	GB 12981
	钢	±0.2	+0.006	
	铝	±0.1	+0.004	
	铸铁	±0.2	−0.012	
	黄铜	±0.4	+0.012	
	紫铜	±0.4	+0.096	
	锌	±0.4	−0.099	
蒸发损失（100℃，168h），%		≤80	73.8	GB 12981
橡胶相容性（SBR）	70℃根径增值，mm	0.15～0.9	0.28	GB 12981
	70h硬度降低，IRHD	≤10	2	
	120℃根径增值，mm	0.15～0.9	0.34	
	70h硬度降低，IRHD	≤15	3	
水分，%		≤0.2	0.12	GB 11133
潮湿防锈时间（35℃），h		≥24	＞24	QC/T 670

2.V4 汽车合成制动液

该产品以酯类润滑剂、稀释剂为基础液，添加多种优良添加剂调制而成，具有优良的高温抗气阻性和低温流动性，能通过 24h 潮湿防锈试验和 260h 金属腐蚀试验，有效抑制制动系统中各金属零部件发生锈蚀、腐蚀，确保车辆长期正常、可靠工作，性能指标超过FMVSS NO.116 DOT4 标准及 SAE J1704 标准。V4 汽车合成制动液典型数据见表 1-8-25。

表 1-8-25　V4 汽车合成制动液典型数据

项目		质量标准	典型数据	试验方法
pH 值		7.0 ~ 11.5	8.0	GB/T 7304
平衡回流沸点，℃		≥ 205	266	SH/T 0430
湿平衡回流沸点，℃		≥ 140	167	GB 12981
运动黏度，mm²/s	100℃	≥ 1.5	2.45	GB/T 265
	40℃	≤ 1300	1250	GB/T 265
金属腐蚀性（100℃，260h）试片质量变化，mg/cm²	镀锡铁片	−0.006	−0.006	GB 12981
	钢	+0.004	+0.004	
金属腐蚀性（100℃，260h）试片质量变化，mg/cm²	铝	−0.004	+0.004	
	铸铁	−0.009	−0.009	
	黄铜	+0.076	+0.076	
	紫铜	+0.049	+0.049	
	锌	−0.015	−0.015	
蒸发损失（100℃，168h），%		≤ 80	72.5	GB 12981
橡胶相容性（SBR）	70℃根径增值，mm	0.32	0.32	GB 12981
	70h 硬度降低，IRHD	1	1	
	120℃根径增值，mm	0.51	0.51	
	70h 硬度降低，IRHD	4	4	
水分，%		≤ 0.2	0.08	GB 11133
潮湿防锈时间（35℃），h		≥ 24	> 24	QC/T 670

3.HZY4 机动车制动液

该产品以酯类润滑剂作为基础液，添加多种高效添加剂调制而成。具有优异的高温抗气阻性能和低温流动性能，以及优异的金属防腐性能和优异的橡胶相容性能，确保车辆安全有效制动，可替代 DOT3 和 DOT4 等级以及 HZY3 等级的制动液使用。HZY4 机动车制动液典型数据见表 1-8-26。

表 1-8-26 HZY4 机动车制动液典型数据

项目		质量标准	典型数据	试验方法
pH 值		7.0 ~ 11.5	8.10	GB 12981
平衡回流沸点，℃		≥ 230	266	SH/T 0430
湿平衡回流沸点，℃		≥ 155	168	GB 12981
运动黏度，mm²/s	100℃	≥ 1.5	2.10	GB/T 265
	40℃	≤ 1500	1076	GB/T 265
金属腐蚀性 （100℃，260h） 试片质量变化，mg/cm²	镀锡铁片	± 0.2	-0.009	GB 12981
	钢	± 0.2	+0.010	
	铝	± 0.1	+0.005	
	铸铁	± 0.2	-0.002	
	黄铜	± 0.4	+0.008	
	紫铜	± 0.4	+0.036	
	锌	± 0.4	-0.012	
蒸发损失（100℃，168h），%		≤ 80	69.5	GB 12981
橡胶相容性 （SBR）	70℃根径增值，mm	0.15 ~ 1.40	0.56	GB 12981
	70h 硬度降低，IRHD	≤ 15	4	
	120℃根径增值，mm	≤ 15	2	
	70h 硬度降低，IRHD	0 ~ 10	1.07	

4.HZY5 机动车制动液

该产品以酯类润滑剂、稀释剂为基础液，并添加多种优良添加剂调制而成，具有优良的防锈、防腐蚀、抗氧化及橡胶相容性能，确保制动安全平稳；干、湿平衡回流沸点高，低温黏度小，高低温性能优异，特别适合高温炎热地区使用。HZY5 机动车制动液典型数据见表 1-8-27。

表 1-8-27 HZY5 机动车制动液典型数据

项目		质量标准	典型数据	试验方法
pH 值		7.0 ~ 11.5	7.7	GB 12981
平衡回流沸点，℃		≥ 260	266	SH/T 0430
湿平衡回流沸点，℃		≥ 180	183	GB 12981
运动黏度，mm²/s	100℃	≥ 1.5	2.05	GB/T 265
	40℃	≤ 900	826	GB/T 265
金属腐蚀性 （100℃，260h） 试片质量变化， mg/cm²	镀锡铁片	-0.2 ~ +0.2	+0.005	GB 12981
	钢	-0.2 ~ +0.2	+0.004	
	铝	-0.1 ~ +0.1	+0.004	
	铸铁	-0.2 ~ +0.2	-0.008	

续表

项目		质量标准	典型数据	试验方法
金属腐蚀性 （100℃，260h） 试片质量变化， mg/cm²	黄铜	−0.4 ～ +0.4	+0.057	GB 12981
	紫铜	−0.4 ～ +0.4	+0.031	
	锌	−0.4 ～ +0.4	+0.018	
蒸发损失（100℃，168h），%		≤ 80	72.5	GB 12981
橡胶相容性 （SBR）	70℃根径增值，mm	0.15 ～ 1.40	0.67	GB 12981
	70h 硬度降低，IRHD	≤ 15	5	
	120℃根径增值，mm	1 ～ 16	6.98	
	70h 硬度降低，IRHD	≤ 15	3	

第六节　冷　却　液

　　冷却液又称防冻液或者不冻液，是发动机冷却系统的冷却介质，具有冷却、防冻、防垢、防腐、防沸等作用。在汽车领域，冷却液是仅次于内燃机油的第二大汽车养护用品。

一、冷却液的分类

　　冷却液由水、防冻剂和添加剂三部分组成。根据其基液组成或冰点等可以区分成不同类型的冷却液。

　　按照基液区分为无机盐型、甲醇型、乙醇型、丙三醇型、乙二醇型、二乙二醇－乙二醇型、丙二醇型、二甲基亚砜型。

　　按照冰点区分为 −15、−20、−25、−30、−35、−40、−45 和 −50 共 8 种牌号的冷却液。

　　按照机械设备的负荷（强化系数）区分为轻负荷冷却液和重负荷冷却液。

　　按照缓蚀剂类型可以分为硅酸盐型和无硅酸盐型。

　　硅酸盐型冷却液具有与硬水相容性好、贮存稳定性佳；属于自主开发了硅酸盐稳定剂，解决了硅酸盐凝胶析出问题；不含磷酸盐、亚硝酸、胺等；具有持久优异的消泡性能，使用中不变色，对冷却系统的各金属部件都有优良的防腐蚀保护等特点。

　　无硅酸盐型冷却液具有持久优异的消泡性能，使用中不变色；对冷却系统的各金属部件都有优异的防腐蚀保护；尤其对金属铝和焊锡等具有很好的防腐蚀能力；抗水泵气穴腐蚀和高速流体侵蚀的性能等特点。

　　冷却液的标准主要有 ASTM D3306、ASTM D4985、ASTM D6210 和 TL774C/D/E/F。其中 ASTM D3306 、ASTM D4985 和 ASTM D6210 被广泛采用。

　　GB 29743《机动车发动机冷却液》于 2013 年 9 月发布，由交通运输部公路科学研究院等单位共同起草，为国家强制标准。该标准提高了重负荷发动机冷却液化学组分中亚硝酸盐和钼酸盐的含量要求。表 1−8−28 为 GB 29743 重负荷发动机冷却液的化学组分要求。

表 1-8-28　重负荷发动机冷却液化学组分要求

项目		单组分要求	双组分要求
亚硝酸盐（以 NO_2 计）含量，mg/kg		≥ 1200	—
亚硝酸盐（以 NO_2 计）和钼酸盐（以 MoO_4 计）	总量，mg/kg	—	≥ 780
	单组分含量，mg/kg	—	≥ 300

重负荷发动机冷却液用户的使用经验表明，几种化学物质及其组合能够有效减小发动机气缸套气穴腐蚀，一种组合为亚硝酸盐，另一种组合为亚硝酸盐和钼酸盐的混合物，满足其中任意一种组合即可达到减少气蚀的目的，小于最小加入量将不会对发动机提供长期的缸套穴蚀防护作用。

二、冷却液的性能要求

1. 冷却

冷却液的主要功能是冷却，主要是将发动机或其他机械设备的热量带走，以达到降温、保护机械设备的目的。

2. 防冻

为了防止机械设备在冬季停车后，冷却液结冰而造成水箱、缸体胀裂，要求冷却液的冰点应低于该地区最低温度 10℃ 左右，以备天气突变。

3. 防腐蚀

冷却系统中散热器、水泵、缸体及缸盖、分水管等部件是由钢、铸铁、黄铜、紫铜、铝和锡等金属组成，由于不同的金属的电极电位不同，在电解质的作用下容易发生电化学腐蚀；同时，冷却液中的二元醇类物质分解后形成的酸性产物、燃料燃烧后的酸性废气也可能渗透到冷却系统中，促进冷却系统腐蚀。冷却系统腐蚀会使散热器水箱的下水室、喷油嘴隔套、冷却管道、接头以及水箱排管发生故障，同时腐蚀产物堵塞管道，引起发动机过热甚至瘫痪；若腐蚀穿孔，冷却液渗入燃烧室或曲轴箱会产生严重的破坏，因为当冷却液或水与油混合时，产生油污和胶质，削弱润滑作用，使得阀、液压阀推杆和活塞环黏结。因而冷却液中都加入一定量的防腐蚀添加剂，防止冷却系统产生腐蚀。

4. 防水垢

冷却液在循环中应尽可能减少水垢的产生，以免堵塞循环管道，影响冷却系统的散热功能。

5. 防沸腾

符合国家标准的冷却液，沸点通常都是超过 105℃，比起水的沸点 100℃，冷却液能耐受更高的温度而不沸腾（开锅），在一定程度上满足了高负荷机械设备的散热冷却需要，同时在一定程度上防止操作人员烫伤。

三、冷却液的选用与更换

冷却液有不同的牌号、不同的种类以及不同效果的产品。因此，如何选择合适的冷却液是广大客户面临的重要问题。

选用冷却液最大的原则是根据设备的实际运行工况和工作环境进行选择。具体如下：

（1）首先应该选择冷却液的品牌。应当尽量选择质量优良的知名品牌的冷却液。

（2）其次选择冰点。应该选择比机械设备运行地区的最低温度再低10℃左右的冰点的冷却液。需要注意的是，并不是冰点越低的冷却液使用越好。

（3）再次选择类型。酒精型冷却液是用乙醇（俗称酒精）作防冻剂，价格便宜，流动性好，配制工艺简单，但沸点较低、易蒸发损失、冰点易升高、易燃等；甘油型冷却液沸点高、挥发性小、不易着火、无毒、腐蚀性小，但降低冰点效果不佳，价格昂贵；乙二醇型冷却液是用乙二醇作防冻剂，并添加少量抗泡沫、防腐蚀等综合添加剂配制而成。由于乙二醇易溶于水，可以任意配成各种冰点的冷却液，其最低冰点可达 −68℃，这种冷却液具有沸点高、泡沫倾向低、黏温性能好、防腐和防垢等特点，是一种较为理想的冷却液。

第七节　玻　璃　水

玻璃水又叫汽车风窗玻璃清洗液，是清洁产品中用量最大的产品。它除了能迅速清除车辆风挡玻璃表面的灰尘、污渍，还具有防冻、防雾、润滑的性能。在冬天使用时能够显著降低液体的冰点，快速溶解冰霜。雾天时可以在玻璃表面形成单分子保护层，防止形成雾滴，保证挡风玻璃清澈透明，并且能在玻璃和雨刷器间起到润滑作用，防止玻璃产生划痕。

一、玻璃水的性能要求

玻璃水的性能要求有以下几个方面：

（1）清洗作用。除去汽车挡风玻璃表面的灰尘、污渍、虫胶等。

（2）防冻作用。防止玻璃水在使用过程中出现结冰，玻璃水的防冻功能主要是通过添加防冻剂来实现。

（3）防腐蚀作用。主要通过向玻璃水中添加多种缓蚀剂来实现。

（4）抗静电作用。可以中和挡风玻璃与雨刷器及空气中物质摩擦而产生的电荷，抗阻静电，防止电荷吸附污物影响视野。

（5）润滑。防止雨刷刮花玻璃。玻璃水还应具有良好的与漆面、橡胶的兼容性，从而保护汽车面漆、橡胶、管路部件等。

二、玻璃水的分类

玻璃水根据与水相容性的不同，可以分为水基型和疏水型两种。水基型汽车风窗玻璃清洗液是以醇类物质、水、表面活性剂为主要组分的清洗剂，疏水型汽车风窗玻璃清洗液是以硅树脂类物质为主要组分的清洗液。两者的主要区别在于与水的亲疏性不同；根据冰点的不同，可以分为0℃、−10℃、−25℃、−35℃、−40℃、−45℃、−50℃；根据基液的不同，可以分为甲醇型和乙醇型玻璃水。

目前，玻璃水的主要标准为 GB/T 23436—2009《汽车风窗玻璃清洗液》。

三、玻璃水的选用与更换

选用玻璃水时应注意以下几点：

（1）秋冬季节玻璃水应该具备优秀的清洗和防冻性能。冬季玻璃水是以防冻性能作为选择的基准，应该选择冰点低于当地最低温度 10℃ 以上的玻璃水。不然会造成玻璃水冻住、喷水壶水泵故障等问题。可根据当地的温度进行选择，正规品牌的产品会以温度划分几个不同的级别，根据季节变化进行选择。

（2）玻璃水还应该具备对挡风玻璃和雨刮器的保护性能。品牌玻璃水通过调配多种表面活性剂及添加剂，独具修复挡风玻璃表面细微划痕的作用，通过形成独特的保护膜，以达到对挡风玻璃的全面呵护。特别添加的多种缓蚀剂，对各种金属都没有腐蚀作用，保护了汽车面漆、雨刮器及橡胶的安全。

另外，针对北方地区客户而言，由于北方气候的独特性，在驾驶当中驾驶者的视线很容易受到光的折射和雾气、静电的影响，给驾驶带来安全隐患。所以，车主在购买玻璃水时，要求尽可能选择具备快速融雪融冰和防眩光、防雾气、防静电功效的产品。

|第二篇|
油气田主要设备润滑及用油

　　油气勘探开发离不开机械设备，主要机械设备包括通用车辆、工程机械、钻井设备、固井设备、物探设备、测井专用车辆、抽油机、注输机泵、压缩机组等，这些机械设备结构组成、工作原理和服役条件等各不相同，但都离不开润滑，只有做到良好润滑才能充分发挥机械设备的效能，提高生产效率。本篇介绍了油气田设备的结构特点、润滑原理和用油要求等，收集了大量机械设备用油图表，图表内容包括机械设备的润滑部位、厂家推荐用油、手册推荐用油、润滑保养规范和更换规范等。

第一章　通用车辆润滑及用油

油气田通用车辆一般指载货、载客和辅助专用车辆，不包括钻采特车、工程机械等设备。载货、载客以及辅助专用车辆的底盘润滑部位包括发动机、传动系统、行驶系统、制动系统等，本章内容包括通用车辆各部位的润滑方式、润滑机理、润滑管理与基本要求以及典型车辆的润滑图表。

第一节　概　　述

车辆种类众多，有多种分类方法。按照使用燃料可以分为汽油车、柴油车、天然气燃料车和油气两用车等；按照换挡方式分为手动挡车、自动挡车、手自一体换挡车；按照驱动方式可以分为发动机前置后轮驱动、发动机后置后轮驱动、发动机前置前轮驱动和全轮驱动。通用车辆润滑部位包括发动机、传动系统、行驶系统、制动系统等，车辆不同部位润滑方式与要求差异很大。

一、润滑方式与原理

1. 发动机润滑系统

1）润滑方式

发动机润滑系统的作用就是连续不断地将润滑油以一定的压力和流量输送到各个需要润滑的摩擦面，维持润滑油的正常工作温度，并保证润滑油的循环。

发动机润滑系统一般由油底壳、机油泵、机油滤清器、机油散热器、各种阀、传感器、机油压力表、温度表等组成，发动机润滑系统的组成及油路布置方案大致相同，只是由于工作条件和具体结构的不同而有差异。

由于发动机各运动副的工作条件不同，对润滑强度的要求也不同。它取决于工作环境的好坏、承受载荷的大小和相对运动速度的大小，发动机各部件的润滑方式主要有以下几种：

（1）压力润滑。对负荷大、相对运动速度高的摩擦面，如主轴承、连杆轴承、凸轮轴轴承、气门摇臂轴（因位置较高）等都采用润滑强度较大的压力润滑，即利用润滑油泵加压，通过油道将润滑油输送到摩擦面。

（2）飞溅润滑。对外露表面、负荷较小的摩擦面，如凸轮与挺杆、活塞销与销座及连杆小头等，一般采用飞溅润滑，即依靠从主轴承和连杆轴承两侧漏出的润滑油和油雾来进行润滑。

（3）喷油润滑。某些零件如活塞的热负荷非常严重，某些大负荷发动机，在缸体内部活塞下面壁上安装了一个喷嘴，将润滑油喷到活塞底部来冷却活塞。但一般低负荷的发动机，活塞与汽缸壁之间虽然工作条件较差，为了防止过量润滑油进入燃烧室而使发动机工作恶化，都采用飞溅润滑，事实上喷油润滑与飞溅润滑没有本质区别。

（4）润滑脂润滑。对一些分散的部位，采用定期加注润滑脂进行润滑，如水泵及发电机轴承等。

2）润滑原理

发动机按照润滑油贮存位置不同，可分为湿式油底壳和干式油底壳两类，湿式油底壳应用较广。湿式柴油发动机润滑油路如图 2-1-1 所示。机油泵首先通过集滤器将油底壳的机油吸入，经机油泵加压后，泵出的机油首先压入机油滤清器底座，然后分别进入并联的粗滤器和细滤器，大部分机油经粗滤器后进入机油散热器进行冷却后进入主油道，少量的机油经细滤器流回油底壳。主油道流出的机油一路经曲轴中空油道进入各连杆轴承进行润滑；另一路经凸轮轴中空油道润滑凸轮各轴承，部分机油从凸轮轴第二轴承处引出，经缸体油道通到缸盖上部的摇臂轴中空油道中，润滑配气机构各零件；第三路从装在盖板上的机油喷嘴喷出，润滑正时齿轮室传动齿轮。

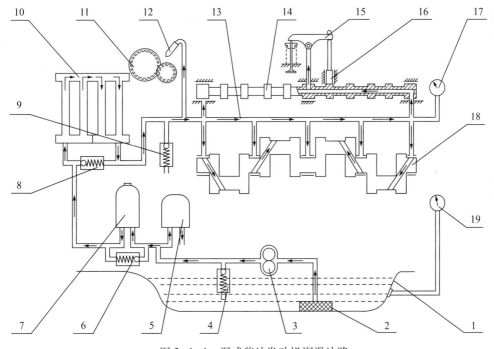

图 2-1-1　湿式柴油发动机润滑油路

1—油底壳；2—集滤器；3—机油泵；4—限压阀；5—细滤器；6—安全阀；7—粗滤器；8—恒温阀；9—溢流阀；
10—机油散热器；11—齿轮泵；12—机油喷嘴；13—主油道；14—凸轮轴；15—摇臂；16—挺柱；17—机油压力表；
18—曲轴；19—机油温度表

3）发动机润滑系统主要部件

（1）油底壳。用于收集、储存、冷却及沉淀润滑油。

（2）机油泵。机油泵是将润滑油供给到各润滑部分的装置，四冲程发动机使用的是转子（摆线齿轮式）、内接齿轮式（内齿轮式）和齿轮式（外接齿轮式）3 种机油泵，二冲程发动机使用的是柱塞式机油泵。

转子式机油泵通常安装在曲轴箱前端，由曲轴带轮或链轮驱动，主要由内转子、外转子和油泵壳体组成，转子式机油泵结构紧凑、吸油真空度大、泵油量大、供油均匀度好，安装在曲轴箱外位置较高时也能很好地供油。

齿轮式机油泵通常由凸轮轴上的斜齿轮或曲轴前端齿轮驱动，安装位置一般在曲轴箱内。齿轮式机油泵也称外接齿轮式机油泵。

内接齿轮式机油泵，其工作原理与外接式齿轮机油泵相同，主要优点是由曲轴直接驱动，不需要中间传动机构，因此零件数量少、制造成本低、占用空间小、使用范围广。但这种机油泵在内、外齿轮之间存在无用空间，使机油泵泵油效率降低。

（3）机油滤清器。发动机工作时，金属磨屑和大气中的尘埃以及燃料燃烧不完全所产生的炭粒会渗入机油中，机油本身也因受热氧化而产生胶状沉淀物，如果把这样的机油直接送到运动零件表面，就会加速零件磨损，并引起油道堵塞及活塞环、气门等零件胶结，因此，发动机润滑系统必须设有机油滤清器。

一般润滑系统中装有几个不同滤清能力的滤清器，分别串联和并联在主油道中。与主油道串联的滤清器称为全流式滤清器，一般为粗滤器；与主油道并联的滤清器称为分流式滤清器，一般为细滤器，过油量为 10% ～ 30%。

机油粗滤器用来过滤润滑油中的颗粒较大的杂质，一般串联在润滑油路中，传统的粗滤器滤芯多采用金属片或金属网式，近年来逐渐被纸质滤芯所代替。

机油细滤器主要用来清除细小的杂质，这种滤清器对机油的流动阻力较大，多做成分流式，它与主油道并联，机油通过它滤清后又回到油底壳。细滤器分过滤式和离心式两种，过滤式根据滤芯材料又分为纸质、锯末和棉纱滤芯等，离心式滤清器滤清能力高，通过能力好，不需要更换滤芯，基本不受沉淀物影响，因此车用发动机中，特别是柴油发动机多以离心式机油滤清器作为分流式机油滤清器，来滤除更小的微粒（小于 $5\mu m$）。

（4）机油散热装置。发动机运转时，由于机油黏度随温度的升高而变稀，降低了润滑能力。因此需要对发动机油进行散热。

机油散热装置有两种形式，风冷式和水冷式，通常把风冷式称为机油散热器，水冷式称为机油冷却器。

（5）其他部件。包括限压阀、安全阀（旁通阀）、溢流阀、油压表、油温表、油管和油道等。

2. 传动系统

1）车辆传动系统分类与特点

按传动方式划分，车辆传动系统分为机械式、液力式和电力式三种。

大部分车辆应用机械式传动系统，发动机发出的动力依次经过离合器、变速器、万向传动装置、驱动桥中的主减速器、差速器、半轴，最后传到驱动车轮。

液力传动系统分为液力机械式和静液式。液力机械传动系统与机械传动的主要区别是用液力变矩器串联机械变速器取代机械传动系统的离合器和变速器，其他组件与机械传动相同。静液式传动系统又称为容积式液压传动系统，发动机输出的机械能通过油泵转换成液压能，然后再由液压马达重新转换成机械能。在静液传动系统中，一种是只用一个液压马达将动力传给驱动主减速器，再经差速器和半轴传给驱动轮；另一种是每个驱动轮都装设一个液压马达，主减速器、差速器和半轴等机械传动件都可以取消。由于静液传动系统机械效率低、造价高等缺点，应用不广。

电力式传动系统在组成与布置上与静液传动系统类似。

2）车辆传动系统润滑与用油

（1）离合器润滑与用油。离合器按照操纵能源，可分为机械式、液压式和气动助力式三种。其中机械式、气动助力式相对较简单。液压式操纵机构主要由主缸、工作缸及管路系统组成，离合器主缸与液压制动系统中的制动主缸和储液室三者一体，储液室与制动主缸共用，离合器的液压操纵系统中的传动液和制动系统共用一种制动液，如DOT3或DOT4。

也有一些车辆离合器液压操纵机构使用单独的储液罐，在离合器操纵系统中使用液压油或制动液，具体应遵照车辆说明书选用。

离合器分离轴承使用润滑脂或内燃机油润滑，具体参照车辆说明书要求。

（2）变速器与分动器润滑及用油。按照传动比变化方式，车辆变速器可分为有级式、无级式和综合式三种。有级式变速器采用齿轮传动，具有若干个定值传动比，有轴线固定式（普通变速器）和轴线旋转式变速器（行星齿轮变速器）两种。无级式变速器的传动比在一定数值范围内可按无限多级变化，常见的有电力式和液力式（动液式）两种，电力式无级变速传动部件为直流电动机，在超重型自卸车上应用较多。综合式变速器是指液力变矩器和齿轮式有级变速器组成的液力机械式变速器，其传动比可在最大值与最小值之间的几个间断的范围内作无级变化，目前应用较多。

对于重型货车，载重量大，使用条件复杂，多采用组合式变速器，即以1～2种四挡或五挡变速器为主体，通过更换齿轮副和配置不同的副变速器（一般为两挡），得到一组不同挡数、不同传动比范围的变速器系列，组合式变速器已成为重型车变速器的主要形式。

在多轴驱动的车辆上，变速器之后还装有分动器，以便把转矩分别输送给各驱动桥。分动器基本结构也是一个齿轮传动系统，其输入轴承直接或通过万向传动装置与变速器第二轴相连，其输出轴则有若干个，分别经万向传动装置与各驱动桥连接。

对于普通齿轮式变速器，多采用中负荷车辆齿轮油（GL-4）来润滑，对于重型车辆常采用重负荷车辆齿轮油（GL-5）来润滑，也有一些车辆手动变速器推荐使用内燃机油或液力传动油，具体参照车辆说明书要求。分动箱的润滑与变速箱一致。也有一些车辆，尤其国外生产的车辆，将手动变速器油与车辆齿轮油分开，称为手动变速器油，具体可按说明书要求选用。

自动变速器即自动操纵式变速器，它可根据发动机负荷和车速等工况的变化自动变换传动系统的传动比，使车辆获得良好的动力性和燃油经济性，以及提高车辆的行驶安全性、乘坐舒适性、操纵轻便性等。自动变速器要选用自动变速器油，具体参照说明书要求。

（3）其他传动部位润滑与用油。后桥、主减速器使用车辆齿轮油润滑，传动轴伸缩套的键齿和中间轴承使用润滑脂，十字轴的滚针轴承和三桥驱动车辆后桥传动轴的中间轴承使用润滑脂润滑，具体参照车辆说明书要求。

3. 行驶系统

车辆行驶系统的润滑部位主要有前后轮毂轴承、前后钢板弹簧销、减振器等。轮毂轴承承受载荷、高温及防水等要求，要求使用高温润滑脂。另外，车辆冷气装置的电磁离合器轴承、正时齿轮皮带拉紧器轴承、空气泵轴承、电动风扇电机轴承运转温度高，也应使用高温润滑脂，如复合锂基脂等。

4. 制动系统

液压制动系统使用要求使用汽车制动液，车辆制动液的质量性能指标高低直接关系到车辆的安全行驶，因此要求制动液安全可靠、质量高、性能好，并且四季通用。

5. 转向系统

转向系统润滑部位包括轴承及转向器。

转向系统轴承基本上都采用润滑脂润滑，一般选用汽车通用锂基润滑脂。机械式转向系统车辆，有时要求使用转向器用脂，包括球笼润滑脂，具体参考车辆使用说明书规定。

大部分车辆转向系统使用动力转向液或助力转向液，包括自动传动液（ATF）、液力传动油，个别车辆转向系统使用车辆齿轮油 GL-5 或多级发动机油，具体参照车辆说明书要求。

6. 底盘自动集中加脂润滑系统

现在部分载重汽车采用了自动集中加脂润滑系统，自动集中加脂润滑系统原理如图2-1-2所示。该系统根据不同车型底盘所需润滑要求，由系统内部的电控装置预先设定，同时也可根据需要随时调整加脂间隔时间，根据设定的时间间隔准时、自动、定量地进行加脂。对每个润滑点的加脂量可以根据摩擦副的不同，分配器设定不同的出油量，加脂量精确，避免了人工加脂过多或加脂过少造成的不利影响。另外，由于每个润滑点都用油管与系统相连，可保证每个润滑点都获得定量的润滑脂，避免了人工操作可能发生的遗漏情况，润滑可靠。由于系统加脂工作是在车辆运行中自动进行，减少了停车保养时间，提高了生产效率。

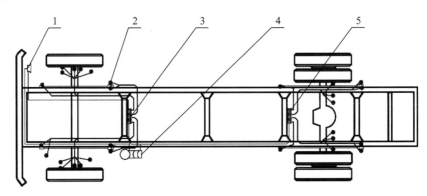

图 2-1-2　汽车底盘自动集中加脂润滑系统

1—控制器；2—各润滑点；3—分配器；4—润滑泵；5—分配器

相对于底盘集中润滑系统，极压锂基脂价格适中，在车载集中润滑系统应用较普遍。考虑到泵油性能，一般选择流动性好的 0 号或 00 号极压锂基脂，常年工作在高寒地区的车辆可选择 000 号极压锂基脂。

二、润滑管理

（1）应定期检查车辆各部位润滑情况，检查润滑油液位是否正常，油液位不够应及时添加相同品质的油品。定期对各种滤清器进行清洗和保养，或者更换。

（2）有条件的单位应定期抽样化验润滑油运动黏度、水分、酸值、闭口闪点等指标，根据实际工况和油品品质，实现按质换油。没有条件的单位要根据实际确定合理换油周期。

（3）更换油品时，需热车后再更换，以便于将润滑油中的胶质和杂质排出。排放干净后，要进行清洗或吹扫，保证用油部位清洁。

（4）加注润滑油、脂时，应避免污染。加注量应执行车辆说明书或润滑手册规定。

（5）车辆较多的单位应建立较多润滑站点，提高换油效率和车辆润滑质量。

三、基本要求

1. 发动机油

发动机润滑油的选用依据发动机的燃料、结构特点、工况、环境温度、排放要求等综合选择润滑油的质量等级和黏度级别。为避免在不同季节频繁变换牌号造成管理上的麻烦和使用上的浪费，应推广多级油，使用的温度范围宽，多级油在节能、减磨等方面都比单级油好，用户也能得到更好的效益。

近年来，为缓解车辆快速增长与石油资源日趋紧张的矛盾，替代燃料及新动力的研究与应用越来越多，对应选用燃气发动机油等适应的油品，降低发动机磨损，延长使用寿命。

更换发动机油时，应在停止运转 2min 后，再打开机油加注口，拧下放油螺塞趁热放掉油底壳、粗细滤清器、增压器机油滤清器、喷油泵等部位的机油。

安装机油滤清器前，应先仔细检查滤清器外壳有无挤压痕迹、密封垫有无破损、金属是否生锈、滤纸是否破损、滤清器内有无异物等。更换滤清器前，在滤清器胶垫上涂少许机油，再安装在机油滤清器座上。在更换机油滤清器后，新机油须加到机油尺刻度线上、下限之间。机油加注后启动发动机运转 2min 后熄火停止 5min 以上，拔出机油尺再次查看油面位置，观察密封圈的密封效果。

用户可根据车辆发动机的运行状况，确定发动机润滑系统清洗方法。一般采用专用免拆洗清洗机进行清洗，效果更好。

2. 车辆齿轮油

手动变速器和中后桥齿轮的材质和结构不同，应分开选油以保证变速箱密封件不泄漏、铜部件不腐蚀以及中后桥齿轮得到充分润滑。手动变速器应根据车辆使用说明书或润滑油生产厂的推荐合理选用手动变速器油。

3. 液力传动油

液力耦合器、液力变矩器及自动变速箱，应根据车辆使用说明书或润滑油生产厂的推荐选择相应级别的液力传动油主和自动变速器油（ATF）。

4. 制动液

正确加注与更换制动液包括两个方面：一是正确选用与车辆制动系统技术性能相一致的制动液产品；二是使用正确方法将制动液加注到制动系统中。更换制动液一般有两种方法，即使用充抽机加注或人工加注，按照后右轮、后左轮、前右轮、前左轮的顺序排放干净。

5. 转向助力油

可根据车辆使用说明书或润滑油生产厂推荐选择相应油品。转向助力油更换时，车辆要保持在运转状态，将旧油全部排净。

6. 润滑脂

根据车辆使用说明书或润滑油生产厂推荐，选择汽车通用锂基润滑脂，轮毂轴承应选用复合锂基润滑脂或 HP-R 高温润滑脂。

7. 冷却液

根据设备制造商要求，选择乙二醇型或丙二醇型冷却液。根据环境最低温度选用 −25 号、−30 号、−35 号、−40 号、−45 号和 −50 号冷却液。对于轿车、轻型卡车等轻负荷发动机，应选用轻负荷冷却液；重负荷发动机，应选用重负荷冷却液。冷却液需更换时，应将旧冷却液全部排出放净。

第二节　载货汽车润滑图表

载货车辆按承载重量可以分为重型载货车辆（8t 以上）、中型载货车辆（3.5 ~ 8t）、轻型载货车辆（3.5t 以下）。根据油气田企业实际，本节主要编制了 8×4 载货汽车润滑图表（图 2−1−3，表 2−1−1）、6×4 载货汽车润滑图表（图 2−1−4，表 2−1−2）、6×4 牵引汽车润滑图表（图 2−1−5，表 2−1−3）以及 1t 以下轻型载货车辆润滑图表（图 2−1−6，表 2−1−4）。其他品牌及载重量车辆的润滑图表结合车辆使用说明书，参照执行上述要求。

油田辅助专用车辆、钻采特车等使用上述底盘的，润滑油（脂）更换周期可适当调整。

一、8×4载货汽车润滑图表

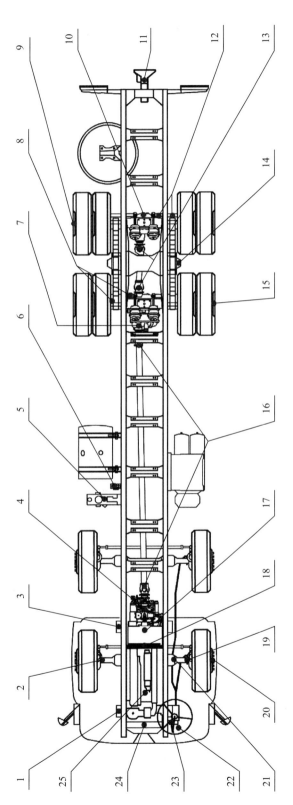

图 2-1-3　北方奔驰载货汽车（8×4）润滑示意图

表2-1-1　北方奔驰载货汽车（8×4）润滑表

润滑点编号	润滑部位	点数	设备制造厂推荐用油	推荐用油 种类、型号	推荐用油 适用温度范围 ℃	润滑保养规范 最小维护周期	润滑保养规范 加注方式	更换规范 推荐换油周期	更换规范 加注量 L
1	前钢板前销	2	2号通用锂基润滑脂	汽车通用锂基润滑脂	-30~120	每周	脂枪加注	10000km	适量
2	非驱动前桥刹车装置	4	2号通用锂基润滑脂	汽车通用锂基润滑脂	-30~120	每周	脂枪加注	10000km	适量
3	前钢板后销	2	2号通用锂基润滑脂	汽车通用锂基润滑脂	-30~120	每周	脂枪加注	10000km	适量
4	变速箱	1	GL-5 85W/90	手动变速器油（MTF）80W/90	-30~40	一级定项检查或10000km	注入	30000km	12.5~19
5	SCR系统	1	32.5%尿素溶液	车用尿素溶液 AUS 32	-30~60	每周	注入	—	25~35
6	驾驶室倾翻	2	HS22	低温液压油 L-HV32	-30~50	一级定项检查或10000km	注入	3000h	1
7	驱动中桥主减速器	1	GL-5 85W/90	重负荷车辆齿轮油 GL-5 80W/90	-30~40	一级定项检查或10000km	注入	30000km	15.5
8	驱动中桥刹车装置	4	2号通用锂基润滑脂	汽车通用锂基润滑脂	-30~120	每周	脂枪加注	10000km	适量
9	驱动后桥轮边减速器	2	GL-5 85W/90	重负荷车辆齿轮油 GL-5 80W/90	-30~40	一级定项检查或10000km	注入	30000km	3.25
10	驱动后桥差速器	1	GL-5 85W/90	重负荷车辆齿轮油 GL-5 80W/90	-30~40	一级定项检查或10000km	注入	30000km	11.5
11	拖车钩	1	2号通用锂基润滑脂	汽车通用锂基润滑脂	-30~120	每周	脂枪加注	10000km	适量
12	后刹车装置	2	2号通用锂基润滑脂	汽车通用锂基润滑脂	-30~120	每周	脂枪加注	10000km	适量
13	中后桥传动轴	3	2号通用锂基润滑脂	汽车通用锂基润滑脂	-30~120	每周	脂枪加注	10000km	适量
14	平衡悬挂	2	GL-5, 85W/90	重负荷车辆齿轮油 GL-5 80W/90	-30~40	一级定项检查或10000km	注入	30000km	1

续表

润滑点编号	润滑部位	点数	设备制造厂推荐用油	推荐用油 种类、型号	适用温度范围 ℃	润滑保养规范 最小维护周期	润滑保养规范 加注方式	更换规范 推荐换油周期	更换规范 加注量，L
15	驱动中桥轮边减速	2	GL-5, 85W/90	重负荷车辆齿轮油 GL-5 80W/90	-30~40	一级定项检查或 10000km	注入	30000km	3.25
16	变速箱至驱动中桥传动轴	6	2号通用锂基润滑脂	汽车通用锂基润滑脂	-30~120	每周	脂枪加注	10000km	适量
17	变速机构	1	2号通用锂基润滑脂	汽车通用锂基润滑脂	-30~120	每周	脂枪加注	10000km	适量
18	分离轴承	1	2号通用锂基润滑脂	汽车通用锂基润滑脂	-30~120	每周	脂枪加注	10000km	适量
19	转向节主销	4	2号通用锂基润滑脂	汽车通用锂基润滑脂	-30~120	每周	脂枪加注	10000km	适量
20	驱动前桥	4	2号通用锂基润滑脂	复合锂基润滑脂或 HP-R 高温润滑脂	-30~180	每周	脂枪加注	10000km	适量
21	驱动前桥前半轴	2	2号通用锂基润滑脂	汽车通用锂基润滑脂	-30~120	每周	脂枪加注	10000km	适量
22	制动器	1	HZY4	制动液 DOT4 或 HZY4	-40~50	一级定项检查或 10000km	注入	50000km	2
23	转向系统	1	ATF III	车辆自动传动液 ATF III 或 6号液力传动油	-30~50	一级定项检查或 10000km	注入	30000km	3.8
24	冷却水箱	1	乙二醇	-45号乙二醇型重负荷发动机冷却液	-45以上	每周	注入	2年	35
25	发动机	1	CF-4以上	柴油机油 CI-4 5W/40	-30~40	每周	注入	10000km	24~30

注：本表由大庆油田有限责任公司与中国石油润滑油公司在油田工况条件下根据监测结果联合推荐，用户应根据不同地域、工况、操作条件、油品及车辆型号进行合理调整，也可根据油液监测结果按质换油。

二、6×4载货汽车润滑图表

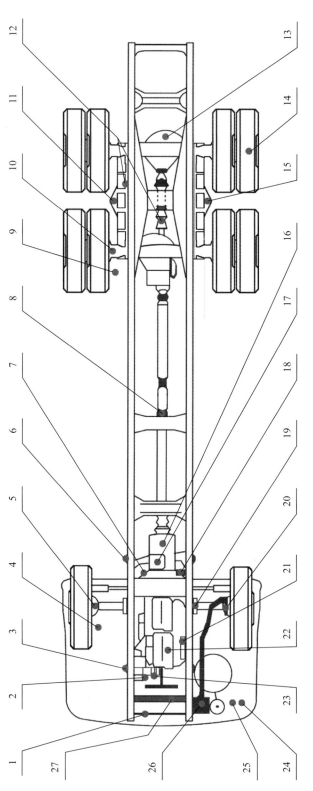

图 2-1-4　欧曼载货汽车（6×4）润滑示意图

表2-1-2 欧曼载货汽车（6×4）润滑表

润滑点编号	润滑部位	点数	设备制造厂推荐用油	推荐用油 种类、型号	推荐用油 适用温度范围℃	润滑保养规范 最小维护周期	润滑保养规范 加注方式	更换规范 推荐换油周期	更换规范 加注量，L
1	换挡摇臂轴	2	2号锂基润滑脂	汽车通用锂基润滑脂	-30~120	每周	脂枪加注	10000km	适量
2	发动机水泵	1	2号锂基润滑脂	汽车通用锂基润滑脂	-30~120	每周	脂枪加注	10000km	适量
3	弹簧销	4	2号锂基润滑脂	汽车通用锂基润滑脂	-30~120	每周	脂枪加注	10000km	适量
4	调隙机构和凸轮轴	4	2号锂基润滑脂	汽车通用锂基润滑脂	-30~120	一级定项检查或10000km	脂枪加注	10000km	适量
5	转向节主销	4	2号锂基润滑脂	汽车通用锂基润滑脂	-30~120	每周	脂枪加注	10000km	适量
6	弹簧和吊耳销	2	2号锂基润滑脂	汽车通用锂基润滑脂	-30~120	每周	脂枪加注	10000km	适量
7	离合器轴	2	2号锂基润滑脂	汽车通用锂基润滑脂	-30~120	每周	脂枪加注	10000km	适量
8	中间轴承	1	2号锂基润滑脂	汽车通用锂基润滑脂	-30~120	一级定项检查或10000km	脂枪加注	10000km	适量
9	后钢板吊耳销	2	2号锂基润滑脂	汽车通用锂基润滑脂	-30~120	每周	脂枪加注	10000km	适量
10	传动轴万向节和滑套耳销	3	2号锂基润滑脂	复合锂基润滑脂或HP-R高温润滑脂	-30~180	每周	脂枪加注	20000km	适量
11	十字轴	4	2号锂基润滑脂	复合锂基润滑脂或HP-R高温润滑脂	-30~180	每周	脂枪加注	20000km	适量
12	平衡悬架侧挡板	4	2号锂基润滑脂	汽车通用锂基润滑脂	-30~120	每周	脂枪加注	10000km	适量
13	差速器	1	GL-5 85W/90	重负荷车辆齿轮油 GL-5 80W/90	-30~40	一级定项检查或10000km	注入	30000km	2
14	轮边减速器	2	GL-5 85W/90	重负荷车辆齿轮油 GL-5 80W/90	-30~40	一级定项检查或10000km	注入	30000km	2
15	平衡轴	2	GL-5 85W/90	重负荷车辆齿轮油 GL-5 80W/90	-30~40	一级定项检查或10000km	注入	30000km	2
16	变速箱	1	GL-5 85W/90	手动变速器油（MTF）80W/90	-30~40	一级定项检查或10000km	注入	30000km	2

续表

润滑点编号	润滑部位	点数	设备制造厂推荐用油	推荐用油		润滑保养规范			更换规范		
				种类、型号	适用温度范围 ℃	最小维护周期	加注方式		推荐换油周期	加注量，L
17	起动机轴承	1	2号锂基润滑脂	汽车通用锂基润滑脂	−30～120	一级定项检查或 10000km	脂枪加注		10000km	适量
18	离合器拨叉	1	2号锂基润滑脂	汽车通用锂基润滑脂	−30～120	每周	脂枪加注		10000km	适量
19	前轮轴承	4	2号锂基润滑脂	复合锂基润滑脂或 HP-R 高温润滑脂	−30～180	一级定项检查或 10000km	脂枪加注		20000km	适量
20	减振器叉	1	2号锂基润滑脂	汽车通用锂基润滑脂	−30～120	每周	脂枪加注		10000km	适量
21	动力转向储液罐	1	8号液力传动油	自动传动液 ATF Ⅲ 或 6号液力传动油	−30～50	一级定项检查或 10000km	注入		30000km	1
22	发动机	1	CF15W/40	柴油机油 CI−4 5W/40	−30～50	每周	注入		10000km	28
23	发电机轴承	1	2号锂基润滑脂	汽车通用锂基润滑脂	−30～120	一级定项检查或 10000km	脂枪加注		10000km	适量
24	离合器液压罐	1	DOT3	制动液 DOT4 或 HZY4	−40～50	一级定项检查或 10000km	注入		50000km	0.5
25	制动器	1	DOT4	制动液 DOT4 或 HZY4	−40～50	一级定项检查或 10000km	注入		50000km	2
26	转向轴万向节和滑套	1	2号锂基润滑脂	复合锂基润滑脂或 HP-R 高温润滑脂	−30～180	每周	脂枪加注		20000km	适量
27	冷却水箱	1	乙二醇	−45号乙二醇型重负荷发动机冷却液	−45 以上	每周	注入		2 年	25

注：本表由大庆油田有限责任公司与中国石油润滑油公司在油田工况条件下根据油液监测结果联合推荐，用户应根据不同地域、工况、操作条件、油品及车辆型号进行合理调整，也可根据油液监测结果按质换油。

三、牵引汽车润滑图表

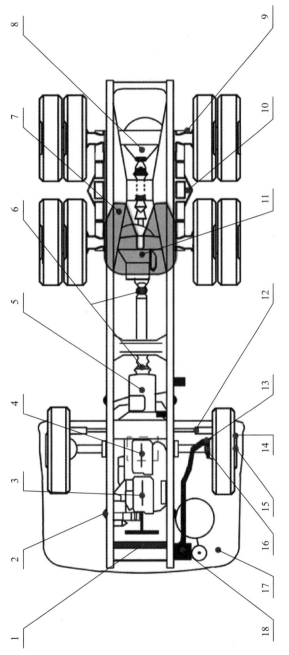

图 2-1-5　欧曼牵引汽车（6×4）润滑示意图

表2-1-3　欧曼牵引汽车（6×4）润滑表

润滑点编号	润滑部位	点数	设备制造厂推荐用油	推荐用油		润滑保养规范		更换规范	
				种类、型号	适用温度范围 ℃	最小维护周期	加注方式	推荐换油周期	加注量，L
1	冷却水箱	1	乙二醇	45号乙二醇型重负荷发动机冷却液	-45以上	每周	注入	2年	25
2	前钢板销	6	2号锂基润滑脂	汽车通用锂基润滑脂	-30~120	每周	脂枪加注	10000km	适量
3	发动机	1	ECC40	柴油机机油 CI-4 5W/40	-30~40	每周	注入	10000km	28
4	前桥差速器	1	GL-5 85W/90	重负荷车辆齿轮油 GL-5 80W/90	-30~40	一级定项检查或 10000km	注入	30000km	15.5
5	变速箱	1	GL-5 85W/90	手动变速器油 (MTF) 80W/90	-30~40	一级定项检查或 10000km	注入	30000km	12.5~19
6	传动轴十字架	9	2号锂基润滑脂	复合锂润滑脂或 HP-R 高温润滑脂	-30~180	每周	脂枪加注	20000km	适量
7	牵引座	1	2号锂基润滑脂	汽车通用锂基润滑脂	-30~120	每周	脂枪加注	10000km	适量
8	后桥差速器	1	GL-5 85W/90	重负荷车辆齿轮油 GL-5 80W/90	-30~40	一级定项检查或 10000km	注入	30000km	轮边减速器：3.25 差速器：11.5
9	中后刹车拐臂	8	2号锂基润滑脂	汽车通用锂基润滑脂	-30~120	每周	脂枪加注	10000km	适量
10	平衡轴	2	GL-5 85W/90	重负荷车辆齿轮油 GL-5 80W/90	-30~40	每周	注入	30000km	2
11	中桥差速器	1	GL-5 85W/90	重负荷车辆齿轮油 GL-5 80W/90	-30~40	一级定项检查或 10000km	注入	30000km	轮边减速器：3.25 差速器：11.5
12	横直拉杆	4	2号锂基润滑脂	汽车通用锂基润滑脂	-30~120	每周	脂枪加注	10000km	适量
13	前桥刹车拐臂	4	2号锂基润滑脂	汽车通用锂基润滑脂	-30~120	每周	脂枪加注	10000km	适量

续表

润滑点编号	润滑部位	点数	设备制造厂推荐用油	推荐用油		润滑保养规范		更换规范	
				种类、型号	适用温度范围 ℃	最小维护周期	加注方式	推荐换油周期	加注量, L
14	轮边减速器	6	GL-5 85W/90	重负荷车辆齿轮油 GL-5 80W/90	−30 ~ 40	一级定项检查或 10000km	注入	30000km	3.25
15	半轴及扶正轴承	4	2号锂基润滑脂	汽车通用锂基润滑脂	−30 ~ 120	每周	脂枪加注	10000km	适量
16	转向节	4	2号锂基润滑脂	复合锂润滑脂或 HP-R 高温润滑脂	−30 ~ 180	每周	脂枪加注	20000km	适量
17	制动器	1	DOT4	制动液 DOT4 或 HZY4	−40 ~ 50	一级定项检查或 10000km	注入	50000km	2
18	转向助力器	1	8号液力传动油	自动传动液 ATF Ⅲ 或 6号液力传动油	−30 ~ 50	一级定项检查或 10000km	注入	30000km	1

注:本表由大庆油田有限责任公司与中国石油润滑油公司在油田工况条件下根据监测结果联合推荐,用户应根据不同地域、工况、操作条件、油品及车辆型号进行合理调整,也可根据油液监测结果按质换油。

四、轻型载货汽车润滑图表

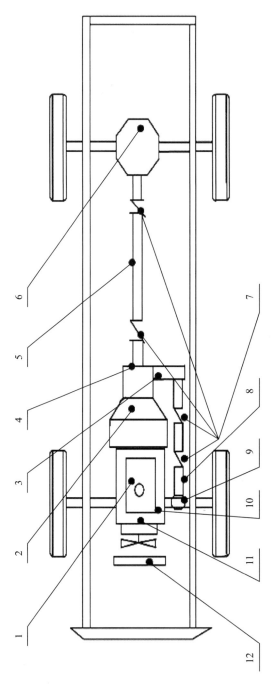

图 2-1-6　庆铃 QL1020UGDSC 润滑示意图

表2-1-4 庆铃 QL1020UGDSC 润滑表

润滑点编号	润滑部位	点数	推荐用油		适用温度范围 ℃	润滑保养规范		更换规范	
			设备制造厂推荐用油	种类、型号		最小维护周期	加注方式	推荐换油周期	加注量, L
1	发动机	1	CF-4 5W/30	柴油机油 CI-4 5W/40	-30~40	每周	注入	10000km	6.5
2	离合器	1	DOT3	制动液 DOT4 或 HZY4	-40~50	每周	注入	50000km	1
3	分动箱	1	GL-5 80W/90	重负荷车辆齿轮油 GL-5 80W/90	-30~40	每周	注入	60000km	2.95
4	变速器	1	CD 5W/30	重负荷车辆齿轮油 GL-5 80W/90	-30~40	一级定项检查或 10000km	注入	60000km	4.4
5	传动轴	2	NLGI NO.2 或 4	汽车通用锂基润滑脂	-30~120	每周	脂枪加注	10000km	适量
6	后差速器	1	GL-5 80W/90	重负荷车辆齿轮油 GL-5 80W/90	-30~40	每周	注入	60000km	1.4
7	万向节	4	二硫化钼润滑剂	汽车通用锂基润滑脂	-30~120	每周	脂枪加注	10000km	适量
8	传动轴	2	NLGI NO.2 或 4	汽车通用锂基润滑脂	-30~120	每周	脂枪加注	10000km	适量
9	前差速器	1	GL-5 80W/90	重负荷车辆齿轮油 GL-5 80W/90	-30~40	一级定项检查或 10000km	注入	60000km	1.8
10	转向机	1	Dexron-II	8号液力传动油	-30~50	每周	注入	30000km	1
11	制动器	1	DOT3	制动液 DOT4（HZY4）	-40~50	每周	注入	50000km	1
12	冷却水箱	1	高质量乙二醇基	高质量乙二醇型轻负荷发动机冷却液	-45以上	每周	注入	2a	10

注：本表由大庆油田有限责任公司与中国石油润滑油公司在油田工况及条件下根据监测结果联合推荐，用户应根据不同地域、工况、操作条件、油品及车辆型号进行合理调整，也可根据油液监测结果按质换油。

第三节　载客汽车润滑图表

载客汽车按照乘人数量可以分为大型客车、中型客车和小型客车。按发动机的安装位置可以分前置式及后置式。

本节根据油气田企业实际和车辆结构不同，编制了金龙、宇通大客车润滑图表（图2-1-7和图2-1-8以及表2-1-5和表2-1-6），编制了丰田考斯特和依维柯两种中客车型润滑图表，轿车、吉普车、商务车等小型客车参照执行轻型载货汽车润滑图表（图2-1-9和图2-1-10以及表2-1-7和表2-1-8），其他品牌车辆可参照执行上述要求。

油田辅助专用车辆使用上述底盘的，润滑油（脂）更换周期可适当调整。

一、金龙大型客车润滑图表

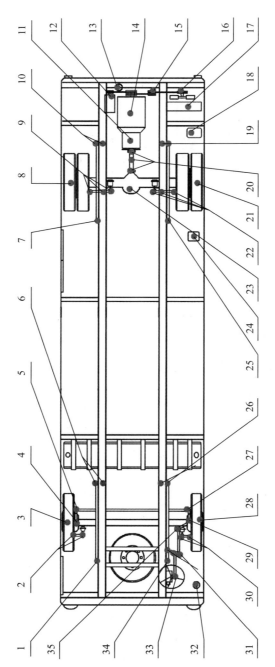

图 2-1-7　金龙 XMQ6127G 大型客车润滑示意图

表 2-1-5　金龙 XMQ6127G 大型客车润滑表

润滑点编号	润滑部位	点数	设备制造厂推荐用油	推荐用油 种类、型号	适用温度范围 ℃	润滑保养规范 最小维护周期	加注方式	更换规范 推荐换油周期	加注量，L	备注
1	右前钢板弹簧销	1	2号锂基润滑脂	汽车通用锂基润滑脂	-30~120	每周	脂枪加注	3000km	适量	
2	右前刹车调整臂	2	2号锂基润滑脂	汽车通用锂基润滑脂	-30~120	每周	脂枪加注	3000km	适量	
3	右前轮毂轴承	1	2号锂基润滑脂	复合锂基润滑脂或HP-R高温润滑脂	-30~180	一级定项检查或10000km	脂枪加注	20000km	适量	
4	右转向节主销	2	2号锂基润滑脂	汽车通用锂基润滑脂	-30~120	每周	脂枪加注	3000km	适量	
5	转向横拉杆右球头销	1	2号锂基润滑脂	汽车通用锂基润滑脂	-30~120	每周	脂枪加注	3000km	适量	
6	右前钢板弹簧吊耳销	2	2号锂基润滑脂	汽车通用锂基润滑脂	-30~120	每周	脂枪加注	3000km	适量	
7	右后钢板弹簧销	1	2号锂基润滑脂	汽车通用锂基润滑脂	-30~120	每周	脂枪加注	3000km	适量	
8	右后轮毂轴承	1	2号锂基润滑脂	复合锂基润滑脂或HP-R高温润滑脂	-30~180	一级定项检查或10000km	脂枪加注	20000km	适量	
9	右后刹车调整臂	3	2号锂基润滑脂	汽车通用锂基润滑脂	-30~120	每周	脂枪加注	3000km	适量	
10	右后钢板弹簧吊耳销	2	2号锂基润滑脂	汽车通用锂基润滑脂	-30~120	每周	脂枪加注	3000km	适量	
11	变速箱	1	齿轮油GL-5	重负荷车辆齿轮油GL-5 80W/90	-30~40	每月	注入	60000km	16	
12	空调压缩机座	1	2号锂基润滑脂	汽车通用锂基润滑脂	-30~120	每周	脂枪加注	3000km	适量	
13	方向助力油杯	1	32号液压油	自动传动液ATF III或6号液力传动油	-30~50	每月	注入	40000km	6	

续表

润滑点编号	润滑部位	点数	设备制造厂推荐用油	推荐用油		润滑保养规范		更换规范		备注
				种类、型号	适用温度范围 ℃	最小维护周期	加注方式	推荐换油周期	加注量，L	
14	发动机	1	柴油机机油 CF-4或CH-4	柴油机机油 CI-4 5W/40	-30~40	每周	注入	10000km	26	
15	风阀过镀轮	1	2号锂基润滑脂	汽车通用锂基润滑脂	-30~120	每周	脂枪加注	3000km	适量	
16	风阀皮带轮	1	2号锂基润滑脂	汽车通用锂基润滑脂	-30~120	每周	脂枪加注	3000km	适量	
17	冷却水箱	1	长效防冻防锈液	-45号乙二醇型重负荷发动机冷却液	-45以上	每周	注入	2a	54	
18	SCR系统（国IV）	1	32.5%尿素液	车用尿素溶液 AUS 32	-30~60	每周	注入	—	30	
19	左后钢板弹簧吊耳销	2	2号锂基润滑脂	汽车通用锂基润滑脂	-30~120	每周	脂枪加注	3000km	适量	
20	传动轴	3	2号锂基润滑脂	汽车通用锂基润滑脂	-30~120	每周	脂枪加注	3000km	适量	
21	左后轮毂轴承	1	2号锂基润滑脂	复合锂基润滑脂 HP-R 高温润滑脂	-30~180	一级定项检查或10000km	脂枪加注	24000km	适量	
22	左后刹车调整臂	3	2号锂基润滑脂	汽车通用锂基润滑脂	-30~120	每周	脂枪加注	3000km	适量	
23	差速器	1	齿轮油 GL-5	重负荷车辆齿轮油 GL-5 80W/90	-30~40	每月	注入	60000km	20.5	
24	集中润滑装置	1	0号锂基润滑脂	0号极压锂基润滑脂	-30~120	每周	累计运行10小时自动加注	3000km	3	补充
25	左后钢板弹簧销	1	2号锂基润滑脂	汽车通用锂基润滑脂	-30~120	每周	脂枪加注	3000km	适量	
26	左前钢板弹簧吊耳销	2	2号锂基润滑脂	汽车通用锂基润滑脂	-30~120	每周	脂枪加注	3000km	适量	

续表

润滑点编号	润滑部位	点数	设备制造厂推荐用油	推荐用油		润滑保养规范		更换规范		备注
				种类、型号	适用温度范围℃	最小维护周期	加注方式	推荐换油周期	加注量，L	
27	转向横拉杆左球头销	1	2号锂基润滑脂	汽车通用锂基润滑脂	-30~120	每周	脂枪加注	3000km	适量	
28	左前轮毂轴承	1	2号锂基润滑脂	复合锂基润滑脂或HP-R高温润滑脂	-30~180	一级定项检查或10000km	脂枪加注	24000km	适量	
29	左转向节主销	2	2号锂基润滑脂	汽车通用锂基润滑脂	-30~120	每周	脂枪加注	3000km	适量	
30	左前刹车调整臂	2	2号锂基润滑脂	汽车通用锂基润滑脂	-30~120	每周	脂枪加注	3000km	适量	
31	转向过渡摇臂	3	2号锂基润滑脂	汽车通用锂基润滑脂	-30~120	每周	脂枪加注	3000km	适量	
32	离合器助力油杯	1	合成制动液（莱克901）	制动液 DOT4或HZY4	-40~50	每月	注入	50000km	适量	
33	转向直拉杆前球头销	1	2号锂基润滑脂	汽车通用锂基润滑脂	-30~120	每周	脂枪加注	3000km	适量	
34	左前钢板弹簧销	1	2号锂基润滑脂	汽车通用锂基润滑脂	-30~120	每周	脂枪加注	3000km	适量	
35	转向直拉杆后球头销	1	2号锂基润滑脂	汽车通用锂基润滑脂	-30~120	每周	脂枪加注	3000km	适量	

注：(1) 无集中润滑装置的大客车各润滑点全部取人工检查补充方式。有集中润滑装置的大客车，润滑点12、15、16、20采取脂枪方式加注润滑脂。
(2) 金龙系列大客车润滑图表以金龙XMQ6127G为基础进行编制，其他金龙大客车发动机、变速箱、差速器等润滑点的加注量可参阅生产厂家随车使用说明书。
(3) 本表由大庆油田有限责任公司与中国石油润滑油公司在油田工况条件下根据监测结果联合推荐，油品及车辆型号进行合理调整，也可根据油液监测结果按质换油。

二、宇通大型客车润滑图表

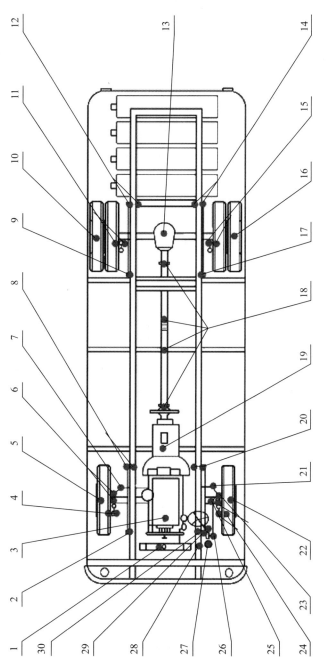

图 2-1-8　宇通 ZK6100G 大型客车润滑示意图

表2-1-6　宇通 ZK6100G 大型客车润滑表

润滑点编号	润滑部位	点数	推荐用油			润滑保养规范		更换规范	
			设备制造厂推荐用油	种类、型号	适用温度范围 ℃	最小维护周期	加注方式	推荐换油周期	加注量, L
1	冷却水箱	1	长效冷却液 JFL-345	-45号乙二醇型重负荷发动机冷却液	-45以上	每周	注入	2a	25
2	右前钢板弹簧销	1	锂基润滑脂	汽车通用锂基润滑脂	-30~120	每周	脂枪加注	3000km	适量
3	发动机	1	汽油机油 SD 10W/30	汽油机油 SL 5W/40	-30~40	每周	注入	8000km	14
4	右前刹车调整臂	2	锂基润滑脂	汽车通用锂基润滑脂	-30~120	每周	脂枪加注	3000km	适量
5	右前轮毂轴承	1	滓脂 HP-R	复合锂基润滑脂或 HP-R 高温润滑脂	-30~180	一级定项检查或10000km	脂枪加注	24000km	适量
6	右转向节主销	2	锂基润滑脂	汽车通用锂基润滑脂	-30~120	每周	脂枪加注	3000km	适量
7	转向横拉杆右台球头销	1	锂基润滑脂	汽车通用锂基润滑脂	-30~120	每周	脂枪加注	3000km	适量
8	右前钢板弹簧吊耳销	2	锂基润滑脂	汽车通用锂基润滑脂	-30~120	每周	脂枪加注	3000km	适量
9	右后钢板弹簧销	1	锂基润滑脂	汽车通用锂基润滑脂	-30~120	每周	脂枪加注	3000km	适量
10	右后轮毂轴承	1	滓脂 HP-R	复合锂基润滑脂或 HP-R 高温润滑脂	-30~180	一级定项检查或10000km	脂枪加注	24000km	适量
11	右后刹车调整臂	2	锂基润滑脂	汽车通用锂基润滑脂	-30~120	每周	脂枪加注	3000km	适量
12	右后钢板弹簧吊耳销	2	锂基润滑脂	汽车通用锂基润滑脂	-30~120	每周	脂枪加注	3000km	适量
13	差速器	1	90号重负荷车辆齿轮油	重负荷车辆齿轮油 GL-5 80W/90	-30~40	每月	注入	60000km	12
14	左后钢板弹簧吊耳销	2	锂基润滑脂	汽车通用锂基润滑脂	-30~120	每周	脂枪加注	3000km	适量
15	左后刹车调整臂	3	锂基润滑脂	汽车通用锂基润滑脂	-30~120	每周	脂枪加注	3000km	适量
16	左后轮毂轴承	1	滓脂 HP-R	复合锂基润滑脂或 HP-R 高温润滑脂	-30~180	一级定项检查或10000km	脂枪加注	24000km	适量

续表

润滑点编号	润滑部位	点数	设备制造厂推荐用油	推荐用油		润滑保养规范		更换规范	
				种类、型号	适用温度范围 ℃	最小维护周期	加注方式	推荐换油周期	加注量，L
17	左后钢板弹簧销	1	锂基润滑脂	汽车通用锂基润滑脂	-30~120	每周	脂枪加注	3000km	适量
18	传动轴	4	锂基润滑脂	汽车通用锂基润滑脂	-30~120	每周	脂枪加注	3000km	适量
19	变速箱	1	齿轮油 GL-4 85W/90	重负荷车辆齿轮油 GL-5 80W/90	-30~40	每月	注入	60000km	8
20	左前钢板弹簧吊耳销	2	锂基润滑脂	汽车通用锂基润滑脂	-30~120	每周	脂枪加注	3000km	适量
21	转向横拉杆左球头销	1	锂基润滑脂	汽车通用锂基润滑脂	-30~120	每周	脂枪加注	3000km	适量
22	左前轮毂轴承	1	津脂HP-R	复合锂基润滑脂或HP-R高温润滑脂	-30~180	一级定项检查或10000km	脂枪加注	24000km	适量
23	左转向节主销	2	锂基润滑脂	汽车通用锂基润滑脂	-30~120	每周	脂枪加注	3000km	适量
24	左前刹车调整臂	2	锂基润滑脂	汽车通用锂基润滑脂	-30~120	每周	脂枪加注	3000km	适量
25	转向直拉杆后球头销	3	锂基润滑脂	汽车通用锂基润滑脂	-30~120	每周	脂枪加注	3000km	适量
26	方向机转向垂臂	1	锂基润滑脂	汽车通用锂基润滑脂	-30~120	每周	脂枪加注	3000km	适量
27	转向机助力油箱	1	10号航空液压油	自动传动液 ATF III 或 6号液力传动油	-30~50	每季	注入	30000km	4
28	离合器助力器	1	制动液 LD300 型	制动液 DOT4 或 HZY4	-40~50	每季	注入	50000km	2
29	转向联动十字轴	2	锂基润滑脂	汽车通用锂基润滑脂	-30~120	每周	脂枪加注	3000km	适量
30	左前钢板弹簧销	1	锂基润滑脂	汽车通用锂基润滑脂	-30~120	每周	脂枪加注	3000km	适量

注：本表由大庆油田有限责任公司与中国石油润滑油公司在油田工况条件下根据监测结果联合推荐，用户应根据不同地域、工况、操作条件、油品及车辆型号进行合理调整，也可根据油液监测结果按质换油。

三、丰田中型客车润滑图表

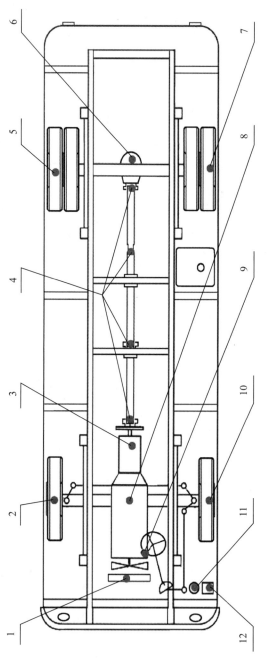

图 2-1-9　丰田考斯特中型客车润滑示意图

表2-1-7 丰田考斯特中型客车特润滑表

润滑点编号	润滑部位	点数	设备制造厂推荐用油	推荐用油 种类、型号	推荐用油 适用温度范围 ℃	润滑保养规范 最小维护周期	润滑保养规范 加注方式	更换规范 推荐换油周期	更换规范 加注量, L	备注
1	冷却水箱	1	乙二醇	-45号乙二醇型重负荷发动机冷却液	-45以上	每周	注入	2a	10	
2	右前轮毂轴承	1	美孚润滑脂MP	复合锂基润滑脂或HP-R高温润滑脂	-30~180	一级定项检查或10000km	脂枪加注	30000km	适量	
3	变速箱	1	齿轮油GL-4 80W/90	重负荷车辆齿轮油GL-5 80W/90	-30~40	每月	注入	48000km	8	
4	传动轴	4	锂基润滑脂	复合锂基润滑脂或HP-R高温润滑脂	-30~180	每周	脂枪加注	3000km	适量	
5	右后轮毂轴承	1	美孚润滑脂MP	复合锂基润滑脂或HP-R高温润滑脂	-30~180	一级定项检查或10000km	脂枪加注	30000km	适量	
6	差速器	1	齿轮油GL-4 85W/90	重负荷车辆齿轮油GL-5 80W/90	-30~40	每季	注入	48000km	10.5	
7	左后轮毂轴承	1	美孚润滑脂MP	复合锂基润滑脂或HP-R高温润滑脂	-30~180	一级定项检查或10000km	脂枪加注	30000km	适量	
8	发动机	1	汽油机油SN 5W/40	汽油机油SN 5W/40	-30~40	每周	注入	12000km	6	
9	方向机助力油杯	1	自动传动液ATF III	自动传动液ATF VI	-30~50	每季	注入	50000km	1	
10	左前轮毂轴承	1	美孚润滑脂MP	复合锂基润滑脂或HP-R高温润滑脂	-30~180	一级定项检查或10000km	脂枪加注	30000km	适量	
11	刹车泵油杯	1	制动液DOT3	制动液DOT3	-40~50	每季	注入	50000km	0.8	
12	离合器油杯	1	制动液DOT3	制动液DOT3	-40~50	每季	注入	50000km	0.8	

注:本表由大庆油田有限责任公司与中国石油润滑油公司在油田工况条件下根据监测结果联合推荐,用户应根据不同地域、工况、操作条件、油品及车辆型号进行合理调整,也可根据油液监测结果按质换油。

四、依维柯 NJ6712TF1 中型客车润滑图表

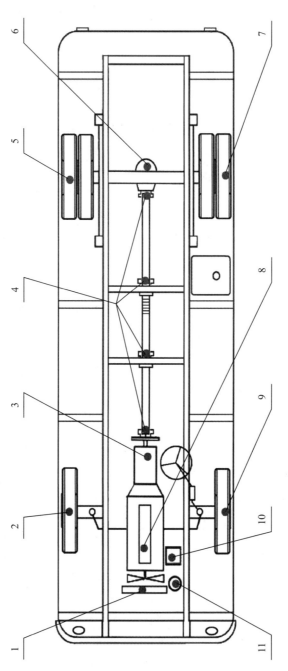

图 2-1-10　依维柯 NJ6712TF1 中型客车润滑示意图

表2-1-8 依维柯NJ6712TF1中型客车润滑表

润滑点编号	润滑部位	点数	设备制造厂推荐用油	推荐用油 种类、型号	推荐用油 适用温度范围℃	润滑保养规范 最小维护周期	润滑保养规范 加注方式	更换规范 推荐换油周期	更换规范 加注量，L
1	冷却水箱	1	乙二醇	-45号乙二醇型重负荷发动机冷却液	-45以上	每周	注入	2a	10
2	右前轮毂轴承	1	美孚滑脂MP	复合锂基润滑脂或HP-R高温润滑脂	-30～180	一级定项检查或10000km	脂枪加注	20000km	适量
3	变速箱	1	齿轮油GL-4 85W/90	重负荷车辆齿轮油GL-5 80W/90	-30～40	每月	注入	60000km	8
4	传动轴	4	锂基润滑脂	复合锂基润滑脂或HP-R高温润滑脂	-30～180	每周	脂枪加注	3000km	适量
5	右后轮毂轴承	1	美孚滑脂MP	复合锂基润滑脂或HP-R高温润滑脂	-30～180	一级定项检查或10000km	脂枪加注	30000km	适量
6	差速器	1	齿轮油GL-4 85W/90	重负荷车辆齿轮油GL-5 80W/90	-30～40	每月	注入	60000km	4
7	左后轮毂轴承	1	美孚滑脂MP	复合锂基润滑脂或HP-R高温润滑脂	-30～180	一级定项检查或10000km	脂枪加注	30000km	适量
8	发动机	1	柴油机机油CH-4 15W/40	柴油机机油CI-4 5W/40	-30～40	每周	注入	10000km	6
9	左前轮毂轴承	1	美孚滑脂MP	复合锂基润滑脂或HP-R高温润滑脂	-30～180	一级定项检查或10000km	脂枪加注	20000km	适量
10	刹车泵油杯	1	制动液DOT3	制动液DOT4或HZY4	-40～50	每季	注入	50000km	2
11	转向助力油杯	1	自动传动液ATF Ⅲ	自动传动液ATF VI或8号液力传动油	-30～50	每季	注入	50000km	3

注：本表由大庆油田有限责任公司与中国石油润滑油公司在油田工况条件下根据油液监测结果联合推荐，用户应根据不同地域、工况、操作条件，油品及车辆型号进行合理调整，也可根据油液监测结果按质换油。

第四节　油田辅助专用车辆润滑图表

油田辅助专用车辆包括油罐车、高空作业车、消防专用车、环保车、生活专用车等车型。油田辅助专用车辆一般由上装和底盘车组成，底盘车润滑执行载货汽车或载客汽车规定。本节根据油气田实际，主要编制了油罐车（图2-1-11，表2-1-9）、高空作业车（图2-1-12，表2-1-10）、环保专用车（垃圾车、吸污车）（图2-1-13和图2-1-14以及表2-1-11和表2-1-12）、消防专用车（水罐/泡沫消防车、抢险救援消防车、云梯消防车、高喷消防车）（图2-1-15至图2-1-20以及表2-1-13至表2-1-16）等车型上装部位润滑图表。

一、油罐车润滑图表

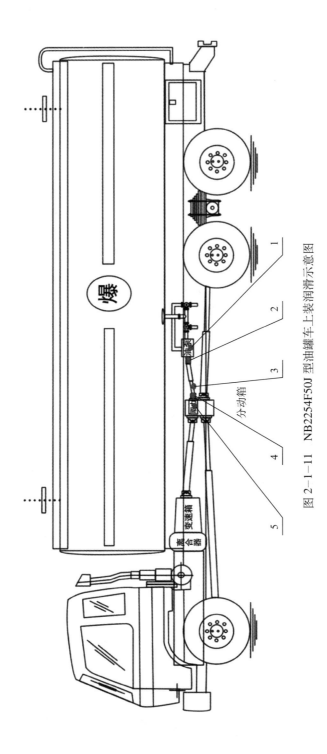

图 2-1-11　NB2254F50J 型油罐车上装润滑示意图

表2-1-9 NB2254F50J型油罐车上装润滑表

润滑点编号	润滑部位	润滑点数	设备制造厂推荐用油	推荐用油		润滑保养规范			更换规范		备注
				种类、型号	适用温度范围 ℃	最小维护周期	加注方式	推荐换油周期	加注量，L	
1	油泵（自吸式）	1	车辆齿轮油 GL-4 80W/90	重负荷车辆齿轮油 GL-5 80W/90	-30～40	50h	注入	250h	3.5	
2	传动轴后端万向节	1	通用锂基润滑脂或3号锂基润滑脂	复合锂基润滑脂或HP-R高温润滑脂	-30～180	每周	脂枪加注	6个月	适量	
3	传动轴花键套	1	通用锂基润滑脂或3号锂基润滑脂	复合锂基润滑脂或HP-R高温润滑脂	-30～180	每周	脂枪加注	6个月	适量	
4	传动轴前端万向节	1	通用锂基润滑脂或3号锂基润滑脂	复合锂基润滑脂或HP-R高温润滑脂	-30～180	每周	脂枪加注	6个月	适量	
5	取力器	1	车辆齿轮油 GL-5 80W/90	重负荷车辆齿轮油 GL-5 80W/90	-30～40	5000km	注入	30000km	7.5	取力器与分动箱一体

注：（1）依据NB2254F50J型油罐车进行编制，其他型号油罐车参照执行上述要求。
（2）本表由大庆油田有限责任公司与中国石油润滑油公司在油田工况条件下根据监测结果联合推荐，用户应根据不同地域、工况、操作条件、油品及车辆型号进行合理调整，也可根据油液监测结果按质换油。

二、高空作业车润滑图表

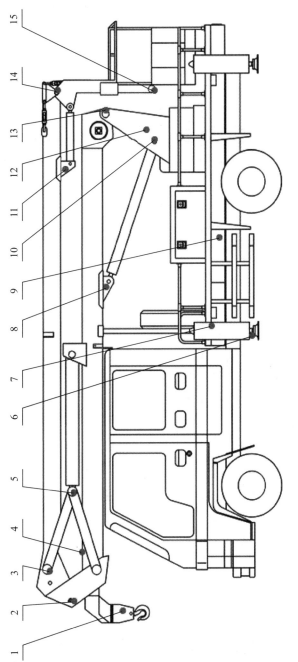

图 2-1-12　XHZ5112JGKB 高空作业车上装润滑示意图

表 2-1-10　XHZ5112JGKB 高空作业车上装润滑表

润滑点编号	润滑部位	点数	设备制造厂推荐用油	推荐用油		润滑保养规范			更换规范	
				种类、型号	适用温度范围 ℃	最小维护周期	加注方式	推荐换油周期	加注量，L
1	吊钩轴承	2	钙基润滑脂 ZG-3	通用锂基润滑脂	-30~120	每周	脂枪加注	1 个月	适量
2	一、二节臂铰点	1	钙基润滑脂 ZG-3	通用锂基润滑脂	-30~120	每周	脂枪加注	1 个月	适量
3	连杆销轴	2	钙基润滑脂 ZG-3	通用锂基润滑脂	-30~120	每周	脂枪加注	1 个月	适量
4	伸缩臂滑块	10	钙基润滑脂 ZG-3	通用锂基润滑脂	-30~120	每月	脂枪加注	6 个月	适量
5	二节臂油缸铰点	2	钙基润滑脂 ZG-3	通用锂基润滑脂	-30~120	每周	脂枪加注	1 个月	适量
6	支腿油缸铰点	8	钙基润滑脂 ZG-3	通用锂基润滑脂	-30~120	每周	脂枪加注	1 个月	适量
7	支腿油缸销轴	4	钙基润滑脂 ZG-3	通用锂基润滑脂	-30~120	每周	脂枪加注	1 个月	适量
8	变幅油缸销轴	2	钙基润滑脂 ZG-3	通用锂基润滑脂	-30~120	每周	脂枪加注	1 个月	适量
9	液压油箱	1	液压油 L-HM 46 号	低温液压油 L-HV46	-30~50	每周	注入	2a	100
10	回转支承	3	钙基润滑脂 ZG-3	通用锂基润滑脂	-30~120	每周	脂枪加注	1 个月	适量
11	三节臂油缸铰点	2	钙基润滑脂 ZG-3	通用锂基润滑脂	-30~120	每周	脂枪加注	1 个月	适量
12	回转减速机	1	90号工业齿轮油	重负荷车辆齿轮油 GL-5 80W/90	-30~40	每季度	注入	2a	5
13	转台上铰点	2	钙基润滑脂 ZG-3	通用锂基润滑脂	-30~120	每周	脂枪加注	1 个月	适量
14	二、三节臂铰点	2	钙基润滑脂 ZG-3	通用锂基润滑脂	-30~120	每周	脂枪加注	1 个月	适量
15	工作平台铰支点	2	钙基润滑脂 ZG-3	通用锂基润滑脂	-30~120	每周	脂枪加注	1 个月	适量

注：本表由大庆油田有限责任公司与中国石油润滑油公司在油田工况条件下根据监测结果联合推荐，用户应根据不同地域、工况、操作条件，油品及车辆型号进行合理调整，也可根据油液监测结果按质换油。

三、垃圾车润滑图表

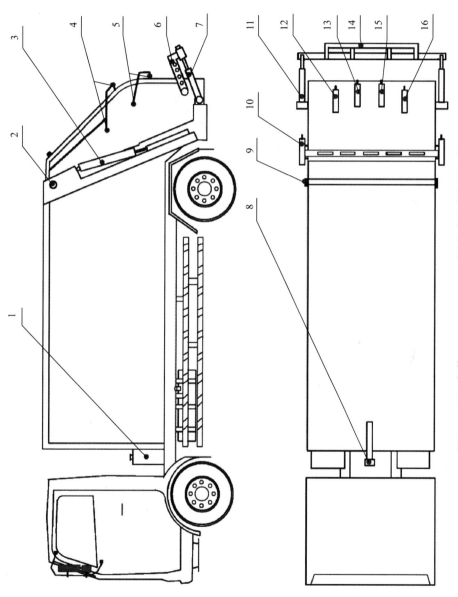

图 2—1—13 中联 ZLJ5120YSDFE4 型垃圾车上装润滑示意图

表 2-1-11　中联 ZLJ5120YSDFE4 型垃圾车上装润滑表

润滑点编号	润滑部位	点数	设备制造厂推荐用油	推荐用油		润滑保养规范				更换规范	
				种类、型号	适用温度范围 ℃	最小维护周期	加注方式	推荐换油周期		加注量，L	
1	液压系统油箱	1	YB-N46D	超低温液压油 L-HS32	-40～50	每周	注入	2a		120	
2	后盖左回转轴	1	锂基润滑脂	通用锂基润滑脂	-30～120	每周	脂枪加注	1a		适量	
3	后大厢左侧液压缸	2	锂基润滑脂	通用锂基润滑脂	-30～120	每周	脂枪加注	1a		适量	
4	填料盖上机构	4	锂基润滑脂	通用锂基润滑脂	-30～120	每周	脂枪加注	1a		适量	
5	填料盖下机构	4	锂基润滑脂	通用锂基润滑脂	-30～120	每周	脂枪加注	1a		适量	
6	左侧翻桶机构	2	锂基润滑脂	通用锂基润滑脂	-30～120	每周	脂枪加注	1a		适量	
7	翻转机构左侧液压缸	2	锂基润滑脂	通用锂基润滑脂	-30～120	每周	脂枪加注	1a		适量	
8	推铲液压缸	1	锂基润滑脂	通用锂基润滑脂	-30～120	每周	脂枪加注	1a		适量	
9	后盖右侧回转轴	1	锂基润滑脂	通用锂基润滑脂	-30～120	每周	脂枪加注	1a		适量	
10	后大厢右侧液压缸	2	锂基润滑脂	通用锂基润滑脂	-30～120	每周	脂枪加注	1a		适量	
11	翻转机构右侧液压缸	2	锂基润滑脂	通用锂基润滑脂	-30～120	每周	脂枪加注	1a		适量	
12	右侧推料油缸	2	锂基润滑脂	通用锂基润滑脂	-30～120	每周	脂枪加注	1a		适量	
13	右侧滑板压缩油缸	2	锂基润滑脂	通用锂基润滑脂	-30～120	每周	脂枪加注	1a		适量	
14	右侧翻桶机构	2	锂基润滑脂	通用锂基润滑脂	-30～120	每周	脂枪加注	1a		适量	
15	左侧滑板压缩油缸	2	锂基润滑脂	通用锂基润滑脂	-30～120	每周	脂枪加注	1a		适量	
16	左侧推料油缸	2	锂基润滑脂	通用锂基润滑脂	-30～120	每周	脂枪加注	1a		适量	

注：(1) 依据中联 ZLJ5120YSDFE4 型压缩式垃圾车进行编制，其他型号垃圾车参照执行上述要求。底盘车参照执行载货汽车润滑图表。
(2) 本表由大庆油田有限责任公司与中国石油润滑油公司在油田工况条件下根据监测结果联合推荐，用户应根据不同地域、工况、操作条件，油品及车辆型号进行合理调整，也可根据油液监测结果按质换油。

四、吸污车润滑图表

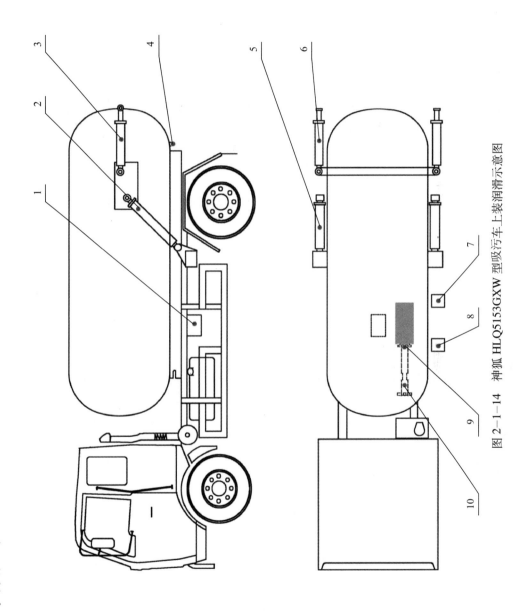

图 2-1-14　神狐 HLQ5153GXW 型吸污车上装润滑示意图

表 2-1-12 神狐 HLQ5153GXW 型吸污车上装润滑表

润滑点编号	润滑部位	点数	设备制造厂推荐用油	推荐用油		润滑保养规范			更换规范		
				种类、型号	适用温度范围 ℃	最小维护周期	加注方式	推荐换油周期	加注量,L
1	液压系统油箱	1	液压油 L—HS32	超低温液压油 L—HS32	−40 ~ 50	每周	注入	2a	50
2	后盖开启左液压缸	2	锂基润滑脂	通用锂基润滑脂	−30 ~ 120	每周	脂枪加注	1a	适量
3	缸体升降左液压缸	2	锂基润滑脂	通用锂基润滑脂	−30 ~ 120	每周	脂枪加注	1a	适量
4	后盖回转销	2	锂基润滑脂	通用锂基润滑脂	−30 ~ 120	每周	脂枪加注	1a	适量
5	缸体升降右液压缸	2	锂基润滑脂	通用锂基润滑脂	−30 ~ 120	每周	脂枪加注	1a	适量
6	后盖开启右液压缸	2	锂基润滑脂	通用锂基润滑脂	−30 ~ 120	每周	脂枪加注	1a	适量
7	真空泵 1	1	CI 柴油系列	柴油机油 CI—4 5W/40	−30 ~ 40	每周	注入	1a	16
8	真空泵 2	1	CI 柴油系列	柴油机油 CI—4 5W/40	−30 ~ 40	每周	注入	1a	16
9	万向节	1	锂基润滑脂	通用锂基润滑脂	−30 ~ 120	每周	脂枪加注	1a	适量
10	联轴器	1	锂基润滑脂	通用锂基润滑脂	−30 ~ 120	每周	脂枪加注	1a	适量

注:(1)依据神狐/HLQ5153GXW 型吸污车进行编制,其他型号吸污车参照执行上述要求。底盘车参照执行载货汽车润滑图表。

(2)本表由大庆油田有限责任公司与中国石油润滑油公司在油田润滑油工况条件下根据监测结果联合推荐,用户应根据不同地域、工况、操作条件、油品及车辆型号进行合理调整,也可根据油液监测结果按质换油。

五、水罐／泡沫消防车润滑图表

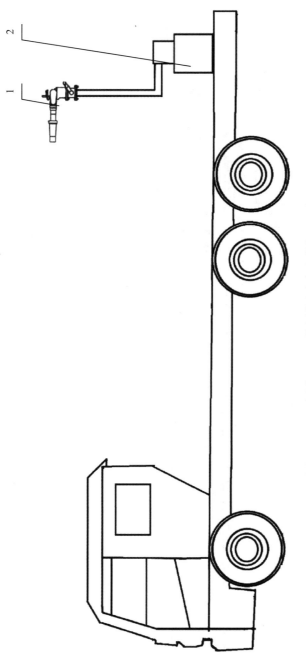

图 2-1-15　豪沃 SG120 型水罐消防车上装润滑示意图

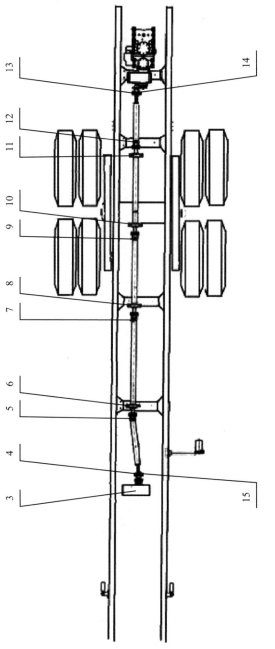

图 2-1-16　豪沃 SG120 型水罐消防车取力器、水泵传动轴润滑示意图

表2-1-13 豪泺SG120型水罐消防车上装润滑表

润滑点编号	润滑部位	点数	设备制造厂推荐用油	推荐用油		润滑保养规范		更换规范	
				种类、型号	适用温度范围℃	最小维护周期	加注方式	推荐换油周期	加注量，L
1	消防炮	1	1号锂基润滑脂	复合锂基润滑脂或HP-R高温润滑脂	-30~180	每周	脂枪加注	6个月	适量
2	消防泵增速箱	1	85W/90 GL-3齿轮油	重负荷车辆齿轮油 GL-5 80W/90	-30~40	每月或工作满25h后	注入	1a或工作满50h后	2.4
3	取力器	1	18号双曲线齿轮油	重负荷车辆齿轮油 GL-5 80W/90	-30~40	每月	注入	1a	7.5
4~15	水泵传动轴	12	1号锂基润滑脂	复合锂基润滑脂或HP-R高温润滑脂	-30~180	每月	脂枪加注	1a	适量

注：(1) 依据豪泺SG120型水罐消防车编制上装润滑图表，其他型号水罐消防车参照执行。底盘车参照执行载货汽车润滑图表。
(2) 本表由大庆油田有限责任公司与中国石油润滑油公司在油田工况条件下根据监测结果联合推荐，用户应根据不同地域、工况、操作条件、油品及车辆型号进行合理调整，也可根据油液监测结果按质换油。

六、抢险救援消防车润滑图表

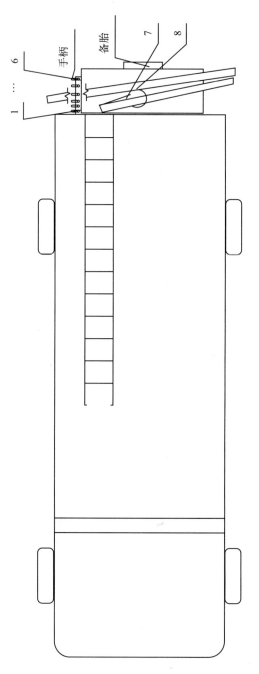

图 2—1—17　QJ75W1 型抢险救援消防车上装润滑示意图（俯视图）

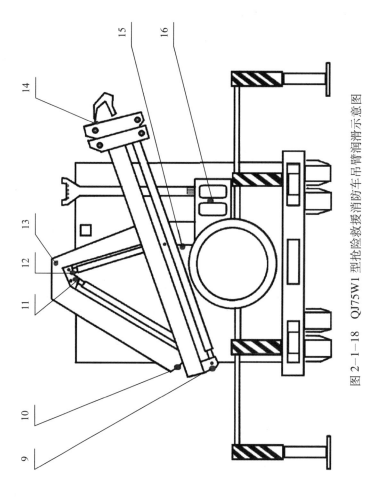

图 2-1-18　QJ75W1 型抢险救援消防车吊臂润滑示意图

表2-1-14　QJ75W1型抢险救援消防车上装润滑表

润滑点编号	润滑部位	点数	设备制造厂推荐用油	推荐用油		润滑保养规范		更换规范	
				种类、型号	适用温度范围 ℃	最小维护周期	加注方式	推荐换油周期	加注量, L
1～6	起重机操作手柄	6	通用锂基润滑脂	复合锂基润滑脂或HP-R高温润滑脂	-30～180	每月	脂枪加注	6个月	适量
7, 8	起重机主臂转盘	2	通用锂基润滑脂	复合锂基润滑脂或HP-R高温润滑脂	-30～180	每月	脂枪加注	6个月	适量
9	三臂关节	1	通用锂基润滑脂	复合锂基润滑脂或HP-R高温润滑脂	-30～180	每月	脂枪加注	6个月	适量
10	二臂顶油缸	1	通用锂基润滑脂	复合锂基润滑脂或HP-R高温润滑脂	-30～180	每月	脂枪加注	6个月	适量
11	二臂底油缸	1	通用锂基润滑脂	复合锂基润滑脂或HP-R高温润滑脂	-30～180	每月	脂枪加注	6个月	适量
12	一臂顶油缸	1	通用锂基润滑脂	复合锂基润滑脂或HP-R高温润滑脂	-30～180	每月	脂枪加注	6个月	适量
13	一、二臂关节	1	通用锂基润滑脂	复合锂基润滑脂或HP-R高温润滑脂	-30～180	每月	脂枪加注	6个月	适量
14	吊钩关节	1	通用锂基润滑脂	复合锂基润滑脂或HP-R高温润滑脂	-30～180	每月	脂枪加注	6个月	适量
15	一臂底油缸	1	通用锂基润滑脂	复合锂基润滑脂或HP-R高温润滑脂	-30～180	每月	脂枪加注	6个月	适量
16	起重机液压油箱	1	L-HM32号液压油或YLC-0001减振器油	低温液压油L-HV32	-30～50	每月	注入	1a	50

注：(1) 依据QJ75W1型抢险救援消防车编制上装润滑图表，其他型号抢险救援消防车参照执行。底盘车参照执行载货汽车润滑图表。
(2) 本表由大庆油田有限责任公司与中国石油润滑油公司在油田工况条件下根据监测结果联合推荐，用户应根据不同地域、工况、操作条件、油品及车辆型号进行合理调整，也可根据油液监测结果按质换油。

七、云梯消防车润滑图表

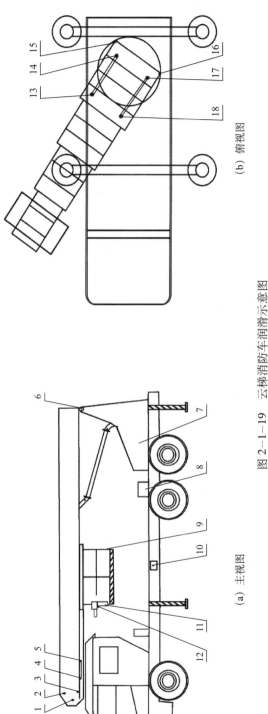

(a) 主视图

(b) 俯视图

图 2-1-19　云梯消防车润滑示意图

表 2-1-15　云梯消防车上装润滑表

润滑点编号	润滑部位	点数	设备制造厂推荐用油	推荐用油		润滑保养规范			更换规范	
				种类、型号	适用温度范围 ℃	最小维护周期	加注方式	推荐换油周期	加注量，L
1~7	臂架、支腿链接曲臂直臂处轴与轴承处	8	通用锂基润滑脂	复合锂基润滑脂或 HP-R 高温润滑脂	-30~180	每月	脂枪加注	6 个月	适量
8	消防泵	1	85W/90 GL-3 齿轮油	重负荷车辆齿轮油 GL-5 80W/90	-30~40	每月或工作满 25h 后	注入	1a 或工作满 50 h 后	2.4
9	平台	1	通用锂基润滑脂	复合锂基润滑脂或 HP-R 高温润滑脂	-30~180	每月	脂枪加注	6 个月	适量
10	液压油箱	1	L-HM32 号液压油或 YLC-0001 减振器油	低温液压油 L-HV32	-30~50	每月	注入	每 3a 或累计工作 2000h	515
11~12	消防炮	2	通用锂基润滑脂	复合锂基润滑脂或 HP-R 高温润滑脂	-30~180	每月	脂枪加注	6 个月	适量
13~18	臂架液压油缸与轴承处	6	通用锂基润滑脂	复合锂基润滑脂或 HP-R 高温润滑脂	-30~180	每月	脂枪加注	6 个月	适量

注：(1) 依据博浪涛油直臂曲臂平台消防车编制上装润滑图表，其他型号云梯消防车参照执行。底盘车参照执行载货汽车润滑图表，用户应根据工况条件下载据监测结果联合推荐，油品及车辆型号进行合理调整，也可根据油液监测结果按质换油。

(2) 本表由大庆油田有限责任公司与中国石油润滑油公司在油田工况条件下根据监测结果联合推荐，用户应根据不同地域、工况、操作条件、油品及车辆型号不同据实进行合理调整，也可根据油液监测结果按质换油。

八、高喷消防车润滑图表

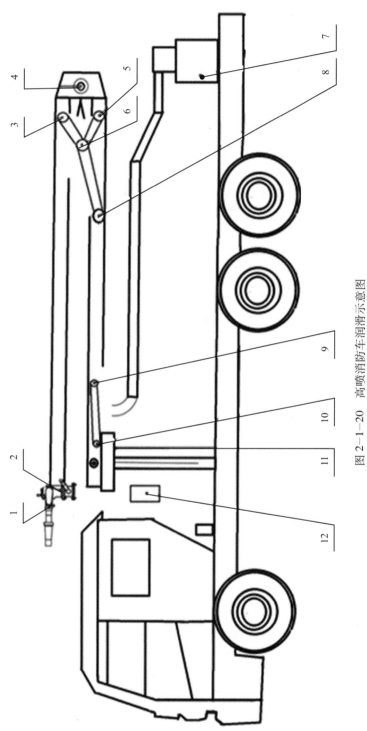

图 2-1-20 高喷消防车润滑示意图

表2-1-16　高喷消防车上装润滑表

润滑点编号	润滑部位	点数	设备制造厂推荐用油	推荐用油		润滑保养规范		更换规范	
				种类、型号	适用温度范围℃	最小维护周期	加注方式	推荐换油周期	加注量，L
1~6	臂架各关节、油缸	10	通用锂基润滑脂	复合锂基润滑脂或HP-R高温润滑脂	-30~180	每周	脂枪加注	6个月	适量
7	消防泵变速箱	1	80W/90齿轮油	重负荷车辆齿轮油GL-5 80W/90	-30~40	每月或工作满25h后	注入	1a或工作满50h	2.4
8~11	臂架各关节、油缸	10	通用锂基润滑脂	复合锂基润滑脂或HP-R高温润滑脂	-30~180	每周	脂枪加注	6个月	适量
12	液压油箱	1	L-HM32号液压油或YLC-0001减振器油	低温液压油L-HV32	-30~50	每月	注入	3a或累计工作2000h	110

注：（1）编制了JP18型举高喷射消防车上装润滑图表，其他型号高喷射消防车参照执行。底盘车参照执行载货汽车润滑图表。高喷消防车取力器、水泵传动轴润滑图表参照水罐/泡沫消防车取力器、水泵传动轴润滑图表。

（2）本表由大庆油田有限责任公司中国石油润滑油公司在油田工况条件下根据监测结果推荐，用户应根据不同地域、工况、操作条件、油品及车辆型号进行合理调整，也可根据油液监测结果按质换油。

第二章　工程机械润滑及用油

　　油气田企业工程机械主要包括挖掘机械、土方铲运机械、工程起重机械等。工程机械主要由动力装置、底盘和工作装置等组成。动力装置通常采用柴油机，柴油机输出的动力通过底盘传动系统给行驶系使机械行驶，经过底盘的传动系统或液压传动系统等传给工作装置使机械作业；底盘也是设备的基础，柴油机、工作装置、操纵系统及驾驶室等都装在上面，底盘通常由传动系统、行驶系统、转向系统和制动系统等组成；工作装置是工程机械直接完成各种工程作业任务而进行作业的装置，是机械作业的执行机构，如推土机的推土铲、挖掘机的铲斗、斗杆、动臂等。

第一节　概　　述

　　工程机械柴油机润滑机理与通用车辆类似，可以参照车辆及相关设备的润滑原理与用油。工程机械的传动系统和液压系统与通用车辆差异显著，这里详细说明。

一、润滑方式与管理

1. 工程机械润滑方式

1）传动系统

工程机械传动系统主要有机械传动、液力机械传动、液压传动等形式。

（1）机械传动与车辆相似，传动箱依靠齿轮油进行润滑。

（2）液力机械传动系统由变矩器、变速箱、万向节传动装置、传动轴等组成。变矩器的一端与柴油机相连，另一端与变速箱直接连。液力传动系统中，通常变矩器与变速箱共同采用一个供油系统，保证变速系统控制可靠，以防止变速操纵系统失灵导致失去控制。

（3）液压传动系统，以液压油为工作介质传递动力，同时，进行冷却、润滑和密封。

（4）其他传动形式还有电传动等。

2）液压系统

（1）转向液压系统。大中型工程机械采用全液压转向系统。转向液压系统由转向泵、优先卸荷阀、转向器、转向油缸等组成，液压泵从油箱吸油向转向器内的转向阀供油，通过卸荷阀将转向液压系统和作业装置液压系统有机组合在一起，形成双泵双回路液压系统，提高系统效率。

（2）作业装置液压系统。由油泵、多路换向阀、油缸、滤清器等组成。油泵从油箱吸油后，经多路换向阀控制油缸进行工作。

（3）液压油箱。用途主要是储存液压油、散热和分离液压油中的空气和杂质等。

2. 润滑管理

（1）操作人员应定期检查施工机械各部位润滑情况，检查润滑油液位是否正常，液位不够应及时添加相同品质的油品。定期对各种滤清器进行清洗和保养，必要时应进行更换。定期加注适量润滑脂，润滑油和润滑脂的注入量要符合要求，注油后应将回路中空气排出。

（2）工程机械室外作业，露天加注润滑油时，应注意周围环境，预防风沙、灰尘侵入，避免润滑油品受到污染。加注量执行说明书或润滑手册规定。

（3）在重载作业或连续进行 8h 以上操作的工况下，应缩短加注润滑脂间隔。施工机械设备的铲斗、抓具臂等部位的铰接销处，在有泥、水、油施工作业时，建议每天进行润滑，一般作业根据工作量每周润滑一次。

（4）其他润滑管理要求参考车辆标准执行。

二、基本要求

工程机械大部分在室外工作，冬夏、昼夜、南北方的温差都较大；工作周期长，尤其施工现场检修和换油不便；工程机械露天作业，风吹、日晒、雨淋等条件，油田野外施工工况恶劣；工作负荷变化大，停车和起动频繁，运动方向变化多等，对工程机械润滑剂的选用都提出了更高的要求，润滑剂应具有较高的品质。

1. 发动机油

工程机械发动机油更换注意事项参照通用车辆发动机油更换要求执行。

2. 液力传动油

根据工程机械所配备变速箱的结构特点、工作原理、使用工况、环境等综合选择相应级别的液力传动油。

液力传动油更换时应彻底清洗整个系统，并在加入新油后测量所有压力检测口的油压以排除油路的堵塞问题。

3. 车辆齿轮油

依据工程机械前后桥以及传动装置的工作负荷、运动速度和环境温度等因素，综合选择车辆齿轮油的使用性能级别和黏度级别。

工程机械的传动装置大多采用二级直齿轮减速机构，齿轮接触面负荷较大，相互运动时有较高的相对滑动速度，需要使用质量分级为重负荷的车辆齿轮油。在气温低、负荷小的条件下，应选用黏度较小的车辆齿轮油；在气温较高、负荷较重的条件下，应选用黏度较大的油品。

4. 液压系统用油

应根据厂家说明书选择相关油品，没有特殊说明的则选择液压油。工程机械液压系统润滑油的选用依据液压系统的环境温度、结构特点、工作压力、工作温度等综合选择液压油的质量等级和黏度级别。对在寒区和严寒区室外作业的工程机械的高压系统，应选用高黏度指数的低温液压油。

工程机械更换液压油时，应将液压系统的旧油全部换掉，换油前要进行卸压，液压油温度不得超过40℃，避免人员受伤。

以挖掘机液压系统换油要求为例。

1）准备工作

（1）更换液压油前的准备。备好整机液压系统油（为液压油箱容积的2.5倍）、滤芯、清洗油、3kg面粉、绳子、封闭液压油管的油堵、气泵和空油桶等。准备一台正常的挖掘机或维修起吊装置，将换油的挖掘机动臂抬升到最高点（斗杆及铲斗收到内点后将发动机熄灭，动臂缸、斗杆缸和铲斗缸的活塞杆全部伸出到顶点）。

（2）液压油箱的清洗。将箱内的液压油全部放出，拆出液压滤芯，把泵和油箱之间的管路从泵的接口处拆开，放出管路内油液；用洗油冲洗液压油箱和管路；用医用纱布把液压油箱内部擦净；面粉加水揉和到面能被拉伸的程度，用面团分3次粘干净液压油箱里面的杂质。液压油箱和滤芯筒内也必须彻底清理干净；更换新的液压滤芯，上好盖板。

（3）液压柱塞泵的冲洗。挖掘机上每种液压泵都有冲洗油口（放油口）。拧开上、下放油口，放出泵壳内的液压油，再拧上泵下面的油堵，从泵上面的油口向泵壳内注满清洗油，随后拧开泵下面的油堵，放出泵壳内的清洗油，反复冲洗几次，最后用气泵把泵壳内的余油吹干净后，注满洁净的液压油，拧紧油堵即可。

（4）更换泵进油口密封圈（O形圈）后，将液压油箱连接泵的供油管路接好，从注油口向液压油箱内注满洁净的液压油。

2）用旧油顶出新油

（1）动臂缸内的液压油更换。将备用的挖掘机拴好绳子拉住准备换油的挖掘机动臂（此时准备换油的挖掘机动臂已抬升到最高点）；拆开左右2个动臂缸上无杆腔的油管，用空油桶接放出的液压油；再把已拆开的多路阀连接动臂的油管放在空油桶中，启动发动机。这时从多路阀至动臂油管中流出的液压油是多路阀中的旧液压油，换油人员应注意油液颜色的变化，当新的液压油流出后，立即使发动机熄火；将拆开的管路接好，解开绳子，启动发动机，反复做动臂抬起与下落的动作，直至动臂缸中充满油液。注意查看液压油箱内的液位变化，及时添加液压油。

（2）斗杆缸内的液压油更换。把动臂抬升至最高点后，将发动机熄火，此时斗杆缸活塞杆全伸出；从多路阀处拆开连接斗杆缸有杆腔的油管，放净管路中的油液后，重新连接好管路；再从动臂背部拆开斗杆缸无杆腔的油管，用油堵封住已拆开的多路阀与斗杆缸无杆腔的油管；用油桶准备接收从斗杆缸放出的液压油，启动发动机，收回斗杆缸活塞杆，再将发动机熄火；连接好已拆开的油管后，再启动发动机，将斗杆缸活塞杆伸缩几次，把斗杆放置于垂直地面后，将发动机熄火，换油完毕。

（3）缸内的液压油更换。从动臂背部拆开铲斗缸无杆腔的油管，用油堵封住已拆开的多路阀与铲斗缸的油口；用空油桶接住铲斗已断开的油口，启动发动机后，做收斗动作。新的液压油进入铲斗缸有杆腔内，活塞杆回缩后使铲斗缸无杆腔液压油全部排放到空油桶内。将发动机熄火，连接好断开的油路。应时刻注意查看液压油油位。

（4）回转马达系统的油液更换。拆断多路阀至回转马达的2根油管的任意一根；用油堵封住多路阀与回转马达的出油口；用空油桶接住回转马达已拆开的油口下，启动发动机，操纵挖掘机换缓慢回转；如果向某一方向回转时，马达上的油管不出油就须向另一方向回转，直至流出油；同时，要注意查看流出油液颜色的变化，当有新的液压油流出后，应立即使发动机熄火；将拆断的回转马达的油管接好，换油完毕。

（5）左右行走马达液压系统液压油的更换。用挖掘机动臂将挖掘机一侧行走履带支起，并把其内侧行走马达的边盖拆卸下来；将行走马达的 2 根进出油管中的任意一根拆断，用油堵封住已拆断的进油管，用空油桶接在行走马达的出油口；启动发动机，操纵已被支起这侧的行走操纵阀，履带开始转动，直到行走马达出油口流出新油为止，此时立即将发动机熄火，把拆断的油管连接好；再用同样的方法，更换另一侧的行走马达及系统的液压油。

3）换油注意事项

（1）油箱、液压柱塞泵、动臂缸、斗杆缸、铲斗缸、回转马达和左右行走马达更换油的次序不可改变。部位不同，只能操纵规定的手柄使其动作，避免出现操作失误。

（2）液压油滤芯推荐更换时间为 500h。

（3）拆开的油管必须更换密封圈。连接时，要在螺纹表面涂上螺纹密封胶，防止泄漏。

5. 制动液

根据使用说明书要求或润滑油生产厂推荐选择制动液。更换制动液时，保持车辆怠速运转，连续踩下制动踏板或压紧制动踏板，打开放气螺塞，让制动液从每个轮缸中流出，然后拧紧各放气螺塞。制动液更换完成后，用力踩几次制动踏板，检查制动状况。

6. 润滑脂

油田施工工况恶劣、潮湿的环境应选用防水性能较强的极压锂基润滑脂（N 型）。

7. 冷却液

一般工程机械应选用重负荷冷却液。更换冷却液时，应打开散热器、气缸体、油冷却器 3 处阀门进行排液。排液完毕后，用清洗剂清洗干净。为了清除混入冷却液中的空气，加注冷却液后，将发动机怠速运转 5 min，然后再高速无负荷运转 5 min。其他要求参考车辆冷却液使用要求。

第二节　推土机润滑图表

推土机按行走方式可以分为履带式、轮胎式推土机，主要由发动机、传动系统、液压系统、电气系统、驾驶室（操作室）和工作装置等部分组成，润滑部位包括发动机、变速箱、终传动箱、支重轮、托轮、引导轮等，油水类别包括柴油机油、车辆齿轮油、液力传动油、液压油、润滑脂等。根据油气田企业实际，本节主要给出彭浦/PD220YS 推土机润滑图表（图 2-2-1 和图 2-2-2 和表 2-2-1），其他型号推土机可参照执行。图 2-2-3 为彭浦/PD220YS 推土机液压系统油路示意图。

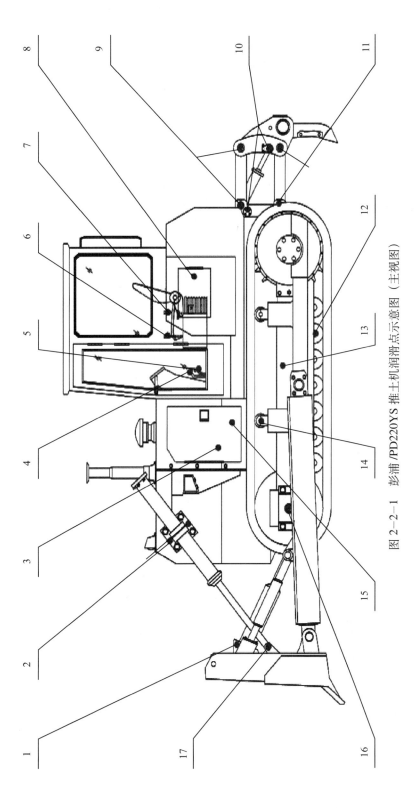

图 2-2-1　彭浦/PD220YS 推土机润滑点示意图（主视图）

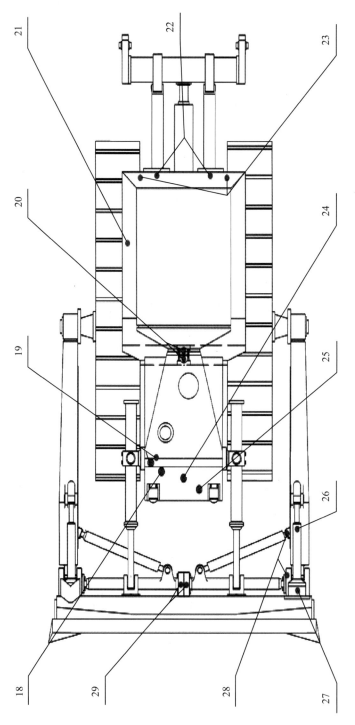

图 2-2-2　彭浦 /PD220YS 推土机润滑点示意图（俯视图）

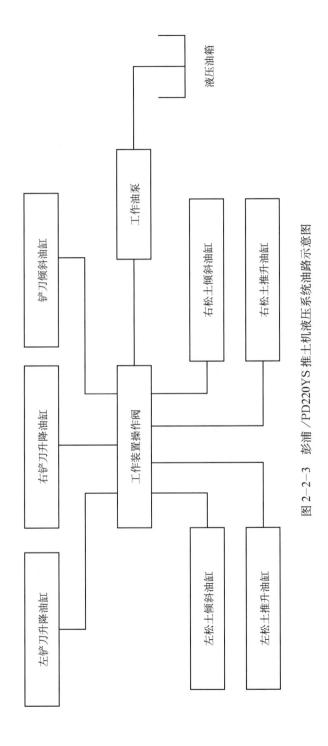

图 2-2-3 彭浦/PD220YS 推土机液压系统油路示意图

表 2-2-1 彭浦/PD220YS 推土机润滑表

润滑点编号	润滑部位	点数	设备制造厂推荐用油	推荐用油 种类、型号	推荐用油 适用温度范围 ℃	润滑保养规范 最小维护周期	润滑保养规范 加注方式	更换规范 推荐换油周期	更换规范 加注量 L
1	倾斜油缸球节	1	高低温锂基润滑脂	极压锂基润滑脂（N 型）	-30～120	每周	脂枪加注	250h	适量
2	油缸支架（左、右）	2×2	高低温锂基润滑脂	极压锂基润滑脂（N 型）	-30～120	每周	脂枪加注	250h	适量
3	发动机	1	柴油机油 CF-4 10W/30 CF-4 15W/40	柴油机油 CI-4 5W/40	-30～40	每日	注入	500h	47
4	制动踏板	2	高低温锂基润滑脂	极压锂基润滑脂（N 型）	-30～120	每周	脂枪加注	2000h	适量
5	减速踏板	2	高低温锂基润滑脂	极压锂基润滑脂（N 型）	-30～120	每周	脂枪加注	2000h	适量
6	推土铲操作杆	2	高低温锂基润滑脂	极压锂基润滑脂（N 型）	-30～120	每月	脂枪加注	2000h	适量
7	油门控制杆、变速操作杆、变速闭锁杆	5	高低温锂基润滑脂	极压锂基润滑脂（N 型）	-30～120	每月	检查补充	2000h	适量
8	变速箱、变矩器、后桥箱	1	柴油机油 CF-4 10W/30 CF-4 15W/40	柴油机油 CI-4 5W/40	-30～40	每日	检查补充	1000h	122
9	倾斜缸销（左、右）	2×2	高低温锂基润滑脂	极压锂基润滑脂（N 型）	-30～120	每周	脂枪加注	125h	适量
10	提升缸销（左、右）	2×2	高低温锂基润滑脂	极压锂基润滑脂（N 型）	-30～120	每周	脂枪加注	125h	适量
11	臂销（左、右）	2×2	高低温锂基润滑脂	极压锂基润滑脂（N 型）	-30～120	每周	脂枪加注	125h	适量
12	支重轮（左、右）	16	柴油机油 CF-4 10W/30 CF-4 15W/40	柴油机油 CI-4 5W/40	-30～40	每月	注入	250h	0.3
13	履带张紧装置（左、右）	2	高低温锂基润滑脂	极压锂基润滑脂（N 型）	-30～120	每周	脂枪加注	1000h	适量
14	托轮（左、右）	2×2	柴油机油 CF-4 10W/30 CF-4 15W/40	柴油机油 CI-4 5W/40	-30～40	每月	检查补充	250h	0.5

续表

润滑点编号	润滑部位	点数	设备制造厂推荐用油	推荐用油 种类、型号	推荐用油 适用温度范围 ℃	润滑保养规范 最小维护周期	润滑保养规范 加注方式	更换规范 推荐换油周期	更换规范 加注量 L
15	平衡梁轴	1	高低温锂基润滑脂	极压锂基润滑脂（N 型）	−30～120	每周	脂枪加注	250h	适量
16	引号轮（左、右）	2	柴油机油 CF-4 10W/30 CF-4 15W/40	柴油机油 CI-4 5W/40	−30～40	每月	注入	250h	0.3
17	油缸球节（左、右）	2	高低温锂基润滑脂	极压锂基润滑脂（N 型）	−30～120	每周	脂枪加注	250h	适量
18	涨紧轮轴	1	高低温锂基润滑脂	极压锂基润滑脂（N 型）	−30～120	每周	脂枪加注	250h	适量
19	油缸支架横梁（左、右）	2×2	高低温锂基润滑脂	极压锂基润滑脂（N 型）	−30～120	每周	脂枪加注	250h	适量
20	驱动轴	2	柴油机油 CF-4 10W/30 CF-4 15W/40	极压锂基润滑脂（N 型）	−30～120	每月	脂枪加注	250h	适量
21	工作油箱	1	柴油机油 CF-4 10W/30 CF-4 15W/40	柴油机油 CI-4 5W/40	−30～40	每日	注入	1000h	110
22	台车斜支撑（左、右）	2	高低温锂基润滑脂	极压锂基润滑脂（N 型）	−30～120	每周	脂枪加注	250h	适量
23	终传动箱（左、右）	2	柴油机油 CF-4 10W/30 CF-4 15W/40	柴油机油 CI-4 5W/40	−30～40	每月	注入	1000h	51
24	冷却风扇轴	1	高低温锂基润滑脂	极压锂基润滑脂（N 型）	−30～120	每月	脂枪加注	250h	适量
25	冷却水箱	1	软化水冷却液（0℃以下）	−45 号乙二醇型重负荷发动机冷却液	−45 以上	每日	注入	2a	79
26	直倾铲	1	高低温锂基润滑脂	极压锂基润滑脂（N 型）	−30～120	每周	脂枪加注	250h	适量
27	球座	1	高低温锂基润滑脂	极压锂基润滑脂（N 型）	−30～120	每周	脂枪加注	250h	适量
28	撑杆球节（左、右）	4	高低温锂基润滑脂	极压锂基润滑脂（N 型）	−30～120	每周	脂枪加注	250h	适量
29	斜撑杆球节（左、右）	2	高低温锂基润滑脂	极压锂基润滑脂（N 型）	−30～120	每周	脂枪加注	250h	适量

注：其他型号数量是 12 个，但润滑部位略有区别，润滑油加注量略多，其中，彭浦/PD220YS、中联/ZD220S-3 型号支重轮数量是 16 个，大地/MD23S 型号支重轮数量是 18 个。其中，彭浦/PD220YS 型号液压缸油箱加注口在左侧，其余型号液压缸油箱加注口均在右侧；移山/TY220 型号支重轮数量是 18 个。

第三节　抓管机（装载机）润滑图表

　　抓管机（装载机）按传动形式可以分为机械抓管机（装载机）、液力机械抓管机（装载机）、液压抓管机（装载机）、电传动抓管机（装载机）；按其装载方式可以分为前卸式、后卸式、侧卸式、回转式；轮式装载机主要由发动机、传动系统、液压系统、电气系统、驾驶室（操作室）和工作装置等组成，润滑部位包括发动机、变速箱、前后桥、各类铰接销处等，油品类别包括柴油机油、车辆齿轮油、液力传动油、液压油、润滑脂等。根据油气田企业实际，本节编制小松/WA320-3 型（图 2-2-4 和图 2-2-5 以及表 2-2-2）、小松/WA320-5 型（图 2-2-6 和图 2-2-7 以及表 2-2-3）和柳工/CLG856 型抓管机（图 2-2-7，表 2-2-4）润滑图表，其他型号抓管机、装载机可参照执行本节要求。

一、小松/WA320−3型抓管机润滑图表

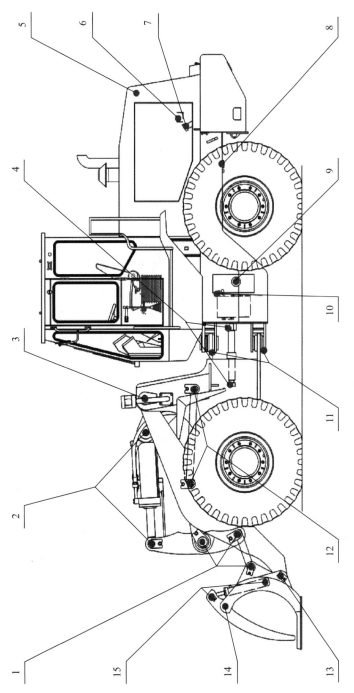

图2−2−4　小松/WA320−3型抓管机润滑点示意图（主视图）

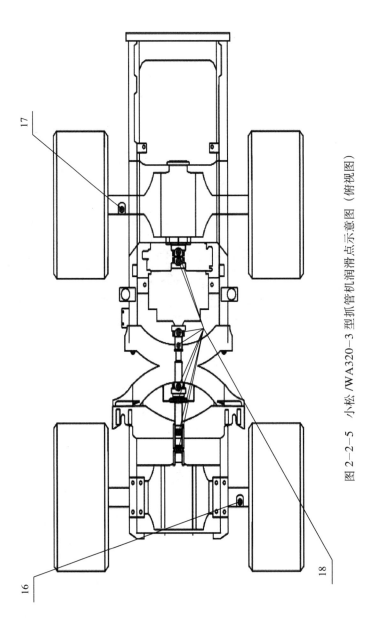

图 2-2-5 小松 /WA320-3 型抓管机润滑点示意图（俯视图）

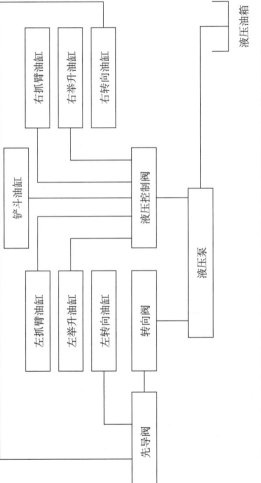

图 2-2-6 小松 /WA320-3 型（柳工 / CLG856 型）抓管机液压系统油路示意图

表2-2-2　小松/WA320-3型抓管机润滑表

润滑点编号	润滑部位	点数	设备制造厂推荐用油	推荐用油		润滑保养规范		更换规范		备注
				种类、型号	适用温度范围 ℃	最小维护周期	加注方式	推荐换油周期	加注量,L	
1	铲斗连杆铰销处	3	NLGI NO.2润滑脂	极压锂基润滑脂（N型）	-30～120	每周	脂枪加注	250h	适量	
2	翻斗油缸铰接处	2	NLGI NO.2润滑脂	极压锂基润滑脂（N型）	-30～120	每周	脂枪加注	250h	适量	
3	举升臂铰接处（左、右）	2	NLGI NO.2润滑脂	极压锂基润滑脂（N型）	-30～120	每周	脂枪加注	250h	适量	
4	转向油缸铰接处（左、右）	2×2	NLGI NO.2润滑脂	极压锂基润滑脂（N型）	-30～120	每周	脂枪加注	250h	适量	
5	冷却水箱	1	软化水或冷却液（0℃以下）	-45号乙二醇型重负荷发动机冷却液	-45以上	每日	脂枪加注	2a	33	
6	发动机停车连杆	1	NLGI NO.2润滑脂	极压锂基润滑脂（N型）	-30～120	每周	脂枪加注	1000h	适量	
7	发动机	1	小松专用 10W/30、15W/40	SAE 10W 小松专用油品	-30～40	每日	脂枪加注	500h	22	
8	后桥铰接销	3	NLGI NO.2	极压锂基润滑脂（N型）	-30～120	每周	脂枪加注	100h	适量	
9	变速箱（加油口）	1	SAE 10W 小松专用油	SAE 10W 小松专用油品	-30～40	每日	注入	1000h	29.5	
10	液压油箱	1	SAE 10W 小松专用油	SAE 10W 小松专用油或同类油品	-30～40	每日	注入	2000h	165	
11	中央铰接销	2	NLGI NO.2润滑脂	极压锂基润滑脂（N型）	-30～120	每周	脂枪加注	1000h	适量	
12	举升油缸铰接销处（左、右）	2×2	NLGI NO.2润滑脂	极压锂基润滑脂（N型）	-30～120	每周	脂枪加注	250h	适量	
13	铲斗臂铰接处（左、右）	2	NLGI NO.2润滑脂	极压锂基润滑脂（N型）	-30～120	每周	脂枪加注	250h	适量	
14	抓具臂铰接处（左、右）	2	NLGI NO.2润滑脂	极压锂基润滑脂（N型）	-30～120	每周	脂枪加注	250h	适量	装载机无此润滑点
15	抓臂油缸铰接处（左、右）	2×2	NLGI NO.2润滑脂	极压锂基润滑脂（N型）	-30～120	每周	脂枪加注	250h	适量	装载机无此润滑点
16	前桥	1	AX075S 或 CD30专用机油	SAE 10W 小松专用油或同类油品	-30～40	每月	注入	2000h	24	
17	后桥	1	AX075S 或 CD30专用机油	SAE 10W 小松专用油或同类油品	-30～40	每月	注入	2000h	24	
18	驱动轴	8	NLGI NO.2润滑脂	极压锂基润滑脂（N型）	-30～120	每周	脂枪加注	1000h	适量	

二、小松 /WA320－5 型抓管机润滑图表

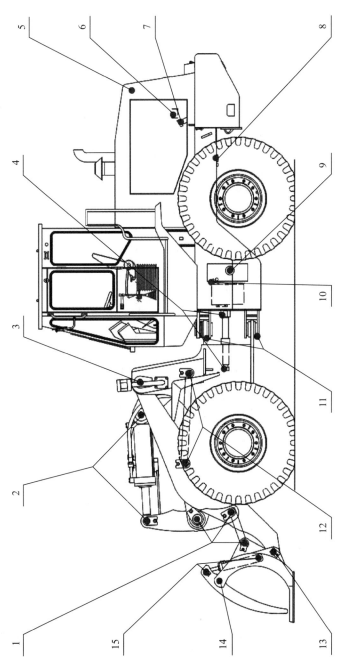

图 2－2－7　小松 /WA320－5 型抓管机润滑点示意图（主视图）

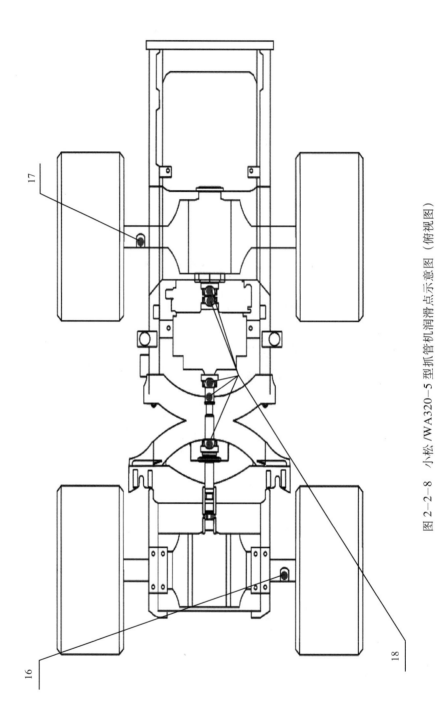

图 2-2-8 小松 /WA320-5 型抓管机润滑点示意图（俯视图）

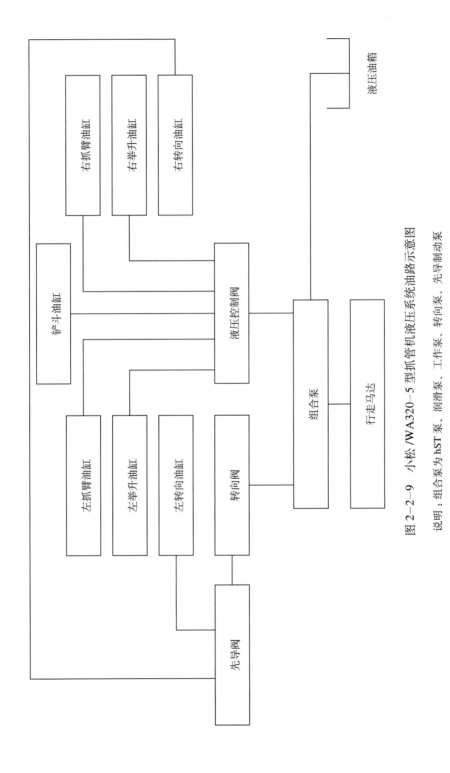

图 2-2-9 小松 /WA320-5 型抓管机液压系统油路示意图

说明：组合泵为 hST 泵、润滑泵、工作泵、转向泵、先导制动泵

表2-2-3　小松/WA320-5型抓管机润滑表

润滑点编号	润滑部位	点数	推荐用油			润滑保养规范		更换规范		备注
			设备制造厂推荐用油	种类、型号	适用温度范围 ℃	最小维护周期	加注方式	推荐换油周期	加注量, L	
1	铲斗连杆铰接销处	3	Hyper润滑脂 G2-T G2-TE	极压锂基润滑脂（N型）	-30~120	每周	脂枪加注	250h	适量	
2	翻斗油缸铰接销处	2	Hyper润滑脂 G2-T G2-TE	极压锂基润滑脂（N型）	-30~120	每周	脂枪加注	250h	适量	
3	举升臂铰接销处（左、右）	2	Hyper润滑脂 G2-T G2-TE	极压锂基润滑脂（N型）	-30~120	每周	脂枪加注	250h	适量	
4	转向油缸铰接销处（左、右）	2×2	Hyper润滑脂 G2-T G2-TE	极压锂基润滑脂（N型）	-30~120	每周	脂枪加注	250h	适量	
5	冷却水箱	1	超级冷却液 AF-NAC	-45号乙二醇型重负荷发动机冷却液	-45以上	每日	注入	2a	20	
6	发动机停车连杆	1	NLGI NO.2	极压锂基润滑脂（N型）	-30~120	每周	脂枪加注	1000h	适量	
7	发动机	1	EO 10W/30 DH EO 15W/40 DH	SAE 10W 小松专用油 或同类油品	-30~40	每日	注入	500h	20	
8	后桥枢轴销	3	Hyper润滑脂 G2-T G2-TE	极压锂基润滑脂（N型）	-30~120	每周	脂枪加注	100h	适量	
9	hST泵	1	传动油 TO10	液力传动油 TO10	-30~40	每周	注入	1000h	8	
10	液压油箱	1	EO 10W/30 DH	SAE 10W 小松专用油 或同类油品	-30~40	每日	注入	2000h	175	

续表

润滑点编号	润滑部位	点数	设备制造厂推荐用油	推荐用油		润滑保养规范			更换规范		备注
				种类、型号	适用温度范围℃	最小维护周期	加注方式	推荐换油周期	加注量，L	
11	中央铰接销（2处）	2	Hyper润滑脂 G2-T G2-TE	极压锂基润滑脂（N型）	−30～120	每周	脂枪加注	1000h	适量	
12	举升油缸铰接处（左、右）	2×2	Hyper润滑脂 G2-T G2-TE	极压锂基润滑脂（N型）	−30～120	每周	脂枪加注	250h	适量	
13	铲斗铰接销处（左、右）	2	Hyper润滑脂 G2-T G2-TE	极压锂基润滑脂（N型）	−30～120	每周	脂枪加注	250h	适量	
14	抓具臂铰接销处（左、右）	2	Hyper润滑脂 G2-T G2-TE	极压锂基润滑脂（N型）	−30～120	每周	脂枪加注	250h	适量	装载机无此润滑点
15	抓臂油缸铰接处（左、右）	2×2	Hyper润滑脂 G2-T G2-TE	极压锂基润滑脂（N型）	−30～120	每周	脂枪加注	250h	适量	装载机无此润滑点
16	前桥	1	AXO80 / EO50-CD	SAE 10W 小松专用油或同类油品	−20～40 −15～50	每月	注入	2000h	24	
17	后桥	1	AXO80 / EO50-CD	SAE 10W 小松专用油或同类油品	−20～40 −15～50	每月	注入	2000h	24	
18	驱动轴	5	Hyper润滑脂 G2-T G2-TE	极压锂基润滑脂（N型）	−30～120	每周	脂枪加注	1000h	适量	

三、柳工/CLG856 型抓管机润滑图表

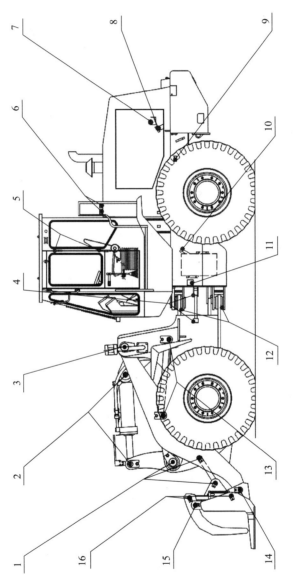

图 2-2-10　柳工/CLG856 型抓管机润滑点示意图（主视图）

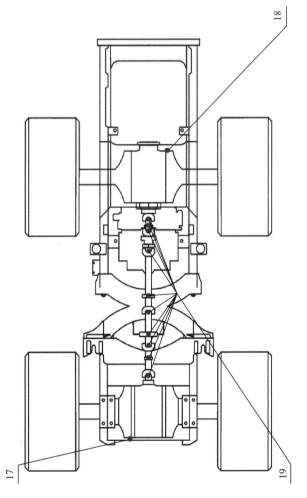

图 2-2-11　柳工 /CLG856 型抓管机润滑点示意图（俯视图）

表 2-2-4　柳工/CLG856 型抓管机润滑表

润滑点编号	润滑部位	点数	设备制造厂推荐用油	推荐用油 种类、型号	适用温度范围 ℃	最小维护周期	加注方式	推荐换油周期	加注量，L	备注
1	铲斗连杆铰接销处	3	锂基润滑脂	极压锂基润滑脂（N 型）	-30～120	每周	脂枪加注	250h	适量	
2	翻斗油缸铰接销处	2	锂基润滑脂	极压锂基润滑脂（N 型）	-30～120	每周	脂枪加注	250h	适量	
3	举升臂铰接销处（左、右）	2	锂基润滑脂	极压锂基润滑脂（N 型）	-30～120	每周	脂枪加注	250h	适量	
4	转向油缸铰接销处（左、右）	2×2	锂基润滑脂	极压锂基润滑脂（N 型）	-30～120	每周	脂枪加注	250h	适量	
5	门轴（左、右）	2×2	锂基润滑脂	极压锂基润滑脂（N 型）	-30～120	每周	脂枪加注	250h	适量	
6	刹车油加油口（前、后）	2	制动液 DOT3	制动液 DOT4（HZY4）	-40～100	每日	注入	1000h	2	
7	冷却水箱	1	-45 号冷却液	-45 号乙二醇型重负荷发动机冷却液	-45 以上	每日	注入	2a	36	
8	发动机	1	柴油机油 CG 5W/40	柴油机油 CI-4 5W/40	-30～40	每日	注入	500h	24	
9	后桥铰接销	2	锂基润滑脂	极压锂基润滑脂（N 型）	-30～120	每周	脂枪加注	100h	适量	
10	液压油箱	1	专用抗磨液压油	低温液压油 L-HV32	-30～50	每日	注入	2000h	200	
11	变速箱	1	ZF 变速箱传动油	6 号液力传动油	-30～50	每日	注入	1000h	32	
12	中央铰接销	2	锂基润滑脂	极压锂基润滑脂（N 型）	-30～120	每周	脂枪加注	1000h	适量	
13	举升油缸铰接销处（左、右）	2×2	锂基润滑脂	极压锂基润滑脂（N 型）	-30～120	每周	脂枪加注	250h	适量	
14	铲斗铰接销处（左、右）	2	锂基润滑脂	极压锂基润滑脂（N 型）	-30～120	每周	脂枪加注	250h	适量	
15	抓臂油缸铰接销处（左、右）	2×2	锂基润滑脂	极压锂基润滑脂（N 型）	-30～120	每周	脂枪加注	250h	适量	装载机无此润滑点
16	抓具臂铰接销处（左、右）	2	锂基润滑脂	极压锂基润滑脂（N 型）	-30～120	每周	脂枪加注	250h	适量	装载机无此润滑点
17	前桥	1	重负荷齿轮油	齿轮油 GL-5 80W/90	-30～40	每月	注入	1000h	33	
18	后桥	1	重负荷齿轮油	齿轮油 GL-5 80W/90	-30～40	每月	注入	1000h	36	
19	驱动轴	10	锂基润滑脂	极压锂基润滑脂（N 型）	-30～120	每周	脂枪加注	1000h	适量	

第四节　挖掘机润滑图表

　　挖掘机按照工作负荷，可以分为 10t 以下、10 ~ 20t、20 ~ 25t 和 25t 以上几大类；按其行走方式可以分为履带式、轮胎式挖掘机；挖掘机设备形式各异，润滑方式相近，润滑点、润滑剂选用略有差异。润滑部位包括铲斗销、悬臂销、齿轮箱、空转轮、转向齿轮箱、液压油箱、发动机等，油品类别包括齿轮油、液压油、润滑脂、机油等。根据油气田企业实际，本节编制了山河智能 SWE150W 轮式挖掘机（图 2-2-12 ~ 图 2-2-14 以及表 2-2-5）和凯斯 CX210BLC 型履带挖掘机（图 2-2-15 和图 2-2-16 以及表 2-2-6）润滑图表，其他型号挖掘机可参照执行本节要求。

一、轮式挖掘机润滑图表

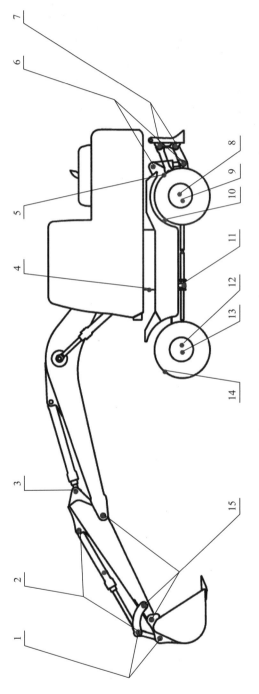

图 2-2-12　山河智能 SWE150W 型轮式挖掘机润滑点示意图（主视图）

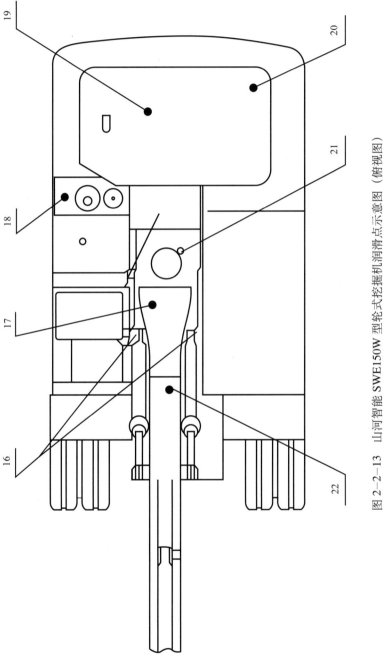

图 2—2—13　山河智能 SWE150W 型轮式挖掘机润滑点示意图（俯视图）

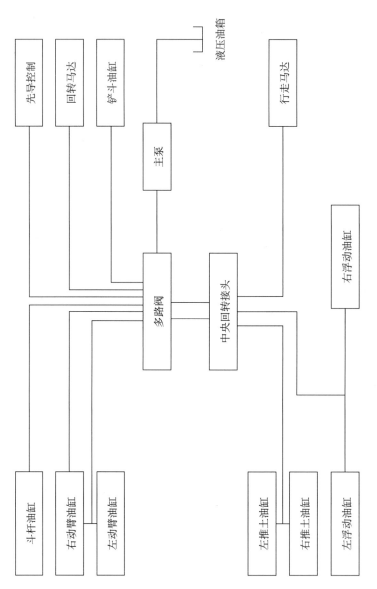

图 2-2-14 山河智能 SWE150W 型轮式挖掘机液压系统油路示意图

表 2-2-5　山河智能 SWE150W 型轮式挖掘机润滑表

润滑点编号	润滑部位	点数	设备制造厂推荐用油	推荐用油		润滑保养规范			更换规范	
				种类、型号	适用温度范围 ℃	最小维护周期	加注方式	推荐换油周期	加注量，L
1	连杆销轴	3	锂基润滑脂 XL A2	极压锂基润滑脂（N 型）	-30 ~ 120	每班	脂枪加注	3 个月	适量
2	铲斗油缸销轴	2	锂基润滑脂 XL A2	极压锂基润滑脂（N 型）	-30 ~ 120	每班	脂枪加注	3 个月	适量
3	斗杆油缸活塞杆销轴	1	锂基润滑脂 XL A2	极压锂基润滑脂（N 型）	-30 ~ 120	每班	脂枪加注	3 个月	适量
4	回转齿圈	1	锂基润滑脂 XL A2	二硫化钼锂基润滑脂	-30 ~ 120	每周	脂枪加注	3 个月	适量
5	推土连杆	2	锂基润滑脂 XL A2	极压锂基润滑脂（N 型）	-30 ~ 120	每班	脂枪加注	3 个月	适量
6	推土油缸销轴	4	锂基润滑脂 XL A2	极压锂基润滑脂（N 型）	-30 ~ 120	每班	脂枪加注	3 个月	适量
7	推土铲销轴	4	锂基润滑脂 XL A2	极压锂基润滑脂（N 型）	-30 ~ 120	每班	脂枪加注	3 个月	适量
8	后桥行走齿轮箱	1	SAE 80W/90（API GL-5）	重负荷车辆齿轮油 GL-5 80W/90	-30 ~ 40	每周	注入	12 个月	11.2
9	轮边（后桥）	2	SAE 80W/90（API GL-5）	重负荷车辆齿轮油 GL-5 80W/90	-30 ~ 40	每周	注入	12 个月	9
10	变速箱	1	SAE15W/40（API CH-4）	柴油机油 CI-4 5W/40	-25 ~ 40	每周	注入	12 个月	3
11	驱动轴（接头）	7	锂基润滑脂 XL A2	HP-R 高温脂或 2 号复合锂基脂	-30 ~ 180	每周	脂枪加注	6 个月	适量
12	前桥行走齿轮箱	1	SAE 80W/90（APIGL-5）	重负荷车辆齿轮油 GL-5 80W/90	-30 ~ 40	每周	注入	12 个月	10.5
13	轮边（前桥）	2	SAE 80W/90（APIGL-5）	重负荷车辆齿轮油 GL-5 80W/90	-30 ~ 40	每周	注入	6 个月	2.4

续表

润滑点编号	润滑部位	点数	推荐用油			润滑保养规范		更换规范	
			设备制造厂推荐用油	种类、型号	适用温度范围℃	最小维护周期	加注方式	推荐换油周期	加注量，L
14	前桥耳轴套	1	锂基润滑脂 XL A2	极压锂基润滑脂（N型）	−30～120	每班	脂枪加注	3个月	适量
15	斗杆销轴	3	锂基润滑脂 XL A2	极压锂基润滑脂（N型）	−30～120	每班	脂枪加注	3个月	适量
16	动臂油缸缸体销轴	2	锂基润滑脂 XL A2	极压锂基润滑脂（N型）	−20～120	每班	脂枪加注	3个月	适量
17	动臂集中润滑装置（动臂尾部，动臂油缸活塞端和斗杆油缸缸体端集中润滑）	5	锂基润滑脂 XL A2	极压锂基润滑脂（N型）	−30～120	每班	脂枪加注	3个月	适量
18	液压油油箱	1	按GB/T 7631.2选用	低温液压油 L−HV 32	−30～50	每周	注入	1a	152
19	发动机	1	SAE 15W/40（API CH−4 以上）	柴油机油 CI−4 5W/40	−30～40	每周	注入	6个月	20
20	冷却液箱	1	50%乙二醇防冻剂和50%水混合	−45号乙二醇型重负荷发动机冷却液	−45 以上	每周	注入	2a	21
21	回转减速齿轮箱	1	SAE 80W/90（API GL−5）	重负荷车辆齿轮油 GL−5 80W/90	−30～40	每周	注入	6个月	适量
22	回转齿轮和小齿轮	1	锂基润滑脂 XL A2	极压锂基润滑脂（N型）	−30～120	每周	脂枪加注	6个月	适量

注：依据山河智能 SWE150W 型轮式挖掘机编制，其他型号的轮式挖掘机参照执行。

二、履带挖掘机润滑图表

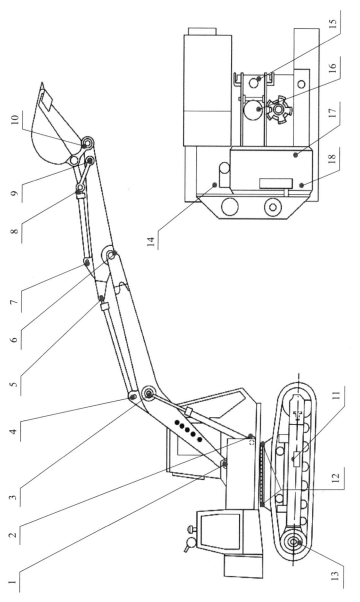

图 2-2-15 凯斯 CX210BLC 型履带挖掘机润滑点示意图（主视 + 俯视）

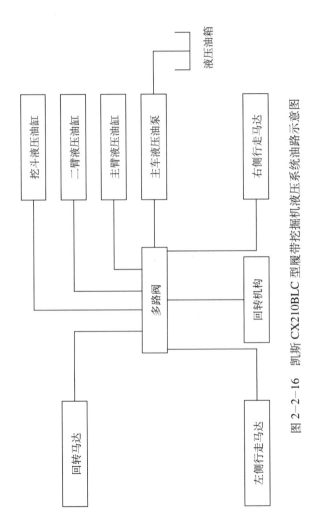

图 2-2-16　凯斯 CX210BLC 型履带挖掘机液压系统油路示意图

表2-2-6 凯斯CX210BLC型履带挖掘机润滑表

润滑点编号	润滑部位	点数	设备制造厂推荐用油	推荐用油 种类、型号	适用温度范围 ℃	最小维护周期	加注方式	推荐换油周期	加注量，L
1	大臂底销（左、右）	2	NLGI0	极压锂基润滑脂(N型)	−30～120	每日	脂枪加注	250h	适量
2	大臂油缸底销（左、右）	2	NLGI0	极压锂基润滑脂(N型)	−30～120	每日	脂枪加注	250h	适量
3	大臂油缸顶销（左、右）	2	NLGI0	极压锂基润滑脂(N型)	−30～120	每日	脂枪加注	250h	适量
4	小臂油缸底销	1	NLGI0	极压锂基润滑脂(N型)	−30～120	每日	脂枪加注	250h	适量
5	小臂油缸顶销	1	NLGI0	极压锂基润滑脂(N型)	−30～120	每日	脂枪加注	250h	适量
6	大臂小臂连接销（左、右）	2	NLGI0	极压锂基润滑脂(N型)	−30～120	每日	脂枪加注	250h	适量
7	铲斗油缸底销	1	NLGI0	极压锂基润滑脂(N型)	−30～120	每日	脂枪加注	250h	适量
8	铲斗油缸顶销	3	NLGI0	极压锂基润滑脂(N型)	−30～120	每日	脂枪加注	250h	适量
9	小臂连接销	1	NLGI0	极压锂基润滑脂(N型)	−30～120	每日	脂枪加注	250h	适量
10	铲斗连接销（左、右）	1	NLGI0	极压锂基润滑脂(N型)	−30～120	每日	脂枪加注	250h	适量
11	涨紧缸（左、右）	2	NLGI0	极压锂基润滑脂(N型)	−30～120	每日	脂枪加注	250h	适量
12	回转齿圈（左、右）	2	NLGI2	极压锂基润滑脂(N型)	−30～120	每日	脂枪加注	250h	适量
13	驱动轮（左、右）	2	GL−5 80W/90	重负荷车辆齿轮油 GL−5 80W/90	−30～40	每周	注入	1000h	5
14	冷却水箱	1	50%的水和50%的乙二醇	−45号乙二醇型重负荷发动机冷却液	−45以上	每日	注入	4000h	25.2
15	回转圈轮齿	1	NLGI2	极压锂基润滑脂(N型)	−30～120	每日	脂枪加注	250h	适量
16	回转减速齿轮	1	GL−5 80W/90	重负荷车辆齿轮油 GL−5 80W/90	−30～40	每周	注入	1000h	9.7
17	液压油箱	1	HV46	低温液压液L−HV32	−30～50	每周	注入	5000h	147
18	发动机	1	15W/40	柴油机油CI−4 5W/40	−35～40	每周	注入	500h	23.1

第五节　挖掘装载机润滑图表

挖掘装载机根据传动形式不同，可以分为机械、液力机械、液压、电传动挖掘装载机；根据装载方式不同，可以分为前卸式、后卸式、侧卸式、回转式挖掘装载机。挖掘装载机主要由发动机、传动系统、液压系统、电气系统、驾驶室（操作室）、机罩和工作装置等七部分组成，润滑部位包括发动机、变速箱、前后桥、各类铰接销处等，油品类别包括柴油机油、车辆齿轮油、液压油、润滑脂等。本节主要编制了凯斯 580L 挖掘装载机润滑图表（图 2-2-17 至图 2-2-19 以及表 2-2-7），凯斯 590L、柳工 CLG765A、柳工 CLG766A、柳工 CLG777A、柳工 CLG777、柳工 CLG766 等其他挖掘装载机可参照执行上述润滑图表要求。

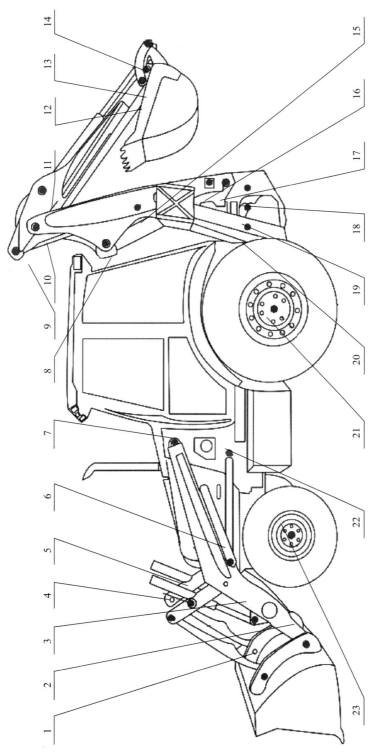

图 2-2-17　凯斯 580L 挖掘装载机润滑点示意图（主视图）

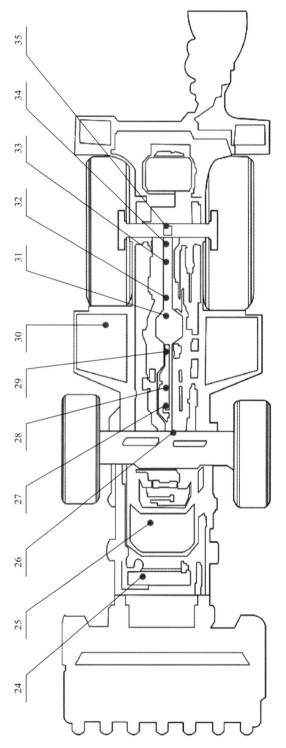

图 2-2-18　凯斯 580L 挖掘装载机润滑点示意图（俯视图）

图 2-2-19　凯斯 580L 挖掘装载机液压系统油路示意图

表 2-2-7 凯斯 580L 挖掘装载机润滑表

润滑点编号	润滑部位	点数	设备制造厂推荐用油	推荐用油		润滑保养规范			更换规范	
				种类、型号	适用温度范围 ℃	最小维护周期	加注方式	推荐换油周期	加注量,L
1	前铲斗连接底销（左、右）	2	二硫化钼润滑剂	极压锂基润滑脂（N 型）	−30～120	每日	脂枪加注	250h	适量
2	前铲斗大臂顶销（左、右）	2	二硫化钼润滑剂	极压锂基润滑脂（N 型）	−30～120	每日	脂枪加注	250h	适量
3	前铲斗油缸顶销（左、右）	2	二硫化钼润滑剂	极压锂基润滑脂（N 型）	−30～120	每日	脂枪加注	250h	适量
4	前铲斗连接顶销（左、右）	2	二硫化钼润滑剂	极压锂基润滑脂（N 型）	−30～120	每日	脂枪加注	250h	适量
5	前铲斗油缸底销（左、右）	2	二硫化钼润滑剂	极压锂基润滑脂（N 型）	−30～120	每日	脂枪加注	250h	适量
6	前大臂液压油缸顶销（左、右）	2	二硫化钼润滑剂	极压锂基润滑脂（N 型）	−30～120	每日	脂枪加注	250h	适量
7	前铲斗大臂底销（左、右）	2	二硫化钼润滑剂	极压锂基润滑脂（N 型）	−30～120	每日	脂枪加注	250h	适量
8	挖掘大臂液压油缸顶销	1	二硫化钼润滑剂	极压锂基润滑脂（N 型）	−30～120	每日	脂枪加注	250h	适量
9	挖掘小臂液压油缸顶销	1	二硫化钼润滑剂	极压锂基润滑脂（N 型）	−30～120	每日	脂枪加注	250h	适量
10	挖掘大臂顶销	1	二硫化钼润滑剂	极压锂基润滑脂（N 型）	−30～120	每日	脂枪加注	250h	适量
11	铲斗液压油缸底销	1	二硫化钼润滑剂	极压锂基润滑脂（N 型）	−30～120	每日	脂枪加注	250h	适量
12	连接销 1	1	二硫化钼润滑剂	极压锂基润滑脂（N 型）	−30～120	每日	脂枪加注	250h	适量
13	连接销 2	1	二硫化钼润滑剂	极压锂基润滑脂（N 型）	−30～120	每日	脂枪加注	250h	适量
14	铲斗液压油缸顶销	1	二硫化钼润滑剂	极压锂基润滑脂（N 型）	−30～120	每日	脂枪加注	250h	适量
15	挖掘小臂液压油缸底销	1	二硫化钼润滑剂	极压锂基润滑脂（N 型）	−30～120	每日	脂枪加注	250h	适量
16	挖掘大臂液压油缸底销	1	二硫化钼润滑剂	极压锂基润滑脂（N 型）	−30～120	每日	脂枪加注	250h	适量
17	挖掘大臂底销（左、右）	2	二硫化钼润滑剂	极压锂基润滑脂（N 型）	−30～120	每日	脂枪加注	250h	适量
18	转向油缸顶销（左、右）	2	二硫化钼润滑剂	极压锂基润滑脂（N 型）	−30～120	每日	脂枪加注	250h	适量
19	转向油缸底销（左、右）	2	二硫化钼润滑剂	极压锂基润滑脂（N 型）	−30～120	每日	脂枪加注	250h	适量
20	千斤腿液压油缸底销（左、右）	2	二硫化钼润滑剂	极压锂基润滑脂（N 型）	−30～120	每日	脂枪加注	250h	适量

续表

润滑点编号	润滑部位	点数	设备制造厂推荐用油	推荐用油 种类、型号	适用温度范围 ℃	最小维护周期	加注方式	推荐换油周期	加注量, L
21	后轮行星传动端（左、右）	2	GL-5 80W/90	重负荷车辆齿轮油 GL-5 80W/90	-30~40	每周	注入	1000h	1.5
22	前大臂液压油缸底销（左、右）	2	二硫化钼润滑剂	极压锂基润滑脂（N型）	-30~120	每日	脂枪加注	250h	适量
23	前轮行星传动端（左、右）	2	GL-5 80W/90	重负荷车辆齿轮油 GL-5 80W/90	-30~40	每日	注入	1000h	0.7
24	冷却水箱	1	乙二醇和水	-45号乙二醇型重负荷发动机冷却液	-45以上	每日	注入	2000h	16.8
25	发动机	1	CH-4 15W/40	柴油机油 CI-4 5W/40	-35~40	每日	注入	500h	13.6
26	前桥	1	GL-5 80W/90	重负荷车辆齿轮油 GL-5 80W/90	-30~40	每周	注入	1000h	5.5
27	伸缩节	1	二硫化钼润滑剂	极压锂基润滑脂（N型）	-30~120	每日	脂枪加注	1000h	适量
28	前传动前万向节	1	二硫化钼润滑剂	极压锂基润滑脂（N型）	-30~120	每周	脂枪加注	1000h	适量
29	前传动后万向节	1	二硫化钼润滑剂	极压锂基润滑脂（N型）	-30~120	每周	脂枪加注	1000h	适量
30	液压油箱	1	AKCELA HY-TRAN	低温液压油 L-HV32	-30~50	每日	注入	2000h	106
31	变速器	1	AKCELA HY-TRAN	重负荷车辆齿轮油 GL-5 80W/90	-30~40	每周	注入	1000h	14.4
32	后传动前万向节	1	二硫化钼润滑剂	极压锂基润滑脂（N型）	-30~120	每周	脂枪加注	250h	适量
33	后传动后万向节	1	二硫化钼润滑剂	极压锂基润滑脂（N型）	-30~120	每周	脂枪加注	250h	适量
34	伸缩节	1	二硫化钼润滑剂	极压锂基润滑脂（N型）	-30~120	每日	脂枪加注	250h	适量
35	差速器	1	GL-5 80W/90	重负荷车辆齿轮油 GL-5 80W/90	-30~40	每周	注入	1000h	14.2

第六节　汽车起重机润滑图表

　　汽车起重机是装在普通汽车底盘或特制汽车底盘上的一种起重机，其行驶驾驶室与起重操纵室分开设置，在一定范围内垂直提升和水平搬运重物的多动作起重机械。各机构经常处于起动、制动和正反方向运转的工作状态。按起重量可分为 8t、10t、12t、16t、25t、30t、50t 等多种型号。本节结合油田实际编制了 30t（图 2-2-20 和图 2-2-21 以及表 2-2-8）和 50t（图 2-2-22 及表 2-2-9）汽车起重机上装润滑图表，车辆底盘润滑参照载货车辆润滑及用油要求。

一、进口 30T 汽车起重机润滑图表

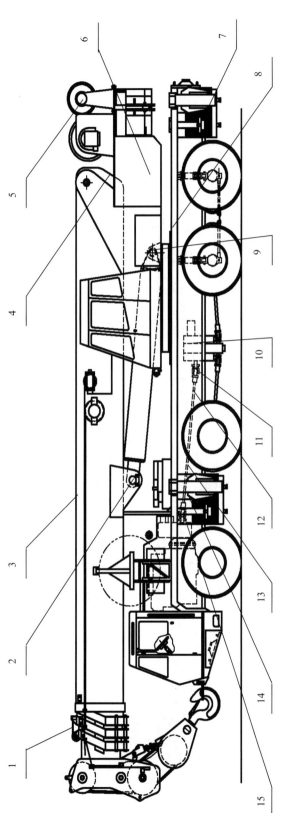

图 2-2-20 进口 30t 汽车起重机润滑点示意图（主视图）

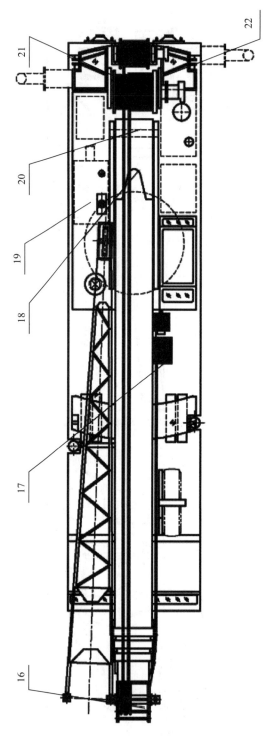

图 2-2-21　进口 30t 汽车起重机润滑点示意图（俯视图）

表2-2-8 进口30t汽车起重机润滑表

润滑点编号	润滑部位	点数	设备制造厂推荐用油（性能指标）	推荐用油 种类型号	推荐用油 适用温度范围，℃	润滑保养规范 最小维护周期	润滑保养规范 加注方式	润滑保养规范 推荐换油周期	更换规范 加注量，L	备注
1	吊臂伸缩钢丝绳	2	汽车通用锂基润滑脂	极压锂基润滑脂	-30~120	每月	涂抹	—	适量	
2	副钩	1	汽车通用锂基润滑脂	极压锂基润滑脂	-30~120	每月	脂枪加注	1个月或200h	适量	
3	起升机钢丝绳	2	汽车通用锂基润滑脂	极压锂基润滑脂	-30~120	每月	涂抹	1周或50h	适量	
4	主臂支点销	1	汽车通用锂基润滑脂	极压锂基润滑脂	-30~120	每月	脂枪加注	500h	适量	
5	滑轮和滑轮轴	2	汽车通用锂基润滑脂	极压锂基润滑脂	-30~120	每周	脂枪加注、涂抹	1个月或200h	按说明书	
6	液压储能器	1	液压油	HV低温液压油	-30~50	每月	注入	2a或5000h	适量	
7	支腿臂	4	汽车通用锂基润滑脂	极压锂基润滑脂	-30~120	每月	脂枪加注	1个月或200h	适量	
8	回转机构支撑和齿轮	4	汽车通用锂基润滑脂	极压锂基润滑脂	-30~120	每周	脂枪加注、涂抹	1个月或200h	适量	
9	吊臂变幅油缸下支点销	1	汽车通用锂基润滑脂	极压锂基润滑脂	-30~120	每月	脂枪加注	4000h	适量	等级CC
10	液压油箱	1	液压油	抗磨液压油 L-HM46（高压）	-10~50	每月	注入	3a或7200h	按说明书	
11	主钩	1	汽车通用锂基润滑脂	极压锂基润滑脂	-30~120	每月	脂枪加注	1个月或200h	适量	
12	取力器传动轴	1	汽车通用锂基润滑脂	极压锂基润滑脂	-30~120	每月	脂枪加注	1个月或200h	适量	
13	传动轴	3	汽车通用锂基润滑脂	极压锂基润滑脂	-30~120	每月	脂枪加注	1个月或200h	适量	
14	变速箱	1	汽车专用齿轮油	中负荷车辆齿轮油 GL-4 80W/90	-10~40	每月	注入	3a或7200h	按说明书	
15	前支腿盘	1	汽车通用锂基润滑脂	极压锂基润滑脂	-30~120	每月	脂枪加注	1个月或200h	适量	
16	主臂下表面	1	TNR-2润滑脂	极压锂基润滑脂	-30~120	每周	涂抹	1个月或200h	适量	
17	液压五联阀	1	液压油	抗磨液压油 L-HM46（高压）	-10~50	每月	注入	3a或7200h	适量	
18	第2节主臂上表面	2	TNR-2润滑脂	极压锂基润滑脂	-30~120	每月	脂枪加注	1个月或200h	适量	
19	液压四联阀	1	液压油	抗磨液压油 L-HM46（高压）	-10~50	每月	注入	3a或7200h	按说明书	
20	第3节主臂和顶节主臂上表面	2	TNR-2润滑脂	极压锂基润滑脂	-30~120	每月	涂抹	1个月或200h	适量	
21	卷扬马达	1	液压油	抗磨液压油 L-HM46（高压）	-10~50	每月	注入	3a或7200h	适量	
22	卷扬刹车	1	液压油	抗磨液压油 L-HM46（高压）	-10~50	每月	注入	3a或7200h	适量	

二、国产 50t 汽车起重机润滑图表

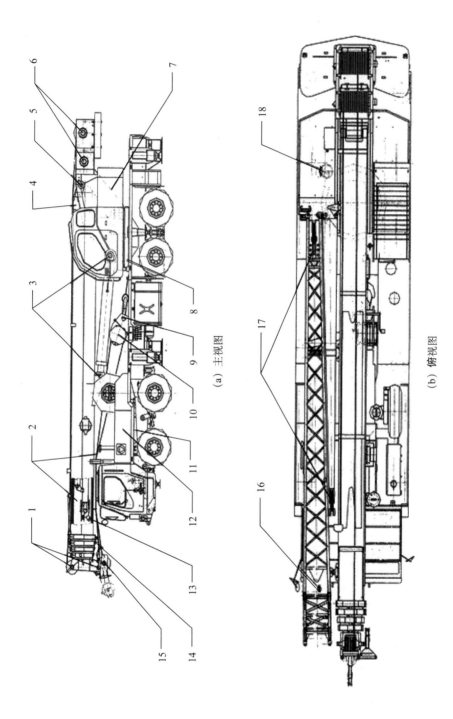

（a）主视图

（b）俯视图

图 2-2-22 国产 50t 汽车起重机润滑点示意图

表2-2-9 国产50t汽车起重机润滑表

润滑点编号	润滑部位	点数	设备制造厂推荐用油（性能指标）	推荐用油		润滑保养规范		更换规范		备注
				种类型号	适用温度范围，℃	最小维护周期	加注方式	推荐换油周期	加注量，L	
1	吊臂头部滑轮	2	锂基润滑脂	极压锂基润滑脂	-30~120	每周	涂抹	1个月或200h	适量	
2	钢丝绳	2	钢丝绳脂	钢丝绳脂	-30~120	每周	涂抹	1个月或200h	适量	
3	变幅缸上下铰点	2	锂基润滑脂	极压锂基润滑脂	-30~120	每周	脂枪加注	1个月或200h	适量	
4	吊臂尾部滑块	1	锂基润滑脂	极压锂基润滑脂	-30~120	每周	脂枪加注	1个月或200h	适量	
5	吊臂后铰点	1	锂基润滑脂	极压锂基润滑脂	-30~120	每周	脂枪加注	1个月或200h	适量	
6	主副起升轴承座	1	锂基润滑脂	极压锂基润滑脂	-30~120	每周	脂枪加注	1个月或200h	适量	
7	液压蓄能器	1	液压油	抗磨液压油 L—HM46（高压）	-10~50	每月	注入	3a或7200h	按说明书	
8	回转支承	1	锂基润滑脂	极压锂基润滑脂	-30~120	每周	脂枪加注	1个月或200h	适量	
9	主吊钩滑轮	1	锂基润滑脂	极压锂基润滑脂	-30~120	每周	涂抹	1个月或200h	适量	
10	主副吊钩横梁	1	锂基润滑脂	极压锂基润滑脂	-30~120	每周	脂枪加注	1个月或200h	适量	
11	变速箱	1	液压油	抗磨液压油 L—HM46（高压）	-10~50	每月	注入	3a或7200h	按说明书	
12	液压油箱	1	液压油	抗磨液压油 L—HM46（高压）	-10~50	每月	注入	3a或7200h	按说明书	
13	滑块外表面	4	锂基润滑脂	极压锂基润滑脂	-30~120	每周	涂抹	1个月或200h	适量	
14	吊臂头部滑轮	1	锂基润滑脂	极压锂基润滑脂	-30~120	每周	涂抹	1个月或200h	适量	
15	臂端单滑轮	1	锂基润滑脂	极压锂基润滑脂	-30~120	每周	涂抹	1个月或200h	适量	
16	副臂导向轮	1	锂基润滑脂	极压锂基润滑脂	-30~120	每周	脂枪加注	1个月或200h	适量	
17	副臂滑轮	2	锂基润滑脂	极压锂基润滑脂	-30~120	每周	涂抹	1个月或200h	适量	
18	回转机构小齿轮齿面	1	锂基润滑脂	极压锂基润滑脂	-30~120	每周	涂抹	1个月或200h	适量	

第七节　其他工程机械润滑图表

除上述工程机械外，油气田使用较多的还有随车起重机和叉车。本节结合油气田实际编制了 5t 古河随车起重机和叉车润滑图表（图 2-2-23 至图 2-2-26 以及表 2-2-10 和表 2-2-11），车辆底盘润滑参照载货车辆润滑及用油要求。

一、古河随车起重机润滑图表

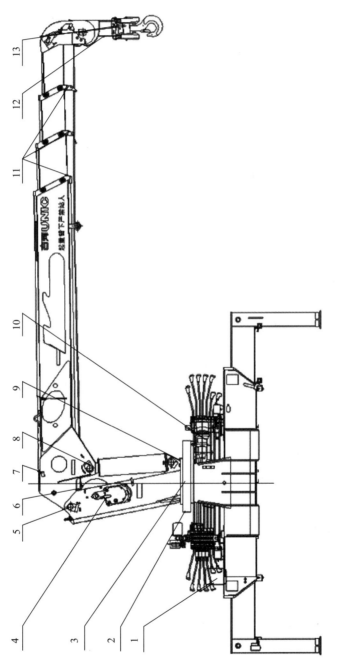

图 2－2－23　古河随车起重机润滑点示意图

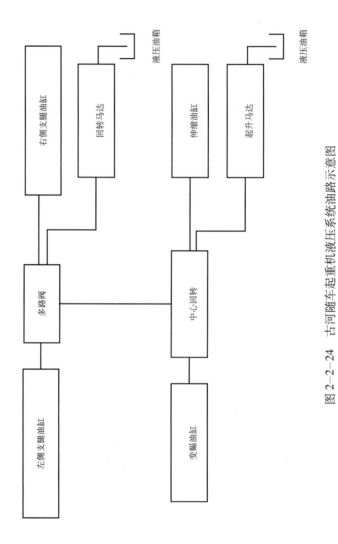

图 2—2—24　古河随车起重机液压系统油路示意图

表2-2-10 国产50t古河随车起重机润滑表

润滑点编号	润滑部位	点数	设备制造厂推荐用油（性能指标）	推荐用油		润滑保养规范		更换规范		备注
				种类、型号	适用温度范围,℃	最小维护周期	加注方式	推荐换油周期	加注量,L	
1	液压油箱	1	液压油	抗磨液压油 L-HM46（高压）	-10~50	每周	注入	3a或7200h	60	
2	回转齿轮	1	NO.2	极压锂基润滑脂	-30~120	每周	脂枪加注	6个月或450h	适量	
3	回转轴承	2	NO.2	极压锂基润滑脂	-30~120	每周	脂枪加注	6个月或450h	适量	
4	起升减速机	1	GL4-90	工业闭式齿轮油 L-CKD100	-10~40	每周	注入	6个月或450h	适量	
5	起重臂与立柱铰轴	1	NO.2	极压锂基润滑脂	-30~120	每周	脂枪加注	6个月或450h	适量	
6	起升机构卷筒	1	NO.2	极压锂基润滑脂	-30~120	每周	脂枪加注	6个月或450h	适量	
7	起重臂上滑块	2	NO.2	极压锂基润滑脂	-30~120	每周	脂枪加注	6个月或450h	适量	
8	变幅油缸上铰轴	2	NO.2	极压锂基润滑脂	-30~120	每周	脂枪加注	6个月或450h	适量	
9	变幅油缸下铰轴	2	NO.2	极压锂基润滑脂	-30~120	每周	脂枪加注	6个月或450h	适量	
10	回转减速机	1	CF-4 15W/40	工业闭式齿轮油 L-CKD100	-10~40	每周	注入	6个月或450h	1	
11	起重臂下滑块	3	NO.2	极压锂基润滑脂	-30~120	每周	脂枪加注	6个月或450h	适量	
12	钢丝绳	1	钢丝绳润滑脂	钢丝绳润滑脂	-30~120	每周	涂抹	1个月或200h	适量	
13	吊钩连接部位	1	NO.2	极压锂基润滑脂	-30~120	每周	涂抹	6个月或450h	适量	

二、叉车润滑图表

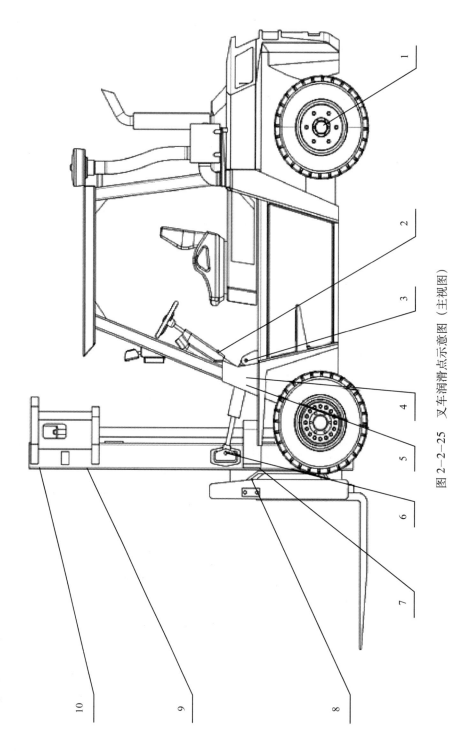

图 2-2-25　叉车润滑点示意图（主视图）

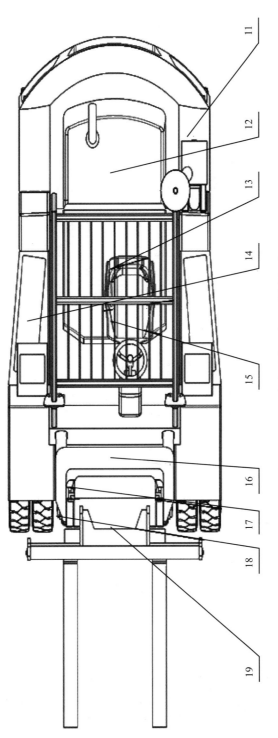

图 2-2-26　叉车润滑点示意图（俯视图）

表 2-2-11　叉车润滑表

润滑点编号	润滑部位	点数	设备制造厂推荐用油（性能指标）	推荐用油 种类型号	适用温度范围 ℃	润滑保养规范 最小维护周期	润滑保养规范 加注方式	更换规范 推荐换油周期	更换规范 加注量 L	备注
1	驱动轮轴承（前后左右）	4	汽车通用锂基润滑脂	汽车通用锂基润滑脂	-30～120	每周	脂枪加注	1个月或200h	适量	
2	传动轴响节	1	汽车通用锂基润滑脂	汽车通用锂基润滑脂	-30～120	每周	脂枪加注	1个月或200h	适量	
3	倾斜油缸销（后端）	1	汽车通用锂基润滑脂	汽车通用锂基润滑脂	-30～120	每周	脂枪加注	1个月或200h	适量	
4	变速杆	1	汽车通用锂基润滑脂	汽车通用锂基润滑脂	-30～120	每周	涂抹	1个月或200h	适量	
5	手刹车	1	汽车通用锂基润滑脂	汽车通用锂基润滑脂	-30～120	每周	涂抹	1个月或200h	适量	
6	倾斜油缸销（前端）	1	汽车通用锂基润滑脂	汽车通用锂基润滑脂	-30～120	每周	脂枪加注	1个月或200h	适量	
7	门架内外门柱滑动面（左右）	2	汽车通用锂基润滑脂	汽车通用锂基润滑脂	-30～120	每周	脂枪加注	1个月或200h	适量	
8	货叉轴	1	汽车通用锂基润滑脂	汽车通用锂基润滑脂	-30～120	每周	脂枪加注	1个月或200h	适量	
9	起升链条（左右）	2	柴油机油	柴油机油 CF-4 15W/40	-20～40	每周	涂抹	1个月或200h	适量	等级 CC
10	链条定位轮	2	汽车通用锂基润滑脂	汽车通用锂基润滑脂	-30～120	每周	涂抹	1个月或200h	适量	
11	转向臂支架销（左右）	4	汽车通用锂基润滑脂	汽车通用锂基润滑脂	-30～120	每周	脂枪加注	1个月或200h	适量	
12	转向桥支座（前后）	2	汽车通用锂基润滑脂	汽车通用锂基润滑脂	-30～120	每周	脂枪加注	1个月或200h	适量	
13	发动机	1	柴油机油	柴油机油 CH-4 5W/30	-30～40	500h	注入	500h	适量	
14	液压系统	1	液压油	L-HV32 低温液压油	-30～50	4000h	注入	4000h	适量	
15	变速箱	1	液力传动油	8号液力传动油	-30～50	4000h	注入	4000h	适量	
16	传动轴	1	汽车通用锂基润滑脂	汽车通用锂基润滑脂	-30～120	每周	脂枪加注	1个月或200h	适量	
17	门架衬瓦（左、右）	2	汽车通用锂基润滑脂	汽车通用锂基润滑脂	-30～120	每周	涂抹	1周或50h	适量	
18	门架、起升主滚轮侧滚轮（左、右）	4	汽车通用锂基润滑脂	汽车通用锂基润滑脂	-30～120	每周	脂枪加注	1个月或200h	适量	
19	前桥	2	齿轮油	重负荷车辆齿轮油 GL-5 80W/90	-30～40	1000h	注入	1000h	适量	

第三章　钻井设备润滑及用油

钻井设备是参加钻井施工作业的专业特种设备的简称，主要包括天车、游动系统、水龙头、转盘、顶驱、钻井泵、绞车、柴油机等。按照动力源的形式不同一般分电动钻机和机械钻机两种形式。电动钻机是指由井架下方的柴油发电机组提供600V交流电源经过整流柜和逆变柜变换成不同电压和频率的电源驱动直流或交流变频电动机给绞车、顶驱、转盘和钻井泵提供动力。机械钻机是由井架下方的柴油机经由联动机组直接提供钻井动力的钻井设备。

钻井设备的种类、型号、规格很多，但是同种类的设备结构上大同小异，因而对于同种类设备的润滑要求大体相同，各别部位有细微的差别。但钻井设备又是一套复杂的设备，不同类型的钻井设备的工作条件相差很大，且需要润滑的部位和加油点较多。因此，不可能对所有型号的钻井设备的每一个润滑点都考虑其润滑要求和选取相应的润滑剂，这里仅对钻井设备中具有共性，但又是重要和关键的润滑部位，介绍其对润滑的要求与润滑剂的选用。其余众多的一般润滑部位的润滑剂选用则可按该型号设备的说明书或使用手册来选取。

第一节　天车润滑图表

天车是安装在井架顶部的定滑轮组件，是钻机提升系统的固定部分。通过绞车和提升系统组合来完成下钻杆和下套管以及部分钻机井架、底座的起升等作业。它承受最大钩载和快绳、死绳的拉力，并把这些载荷传递到井架和底座上。

（1）润滑方式与管理。

钻井设备中所使用的天车虽然型号、尺寸及提升能力不同，但是结构及润滑点和润滑方式大体相同。本部分介绍的天车润滑保养方式适用于钻井用各种天车型号，例如TC135、TC170、TC225、TC315和TC450等。

天车主要润滑部位有导向滑轮、主滑轮、滑车轮及滑轮、辅助滑轮，全部采用润滑脂润滑。

由于天车工作负荷高，并且工作时间较长，位置较高，不方便维护保养，因此选择适用于高温、高速及高负荷等苛刻条件下的设备润滑的2号极压聚脲润滑脂。

（2）基本要求。

按照定时、定量、推荐油品加注润滑

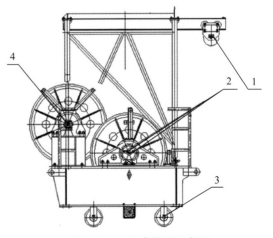

图2-3-1　天车润滑示意图

脂。在钻井队搬家期间，井架放倒后需全面保养天车，并检查各轴承状态。

（3）润滑图表。

天车润滑图表见图 2-3-1 和表 2-3-1。

第二节　游动系统润滑图表

游动系统是钻探设备必不可少的提升设备，游动系统是安装在井架天车下部的动滑轮组，其与天车用钢丝绳联系组成一套滑轮系统，它承受最大钩载，并把这些载荷传递到天车、井架和底座上。

（1）润滑方式与管理。

钻井设备中所使用的游动系统虽然型号、尺寸及提升能力不同，但是结构及润滑点和润滑方式大体相同。本部分介绍的游动系统润滑保养方式适用于钻井用各种游动系统大部分型号，例如 YG135、YG170，以及 YC225、YC350、YC450，DG225、DG315 和 DG450 等。

游动系统主要润滑部位有游车轴滑轮轴承、大钩油底壳、大钩舌销，其中游车轴滑轮轴承和大钩舌销采用润滑脂润滑，大钩油底壳需加注工业齿轮油。

由于游动系统工作负荷高，工作环境比较恶劣，因此选择适用于高强负荷、比较高温条件下润滑的 2 号极压聚脲润滑脂。

（2）基本要求。

按照定时、定量、推荐油品加注润滑油、润滑脂。在钻井队搬家期间，井架放倒后需全面保养游车大钩，并检查游车大钩技术状态。

（3）润滑图表。

游动系统润滑图表见图 2-3-2、图 2-3-3 和表 2-3-2。

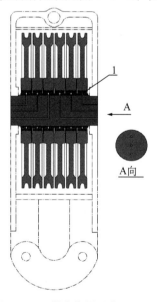

图 2-3-2　游车润滑示意图

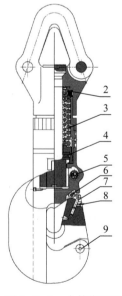

图 2-3-3　大钩润滑示意图

表 2-3-1 天车润滑表

润滑点编号	润滑部位	点数	设备制造厂推荐用油（性能指标）	推荐用油		润滑保养规范		更换规范	
				种类、型号	适用温度范围，℃	最小维护周期	加注方式	推荐换油周期	加注量
1	滑车轮及滑轮	5	2号锂基润滑脂	2号极压聚脲润滑脂	−20～180	1000h	脂枪加注	1a	加注至挤出新脂
2	主滑轮	5或6	2号锂基润滑脂	2号极压聚脲润滑脂	−20～180	1000h	脂枪加注	1a	加注至挤出新脂
3	辅助滑轮	2	2号锂基润滑脂	2号极压聚脲润滑脂	−20～180	1000h	脂枪加注	1a	加注至挤出新脂
4	导向滑轮	1	2号锂基润滑脂	2号极压聚脲润滑脂	−20～180	1000h	脂枪加注	1a	加注至挤出新脂

备注：天车保养时也可以选用3号锂基润滑脂，但是保养及换油时间必须缩短至适用于3号锂基润滑脂相应的保养时间。

表 2-3-2 游动系统润滑表

润滑点编号	润滑部位	点数	设备制造厂推荐用油（性能指标）	推荐用油		润滑保养规范		更换规范	
				种类、型号	适用温度范围，℃	最小维护周期	加注方式	推荐换油周期	加注量，L
1	游车轮	6	2号锂基润滑脂	2号极压聚脲润滑脂	−20～180	1000h	脂枪加注	1a	加注至挤出新脂
2	定位盘	1	2号锂基润滑脂	2号极压聚脲润滑脂	−20～180	1000h	脂枪加注	1a	加注至挤出新脂
3	大钩油底壳	1	20号机油	L-CKD150重负荷工业齿轮油	−20～35	每周	密闭油桶加注	1000h	20
				L-CKD220重负荷工业齿轮油	10～60	每周	密闭油桶加注	1000h	20
4	轴承	1	20号机油	L-CKD150重负荷工业齿轮油	−20～35	每周	密闭油桶加注	1000h	包含在大钩
				L-CKD220重负荷工业齿轮油	10～60	每周	密闭油桶加注	1000h	油底壳内
5	制动装置	1	2号锂基润滑脂	2号极压聚脲润滑脂	−20～180	1000h	脂枪加注	1a	加注至挤出新脂
6	销轴	1	2号锂基润滑脂	2号极压聚脲润滑脂	−20～180	1000h	脂枪加注	1a	加注至挤出新脂
7	制子	1	2号锂基润滑脂	2号极压聚脲润滑脂	−20～180	1000h	脂枪加注	1a	加注至挤出新脂
8	顶杆	1	2号锂基润滑脂	2号极压聚脲润滑脂	−20～180	1000h	脂枪加注	1a	加注至挤出新脂
9	安全销	1	2号锂基润滑脂	2号极压聚脲润滑脂	−20～180	1000h	脂枪加注	1a	加注至挤出新脂

注：游动系统保养时也可以选用3号锂基润滑脂，但是保养及换油时间必须缩短至适用于3号锂基润滑脂相应的保养时间。

第三节　水龙头润滑图表

水龙头是钻探设备必不可少的提升设备之一，水龙头通过提环挂在大钩下部，随大钩运行而上提下放，上部通过鹅颈管与长长的水龙带相连，通过它们向钻具中心导入钻井液。

水龙头的主要作用是悬持旋转着的钻柱，承受大部分至全部的钻柱重量，并为旋转钻柱提供上部轴承支撑，并向旋转着的钻柱导入高压钻井液。

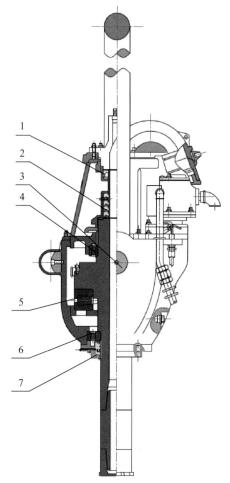

图 2-3-4　水龙头润滑示意图

（1）润滑方式与管理。

钻井设备中所使用的水龙头虽然型号、尺寸及提升能力不同，但是结构及润滑点和润滑方式大体相同。本部分介绍的水龙头润滑保养方式适用于钻井用各种游动系统型号，例如 SL225 和 SL450 等。

水龙头主要润滑部位有上部密封圈、冲管总成、提环销、下部密封圈、上扶正轴承、负荷轴承、下扶正轴承，其中上部密封圈、冲管总成、提环销、下部密封圈采用润滑脂润滑，上扶正轴承、负荷轴承、下扶正轴承齿轮采用飞溅润滑。

由于齿轮箱内工作负荷较大，齿轮箱内需加入油位不低于油标尺最低刻度的工业重负荷齿轮油。

（2）基本要求。

按照定时、定量和推荐油品来加注润滑油、润滑脂。在钻井队搬家期间，井架放倒后需全面保养水龙头，并检查水龙头状态，加注或更换油箱内齿轮油时，必须并且避免不同型号、不同厂家的齿轮油混用，以免造成齿轮油发生化学反应，影响润滑效果。

（3）润滑图表。

水龙头润滑图表见图 2-3-4 和表 2-3-3。

表 2-3-3 水龙头润滑表

润滑点编号	润滑部位	点数	设备制造厂推荐用油（性能指标）	推荐用油 种类、型号	适用温度范围 ℃	润滑保养规范 最小维护周期	加注方式	推荐换油周期	更换规范 加注量	备注
1	上部密封圈	1	2号锂基润滑脂	2号极压聚脲润滑脂	-20～180	1000h	脂枪加注	1a	加注至挤出新脂	—
2	冲管总成	1	2号锂基润滑脂	2号极压聚脲润滑脂	-20～180	1000h	脂枪加注	1a	加注至挤出新脂	—
3	提环销	2	2号锂基润滑脂	2号极压聚脲润滑脂	-20～180	1000h	脂枪加注	1a	加注至挤出新脂	—
4	上扶正轴承	1	90号工业齿轮油	L-CKD150工业重负荷齿轮油	-20～35	每班	密闭油桶加油	1a	上下刻度线之间	—
				L-CKD220工业重负荷齿轮油	10～60					
5	负荷轴承	1	90号工业齿轮油	L-CKD150工业重负荷齿轮油	-20～35	每班	密闭油桶加油	1a	上下刻度线之间	—
6	下扶正轴承	1	90号工业齿轮油	L-CKD220工业重负荷齿轮油	10～60	每班	密闭油桶加油	1a	上下刻度线之间	—
7	下部密封	2	2号锂基润滑脂	2号极压聚脲润滑脂	-20～180	1000h	脂枪加注	1a	加注至挤出新脂	—

注：水龙头保养时也可以选用3号锂基润滑脂，但是保养及换油时间必须缩短至适用于3号锂基润滑脂相应的保养时间。

第四节　转盘润滑图表

转盘是钻探设备必不可少的旋转设备之一，利用动力旋转完成三大功能：（1）转动井下钻具，传递足够大的扭矩和必要的转速；（2）在下套管或者起下钻过程中，承托井下全部套管柱或者钻杆柱的重量；（3）完成卸钻头、卸扣，处理事故时进行倒扣、上扣等辅助工作。转盘主要由主补心装置、转台装置、锥齿轮副、主轴承输入轴总成、锁紧装置、底座、上盖等零部件组成。

（1）润滑方式与管理。

钻井设备中所使用的转盘虽然驱动方式及尺寸不同，但是结构及润滑点和润滑方式大体相同。本部分介绍的转盘润滑保养方式适用于钻井用各种转盘型号，例如 ZP275、ZP375、ZP495 和 ZP520 等。

转盘主要润滑部位有锁紧装置销轴、负荷轴承、扶正轴承、大小齿圈、输入轴承。其中锁紧装置销轴采用润滑脂润滑，负荷轴承、扶正轴承、大小齿圈和输入轴承需加注工业齿轮油。

（2）基本要求。

按照定时、定量和推荐油品来加注润滑油、润滑脂。需做到每班检查软盘油池内润滑油质量及液位，如液位不足应及时补充润滑油，如润滑油内混入泥浆应及时查明原因并修理。

（3）润滑图表。

转盘润滑图表见图 2-3-5、图 2-3-6 和表 2-3-4、表 2-3-5。

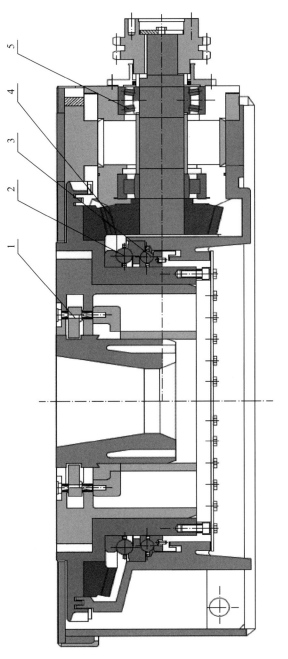

图 2-3-5　转盘润滑示意图

表 2-3-4 转盘润滑表

润滑点编号	润滑部位	点数	设备制造厂推荐用油（性能指标）	推荐用油 种类、型号	适用温度范围℃	润滑保养规范 最小维护周期	润滑保养规范 加注方式	润滑保养规范 推荐换油周期	更换规范 加注量
1	锁紧装置销轴	2	2号锂基脂	2号极压聚脲润滑脂	−20～180	每周	脂枪加注	1a	加注至挤出新脂
2	负荷轴承	1	90号硫磷型极压工业齿轮油	L-CKD150 工业重负荷齿轮油	−20～35	每班检查	密闭油桶加油	1000h	油池内合计加注100L
2	负荷轴承	1	90号硫磷型极压工业齿轮油	L-CKD220 工业重负荷齿轮油	10～60	每班检查	密闭油桶加油	1000h	油池内合计加注100L
3	扶正轴承	1	90号硫磷型极压工业齿轮油	L-CKD150 工业重负荷齿轮油	−20～35	每班检查	密闭油桶加油	1000h	油池内合计加注100L
3	扶正轴承	1	90号硫磷型极压工业齿轮油	L-CKD220 工业重负荷齿轮油	10～60	每班检查	密闭油桶加油	1000h	油池内合计加注100L
4	大小齿圈	1	90号硫磷型极压工业齿轮油	L-CKD150 工业重负荷齿轮油	−20～35	每班检查	密闭油桶加油	1000h	油池内合计加注100L
4	大小齿圈	1	90号硫磷型极压工业齿轮油	L-CKD220 工业重负荷齿轮油	10～60	每班检查	密闭油桶加油	1000h	油池内合计加注100L
5	输入轴承	2	90号硫磷型极压工业齿轮油	L-CKD150 工业重负荷齿轮油	−20～35	每班检查	密闭油桶加油	1000h	油池内合计加注100L
5	输入轴承	2	90号硫磷型极压工业齿轮油	L-CKD220 工业重负荷齿轮油	10～60	每班检查	密闭油桶加油	1000h	油池内合计加注100L

注：转盘保养时也可以选用3号锂基润滑脂，但是保养及换油时间必须缩短至适用于3号锂基润滑脂相应的保养时间。

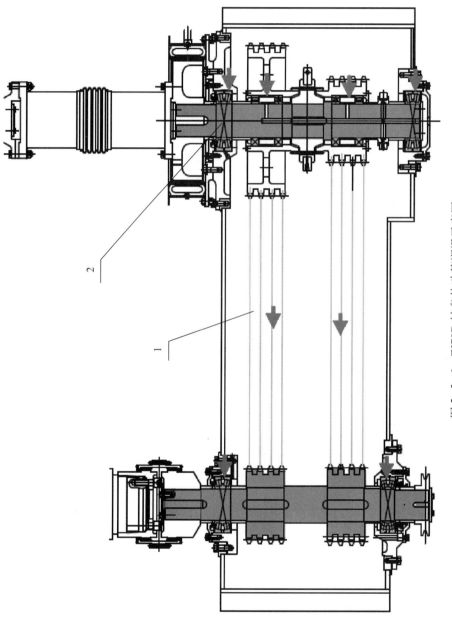

图 2-3-6 ZJ70D 转盘传动箱润滑示意图

表 2-3-5 ZJ70D 转盘传动箱润滑表

润滑点编号	润滑部位	点数	设备制造厂推荐用油（性能指标）	推荐用油		润滑保养规范			更换规范	
				种类、型号	适用温度范围 ℃	最小维护周期	加注方式	推荐换油周期	推荐换油周期	加注量
1	链条	2	90号硫磷型极压工业齿轮油	L-CKD150工业重负荷齿轮油	-20～35	每班	密闭油桶加油	2000h		合计加注400L
				L-CKD220工业重负荷齿轮油	10～60	每班	密闭油桶加油	2000h		
2	输入轴承	8	90号硫磷型极压工业齿轮油	L-CKD150工业重负荷齿轮油	-20～35	每班	密闭油桶加油	2000h		
				L-CKD220工业重负荷齿轮油	10～60	每班	密闭油桶加油	2000h		

第五节　顶驱润滑图表

顶驱钻井系统是一套安装于井架内部空间，由游车悬持的顶部驱动钻井装置。利用水龙头与钻井马达相结合，配备一种结构新型的钻杆上卸扣装置（管柱处理装置），从井架的上部直接旋转钻柱，并沿井架内专用导轨向下送进，可完成钻井、倒划眼、接钻杆、循环钻井液、下套管等各种钻井操作。

顶部驱动是把钻机动力部分由下边的转盘移到钻机上部水龙头处，直接驱动钻具旋转钻进的驱动方式。

（1）润滑方式与管理。

世界各国石油钻井使用的顶驱种类繁多、型号不一，但是我国使用的顶驱主要有北石顶驱、天意顶驱和 VARCO 顶驱。虽然生产顶驱厂家不同，但是顶驱型号都是和钻机型号一样，按照钻具提升能力区分，分别为 DQ40BSC 型、DQ50BSC 型、DQ70BSC 型、DQ70BSD 型、DQ90BSC 型。虽然同一厂家生产的顶驱有不同的型号，但是顶驱的结构及润滑方式是一样的。

顶驱主要润滑部位有冲管、上压盖密封、齿轮箱润滑、回转头润滑、背钳、提环销、主电机、平衡系统油缸销、倾斜机构油缸销轴、游车滚轮、内防喷器控制装置、IBOP 等。其中冲管、上压盖密封、回转头润滑、背钳提环销、主电机、平衡系统油缸销、倾斜机构油缸销轴、游车滚轮、内防喷器控制装置、IBOP 采用润滑脂润滑，齿轮箱润滑需加注工业齿轮油。

顶驱工作时，主电动机工作负荷较大，因此需加注顶驱主电动机专用型号润滑脂。其他部位负荷相对较小，加注 2 号极压聚脲基润滑脂即可。

北石顶驱是在大范围变化的环境温度条件下工作的。使用前应先预测环境温度，根据环境温度来选择使用冬季齿轮油或是夏季齿轮油。齿轮油应定期更换，如果工作环境严酷或顶驱长时间工作在重负荷的情况下，应缩短更换齿轮油的时间。向齿轮箱内加注润滑油时必须保证润滑油的清洁，防止泥浆、沙粒等污染物进入油箱，造成润滑油道的堵塞，进而损坏轴承、齿轮等部件。齿轮箱右面应保持一定高度，液面过低时应及时加油，以防润滑冷却不足，加剧轴承磨损（注意：齿轮箱油面要保持在最低和最高刻度之间。油面过低，会出现润滑冷却不足；油面过高，会出现润滑油泄漏。

（2）基本要求。

按照定时、定量、推荐油品加注润滑油、润滑脂。主电动机应使用专用润滑油，齿轮箱内应区分季节使用冬季或夏季润滑油。

（3）润滑图表。

顶驱润滑图表见图 2-3-7 至图 2-3-9 和表 2-3-6 至表 2-3-8。

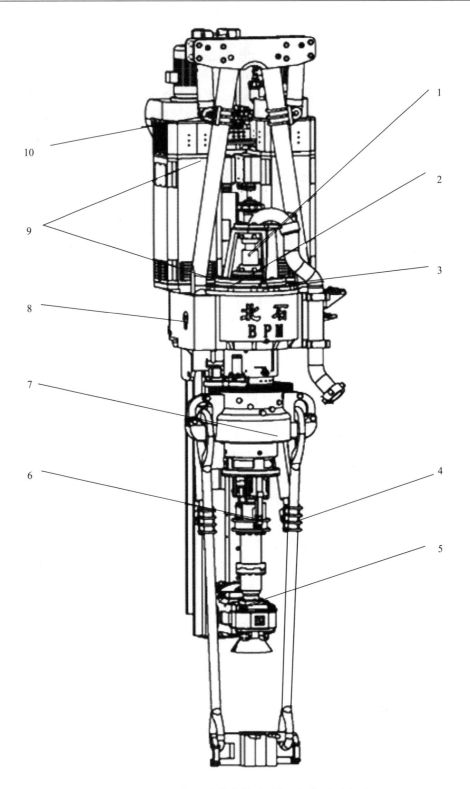

图 2-3-7　顶部驱动钻井装置（北石）润滑示意图

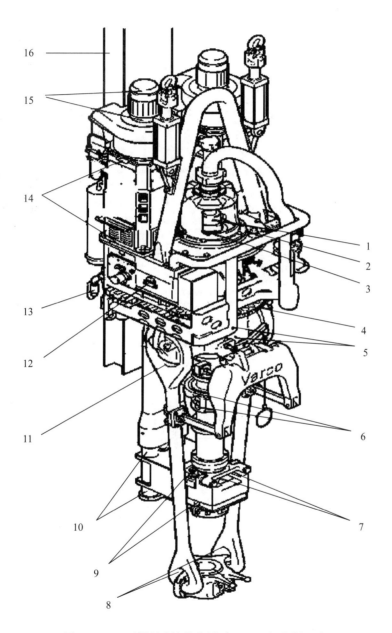

图 2-3-8 顶部驱动钻井装置（VARCO）润滑示意图

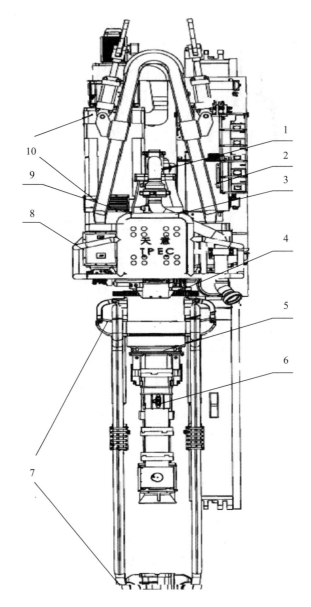

图 2-3-9　顶部驱动钻井装置（天意）润滑示意图

表 2-3-6　顶部驱动钻井装置（北石）润滑表

润滑点编号	润滑部位	点数	设备制造厂推荐用油（性能指标）	推荐用油		润滑保养规范			更换规范	
				种类、型号	适用温度范围℃	最小维护周期	加注方式	推荐换油周期	加注量，L	
1	冲管	1	3号锂基润滑脂	2号极压聚脲润滑脂	-20～180	1000h	脂枪加注	1a	加注至挤出新脂
2	上压盖密封	1	3号锂基润滑脂	3号极压聚脲润滑脂	-20～180	1000h	脂枪加注	1a	加注至挤出新脂
3	齿轮箱润滑	1	美孚齿轮油	L-CKD68	-5～10	每班检查油量	密闭油桶加注	2000h	18
				L-CKD150	-20～35	每班检查油量	密闭油桶加注	2000h	18
4	倾斜机构油缸销轴	4	3号锂基润滑脂	2号极压聚脲润滑脂	-20～180	1000h	脂枪加注	1a	加注至挤出新脂
5	背钳	2	3号锂基润滑脂	2号极压聚脲润滑脂	-20～180	1000h	脂枪加注	1a	加注至挤出新脂
6	内防喷器控制装置	2	3号锂基润滑脂	2号极压聚脲润滑脂	-20～180	1000h	脂枪加注	1a	加注至挤出新脂
7	回转头润滑	2	3号锂基润滑脂	2号极压聚脲润滑脂	-20～180	1000h	脂枪加注	1a	加注至挤出新脂
8	提环销	2	3号锂基润滑脂	2号极压聚脲润滑脂	-20～180	1000h	脂枪加注	1a	加注至挤出新脂
9	主电动机	4	顶驱专用润滑脂	顶驱专用润滑脂	-20～180	1000h	脂枪加注	1a	加注至挤出新脂
10	平衡系统油缸销	2	3号锂基润滑脂	2号极压聚脲润滑脂	-20～180	1000h	脂枪加注	1a	加注至挤出新脂
	液压油	1	L-HV46	L-HV46	-10～40	每班检查油量	密闭油桶加注	1a	270

注：顶驱保养时可以选用 3 号锂基润滑脂，但是保养及换油时间必须缩短至适用于 3 号锂基润滑脂相应的保养时间。

表2-3-7　顶部驱动钻井装置（VARCO）润滑表

润滑点编号	润滑部位	点数	设备制造厂推荐用油（性能指标）	推荐用油		润滑保养规范			更换规范
				种类、型号	适用温度范围，℃	最小维护周期	加注方式	推荐换油周期	加注量
1	冲管	1	3号锂基润滑脂	2号极压聚脲润滑脂	−20～180	1000h	脂枪加注	1a	加注至挤出新脂
2	齿轮油加油口	1	夏：美孚632　冬：美孚626	L-CKD68　L-CKD150	−5～10　−20～35	每班	密闭油桶加注	2000h　2000h	上下刻度线之间　上下刻度线之间
3	上端盖密封	1	3号锂基润滑脂	2号极压聚脲润滑脂	−20～180	1000h	脂枪加注	1a	加注至挤出新脂
4	齿轮齿面	1	3号锂基润滑脂	2号极压聚脲润滑脂	−20～180	150h	涂抹	1a	加注至挤出新脂
5	旋转头	2	3号锂基润滑脂	2号极压聚脲润滑脂	−20～180	1000h	脂枪加注	1a	加注至挤出新脂
6	内防喷器	7	3号锂基润滑脂	2号极压聚脲润滑脂	−20～180	1000h	脂枪加注	1a	加注至挤出新脂
7	夹紧液缸	2	3号锂基润滑脂	2号极压聚脲润滑脂	−20～180	1000h	脂枪加注	1a	加注至挤出新脂
8	吊环孔	4	3号锂基润滑脂	2号极压聚脲润滑脂	−20～180	150h	涂抹	1a	加注至挤出新脂
9	扶正器补芯	4	3号锂基润滑脂	2号极压聚脲润滑脂	−20～180	1000h	脂枪加注	1a	加注至挤出新脂
10	扭矩反作用管	4	3号锂基润滑脂	2号极压聚脲润滑脂	−20～180	150h	涂抹	1a	加注至挤出新脂
11	油泵电动机轴承	2	顶驱专用润滑脂	顶驱专用润滑脂	−20～180	1000h	脂枪加注	1a	加注至挤出新脂
12	提环销	2	3号锂基润滑脂	2号极压聚脲润滑脂	−20～180	1000h	脂枪加注	1a	加注至挤出新脂
13	液压油箱	1	L-HV46	L-HV46	−10～40	每班检查油量	密闭油桶加注	1a	上下刻度线之间
14	主电动机轴承	4	顶驱专用润滑脂	顶驱专用润滑脂	−20～180	1000h	脂枪加注	1a	加注至挤出新脂
15	风机电动机轴承	4	顶驱专用润滑脂	顶驱专用润滑脂	−20～180	1000h	脂枪加注	1a	加注至挤出新脂
16	滑动架总成	8	3号锂基润滑脂	2号极压聚脲润滑脂	−20～180	1000h	脂枪加注	1a	加注至挤出新脂

注：顶驱保养时也可以选用3号锂基润滑脂，但是保养及换油时间必须缩短至3号锂基润滑脂相应的保养时间。

第三章 钻井设备润滑及用油

表2-3-8 顶部驱动钻井装置（天意）润滑表

润滑点编号	润滑部位	点数	设备制造厂推荐用油（性能指标）	推荐用油 种类、型号	适用温度范围 ℃	最小维护周期	加注方式	推荐换油周期	加注量
1	冲管总成	1	3号锂基润滑脂	2号极压聚脲润滑脂	-20~180	1000h	脂枪加注	1a	加注至挤出新脂
2	液压站	1	L-HV46	L-HV46	-5~10	每班检查油量	密闭油桶加注	1a	上下刻度线之间
3	齿轮箱	1	夏：美孚632 冬：美孚626	L-CKD68	-20~35	每班检查油量	密闭油桶加注	1a	上下刻度线之间
				L-CKD150	-10~40	每班检查油量	密闭油桶加注	1a	上下刻度线之间
4	旋转头总基挂体	2	3号锂基润滑脂	2号极压聚脲润滑脂	-20~180	1000h	脂枪加注	1a	加注至挤出新脂
5	主轴扶正轴承	1	3号锂基润滑脂	2号极压聚脲润滑脂	-20~180	1000h	脂枪加注	1a	加注至挤出新脂
6	IBOP曲柄	1	3号锂基润滑脂	2号极压聚脲润滑脂	-20~180	1000h	涂抹	1a	加注至挤出新脂
7	吊环耳孔	4	螺纹油	螺纹油		每周	涂抹	1a	加注至挤出新脂
8	提环销轴	2	3号锂基润滑脂	2号极压聚脲润滑脂	-20~180	1000h	脂枪加注	1a	加注至挤出新脂
9	上压盖密封	1	3号锂基润滑脂	2号极压聚脲润滑脂	-20~180	1000h	脂枪加注	1a	加注至挤出新脂
10	主电机	4	顶驱专用黄油	顶驱专用黄油	-20~180	1000h	脂枪加注	1a	加注至挤出新脂

注：顶驱保养时也可以选用3号锂基润滑脂，但是保养及换油时间必须缩短至适用于3号锂基润滑脂相应的保养时间。

第六节　钻井泵润滑图表

钻井泵是油田钻井工作中不可缺少的一种钻井机械配套设备，在钻探过程中用来给钻杆输送泥浆（或清水等介质），起到冷却、冲洗钻头和泥土的作用。

（1）润滑方式与管理。

钻井泵主要润滑部位有灌注泵支撑轴、灌注泵密封圈、拉杆密封圈、压盘阀盖及销紧楔块上下面、喷淋泵支撑轴、喷淋泵密封圈、缸套、活塞、十字头、导板及滑板、齿轮。其中灌注泵支撑轴、灌注泵密封圈、拉杆密封圈、压盘阀盖及销紧楔块上下面、喷淋泵支撑轴、喷淋泵密封圈、缸套、活塞采用润滑脂润滑。十字头、导板及滑板、齿轮需加注工业齿轮油润滑。

宝石 F 系列钻井泵采用油浴飞溅润滑和压力润滑系统。对整个动力端进行润滑，泵的压力润滑形式限制着泵在工作时的每分钟最低冲次，F－1600 三缸钻井泵的压力润滑系统可以在最低冲次为 25 冲 /min 速度下工作（油压力为 0.035MPa）。

控制液流飞溅润滑系统，在所有 F 系列泵上都是一样的。它与 F 系列泵所配的压力润滑系统的油泵形式无关。在控制液流飞溅系统中，由大齿轮把油从油池带上来，当大小齿轮啮合时，油被飞溅到各油槽和机架油腔中。油甩入油槽中就直接通过管线流到两个小齿轮的轴承中。

（2）基本要求。

按照定时、定量、推荐油品加注润滑油、润滑脂。并且每班应检查油底壳内齿轮油液位及质量，如液位不足应及时补充齿轮油，如齿轮油内混入泥浆或齿轮油乳化应及时查明原因并修理。

（3）润滑图表。

①宝石钻井泵润滑见图 2－3－10 和表 2－3－9。

② 3NB 系列钻井泵润滑见图 2－3－11 和表 2－3－10（此图适用于：3NB1300C 型、RS3NB1300 型、3NB1000ZQ 型、3NB1000 型、3NB1300 型、SL3NB1300 型、SL3NB1300C 型、SL3NB1600C 型钻井泵）。轴承、十字头、导板及滑板、齿轮使用齿轮油按保养周期更换齿轮油，每班应检查齿轮油液位及油品质量，如液位低于油标尺下线应及时补充齿轮油，如齿轮油颜色变黑、乳化或者渗入钻井液应及时检修钻井泵并更换齿轮油。

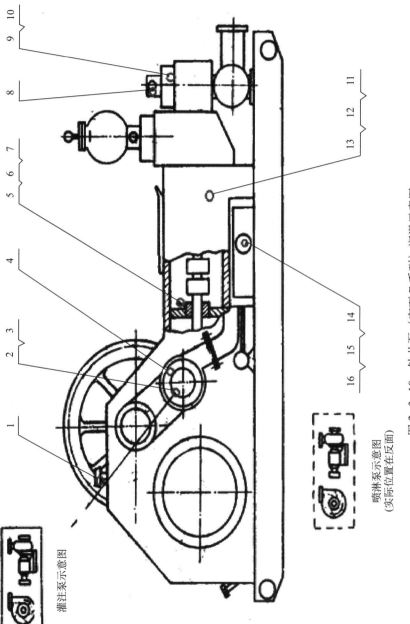

灌注泵示意图

喷淋泵示意图
（实际位置在反面）

图 2-3-10　钻井泵（宝石 F 系列）润滑示意图

表2-3-9　钻井泵（宝石F系列）润滑表

润滑点编号	点数	润滑部位	设备制造厂推荐用油（性能指标）	推荐用油 种类、型号	适用温度范围，℃	润滑保养规范 最小维护周期	加注方式	推荐换油周期	更换规范 加注量，L
1	1	动力端油池	L-CKD220工业重负荷齿轮油	L-CKD150工业重负荷齿轮油	-20~35	每班检查油量	密闭油桶加注	1500h	340
				L-CKD220工业重负荷齿轮油	10~60	每班检查油量	密闭油桶加注	1500h	340
2、3	2	灌注泵支撑轴	2号锂基润滑脂	2号极压聚脲润滑脂	-20~180	1000h	脂枪加注	1a	加注至挤出新脂
4	1	灌注泵密封圈	2号锂基润滑脂	2号极压聚脲润滑脂	-20~180	1000h	脂枪加注	1a	加注至挤出新脂
5、6、7	3	拉杆密封圈	2号锂基润滑脂	2号极压聚脲润滑脂	-20~180	1000h	脂枪加注	1a	加注至挤出新脂
8、9、10	24	压盘阀盖及销紧楔块上下面	2号锂基润滑脂	2号极压聚脲润滑脂	-20~180	1000h	脂枪加注	1a	加注至挤出新脂
11、12、13	3	缸套、活塞	2号锂基润滑脂	2号极压聚脲润滑脂	-20~180	每班检查油量	涂抹	1a	加注至挤出新脂
14	1	喷淋泵密封圈	2号锂基润滑脂	2号极压聚脲润滑脂	-20~180	1000h	脂枪加注	1a	加注至挤出新脂
15	2	喷淋泵支撑轴	2号锂基润滑脂	2号极压聚脲润滑脂	-20~180	1000h	脂枪加注	1a	加注至挤出新脂
16	1	喷淋泵密封圈	2号锂基润滑脂	2号极压聚脲润滑脂	-20~180	1000h	脂枪加注	1a	加注至挤出新脂

注：顶驱保养时也可以选用3号锂基润滑脂，但是保养及换油时间必须缩短至适用于3号锂基润滑脂相应的保养时间。

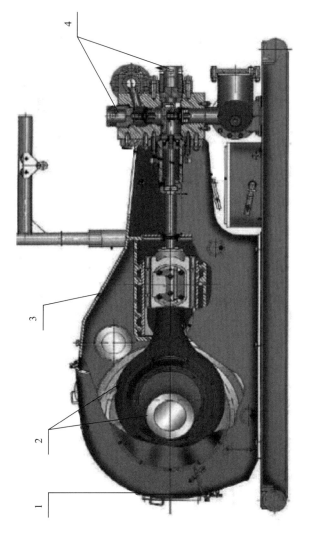

图 2-3-11　钻井泵润滑（3NB 系列钻井泵）示意图

表 2-3-10 钻井泵润滑（3NB 系列钻井泵）表

润滑点编号	润滑部位	点数	设备制造厂推荐用油（性能指标）	推荐用油			更换规范	
				种类、型号	适用温度范围，℃	推荐换油周期	更换规范	加注量
1、2	油池、齿轮轴承	1	L-CKD220 工业重负荷齿轮油	L-CKD150 工业重负荷齿轮油	−20～35	1500h	上下油位线之间	
				L-CKD220 工业重负荷齿轮油	20～50	1500h	上下油位线之间	
3	（背面）喷淋泵	1	3号锂基润滑脂	2号极压聚脲润滑脂	−20～180	1a	加至新脂挤出	
4	缸盖、阀盖	1	3号锂基润滑脂	2号极压聚脲润滑脂	−20～180	1a	涂抹均匀	

注：顶驱保养时也可以选用3号锂基润滑脂，但是保养及换油时间必须缩短至适用于3号锂基润滑脂相应的保养时间。

第七节　绞车润滑图表

绞车是钻机的重要配套部件。在石油钻井过程中，不仅担负着起下钻具、下套管、控制钻压、处理事故、提取岩心筒、试油等各项作业，而且还担负着井架、底座的起放任务等。由于各型号的绞车结构不同，其主要组成部件也不完全相同，以 JC70DB 型绞车为例，其主要包括交流变频电动机、减速箱、液压盘刹、滚筒轴、绞车架、自动送钻装置、气控系统、润滑系统等组成。

（1）润滑方式与管理。

本部分以 JC70DB 型绞车为例，介绍各部位的润滑方式和原理。

绞车主要润滑部位有齿式联轴器、水气葫芦、滚筒轴轴承、减速箱轴承、齿轮、轴承、自动送钻减速箱，其中齿轮箱齿轮、轴承、自动送钻减速箱采用工业齿轮油润滑，齿式联轴器、水气葫芦、滚筒轴轴承采用润滑脂润滑。

其齿式联轴器、水气葫芦、滚筒轴轴承采用由黄油枪注入 2 号极压聚脲基润滑脂。齿轮箱齿轮、轴承、自动送钻减速箱采用 L-CDK220 齿轮油润滑。

由于绞车需要承担较大的负荷，因此对绞车各部件的润滑需格外关注，不可缺保、漏保。

（2）基本要求。

按照本手册定时、定量、按照推荐油品加注润滑脂。应区分冬季或夏季用齿轮油。

（3）润滑图表。

绞车润滑图表见图 2-3-12 至图 2-3-14 和表 2-3-11 至表 2-3-13。

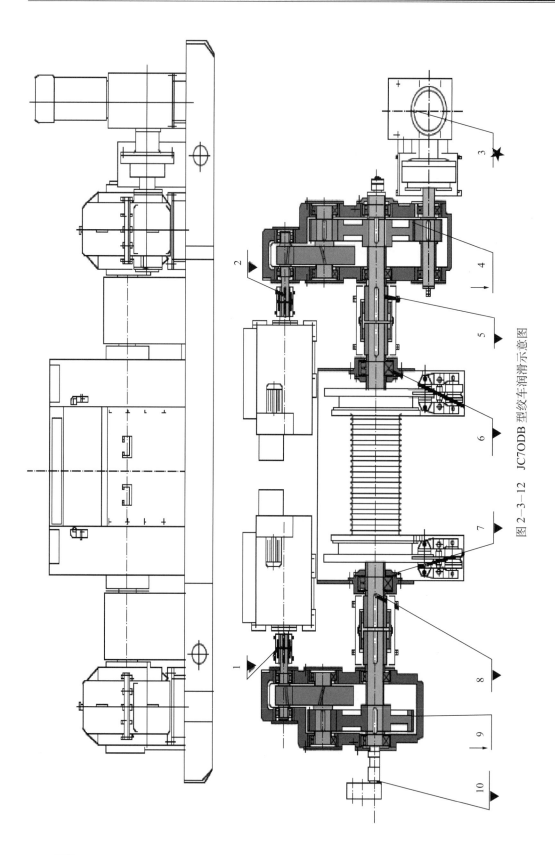

图 2-3-12　JC70DB 型绞车润滑示意图

表 2-3-11 JC70DB 型绞车润滑表

润滑点编号	润滑部位	点数	设备制造厂推荐用油（性能指标）	推荐用油		润滑保养规范		更换规范	
				种类、型号	适用温度范围 ℃	最小维护周期	加注方式	推荐换油周期	加注量，L
1、2、5、8	齿式联轴器	3	NGL2 锂基润滑脂	2 号极压聚脲润滑脂	−20～180	1000h	脂枪加注	1a	加至新脂挤出
6、7	滚筒轴承	2	NGL2 锂基润滑脂	2 号极压聚脲润滑脂	−20～180	1000h	脂枪加注	1a	加至新脂挤出
10	水气葫芦	2	NGL2 锂基润滑脂	2 号极压聚脲润滑脂	−20～180	1000h	脂枪加注	1a	加至新脂挤出
4、9	减速箱轴承、齿轮	2	ISOVG220	L−CKD150 工业重负荷齿轮油	−20～35	每班	密闭油桶加油	2000h	400
				L−CKD220 工业重负荷齿轮油	10～60	每班	密闭油桶加油	2000h	400
3	自动送钻减速箱	1	ISOVG220	L−CKD150 工业重负荷齿轮油	−20～35	每班	密闭油桶加油	5000h	200
				L−CKD220 工业重负荷齿轮油	10～60	每班	密闭油桶加油	5000h	200

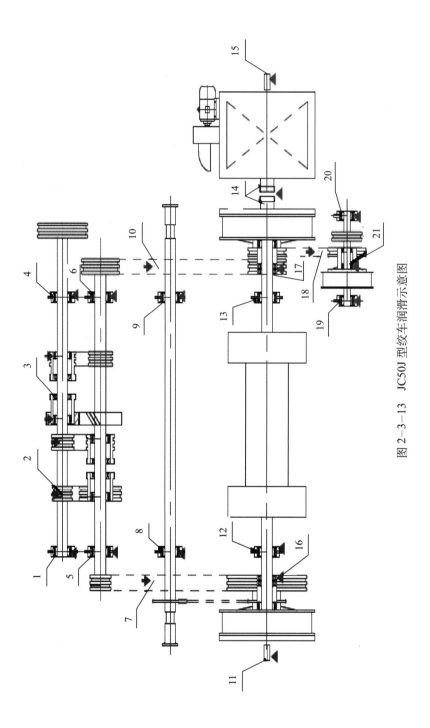

图 2-3-13　JC50J 型绞车润滑示意图

表2-3-12 JC50J型绞车润滑表

润滑点编号	润滑部位	点数	设备制造厂推荐用油（性能指标）	推荐用油		润滑保养规范		更换规范		备注
				种类、型号	适用温度范围℃	最小维护周期	加注方式	推荐换油周期	加注量，L	
1，4	输入轴轴承	2	NGL2锂基润滑脂	2号极压聚脲润滑脂	−20～180	1000h	脂枪加注	1a	加至新脂挤出	
2，3	换挡机构齿轮及轴承	12	ISOVG150	L-CKD150工业重负荷齿轮油	−20～35	每班检查	密闭油桶加注	2000h	400	
			ISOVG220	L-CKD220工业重负荷齿轮油	10～60	每班检查	密闭油桶加注	2000h	400	
5，6	中间轴轴承	2	NGL2锂基润滑脂	2号极压聚脲润滑脂	−20～180	1000h	脂枪加注	1a	加至新脂挤出	
7，10，18	高低速、下角箱传动链条	3	ISOVG220	L-CKD150工业重负荷齿轮油	−20～35	每班	密闭油桶加注	2000h	400	
8，9	猫绞轴轴承	2	NGL2锂基润滑脂	2号极压聚脲润滑脂	−20～180	1000h	脂枪加注	1a	加至新脂挤出	
11，15	导气接头	2	NGL2锂基润滑脂	2号极压聚脲润滑脂	−20～180	1000h	脂枪加注	1a	加至新脂挤出	
12，13	滚筒轴轴承	2	NGL2锂基润滑脂	2号极压聚脲润滑脂	−20～180	1000h	脂枪加注	1a	加至新脂挤出	
14	牙嵌离合器	1	NGL2锂基润滑脂	2号极压聚脲润滑脂	−20～180	1000h	脂枪加注	1a	加至新脂挤出	
16，17	高、低速离合器轴承	2	NGL2锂基润滑脂	2号极压聚脲润滑脂	−20～180	1000h	脂枪加注	1a	加至新脂挤出	
19，20	传动箱轴承	2	NGL2锂基润滑脂	2号极压聚脲润滑脂	−20～180	1000h	脂枪加注	1a	加至新脂挤出	
21	齿式离合器	1	NGL2锂基润滑脂	2号极压聚脲润滑脂	−20～180	1000h	脂枪加注	1a	加至新脂挤出	

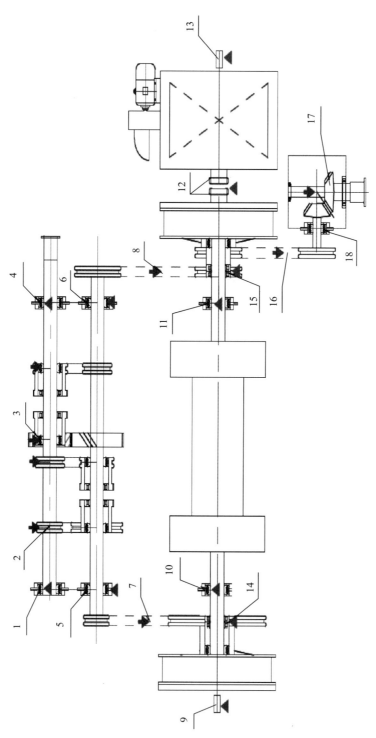

图 2-3-14　JC40J 型绞车润滑示意图

表 2-3-13 JC40J 型绞车润滑表

润滑点编号	润滑部位	点数	设备制造厂推荐用油(性能指标)	推荐用油		润滑保养规范			更换规范		备注
				种类、型号	适用温度范围℃	最小维护周期	加注方式	推荐换油周期	加注量，L	
1、4	输入轴轴承	2	NGL2 锂基润滑脂	2 号极压聚脲润滑脂	-20～180	每班	脂枪加注	1a	加至新脂挤出	
2、3	换挡机构齿套、链条、倒挡齿轮及轴承	12	ISOVG220	L-CKD150 工业重负荷齿轮油	-20～35	每班	密闭油桶加注	2000h	400	
			ISOVG220	L-CKD220 工业重负荷齿轮油	10～60	每班	密闭油桶加注	2000h	400	
5、6	中间轴轴承	2	NGL2 锂基润滑脂	2 号极压聚脲润滑脂	-20～180	每班	脂枪加注	1a	加至新脂挤出	
7、8、16	传动链条	2	ISOVG220	L-CKD150 工业重负荷齿轮油	-20～35	每班	密闭油桶加注	2000h	适量	
9、13	水气龙头	2	NGL2 锂基润滑脂	2 号极压聚脲润滑脂	-20～180	每班	脂枪加注	1a	加至新脂挤出	
10、11	滚筒轴轴承	2	NGL2 锂基润滑脂	2 号极压聚脲润滑脂	-20～180	每班	脂枪加注	1a	加至新脂挤出	
12	牙嵌离合器	1	NGL2 锂基润滑脂	2 号极压聚脲润滑脂	-20～180	每班	脂枪加注	1a	加至新脂挤出	
14、15	高、低速离合器轴承	2	NGL2 锂基润滑脂	2 号极压聚脲润滑脂	-20～180	每班	脂枪加注	1a	加至新脂挤出	
17	角传动箱齿轮	2	NGL2 锂基润滑脂	2 号极压聚脲润滑脂	-20～180	每班	脂枪加注	1a	加至新脂挤出	
18	传动箱轴承	4	NGL2 锂基润滑脂	2 号极压聚脲润滑脂	-20～180	每班	脂枪加注	1a	加至新脂挤出	

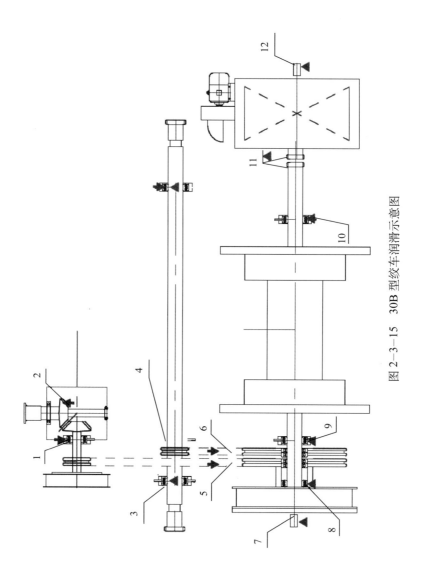

图 2-3-15　30B 型绞车润滑示意图

表 2-3-14 30B 型绞车润滑表

润滑点编号	润滑部位	点数	设备制造厂推荐用油（性能指标）	推荐用油 种类、型号	适用温度范围 ℃	最小维护周期	加注方式	推荐换油周期	加注量	备注
1	角箱轴承	1	ISOVG220	L-CKD150 工业重负荷齿轮油	−20～35	每班	密闭油桶加注	2000h	400L	
2	角箱齿轮	2	ISOVG220	L-CKD220 工业重负荷齿轮油	10～60	每班	密闭油桶加注	2000h	400L	
5, 6	滚筒、猫头轴链条	2	ISOVG220			每班	密闭油桶加注	2000h	400L	
3, 4	猫头轴轴承	2	NGL2 锂基润滑脂	2 号极压聚脲润滑脂	−20～180	每周	脂枪加注	1a	加至新脂挤出	
7, 12	导气接头	2	NGL2 锂基润滑脂	2 号极压聚脲润滑脂	−20～180	每班	脂枪加注	1a	加至新脂挤出	
8	低速离合器轴承	1	NGL2 锂基润滑脂	2 号极压聚脲润滑脂	−20～180	每周	脂枪加注	1a	加至新脂挤出	
9, 10	滚筒轴轴承	2	NGL2 锂基润滑脂	2 号极压聚脲润滑脂	−20～180	每班	脂枪加注	1a	加至新脂挤出	
11	牙嵌离离合器	1	NGL2 锂基润滑脂	2 号极压聚脲润滑脂	−20～180	每班	脂枪加注	1a	加至新脂挤出	

第八节　柴油机组润滑图表

柴油机是为整套钻机提供动力的重要配套部件。在石油钻井过程中，不仅担负着为绞车、泥浆泵等设备提供动力，CAT、VOLVO 等系列柴油发电机组更是为全井场乃至生活区提供动力及生活电源。因此，柴油机的维护保养，使其正常运转非常重要。

柴油机组虽然形式及功能和型号各异，但工作原理及及润滑方式相似，润滑点、润滑剂选用略有差异。

（1）润滑方式与管理。

各型柴油机组各部位润滑方式不完全相同，但是润滑部位及方式大体相似。曲轴及机体内部部件、增压器、预供油泵等采用柴油机油润滑，气动马达、风扇轴、连接器等装置采用极压复合锂基润滑脂润滑。

190 型柴油机主要润滑部位有增压器、调速器、喷油泵、曲轴箱、预供油泵、油雾器等，采用柴油机油润滑。喷油泵传动装置齿轮联轴器、连接器、水泵、操纵装置、气动马达、防爆装置、风扇轴、气囊离合器导气装置、风扇传动轴承采用极压复合锂基润滑脂润滑。由于柴油机承担了钻井全部动力的需求，负荷非常大，因此柴油机保养应采用适用于重负荷的 2 号极压聚脲基润滑脂，柴油机油采用国五标准的 CI-4.15W40 柴油内燃机油润滑。

（2）基本要求。

按照定时、定量、按照推荐油品加注润滑脂。水箱内使用柴油机专用防冻液冷却，切勿使用清水冷却，防止柴油机内部管线堵塞，零件锈蚀。柴油机内燃机油使用国五标准的 CI-4.15W40 标号柴油内燃机油，每次更换柴油机油时必须更换机油滤清器，否则机油等于白换，继续使用时造成柴油机的磨损。在柴油机油入库时认真核对每桶柴油机油编号、批号，如出现各桶柴油机油编号相同的情况，则此柴油机油为非正品柴油机油切勿加入柴油机中。

（3）润滑图表。

190 型柴油机润滑方式基本相同，CAT 系列柴油机与 190 系列柴油机润滑方式大体相同。见图 2-3-16、图 2-3-17 和表 2-3-15、表 2-3-16。

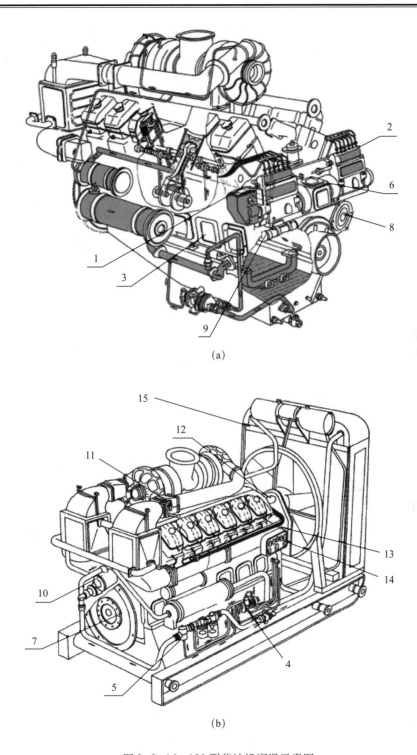

(a)

(b)

图 2-3-16 190 型柴油机润滑示意图

表2-3-15　190型柴油机润滑表

润滑点编号	润滑部位	点数	设备制造厂推荐用油（性能指标）	推荐用油		润滑保养规范			更换规范	
				种类、型号	适用温度范围℃	最小维护周期	加注方式	推荐换油周期	加注量，L	
1	调速器	1	CH-4 15W/40	CH-4 15W/40	−20～40	每班	密闭油桶加注	600h	合计加注200L	
2	喷油泵	2	CH-4 15W/40	CH-4 15W/40	−20～40	每班	密闭油桶加注	600h		
3	曲轴箱	1	CH-4 15W/40	CH-4 15W/40	−20～40	每班	密闭油桶加注	600h		
4	气动预供油泵	1	CH-4 15W/40	CH-4 15W/40	−20～40	150h	密闭油桶加注	600h		
5	油雾器	1	CH-4 15W/40	CH-4 15W/40	−20～40	每班	密闭油桶加注	5000h	0.3	
6	喷油泵传动装置齿轮联轴器	2	二硫化钼润滑脂	2号极压聚脲润滑脂	−20～180	1000h	脂枪加注	1a	加至新脂挤出	
7	连接器	1	二硫化钼润滑脂	2号极压聚脲润滑脂	−20～180	1000h	脂枪加注	1a	加至新脂挤出	
8	水泵	2	二硫化钼润滑脂	2号极压聚脲润滑脂	−20～180	1000h	脂枪加注	1a	加至新脂挤出	
9	操纵装置	1	二硫化钼润滑脂	2号极压聚脲润滑脂	−20～180	1000h	脂枪加注	1a	加至新脂挤出	
10	气动马达	2	二硫化钼润滑脂	2号极压聚脲润滑脂	−20～180	1000h	脂枪加注	1a	加至新脂挤出	
11	防爆装置	1	二硫化钼润滑脂	2号极压聚脲润滑脂	−20～180	1000h	脂枪加注	1a	加至新脂挤出	
12	风扇轴	1	二硫化钼润滑脂	2号极压聚脲润滑脂	−20～180	1000h	脂枪加注	1a	加至新脂挤出	
13	气囊离合器号气装置	1	二硫化钼润滑脂	2号极压聚脲润滑脂	−20～180	1000h	脂枪加注	1a	加至新脂挤出	
14	风扇传动轴承	1	二硫化钼润滑脂	2号极压聚脲润滑脂	−20～180	1000h	脂枪加注	1a	加至新脂挤出	
15	水箱	1	柴油机专用冷却液	−10	−10～60	每班	密闭水桶加注	2a	400	
				−35	−35～60	每班	密闭水桶加注	2a	400	
				−45	−45～60	每班	密闭水桶加注	2a	400	

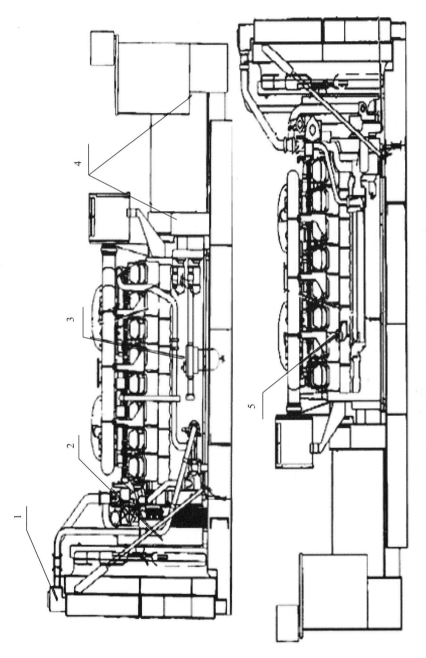

图 2-3-17　CAT 系列柴油发电机润滑示意图

表2-3-16　CAT系列柴油发电机润滑表

润滑点编号	润滑部位	点数	设备制造厂推荐用油（性能指标）	推荐用油 种类、型号	适用温度范围 ℃	最小维护周期	加注方式	推荐换油周期	加注量，L
1	水箱	1	柴油机专用冷却液	−10	−10～60	每班	专用水桶加注	2a	400
				−35	−35～60	每班	专用水桶加注	2a	400
				−45	−45～60	每班	专用水桶加注	2a	400
2	风扇轴承	1	2号通用锂基润滑脂	2号极压聚脲润滑脂	−20～180	1000h	脂枪加注	1a	加至新脂挤出
3	油雾器	1	10W/30	CH−4 15W/40	−20～40	每班	密闭油桶加注	2000h	0.3
4	发电机轴承	2	2号通用锂基润滑脂	2号极压聚脲润滑脂	−20～180	1000h	脂枪加注	1a	加至新脂挤出
5	曲轴箱	1	10W/30	CH−4 15W/40	−20～40	每班	密闭油桶加注	500h	200

第四章　固井设备润滑及用油

固井设备是固井施工作业专用设备的简称，主要包括固井车/橇/拖、混浆车/橇、下灰车、背罐车等。按照移运性的不同，一般分为车装、橇装和拖装三种形式。车装式是指上装设备安装在一个二类汽车底盘车上，这种形式的固井设备有着较强的移运性，一般适应陆上道路条件较好的油田；橇装式是指台面设备安装在一个可吊装的钢结构橇架上，它主要针对海上和沙漠等井场空间狭小道路条件差的油田；拖装式是指上装设备安装在一个可拖挂的半挂底盘车上，该种形式相对车装固井设备而言相对经济一些，但其移运性较之又显不足，需要专用的牵引设备将它拖移。

固井设备的型号、规格很多，结构上大同小异，因而对润滑的要求有不少相同或相似之处。但固井设备又是一套复杂的机器，不同类型的固井设备的工作条件相差很大，且需要润滑的部位和加油点较多。因此，不可能对所有型号的固井设备的每一个润滑点都考虑其润滑要求和选取相应的润滑剂，这里仅对固井设备中具有共性，但又是重要和关键的润滑部位，介绍其对润滑的要求与润滑剂的选用。其余众多的一般润滑部位的润滑剂选用则可按该型号设备的说明书或使用手册来选取。

第一节　固井车/橇/拖润滑图表

在所有成套固井设备中，对固井工作影响最大的是固井车/橇/拖，其他设备均作为辅助设备，为其提供配套，固井工作中最为重要的混浆和泵注作业均由固井车/橇/拖完成。它是固井成套设备中的关键设备。

按照压力和排量的不同，固井车/橇/拖可以分为100-30型、70-30型、70-25型、45-21型、40-17型等型号。其基本工作原理是通过配混浆系统将干水泥和配浆液（或水）按一定的比例混合成水泥浆，并进行再循环搅拌和密度检测，密度合格后灌注到固井泵（柱塞泵）吸入口，经过高压管汇由水泥泵泵送到井下。

按照各部件的功用一般分为13大系统：行驶（或移动）系统、台面动力系统、传动系统、液压系统、电气控系统、操作系统、配混浆系统、泵送系统、给水系统、高压管汇系统、低压管汇系统、超压保护系统和密度控制系统。各系统的主要部件和作用见表2-4-1。

表2-4-1　固井车/橇/拖各系统的功用

系统名称	主要部件	主要功用
行驶（或移动）系统	二类汽车（拖车）底盘（橇架）	承载台面设备行驶和移动
台面动力系统	台面柴油机、燃油箱等	给台面设备提供动力
传动系统	变速箱、传动箱、链条箱等	连接柴油机与水泥泵动力，变速
液压系统	液压泵、液压马达、液压管线等	驱动离心泵、搅拌器、下灰阀

系统名称	主要部件	主要功用
电气控系统	电路、气路管线及阀件	传递控制指令、观察参数变化
操作系统	操作台各控制按钮，参数仪表等	发出控制信息的地方
配混浆系统	高能混合器、混浆池、搅拌器等	配置水泥浆
泵送系统	固井泵（柱塞泵）	注替泥浆及其他液体，碰压试压
给水系统	计量水柜、供水泵（也可以不装）	提供水源、储水、计量
高压管汇系统	水泥泵排出管汇	提供循环及向井下泵送液体的通道
低压管汇系统	水泥泵吸入管汇、离心泵管汇	提供水泥泵吸入前的液路通道
超压保护系统	机械压力表、压力传感器等	高压管汇系统超压时切断动力
密度控制系统	密度计、程序处理器、显示仪表	显示入井时的水泥浆密度

固井车/橇/拖的主要润滑部位有底盘车、台面发动机、变速箱、固井泵（柱塞泵）动力端和液力端、离心泵、液压泵、马达、下灰阀、蝶阀等。润滑油品包括机油、齿轮油、液压油、液力传动油、润滑脂等。

（1）润滑方式与管理。

底盘车的型号较多，但它们的结构都大同小异。其主要润滑部位有发动机、变速箱、分动箱、差速器、制动器、动力转向器、传动轴、钢板弹簧销等，润滑方式与通用车辆相同。

台面发动机采用压力润滑和飞溅润滑；变速箱和分动箱采用压力润滑和飞溅润滑；固井泵（柱塞泵）的动力端内各轴承、齿轮是采用连续压力油式强制润滑及飞溅润滑，液力端密封和各离心泵油封是采用以气顶油的压力润滑方式；液压泵、马达等液压元件是采用液压油润滑；下灰阀、蝶阀等部件采用润滑脂润滑。

（2）基本要求。

①底盘车。底盘车的润滑基本要求与通用车辆相同。

②台面发动机。台面发动机现在基本均为电喷柴油机，对润滑油的要求比较苛刻，最低要求使用 CH-4 级别的柴油机油，有条件的可使用 CI-4 或更高级别的柴油机油。

③变速箱。固井水泥车/橇/拖台面用变速箱基本上都是进口艾里逊变速箱，对润滑油的要求也比较高，一般选用符合 Allison C4 标准的变速箱油，有条件的可选用符合 Tes295 标准的 TranSynd 自动变速箱油。

④固井泵（柱塞泵）。高寒地区，固井泵（柱塞泵）动力端夏季选用 GL-5 80W/90 重负荷齿轮油，冬季选用 GL-5 75W/90 齿轮油，其他地区全年选用 GL-5 85W/90。固井泵（柱塞泵）液力端选用 CD 级柴油机油。

⑤离心泵。离心泵密封选用 CD 级柴油机油润滑，离心泵轴承选用润滑脂润滑。

⑥液压系统。液压泵、马达等液压系统元件选用液压油润滑。

⑦其他。下灰阀、蝶阀选用润滑脂润滑。

（3）GJC45-21Ⅱ固井车润滑图表。

① GJC45-21Ⅱ固井车润滑图如图 2-4-1 至图 2-4-3 所示。

② GJC45-21Ⅱ固井车润滑表见表 2-4-2 和表 2-4-3。

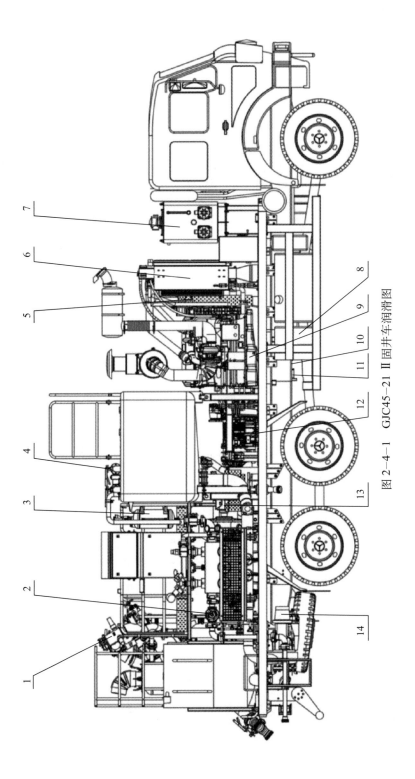

图 2-4-1 GJC45-21 Ⅱ 固井车润滑图

表 2-4-2　GJC45-21 Ⅱ 固井车润滑表

序号	润滑点编号	润滑部位	点数	设备制造厂推荐用油（性能指标）	推荐用油 种类、型号	适用温度范围，℃	润滑保养规范 最小维护周期	润滑保养规范 加注方式	更换规范 推荐换油周期	更换规范 加注量，L
1	3	密封润滑油瓶	5	柴油机油	CD 15W/40	−20～40	日常检查	油壶加注	日常检查	30
2	9	台面发动机	1	CI-4 柴油机油	CI-4 5W/40	−30～40	日常检查	油壶加注	500h 或 12 个月	36
					CI-4 10W/40	−25～40	日常检查	油壶加注	500h 或 12 个月	36
					CI-4 15W/40	−20～40	日常检查	油壶加注	500h 或 12 个月	36
3	8	柱塞泵动力端	1	重负荷齿轮油	GL-5 85W/90	−15～49	日常检查	油桶加注	24 个月	150
				重负荷齿轮油	GL-5 80W/90	−25～49	日常检查	油桶加注	24 个月	150
				重负荷齿轮油	GL-5 75W/90	−57～49	日常检查	油桶加注	24 个月	150
4	7	液压系统	1	液压油	L-HM46 抗磨液压油	−10～40	日常检查	油桶加注	24 个月	700
					L-HV46 低温抗磨液压油	−30～50	日常检查	油桶加注	24 个月	700
					L-HS32 低温抗磨液压油	−45～60	日常检查	油桶加注	24 个月	700
5	12	变速箱	1	液力传动油	ATF 220	−42～50	日常检查	油壶加注	24 个月	30
6	6	散热器	1	−45℃ 冷却液	−45℃冷却液	−45～60	日常检查	水桶加注	24 个月	70
7	1	下灰阀	1	3 号锂基润滑脂	3 号锂基润滑脂	−20～120	每月	脂枪加注	3 个月	加至新脂挤出
8	2	旋塞阀	2	3 号锂基润滑脂	3 号锂基润滑脂	−20～120	每月	脂枪加注	3 个月	加至新脂挤出
9	4	蝶阀	24	3 号锂基润滑脂	3 号锂基润滑脂	−20～120	每月	脂枪加注	3 个月	加至新脂挤出
10	5	发动机皮带轮	1	3 号锂基润滑脂	3 号锂基润滑脂	−20～120	每月	脂枪加注	3 个月	加至新脂挤出
11	10	液压泵传动轴	3	3 号锂基润滑脂	3 号锂基润滑脂	−20～120	每月	脂枪加注	3 个月	加至新脂挤出
12	11	液压泵泵壳	1	3 号锂基润滑脂	3 号锂基润滑脂	−20～120	每月	脂枪加注	3 个月	加至新脂挤出
13	13	变速箱至减速箱传动轴	3	3 号锂基润滑脂	3 号锂基润滑脂	−20～120	每月	脂枪加注	3 个月	加至新脂挤出
14	14	离心泵轴承	6	3 号锂基润滑脂	3 号锂基润滑脂	−20～120	每月	脂枪加注	3 个月	加至新脂挤出

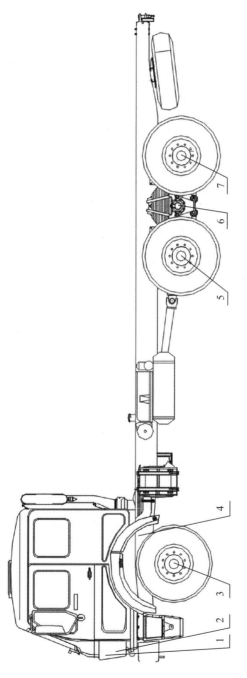

图 2-4-2　GJC45-21 Ⅱ 固井车底盘润滑图（正视图）

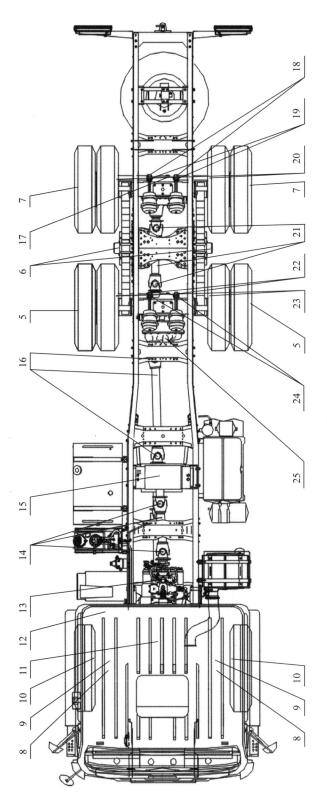

图 2-4-3　GJC45-21 Ⅱ 固井车底盘润滑图（俯视图）

表2-4-3　GJC45-21 Ⅱ固井车底盘润滑表

序号	润滑点编号	润滑部位	点数	设备制造厂推荐用油（性能指标）	推荐用油		润滑保养规范		更换规范		备注
					种类、型号	适用温度范围,℃	最小维护周期	加注方式	推荐换油周期	加注量中,L	
1	4	底盘发动机	1	CI-4柴油机油	CI-4 5W/40	-30~40	日常检查	油壶加注	10000km或12个月	24	
					CI-4 10W/40	-25~40	日常检查	油壶加注	10000km或12个月	24	
					CI-4 15W/40	-20~40	日常检查	油壶加注	10000km或12个月	24	
2	3	前桥轮边减速器	2	重负荷齿轮油	GL-5 85W/90	-15~49	5000km	油枪加注	24个月	3.25	左右侧各1个
3	5	中桥轮边减速器	2	重负荷齿轮油	GL-5 85W/90	-15~49	5000km	油枪加注	24个月	3.25	左右侧各1个
4	7	后桥轮边减速器	2	重负荷齿轮油	GL-5 85W/90	-15~49	5000km	油枪加注	24个月	3.25	左右侧各1个
5	11	前桥主减速器	1	重负荷齿轮油	GL-5 85W/90	-15~49	5000km	油枪加注	24个月	15.5	行驶里程及时间少的车辆,一年至少更换一次齿轮油
6	13	变速箱	1	重负荷齿轮油	GL-5 85W/90	-15~49	5000km	油枪加注	24个月	12.5	
7	15	分动箱	1	重负荷齿轮油	GL-5 85W/90	-15~49	5000km	油壶加注	24个月	7	
8	17	后桥主减速器	1	重负荷齿轮油	GL-5 85W/90	-15~49	5000km	油枪加注	24个月	11.5	
9	25	中桥主减速器	1	重负荷齿轮油	GL-5 85W/90	-15~49	5000km	油枪加注	24个月	15.5	
10	6	后悬架中心轴承	2	中负荷齿轮油	GL-4 80W/90	-35~49	5000km	油枪加注	24个月	1.4	左右侧各1个
11	12	驾驶室倾翻装置	1	北汽重卡专用液压油	HV46号低温抗磨液压油	-30~50	5000km	油壶加注	24个月	0.56	-25~49
12	1	离合器助力泵	1	SAE J1703 DOT4	DOT4	240以下	5000km	油壶加注	24个月	0.5	
13	2	动力转向器	1	液力传动油	ATF 220	-42~50	5000km	油壶加注	24个月	3.8	
14	8	前桥制动器调整臂	2	通用锂基润滑脂	3号锂基润滑脂	-20~120	2000km	脂枪加注	10000km	加至新脂挤出	左右调整臂各1个

续表

序号	润滑点编号	润滑部位	点数	设备制造厂推荐用油(性能指标)	推荐用油 种类、型号	适用温度范围,℃	最小维护周期	加注方式	推荐换油周期	加注量中,L	备注
15	9	前桥制动器凸轮支撑臂	2	通用锂基润滑脂	3号锂基润滑脂	−20～120	2000km	脂枪加注	10000km	加至新脂挤出	左右支撑臂各1个
16	10	前桥制动器凸轮	2	通用锂基润滑脂	3号锂基润滑脂	−20～120	2000km	脂枪加注	10000km	加至新脂挤出	左右凸轮各1个
17	14	变速箱至分动箱传动轴	2	通用锂基润滑脂	2号锂基润滑脂	−20～120	2000km	脂枪加注	10000km	加至新脂挤出	
18	16	变速箱至分动箱传动轴	3	通用锂基润滑脂	3号锂基润滑脂	−20～120	2000km	脂枪加注	10000km	加至新脂挤出	
19	18	后桥制动器凸轮支撑臂	2	通用锂基润滑脂	3号锂基润滑脂	−20～120	2000km	脂枪加注	10000km	加至新脂挤出	
20	19	后桥制动器调整臂	2	通用锂基润滑脂	3号锂基润滑脂	−20～120	2000km	脂枪加注	10000km	加至新脂挤出	
21	20	后桥制动器凸轮	2	通用锂基润滑脂	3号锂基润滑脂	−20～120	2000km	脂枪加注	10000km	加至新脂挤出	
22	21	中后桥贯通轴	3	通用锂基润滑脂	3号锂基润滑脂	−20～120	2000km	脂枪加注	10000km	加至新脂挤出	
23	22	中桥制动器凸轮支撑臂	2	通用锂基润滑脂	3号锂基润滑脂	−20～120	2000km	脂枪加注	10000km	加至新脂挤出	
24	23	中桥制动器凸轮	2	通用锂基润滑脂	3号锂基润滑脂	−20～120	2000km	脂枪加注	10000km	加至新脂挤出	
25	24	中桥制动器调整臂	2	通用锂基润滑脂	3号锂基润滑脂	−20～120	2000km	脂枪加注	10000km	加至新脂挤出	

(4) GJC75—30 Ⅱ 固井车润滑图表。

① GJC75—30 Ⅱ 固井车和底盘车润滑图如图 2—4—4 和图 2—4—5 所示。

② GJC75—30 Ⅱ 固井车和底盘车润滑表见表 2—4—4 和表 2—4—5。

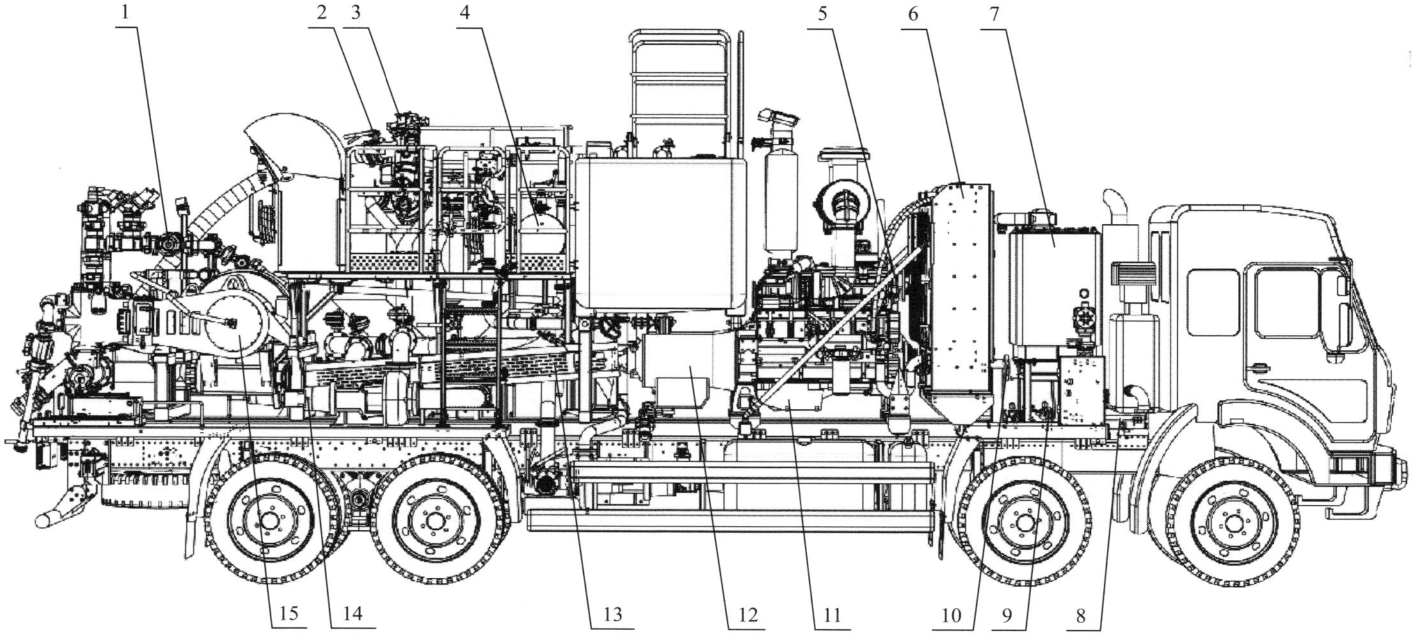

图 2—4—4 GJC75—30 Ⅱ 固井车润滑图

表 2-4-4　GJC75-30 Ⅱ 固井车润滑表

序号	润滑点编号	润滑部位	点数	设备制造厂推荐用油（性能指标）	推荐用油			润滑保养规范		更换规范		备注
					种类、型号	适用温度范围，℃	最小维护周期	加注方式	推荐换油周期	加注量，L	
1	4	柱塞泵盘根	6	柴油机油	CD 15W/40	−20～40	日常检查	油壶加注	不足补充	60	
		离心泵盘根	2	柴油机油	CD 15W/40	−20～40	日常检查	油壶加注	不足补充	30	
2	11	台面发动机	2	CI-4 柴油机油	CI-4 5W/40	−30～40	日常检查	油壶加注	500h 或 12 个月	34	每个 34L
					CI-4 10W/40	−25～40	日常检查	油壶加注	500h 或 12 个月	34	每个 34L
					CI-4 15W/40	−20～40	日常检查	油壶加注	500h 或 12 个月	34	每个 34L
3	15	柱塞泵动力端	2	重负荷齿轮油	GL-5 85W/90	−15～49	日常检查	油桶加注	24 个月	93	每个 93L
				重负荷齿轮油	GL-5 80W/90	−25～49	日常检查	油桶加注	24 个月	93	每个 93L
				重负荷齿轮油	GL-5 75W/90	−57～49	日常检查	油桶加注	24 个月	93	每个 93L
4	7	液压系统	1	液压油	L-HM46 抗磨液压油	−10～40	日常检查	油桶加注	24 个月	600	
					L-HV46 低温抗磨液压油	−30～50	日常检查	油桶加注	24 个月	600	
					L-HS32 低温抗磨液压油	−57～49	日常检查	油桶加注	24 个月	600	
5	12	变速箱	2	液力传动油	ATF 220	−42～50	日常检查	油壶加注	24 个月	30	每个 30L
6	6	散热器	2	−45℃冷却液	−45℃冷却液	−45～60	日常检查	水壶加注	24 个月	70	每个 70L
7	2	蝶阀	7	3 号锂基润滑脂	3 号锂基润滑脂	−20～120	每月	脂枪加注	3 个月	加至游油挤出	

续表

序号	润滑点编号	润滑部位	点数	设备制造厂推荐用油（性能指标）	推荐用油		润滑保养规范			更换规范		备注
					种类、型号	适用温度范围，℃	最小维护周期	加注方式	推荐换油周期	加注量，L	
8	3	下灰阀	1	3号锂基润滑脂	3号锂基润滑脂	−20～120	每月	脂枪加注	3个月	加至新油挤出	
9	5	发动机皮带轮	2	3号锂基润滑脂	3号锂基润滑脂	−20～120	每月	脂枪加注	3个月	加至新油挤出	
10	8	传动轴	1	3号锂基润滑脂	3号锂基润滑脂	−20～120	每月	脂枪加注	3个月	加至新油挤出	
11	9	下泵泵壳	1	3号锂基润滑脂	3号锂基润滑脂	−20～120	每月	脂枪加注	3个月	加至新油挤出	
12	10	前泵泵壳	1	3号锂基润滑脂	3号锂基润滑脂	−20～120	每月	脂枪加注	3个月	加至新油挤出	
13	13	变速箱至柱塞泵传动轴	6	3号锂基润滑脂	3号锂基润滑脂	−20～120	每月	脂枪加注	3个月	加至新油挤出	
14	14	离心泵轴承	6	3号锂基润滑脂	3号锂基润滑脂	−20～120	每月	脂枪加注	3个月	加至新油挤出	
15	1	旋塞阀	5	3号锂基润滑脂	3号锂基润滑脂	−20～120	每月	脂枪加注	3个月	加至新油挤出	

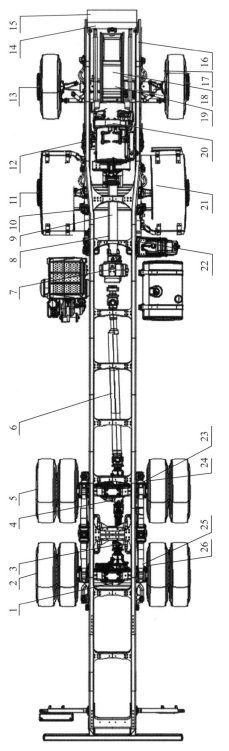

图 2-4-5 GJC75-30 Ⅱ 固井车底盘车润滑图（奔驰 4144）

表2-4-5　GJC75-30 Ⅱ固井车底盘车润滑表（奔驰4144）

序号	润滑点编号	润滑部位	点数	设备制造厂推荐用油（性能指标）	推荐用油 种类、型号	适用温度范围,℃	润滑保养规范 最小维护周期	加注方式	更换规范 推荐换油周期	加注量,L	备注
1	18	底盘发动机	1	CI-4柴油机油	CI-4 5W/40	-30～40	日常检查	油壶加注	10000km或12个月	34	
					CI-4 10W/40	-25～40	日常检查	油壶加注	10000km或12个月	34	
					CI-4 15W/40	-20～40	日常检查	油壶加注	10000km或12个月	34	
2	1	四桥差速器	1	GL-5 85W/90	GL-5 85W/90	-15～49	5000km	油桶加注	24个月	13	
3	2	四桥轮边减速器	2	GL-5 85W/90	GL-5 85W/90	-15～49	5000km	油桶加注	24个月	2.7	每个2.7L
4	4	三桥差速器	1	GL-5 85W/90	GL-5 85W/90	-15～49	5000km	油桶加注	24个月	13	
5	5	三桥轮边减速器	1	GL-5 85W/90	GL-5 85W/90	-15～49	5000km	油桶加注	24个月	2.7	每个2.7L
6	13	一桥轮边减速器	2	GL-5 85W/90	GL-5 85W/90	-15～49	5000km	油桶加注	24个月	2.7	每个2.7L
7	19	一桥差速器	1	GL-5 85W/90	GL-5 85W/90	-15～49	5000km	油壶加注	24个月	7	
8	7	分动箱	1	GL-5 85W/90	GL-5 85W/90	-15～49	5000km	油桶加注	24个月	18	
9	20	变速箱	1	GL-5 85W/90	GL-5 85W/90	-15～49	5000km	油壶加注	24个月	53.6	
10	16	驾驶室翻转泵	1	北奔重卡专用液压油	HV46号低温抗磨液压油	-30～50	5000km	油壶加注	24个月	1	
11	14	动力转向器储液罐	1	液力传动油	ATF 220	-42～50	5000km	油壶加注	24个月	6	
12	15	离合器助力泵	1	SAE J1703 DOT4	DOT4	240以下	5000km	油壶加注	24个月	1	
13	3	三四桥传动轴	2	3号通用锂基润滑脂	3号锂基润滑脂	-20～120	2000km	脂枪加注	10000km	加至新脂挤出	

续表

序号	润滑点编号	润滑部位	点数	设备制造厂推荐用油(性能指标)	推荐用油		润滑保养规范		更换规范		备注
					种类、型号	适用温度范围,℃	最小维护周期	加注方式	推荐换油周期	加注量,L	
14	6	分动箱至三桥传动轴	2	3号通用锂基润滑脂	3号锂基润滑脂	−20～120	2000km	脂枪加注	10000km	加至新脂挤出	
15	8	分动箱至一桥传动轴	2	3号通用锂基润滑脂	2号锂基润滑脂	−20～120	2000km	脂枪加注	10000km	加至新脂挤出	
16	9	分动箱至变速箱传动轴	2	3号通用锂基润滑脂	3号锂基润滑脂	−20～120	2000km	脂枪加注	10000km	加至新脂挤出	
17	10	二桥立轴	2	3号通用锂基润滑脂	3号锂基润滑脂	−20～120	2000km	脂枪加注	10000km	加至新脂挤出	
18	11	二桥轮毂轴承	2	3号通用锂基润滑脂	3号锂基润滑脂	−20～120	2000km	脂枪加注	10000km	加至新脂挤出	
19	12	一桥钢板弹簧后铀销	2	3号通用锂基润滑脂	3号锂基润滑脂	−20～120	2000km	脂枪加注	10000km	加至新脂挤出	左右各1个
20	17	一桥制动器凸轮	2	3号通用锂基润滑脂	3号锂基润滑脂	−20～120	2000km	脂枪加注	10000km	加至新脂挤出	左右各1个
21	21	二桥制动器凸轮	2	3号通用锂基润滑脂	3号锂基润滑脂	−20～120	2000km	脂枪加注	10000km	加至新脂挤出	
22	22	二桥钢板弹簧后铀销	2	3号通用锂基润滑脂	3号锂基润滑脂	−20～120	2000km	脂枪加注	10000km	加至新脂挤出	
23	23	三桥制动器调整臂	2	3号通用锂基润滑脂	3号锂基润滑脂	−20～120	2000km	脂枪加注	10000km	加至新脂挤出	左右各1个
24	24	三桥制动器凸轮	2	3号通用锂基润滑脂	3号锂基润滑脂	−20～120	2000km	脂枪加注	10000km	加至新脂挤出	左右各1个
25	25	四桥制动器调整臂	2	3号通用锂基润滑脂	3号锂基润滑脂	−20～120	2000km	脂枪加注	10000km	加至新脂挤出	左右各1个
26	26	四桥制动器凸轮	2	3号通用锂基润滑脂	3号锂基润滑脂	−20～120	2000km	脂枪加注	10000km	加至新脂挤出	左右各1个

（5）GJC70—25 Ⅱ 固井车润滑图表。

① GJC70—25 Ⅱ 固井车和底盘车润滑图如图 2－4－6 和图 2－4－7 所示。

② GJC70—25 Ⅱ 固井车和底盘车润滑表见表 2－4－6 和表 2－4－7。

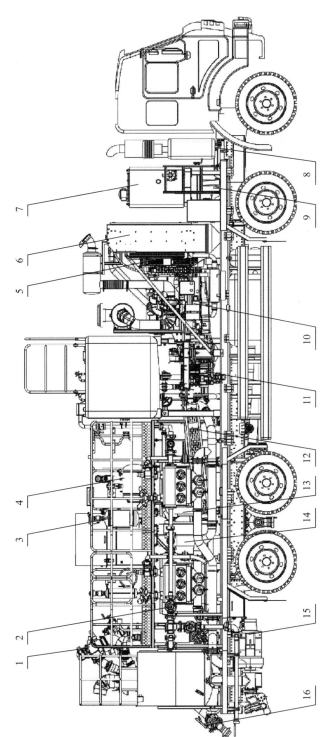

图 2－4－6　GJC70－25 Ⅱ 固井车润滑图

表 2-4-6　GJC70-25 Ⅱ 固井车润滑表

序号	润滑点编号	润滑部位	点数	设备制造厂推荐用油（性能指标）	推荐用油		润滑保养规范			更换规范		备注
					种类、型号	适用温度范围，℃	最小维护周期	加注方式	推荐换油周期	加注量，L	
1	3	离心泵密封	2	柴油机油	CD 15W/40	−20～40	日常检查	油壶加注	不足补充	30	
2	4	柱塞泵密封	6	柴油机油	CD 15W/40	−26～40	日常检查	油壶加注	不足补充	60	
3	10	台面发动机	2	CI-4 柴油机油	CI-4 5W/40	−30～40	日常检查	油壶加注	500h 或 12 个月	35	每个 35L
					CI-4 10W/40	−25～40	日常检查	油壶加注	500h 或 12 个月	35	每个 35L
					CI-4 15W/40	−20～40	日常检查	油壶加注	500h 或 12 个月	35	每个 35L
4	13	柱塞泵动力端	2	重负荷齿轮油	GL-5 85W/90	−15～49	日常检查	油桶加注	24 个月	150	每个 150L
					GL-5 80W/90	−25～49	日常检查	油桶加注	24 个月	150	每个 150L
					GL-5 75W/90	−57～49	日常检查	油桶加注	24 个月	150	每个 150L
5	14	柱塞泵链条箱	2	重负荷齿轮油	GL-5 85W/90	−15～49	日常检查	油壶加注	24 个月	10	每个 10L
6	7	液压油箱	1	液压油	L-HM46 抗磨液压油	−10～40	日常检查	油桶加注	24 个月	690	
					L-HV46 低温抗磨液压油	−30～50	日常检查	油桶加注	24 个月	690	
					L-HS32 低温抗磨液压油	−45～60	日常检查	油桶加注	24 个月	690	
7	11	变速箱	2	液力传动油	ATF 220	−42～50	日常检查	油壶加注	24 个月	30	每个 30L
8	6	散热器	2	−45℃冷却液	−45℃冷却液	−45～60	日常检查	水桶加注	24 个月	70	每个 70L
9	1	下承阀	1	3 号锂基润滑脂	3 号锂基润滑脂	−20～120	每月	脂枪加注	3 个月	加至新脂挤出	
10	5	发动机皮带轮	2	3 号锂基润滑脂	3 号锂基润滑脂	−20～120	每月	脂枪加注	3 个月	加至新脂挤出	
11	8	双联泵传动轴	1	3 号锂基润滑脂	3 号锂基润滑脂	−20～120	每月	脂枪加注	3 个月	加至新脂挤出	

续表

序号	润滑点编号	润滑部位	点数	设备制造厂推荐用油（性能指标）	推荐用油			润滑保养规范			更换规范		备注
					种类、型号	适用温度范围，℃		最小维护周期	加注方式	推荐换油周期	加注量，L		
12	9	下泵泵壳	1	3号锂基润滑脂	3号锂基润滑脂	−20～120		每月	脂枪加注	3个月	加至新脂挤出	
13	12	传动轴	6	3号锂基润滑脂	3号锂基润滑脂	−20～120		每月	脂枪加注	3个月	加至新脂挤出	
145	15	离心泵轴承	6	3号锂基润滑脂	3号锂基润滑脂	−20～120		每月	脂枪加注	3个月	加至新脂挤出	3个离心泵
15	16	蝶阀	29	3号锂基润滑脂	3号锂基润滑脂	−20～120		每月	脂枪加注	3个月	加至新脂挤出	
16	2	2×2旋塞阀	5	3号锂基润滑脂	3号锂基润滑脂	−20～120		每月	脂枪加注	3个月	加至新脂挤出	

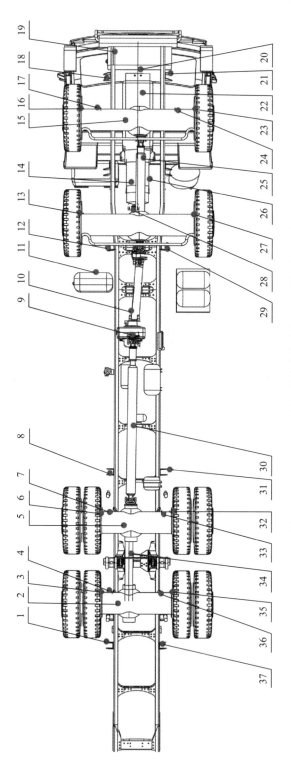

图 2-4-7　GJC75-25 Ⅱ 固井车底盘车润滑图（奔驰 4144）

表2-4-7 GJC70-25 Ⅱ固井车底盘车润滑表（奔驰4144）

序号	润滑点编号	润滑部位	点数	设备制造厂推荐用油（性能指标）	推荐用油 种类、型号	适用温度范围，℃	润滑保养规范 最小维护周期	加注方式	更换规范 推荐换油周期	加注量，L
1	22	底盘发动机	1	CI-4 柴油机油	CI-4 5W/40	-30 ~ 40	日常检查	油桶加注	10000km 或 12 个月	34
					CI-4 10W/40	-25 ~ 40	日常检查	油桶加注	10000km 或 12 个月	34
					CI-4 5W/40	-20 ~ 40	日常检查	油桶加注	10000km 或 12 个月	34
2	26	缓速器	1	奔驰 235.27	GL-5 85W/90	-15 ~ 49	5000km	油壶加注	智能保养提示	5.6
					GL-5 80W/90	-25 ~ 49	5000km	油壶加注	智能保养提示	5.6
					GL-5 75W/90	-57 ~ 49	5000km	油壶加注	智能保养提示	5.6
3	2	四桥差速器	1	GL-5 85W/90	GL-5 85W/90	-15 ~ 49	5000km	油枪加注	24 个月	13
4	4	四桥左轮边减速器	1	GL-5 85W/90	GL-5 85W/90	-15 ~ 49	5000km	油枪加注	24 个月	2.7
5	5	三桥差速器	1	GL-5 85W/90	GL-5 85W/90	-15 ~ 49	5000km	油枪加注	24 个月	13
6	7	三桥右轮边减速器	1	GL-5 85W/90	GL-5 85W/90	-15 ~ 49	5000km	油枪加注	24 个月	2.7
7	9	分动箱	1	GL-5 85W/90	GL-5 85W/90	-15 ~ 49	5000km	油枪加注	24 个月	18
8	14	变速箱	1	GL-5 85W/90	GL-5 85W/90	-15 ~ 49	5000km	油桶加注	24 个月	53.6
9	15	一桥差速器	1	GL-5 85W/90	GL-5 85W/90	-15 ~ 49	5000km	油枪加注	24 个月	7
10	17	一桥右轮边减速器	1	GL-5 85W/90	GL-5 85W/90	-15 ~ 49	5000km	油枪加注	24 个月	2.7
11	24	一桥左轮边减速器	1	GL-5 85W/90	GL-5 85W/90	-15 ~ 49	5000km	油枪加注	24 个月	2.7
12	33	三桥左轮边减速器	1	GL-5 85W/90	GL-5 85W/90	-15 ~ 49	5000km	油枪加注	24 个月	2.7
13	36	四桥左轮边减速器	1	GL-5 85W/90	GL-5 85W/90	-15 ~ 49	5000km	油枪加注	24 个月	2.7
14	19	冷却液	1	奔驰 325.0	-45℃冷却液	-40 ~ 40	5000km	水壶加注	智能保养提示	54

续表

序号	润滑点编号	润滑部位	点数	设备制造厂推荐用油（性能指标）	推荐用油		润滑保养规范			更换规范	
					种类、型号	适用温度范围，℃	最小维护周期	加注方式	推荐换油周期	加注量，L
15	11	AdBlue 储罐	1	AdBlue 溶液	原厂尿素	−35 ~ 40	日常检查	桶装加注	不足补充	40
16	1	四桥右钢板弹簧销	1	3号通用锂基润滑脂	3号锂基润滑脂	−20 ~ 120	2000km	脂枪加注	10000km	加至新脂挤出
17	3	四桥右制动凸轮轴	1	3号通用锂基润滑脂	3号锂基润滑脂	−20 ~ 120	2000km	脂枪加注	10000km	加至新脂挤出
18	6	三桥右制动凸轮轴	1	3号通用锂基润滑脂	3号锂基润滑脂	−20 ~ 120	2000km	脂枪加注	10000km	加至新脂挤出
19	8	三桥右钢板弹簧销	1	3号通用锂基润滑脂	3号锂基润滑脂	−20 ~ 120	2000km	脂枪加注	10000km	加至新脂挤出
20	10	二桥至分动箱传动轴万向节	2	3号通用锂基润滑脂	3号锂基润滑脂	−20 ~ 120	2000km	脂枪加注	10000km	加至新脂挤出
21	12	二桥右钢板弹簧销	1	3号通用锂基润滑脂	3号锂基润滑脂	−20 ~ 120	2000km	脂枪加注	10000km	加至新脂挤出
22	13	二桥右制动凸轮轴	1	3号通用锂基润滑脂	3号锂基润滑脂	−20 ~ 120	2000km	脂枪加注	10000km	加至新脂挤出
23	16	一桥右制动凸轮轴	1	3号通用锂基润滑脂	3号锂基润滑脂	−20 ~ 120	2000km	脂枪加注	10000km	加至新脂挤出
24	18	一桥右钢板弹簧销	1	3号通用锂基润滑脂	3号锂基润滑脂	−20 ~ 120	2000km	脂枪加注	10000km	加至新脂挤出
25	20	传动轴风扇驱动装置	1	多功能润滑脂	3号锂基润滑脂	−20 ~ 120	2000km	脂枪加注	10000km	加至新脂挤出
26	21	一桥左钢板弹簧销	1	3号通用锂基润滑脂	3号锂基润滑脂	−20 ~ 120	2000km	脂枪加注	10000km	加至新脂挤出
27	23	一桥左制动凸轮轴	1	3号通用锂基润滑脂	3号锂基润滑脂	−20 ~ 120	2000km	脂枪加注	10000km	加至新脂挤出
28	25	一桥至二桥传动轴万向节	2	3号通用锂基润滑脂	3号锂基润滑脂	−20 ~ 120	2000km	脂枪加注	10000km	加至新脂挤出

续表

序号	润滑点编号	润滑部位	点数	设备制造厂推荐用油（性能指标）	推荐用油 种类、型号	推荐用油 适用温度范围，℃	润滑保养规范 最小维护周期	润滑保养规范 加注方式	更换规范 推荐换油周期	更换规范 加注量，L
29	27	二桥左制动凸轮轴	1	3号通用锂基润滑脂	3号锂基润滑脂	−20～120	2000km	脂枪加注	10000km	加至新脂挤出
30	28	变速箱至分动箱传动轴万向节	2	3号通用锂基润滑脂	3号锂基润滑脂	−20～120	2000km	脂枪加注	10000km	加至新脂挤出
31	29	二桥左钢板后轴销	1	3号通用锂基润滑脂	3号锂基润滑脂	−20～120	2000km	脂枪加注	10000km	加至新脂挤出
32	30	分动箱至三桥传动轴万向节	2	3号通用锂基润滑脂	3号锂基润滑脂	−20～120	2000km	脂枪加注	10000km	加至新脂挤出
33	31	三桥左钢板轴销	1	3号通用锂基润滑脂	3号锂基润滑脂	−20～120	2000km	脂枪加注	10000km	加至新脂挤出
34	32	三桥左制动凸轮轴	1	3号通用锂基润滑脂	3号锂基润滑脂	−20～120	2000km	脂枪加注	10000km	加至新脂挤出
35	34	三桥至四桥传动轴万向节	2	3号通用锂基润滑脂	3号锂基润滑脂	−20～120	2000km	脂枪加注	10000km	加至新脂挤出
36	35	四桥左制动凸轮轴	1	3号通用锂基润滑脂	3号锂基润滑脂	−20～120	2000km	脂枪加注	10000km	加至新脂挤出
37	37	四桥右钢板轴销	1	3号通用锂基润滑脂	3号锂基润滑脂	−20～120	2000km	脂枪加注	10000km	加至新脂挤出

(6) GJC70-34 Ⅱ 固井车润滑图表。

① GJC75-34 Ⅱ 固井车和底盘车润滑图如图 2-4-8 和图 2-4-9 所示。

② GJC75-34 Ⅱ 固井车和底盘车润滑表见表 2-4-8 和表 2-4-9。

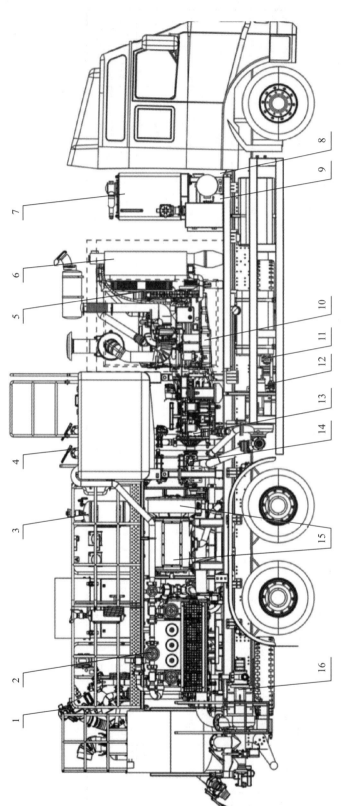

图 2-4-8　GJC70-34 Ⅱ 固井车润滑图

表2-4-8　GJC70-34 Ⅱ固井车润滑表

序号	润滑点编号	润滑部位	点数	设备制造厂推荐用油（性能指标）	推荐用油 种类、型号	适用温度范围，℃	润滑保养规范 最小维护周期	加注方式	更换规范 推荐换油周期	加注量，L	备注
1	3	离心泵密封	2	柴油机油	CD 15W/40	-20~40	日常检查	脂枪加注	不足补充	30	
		柱塞泵密封	6	柴油机油	CD 15W/40	-20~40	日常检查	脂枪加注	不足补充	60	
2	10	台面发动机	2	CI-4柴油机油	CI-4 5W/40	-30~40	日常检查	油桶加注	500h或12个月	35	每个35L
					CI-4 10W/40	-25~40	日常检查	油桶加注	500h或12个月	35	每个35L
					CI-4 15W/40	-20~40	日常检查	油桶加注	500h或12个月	35	每个35L
3	15	柱塞泵动力端	2	重负荷齿轮油	GL-5 85W/90	-15~49	日常检查	油桶加注	24个月	150	每个150L
					GL-5 80W/90	-25~49	日常检查	油桶加注	24个月	150	
					GL-5 75W/90	-57~49	日常检查	油桶加注	24个月	150	
4	7	液压系统	1	L-HV46号低温抗磨液压油	L-HM46抗磨液压油	-10~40	日常检查	油桶加注	24个月	690	
					L-HV46低温抗磨液压油	-30~50	日常检查	油桶加注	24个月	690	
					L-HS32低温抗磨液压油	-45~60	日常检查	油桶加注	24个月	690	
5	13	变速箱	2	液力传动油	ATF 220	-42~50	日常检查	油桶加注	24个月	30	每个30L
6	6	散热器	2	-45℃冷却液	-45℃冷却液	-45~60	日常检查	水桶加注	24个月	70	每个70L
7	1	下灰阀	1	3号锂基润滑脂	3号锂基润滑脂	-20~120	每月	脂枪加注	3个月	加至新脂挤出	
8	4	蝶阀	31	3号锂基润滑脂	3号锂基润滑脂	-20~120	每月	脂枪加注	3个月	加至新脂挤出	
9	5	发动机皮带轮	2	3号锂基润滑脂	3号锂基润滑脂	-20~120	每月	脂枪加注	3个月	加至新脂挤出	
10	8	上泵传动轴	3	3号锂基润滑脂	3号锂基润滑脂	-20~120	每月	脂枪加注	3个月	加至新脂挤出	

序号	润滑点编号	润滑部位	点数	设备制造厂推荐用油（性能指标）	推荐用油			润滑保养规范			更换规范		备注
					种类、型号	适用温度范围，℃	最小维护周期	加注方式	推荐换油周期	加注量，L			
11	9	上泵泵壳	1	3号锂基润滑脂	3号锂基润滑脂	−20～120	每月	脂枪加注	3个月	加至新脂挤出		
12	11	下泵传动轴	3	3号锂基润滑脂	3号锂基润滑脂	−20～120	每月	脂枪加注	3个月	加至新脂挤出		
13	12	下泵泵壳	1	3号锂基润滑脂	3号锂基润滑脂	−20～120	每月	脂枪加注	3个月	加至新脂挤出		
14	14	主传动轴	6	3号锂基润滑脂	3号锂基润滑脂	−20～120	每月	脂枪加注	3个月	加至新脂挤出		
15	16	离心泵轴承	6	3号锂基润滑脂	3号锂基润滑脂	−20～120	每月	脂枪加注	3个月	加至新脂挤出		
16	2	旋塞阀	5	3号锂基润滑脂	3号锂基润滑脂	−20～120	每月	脂枪加注	3个月	加至新脂挤出		

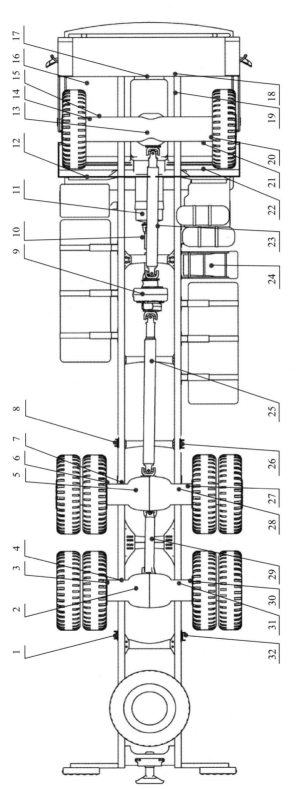

图 2-4-9　GJC75-34 Ⅱ固井车底盘车润滑图（VOLVO FMX 6X6）

表2-4-9　GJC75-34Ⅱ固井车底盘车润滑表（VOLVO FMX 6X6）

序号	润滑点编号	润滑部位	点数	设备制造厂推荐用油（性能指标）	推荐用油		润滑保养规范		更换规范	
					种类、型号	适用温度范围，℃	最小维护周期	加注方式	推荐换油周期	加注量，L
1	2	三桥差速器	1	GL-5 85W/90	GL-5 85W/90	-15~49	5000km	油枪加注	24个月	17.5
2	4	三桥左轮边减速器	1	GL-5 85W/90	GL-5 85W/90	-15~49	5000km	油枪加注	24个月	2.5
3	5	二桥差速器	1	GL-5 85W/90	GL-5 85W/90	-15~49	5000km	油枪加注	24个月	17.5
4	7	三桥右轮边减速器	1	GL-5 85W/90	GL-5 85W/90	-15~49	5000km	油枪加注	24个月	2.5
5	13	一桥差速器	1	GL-5 85W/90	GL-5 85W/90	-15~49	5000km	油枪加注	24个月	17.5
6	21	一桥左轮边减速器	1	GL-5 85W/90	GL-5 85W/90	-15~49	5000km	油枪加注	24个月	2.7
7	15	一桥右轮边减速器	1	GL-5 85W/90	GL-5 85W/90	-15~49	5000km	油枪加注	24个月	2.5
8	28	二桥左轮边减速器	1	GL-5 85W/90	GL-5 85W/90	-15~49	5000km	油枪加注	24个月	2.7
9	31	三桥左轮边减速器	1	GL-5 85W/90	GL-5 85W/90	-15~49	5000km	油枪加注	24个月	2.7
10	9	分动箱	1	VOLVO97305、VOLVO97307、VOLVO97315	GL-5 85W/90	-15~49	5000km	油壶加注	24个月	5.5
11	11	变速箱	1	VOLVO97305、VOLVO97307、VOLVO97315	GL-5 85W/90	-15~49	5000km	油壶加注	24个月	14.3
12	17	冷却液	1	沃尔沃冷却液 VCS	沃尔沃冷却液 VCS	-46~60	日常检查	水桶加注	智能保养提示	42
13	24	AdBlue储罐	1	AdBlue溶液	原厂尿素	-35~40	日常检查	小桶加注	不足补充	35
14	1	三桥右钢板轴销	1	3号通用锂基脂	3号通用锂基脂	-20~120	2000km	脂枪加注	10000km	加至新脂挤出

续表

序号	润滑点编号	润滑部位	点数	设备制造厂推荐用油（性能指标）	推荐用油		润滑保养规范		更换规范	
					种类、型号	适用温度范围，℃	最小维护周期	加注方式	推荐换油周期	加注量，L
15	3	三桥右制动凸轮轴	1	3号通用锂基润滑脂	3号锂基润滑脂	−20～120	2000km	脂枪加注	10000km	加至新脂挤出
16	6	二桥右制动凸轮轴	1	3号通用锂基润滑脂	3号锂基润滑脂	−20～120	2000km	脂枪加注	10000km	加至新脂挤出
17	8	二桥右钢板轴销	1	3号通用锂基润滑脂	3号锂基润滑脂	−20～120	2000km	脂枪加注	10000km	加至新脂挤出
18	10	传动轴万向节	2	3号通用锂基润滑脂	3号锂基润滑脂	−20～120	2000km	脂枪加注	10000km	加至新脂挤出
19	12	一桥右钢板后轴销	1	3号通用锂基润滑脂	3号锂基润滑脂	−20～120	2000km	脂枪加注	10000km	加至新脂挤出
20	14	一桥右制动凸轮轴	1	3号通用锂基润滑脂	3号锂基润滑脂	−20～120	2000km	脂枪加注	10000km	加至新脂挤出
21	16	一桥右钢板前轴销	1	3号通用锂基润滑脂	3号锂基润滑脂	−20～120	2000km	脂枪加注	10000km	加至新脂挤出
22	18	传动轴风扇驱动装置	1	3号通用锂基润滑脂	3号锂基润滑脂	−20～120	2000km	脂枪加注	10000km	加至新脂挤出
23	19	一桥左钢板前轴销	1	3号通用锂基润滑脂	3号锂基润滑脂	−20～120	2000km	脂枪加注	10000km	加至新脂挤出
24	20	一桥左制动凸轮轴	1	3号通用锂基润滑脂	3号锂基润滑脂	−20～120	2000km	脂枪加注	10000km	加至新脂挤出
25	22	一桥左钢板后轴销	1	3号通用锂基润滑脂	3号锂基润滑脂	−20～120	2000km	脂枪加注	10000km	加至新脂挤出
26	23	至一桥传动轴万向节	2	3号通用锂基润滑脂	3号锂基润滑脂	−20～120	2000km	脂枪加注	10000km	加至新脂挤出
27	25	至二桥传动轴万向节	2	3号通用锂基润滑脂	3号锂基润滑脂	−20～120	2000km	脂枪加注	10000km	加至新脂挤出
28	26	二桥左制动凸轮轴	1	3号通用锂基润滑脂	3号锂基润滑脂	−20～120	2000km	脂枪加注	10000km	加至新脂挤出
29	27	三桥左制动凸轮轴	1	3号通用锂基润滑脂	3号锂基润滑脂	−20～120	2000km	脂枪加注	10000km	加至新脂挤出
30	29	二桥至三桥传动轴万向节	2	3号通用锂基润滑脂	3号锂基润滑脂	−20～120	2000km	脂枪加注	10000km	加至新脂挤出
31	30	三桥左制动凸轮轴	1	2号通用锂基润滑脂	3号锂基润滑脂	−20～120	2000km	脂枪加注	10000km	加至新脂挤出
32	32	三桥左钢板轴销	1	3号通用锂基润滑脂	3号锂基润滑脂	−20～120	2000km	脂枪加注	10000km	加至新脂挤出

（7）B01—00—046 固井橇润滑图表。

① B01—00—046 固井橇润滑图如图 2—4—10 所示。

② B01—00—046 固井橇润滑表见表 2—4—10。

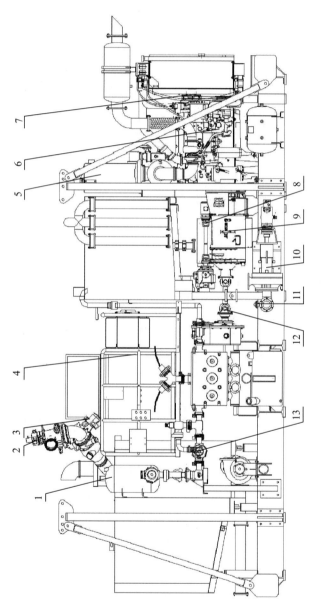

图 2—4—10　B01—00—046 固井橇润滑图

表2-4-10 B01-00-046 固井橇润滑表

序号	润滑点编号	润滑部位	点数	设备制造厂推荐用油（性能指标）	推荐用油 种类、型号	适用温度范围，℃	润滑保养规范 最小维护周期	加注方式	更换规范 推荐换油周期	加注量，L	备注
1	1	离心泵密封	2	柴油机油	CD 15W/40	−20～40	日常检查	脂枪加注	不足补充	38×2	3个离心泵
		柱塞泵密封	6	柴油机油	CD 15W/40	−20～40	日常检查	脂枪加注	不足补充		2个柱塞泵
2	6	台面发动机	2	CI-4柴油机油	CI-4 5W/40	−30～40	日常检查	油桶加注	500h或12个月	32	每台32L
					CI-4 10W/40	−25～40	日常检查	油桶加注	500h或12个月	32	每台32L
					CI-4 15W/40	−20～40	日常检查	油桶加注	500h或12个月	32	每台32L
3	13	柱塞泵动力端	2	重负荷齿轮油	GL-5 85W/90	−15～49	日常检查	油桶加注	24个月	170	每个170L
					GL-5 80W/90	−25～49	日常检查	油桶加注	24个月	170	每个170L
					GL-5 75W/90	−57～49	日常检查	油桶加注	24个月	170	每个170L
4	5	液压系统	1	液压油	L-HM46抗磨液压油	−10～40	日常检查	油桶加注	24个月	400	
					L-HV46低温抗磨液压油	−30～50	日常检查	油桶加注	24个月	400	
					L-HS32低温抗磨液压油	−45～60	日常检查	油桶加注	24个月	400	
5	9	变速箱	2	液力传动油	ATF 220	−42～50	日常检查	油桶加注	24个月	30	每个30L
6	2	下灰阀	1	3号锂基润滑脂	3号锂基润滑脂	−20～120	每月	脂枪加注	3个月	加至新脂挤出	
7	3	喷射器	1	3号锂基润滑脂	3号锂基润滑脂	−20～120	每月	脂枪加注	3个月	加至新脂挤出	
8	4	油水分离器	1	多效润滑脂	3号锂基润滑脂	−20～120	每月	脂枪加注	500h或6个月	加至新脂挤出	
9	7	散热器风扇	2	3号锂基润滑脂	3号锂基润滑脂	−20～120	每月	脂枪加注	3个月	加至新脂挤出	2个散热器
10	8	取力器传动轴	4	3号锂基润滑脂	3号锂基润滑脂	−20～120	每月	脂枪加注	3个月	加至新脂挤出	每根传动轴2个
11	10	离心泵轴承	2	3号锂基润滑脂	3号锂基润滑脂	−20～120	每月	脂枪加注	3个月	加至新脂挤出	每个离心泵2个
12	11	蝶阀	31	3号锂基润滑脂	3号锂基润滑脂	−20～120	每月	脂枪加注	3个月	加至新脂挤出	
13	12	变速箱至减速器传动轴	2	3号锂基润滑脂	3号锂基润滑脂	−20～120	每月	脂枪加注	3个月	加至新脂挤出	
14	14	旋塞阀	5	3号锂基润滑脂	3号锂基润滑脂	−20～120	每月	脂枪加注	3个月	加至新脂挤出	

（8）B01—00—069 固井橇润滑图表

① B01—00—069 固井橇润滑图如图 2—4—11 和图 2—4—12 所示。

② B01—00—069 固井橇润滑表见表 2—4—11 所示。

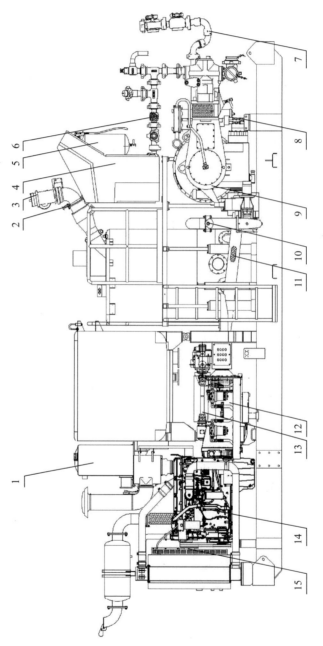

图 2—4—11　B01—00—069 固井橇润滑图（主视图）

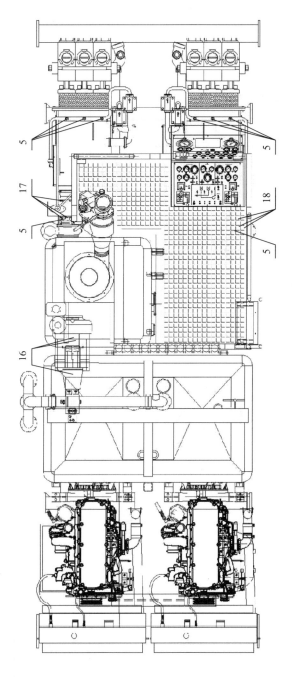

图 2-4-12　B01-00-069 润滑图（俯视图）

表2-4-11　B01-00-069 固井橇润滑表

序号	润滑点编号	润滑部位	点数	设备制造厂推荐用油（性能指标）	推荐用油 种类，型号	推荐用油 适用温度范围，℃	润滑保养规范 最小维护周期	润滑保养规范 加注方式	更换规范 推荐换油周期	更换规范 加注量，L	备注
1	5	离心泵密封	2	柴油机油	CD 15W/40	-20~40	日常检查	油桶加注	不足补充	38×2	2个离心泵
		柱塞泵密封	6	柴油机油	CD 15W/40	-20~40	日常检查	脂枪加注	不足补充		2个柱塞泵
2	14	台面发动机	2	CI-4柴油机油	CI-4 5W/40	-30~40	日常检查	油桶加注	12个月	32	每台32L
					CI-4 10W/40	-25~40	日常检查	油桶加注	12个月	32	每台32L
					CI-4 15W/40	-20~40	日常检查	油桶加注	12个月	32	每台32L
3	9	柱塞泵动力端	2	重负荷齿轮油	GL-5 85W/90	-15~49	日常检查	油桶加注	24个月	80	每个80L
					GL-5 80W/90	-25~49	日常检查	油桶加注	24个月	80	每个80L
					GL-5 75W/90	-57~49	日常检查	油桶加注	24个月	80	每个80L
4	1	液压系统	1	液压油	L-HM46抗磨液压油	-10~40	日常检查	油桶加注	24个月		
					L-HV46低温抗磨液压油	-30~50	日常检查	油桶加注	24个月		
					L-HS32低温抗磨液压油	-45~60	日常检查	油桶加注	24个月		
5	12	变速箱	2	液力传动油	ATF 220	-42~50	每次作业前	油桶加注	48个月	30	每个30L
6	2	喷射器	1	3号锂基润滑脂	3号锂基润滑脂	-20~120	每月	脂枪加注	3个月	加至新脂挤出	
7	3	下灰阀	1	3号锂基润滑脂	3号锂基润滑脂	-20~120	每月	脂枪加注	3个月	加至新脂挤出	
8	8	扭力拉杆接头	8	3号锂基润滑脂	3号锂基润滑脂	-20~120	每月	脂枪加注	3个月	加至新脂挤出	
9	10	蝶阀	31	3号锂基润滑脂	3号锂基润滑脂	-20~120	每月	脂枪加注	3个月	加至新脂挤出	
10	11	传动轴	4	3号锂基润滑脂	3号锂基润滑脂	-20~120	每月	脂枪加注	3个月	加至新脂挤出	每根传动轴2个
11	13	取力器传动轴	4	3号锂基润滑脂	3号锂基润滑脂	-20~120	每月	脂枪加注	3个月	加至新脂挤出	每根传动轴2个

续表

序号	润滑点编号	润滑部位	点数	设备制造厂推荐用油（性能指标）	推荐用油		润滑保养规范		更换规范		备注
					种类、型号	适用温度范围，℃	最小维护周期	加注方式	推荐换油周期	加注量，L	
12	15	散热器风扇轴承	2	3号锂基润滑脂	3号锂基润滑脂	−20～120	每月	脂枪加注	3个月	加至新脂挤出	2个散热器
13	16	清水泵机械油封	1	3号锂基润滑脂	3号锂基润滑脂	−20～120	每月	脂枪加注	3个月	加至新脂挤出	
13	16	清水泵轴承	2	3号锂基润滑脂	3号锂基润滑脂	−20～120	每月	脂枪加注	3个月	加至新脂挤出	
14	17	循环泵轴承	3	3号锂基润滑脂	3号锂基润滑脂	−20～120	每月	脂枪加注	3个月	加至新脂挤出	
15	18	灌注泵轴承	3	3号锂基润滑脂	3号锂基润滑脂	−20～120	每月	脂枪加注	3个月	加至新脂挤出	
16	4	油水分离器	1	多效润滑脂	3号锂基润滑脂	−20～120	每月	脂枪加注	500h或6个月	加至新脂挤出	
17	6	旋塞阀	6	3号锂基润滑脂	3号锂基润滑脂	−20～120	每月	脂枪加注	3个月	加至新脂挤出	
18	7	高压活动弯头	2	3号锂基润滑脂	3号锂基润滑脂	−20～120	每月	脂枪加注	3个月	加至新脂挤出	2个高压弯头

（9）GJT95—27Ⅱ 固井半挂车润滑图表。

① GJT95—27Ⅱ 固井半挂车润滑图如图 2－4－13 和图 2－4－14 所示。

② GJT95—27Ⅱ 固井半挂车润滑表见表 2－4－12 和表 2－4－13。

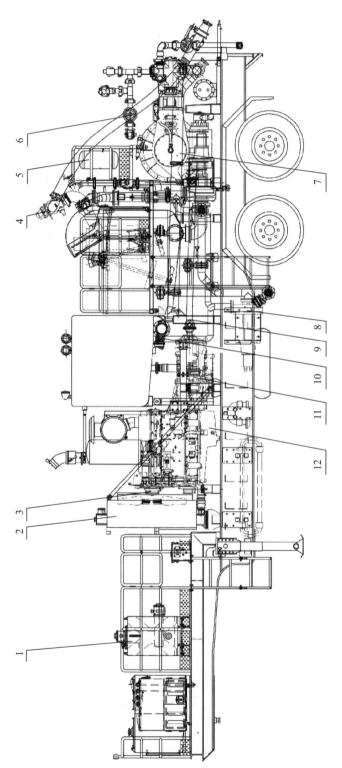

图 2－4－13　GJT95－27Ⅱ 固井半挂车润滑图

表2-4-12　GJT95-27Ⅱ固井半挂车润滑表

序号	润滑点编号	润滑部位	点数	设备制造厂推荐用油(性能指标)	种类、型号	适用温度范围℃	最小维护周期	加注方式	推荐换油周期	加注量,L	备注
1	5	密封圈	1	柴油机油	CD 15W/40	−20～40	日常检查	油桶加注	不足补充	30	
2	12	台面发动机	2	CI-4柴油机油	CI-4 5W/40	−30～40	日常检查	油桶加注	12个月	35	每个35L
					CI-4 10W/40	−25～40	日常检查	油桶加注	12个月	35	每个35L
					CI-4 15W/40	−20～40	日常检查	油桶加注	12个月	35	每个35L
3	7	柱塞泵动力端	2	重负荷齿轮油	GL-5 85W/90	−15～49	日常检查	油桶加注	24个月	150	每个150L
					GL-5 80W/90	−25～49	日常检查	油桶加注	24个月	150	每个150L
					GL-5 75W/90	−57～49	日常检查	油桶加注	24个月	150	每个150L
4	1	液压油箱	1	液压油	L-HM46抗磨液压油	−10～40	日常检查	油桶加注	24个月	690	
					L-HV46低温抗磨液压油	−30～50	日常检查	油桶加注	24个月	690	
					L-HS32低温抗磨液压油	−45～60	日常检查	油桶加注	24个月	690	
5	11	变速箱	2	液力传动油	ATF 220	−42～50	日常检查	油桶加注	24个月	30	每个30L
6	2	散热器	2	−45℃冷却液	−45℃冷封液	−45～60	日常检查	检查补充	24个月	70	每个70L
7	3	发动机皮带轮	2	3号锂基润滑脂	3号锂基润滑脂	−20～120	每月	脂枪加注	3个月	加至新脂挤出	
8	4	下灰阀	1	3号锂基润滑脂	3号锂基润滑脂	−20～120	每月	脂枪加注	3个月	加至新脂挤出	
9	8	离心泵轴承	8	3号锂基润滑脂	3号锂基润滑脂	−20～120	每月	脂枪加注	3个月	加至新脂挤出	4个离心泵
10	9	主传动轴	6	3号锂基润滑脂	3号锂基润滑脂	−20～120	每月	脂枪加注	3个月	加至新脂挤出	
11	10	蝶阀	35	3号锂基润滑脂	3号锂基润滑脂	−20～120	每月	脂枪加注	3个月	加至新脂挤出	
12	6	旋塞阀	5	3号锂基润滑脂	3号锂基润滑脂	−46～94℃	每月	脂枪加注	3个月	加至新脂挤出	

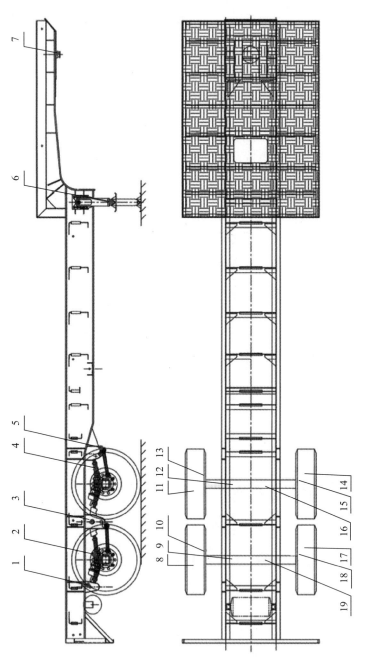

图 2-4-14 GJT95-27 Ⅱ固井半半挂车润滑图（两轴）

表 2-4-13 GJT95-27 Ⅱ固井半挂车润滑表（两轴）

序号	润滑点编号	润滑部位	点数	设备制造厂推荐用油（性能指标）	推荐用油 种类、型号	适用温度范围，℃	最小维护周期	加注方式	推荐换油周期	加注量，L
1	1	后轴左右钢板轴销	2	3号通用锂基脂	3号锂基润滑脂	−20～120	2000km	脂枪加注	10000km	加至新脂挤出
2	2	活动支承销栓	8	钙基润滑脂	3号锂基润滑脂	−20～120	2000km	脂枪加注	10000km	加至新脂挤出
3	3	中心钢板连接轴销	2	3号通用锂基脂	3号锂基润滑脂	−20～120	2000km	脂枪加注	10000km	加至新脂挤出
4	4	钢板弹簧	2	钙基润滑脂	3号锂基润滑脂	−20～120	2000km	脂枪加注	10000km	加至新脂挤出
5	5	前轴左右钢板轴销	2	3号通用锂基脂	3号锂基润滑脂	−20～120	2000km	脂枪加注	10000km	加至新脂挤出
6	6	支腿支撑	2	钙基润滑脂	3号锂基润滑脂	−20～120	2000km	脂枪加注	10000km	加至新脂挤出
7	7	牵引销	1	锂基润滑脂	3号锂基润滑脂	−20～120	2000km	脂枪加注	10000km	加至新脂挤出
8	8	后轴左车轴轴承	1	3号通用锂基脂	3号锂基润滑脂	−20～120	2000km	脂枪加注	10000km	加至新脂挤出
9	9	后轴左凸轮轴支架	1	钙基润滑脂	3号锂基润滑脂	−20～120	2000km	脂枪加注	10000km	加至新脂挤出
10	10	后轴左制动器浮动销	1	4号高温润滑脂	3号锂基润滑脂	−20～120	2000km	脂枪加注	10000km	加至新脂挤出
11	11	前轴左车轴轴承	1	3号通用锂基脂	3号锂基润滑脂	−20～120	2000km	脂枪加注	10000km	加至新脂挤出
12	12	前轴左凸轮轴支架	1	4号高温润滑脂	3号锂基润滑脂	−20～120	2000km	脂枪加注	10000km	加至新脂挤出
13	13	前轴左制动器浮动销	1	3号通用锂基脂	3号锂基润滑脂	−20～120	2000km	脂枪加注	10000km	加至新脂挤出
14	14	前轴右车轴轴承	1	4号高温润滑脂	3号极压锂基脂	−20～120	2000km	脂枪加注	10000km	加至新脂挤出
15	15	前轴右制动器浮动销	1	钙基润滑脂	3号锂基润滑脂	−20～120	2000km	脂枪加注	10000km	加至新脂挤出
16	16	前轴右凸轮轴支架	1	3号通用锂基脂	3号锂基润滑脂	−20～120	2000km	脂枪加注	10000km	加至新脂挤出
17	17	后轴右车轴轴承	1	4号高温润滑脂	3号锂基润滑脂	−20～120	2000km	脂枪加注	10000km	加至新脂挤出
18	18	后轴右制动器浮动销	1	钙基润滑脂	3号锂基润滑脂	−20～120	2000km	脂枪加注	10000km	加至新脂挤出
19	19	后轴右凸轮轴支架	1	钙基润滑脂	3号锂基润滑脂	−20～120	2000km	脂枪加注	10000km	加至新脂挤出

第二节　固井混配车／橇／拖润滑图表

固井混配车／橇／拖用于固井水泥浆在注入井前的预制。当固井注水泥量非常大或水泥浆密度要求相当严格时，使用固井混配车／橇／拖，在注水泥前按设计密度混配出一定量的水泥浆，再用固井车将混配好的水泥浆注入井内。

按照移动性的不同，固井混配车／橇／拖可以分为车载、橇装和半挂等形式。其基本工作原理是通过配混浆系统将干水泥和配浆液（或水）按一定的比例混合成水泥浆，并进行再循环搅拌和密度检测，密度合格后灌注到固井泵（柱塞泵）吸入口，经过高压管汇由固井泵泵送到井下。

按照各部件的功用一般分为 10 大系统：行驶（或移动）系统、台面动力系统、传动系统、液压系统、电气控系统、操作系统、配混浆系统、给水系统、管汇系统密度控制系统。各系统的主要部件和作用见表 2-4-14。

表 2-4-14　固井混配车／橇／拖各系统的功用

系统名称	主要部件	主要功用
行驶（或移动）系统	二类汽车（拖车）底盘（橇架）	承载台面设备行驶和移动
台面动力系统	台面柴油机、燃油箱等	给台面设备提供动力
传动系统	变速箱、传动箱、链条箱等	连接柴油机与水泥泵动力，变速
液压系统	液压泵、液压马达、液压管线等	驱动离心泵、搅拌器、下灰阀
电气控系统	电路、气路管线及阀件	传递控制指令、观察参数变化
操作系统	操作台各控制按钮，参数仪表等	发出控制信息的地方
配混浆系统	高能混合器、混浆池、搅拌器等	配置水泥浆
给水系统	计量水柜、供水泵（也可以不装）	提供水源、储水、计量
管汇系统	水泥泵吸入管汇、离心泵管汇	提供循环及水泥泵吸入前的液路通道
密度控制系统	密度计、程序处理器、显示仪表	显示混浆时的水泥浆密度

固井混配车／橇／拖的主要润滑部位有底盘车、台面发动机、分动箱、离心泵、液压泵、马达、下灰阀、蝶阀等。润滑油品包括发动机油、齿轮油、液压油、刹车油、液力传动油、润滑脂等。

（1）润滑方式与管理。

底盘车的型号较多，但它们的结构都大同小异。其主要润滑部位有发动机、变速箱差速器、制动器、动力转向器、传动轴、钢板弹簧销等，润滑方式与通用车辆相同。

台面发动机采用压力润滑和飞溅润滑；分动箱采用压力润滑和飞溅润滑；各离心泵油

封采用以气顶油的压力润滑方式；液压泵、马达等液压元件采用液压油润滑；下灰阀、蝶阀等部件采用润滑脂润滑。

（2）基本要求。

①底盘车。底盘车的润滑基本要求与通用车辆相同。

②台面发动机。台面发动机现在基本均为电喷柴油机，对润滑油的要求比较苛刻，最低要求使用 CH–4 级别的柴油机油，有条件的可使用 CI–4 的柴油机油。

③分动箱。固井混配车 / 橇 / 拖台面用变速箱基本上都是进口 FUNK 分动箱，对润滑油的要求也比较高，一般选用符合 Allison C4 标准的齿轮油，有条件的可选用符合 Tes295 标准的 TranSynd 自动变速箱油。

④离心泵。离心泵密封选用柴油机油润滑，离心泵轴承选用润滑脂润滑。

⑤液压系统。液压泵、马达等液压系统元件选用液压油润滑。

⑥其他。下灰阀、蝶阀等润滑部位选用润滑脂润滑。

（3）PHC208 混配润滑图表。

① PHC208 混配车润滑图如图 2–4–15 和图 2–4–16 所示。

② PHC208 混配车润滑表见表 2–4–15 和表 2–4–16。

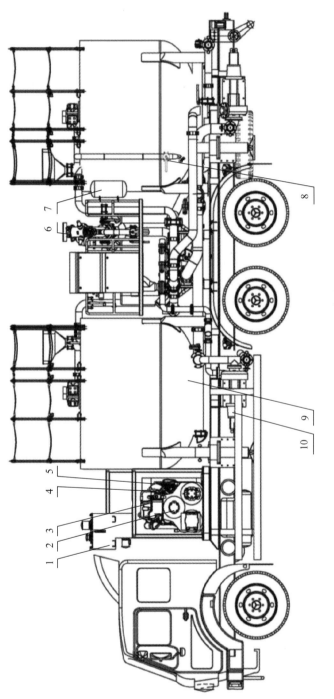

图 2-4-15　PHC208 混配车润滑图

表 2-4-15 PHC208混配车润滑表

序号	润滑点编号	润滑部位	点数	设备制造厂推荐用油（性能指标）	推荐用油		润滑保养规范		更换规范	
					种类、型号	适用温度范围，℃	最小维护周期	加注方式	推荐换油周期	加注量，L
1	4	台面发动机	1	CI-4柴油机油	CI-4 5W/40	-30～40	日常检查	油桶加注	500h或12个月	30
					CI-4 10W/40	-25～40	日常检查	油桶加注	500h或12个月	30
					CI-4 15W/40	-20～40	日常检查	油桶加注	500h或12个月	30
2	7	离心泵密封	2	柴油机油	CD 15W/40	-20～40	日常检查	油桶加注	不足补充	50
3	2	分动箱	1	齿轮油	GL-5 85W/90	-15～49	日常检查	油桶加注	24个月	6.15
					GL-5 80W/90	-25～49	日常检查	油桶加注	24个月	6.15
					GL-5 75W/90	-57～49	日常检查	油桶加注	24个月	6.15
4	1	液压系统	1	液压油	L-HM46抗磨液压油	-10～40	日常检查	油桶加注	24个月	300
					L-HV46低温抗磨液压油	-30～50	日常检查	油桶加注	24个月	300
					L-HS32低温抗磨液压油	-45～60	日常检查	油桶加注	24个月	300
5	5	散热器	1	-45℃冷却液	-45℃冷却液	-45～60	日常检查	水箱加注	24个月	40
6	3	发动机皮带轮	1	3号锂基润滑脂	3号锂基润滑脂	-20～120	每月	脂枪加注	3个月	加至新脂挤出
7	6	下灰阀	1	3号锂基润滑脂	3号锂基润滑脂	-20～120	每月	脂枪加注	3个月	加至新脂挤出
8	8	蝶阀	30	3号锂基润滑脂	3号锂基润滑脂	-20～120	每月	脂枪加注	3个月	加至新脂挤出
9	9	罐底黄油嘴	2	3号锂基润滑脂	3号锂基润滑脂	-20～120	作业前后各一次	脂枪加注	3个月	加至新脂挤出
10	10	离心泵轴承	6	3号锂基润滑脂	3号锂基润滑脂	-20～120	每月	脂枪加注	3个月	加至新脂挤出

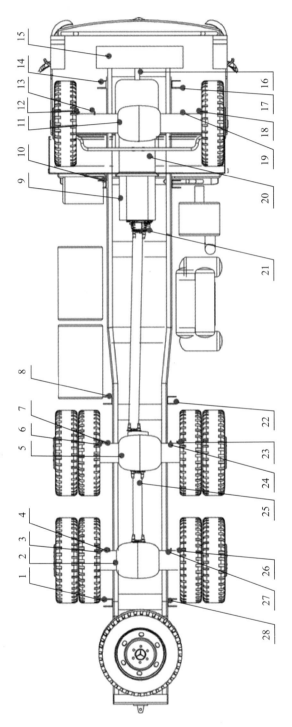

图 2-4-16　PHC208 混配车底盘车润滑图（北奔 6×4 国Ⅲ）

表2-4-16　PHC208混配车底盘车润滑图表（北奔6×4）

序号	润滑点编号	润滑部位	点数	设备制造厂推荐用油（性能指标）	推荐用油		润滑保养规范		更换规范	
					种类、型号	适用温度范围，℃	最小维护周期	加注方式	推荐换油周期	加注量，L
1	20	底盘发动机	1	北奔重卡专用润滑油	CI-4 5W/40	-30～40	日常检查	油桶加注	10000km或12个月	24
					CI-4 10W/40	-25～40	日常检查	油桶加注	10000km或12个月	24
					CI-4 15W/40	-20～40	日常检查	油桶加注	10000km或12个月	24
2	2	三桥差速器	1	GL-5 85W/90	GL-5 85W/90	-15～49	5000km	油枪加注	24个月	11.5
3	4	三桥左轮边减速器	1	GL-5 85W/90	GL-5 85W/90	-15～49	2000km	油枪加注	24个月	3.25
4	5	二桥差速器	1	GL-5 85W/90	GL-5 85W/90	-15～49	5000km	油枪加注	24个月	15.5
5	7	二桥右轮边减速器	1	GL-5 85W/90	GL-5 85W/90	-15～49	5000km	油枪加注	24个月	3.25
6	9	变速箱	1	GL-5 85W/90	GL-5 85W/90	-15～49	5000km	油桶加注	24个月	17
7	11	一桥差速器	1	GL-5 85W/90	GL-5 85W/90	-15～49	5000km	油枪加注	24个月	15.5
8	13	一桥右轮边减速器	1	GL-5 85W/90	GL-5 85W/90	-15～49	5000km	油枪加注	24个月	3.25
9	19	一桥左轮边减速器	1	GL-5 85W/90	GL-5 85W/90	-15～49	5000km	油枪加注	24个月	3.25
10	24	三桥左轮边减速器	1	GL-5 85W/90	GL-5 85W/90	-15～49	5000km	油枪加注	24个月	3.25
11	27	三桥左轮边减速器	1	GL-5 85W/90	GL-5 85W/90	-15～49	5000km	油枪加注	24个月	3.25
12	15	冷却液	1	奔驰325.0	-45冷却液	-40～40	每月	水桶加注	智能保养提示	36
13	1	三桥右钢板轴销	1	3号通用锂基润滑脂	3号锂基润滑脂	-20～120	2000km	脂枪加注	10000km	加至新脂挤出
14	3	三桥右制动凸轮轴	1	3号通用锂基润滑脂	3号锂基润滑脂	-20～120	2000km	脂枪加注	10000km	加至新脂挤出

续表

序号	润滑点编号	润滑部位	点数	设备制造厂推荐用油（性能指标）	推荐用油		润滑保养规范		更换规范	
					种类、型号	适用温度范围，℃	最小维护周期	加注方式	推荐换油周期	加注量，L
15	6	二桥右制动凸轮轴	1	3号通用锂基润滑脂	3号锂基润滑脂	-20~120	2000km	脂枪加注	10000km	加至新脂挤出
16	8	二桥右钢板轴销	1	3号通用锂基润滑脂	3号锂基润滑脂	-20~120	2000km	脂枪加注	10000km	加至新脂挤出
17	10	二桥右钢板后轴销	1	3号通用锂基润滑脂	3号锂基润滑脂	-20~120	2000km	脂枪加注	10000km	加至新脂挤出
18	12	一桥右制动凸轮轴	1	3号通用锂基润滑脂	3号锂基润滑脂	-20~120	2000km	脂枪加注	10000km	加至新脂挤出
19	14	一桥右钢板后轴销	1	3号通用锂基润滑脂	3号锂基润滑脂	-20~120	2000km	脂枪加注	10000km	加至新脂挤出
20	17	一桥左钢板后轴销	1	2号通用锂基润滑脂	3号锂基润滑脂	-20~120	2000km	脂枪加注	10000km	加至新脂挤出
21	18	一桥左制动凸轮轴	1	2号通用锂基润滑脂	3号锂基润滑脂	-20~120	2000km	脂枪加注	10000km	加至新脂挤出
22	21	变速箱至二桥传动轴	2	3号通用锂基润滑脂	3号锂基润滑脂	-20~120	2000km	脂枪加注	10000km	加至新脂挤出
23	22	二桥左钢板轴销	1	3号通用锂基润滑脂	3号锂基润滑脂	-20~120	2000km	脂枪加注	10000km	加至新脂挤出
24	23	二桥左制动凸轮轴	1	3号通用锂基润滑脂	3号锂基润滑脂	-20~120	2000km	脂枪加注	10000km	加至新脂挤出
25	25	二桥至三桥传动轴万向节	2	3号通用锂基润滑脂	3号锂基润滑脂	-20~120	2000km	脂枪加注	10000km	加至新脂挤出
26	26	三桥左制动凸轮轴	1	3号通用锂基润滑脂	3号锂基润滑脂	-20~120	2000km	脂枪加注	10000km	加至新脂挤出
27	28	三桥左钢板轴销	1	3号通用锂基润滑脂	3号锂基润滑脂	-20~120	2000km	脂枪加注	10000km	加至新脂挤出
28	16	传动轴风扇驱动装置	1	多功能润滑脂	3号锂基润滑脂	-20~120	2000km	脂枪加注	10000km	加至新脂挤出

（4）PHQ116 批混橇润滑图表。

① PHQ116 批混橇润滑图如图 2-4-17 所示。

② PHQ116 批混橇润滑表见表 2-4-17。

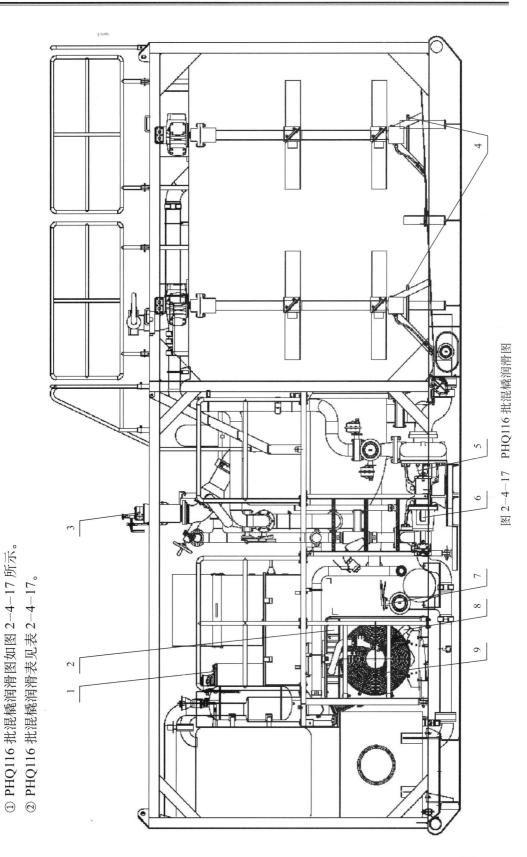

图 2-4-17　PHQ116 批混橇润滑图

表 2-4-17　PHQ116 批混橇润滑表

序号	润滑点编号	润滑部位	点数	设备制造厂推荐用油（性能指标）	推荐用油		润滑保养规范			更换规范		备注
					种类、型号	适用温度范围，℃	最小维护周期	加注方式	推荐换油周期	加注量，L	
1	2	台面发动机	1	CI-4 柴油机油	CI-4 5W/40	-30～40	日常检查	油桶加注	500h 或 12 个月	30	
					CI-4 10W/40	-25～40	日常检查	油桶加注	500h 或 12 个月	30	
					CI-4 15W/40	-20～40	日常检查	油桶加注	500h 或 12 个月	30	
2	5	离心泵密封	2	柴油机油	CD 15W/40	-20～40	日常检查	油壶加注	不足补充	50	
3	8	分动箱	1	重负荷齿轮油	GL-5 85W/90	-15～49	日常检查	油壶加注	24 个月	6.15	
					GL-5 80W/90	-25～49	日常检查	油壶加注	24 个月	6.15	
					GL-5 75W/90	-57～49	日常检查	油壶加注	24 个月	6.15	
4	1	液压系统	1	液压油	L-HM46 抗磨液压油	-10～40	日常检查	油桶加注	24 个月	400	
					L-HV46 低温抗磨液压油	-30～50	日常检查	油桶加注	24 个月	400	
					L-HS32 低温抗磨液压油	-45～60	日常检查	油桶加注	24 个月	400	
5	9	散热器	1	-45℃冷却液	-45℃冷却液	-45～60	日常检查	水壶加注	24 个月	40	
6	3	下灰阀	1	3 号锂基润滑脂	3 号锂基润滑脂	-20～120	每月	脂枪加注	3 个月	加至新脂挤出	
7	4	罐底黄油嘴	2	3 号锂基润滑脂	3 号锂基润滑脂	-20～120	作业前后各一次	脂枪加注	3 个月	加至新脂挤出	
8	6	离心泵轴承	6	3 号锂基润滑脂	3 号锂基润滑脂	-20～120	每月	脂枪加注	3 个月	加至新脂挤出	3 个离心泵
9	7	蝶阀	19	3 号锂基润滑脂	3 号锂基润滑脂	-20～120	每月	脂枪加注	3 个月	加至新脂挤出	

（5）BACS-300-100A 批混橇润滑图表。

① BACS-300-100A 批混橇润滑图如图 2-4-18 和图 2-4-19 所示。

② BACS-300-100A 批混橇润滑表见表 2-4-18。

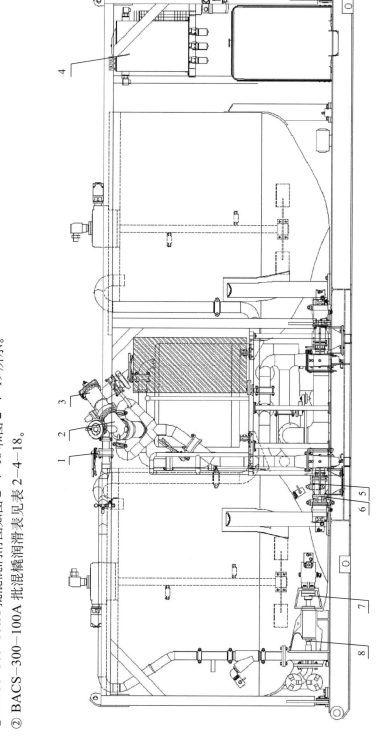

图 2-4-18　BACS-300-100A 批混橇润滑示意图（主视图）

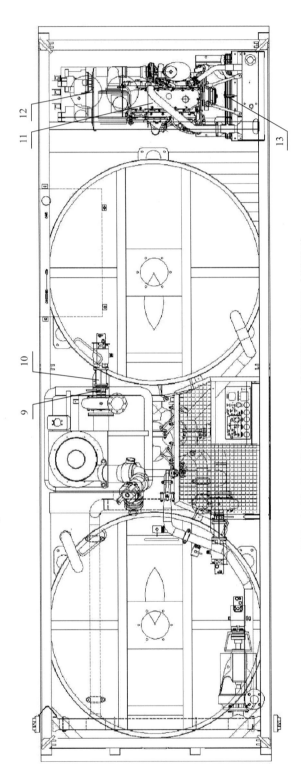

图 2-4-19　BACS-300-100A 批混橇润滑示意图（俯视图）

表 2-4-18 BACS-300-100A 批混橇润滑表

序号	润滑点编号	润滑部位	点数	设备制造厂推荐用油(性能指标)	推荐用油 种类、型号	适用温度范围,℃	最小维护周期	加注方式	推荐换油周期	加注量,L
1	1	C7 发动机	1	CI-4 柴油机油	CI-4 5W/40	-30~40	日常检查	油桶加注	500h 或 12 个月	38
					CI-4 10W/40	-25~40	日常检查	油桶加注	500h 或 12 个月	38
					CI-4 15W/40	-20~40	日常检查	油桶加注	500h 或 12 个月	38
2	10	SERVA 6×5 循环泵	2	柴油机油	CD 15W/40	-20~40	日常检查	油桶加注	不足补充	润滑油罐 38L
3	2	FUNK 分动箱	1	重负荷齿轮油	GL-5 85W/90	-15~49	日常检查	油桶加注	24 个月	6.15
					GL-5 80W/90	-25~49	日常检查	油桶加注	24 个月	6.15
					GL-5 75W/90	-57~49	日常检查	油桶加注	24 个月	6.15
4	4	搅拌器齿轮箱	2	重负荷齿轮油	GL-5 85W/90	-15~49	日常检查	油桶加注	24 个月	加至新脂挤出
5	3	液压油箱	1	低温抗磨液压油	L-HM46 抗磨液压油	-10~40	日常检查	油桶加注	24 个月	400
					L-HV46 低温抗磨液压油	-30~50	日常检查	油桶加注	24 个月	400
					L-HS32 低温抗磨液压油	-45~60	日常检查	油桶加注	24 个月	400
6	5	气路润滑油	1	柴油机油	CD 15W/40	-20~40	日常检查	油壶加注	不足补充	适量
7	6	喷射器油杯	1	3 号通用锂基润滑脂	3 号锂基润滑脂	-20~120	每月	脂枪加注	3 个月	加至新脂挤出
8	7	下灰阀油杯	1	3 号通用锂基润滑脂	3 号锂基润滑脂	-20~120	每月	脂枪加注	3 个月	加至新脂挤出
9	8	MISSION 4×3 清水泵油封润滑	1	3 号通用锂基润滑脂	3 号锂基润滑脂	-20~120	每月	脂枪加注	3 个月	加至新脂挤出
10	9	MISSION 4×3 清水泵轴承黄油	1	3 号通用锂基润滑脂	3 号锂基润滑脂	-20~120	每月	脂枪加注	3 个月	加至新脂挤出
11	11	SERVA 6×5 循环泵轴承黄油	2	3 号通用锂基润滑脂	3 号锂基润滑脂	-20~120	每月	脂枪加注	3 个月	加至新脂挤出
12	12	发动机冷却风扇轴承润滑	2	3 号通用锂基润滑脂	3 号锂基润滑脂	-20~120	每月	脂枪加注	3 个月	加至新脂挤出
13	13	气动蝶阀	20	3 号通用锂基润滑脂	3 号锂基润滑脂	-20~120	每月	脂枪加注	3 个月	加至新脂挤出

第三节　下灰车润滑图表

下灰车是用来运送及现场储存干水泥，同时配合水泥车（注水泥撬）或专用混浆车（专用混浆撬）配制水泥浆的固井专用设备。

按罐体结构的不同，下灰车可以分为立式罐下灰车和卧式罐下灰车；按物料密度的不同，下灰车可以分为轻粉下灰车和重粉下灰车。其基本工作原理是利用车装压风机所产生的压缩空气（也可采用外接风源），借助管汇总成、配气系统和气化装置，将罐内物料流态化，利用罐内外压差，将物料输送出储料罐。

按照各部件的功用一般分为5大系统：行驶（或移动）系统、配气及管汇系统、储料卸料系统、附加传动系统、气化系统。各系统的主要部件和作用见表2-4-19。

表 2-4-19　下灰车各系统的功用

系统名称	主要部件	主要功用
行驶（或移动）系统	二类汽车（拖车）底盘（橇架）	承载台面设备行驶和移动
配气及管汇系统	管汇总成及阀件	控制进排气
储料卸料系统	储灰罐、人孔口、气动上料管、出灰管等	储灰下灰
附加传动系统	取力器等	连接柴油机与压风机动力
气化系统	空压机	提供压缩空气

下灰车的主要润滑部位有底盘车、台面空压机、管路蝶阀等。润滑油品包括发动机油、齿轮油、液压油、液力传动油、空压机油和润滑脂等。

（1）润滑方式与管理。底盘车的型号较多，但它们的结构都大同小异。其主要润滑部位有发动机、变速箱、分动箱、差速器、制动器、动力转向器、传动轴、钢板弹簧销等，润滑方式与通用车辆相同。

空压机取力器采用润滑脂润滑；空压机采用压力润滑和飞溅润滑；管路蝶阀等采用润滑脂润滑。

（2）基本要求。

①底盘车。底盘车的润滑基本要求与通用车辆相同。

②台面空气压缩机。台面空气压缩机选用空压机油或柴油机油润滑。

③其他。管路蝶阀等选用润滑脂润滑。

（3）北奔6×6下灰车润滑图表。

①北奔6×6下灰车润滑图如图2-4-20和图2-4-21所示。

②北奔6×6下灰车润滑表见表2-4-20。

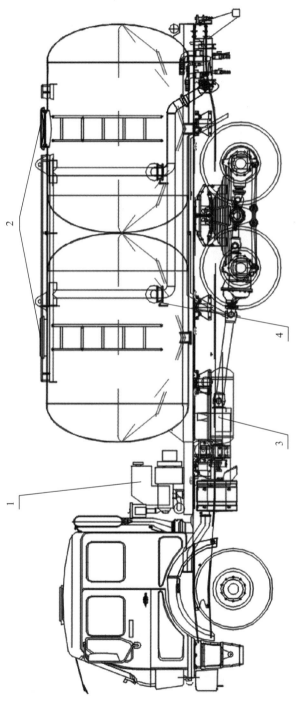

图 2-4-20　北奔 6×6 下灰车润滑图（主视图）

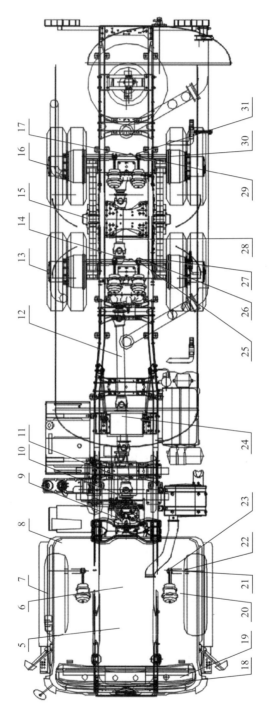

图 2—4—21　北奔 6×6 下灰车润滑图（俯视图）

表2-4-20 北奔6×6下灰车润滑表

序号	润滑点编号	润滑部位	点数	设备制造厂推荐用油（性能指标）	推荐用油		润滑保养规范		更换规范	
					种类、型号	适用温度范围 ℃	最小维护周期	加注方式	推荐换油周期	加注量，L
1	5	底盘发动机	1	CI-4柴油机油	CI-4 5W/40	−30～40	日常检查	油壶加注	10000km或12个月	24
					CI-4 10W/40	−25～40	日常检查	油壶加注	10000km或12个月	24
					CI-4 15W/40	−20～40	日常检查	油壶加注	10000km或12个月	24
2	6	前桥差速器	1	重负荷齿轮油	GL-5 85W/90	−15～49	日常检查	油桶加注	24个月	4.5
3	7	轮边减速器	2	重负荷齿轮油	GL-5 85W/90	−15～49	日常检查	油桶加注	24个月	1
4	9	变速箱	1	GL-5 85W/90	GL-5 85W/90	−15～49	日常检查	油桶加注	24个月	13
5	13	中桥轮边减速器	2	重负荷齿轮油	GL-5 85W/90	−15～49	日常检查	油桶加注	24个月	1
6	14	中桥差速器	1	重负荷齿轮油	GL-5 85W/90	−15～49	日常检查	油桶加注	24个月	11.5
7	16	轮边减速器	2	重负荷齿轮油	GL-5 85W/90	−15～49	日常检查	油桶加注	24个月	1
8	17	后桥差速器	1	重负荷齿轮油	GL-5 85W/90	−15～49	日常检查	油桶加注	24个月	11.5
9	24	分动箱	1	重负荷齿轮油	GL-5 85W/90	−15～49	日常检查	油桶加注	24个月	7
10	18	离合器助力泵	1	SAE J1703 DOT4	DOT4	240以下	5000km	油壶加注	24个月	0.5
11	19	动力转向器	1	液力传动油	ATF 220	−42～50	5000km	油壶加注	24个月	3.5
12	8	驾驶室翻转泵	1	北奔重卡专用液压油	HV46号低温抗磨液压油	−30～50	5000km	油枪加注	24个月	0.56
13	1	空压机	1	机械油N46号	CI-4 15W/40	−20～40	每月	油桶加注	24个月	8
14	2	罐盖丝杠	2	3号锂基润滑脂	3号锂基润滑脂	−20～120	每月	脂枪加注	3个月	加至新脂挤出
15	3	取力器传动轴	3	3号锂基润滑脂	3号锂基润滑脂	−20～120	每月	脂枪加注	3个月	加至新脂挤出

续表

序号	润滑点编号	润滑部位	点数	设备制造厂推荐用油（性能指标）	推荐用油		润滑保养规范		更换规范	
					种类、型号	适用温度范围 ℃	最小维护周期	加注方式	推荐换油周期	加注量，L
16	4	蝶阀	6	3号锂基润滑脂	3号锂基润滑脂	-20~120	每月	脂枪加注	3个月	加至新脂挤出
17	10	变速箱至分动箱传动轴	3	3号锂基润滑脂	3号锂基润滑脂	-20~120	每月	脂枪加注	3个月	加至新脂挤出
18	11	分动箱至前桥传动轴	3	3号锂基润滑脂	3号锂基润滑脂	-20~120	每月	脂枪加注	3个月	加至新脂挤出
19	12	分动箱至中桥传动轴	3	3号锂基润滑脂	3号锂基润滑脂	-20~120	每月	脂枪加注	3个月	加至新脂挤出
20	15	平衡悬挂轴承	2	3号锂基润滑脂	3号锂基润滑脂	-20~120	每月	脂枪加注	3个月	加至新脂挤出
21	20	转向节主销	2	3号锂基润滑脂	3号锂基润滑脂	-20~120	每月	脂枪加注	3个月	加至新脂挤出
22	21	前桥制动器调整臂	2	3号锂基润滑脂	3号锂基润滑脂	-20~120	每月	脂枪加注	3个月	加至新脂挤出
23	22	前桥制动器凸轮	2	3号锂基润滑脂	3号锂基润滑脂	-20~120	每月	脂枪加注	3个月	加至新脂挤出
24	23	前桥制动器凸轮支撑臂	2	3号锂基润滑脂	3号锂基润滑脂	-20~120	每月	脂枪加注	3个月	加至新脂挤出
25	25	中桥制动器调整臂	2	3号锂基润滑脂	3号锂基润滑脂	-20~120	每月	脂枪加注	3个月	加至新脂挤出
26	26	中桥制动器凸轮支撑臂	2	3号锂基润滑脂	3号锂基润滑脂	-20~120	每月	脂枪加注	3个月	加至新脂挤出
27	27	中桥制动器凸轮	2	3号锂基润滑脂	3号锂基润滑脂	-20~120	每月	脂枪加注	3个月	加至新脂挤出
28	28	中后桥传动轴	3	3号锂基润滑脂	3号锂基润滑脂	-20~120	每月	脂枪加注	3个月	加至新脂挤出
29	29	后桥制动器调整臂	2	3号锂基润滑脂	3号锂基润滑脂	-20~120	每月	脂枪加注	3个月	加至新脂挤出
30	30	后桥制动器凸轮	2	3号锂基润滑脂	3号锂基润滑脂	-20~120	每月	脂枪加注	3个月	加至新脂挤出
31	31	后桥制动器凸轮支撑臂	2	3号锂基润滑脂	3号锂基润滑脂	-20~120	每月	脂枪加注	3个月	加至新脂挤出

（4）北奔 8×4 下灰车润滑图表。

①北奔 8×4 下灰车润滑图如图 2-4-22 和图 2-4-23 所示。

②北奔 8×4 下灰车润滑表见表 2-4-21。

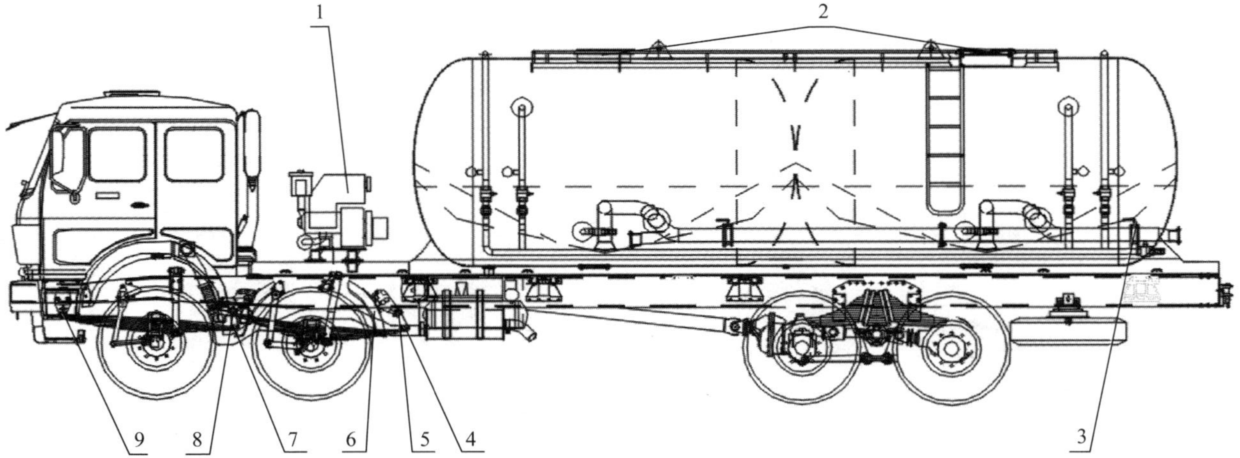

图 2-4-22　北奔 8×4 下灰车润滑图（主视图）

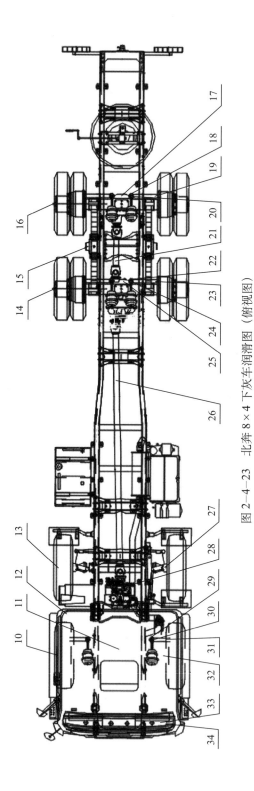

图 2-4-23　北奔 8×4 下灰车润滑图（俯视图）

表2-4-21 北奔8×4下灰车润滑表

序号	润滑点编号	润滑部位	点数	设备制造厂推荐用油（性能指标）	推荐用油 种类、型号	适用温度范围 ℃	润滑保养规范 最小维护周期	加注方式	更换规范 推荐换油周期	加注量, L	备注
1	11	底盘发动机	1	CI-4柴油机油	CI-4 5W/40	-30～40	日常检查	油壶加注	10000km或12个月	24	
					CI-4 10W/40	-25～40	日常检查	油壶加注	10000km或12个月	24	
					CI-4 15W/40	-20～40	日常检查	油壶加注	10000km或12个月	24	
2	10	前桥轮边减速器	2	重负荷齿轮油	GL-5 85W/90	-15～49	日常检查	油桶加注	24个月	1	
3	13	二桥轮边减速器	2	重负荷齿轮油	GL-5 85W/90	-15～49	日常检查	油桶加注	24个月	1	
4	14	三桥轮边减速器	2	重负荷齿轮油	GL-5 85W/90	-15～49	日常检查	油桶加注	24个月	1	
5	16	四桥轮边减速器	2	重负荷齿轮油	GL-5 85W/90	-15～49	日常检查	油桶加注	24个月	1	
6	17	四桥差速器	1	重负荷齿轮油	GL-5 85W/90	-15～49	日常检查	油桶加注	24个月	11.5	
7	25	三桥差速器	1	重负荷齿轮油	GL-5 85W/90	-15～49	日常检查	油桶加注	24个月	11.5	
8	28	变速箱	1	重负荷齿轮油	GL-5 85W/90	-15～49	日常检查	油桶加注	24个月	13	
9	33	离合器助力泵	1	SAE J1703 DOT4	DOT4	240以下	5000km	油壶加注	24个月	0.5	
10	34	动力转向器	1	液力传动油	ATF 220	-42～50	5000km	油壶加注	24个月	3.5	3.8
11	12	驾驶室翻转泵	2	北奔重卡专用液压油	HV46号低温抗磨液压油	-30～50	5000km	油枪加注	24个月	0.56	0.3
12	1	空压机	1	机械油N46号	CI-4 15W/40	-20～40	每月	油桶加注	24个月	8	
13	2	罐顶盖丝杠	2	3号锂基润滑脂	3号锂基润滑脂	-20～120	每月	脂枪加注	3个月	加至新脂挤出	
14	3	取力器传动轴	3	3号锂基润滑脂	3号锂基润滑脂	-20～120	每月	脂枪加注	3个月	加至新脂挤出	

续表

序号	润滑点编号	润滑部位	点数	设备制造厂推荐用油（性能指标）	推荐用油		润滑保养规范			更换规范		备注
					种类、型号	适用温度范围℃	最小维护周期	加注方式	推荐换油周期	加注量，L	
15	4	二桥钢板后轴销	2	3号锂基润滑脂	3号锂基润滑脂	−20～120	每月	脂枪加注	3个月	加至新脂挤出	
16	5	二桥钢板吊耳销	2	3号锂基润滑脂	3号锂基润滑脂	−20～120	每月	脂枪加注	3个月	加至新脂挤出	
17	6	取力器传动轴	3	3号锂基润滑脂	3号锂基润滑脂	−20～120	每月	脂枪加注	3个月	加至新脂挤出	
18	7	一桥钢板后轴销	2	3号锂基润滑脂	3号锂基润滑脂	−20～120	每月	脂枪加注	3个月	加至新脂挤出	
19	8	一桥钢板吊耳销	2	3号锂基润滑脂	3号锂基润滑脂	−20～120	每月	脂枪加注	3个月	加至新脂挤出	
20	9	一桥钢板前轴销	2	3号锂基润滑脂	3号锂基润滑脂	−20～120	每月	脂枪加注	3个月	加至新脂挤出	
21	15	平衡悬挂中心轴承	2	3号锂基润滑脂	3号锂基润滑脂	−20～120	每月	脂枪加注	3个月	加至新脂挤出	
22	18	四桥制动器凸轮支撑臂	2	3号锂基润滑脂	3号锂基润滑脂	−20～120	每月	脂枪加注	3个月	加至新脂挤出	
23	19	四桥制动器调整臂	2	3号锂基润滑脂	3号锂基润滑脂	−20～120	每月	脂枪加注	3个月	加至新脂挤出	
24	20	四桥制动器凸轮	2	3号锂基润滑脂	3号锂基润滑脂	−20～120	每月	脂枪加注	3个月	加至新脂挤出	
25	21	三四桥传动轴	3	3号锂基润滑脂	3号锂基润滑脂	−20～120	每月	脂枪加注	3个月	加至新脂挤出	
26	22	三桥制动器凸轮支撑臂	2	3号锂基润滑脂	3号锂基润滑脂	−20～120	每月	脂枪加注	3个月	加至新脂挤出	
27	23	三桥制动器凸轮	2	3号锂基润滑脂	3号锂基润滑脂	−20～120	每月	脂枪加注	3个月	加至新脂挤出	
28	24	三桥制动器凸轮支撑臂	2	3号锂基润滑脂	3号锂基润滑脂	−20～120	每月	脂枪加注	3个月	加至新脂挤出	
29	26	二三桥传动轴	3	3号锂基润滑脂	3号锂基润滑脂	−20～120	每月	脂枪加注	3个月	加至新脂挤出	

续表

序号	润滑点编号	润滑部位	点数	设备制造厂推荐用油（性能指标）	推荐用油		润滑保养规范		更换规范		备注
					种类、型号	适用温度范围℃	最小维护周期	加注方式	推荐换油周期	加注量，L	
30	27	二桥转向节主销	2	3号锂基润滑脂	3号锂基润滑脂	−20～120	每月	脂枪加注	3个月	加至新脂挤出	
31	29	一桥制动器凸轮支撑臂	2	3号锂基润滑脂	3号锂基润滑脂	−20～120	每月	脂枪加注	3个月	加至新脂挤出	
32	30	一桥制动器调整臂	2	3号锂基润滑脂	3号锂基润滑脂	−20～120	每月	脂枪加注	3个月	加至新脂挤出	
33	31	一桥制动器凸轮	2	3号锂基润滑脂	3号锂基润滑脂	−20～120	每月	脂枪加注	3个月	加至新脂挤出	
34	32	一桥转向节主销	4	3号锂基润滑脂	3号锂基润滑脂	−20～120	每月	脂枪加注	3个月	加至新脂挤出	左右各2个

(5) 半挂下灰车润滑图表。

①半挂下灰车润滑图如图 2-4-24 所示。

②半挂下灰车润滑表见表 2-4-22。

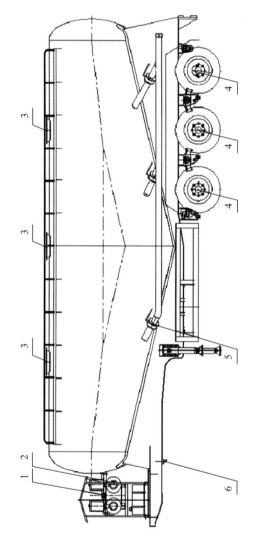

图 2-4-24　半挂下灰车润滑图

表2-4-22　半挂下灰车润滑表

序号	润滑点编号	润滑部位	点数	设备制造厂推荐用油（性能指标）	推荐用油		润滑保养规范		更换规范	
					种类、型号	适用温度范围，℃	最小维护周期	加注方式	推荐换油周期	加注量，L
1	1	台面发动机	1	CI-4柴油机油	CI-4 5W/40	-30～40	日常检查	油壶加注	10000km或12个月	8
					CI-4 10W/40	-25～40	日常检查	油壶加注	10000km或12个月	8
					CI-4 15W/40	-20～40	日常检查	油壶加注	10000km或12个月	8
2	2	空气压缩机	1	CF-4 15W/40	CI-4 15W/40	-20～40	5000km	油壶加注	500h或12个月	10
3	3	罐顶盖丝杠	3	3号锂基润滑脂	3号锂基润滑脂	-20～120	每周	脂枪加注	3个月	加至新脂挤出
4	4	轮毂轴承	3	3号锂基润滑脂	3号锂基润滑脂	-20～120	每周	脂枪加注	3个月	加至新脂挤出
5	5	蝶阀	6	3号锂基润滑脂	3号锂基润滑脂	-20～120	每周	脂枪加注	3个月	加至新脂挤出
6	6	牵引销	1	3号锂基润滑脂	3号锂基润滑脂	-20～120	每周	脂枪加注	3个月	加至新脂挤出

第四节　背罐车润滑图表

背罐车主要用于石油矿场自装、自卸和移运固井作业所需的散装水泥储灰罐（简称背罐），也可用于酸化压裂用的立式贮酸罐。

背罐车结构相对简单，主要由底盘车、龙门架及附属装置、液压系统等组成。该设备通常按底盘车辆类型来区分，根据车辆类型的不同，背罐车可以分为 4×4、4×2、6×4 等型号背罐车。其基本工作原理是通过液压系统与龙门架的协同动作，自动托起储灰罐，然后将其缓缓地纵卧放在龙门架上，并自动将纵卧的储灰罐与龙门架牢牢紧固在一起，实现储灰罐的背运。将储灰罐运到指定地点后，又可自动将储灰罐安放到地面上，整个操作可由一人独立完成。

按照各部件的功用一般分为 5 大系统：行驶（或移动）系统、传动系统、液压系统、控制系统、背卸系统。各系统的主要部件和作用见表 2—4—23。

表 2—4—23　背罐车各系统的功用

系统名称	主要部件	主要功用
行驶（或移动）系统	二类汽车（拖车）底盘（橇架）	承载台面设备行驶和移动
传动系统	取力器	给液压系统提供动力
液压系统	液压泵、液压马达、液压管线等	驱动液压油缸
控制系统	控制手柄	发出控制信息的地方
背卸系统	龙门架及附属装置	安放储灰罐

背罐车的主要润滑部位有底盘车、液压系统、龙门架等。润滑油品包括机油、齿轮油、液压油、刹车油、液力传动油、润滑脂等。

（1）润滑方式与管理。

底盘车的型号较多，但它们的结构都大同小异。其主要润滑部位有发动机、变速箱、分动箱、差速器、制动器、动力转向器、传动轴、钢板弹簧销等，润滑方式与通用车辆相同。

液压泵、马达等液压元件是采用压力润滑。龙门架销轴及油杯采用润滑脂润滑。

（2）基本要求。

①底盘车。底盘车的润滑基本要求与通用车辆相同。

②液压系统。液压泵、马达等液压系统元件选用液压油润滑。

③龙门架。龙门架销轴及油杯等润滑部位选用润滑脂润滑。

（3）背罐车润滑图表。

①背罐车润滑图如图 2—4—25、图 2—4—26 和图 2—4—27 所示。

②背罐车润滑表见表 2—4—24 和表 2—4—25。

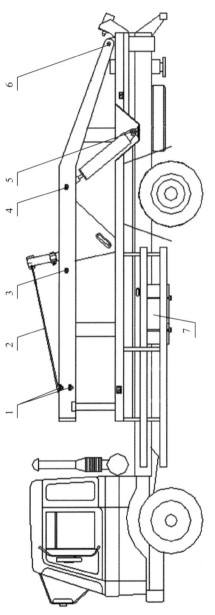

图 2-4-25　背罐车润滑图

表 2-4-24　背罐车润滑表

序号	润滑点编号	润滑部位	点数	设备制造厂推荐用油（性能指标）	推荐用油			润滑保养规范			更换规范		备注
					种类、型号	适用温度范围℃	最小维护周期	加注方式	推荐换油周期	加注量L		
1	7	液压油箱	1	液压油	L-HM46 抗磨液压油	-10~40	日常检查	油桶加注	24 个月	150	
					L-HV46 低温抗磨液压油	-30~50	日常检查	油桶加注	24 个月	150	
					L-HS32 低温抗磨液压油	-45~60	日常检查	油桶加注	24 个月	150	
2	1	前滑轮销	4	3号锂基润滑脂	3号锂基润滑脂	-20~120	每周	脂枪加注	3 个月	加至新脂挤出	左右各 2 个
3	2	钢丝绳	2	3号锂基润滑脂	3号锂基润滑脂	-20~120	每周	涂抹	3 个月	适量	左右各 1 根
4	3	提罐油缸销轴	2	3号锂基润滑脂	3号锂基润滑脂	-20~120	每周	脂枪加注	3 个月	加至新脂挤出	左右各 1 个
5	4	举升油缸上销轴	3	3号锂基润滑脂	3号锂基润滑脂	-20~120	每周	脂枪加注	3 个月	加至新脂挤出	
6	5	举升油缸下销轴		3号锂基润滑脂	3号锂基润滑脂	-20~120	每周	脂枪加注	3 个月	加至新脂挤出	
7	6	龙门架销轴	2	3号锂基润滑脂	3号锂基润滑脂	-20~120	每周	脂枪加注	3 个月	加至新脂挤出	

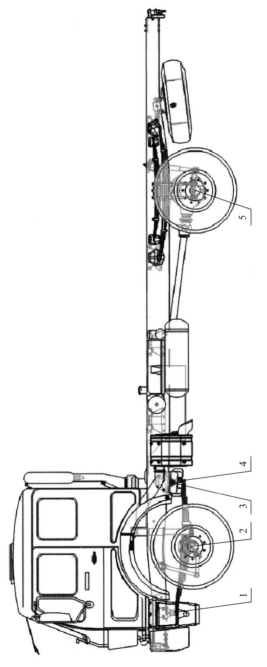

图 2-4-26　背罐车底盘润滑图（主视图）

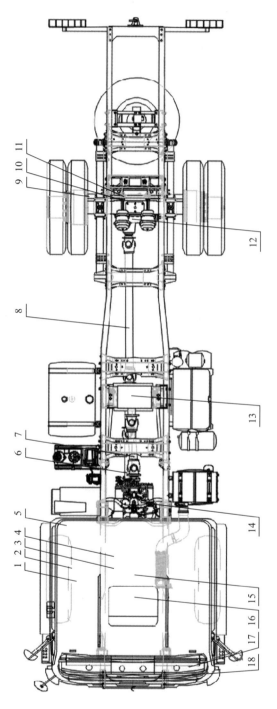

图 2—4—27　背罐车底盘润滑图（俯视图）

表 2-4-25 背罐车底盘润滑表

序号	润滑点编号	润滑部位	点数	设备制造厂推荐用油（性能指标）	推荐用油 种类、型号	推荐用油 适用温度范围 ℃	润滑保养规范 最小维护周期	润滑保养规范 加注方式	更换规范 推荐换油周期	更换规范 加注量, L	备注
1	1	转向节主销	2	CH-4 15W-40	CI-4 15W/40	-20 ~ 40	5000km	油壶加注	20000km	8	左右各 1 个
2	16	底盘发动机	1	CI-4 柴油机油	CI-4 5W/40	-30 ~ 40	日常检查	油壶加注	10000km 或 12 个月	24	
					CI-4 10W/40	-25 ~ 40	日常检查	油壶加注	10000km 或 12 个月	24	
					CI-4 15W/40	-20 ~ 40	日常检查	油壶加注	10000km 或 12 个月	24	
3	12	后桥差速器	1	重负荷齿轮油	GL-5 85W/90	-15 ~ 49	5000km	油桶加注	24 个月	11.5	
4	13	分动箱	1	重负荷齿轮油	GL-5 85W/90	-15 ~ 49	5000km	油桶加注	24 个月	7	
5	14	变速箱	1	重负荷齿轮油	GL-5 85W/90	-15 ~ 49	5000km	油桶加注	24 个月	13	
6	15	前桥差速器	1	重负荷齿轮油	GL-5 85W/90	-15 ~ 49	5000km	油桶加注	24 个月	4.5	
7	17	离合器助力泵	1	SAE J1703 DOT4	DOT4	240 以下	5000km	油壶加注	24 个月	0.5	
8	18	动力转向器	1	液力传动油	ATF 220	-42 ~ 50	5000km	油壶加注	24 个月	3.5	3.8
9	5	驾驶室翻转泵	1	北奔重卡专用液压油	HV46 号低温抗磨液压油	-30 ~ 50	5000km	油枪加注	24 个月	0.56	

续表

序号	润滑点编号	润滑部位	点数	设备制造厂推荐用油（性能指标）	推荐用油		润滑保养规范		更换规范		备注
					种类、型号	适用温度范围℃	最小维护周期	加注方式	推荐换油周期	加注量，L	
10	2	前桥制动器凸轮	2	3号锂基润滑脂	3号锂基润滑脂	−20~120	2000km	脂枪加注	10000km	加至新脂挤出	左右各1个
11	3	前桥制动器调整臂	2	3号锂基润滑脂	3号锂基润滑脂	−20~120	2000km	脂枪加注	10000km	加至新脂挤出	左右各1个
12	4	前桥制动器凸轮轴轮支臂	2	3号锂基润滑脂	3号锂基润滑脂	−20~120	2000km	脂枪加注	10000km	加至新脂挤出	左右各1个
13	6	分动箱至前桥传动轴	2	3号锂基润滑脂	3号锂基润滑脂	−20~120	2000km	脂枪加注	10000km	加至新脂挤出	
14	7	变速箱至分动箱传动轴	2	3号锂基润滑脂	3号锂基润滑脂	−20~120	2000km	脂枪加注	10000km	加至新脂挤出	
15	8	分动箱至后桥传动轴	2	3号锂基润滑脂	3号锂基润滑脂	−20~120	2000km	脂枪加注	10000km	加至新脂挤出	
16	9	后桥制动器凸轮	2	3号锂基润滑脂	3号锂基润滑脂	−20~120	2000km	脂枪加注	10000km	加至新脂挤出	左右各1个
17	10	后桥制动器调整臂	2	3号锂基润滑脂	3号锂基润滑脂	−20~120	2000km	脂枪加注	10000km	加至新脂挤出	左右各1个

序号	润滑点编号	润滑部位	点数	设备制造厂推荐用油（性能指标）	推荐用油		润滑保养规范			更换规范		备注
					种类、型号	适用温度范围 ℃	最小维护周期	加注方式		推荐换油周期	加注量，L	
18	11	后桥制动器凸轮轴支撑臂	2	3号锂基润滑脂	3号锂基润滑脂	−20～120	2000km	脂枪加注		10000km	加至新脂挤出	左右各1个

第五章　石油物探设备润滑及用油

第一节　物探车载钻机润滑图表

物探车载钻机是用于石油物探的钻井设备，型号主要有 ZJ150 型、ZJ-200 型和 ZJ300 型（表 2-5-1）。由钻机车底盘和上装钻机两部分组成，钻机部分主要由空压机、钻井泵、动力头、井架、液压系统及操控装置等组成，油品类别包括空压机机油、齿轮油、液压油、润滑脂等。车辆部分的润滑及用油按照配套的作业车底盘润滑及用油要求执行。

表 2-5-1　物探车载钻机的型号及生产厂家

序号	型号	生产厂家
1	ZJ150	保定宏业公司
2	ZJ200	保定宏业公司
3	ZJ300	保定宏业公司

一、ZJ150 型钻机润滑图表

ZJ150 型钻机润滑图如图 2-5-1 所示。

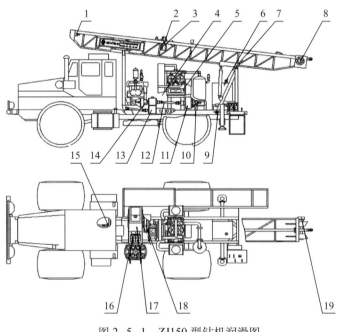

图 2-5-1　ZJ150 型钻机润滑图

ZJ150 型钻机润滑表见表 2-5-2。

表 2-5-2　ZJ-150 型钻机润滑表

序号	润滑点编号	润滑部位	点数	设备制造厂推荐用油（性能指标）	推荐用油		润滑保养规范		更换规范	
					种类、型号	适用温度范围℃	最小维护周期	加注方式	推荐换油周期	加注量, L
1	5	活塞空压机	1	L-DAB 150	L-DAB 150		日检	油壶加注	1100h	25
2	13	分动箱箱体	1	L-AN32 L-AN10	L-AN32 L-AN10	>0 <0	日检	油壶加注	800h	5
3	9	气动三大件油雾器	1	L-AN32 L-AN10	L-AN32 L-AN10	>0 <0	日检	油壶加注	100h	0.3
4	17	钻井泵箱体	1	L-AN32 L-AN10	L-AN32 L-AN10	>0 <0	日检	油壶加注	800h	17
5	3	动力头箱体	1	GL-5 85W/90 GL-5 75W/90	GL-5 85W/90 GL-5 75W/90	>-20 <-35	日检	油壶加注	800h	3.5
6	19	加压提升减速机	2	GL-5 85W/90 GL-5 75W/90	GL-5 85W/90 GL-5 75W/90	>-20 <-35	日检	油壶加注	800h	2×1.5
7	6	液压油箱	1	L-HS32 L-HM46	L-HS32 L-HM46	>-30 >-10	日检	油壶加注	2000h	400
8	1	井架链轮	2	3 号锂基润滑脂	3 号锂基润滑脂		周检	脂枪加注	周检	加注到挤出
9	2	动力头滚轮	2	3 号锂基润滑脂	3 号锂基润滑脂		周检	脂枪加注	周检	加注到挤出
10	4	空压机风扇轴承	2	3 号锂基润滑脂	3 号锂基润滑脂		周检	脂枪加注	周检	加注到挤出
11	7	人字架铜套	2	3 号锂基润滑脂	3 号锂基润滑脂		周检	脂枪加注	周检	加注到挤出
12	8	加压提升轴承	2	3 号锂基润滑脂	3 号锂基润滑脂		周检	脂枪加注	周检	加注到挤出
13	10	空压机传动轴支座轴承	4	3 号锂基润滑脂	3 号锂基润滑脂		周检	脂枪加注	周检	加注到挤出
14	11	空压机传动轴皮带轮轴承	1	3 号锂基润滑脂	3 号锂基润滑脂		周检	脂枪加注	周检	加注到挤出
15	12	万向传动轴	9	3 号锂基润滑脂	3 号锂基润滑脂		周检	脂枪加注	周检	加注到挤出
16	14	分动箱皮带轮轴承	1	3 号锂基润滑脂	3 号锂基润滑脂		周检	脂枪加注	周检	加注到挤出

续表

序号	润滑点编号	润滑部位	点数	设备制造厂推荐用油（性能指标）	推荐用油		润滑保养规范		更换规范	
					种类、型号	适用温度范围℃	最小维护周期	加注方式	推荐换油周期	加注量，L
17	15	辅助泵传动系统轴承	1	3号锂基润滑脂	3号锂基润滑脂		周检	脂枪加注	周检	加注到挤出
18	16	钻井泵泵头格兰总成	2	3号锂基润滑脂	3号锂基润滑脂		周检	脂枪加注	周检	加注到挤出
19	18	钻井泵主动轴总成轴承	3	3号锂基润滑脂	3号锂基润滑脂		周检	脂枪加注	周检	加注到挤出

二、ZJ200 型钻机润滑图表

ZJ200 型钻机润滑图如图 2-5-2 所示。

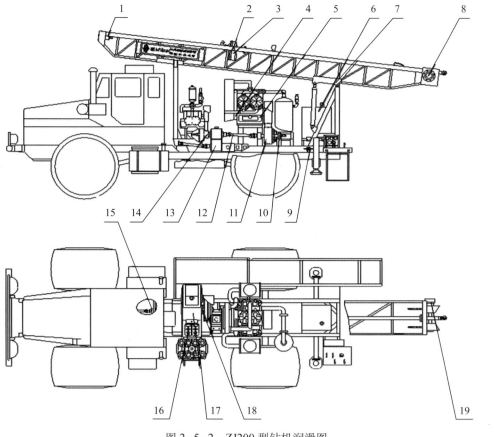

图 2-5-2　ZJ200 型钻机润滑图

ZJ200 型钻机润滑表见表 2−5−3。

表 2−5−3　ZJ200 型钻机润滑表

序号	润滑点编号	润滑部位	点数	设备制造厂推荐用油（性能指标）	推荐用油		润滑保养规范		更换规范		备注
					种类、型号	适用温度范围℃	最小维护周期	加注方式	推荐换油周期	加注量，L	
1	5	活塞空压机	1	L−DAB 150	L−DAB 150		日检	油壶加注	1100h	25	
2	13	分动箱箱体	1	L−AN32 L−AN10	L−AN32 L−AN10	＞0 ＜0	日检	油壶加注	800h	5	
3	9	气动三大件油雾器	1	L−AN32 L−AN10	L−AN32 L−AN10	＞0 ＜0	日检	油壶加注	100h	0.3	
4	17	钻井泵箱体	1	L−AN32 L−AN10	L−AN32 L−AN10	＞0 ＜0	日检	油壶加注	800h	17	
5	3	动力头箱体	1	GL−5 85W/90 GL−5 75W/90	GL−5 85W/90 GL−5 75W/90	＞−20 ＜−35	日检	油壶加注	800h	3.5	
6	19	加压提升减速机（齿轮、制动）	2	GL−5 85W/90 GL−5 75W/90	GL−5 85W/90 GL−5 75W/90	＞−20 ＜−35	日检	油壶加注	800h	2×1.5L	
7	6	液压油箱	1	L−HS32 L−HM46	L−HS32 L−HM46	＞−30 ＞−10	日检	油壶加注	2000h	400	
8	1	井架链轮	2	3 号锂基润滑脂	3 号锂基润滑脂		周检	脂枪加注	周检	加注到挤出	
9	2	动力头滚轮	2	3 号锂基润滑脂	3 号锂基润滑脂		周检	脂枪加注	周检	加注到挤出	
10	4	空压机风扇轴承	2	3 号锂基润滑脂	3 号锂基润滑脂		周检	脂枪加注	周检	加注到挤出	
11	7	人字架铜套	2	3 号锂基润滑脂	3 号锂基润滑脂		周检	脂枪加注	周检	加注到挤出	
12	8	加压提升轴承	2	3 号锂基润滑脂	3 号锂基润滑脂		周检	脂枪加注	周检	加注到挤出	
13	10	空压机传动轴支座轴承	4	3 号锂基润滑脂	3 号锂基润滑脂		周检	脂枪加注	周检	加注到挤出	
14	11	空压机传动轴皮带轮轴承	1	3 号锂基润滑脂	3 号锂基润滑脂		周检	脂枪加注	周检	加注到挤出	
15	12	万向传动轴	9	3 号锂基润滑脂	3 号锂基润滑脂		周检	脂枪加注	周检	加注到挤出	
16	14	分动箱皮带轮轴承	1	3 号锂基润滑脂	3 号锂基润滑脂		周检	脂枪加注	周检	加注到挤出	

续表

序号	润滑点编号	润滑部位	点数	设备制造厂推荐用油（性能指标）	推荐用油		润滑保养规范		更换规范		备注
					种类、型号	适用温度范围℃	最小维护周期	加注方式	推荐换油周期	加注量，L	
17	15	辅助泵传动系统轴承	1	3号锂基润滑脂	3号锂基润滑脂		周检	脂枪加注	周检	加注到挤出	
18	16	钻井泵泵头格兰总成	2	3号锂基润滑脂	3号锂基润滑脂		周检	脂枪加注	周检	加注到挤出	
19	18	钻井泵主动轴总成轴承	3	3号锂基润滑脂	3号锂基润滑脂		周检	脂枪加注	周检	加注到挤出	

三、ZJ300 型钻机润滑图表

ZJ300 型钻机润滑图如图 2−5−3 所示。

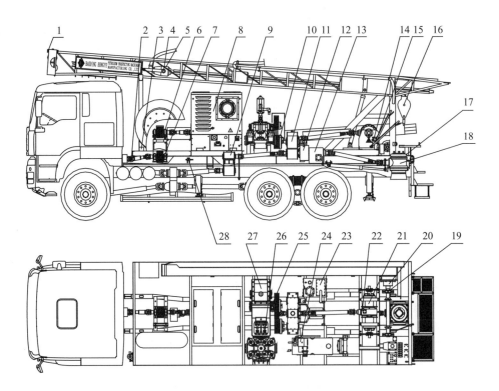

图 2−5−3 ZJ300 型钻机润滑图

ZJ300 型钻机润滑表见表 2-5-4。

表 2-5-4　ZJ300 型钻机润滑表

序号	润滑点编号	润滑部位	点数	设备制造厂推荐用油（性能指标）	推荐用油		润滑保养规范		更换规范		备注
					种类、型号	适用温度范围℃	最小维护周期	加注方式	推荐换油周期	加注量 L	
1	8	活塞空压机	1	L-DAB 150	L-DAB 150		日检	油壶加注	1100h	30	
2	9	传动箱箱体	1	L-AN32 L-AN10	L-AN32 L-AN10	> 0 < 0	日检	油壶加注	800h	5	
3	11	分动箱箱体	1	L-AN32 L-AN10	L-AN32 L-AN10	> 0 < 0	日检	油壶加注	800h	20	
4	18	转盘箱体	1	L-AN32 L-AN10	L-AN32 L-AN10	> 0 < 0	日检	油壶加注	800h	8	
5	22	铰车箱体	1	L-AN32 L-AN10	L-AN32 L-AN10	> 0 < 0	日检	油壶加注	800h	5	
6	24	注水泵箱体	1	L-AN32 L-AN10	L-AN32 L-AN10	> 0 < 0	日检	油壶加注	800h	3.5	
7	27	钻井泵箱体	1	L-AN32 L-AN10	L-AN32 L-AN10	> 0 < 0	日检	油壶加注	800h	22	
8	28	气动三大件油雾器	1	L-AN32 L-AN10	L-AN32 L-AN10	> 0 < 0	日检	油壶加注	100h	0.3	
9	3	涡轮减速器箱体	1	L-CKE220			日检	油壶加注	800h	0.5	
10	13	转盘变速箱箱体	1	GL-5 85W/90 GL-5 75W/90	GL-5 85W/90 GL-5 75W/90	> -20 < -35	日检	油壶加注	800h	5.5	
11	23	液压油箱	1	L-HS32 L-HM46	L-HS32 L-HM46	> -30 > -10	日检	油壶加注	2000h	200	
12	1	天车滑轮轴承	7	3 号锂基润滑脂	3 号锂基润滑脂		周检	脂枪加注	周检	加注到挤出	
13	2	万向传动轴	12	3 号锂基润滑脂	3 号锂基润滑脂		周检	脂枪加注	周检	加注到挤出	
14	4	水龙头滚轮	2	3 号锂基润滑脂	3 号锂基润滑脂		周检	脂枪加注	周检	加注到挤出	
15	5	水龙头体轴承	2	3 号锂基润滑脂	3 号锂基润滑脂		周检	脂枪加注	周检	加注到挤出	
16	6	被动轴总成轴承	2	3 号锂基润滑脂	3 号锂基润滑脂		周检	脂枪加注	周检	加注到挤出	
17	7	主动轴总成轴承	2	3 号锂基润滑脂	3 号锂基润滑脂		周检	脂枪加注	周检	加注到挤出	

续表

序号	润滑点编号	润滑部位	点数	设备制造厂推荐用油（性能指标）	推荐用油		润滑保养规范		更换规范		备注
					种类、型号	适用温度范围℃	最小维护周期	加注方式	推荐换油周期	加注量 L	
18	10	分动箱皮带轮轴承	1	3号锂基润滑脂	3号锂基润滑脂		周检	脂枪加注	周检	加注到挤出	
19	12	转盘离合器轴承	1	3号锂基润滑脂	3号锂基润滑脂		周检	脂枪加注	周检	加注到挤出	
20	14	绞车刹带长轴轴承	2	3号锂基润滑脂	3号锂基润滑脂		周检	脂枪加注	周检	加注到挤出	
21	15	绞车刹带短轴轴承	2	3号锂基润滑脂	3号锂基润滑脂		周检	脂枪加注	周检	加注到挤出	
22	16	游动滑车轴承	1	3号锂基润滑脂	3号锂基润滑脂		周检	脂枪加注	周检	加注到挤出	
23	17	转盘轴承	2	3号锂基润滑脂	3号锂基润滑脂		周检	脂枪加注	周检	加注到挤出	
24	19	加压轴轴承	4	3号锂基润滑脂	3号锂基润滑脂		周检	脂枪加注	周检	加注到挤出	
25	20	加压联接壳轴承	1	3号锂基润滑脂	3号锂基润滑脂		周检	脂枪加注	周检	加注到挤出	
26	21	绞车滚筒轴承	2	3号锂基润滑脂	3号锂基润滑脂		周检	脂枪加注	周检	加注到挤出	
27	25	钻井泵主动轴总成轴承	3	3号锂基润滑脂	3号锂基润滑脂		周检	脂枪加注	周检	加注到挤出	
28	26	钻井泵泵头格兰总成	2	3号锂基润滑脂	3号锂基润滑脂		周检	脂枪加注	周检	加注到挤出	

第二节　物探轻便钻机润滑图表

物探轻便钻机分为空气钻和水钻，空气钻主要用于石油物探山地和山前带，水钻主要用于石油物探山前带。型号主要有HY30型、HY40型和HY50型（表2-5-5）。空气钻主要由发动机、空压机、井架及液压系统等组成，水钻主要有发动机、钻井泵、动力头、井架及液压系统等组成。油品类别包括发动机机油、空压机机油、液压油、润滑脂等。

表2-5-5　物探轻便钻机的型号及生产厂家

序号	型号	生产厂家	备注
1	HY30	保定宏业公司	川庆物探编写
2	HY40	保定宏业公司	
3	HY50	保定宏业公司	川庆物探编写

HY40 轻便钻机润滑图如图 2-5-4 所示。

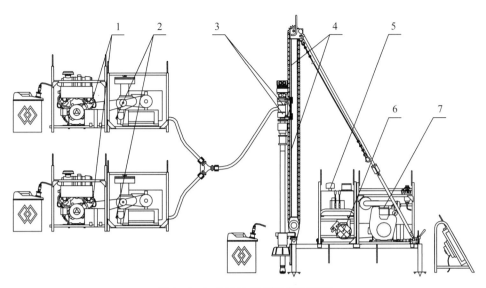

图 2-5-4 HY40 轻便钻机润滑图

HY40 轻便钻机润滑表见表 2-5-6。

表 2-5-6 HY40 轻便钻机润滑表

序号	润滑点编号	润滑部位	点数	设备制造厂推荐用油（性能指标）	推荐用油		润滑保养规范		更换规范		备注
					种类、型号	适用温度范围℃	最小维护周期	加注方式	推荐换油周期	加注量 L	
1	1	发动机	2	SL/CF 5W/40	CI-4 5W/40	>-35	日检	油壶加注	200h	2×1.8L	
2	2	空压机（螺杆式）	2	KCRS46	KCRS46		日检	油壶加注	450h	2×3.8L	
3	7	柴油发动机	1	CI-4 15W/40 CI-4 10W/40 CI-4 5W/40	CI-4 15W/40 CI-4 10W/40 CI-4 5W/40	>-15 >-25 >-35	日检	油壶加注	200h	1.8	
4	5	液压油箱	1	L-HS32 L-HM46	L-HS32 L-HM46	>-30 >-10	日检	油壶加注	1800h	50	
5	3	动力头轴承	2	3号锂基润滑脂	3号锂基润滑脂		周检	脂枪加注	周检	加注到挤出	
6	4	井架滑道	2	3号锂基润滑脂	3号锂基润滑脂		周检	脂枪加注	周检	加注到挤出	
7	6	油泵皮带轮轴承	1	3号锂基润滑脂	3号锂基润滑脂		周检	脂枪加注	周检	加注到挤出	

第三节　物探特种作业车辆底盘润滑图表

物探特种作业车是用于沙漠、戈壁、沼泽和山地等地区的物探运输设备和物探装备上装用底盘设备，型号主要有 EQ2162 东风车，SWTC5150TSM、SWTC5162TSM 和 SWTC5226TSM 北奥沙漠车，U4000 和 U5000 奔驰车（表 2—5—7）。这些车辆主要由发动机、传动系统（变速箱、分动箱、传动轴、前后桥）、悬挂系统、转向系统、刹车系统及电器系统等组成。油品类别包括机油、齿轮油、液压油、刹车油、润滑脂等。

表 2—5—7　物探特种作业车辆的型号及生产厂家

序号	型号	生产厂家
1	EQ2162 东风车	东风汽车公司
2	SWTC5150TSM 沙漠车	保定北奥公司
3	SWTC5162TSM 沙漠车	保定北奥公司
4	SWTC5226TSM 沙漠车	保定北奥公司
5	U4000 奔驰车	德国奔驰公司
6	U5000 奔驰车	德国奔驰公司

一、EQ2162 东风车润滑图表

EQ2162 东风车润滑图如图 2—5—5 所示。

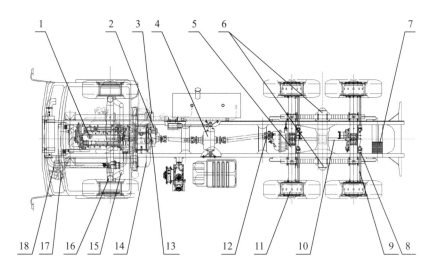

图 2—5—5　EQ2162 东风车润滑图

EQ2162 东风车润滑表见表 2—5—8。

表 2-5-8 EQ2162 东风车润滑表

序号	润滑点编号	润滑部位	点数	设备制造厂推荐用油（性能指标）	推荐用油		润滑保养规范		更换规范	
					种类、型号	适用温度范围，℃	最小维护周期	加注方式	推荐换油周期	加注量 L
1	1	发动机	1	CI-4 15W/40 CI-4 10W/40 CI-4 5W/40	CI-4 15W/40 CI-4 10W/40 CI-4 5W/40	> -15 > -25 > -35	日检	油壶加注	8000km	14.2
2	17	动力转向油罐	1	CI-4 15W/40 CI-4 10W/40 CI-4 5W/40	CI-4 15W/40 CI-4 10W/40 CI-4 5W/40	> -15 > -25 > -35	日检	油壶加注	24000km	4
3	2	变速箱	1	GL-4 SAE 85W/90	GL-4 85W/90	> -20	月检	油壶加注	24000km	7.5
4	4	分动箱	1	GL-4 SAE 85W/90	GL-4 85W/90	> -20	月检	油壶加注	24000km	3.6
5	5	前中后桥差速器	3	GL-5 SAE 85W/90	GL-5 85W/90	> -20	月检	油壶加注	24000km	3×8
6	6	中后桥平衡梁轴承毂	2	GL-4 SAE 85W/90	GL-4 85W/90	> -20	月检	油壶加注	8000km	2×0.5
7	7	绞盘蜗杆箱	1	GL-4 SAE 85W/90	GL-4 85W/90	> -20	月检	油壶加注	48000km	1.6
8	13	离合器助力油罐	1	DOT-3 制动液	DOT-3 制动液		月检	油壶加注	48000km	2
9	14	驾驶室举升及备胎升降油罐	1	30 号液压油	30 号液压油		2 月检	油壶加注	每半年	2
10	12	传动轴滑动叉和十轴承	9	3 号锂基润滑脂	3 号锂基润滑脂		周检	脂枪加注	周检	加注到挤出
11	16	转向节、半轴轴承	12	3 号锂基润滑脂	3 号锂基润滑脂		周检	脂枪加注	周检	加注到挤出
12	11	轮毂轴承	6	3 号锂基润滑脂	3 号锂基润滑脂		周检	脂枪加注	周检	加注到挤出
13	3	钢板、钢板销及后端滑板	10	3 号锂基润滑脂	3 号锂基润滑脂		周检	脂枪加注	周检	加注到挤出
14	10	桥间推力杆	6	3 号锂基润滑脂	3 号锂基润滑脂		周检	脂枪加注	周检	加注到挤出
15	18	转向传动机构滑动叉及万向节	3	3 号锂基润滑脂	3 号锂基润滑脂		周检	脂枪加注	周检	加注到挤出
16	15	转向横、直拉杆球头	4	3 号锂基润滑脂	3 号锂基润滑脂		周检	脂枪加注	周检	加注到挤出
17	9	制动调整臂、蹄轴及凸轮轴	30	3 号锂基润滑脂	3 号锂基润滑脂		周检	脂枪加注	周检	加注到挤出
18	8	驻车制动凸轮	6	3 号锂基润滑脂	3 号锂基润滑脂		周检	脂枪加注	周检	加注到挤出

二、SWTC5150TSM 沙漠车润滑图表

SWTC5150TSM 沙漠车润滑图如图 2—5—6 所示。

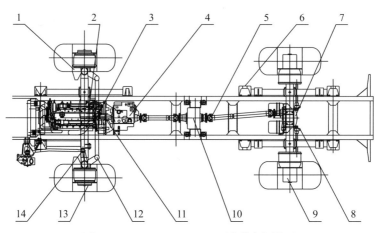

图 2—5—6 SWTC5150TSM 沙漠车润滑图

SWTC5150TSM 沙漠车润滑表见表 2—5—9。

表 2—5—9 SWTC5150TSM 沙漠车润滑表

序号	润滑点编号	润滑部位	点数	设备制造厂推荐用油（性能指标）	推荐用油		润滑保养规范		更换规范	
					种类、型号	适用温度范围℃	最小维护周期	加注方式	推荐换油周期	加注量 L
1	2	发动机	1	CI—4 15W/40 CI—4 10W/40 CI—4 5W/40	CI—4 15W/40 CI—4 10W/40 CI—4 5W/40	> —15 > —25 > —35	日检	油壶加注	250h	16
2	4	变速箱	1	GL—5 85W/90	GL—5 85W/90	> —20	月检	油壶加注	2000h/ 每年	12
3	10	分动箱	1	GL—5 85W/90	GL—5 85W/90	> —20	月检	油壶加注	2000h/ 每年	4
4	3	前桥差速器	1	GL—5 85W/90	GL—5 85W/90	> —20	月检	油壶加注	2000h/ 每年	5
5	7	后桥差速器	1	GL—5 85W/90	GL—5 85W/90	> —20	月检	油壶加注	2000h/ 每年	10
6	13	前桥轮边减速器	2	GL—5 85W/90	GL—5 85W/90	> —20	月检	油壶加注	2000h/ 每年	2×3
7	9	后桥轮边减速器	2	GL—5 85W/90	GL—5 85W/90	> —20	月检	油壶加注	2000h/ 每年	2×5
8	1	前制动凸轮摇臂轴	1	3 号锂基润滑脂	3 号锂基润滑脂		周检	脂枪加注	周检	加注到挤出

续表

序号	润滑点编号	润滑部位	点数	设备制造厂推荐用油（性能指标）	推荐用油		润滑保养规范		更换规范	
					种类、型号	适用温度范围℃	最小维护周期	加注方式	推荐换油周期	加注量 L
9	5	传动轴十字轴及花键套	9	3号锂基润滑脂	3号锂基润滑脂		周检	脂枪加注	周检	加注到挤出
10	6	前后钢板吊耳	8	3号锂基润滑脂	3号锂基润滑脂		周检	脂枪加注	周检	加注到挤出
11	8	后制动凸轮摇臂轴	1	3号锂基润滑脂	3号锂基润滑脂		周检	脂枪加注	周检	加注到挤出
12	11	离合器分离轴承及拨叉轴	2	3号锂基润滑脂	3号锂基润滑脂		周检	脂枪加注	周检	加注到挤出
13	12	转向横拉杆球铰	2	3号锂基润滑脂	3号锂基润滑脂		周检	脂枪加注	周检	加注到挤出
14	14	转向纵拉杆球铰	2	3号锂基润滑脂	3号锂基润滑脂		周检	脂枪加注	周检	加注到挤出

三、SWTC5162TSM 沙漠车润滑图表

SWTC5162TSM 沙漠车润滑图如图 2-5-7 所示。

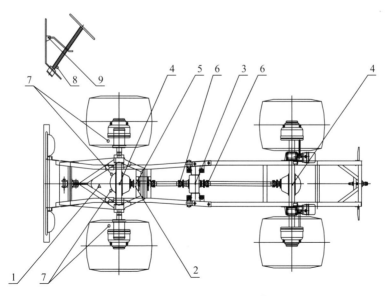

图 2-5-7　SWTC5162TSM 沙漠车润滑图

SWTC5162TSM 沙漠车润滑表见表 2-5-10。

表 2-5-10 SWTC5162TSM 沙漠车润滑表

序号	润滑点编号	润滑部位	点数	设备制造厂推荐用油（性能指标）	推荐用油		润滑保养规范		更换规范	
					种类、型号	适用温度范围，℃	最小维护周期	加注方式	推荐换油周期	加注量 L
1	1	发动机	1	CI-4 15W/40 CI-4 10W/40 CI-4 5W/40	CI-4 15W/40 CI-4 10W/40 CI-4 5W/40	>-15 >-25 >-35	日检	油壶加注	250h	16
2	2	变速箱	1	GL-5 85W/90	GL-5 85W/90	-25～30	月检	油壶加注	2000h 或每年	12
3	3	分动箱	1	GL-5 85W/90	GL-5 85W/90	-25～30	月检	油壶加注	2000h 或每年	4
4	4	前、后桥差速器	2	GL-5 85W/90	GL-5 85W/90	-25～30	月检	油壶加注	2000h 或每年	2×3
5	5	摆架	2	3 号锂基润滑脂	3 号锂基润滑脂		周检	脂枪加注	周检	加注到挤出
6	6	传动轴	9	3 号锂基润滑脂	3 号锂基润滑脂		周检	脂枪加注	周检	加注到挤出
7	7	转向缸两端	2	3 号锂基润滑脂	3 号锂基润滑脂		周检	脂枪加注	周检	加注到挤出
8	8	离合器踏板	1	3 号锂基润滑脂	3 号锂基润滑脂		周检	脂枪加注	周检	加注到挤出
9	9	转向轴	2	3 号锂基润滑脂	3 号锂基润滑脂		周检	脂枪加注	周检	加注到挤出

四、SWTC5226TSM 沙漠车润滑及用油

SWTC5226TSM 沙漠车润滑图如图 2-5-8 所示。

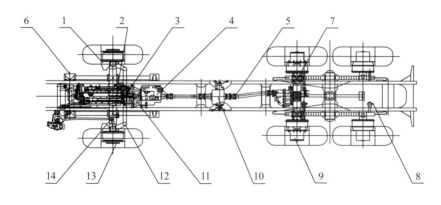

图 2-5-8 SWTC5226TSM 沙漠车润滑图

SWTC5226TSM 沙漠车润滑表见表 2-5-11。

表 2-5-11　SWTC5226TSM 沙漠车润滑表

序号	润滑点编号	润滑部位	点数	设备制造厂推荐用油（性能指标）	推荐用油		润滑保养规范		更换规范	
					种类、型号	适用温度范围，℃	最小维护周期	加注方式	推荐换油周期	加注量，L
1	2	发动机	1	CI-4 15W/40 CI-4 10W/40 CI-4 5W/40	CI-4 15W/40 CI-4 10W/40 CI-4 5W/40	> -15 > -25 > -35	日检	油壶加注	250h	16
2	4	变速箱	1	GL-5 85W/90	GL-5 85W/90	-25 ~ 30	月检	油壶加注	2000h 或每年	12
3	10	分动箱	1	GL-5 85W/90	GL-5 85W/90	-25 ~ 30	月检	油壶加注	2000h 或每年	9
4	3	前桥差速器	1	GL-5 85W/90	GL-5 85W/90	-25 ~ 30	月检	油壶加注	2000h 或每年	5
5	7	中、后桥差速器	2	GL-5 85W/90	GL-5 85W/90	-25 ~ 30	月检	油壶加注	2000h 或每年	2×10L
6	13	前桥轮边减速器	2	GL-5 85W/90	GL-5 85W/90	-25 ~ 30	月检	油壶加注	2000h 或每年	2×3L
7	9	中、后桥轮边减速器	4	GL-5 85W/90	GL-5 85W/90	-25 ~ 30	月检	油壶加注	2000h 或每年	4×10L
8	1	前制动凸轮摇臂轴	1	3 号锂基润滑脂	3 号锂基润滑脂		周检	脂枪加注	周检	加注到挤出
9	5	传动轴十字轴及花键套	9	3 号锂基润滑脂	3 号锂基润滑脂		周检	脂枪加注	周检	加注到挤出
10	6	前后钢板吊耳	4	3 号锂基润滑脂	3 号锂基润滑脂		周检	脂枪加注	周检	加注到挤出
11	8	中、后制动凸轮摇臂轴	2	3 号锂基润滑脂	3 号锂基润滑脂		周检	脂枪加注	周检	加注到挤出
12	11	离合器分离轴承及拨叉轴	2	3 号锂基润滑脂	3 号锂基润滑脂		周检	脂枪加注	周检	加注到挤出
13	12	转向横拉杆球铰	2	3 号锂基润滑脂	3 号锂基润滑脂		周检	脂枪加注	周检	加注到挤出
14	14	转向纵拉杆球铰	2	3 号锂基润滑脂	3 号锂基润滑脂		周检	脂枪加注	周检	加注到挤出

五、U4000/U5000 奔驰车润滑图表

U4000/U5000 奔驰车润滑图如图 2-5-9 所示。

U4000/U5000 奔驰车润滑表见表 2-5-12。

表2-5-12　U4000/U5000奔驰车润滑表

序号	润滑点编号	润滑部位	点数	设备制造厂推荐用油（性能指标）	推荐用油 种类、型号	适用温度范围 ℃	润滑保养规范 最小维护周期	加注方式	推荐换油周期	更换规范 加注量, L
1	1	发动机	1	Mobil Delvec 1 5W40 或 Mobil Delvec XHP 10W40	CI-4 15W/40 CI-4 10W/40 CI-4 5W/40	>-15 >-25 >-35	日检	油壶加注	200h	15.8L (U4000) 12.8L (U5000)
2	6	驾驶室起落油缸	1	Mobil Delvec 1 5W40 或 Mobil Delvec XHP 10W40	CI-4 15W/40 CI-4 10W/40 CI-4 5W/40	>-15 >-25 >-35	周检	油壶加注	2400h	4
3	8	变速箱和分动箱	1	Mobiltrans MBT 75W90 或 奔驰 A001 989 14 03	MTF-18 75W/90	<-35	月检	油壶加注	2400h	11
4	4	前桥差速器	1	Mobil Synthetic 75W90 或 A 001 989 27 03	GL-5 75W/90	<-35	月检	油壶加注	2400h	2.5L (U4000) 3.0L (U5000)
5	11	后桥差速器	1	Mobil Synthetic 75W90 或 A 001 989 27 03	GL-5 75W/90	<-35	月检	油壶加注	2400h	2.5L (U4000) 3.0L (U5000)
6	16	前桥轮边减速器	2	GL-5 80W/90	GL-5 80W/90	<-25	月检	油壶加注	500h	2×0.45L (U4000) 2×0.80L (U5000)
7	9	后桥轮边减速器	2	GL-5 80W/90	GL-5 80W/90	<-25	月检	油壶加注	500h	2×0.45L (U4000) 2×0.80L (U5000)
8	2	转向助力油罐	1	Mobil ATF 220 或 奔驰 A000 989 26 03	ATF-III		周检	油壶加注	1200h	3.2
9	10	制动系统油罐	1	奔驰 A000 989 08 07	HZY-4		周检	油壶加注	1200h	1.6
10	14	离合器助力器油罐	1	奔驰 A000 989 08 07	HZY-4		周检	油壶加注	1200h	1.5
11	15	转向横、直拉杆球头	2	Mobilgrease MB 2	3号锂基润滑脂		周检	脂枪加注	周检	加注到挤出
12	3	转向立轴销	2	Mobilgrease MB 2	3号锂基润滑脂		周检	脂枪加注	周检	加注到挤出
13	5	前半轴轴承	2	Mobilgrease MB 2	3号锂基润滑脂		周检	脂枪加注	周检	加注到挤出
14	12	中、后制动凸轮轴	12	3号锂基润滑脂	3号锂基润滑脂		周检	脂枪加注	周检	加注到挤出
15	13	传动轴	6	3号锂基润滑脂	3号锂基润滑脂		周检	脂枪加注	周检	加注到挤出
16	7	离合器轴承	2	3号锂基润滑脂	3号锂基润滑脂		周检	脂枪加注	周检	加注到挤出

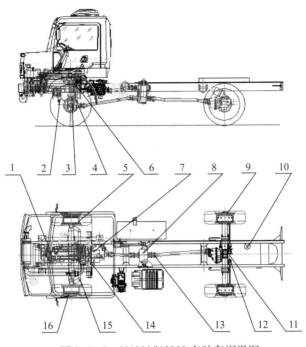

图 2-5-9　U4000/U5000 奔驰车润滑图

第四节　物探 D8T 推土机润滑图表

推土机主要用于沙漠、戈壁和山地等地区物探队地震勘探测线及运输路线的推路施工工作，目前使用的型号是 D8T 卡特彼勒推土机，主要由发动机、变扭器、变速箱、终传动、行走机构支重轮架、支重轮及导向轮、履带链轨及履带、推土器、铰盘、液压系统和电器系统等组成。油品类别包括机油、液压油、润滑脂等。

D8T 推土机润滑图如图 2-5-10 所示。

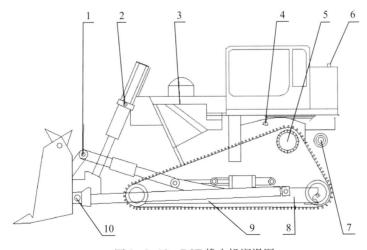

图 2-5-10　D8T 推土机润滑图

D8T 推土机润滑表见表 2-5-13。

表 2-5-13　D8T 推土机润滑表

序号	润滑点编号	润滑部位	点数	设备制造厂推荐用油（性能指标）	推荐用油		润滑保养规范		更换规范		备注
					种类、型号	适用温度范围℃	最小维护周期	加注方式	推荐换油周期	加注量 L	
1	3	发动机	1	CI-4 15W/40 CI-4 10W/40 CI-4 5W/40	CI-4 15W/40 CI-4 10W/40 CI-4 5W/40	＞ -15 ＞ -25 ＞ -35	日检	油壶加注	200h	37.9	
2	4	变扭器和变速箱	1	CI-4 15W/40 CI-4 10W/40 CI-4 5W/40	CI-4 15W/40 CI-4 10W/40 CI-4 5W/40	＞ -15 ＞ -25 ＞ -35	日检	油壶加注	2000h 或每年	155	
3	5	终传动	2	CI-4 15W/40 CI-4 10W/40 CI-4 5W/40	CI-4 15W/40 CI-4 10W/40 CI-4 5W/40	＞ -15 ＞ -25 ＞ -35	月检	油壶加注	2000h 或每年	2×12.5L	
4	7	铰盘	1	CI-4 15W/40 CI-4 10W/40 CI-4 5W/40	CI-4 15W/40 CI-4 10W/40 CI-4 5W/40	＞ -15 ＞ -25 ＞ -35	日检	油壶加注	2000h	15	如安装
5	9	履带伸缩弹簧室	2	CI-4 15W/40 CI-4 10W/40 CI-4 5W/40	CI-4 15W/40 CI-4 10W/40 CI-4 5W/40	＞ -15 ＞ -25 ＞ -35	3 月检	油壶加注	2000h	2×40L	
6	6	液压系统	1	L-HV46	L-HV46	＞ -10	日检	油壶加注	2000h 或每年	75	
7	8	履带张紧缸	2	3 号锂基润滑脂	3 号锂基润滑脂		周检	脂抢加注	周检	加注到挤出	
8	10	大铲侧臂支撑	1	3 号锂基润滑脂	3 号锂基润滑脂		周检	脂抢加注	周检	加注到挤出	
9	1	大铲倾斜油缸	1	3 号锂基润滑脂	3 号锂基润滑脂		周检	脂抢加注	周检	加注到挤出	
10	2	大铲提升油缸叉轴承	2	3 号锂基润滑脂	3 号锂基润滑脂		周检	脂抢加注	周检	加注到挤出	

第五节　可控震源润滑图表

可控震源是产生频率、幅度可控的连续振动弹性波信号，主要适用于平原、草原、丘陵、戈壁砾石、黄土高原和沙漠地区的地震勘探，适合在 -30 ~ 50℃ 环境温度下的野外连续工作。主要由以下几部分组成：（1）一台大功率柴油发动机，提供可控震源所需动力，主要型号有卡特彼勒公司生产的 3406C 系列、C13/15 柴油发动机，底特律公司生产的 S60 系列电喷柴油发动机。（2）振动液压系统，主要功能是为振动器工作提供液压油源并实现振动，主要由振动泵、单向阀、高低压储能器、伺服阀、高低压溢流阀、振动系统冷却器、升温阀等元件组成，系统的工作高压一般为 3000 ~ 3800psi，工作低压为 150 ~ 200psi。
(3) 震源驱动系统，主要为了满足在丘陵、草原、沙漠的复杂地区施工作业的通过性要求；驱动系统由前后驱动桥、变速箱、转向系统、刹车系统、驱动液压泵和驱动马达及其他辅件液压件组成，可控震源的前桥与后桥分别由两套独立的泵、马达组成闭式驱动回路进行驱动（NOMAD65 采用一个驱动泵）。(4) 气控及辅助系统，气动及辅助系统主要起辅助传动、控制的作用，主要包括车辆电路系统、车架、绞车系统、供气气路、振动器摘挂气路、柴油机油门控制气路、制动系统、空气弹簧充气气路和液压绞车控制气路等。

设备润滑部位主要包括发动机、变速箱、分动箱、液压马达、绞车、柱塞泵等，油品类别包括发动机机油、车辆齿轮油、液压油、润滑脂等。表 2-5-14 所列为可控震源的型号及生产厂家。

表 2-5-14 可控震源的型号及生产厂家

序号	型号	生产厂家
1	AHV364 型可控震源	INOVA 公司
2	BV620LF 型可控震源	保定北奥公司
3	NOMAD65 型可控震源	SERCEL 公司

一、润滑管理

（1）可控震源是高精度地震勘探设备，对其各性能指标要求较高，并且一般在沙漠、戈壁滩、浮土地、农田地等复杂地形施工，国内区域跨度大，夏天要适应 50℃以上的高温地区，冬天要适应 -30℃以下的寒冷地区。油品选择要符合相应可控震源型号要求的品牌或相同质量等级以上的润滑油品；不同牌号的润滑油不能混用；根据环境温度的不同，选择相应的黏度等级的润滑油，为避免环境温度变化而频繁更换液压油带来的系统污染，应考虑选择黏度指数高的液压油。

（2）在野外加注和更换润滑油时，需要在没有风沙影响的环境下进行，并清理干净加油口或加油点；进行润滑油的加注和更换时，应在设备停机状态下进行。液压油应采取过滤加注，并且最低过滤精度为 10μm。

（3）在异常恶劣环境条件下，如粉尘、潮湿、低温、高温等，润滑油的更换周期应该适当缩短。

（4）有条件的单位应定期抽样化验润滑油运动黏度、水分、酸值、闪点等指标，根据实际工况和油品品质，选择合理换油周期，实现按质换油。

（5）更换油品时，需热车更换，便于润滑油中的胶质和杂质排出；排放干净后，要进行清洗或吹扫，保证用油部位清洁；加注量执行说明书或润滑手册规定。

（6）车辆集中的单位应建立集中润滑站点，提高换油质量和效率，以便于废油回收。

二、AHV364 型可控震源润滑图表

AHV364 型可控震源润滑图如图 2-5-11 至图 2-5-17 所示。

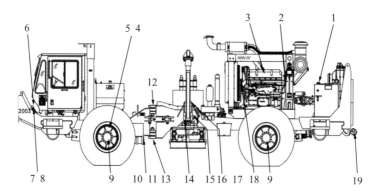

图 2-5-11　AHV364 型可控震源润滑图

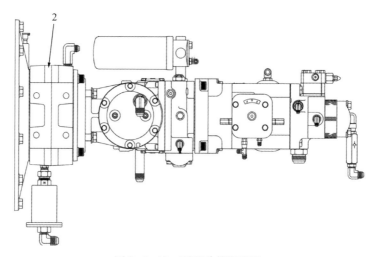

图 2-5-12　泵驱动箱润滑图

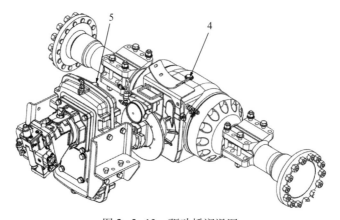

图 2-5-13　驱动桥润滑图

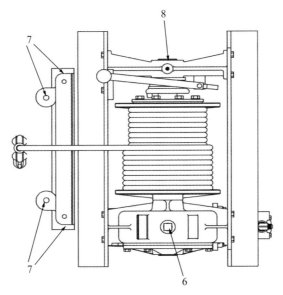

图 2-5-14　绞车润滑图

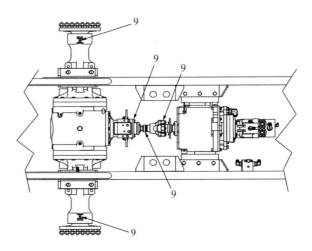

图 2-5-15　驱动润滑图

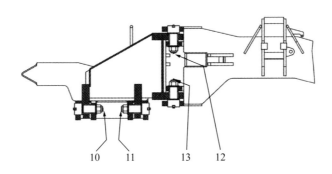

图 2-5-16　车架润滑图

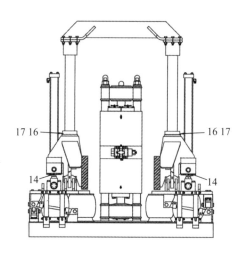

图 2-5-17 重锤润滑图

AHV364 型可控震源润滑表见表 2-5-15。

表 2-5-15 AHV364 型可控震源润滑表

序号	润滑点编号	润滑部位	点数	设备制造厂推荐用油（性能指标）	推荐用油		润滑保养规范		更换规范	
					种类、型号	适用温度范围 ℃	最小维护周期	加注方式	推荐换油周期	加注量 L
1	1	液压系统	1	SHELL Donax TD 5w30	TOTAL EQUIVIS XV 46	−20	日检	加油机加注	3000	380
2	2	泵驱动箱	1	MILL2105D 80W90W	昆仑齿轮油 GL5 85W/140 75W/90	−12 −40	日检	加油机加注	500	15
3	3	柴油发动机	1	API CJ4	昆仑机油 CJ4 15W/40 5W/40	−15 −30	月检	油壶加注	250	30
4	4	前后桥	2	JDM J20C	壳牌 施倍力 S4 TXM10W/30	−25 ～ 50	日检	油壶加注	3000	60
5	5	变速箱	2	MILL2105D80W90W	昆仑齿轮油 GL5 85W/140 75W/90	−12 −40	日检	油壶加注	3000	8
6	6	绞车	1	MILL2105D80W90W	昆仑齿轮油 GL5 85W/140 75W/90	−12 −40	周检	加油机加注	3000	8
7	7	绞盘滚筒	6	锂基润滑脂	昆仑2号锂基润滑脂 高温润滑脂 HP-R 2号		周检	脂枪加注	及时补充	按需要
8	8	绞盘传动轴	1	锂基润滑脂	昆仑2号锂基润滑脂 高温润滑脂 HP-R 2号		周检	脂枪加注	及时补充	按需要

续表

序号	润滑点编号	润滑部位	点数	设备制造厂推荐用油（性能指标）	推荐用油		润滑保养规范		更换规范	
					种类、型号	适用温度范围℃	最小维护周期	加注方式	推荐换油周期	加注量L
9	9	前后桥及驱动万向轴轮边	10	锂基润滑脂	昆仑2号锂基润滑脂高温润滑脂HP-R 2号		周检	脂枪加注	及时补充	按需要
10	10	车架摆动前销轴	1	锂基润滑脂	昆仑2号锂基润滑脂高温润滑脂HP-R 2号		周检	脂枪加注	及时补充	按需要
11	11	车架摆动后销轴	1	锂基润滑脂	昆仑2号锂基润滑脂高温润滑脂HP-R 2号		周检	脂枪加注	及时补充	按需要
12	12	车架转动上销轴	1	锂基润滑脂	昆仑2号锂基润滑脂高温润滑脂HP-R 2号		周检	脂枪加注	及时补充	按需要
13	13	车架转动下销轴	1	锂基润滑脂	昆仑2号锂基润滑脂高温润滑脂HP-R 2号		周检	脂枪加注	及时补充	按需要
14	14	提升油缸耳轴	4	锂基润滑脂	昆仑2号锂基润滑脂高温润滑脂HP-R 2号		周检	脂枪加注	及时补充	按需要
15	15	平板挂钩	2	锂基润滑脂	昆仑2号锂基润滑脂高温润滑脂HP-R 2号		周检	脂枪加注	及时补充	按需要
16	16	导柱铜套（上）	2	锂基润滑脂	昆仑2号锂基润滑脂高温润滑脂HP-R 2号		周检	脂枪加注	及时补充	按需要
17	17	导柱铜套（下）	2	锂基润滑脂	昆仑2号锂基润滑脂高温润滑脂HP-R 2号		周检	脂枪加注	及时补充	按需要
18	18	发动机风扇毂	1	锂基润滑脂	昆仑2号锂基润滑脂高温润滑脂HP-R 2号		周检	脂枪加注	及时补充	按需要
19	19	拖车钩	2	锂基润滑脂	昆仑2号锂基润滑脂高温润滑脂HP-R 2号				及时补充	按需要

三、BV620LF 型可控震源润滑图表

BV620LF 型可控震源润滑图如图 2-5-18 所示。

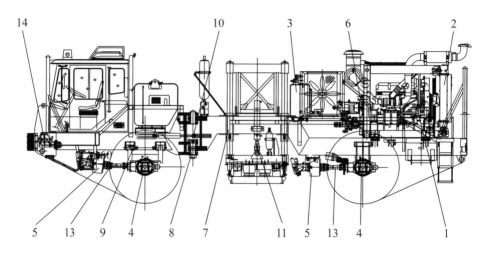

图 2-5-18　BV620LF 型可控震源润滑图

BV620LF 型可控震源润滑表见表 2-5-16。

表 2-5-16　BV620LF 型可控震源润滑表

序号	润滑点编号	润滑部位	点数	设备制造厂推荐用油（性能指标）	推荐用油		润滑保养规范		更换规范	
					种类、型号	适用温度范围℃	最小维护周期	加注方式	推荐换油周期	加注量 L
1	1	发动机	1	SAE 15W/40 API CJ-4	昆仑机油 CJ4 15W/40 10W/30	-15 -30	日检	油壶加注	250	40
2	2	发动机水箱	1	防冻液 GM 6038M（GM 1899M）						80
3	3	液压系统	1	ISO VG46	TOTAL EQUIVIS XV 46	-25	月检	加油机加注	3000	500
4	4	驱动桥（桥包及轮边）	2	GL-5 SAE 85W/140	昆仑齿轮油 GL5 85W/140 75W/90	-12 -40	月检	加油机加注	3000	42
5	5	变速箱	2	API GL5 SAE 85W/140	昆仑齿轮油 GL5 85W/140 75W/90	-12 -40	周检	加油机加注	3000	19
6	6	分动箱	1	API GL5 SAE 85W/140	昆仑齿轮油 GL5 85W/140 75W/90	-12 -40	日检	加油机加注	500	8
7	7	导向柱导套	6	3 号锂基润滑脂	昆仑 2 号锂基润滑脂高温润滑脂 HP-R 2 号		周检	脂枪加注	及时补充	按需要
8	8	转向铰接轴	1	3 号锂基润滑脂	昆仑 2 号锂基润滑脂高温润滑脂 HP-R 2 号		周检	脂枪加注	及时补充	按需要

序号	润滑点编号	润滑部位	点数	设备制造厂推荐用油（性能指标）	推荐用油		润滑保养规范		更换规范	
					种类、型号	适用温度范围℃	最小维护周期	加注方式	推荐换油周期	加注量 L
9	9	摆动架销轴	10	3号锂基润滑脂	昆仑2号锂基润滑脂 高温润滑脂 HP–R 2号		周检	脂抢加注	及时补充	按需要
10	10	转向油缸关节轴承	1	3号锂基润滑脂	昆仑2号锂基润滑脂 高温润滑脂 HP–R 2号		周检	脂抢加注	及时补充	按需要
11	11	提升油缸支承	1	3号锂基润滑脂	昆仑2号锂基润滑脂 高温润滑脂 HP–R 2号		周检	脂抢加注	及时补充	按需要
12	12	提升油缸关节轴承	1	3号锂基润滑脂	昆仑2号锂基润滑脂 高温润滑脂 HP–R 2号		周检	脂抢加注	及时补充	按需要
13	13	前、后传动轴	1	3号锂基润滑脂	昆仑2号锂基润滑脂 高温润滑脂 HP–R 2号		周检	脂抢加注	及时补充	按需要
14	14	绞车	4	3号锂基润滑脂	昆仑2号锂基润滑脂 高温润滑脂 HP–R 2号		周检	脂抢加注	及时补充	按需要

四、NOMAD65 型可控震源润滑图表

NOMAD65 型可控震源润滑图如图 2-5-19 和图 2-5-20 所示。

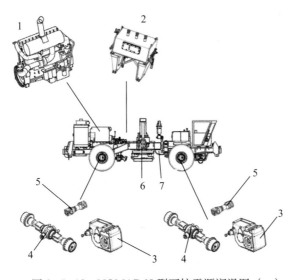

图 2-5-19　NOMAD65 型可控震源润滑图（一）

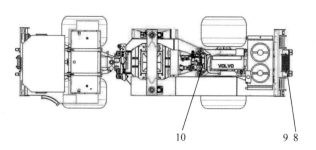

图 2-5-20　NOMAD65 型可控震源润滑图（二）

NOMAD65 型可控震源润滑表见表 2-5-17。

表 2-5-17　NOMAD65 型可控震源润滑表

序号	润滑点编号	润滑部位	点数	设备制造厂推荐用油（性能指标）	推荐用油		润滑保养规范		更换规范	
					种类、型号	适用温度范围℃	最小维护周期	加注方式	推荐换油周期	加注量 L
1	1	发动机	1	SAE 15W/40 API CJ-4	昆仑机油 CJ4 15W/40 10W/30	-15 -30	日检	油壶加注	250	40
2	2	液压油	1	HYDRELF XV46	TOTAL EQUIVIS XV46	-25	月检	加油机加注	3000	450
3	3	变速箱	2	API GL-4 SAE 85W/140	昆仑齿轮油 GL4 85W/140 75W/90	-12 -40	月检	加油机加注	3000	9.5
4	4	驱动桥	2	API GL-4 SAE 85W/140	昆仑齿轮油 GL4 85W/140 75W/90	-12 -40	月检	加油机加注	3000	46
5	5	驱动轴	2	3 号锂基润滑脂	昆仑 2 号锂基润滑脂 高温润滑脂 HP-R 2 号		周检	脂抢加注	及时补充	按需要
6	6	提升缸铰接处	2	3 号锂基润滑脂	昆仑 2 号锂基润滑脂 高温润滑脂 HP-R 2 号		周检	脂抢加注	及时补充	
7	7	活塞杆安装	4	3 号锂基润滑脂	昆仑 2 号锂基润滑脂 高温润滑脂 HP-R 2 号		周检	脂抢加注	及时补充	
8	8	导柱	2	3 号锂基润滑脂	昆仑 2 号锂基润滑脂 高温润滑脂 HP-R 2 号		周检	脂抢加注	及时补充	
9	9	铰接—水平支轴	4	3 号锂基润滑脂	昆仑 2 号锂基润滑脂 高温润滑脂 HP-R 2 号		周检	脂抢加注	及时补充	
10	10	铰接—垂直支轴	3	3 号锂基润滑脂	昆仑 2 号锂基润滑脂 高温润滑脂 HP-R 2 号		周检	脂抢加注	及时补充	
11	11	铰接—转向油缸	3	3 号锂基润滑脂	昆仑 2 号锂基润滑脂 高温润滑脂 HP-R 2 号		周检	脂抢加注	及时补充	
12	12	绞盘	4	3 号锂基润滑脂	昆仑 2 号锂基润滑脂 高温润滑脂 HP-R 2 号		周检	脂抢加注	及时补充	

序号	润滑点编号	润滑部位	点数	设备制造厂推荐用油（性能指标）	推荐用油		润滑保养规范		更换规范	
					种类、型号	适用温度范围℃	最小维护周期	加注方式	推荐换油周期	加注量 L
13	13	绞车	4	API GL5 SAE 85W/140	昆仑齿轮油 GL5 85W/140 75W/90	−12 −40	月检	加油机加注	3000	8
14	14	泵驱动箱	1	API GL5 SAE 85W/140	昆仑齿轮油 GL5 85W/140 75W/90	−12 −40	日检	加油机加注	500	30

第六章　测井专用车辆润滑及用油

　　测井专用车辆主要包括测井车、测井拖橇，一般由车辆底盘和上装配套设备及设施组成。由于使用的环境和用途不同，选用车辆底盘、上装设备的设计以及润滑方式、润滑点、润滑剂选用都略有差异。油品类别包括发动机机油、车辆齿轮油、液压油、润滑脂。

　　测井车适用于陆地测井施工。由底盘、上装绞车系统组成。底盘驱动形式一般分为4×2、4×4、6×4、6×6，底盘型号可分为MAN、奔驰、沃尔沃、东风等（图2-6-1至图2-6-3）。

　　上装绞车系统一般分为机械传动绞车、液压传动绞车及电驱动绞车。随着新技术的不断运用，目前液压传动绞车已逐渐替代了机械传动绞车，电驱动绞车技术正在成熟，预计在不久将会替代液压传动绞车。绞车滚筒驱动形式分为有链条传动和无链条传动。

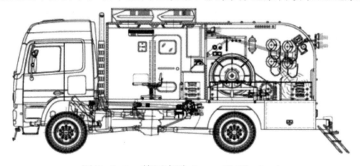

图 2-6-1　德国奔驰 Actros20.32-4×4

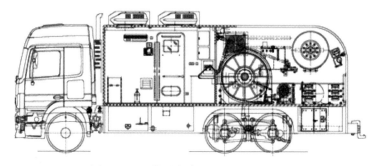

图 2-6-2　德国奔驰 Actros33.32-6×4

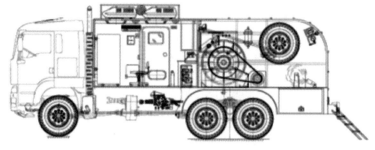

图 2-6-3　MAN TGA/TGS 6×6

测井拖橇适用于海上测井施工。根据结构分为二体拖橇、三体拖橇。由动力系统、液压系统、减速器、链条、滚筒组成（图2-6-4）。绞车滚筒驱动分为有链条传动和无链条传动。

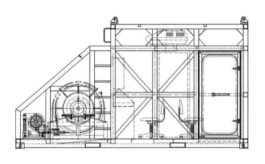 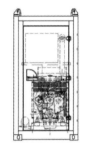

图2-6-4　分体式测井拖橇

第一节　测井车传动绞车润滑图表

（1）有链条传动绞车润滑见图2-6-5和表2-6-1。

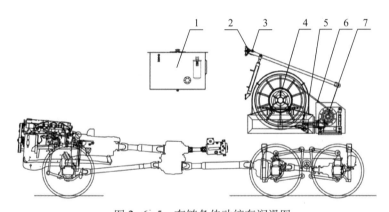

图2-6-5　有链条传动绞车润滑图

表2-6-1　有链条传动绞车表

序号	润滑点编号	润滑部位	点数	设备制造厂推荐用油（性能指标）	推荐用油		润滑保养规范		更换规范	
					种类、型号	适用温度范围℃	最小维护周期	加注方式	推荐换油周期	加注量 L
1	1	液压系统	1	L-HV46号低温抗磨液压油	L-HV46号低温抗磨液压油	-30～40	月检	油壶加注	500h/24个月	150
2	7	绞车减速器	1	GL-5 85W/140	GL-5 85W/140	-30～40	月检	油壶加注	18000km/24个月	1.6
3	2	排绳器轴承	2	3号锂基润滑脂	3号锂基润滑脂	-30～40	50h或一个月	脂枪加注	50h或一个月	加至新脂挤出

续表

序号	润滑点编号	润滑部位	点数	设备制造厂推荐用油（性能指标）	推荐用油		润滑保养规范		更换规范	
					种类、型号	适用温度范围℃	最小维护周期	加注方式	推荐换油周期	加注量L
4	3	排绳器中轴销	1	3号锂基润滑脂	3号锂基润滑脂	−30～40	50h或一个月	脂枪加注	50h或一个月	加至新脂挤出
5	4	支撑轴承	2	通用锂基润滑脂	通用锂基润滑脂	−30～40	50h或一个月	脂枪加注	50h或一个月	加至新脂挤出
6	5	滚筒刹车	3	通用锂基润滑脂	通用锂基润滑脂	−30～40	50h或一个月	脂枪加注	50h或一个月	加至新脂挤出
7	6	传动链条	1	通用锂基润滑脂	通用锂基润滑脂	−30～40	50h或一个月	脂枪加注	50h或一个月	加至新脂挤出

（2）无链条传动绞车润滑见图2-6-6和表2-6-2 。

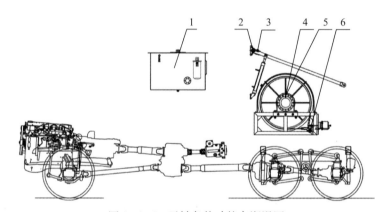

图2-6-6 无链条传动绞车润滑图

表2-6-2 无链条传动绞车表

序号	润滑点编号	润滑部位	点数	设备制造厂推荐用油（性能指标）	推荐用油		润滑保养规范		更换规范	
					种类、型号	适用温度范围，℃	最小维护周期	加注方式	推荐换油周期	加注量L
1	1	液压系统	1	L-HV46号低温抗磨液压油	L-HV46号低温抗磨液压油	−30～40	月检	油壶加注	500h或24个月	150
2	5	绞车减速器	1	GL-5 85W/140	GL-5 85W/140	−30～40	月检	油壶加注	18000km或24个月	1.6
3	2	排绳器轴承	2	3号锂基润滑脂	3号锂基润滑脂	−30～40	50h或一个月	脂枪加注	50h或一个月	加至新脂挤出
4	3	排绳器中轴销	1	3号锂基润滑脂	3号锂基润滑脂	−30～40	50h或一个月	脂枪加注	50h或一个月	加至新脂挤出
5	4	支撑轴承	2	通用锂基润滑脂	通用锂基润滑脂	−30～40	50h或一个月	脂枪加注	50h或一个月	加至新脂挤出

续表

序号	润滑点编号	润滑部位	点数	设备制造厂推荐用油（性能指标）	推荐用油		润滑保养规范		更换规范	
					种类、型号	适用温度范围，℃	最小维护周期	加注方式	推荐换油周期	加注量 L
6	3	滚筒刹车	3	通用锂基润滑脂	通用锂基润滑脂	−30～40	50h或一个月	脂枪加注	50h或一个月	加至新脂挤出
7	6	传动链条	1	通用锂基润滑脂	通用锂基润滑脂	−30～40	50h或一个月	脂枪加注	50h或一个月	加至新脂挤出

第二节　测井车底盘润滑图表

由于测井车底盘种类繁多，在此只对个别车型进行描述。德国 MAN TGA/TGS6×6 原装底盘润滑见图 2-6-7 和表 2-6-3。TGA 搭载 D2066LF11/14CR 发动机润滑，该发动机采用共轨喷油系统与电子柴油控制系统 EDC、废气再循环系统 EGR 结合，使其排放达到欧IV排放标准。TGS 搭载 D2678LF38CR 发动机。该发动机采用共轨喷油系统与电子柴油控制系统 EDC、废气 SCR 选择性催化还原装置结合，使其排放达到欧 V 排放标准。

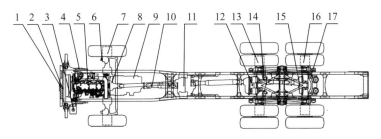

图 2-6-7 MAN TGA/TGS 6×6 底盘润滑图

表 2-6-3 MAN TGA/TGS 6×6 底盘润滑表

序号	润滑点编号	润滑部位	点数	设备制造厂推荐用油（性能指标）	推荐用油		润滑保养规范		更换规范	
					种类、型号	适用温度范围，℃	最小维护周期	加注方式	推荐换油周期	加注量 L
1	5	发动机	1	CI-4 5W/40	CI-4 5W/40	−30～40	日检	油壶加注	600～650h或12个月	40～46
2	8	前驱动桥差速器	1	GL-5 75W/90	GL-5 75W/90	−30～40	月检	油壶加注	18000km或24个月	6.2
3	7	前驱动桥轮边减速器	2	GL-5 75W/90	GL-5 75W/90	−30～40	月检	油壶加注	18000km或24个月	1.5L×2
4	9	变速箱	1	ZF Ecofluid M 75W/80	ZF Ecofluid M 75W/80	−30～40	月检	油壶加注	500000km或36个月	13
5	11	分动箱	1	GL-5 75W/90	GL-5 75W/90	−30～40	月检	油壶加注	18000km或24个月	7.2

续表

序号	润滑点编号	润滑部位	点数	设备制造厂推荐用油（性能指标）	推荐用油		润滑保养规范		更换规范	
					种类、型号	适用温度范围，℃	最小维护周期	加注方式	推荐换油周期	加注量 L
6	12	中驱动桥差速器	1	GL-5 75W/90	GL-5 75W/90	-30~40	月检	油壶加注	18000km 或 24 个月	13.5
7	13	中驱动桥轮边减速器	2	GL-5 75W/90	GL-5 75W/90	-30~40	月检	油壶加注	18000km 或 24 个月	2.1L×2
8	15	后驱动桥差速器	1	GL-5 75W/90	GL-5 75W/90	-30~40	月检	油壶加注	18000km 或 24 个月	12
9	16	后驱动桥轮边减速器	2	GL-5 75W/90	GL-5 75W/90	-30~40	月检	油壶加注	18000km 或 24 个月	2.1L×2
10	3	动力转向	1	ATF 220	ATF 220	-30~40	月检	油壶加注	24 个月	6~7
11	4	驾驶室翻转机构	1	Castrol Aero HF 585B	L-HV46 号低温抗磨液压油	-30~40	月检	油壶加注	24 个月	0.8
12	1	离合器助力油	1	Pentosin CHF 11S	Pentosin CHF 11S	-30~40	月检	油壶加注	24 个月	1.2
13	2	水箱	1	Mobil Antifreeze Extra	乙二醇 -35℃	-30~40	月检	油壶加注	24 个月	52
14	10	液压系统传动轴	6	3 号锂基润滑脂	3 号锂基润滑脂	-30~40	4000km	脂枪加注	4000km	加至新脂挤出
15	6	前桥制动臂	2	3 号锂基润滑脂	3 号锂基润滑脂	-30~40	4000km	脂枪加注	4000km	加至新脂挤出
16	14	中驱动桥制动臂	4	3 号锂基润滑脂	3 号锂基润滑脂	-30~40	4000km	脂枪加注	40000km	加至新脂挤出
17	17	后驱动桥制动臂	4	3 号锂基润滑脂	3 号锂基润滑脂	-30~40	4000km	脂枪加注	40000km	加至新脂挤出

　　德国奔驰 Actros20.32-4×4/33.32-6×4 原装底盘润滑见图 2-6-8、图 2-6-9 和表 2-6-4、表 2-6-5，搭载 OM 501 LA 发动机，该发动机采用的 PLD（单体泵）技术与电子柴油控制系统、废气 SCR 选择性催化还原装置结合，使其排放达到欧 V 排放标准。

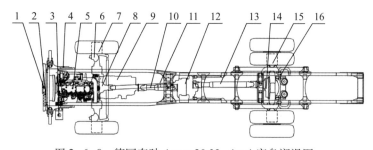

图 2-6-8　德国奔驰 Actros20.32-4×4 底盘润滑图

表 2-6-4 德国奔驰 Actros20.32-4×4 底盘润滑表

序号	润滑点编号	润滑部位	点数	设备制造厂推荐用油（性能指标）	推荐用油 种类、型号	适用温度范围，℃	最小维护周期	加注方式	推荐换油周期	加注量，L
1	5	发动机	1	CI-4 5W/40	CI-4 5W/40	-30~40	日检	油壶加注	600~650h 或 12个月	34
2	8	前驱动桥差速器	1	Mobil Delvac Synthetic Gear Oil 75W/90	GL-5 75W/90	-30~40	月检	油壶加注	18000km 或 24个月	7
3	7	前驱动桥轮边减速器	2	Mobil Delvac Synthetic Gear Oil 75W/90	GL-5 75W/90	-30~40	月检	油壶加注	18000km 或 24个月	1.5L×2
4	9	变速箱	1	Mobilube GX-A80W	GL-4 75W/80	-30~40	月检	油壶加注	500000km 或 36个月	15.5
5	12	分动箱	1	Mpbiltrans MBT75W/90	GL-5 75W/90	-30~40	月检	油壶加注	18000km 或 24个月	13.2
6	14	后驱动桥差速器	1	Mobil Delvac Synthetic Gear Oil 75W/90	GL-5 75W/90	-30~40	月检	油壶加注	18000km 或 24个月	12
7	15	后驱动桥轮边减速器	2	Mobil Delvac Synthetic Gear Oil 75W/90	GL-5 75W/90	-30~40	月检	油壶加注	18000km 或 24个月	2.35L×2
8	3	动力转向	1	ATF 220	ATF 220	-30~40	月检	油壶加注	24个月	4.5
9	4	驾驶室翻转机构	1	Castrol Aero HF 585B	L-HV46号低温抗磨液压油	-30~40	月检	油壶加注	24个月	0.8
10	1	离合器助力油	1	Pentosin CHF 11S	Pentosin CHF 11S	-30~40	月检	油壶加注	24个月	1.2
11	2	水箱	1	Mobil Antifreeze Extra	乙二醇 -35℃	-30~40	月检	油壶加注	24个月	34.5
12	6	前桥制动臂	2	3号锂基润滑脂	3号锂基润滑脂	-30~40	4000km	脂枪加注	4000km	加至新脂挤出
13	10	液压系统传动轴	2	3号锂基润滑脂	3号锂基润滑脂	-30~40	4000km	脂枪加注	4000km	加至新脂挤出
14	11	前传动轴	3	3号锂基润滑脂	3号锂基润滑脂	-30~40	4000km	脂枪加注	4000km	加至新脂挤出
15	13	后传动轴	3	3号锂基润滑脂	3号锂基润滑脂	-30~40	4000km	脂枪加注	4000km	加至新脂挤出
16	16	后驱动桥制动臂	4	3号锂基润滑脂	3号锂基润滑脂	-30~40	4000km	脂枪加注	40000km	加至新脂挤出

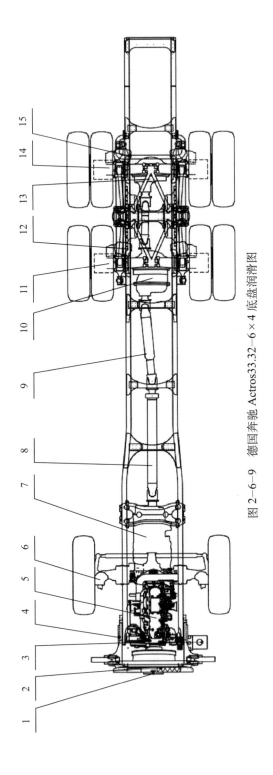

图 2—6—9　德国奔驰 Actros33.32—6×4 底盘润滑图

表 2-6-5　德国奔驰 Actros33.32-6×4 底盘润滑表

序号	润滑点编号	润滑部位	点数	设备制造厂推荐用油（性能指标）	推荐用油		润滑保养规范			更换规范	
					种类、型号	适用温度范围，℃	最小维护周期	加注方式	推荐换油周期	加注量，L
1	5	发动机	1	CI-4 5W/40	CI-4 5W/40	-30~40	日检	油壶加注	600~650h 或 12 个月	34
2	7	变速箱	1	Mobilube GX-A80W	GL-4 75W/80	-30~40	月检	油壶加注	500000km 或 36 个月	15.5
3	10	中驱动桥差速器	1	Mobil Delvac Synthetic Gear Oil 75W/90	GL-5 75W/90	-30~40	月检	油壶加注	18000km 或 24 个月	12
4	11	中驱动桥轮边减速器	1	Mobil Delvac Synthetic Gear Oil 75W/90	GL-5 75W/90	-30~40	月检	油壶加注	18000km 或 24 个月	2.35L×2
5	13	后驱动桥差速器	1	Mobil Delvac Synthetic Gear Oil 75W/90	GL-5 75W/90	-30~40	月检	油壶加注	18000km 或 24 个月	12
6	14	后驱动桥轮边减速器	1	Mobil Delvac Synthetic Gear Oil 75W/90	GL-5 75W/90	-30~40	月检	油壶加注	18000km 或 24 个月	2.35L×2
7	3	动力转向	1	ATF 220	ATF 220	-30~40	月检	油壶加注	24 个月	4.5
8	4	驾驶室翻转机构	1	Castrol Aero HF 585B	L-HV46 号低温抗磨液压油	-30~40	月检	油壶加注	24 个月	0.8
9	1	离合器助力油	1	Pentosin CHF 11S	Pentosin CHF 11S	-30~40	月检	油壶加注	24 个月	1.2
10	2	水箱	1	Mobil Antifreeze Extra	乙二醇　-35℃	-30~40	月检	油壶加注	24 个月	34.5
11	6	前桥制动臂	2	3 号锂基润滑脂	3 号锂基润滑脂	-30~40	4000km	脂枪加注	4000km	加至新脂挤出
12	8	前传动轴	3	3 号锂基润滑脂	3 号锂基润滑脂	-30~40	4000km	脂枪加注	4000km	加至新脂挤出
13	9	后传动轴	3	3 号锂基润滑脂	3 号锂基润滑脂	-30~40	4000km	脂枪加注	4000km	加至新脂挤出
14	12	中驱动桥制动臂	4	3 号锂基润滑脂	3 号锂基润滑脂	-30~40	4000km	脂枪加注	40000km	加至新脂挤出
15	15	后驱动桥制动臂	4	3 号锂基润滑脂	3 号锂基润滑脂	-30~40	4000km	脂枪加注	40000km	加至新脂挤出

第七章　井下作业设备润滑及用油

井下作业设备是用于油气层改造措施的施工作业专用设备的简称，主要有修井机、压裂酸化车（橇）组、液氮泵车（橇）等类型。按照移运性的不同一般分为车装、橇装形式。车装是指上装设备安装在一个二类（或专用）汽车底盘车上，这种形式井下作业设备有着较强的移运性，一般适应陆上道路条件较好的油气田；橇装是指台上装设备安装在一个可吊装的钢结构橇架上，它主要针对海上和沙漠等井场空间狭小的油气田以及不需要经常运移的施工。

井下作业设备的种类多、规格型号杂，同类设备结构上大同小异，因而对润滑的要求有不少相同或相似之处。但井下作业设备又是一套复杂的机器，不同类型的井下作业设备的工作条件相差很大，且需要润滑的部位和加油点较多。因此，不可能对所有型号的井下作业设备的每一个润滑点都考虑其润滑要求和选取相应的润滑剂，这里仅对井下作业设备中具有共性，但又是重要和关键的润滑部位，介绍其对润滑的要求与润滑剂的选用。其余众多的一般润滑部位的润滑剂选用则可按该型号设备的说明书或使用手册来选取。

第一节　修井机润滑图表

修井机主要是油气井试油试气和大修作业的最主要的动力来源，可完成管柱起下作业、井内循环作业、旋转作业等工况以及行驶功能。修井机是井下作业施工中最基本、最主要的动力来源。

按照修井机作业能力分 ZJ30、XJ650、XJ550、XJ450、XJ350 和 XJ250 等多种型号。按行走底盘分类：车载式、自走式；按动力分类：单发（引用底盘动力源）、双发（台上另装发动机做为动力来源）、电动（台上安装电动机）、双动力（台上安装发动机和电动机）；按井架型式分类：单节井架、双节井架；按功能分类：修井机、钻修两用修井机；按结构形式分类：双滚筒修井机、无绷绳修井机、不压井修井机；按提升负荷分：20t、30t、40t、80t、100t、120t、150t、180t、225t 等。基本工作原理是以车载柴油机（电动机）为动力，通过动力切换装置实现钻修井作业和自身行走功能。修井机在行走状态时，发动机动力经变速器、分动器、传动轴传递给其底盘的前后驱动桥。在进行钻修井作业之前，操作人员需操纵动力切换装置，将发动机动力切换到修井机工况，经变速箱、分动箱、正倒挡箱减速后带动绞车滚筒与安装在井架上的天车使游动系统以及转盘、水龙头，根据工作需要以不同的速度升降或旋转管柱来完成各项试油、钻修井作业。

修井机按部件主要由二类（专用）底盘和上装及其附件组成。其中底盘包括动力系统、传动系统、转向系统、驱动系统、悬挂系统、制动系统；上装包括发动机、液力传动变速器、并车分动箱、角传动箱、转盘传动箱、液压系统、绞车（捞砂滚筒）总成、绞车刹车系统、刹车冷却装置、井架总成、游动系统、死绳固定器、液压绞车及司钻控制的气液电路系统等组成。各系统的主要部件和作用见表 2-7-1。

表 2-7-1 修井机各系统的功用

系统名称	主要部件	主要功用
行驶系统	二类汽车（专用）底盘	承载上装设备行驶和移动
动力系统	上装柴油机、液力机械传动等	给上装设备提供动力
传动系统	变速箱、分动箱、角传动箱、传动轴、链条箱等	连接柴油机与绞车、转盘动力，变速
绞车总成	单（双）滚筒、机械（液压）刹车、气动推盘离合器、辅助刹车等	发动机动力转换为绞车旋转钢丝绳使游动系统提升或下降
井架总成	单节或双节伸缩式桅杆、天车等	承载天车、游动系统
游动系统	游车大钩、水龙头	起下管柱
钻台总成	钻盘座、管柱座、钻盘总成等	给予管柱旋转、存放管柱等
液压系统	液压泵、液压马达、液压管线等	驱动各油缸、盘式刹车、液压绞车等
液电气控系统	仪表、液路、气路、电路，作业照明，操作控制及阀件	传递控制指令、观察作业工况变化
操作系统	操作台各控制按钮，参数仪表等	底盘行使、司钻操作

修井机主要润滑部位有底盘车，上装发动机、液力变矩器、并车分动箱、角传动箱、绞车（捞砂）系统、井架天车、游动系统、液压系统等部位。润滑油品包括柴油机油、齿轮油、液压油、刹车油、液力传动油、润滑脂等。

一、润滑方式与管理

修井机车底盘的型号较多，结构形式大致相同。其主要润滑部位有发动机、变速箱、分动箱、差速器、轮边减速器、制动系统、动力转向系统、传动轴、钢板弹簧销等，润滑方式与通用车辆相同。

台面发动机采用压力润滑和飞溅润滑；变速箱和分动箱采用压力润滑和飞溅润滑。液压泵、液压马达以及各液缸是采用液压油润滑。绞车、井架、天车、游动系统、绞车刹车装置、传动轴等采取润滑脂润滑。

（1）应定期检查车辆各部位润滑情况，检查润滑油液位是否正常，油质是否满足要求，油液位不够应及时添加相同品质的油品。定期对各种滤清器进行清洗和保养，或者更换。

（2）各单位应根据实际工况和油品品质，选择合理换油周期，实现以质换油为主、定期换油为辅。

（3）更换油品时，需热车后再更换，以便于将润滑油中的胶质和杂质排出（油底有吸附金属屑杂质的磁铁及过滤网应取出清理）。排放干净后，要进行清洗或吹扫，保证用油部位清洁。

（4）加注润滑油时，应做到加注器具规范、清洁，避免污染。加注量执行说明书或润滑手册规定。

（5）车辆集中的单位应建立集中润滑站点，提高换油质量和效率，以便于废油回收。

二、基本要求

（1）底盘车：底盘车的润滑基本要求与通用车辆相同。

（2）上装发动机：上装发动机现在基本均为电喷柴油机，对润滑油的要求比较苛刻，最低要求使用 CH-4 级别的柴油机油，有条件的可使用 CI-4 级柴油机油。

（3）变速箱：修井机 450 以上基本采用进口艾里逊变速箱，部分 350 以下修井机的变速箱用贵州凯星。对润滑油的要求也比较高，一般选用符合 Allison C4 标准的变速箱油，有条件的可选用符合 Tes295 标准的 TranSynd 自动变速箱油。

（4）并车分动箱、角传动箱、转盘传动箱：一般选用 GL-5 85W/90 齿轮油，高寒地区夏季选用 GL-5 85W/90 齿轮油，冬季选用 GL-5 80W/90 齿轮油。

（5）液压系统：液压泵、马达、小绞车等液压系统原件一般选用 L-HM 46 或 L-HV 46 液压油润滑，高寒地区冬季根据最低气温选用 L-HS 32 液压油润滑。

（6）绞车、天车、游动系统、传动轴、绞车刹车等装置的轴、轴承的黄油嘴部位润滑选用聚脲脂润滑。

三、润滑图表

本节主要以江汉油田第四机械厂出厂的修井机为例，编制了 ZJ30、ZJ450 和 ZJ250 修井机以及修井机通用部分的图表。

1. ZJ30 修井机润滑

（1）ZJ30 润滑图如图 2-7-1 和图 2-7-2 所示。

（2）ZJ30 润滑表见表 2-7-2 和表 2-7-3。

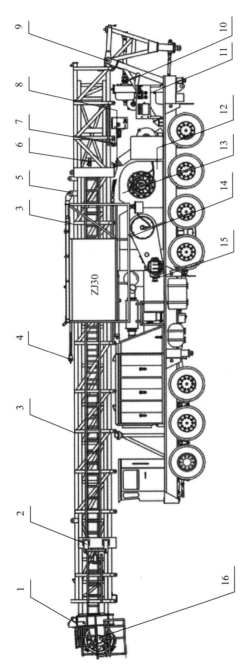

图 2-7-1　ZJ30 修井机上装润滑图

表 2-7-2　ZJ30 修井机上装润滑表

润滑点编号	润滑部位	点数	设备制造厂推荐润滑油（性能指标）	推荐用油		润滑保养规范		更换规范	
				种类、型号	适用温度范围 ℃	最小维护周期	加注方式	推荐换油周期	加注量，L
1	天车座滑轮	2×1	3号锂基润滑脂	聚脲脂	−40～120	每月	油枪注脂	6个月	挤出新脂
2	锁销装置	2×2	3号锂基润滑脂	聚脲脂	−40～200	每月	油枪注脂	6个月	挤出新脂
3	伸缩缸扶正器	2×6	3号锂基润滑脂	聚脲脂	−40～200	每月	油枪注脂	6个月	挤出新脂
4	二层台滑轮	2×1	3号锂基润滑脂	聚脲脂	−40～200	每月	油枪注脂	6个月	挤出新脂
5	二层台支座轴	2×1	3号锂基润滑脂	聚脲脂	−40～200	每月	油枪注脂	6个月	挤出新脂
6	奎环滑轮	2×1	3号锂基润滑脂	聚脲脂	−40～200	每月	油枪注脂	6个月	挤出新脂
7	导向滑轮	2×1	3号锂基润滑脂	聚脲脂	−40～200	每月	油枪注脂	6个月	挤出新脂
8	起升缸轴销	2×2	3号锂基润滑脂	聚脲脂	−40～200	每月	油枪注脂	6个月	挤出新脂
9	井架底座	4	3号锂基润滑脂	聚脲脂	−40～200	每月	涂抹	6个月	适量
10	转盘传动箱	1	85W/90 GL-5	GL-5 85W/90 GL-5 80W/90	−20～49 −35～49	每班	添加	24个月	16
11	爬坡链条盒	1	15W/40 CH-4	CH-4 15W/40	−20～40	每班	添加	24个月	4
12	滚筒刹车系统	14	3号锂基润滑脂	聚脲脂	−40～200	每月	油枪注脂	6个月	挤出新脂
13	绞车	2×3	3号锂基润滑脂	聚脲脂	−40～200	每月	油枪注脂	6个月	挤出新脂
14	捞砂滚筒	1×2	3号锂基润滑脂	聚脲脂	−40～200	每班	油枪注脂	6个月	挤出新脂
15	角传动箱	1	85W/90 GL-5	GL-5 85W/90 GL-5 80W/90	−20～49 −35～49	每班	添加	24个月	16
16	天车滑轮组	11	3号锂基润滑脂	聚脲脂	−40～200	每月	油枪注脂	6个月	挤出新脂

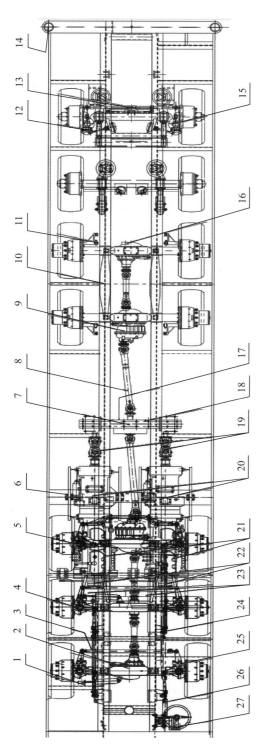

图 2-7-2　ZJ30 修井机底盘润滑图

表 2-7-3 ZJ30 修井机底盘润滑表

润滑点编号	润滑部位	点数	设备制造厂推荐用油（性能指标）	推荐用油		润滑保养规范		更换规范		备注
				种类、型号	适用温度范围 ℃	最小维护周期	加注方式	推荐换油周期	加注量，L	
1	转向助力器	3×2	7022 润滑脂	聚脲脂	−40～200	每月	油枪注脂	6 个月	挤出新脂	
2	驱动前桥	2×3	80W/90 GL−5	GL−5 85W/90 GL−5 80W/90	−20～49 −35～49	每月	油位添加	24 个月	11.5	
3	转向连杆	2×2	7022 润滑脂	聚脲脂	−40～200	每月	油枪注脂	6 个月	挤出新脂	
4	前驱动轴	6×2	80W/90 GL−5	GL−5 85W/90 GL−5 80W/90	−20～49 −35～49	每月	油位添加	24 个月	1	
5	转向节轴承	6×2	80W/90 GL−5	GL−5 85W/90 GL−5 80W/90	−20～49 −35～49	每月	油位添加	换件或大修时	1.5	*
6	平衡支座	4×1	7022 润滑脂	聚脲脂	−40～200	每月	油枪注脂	6 个月	挤出新脂	
7	并车箱	1×1	80W/90 GL−5	GL−5 85W/90 GL−5 80W/90	−20～49 −35～49	每月	油位添加	24 个月	43	
8	传动轴	5×3	7022 润滑脂	聚脲脂	−40～200	每月	油枪注脂	6 个月	挤出新脂	
9	动力分配器	1×1	80W/90 GL−5	GL−5 85W/90 GL−5 80W/90	−20～49 −35～49	每月	油位添加	24 个月	26.5	
10	后平衡梁	2×1	7022 润滑脂	聚脲脂	−40～200	每月	油枪注脂	6 个月	挤出新脂	
11	后刹车凸轮轴	4×3	7022 润滑脂	聚脲脂	−40～200	每月	油枪注脂	6 个月	挤出新脂	
12	复位拉杆	2×1	7022 润滑脂	聚脲脂	−40～200	每月	油枪注脂	6 个月	挤出新脂	
13	定位锁销	1×1	7022 润滑脂	聚脲脂	−40～200	每月	油枪注脂	6 个月	挤出新脂	
14	支腿座油缸	7×1	7022 润滑脂	聚脲脂	−40～200	每月	油枪注脂	6 个月	挤出新脂	

续表

润滑点编号	润滑部位	点数	设备制造厂推荐用油（性能指标）	推荐用油		润滑保养规范		更换规范		备注
				种类、型号	适用温度范围 ℃	最小维护周期	加注方式	推荐换油周期	加注量，L	
15	转向节销	2×2	7022润滑脂	聚脲脂	−40～200	每月	油枪注脂	6个月	挤出新脂	
16	后驱动桥	2×3	80W/90 GL-5	GL−5 85W/90 GL−5 80W/90	−20～49 −35～49	每月	油位添加	24个月	11.5	
17	动力转换杆	2×2	7022润滑脂	聚脲脂	−40～200	每月	油枪注脂	6个月	挤出新脂	
18	换挡联动杆	1×3	7022润滑脂	聚脲脂	−40～200	每月	油枪注脂	6个月	挤出新脂	
19	变矩器传动轴	2×3	7022润滑脂	聚脲脂	−40～200	每月	油枪注脂	6个月	挤出新脂	
20	液力变矩器	2×1	德士龙3	符合C4标准传动油	−40～120	每班	油位添加	2400h或24个月	70×2	*
21	发动机	2×1	15W/40 CH	CI−4 15W/40 CI−4 5W/30	−20～40 −30～30	日检	添加	500h	26.5×2	
22	风扇轴承	2×1	7022润滑脂	聚脲脂	−40～200	每月	油枪注脂	6个月	挤出新脂	
23	散热器	2×1	Caterpillat DEAC	−45℃多效防冻液	−45～120	每班	添加	24个月	85×2	*
24	前刹车凸轮轴	6×2	7022润滑脂	聚脲脂	−40～200	每月	油枪注脂	6个月	挤出新脂	
25	直拉杆	6×2	7022润滑脂	聚脲脂	−40～200	每月	油枪注脂	6个月	挤出新脂	
26	转向分配器	2×1	7022润滑脂	聚脲脂	−40～200	每月	油枪注脂	6个月	挤出新脂	
27	转向器	1×1	80W/90 GL-5	GL−5 85W/90 GL−5 80W/90	−20～49 −35～49	每月	油位添加	24个月	4	

注：2×1=润滑处数量×每处润滑点数量，散热器根据设计的不同冷却液的容积不同，无辅助散热的为85L。标注"*"为先到为准。

2.XJ450 修井机润滑

(1) XJ450 润滑图图如图 2-7-3 所示。

(2) XJ450 润滑表见表 2-7-4。

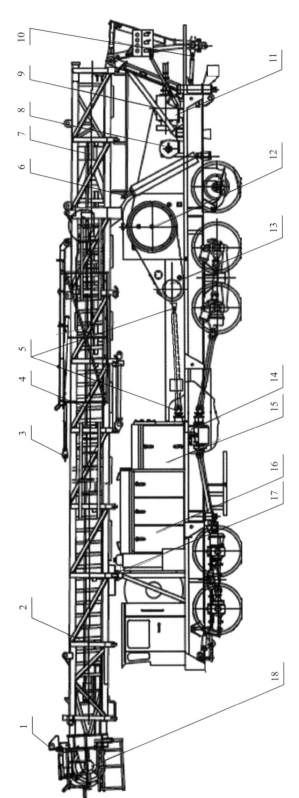

图 2-7-3 450 修井机润滑图

表 2—7—4　450 修井机润滑表

润滑点编号	润滑部位	点数	设备制造厂推荐用油（性能指标）	推荐用油 种类、型号	适用温度范围 ℃	润滑保养规范 最小维护周期	加注方式	更换规范 推荐换油周期	加注量，L	备注
1	液压绞车滑轮、导向轮	5	3 号锂基润滑脂	聚脲脂	-40～200	每月	油枪注脂	6 个月	挤出新脂	
2	承载机构	2	3 号锂基润滑脂	聚脲脂	-40～200	每月	油枪注脂	6 个月	挤出新脂	
3	二层台滑轮	4	3 号锂基润滑脂	聚脲脂	-40～200	每月	油枪注脂	6 个月	挤出新脂	
4	伸缩缸扶正器	16	3 号锂基润滑脂	聚脲脂	-40～200	每月	油枪注脂	6 个月	挤出新脂	
5	台上传动轴	18	3 号锂基润滑脂	聚脲脂	-40～200	每月	油枪注脂	6 个月	挤出新脂	
6	起升缸销轴	2	3 号锂基润滑脂	聚脲脂	-40～200	每月	油枪注脂	6 个月	挤出新脂	
7	承载块销轴	4	3 号锂基润滑脂	聚脲脂	-40～200	每月	油枪注脂	6 个月	挤出新脂	
8	液压绞车	2	3 号锂基润滑脂	聚脲脂	-40～200	每月	油枪注脂	6 个月	挤出新脂	
9	爬坡链条盒	1	15W/40 CH	L-HV 46	-30～80	每班	添加	12 个月	油浸齿轮 1/3	
10	转盘传动箱	1	85W/90 GL-5	GL-5 85W/90 / GL-5 80W/90	-20～49 / -35～49	每周	添加	24 个月	油标尺刻度	
11	刹车操纵系统	8	3 号锂基润滑脂	聚脲脂	-40～200	每月	油枪注脂	6 个月	挤出新脂	
12	输入输出链条盒	16	3 号锂基润滑脂	聚脲脂	-40～200	每月	油枪注脂	6 个月	挤出新脂	
13	输入输出链条盒	2	15W/40 CH	L-HV 46	-30～80	每班	添加	12 个月	油浸齿轮 1/3	
14	角传动箱	1	80W/90 GL-5	GL-5 85W/90 / GL-5 80W/90	-20～49 / -35～49	每班	添加	24 个月	油标尺刻度	
15	分动箱	1	80W/90 GL-5	GL-5 85W/90 / GL-5 80W/90	-20～49 / -35～49	每班	添加	24 个月	油标尺刻度	
16	变矩器	1	Allison C-4	液力传动油	-40～120	每班	油位添加	3000h 或 24 个月①	油标尺刻度	
17	发动机	1	API CH-4（优先推荐）	CI-4 15W/40 / CI-4 5W/30	-15～50 / -35～-10	每班	添加	500h	油标尺刻度	
18	散热器	1	Caterpillat DEAC	-45℃多效防冻液	-45～120	每班	添加	3000h 或 24 个月①	65	
19	天车	—	—	—	—	—	—	—	—	见通用部件

①先到为准。

3.XJ250 修井机润滑

（1）XJ250 润滑图如图 2-7-4 所示。

（2）XJ250 润滑表见表 2-7-5。

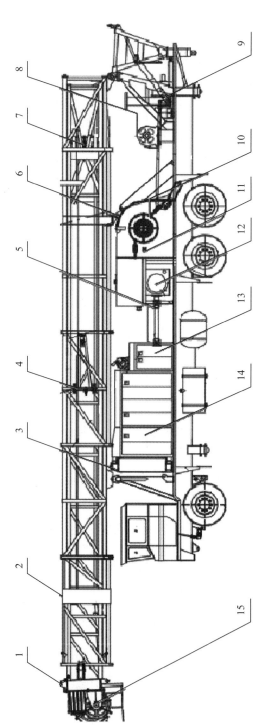

图 2-7-4　XJ250 修井机润滑图

表2-7-5 XJ250修井机润滑表

润滑点编号	润滑部位	点数	设备制造厂推荐用油（性能指标）	推荐用油		润滑保养规范		更换规范		备注
				种类、型号	适用温度范围 ℃	最小维护周期	加注方式	推荐换油周期	加注量，L	
1	液压绞车滑轮、导向轮	5	3号锂基润滑脂	聚脲脂	-40~200	每月	油枪注脂	6个月	挤出新脂	
2	承载机构	2	3号锂基润滑脂	聚脲脂	-40~200	每月	油枪注脂	6个月	挤出新脂	
3	散热器	1	Caterpillar DEAC	-45℃多效防冻液	-45~120	日检	添加	3000h或24个月①	45	
4	伸缩缸扶正器	4	3号锂基润滑脂	聚脲脂	-40~200	每月	油枪注脂	6个月	挤出新脂	
5	台上传动轴	16	3号锂基润滑脂	聚脲脂	-40~200	每月	油枪注脂	6个月	挤出新脂	
6	起升缸销轴	18	3号锂基润滑脂	聚脲脂	-40~200	每月	油枪注脂	6个月	挤出新脂	
7	承载块销轴	2	3号锂基润滑脂	聚脲脂	-40~200	每月	油枪注脂	6个月	挤出新脂	
8	液压绞车	4	3号锂基润滑脂	聚脲脂	-40~200	每月	油枪注脂	6个月	挤出新脂	
9	刹车操纵系统	2	3号锂基润滑脂	聚脲脂	-40~200	每月	油枪注脂	6个月	挤出新脂	
10	绞车	1	3号锂基润滑脂	聚脲脂	-40~200	每月	油枪注脂	6个月	挤出新脂	
11	输入链条盒	1	15W/40 CH-4	15W/40 CH	-15~40	月检	添加	12个月	油标尺刻度	
12	角传动箱	8	80W/90 GL-5	GL-5 85W/90 GL-5 80W/90	-20~49 -35~49	月检	添加	24个月	21	
13	变矩器	1	Allison C-4	液力传动油	-40~120	按厂家要求	添加	1000h或24个月①	油标尺刻度	
14	发动机	2	15W/40 CH-4	CI-4 15W/40 CI-4 5W/30	-20~40 -30~30	日检	添加	12个月	油没齿轮1/3	
15	天车	—	—	—	—	—	—	—	—	见通用用部件

①先到为准。

4. 通用部件润滑

(1) 修井机滚筒润滑图如图 2-7-5 所示。

(2) 修井机滚筒润滑表见表 2-7-6。

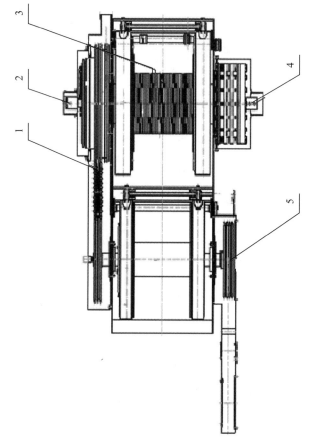

图 2-7-5 修井机滚筒润滑图

表 2-7-6 修井机滚筒润滑表

润滑点编号	润滑部位	点数	设备制造厂推荐用油（性能指标）	推荐用油			润滑保养规范			更换规范	
				种类、型号	适用温度范围 ℃		最小维护周期	加注方式	推荐换油周期	加注量
1	主滚筒及离合器轴承	3	3 号锂基润滑脂	聚脲脂	-40 ~ 200		每月	油枪注脂	6 个月	挤出新脂
2	离合器导气龙头	1	3 号锂基润滑脂	聚脲脂	-40 ~ 200		每月	油枪注脂	6 个月	挤出新脂
3	绞车筒轴承	8	3 号锂基润滑脂	聚脲脂	-40 ~ 200		每月	油枪注脂	6 个月	挤出新脂
4	双导龙头	4	3 号锂基润滑脂	聚脲脂	-40 ~ 200		每月	油枪注脂	6 个月	挤出新脂
5	捞砂筒	2	3 号锂基润滑脂	聚脲脂	-40 ~ 200		每月	油枪注脂	6 个月	挤出新脂

（3）游动滑车润滑图如图 2-7-6 所示。

（4）游动滑车润滑表见表 2-7-7。

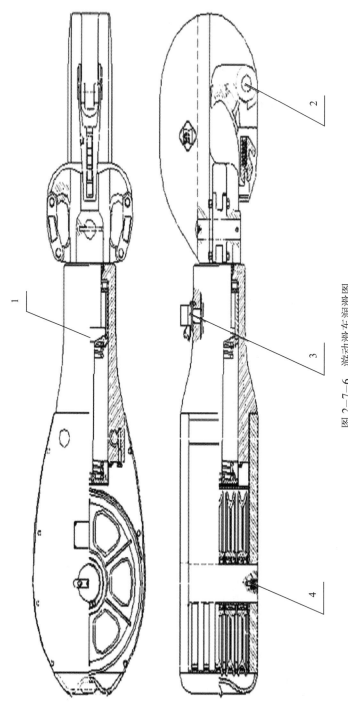

图 2-7-6　游动滑车润滑图

表 2-7-7　游动滑车润滑表

润滑点编号	润滑部位	点数	设备制造厂推荐用油(性能指标)	推荐用油		润滑保养规范			更换规范	
				种类、型号	适用温度范围 ℃	最小维护周期	加注方式	推荐换油周期	加注量	
1	钩弹簧及压力轴承	1	3号锂基润滑脂	聚脲脂	-40～200	每月	油枪注脂	6个月	挤出新脂
2	勾头销	1	3号锂基润滑脂	聚脲脂	-40～200	每月	油枪注脂	6个月	挤出新脂
3	勾锁	1	3号锂基润滑脂	聚脲脂	-40～200	每月	油枪注脂	6个月	挤出新脂
4	游车滑轮	1	3号锂基润滑脂	聚脲脂	-40～200	每月	油枪注脂	6个月	挤出新脂

（5）天车润滑图如图 2-7-7 所示。

（6）天车润滑表见表 2-7-8。

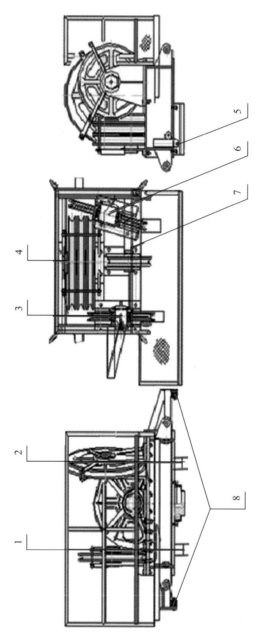

图 2-7-7　修井机天车润滑图

表 2-7-8　修井机天车润滑表

润滑点编号	润滑部位	点数	设备制造厂推荐用油（性能指标）	推荐用油			润滑保养规范			更换规范	
				种类、型号	适用温度范围 ℃	最小维护周期	加注方式	推荐换油周期	加注量
1	三吨绞车轮	1	3号锂基润滑脂	聚脲脂	-40～200	每月	油枪注脂	6个月	挤出新脂
2	五吨绞车轮	1	3号锂基润滑脂	聚脲脂	-40～200	每月	油枪注脂	6个月	挤出新脂
3	死绳轮	1	3号锂基润滑脂	聚脲脂	-40～200	每月	油枪注脂	6个月	挤出新脂
4	天车轮	1	3号锂基润滑脂	聚脲脂	-40～200	每月	油枪注脂	6个月	挤出新脂
5	助爬器绳轮	1	3号锂基润滑脂	聚脲脂	-40～200	每月	油枪注脂	6个月	挤出新脂
6	快绳轮	1	3号锂基润滑脂	聚脲脂	-40～200	每月	油枪注脂	6个月	挤出新脂
7	抽吸绳轮	1	3号锂基润滑脂	聚脲脂	-40～200	每月	油枪注脂	6个月	挤出新脂
8	二层台吊绳轮轴	2	3号锂基润滑脂	聚脲脂	-40～200	每月	油枪注脂	6个月	挤出新脂

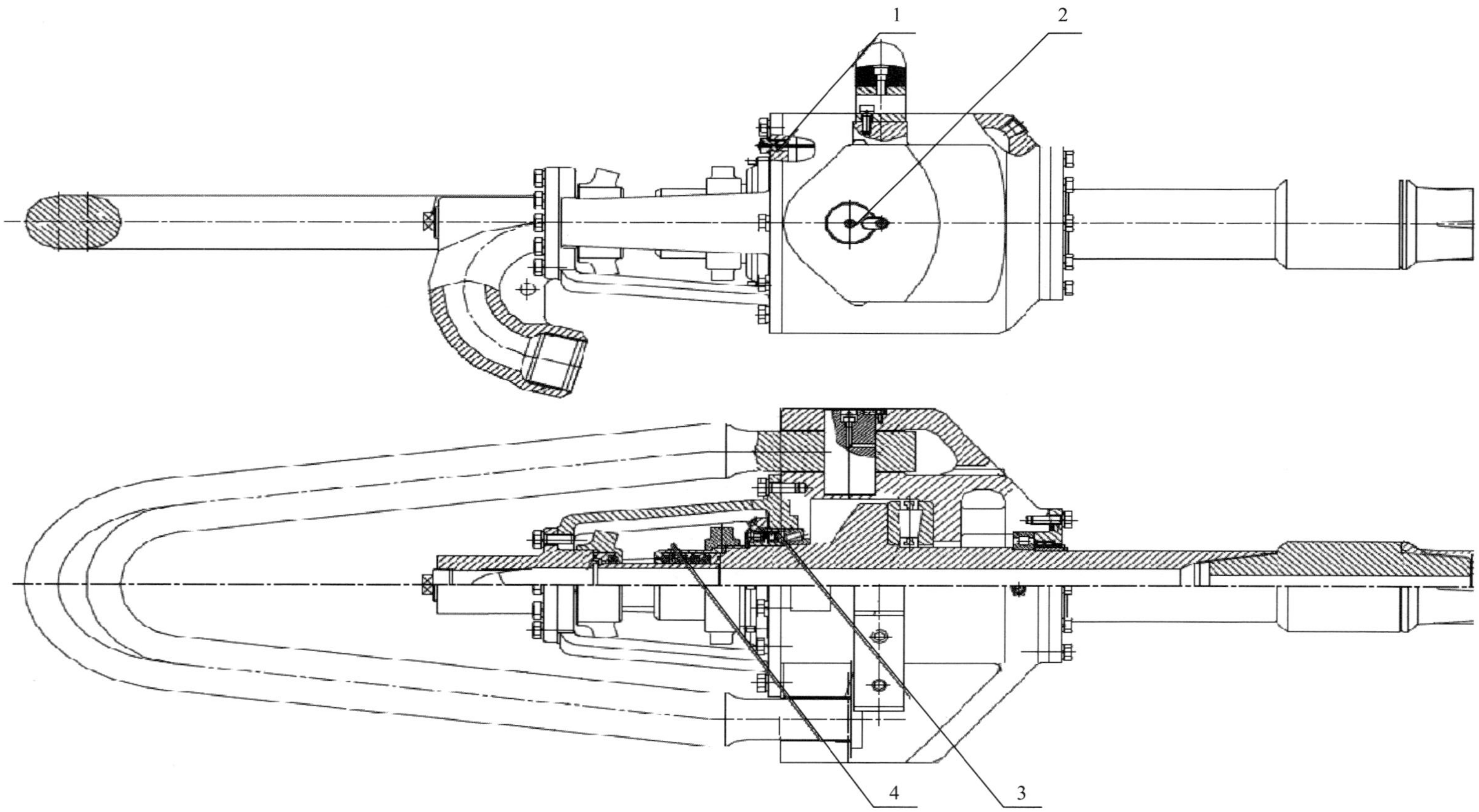

图 2-7-8　水龙头润滑图

（7）水龙头润滑图如图 2-7-8 所示。

（8）水龙头润滑表见表 2-7-9。

表 2-7-9 水龙头润滑表

润滑点编号	润滑部位	点数	设备制造厂推荐用油(性能指标)	推荐用油		润滑保养规范			更换规范	
				种类、型号	适用温度范围 ℃	最小维护周期	加注方式	推荐换油周期	推荐换油周期	加注量
1	提环销	2	3号锂基润滑脂	聚脲脂	-40 ~ 200	每月	油枪注脂	6个月	挤出新脂
2	齿轮油加油注口	1	齿轮油	GL-5 85W/90 GL-5 80W/90	-20 ~ 49 -35 ~ 49	每班	添加	12个月	油标尺刻度
3	轴承	1	3号锂基润滑脂	聚脲脂	-40 ~ 200	每月	油枪注脂	6个月	挤出新脂
4	密封圈	1	3号锂基润滑脂	聚脲脂	-40 ~ 200	每月	油枪注脂	6个月	3 ~ 5 冲

第二节　液氮泵车（橇）润滑图表

液氮泵车（橇）是将泵送设备安装在自走式卡车底盘或橇装钢结构上，液氮泵车由底盘车和上装两部分组成。底盘车主要是完成设备运移，上装部分是液氮设备的工作部分，主要由台面发动机、变速箱、传动装置、柱塞泵、低压吸入管汇、高压排出管汇、燃油系统、动力端润滑系统、散热系统、电器系统、气路系统、液压系统、仪表及控制系统、蒸发器等组成。通过各系统协同工作完成低压液氮转化成高压氮气及其泵送功能。液氮泵车（橇）是油气田、煤层气开发施工作业中的重要设备，主要用于氮气气举、置换、混气压裂、伴注等作业。

液氮泵车（橇）按排量分 360K、400K、1000K 等型号；按生产厂家国内市场基本以烟台杰瑞石油装备技术有限公司、四机赛瓦石油钻采设备有限公司、山东科瑞石油装备有限公司、中国石化四机石油机械有限公司为主。底盘车润滑参照执行载货汽车相关规定。上装发动机、液力变矩器、传动系统、液压系统等部位。润滑油品包括机油、齿轮油、液压油、刹车油、液力传动油、润滑脂等。

一、润滑方式与管理

液氮泵车底盘的型号较多，结构形式大致相同。其主要润滑部位底盘有发动机、变速箱、分动箱、差速器、轮边减速器、制动系统、动力转向系统、传动轴、钢板弹簧销等，润滑方式与通用车辆相同。

台面发动机采用压力润滑和飞溅润滑；变速箱采用压力润滑和飞溅润滑；液氮泵（三缸柱塞泵或五缸柱塞泵）的动力端内各轴承、齿轮是采用连续压力油式强制润滑及飞溅润滑；液压泵、液压马达是采用液压油润滑；传动轴等部件的黄油嘴采用聚脲脂润滑。

（1）应定期检查车辆各部位润滑情况，检查润滑油液位是否正常，油质是否满足要求，油液位不够应及时添加相同品质的油品。定期对各种滤清器进行清洗和保养，或者更换。

（2）各单位应根据实际工况和油品品质，选择合理换油周期，实现定期与按质换油。

（3）更换油品时，需热车后再更换，以便于将润滑油中的胶质和杂质排出（油底有吸附金属屑杂质的磁铁及过滤网应取出清理）。排放干净后，要进行清洗或吹扫，保证用油部位清洁。

（4）加注润滑油时，应做到加注器具规范、清洁，避免污染。加注量执行说明书或润滑手册规定。

（5）车辆集中的单位应建立集中润滑站点，提高换油质量和效率，以便于废油回收。

二、基本要求

（1）底盘车：底盘车的润滑基本要求与通用车辆相同。

（2）台面发动机：台面发动机现在基本均为电喷柴油机，对润滑油的要求比较苛刻，最低要求使用 CF-4 级别的柴油机油，有条件的可使用 CI-4 的柴油机油，高寒地区冬季使用 CI-4 5W/30 以上级别的柴油机油。

（3）变速箱：液氮泵车基本采用进口艾里逊 4700 系列变速箱。对润滑油的要求也比较高，一般选用符合 Allison C4 标准的变速箱油，有条件的可选用符合 Tes295 标准的 TranSynd 自动变速箱油。

（4）轮间差速器、桥间差速器、轮边加速器：华北地区及南方地区全年选用 GL-5 85W/90 齿轮油，高寒地区夏季选用 GL-5 85W/90，冬季根据当地最低气温选用 GL-5 80W/90 齿轮油。

（5）液压系统：液压泵、马达等液压系统一般选用 L-HM46 或 L-HV46 液压油，高寒地区根据当地最低气温选用 L-HS32 液压油润滑。

（6）传动轴等装置的轴、轴承的黄油嘴部位润滑选用聚脲脂润滑。

三、润滑图表

根据油气田实际，本节主要以杰瑞出厂的 1000K 液氮泵车为例编制了润滑图表。

1. YDC1000KDF 液氮车润滑

（1）YDC1000KDF 液氮车润滑图如图 2-7-9 至图 2-7-11 所示。

（2）YDC1000KDF 液氮车润滑表见表 2-7-10 和表 2-7-11。

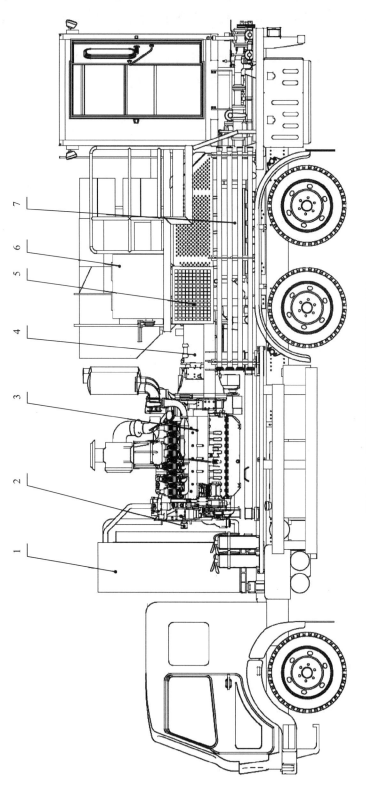

图 2-7-9　YDC1000KDF 液氮泵车润滑图（1）

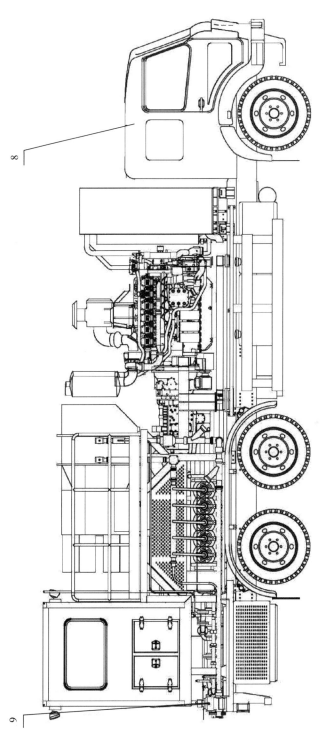

图2-7-10 YDC1000KDF 液氮车润滑图 (2)

表 2-7-10　YDC1000KDF 液氮车润滑图表

润滑点编号	润滑部位	点数	设备制造厂推荐用油（性能指标）	推荐用油 种类、型号	适用温度范围 ℃	润滑保养规范 最小维护周期	加注方式	更换规范 推荐换油周期	加注量，L	备注
1	台面散热器	2	BASF Glysantin G48-24	-45℃冷却液	-45~60	日检	添加	4000h 或 24 个月	140	—
2	发动机风扇轴承	2	3号锂基润滑脂	聚脲脂	-40~200	每月或 250h	脂枪加注	500h 或 6 个月	适量	—
3	发动机	2	15W/40 CH-4	CI-4 15W/40 CI-4 5W/30	-20~40 -30~30	日检	添加	500h 或 12 个月	70	
4	变速箱	2	德士龙 3 号	德士龙 3 号	-20~30	日检	添加	1000h 或 12 个月	140	
5	主传动轴	6	3号锂基润滑脂	聚脲脂	-40~200	每月或 250h	脂枪加注	500h 或 6 个月	适量	
6	液压油箱	1	DTE25	L-HV 46 L-HM 46 L-HS 32	-30~80 -10~80 -40~80	日检	添加	1000h 或 24 个月	220	
7	柱塞泵动力端	2	CH-4 15W/40	CI-4 15W/40 CI-4 5W/30	-20~40 -30~30	日检	添加	500h 或 12 个月	160	
8	底盘车	32	—	—	—	—	—	—	—	详见图 2-7-11 和表 2-7-11
9	旋塞阀	3	高压润滑脂	极压复合锂基润滑脂	-46~94	周检	脂枪加注	1 个月	适量	

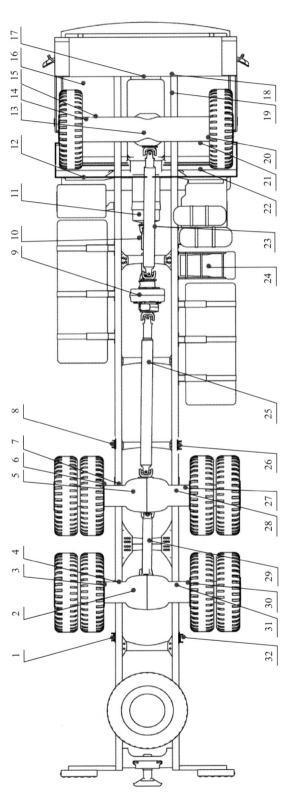

图 2-7-11　底盘车润滑图（VOVLO FM400）

表 2-7-11　底盘车润滑图表 (VOLVO FMX 6×6)

润滑点编号	润滑部位	点数	设备制造厂推荐用油(性能指标)	推荐用油 种类、型号	适用温度范围 ℃	润滑保养规范 最小维护周期	加注方式	更换规范 推荐换油周期	加注量, L
1	三桥右钢板轴销	1	2号通用锂基润滑脂	聚脲脂	-40～200	250h或3个月	脂枪加注	500h或6个月	适量
2	三桥差速器	1	API GL-5	GL-5 85W/90 GL-5 80W/90	-20～49 -35～49	月检	添加	24个月	17.5
3	三桥右制动凸轮轴	1	2号通用锂基润滑脂	聚脲脂	-40～200	250h或3个月	脂枪加注	500h或6个月	适量
4	三桥左轮边减速器	1	API GL-5	GL-5 85W/90 GL-5 80W/90	-20～49 -35～49	月检	添加	24个月	2.5
5	二桥差速器	1	API GL-5	GL-5 85W/90 GL-5 80W/90	-20～49 -35～49	月检	添加	24个月	17.5
6	二桥右制动凸轮轴	1	2号通用锂基润滑脂	聚脲脂	-40～200	250h或3个月	脂枪加注	500h或6个月	适量
7	二桥右轮边减速器	1	API GL-5	GL-5 85W/90 GL-5 80W/90	-20～49 -35～49	月检	添加	24个月	2.5
8	二桥右钢板轴销	1	2号通用锂基润滑脂	聚脲脂	-40～200	250h或3个月	脂枪加注	500h或6个月	适量
9	分动箱	1	VOLVO97305, VOLVO97307, VOLVO97315	GL-4 75W/90	-45～49	12个月	补充	智能保养提示	5.5
10	传动轴万向节	2	2号通用锂基润滑脂	聚脲脂	-40～200	250h或3个月	脂枪加注	500h或6个月	适量
11	变速箱	1	VOLVO97305, VOLVO97307, VOLVO97315	GL-4 75W/90	-45～49	12个月	补充	智能保养提示	14.3
12	一桥右钢板后轴销	1	2号通用锂基润滑脂	聚脲脂	-40～200	250h或3个月	脂枪加注	500h或6个月	适量
13	一桥差速器	1	API GL-5	GL-5 85W/90 GL-5 80W/90	-20～49 -35～49	月检	添加	24个月	17.5
14	一桥右制动凸轮轴	1	2号通用锂基润滑脂	聚脲脂	-40～200	250h或3个月	脂枪加注	500h或6个月	适量
15	一桥右轮边减速器	1	API GL-5	GL-5 85W/90 GL-5 80W/90	-20～49 -35～49	月检	添加	24个月	2.5

续表

润滑点编号	润滑部位	点数	设备制造厂推荐用油（性能指标）	推荐用油		润滑保养规范		更换规范	
				种类、型号	适用温度范围 ℃	最小维护周期	加注方式	推荐换油周期	加注量，L
16	一桥右钢板前轴销	1	2号通用锂基润滑脂	聚脲脂	−40～200	250h或3个月	脂枪加注	500h或6个月	适量
17	防冻液	1	沃尔沃冷却液	−45℃冷却液	−45～60	日检	添加	4000h或24个月	42
18	传动轴风扇驱动装置	1	2号通用锂基润滑脂	聚脲脂	−40～200	250h或3个月	脂枪加注	500h或6个月	适量
19	一桥左钢板前轴销	1	2号通用锂基润滑脂	聚脲脂	−40～200	250h或3个月	脂枪加注	500h或6个月	适量
20	一桥左制动凸轮轴	1	2号通用锂基润滑脂	聚脲脂	−40～200	250h或3个月	脂枪加注	500h或6个月	适量
21	一桥左轮边减速器	1	85W/90 GL−5	GL−5 85W/90 / GL−5 80W/90	−20～49 / −35～49	月检	添加	24个月	2.7
22	一桥左钢板后轴销	1	2号通用锂基润滑脂	聚脲脂	−40～200	250h或3个月	脂枪加注	500h或6个月	适量
23	至一桥传动轴万向节	2	2号通用锂基润滑脂	聚脲脂	−40～200	250h或3个月	脂枪加注	500h或6个月	适量
24	AdBlue 储罐	1	AdBlue溶液	原厂尿素	−35～40	日检	检查、补充		35
25	至二桥传动轴万向节	2	2号通用锂基润滑脂	聚脲脂	−40～200	250h或3个月	脂枪加注	500h或6个月	适量
26	三桥左钢板前轴销	1	2号通用锂基润滑脂	聚脲脂	−40～200	250h或3个月	脂枪加注	500h或6个月	适量
27	三桥左制动凸轮轴	1	2号通用锂基润滑脂	聚脲脂	−40～200	250h或3个月	脂枪加注	500h或6个月	适量
28	三桥左轮边减速器	1	85W/90 GL−5	GL−5 85W/90 / GL−5 80W/90	−20～49 / −35～49	月检	添加	24个月	2.7
29	二桥至三桥传动轴万向节	2	2号通用锂基润滑脂	聚脲脂	−40～200	250h或3个月	脂枪加注	500h或6个月	适量
30	三桥左制动凸轮轴	1	2号通用锂基润滑脂	聚脲脂	−40～200	250h或3个月	脂枪加注	500h或6个月	适量
31	三桥左轮边减速器	1	85W/90 GL−5	GL−5 85W/90 / GL−5 80W/90	−20～49 / −35～49	月检	添加	24个月	2.7
32	三桥左钢板后轴销	1	2号通用锂基润滑脂	聚脲脂	−40～200	250h或3个月	脂枪加注	500h或6个月	适量

第三节　压裂泵车润滑图表

　　压裂泵车是将泵送设备安装在自走式卡车底盘上，主要用来将混砂车输送来的压裂液加压泵送至储层，进行油井增产作业。压裂泵车是酸化压裂施工的主要设备。

　　压裂泵车按水马力分主要有 2500、2000、1800 等型号；按生产厂家国内基本以江汉油田第四机械厂和烟台杰瑞石油装备技术有限公司为主，进口以哈里伯顿公司和美国双 S 公司为主。其基本工作原理是：通过底盘车取力带动一个液压油泵，驱动马达启动台面发动机；台面发动机所产生的动力，通过液力传动箱和传动轴传到大泵动力端，驱动压裂泵（柱塞泵）进行工作；压裂泵将压裂液由吸入管汇吸入，经压裂泵增压后由高压管汇排出，经井口、管柱、井下工具注入油气储层实施压裂作业。

　　按照各部件的功用一般分为 11 大系统：行驶（或移动）系统、台面动力系统、传动系统、电气控系统、操作系统、液压系统、动力端润滑系统、液力端润滑系统、低压管汇系统、高压管汇系统、超压保护系统。各系统的主要部件和作用见表 2-7-12。

表 2-7-12　压裂泵车各系统的功用

系统名称	主要部件	主要功用
行驶系统	二类汽车底盘	承载台面设备行驶和移动
台面动力系统	台面柴油机、燃油箱等	给台面设备提供动力
传动系统	变速箱、传动轴等	连接柴油机与压裂泵动力，变速
液压系统	液压泵、液压马达、液压管线等	启动台面发动机、驱动风扇马达
电气控系统	电路、气路管线及阀件	传递控制指令、观察参数变化
操作系统	操作台各控制按钮，参数仪表等	发出控制信息的地方
动力端润滑系统	润滑油泵、溢流阀、散热器、管线等	润滑大泵动力端齿轮、曲轴、连杆
液力端润滑系统	气动隔膜泵、油量调节阀等	提供柱塞密封的润滑
高压管汇系统	压裂泵泵排出管汇	提供循环及向井下泵送液体的通道
低压管汇系统	压裂泵吸入管汇	提供压裂泵吸入前的液路通道
超压保护系统	机械压力表、压力传感器等	高压管汇系统超压时切断动力

　　压裂车的主要润滑部位有底盘车，台面发动机、变速箱、传动轴、压裂泵的动力端和液力端、气动马达、风扇马达等。润滑油品包括柴油机油、齿轮油、液压油、刹车油、液力传动油、润滑脂等。

一、润滑方式与管理

　　压裂车车底盘的型号较多，结构形式大致相同。其主要润滑部位底盘有发动机、变速箱、分动箱、差速器、轮边减速器、制动系统、动力转向系统、传动轴、钢板弹簧销等，润滑方式与通用车辆相同。

台面发动机采用压力润滑和飞溅润滑；变速箱采用压力润滑和飞溅润滑。液压泵、液压马达采用液压油润滑。压裂泵的动力端内各轴承、齿轮是采用连续压力油式强制润滑及飞溅润滑，液力端密封圈是采用以气压式连续压力润滑；传动轴、风扇轴承等采取润滑脂润滑。

（1）应定期检查车辆各部位润滑情况，检查润滑油液位是否正常，油质是否满足要求，油液位不够应及时添加相同品质的油品。定期对各种滤清器进行清洗和保养，或者更换。

（2）各单位应根据实际工况和油品品质，选择合理换油周期，实现定期与按质换油。

（3）更换油品时，需热车后再更换，以便于将润滑油中的胶质和杂质排出（油底有吸附金属屑杂质的磁铁及过滤网应取出清理）。排放干净后，要进行清洗或吹扫，保证用油部位清洁。

（4）加注润滑油时，应做到加注器具规范、清洁，避免污染。加注量执行说明书或润滑手册规定。

（5）车辆集中的单位应建立集中润滑站点，提高换油质量和效率。以便于废油回收。

二、基本要求

（1）底盘车：底盘车的润滑基本要求与通用车辆相同。

（2）台面发动机：台面发动机现在基本均为电喷柴油机，对润滑油的要求比较苛刻，最低要求使用 CH-4 级别的柴油机油，有条件的可使用 CI-4 的柴油机油。

（3）变速箱：压裂车基本采用进口艾里逊 S9800M 或 CAT TH48 系列变速箱，输入功率更大的双环变速箱。对润滑油的要求比较高，一般选用符合 Allison C4 标准的变速箱传动油，有条件的可选用符合 Tes295 标准的 TranSynd 自动变速箱油。

（4）压裂泵（三缸、五缸卧式柱塞泵）：压裂泵动力端选用 L-CKD150 齿轮油，高寒地区冬季选用合成极压齿轮油，其他地区全年选用 L-CKD150 齿轮油齿轮油。压裂泵液力端选用 CD 10W/30 柴油机油。

（5）液压系统：液压泵、液压马达等液压系统原件选用 L-HV46 液压油润滑，高寒地区冬季根据最低气温选用 L-HS32 液压油润滑。

（6）传动轴、风扇轴承等的黄油嘴部位润滑选用脲基脂润滑。

三、润滑图表

本节主要编制了江汉油田四机 2500 型和杰瑞 2000 型压裂车上装和奔驰底盘的润滑图表。

1. 四机 2500 型压裂车润滑图表

（1）四机 2500 型压裂车上装润滑图如图 2-7-12 和图 2-7-13 所示。

（2）四机 2500 型压裂车上装润滑表见表 2-7-13。

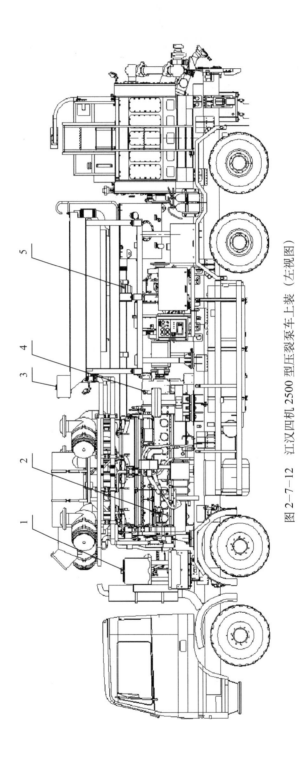

图 2-7-12 江汉四机 2500 型压裂泵车上装（左视图）

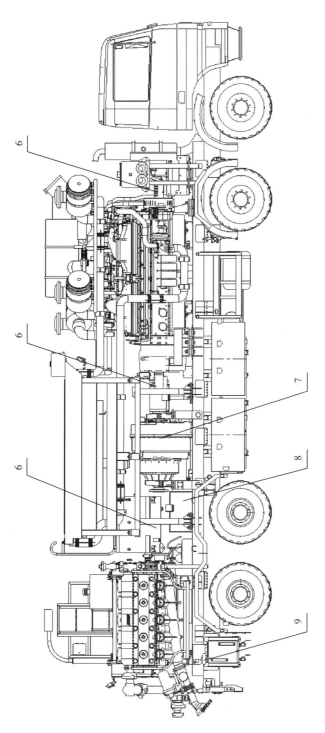

图 2-7-13　江汉四机 2500 型压裂泵车上装（右视图）

表 2-7-13 四机 2500 型压裂车上装润滑表

润滑点编号	润滑部位	点数	设备制造厂推荐用油（性能指标）	推荐用油 种类、型号	适用温度范围 ℃	润滑保养规范 最小维护周期	加注方式	更换规范 推荐换油周期	加注量 L
1	液压油箱	1	HV 46号抗磨液压油	L-HV 46 L-HM 46 L-HS 32	-30~80 -10~80 -40~80	日检	添加	24 个月	150
2	上装发动机	1	15W/40 CH-4	CI-4 15W/40 CI-4 5W/30	-20~40 -30~30	日检	添加	500 小时	220
3	上装散热器	1	乙二醇	-45℃多效防冻液	-45~120	日检	添加	24 个月	220
4	液力变扭器	1	C4 或满足要求的 15W/40	符合 C4 标准的传动油	-40~120	日检	添加	2000h 或 24 个月	120
5	风扇轴承	2	3 号锂基润滑脂	聚脲脂	-40~200	每月	油枪注脂	6 个月	适量
6	传动轴	3	3 号锂基润滑脂	聚脲脂	-40~200	每月	油枪注脂	6 个月	挤出新脂
7	液力变速箱	1	C4 或满足要求的 15W/40	符合 C4 标准的传动油	-40~120	日检	添加	2000h 或 24 个月	120
8	动力端润滑油箱	1	ISO VG 150 双曲线齿轮油	SHC 634 合成齿轮油 GL-5 80W/90	-18~254 -35~20	月检	添加	24 个月	290
9	液力端润滑油箱	1	10W/30 CF-4	CD	-25~50	油品污染更换	加注	油品污染更换	保持液面

2. 杰瑞 2000 型压裂车润滑图表

（1）杰瑞 2000 型压裂车上装润滑图如图 2-7-14 和图 2-7-15 所示。

（2）杰瑞 2000 型压裂车上装润滑表见表 2-7-14。

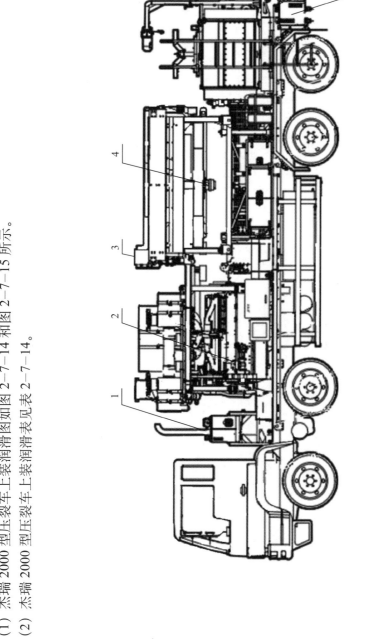

图 2-7-14　杰瑞 2000 型主压车上装（左视图）

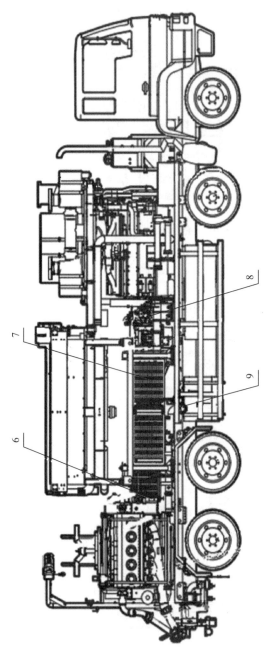

图 2-7-15　杰瑞 2000 型主压车上装（右视图）

表 2-7-14 杰瑞 2000 型压裂车上装润滑表

润滑点编号	润滑部位	点数	设备制造厂推荐用油（性能指标）	推荐用油 种类、型号	推荐用油 适用温度范围 ℃	润滑保养规范 最小维护周期	润滑保养规范 加注方式	更换规范 推荐换油周期	更换规范 加注量 L
1	液压油箱	1	HV 46 号抗磨液压油	L-HV 46 L-HM 46 L-HS 32	−30 ~ 80 −10 ~ 80 −40 ~ 80	日检	添加	24 个月	120
2	上装发动机	1	CH-4 15W/40	CI-4 15W/40 CI-4 5W/30	−20 ~ 40 −30 ~ 30	日检	添加	500h	180
3	上装散热器	1	乙二醇	−45℃多效防冻液	−45 ~ 120	日检	添加	24 个月	220
4	风扇轴承	2	3 号锂基润滑脂	聚脲脂	−40 ~ 200	250h 或 3 个月	油枪注脂	6 个月	适量
5	液力端润滑油箱	1	CF-4 10W/30	CD 10W/30	−25 ~ 50	油品污染更换	加注	油品污染更换	保持液面
6	传动轴	3	3 号锂基润滑脂	聚脲脂	−40 ~ 200	250h 或 3 个月	油枪注脂	6 个月	挤出新脂
7	传动轴刹车装置	3	3 号锂基润滑脂	聚脲脂	−40 ~ 200	250h 或 3 个月	油枪注脂	6 个月	挤出新脂
8	液力端变速箱	1	C4 或满足要求的 15W/40	符合 C4 标准的传动油	−40 ~ 120	日检	添加	2000h 或 24 个月	120
9	动力端润滑油箱	1	ISO VG 150 双曲线齿轮油	SHC 634 合成齿轮油 GL-5 80W/90	−18 ~ 254 −35 ~ 49	月检	添加	24 个月	290

3. 奔驰 4144 底盘车润滑

(1) 奔驰 4144 底盘车润滑图如图 2－7－16 所示。

(2) 奔驰 4144 底盘车润滑清表见表 2－7－15。

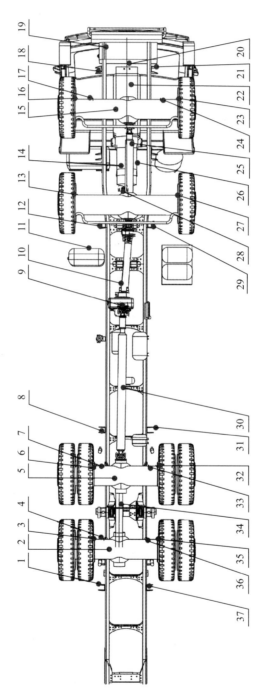

图 2－7－16　杰瑞 2000 型压裂车底盘车润滑图（奔驰 4144）

表 2-7-15　杰瑞 2000 型压裂车底盘车润滑表（奔驰 4144）

润滑点编号	润滑部位	点数	设备制造厂推荐用油（性能指标）	推荐用油 种类、型号	适用温度范围，℃	润滑保养规范 最小维护周期	加注方式	更换规范 推荐换油周期	加注量，L
1	四桥右钢板轴销	1	3号通用锂基润滑脂	聚脲脂	-40~200	250h或3个月	脂枪加注	3000km	加至新脂挤出
2	四桥差速器	1	GL-5 85W/90	GL-5 85W/90 GL-5 80W/90	-20~49 -35~49	每季度	添加	24个月	13
3	四桥右制动凸轮轴	1	3号通用锂基润滑脂	聚脲脂	-40~200	250h或3个月	脂枪加注	3000km	加至新脂挤出
4	四桥左轮边减速器	1	GL-5 85W/90	GL-5 85W/90	-20~49	每月	添加	24个月	2.7
5	三桥差速器	1	GL-5 85W/90	GL-5 85W/90 GL-5 80W/90	-20~49 -35~49	每季度	添加	24个月	13
6	三桥右制动凸轮轴	1	3号通用锂基润滑脂	聚脲脂	-40~200	250h或3个月	脂枪加注	3000km	加至新脂挤出
7	三桥右轮边减速器	1	GL-5 85W/90	GL-5 85W/90 GL-5 80W/90	-20~49 -35~49	每月	添加	24个月	2.7
8	三桥右钢板轴销	1	3号通用锂基润滑脂	聚脲脂	-40~200	250h或3个月	脂枪加注	3000km	加至新脂挤出
9	分动箱	1	GL-5 85W/90	GL-5 85W/90 GL-5 80W/90	-20~49 -35~49	每半年	添加	20000km	18
10	二桥至分动箱传动轴万向节	2	3号通用锂基润滑脂	聚脲脂	-40~200	250h或3个月	脂枪加注	3000km	加至新脂挤出
11	AdBlue 储罐	1	AdBlue 溶液	原厂尿素	-35-40	日常检查	添加		40
12	二桥右钢板后轴销	1	3号通用锂基润滑脂	聚脲脂	-40~200	250h或3个月	脂枪加注	3000km	加至新脂挤出
13	二桥右制动凸轮轴	1	3号通用锂基润滑脂	聚脲脂	-40~200	250h或3个月	脂枪加注	3000km	加至新脂挤出
14	变速箱	1	GL-5 85W/90	GL-5 85W/90 GL-5 80W/90	-20~49 -35~49	每半年	添加	24个月	53.6
15	一桥差速器	1	GL-5 85W/90	GL-5 85W/90 GL-5 80W/90	-20~49 -35~49	每季度	检查、补充，禁止超量加注	24个月	7

续表

润滑点编号	润滑部位	点数	设备制造厂推荐用油（性能指标）	推荐用油		润滑保养规范			更换规范
				种类、型号	适用温度范围，℃	最小维护周期	加注方式	推荐换油周期	加注量，L
16	一桥右制动凸轮轴	1	3号通用锂基润滑脂	聚脲脂	-40~200	250h或3个月	脂枪加注	3000km	加至新脂挤出
17	一桥右轮边减速器	1	GL-5 85W/90	GL-5 85W/90 GL-5 80W/90	-20~49 -35~49	每月	添加	24个月	2.7
18	一桥右钢板后轴销	1	3号通用锂基润滑脂	聚脲脂	-40~200	250h或3个月	脂枪加注	3000km	加至新脂挤出
19	防冻液	1	奔驰325.0	原厂防冻液	-40~40	3a	添加	智能保养提示	54
20	传动轴风扇驱动装置	1	多功能润滑脂NLGI2级	原厂266.2	-30~60	1a	添加 脂枪加注	3000km	加至新脂挤出
21	一桥右钢板后轴销	1	3号通用锂基润滑脂	聚脲脂	-40~200	250h或3个月	脂枪加注	3000km	加至新脂挤出
22	发动机	1	CI-4柴油机油	CI-4 15W/40 CI-4	-20~40 -30~30	每半年	添加	10000km或12个月	34
23	一桥左制动凸轮轴	1	3号通用锂基润滑脂	聚脲脂	-40~200	250h或3个月	脂枪加注	3000km	加至新脂挤出
24	一桥左轮边减速器	1	GL-5 85W/90	GL-5 85W/90 GL-5 80W/90	-20~49 -35~49	每月	添加	24个月	2.7
25	一桥至二桥传动轴万向节	2	3号通用锂基润滑脂	聚脲脂	-40~200	250h或3个月	脂枪加注	3000km	加至新脂挤出
26	缓速器	1	奔驰235.27	10W/40机油	-25~40	一年	添加	智能保养提示	5.6
27	二桥左制动凸轮轴	1	3号通用锂基润滑脂	聚脲脂	-40~200	250h或3个月	脂枪加注	3000km	加至新脂挤出
28	变速箱至分动箱传动轴万向节	2	3号通用锂基润滑脂	聚脲脂	-40~200	250h或3个月	脂枪加注	3000km	加至新脂挤出
29	二桥左钢板后轴销	1	3号通用锂基润滑脂	聚脲脂	-40~200	250h或3个月	脂枪加注	3000km	加至新脂挤出
30	分动箱至三桥传动轴万向节	2	3号通用锂基润滑脂	聚脲脂	-40~200	250h或3个月	脂枪加注	3000km	加至新脂挤出
31	三桥左钢板轴销	1	3号通用锂基润滑脂	聚脲脂	-40~200	250h或3个月	脂枪加注	3000km	加至新脂挤出
32	三桥左制动凸轮轴	1	3号通用锂基润滑脂	聚脲脂	-40~200	250h或3个月	脂枪加注	3000km	加至新脂挤出
33	三桥左轮边减速器	1	GL-5 85W/90	GL-5 85W/90 GL-5 80W/90	-20~49 -35~49	每月	添加	24个月	2.7

续表

润滑点编号	润滑部位	点数	设备制造厂推荐用油（性能指标）	推荐用油		润滑保养规范		更换规范	
				种类、型号	适用温度范围,℃	最小维护周期	加注方式	推荐换油周期	加注量, L
34	三桥至四桥传动轴万向节	2	3号通用锂基润滑脂	聚脲脂	−40～200	250h 或 3 个月	脂枪加注	3000km	加至新脂挤出
35	四桥左制动凸轮轴	1	3号通用锂基润滑脂	聚脲脂	−40～200	250h 或 3 个月	脂枪加注	3000km	加至新脂挤出
36	四桥左轮边减速器	1	GL−5 85W/90	GL−5 85W/90 GL−5 80W/90	−20～49 −35～49	每月	添加	20000km	2.7
37	四桥右钢板轴销	1	3号通用锂基润滑脂	聚脲脂	−40～200	250h 或 3 个月	脂枪加注	3000km	加至新脂挤出

第四节 混砂车润滑图表

混砂车是将压裂液混合设备安装在自走式卡车底盘上，在加砂压裂作业中将液体和支撑剂、添加剂（固体或液体）按一定比例均匀混合，向施工中的压裂车组以一定压力泵送不同砂比、不同粘度的压裂液进行压裂作业施工，是压裂机组中的心脏部分，其性能可靠性和先进性体现整套压裂车组的技术水平。

混砂车工作能力按照输砂能力和最大排量的不同，主要有HS10、HS12、HS16、HS480等型号；国内生产厂家基本以江汉四机厂、烟台杰瑞为主。排量在100bbl/min（HS16）以下的混砂车一般其基本工作原理是：台面发动机经分动箱和取力器将动力传给各个油泵，再分别驱动各机构中的马达，从而驱动吸入供液泵、输砂绞龙、混合搅拌罐、干添泵、液添泵、输砂器升降及分合、散热风扇马达以及各液动蝶阀；底盘发动机驱动油泵，带动排出砂泵，完成压裂基液吸入、支撑剂加入混合罐搅拌、添加各类固液添加剂，将搅拌均匀的压裂液加压排出至压裂车组。SHS20是目前较为先进的混砂车，其全部动力由两台面发动机提供，最大排量可达到20m³/min，最大输砂能力8m³/min。

按照各部件的功用一般分为13大系统：行驶（或移动）系统、台面动力系统、传动系统、电气控系统、操作系统、液压系统、干添系统、液添系统、混合系统、吸入系统、排出系统、输砂系统、液面自动控制系统等。各系统的主要部件和作用见表2-7-16。

表 2-7-16 混砂车各系统的功用

系统名称	主要部件	主要功用
行驶系统	二类汽车底盘	承载台面设备行驶和移动
台面动力系统	台面柴油机、燃油箱等	给台面设备提供动力
传动系统	变速箱、分动箱、油泵、马达轴等	连接柴油机与各液缸、马达执行动作
液压系统	液压泵、液压马达、液压管线等	驱动吸入、排出、搅拌、风扇等马达
电气控系统	电路、气路管线及阀件	传递控制指令、观察参数变化
操作系统	操作台各控制按钮，参数仪表等	发出控制信息的地方
液添系统	1～6号交联泵等	吸入添加各类水剂
干添系统	1号、2号干添泵等	添加各类粉剂
混合系统	混合罐、马达、搅拌器	将支撑剂与压裂液搅拌
吸入系统	吸入泵及其管汇	吸入压裂基液
排出系统	排出泵及其管汇	排出混合均的压裂液
输砂系统	输砂马达、绞龙、砂斗提升液缸等	将砂斗中的支撑剂输送到搅拌罐
液面自动控制系统	流量、液位反馈装置，控制比例阀	保持搅拌罐内的液面

混砂车的主要润滑部位有底盘车、台面发动机、分动箱、液压系统马达、风扇马达等。

润滑油品包括柴油机油、齿轮油、液压油、刹车油、液力传动油、润滑脂等。

一、润滑方式与管理

混砂车底盘的型号基本以奔驰 4144 或曼 41.44 为主，结构形式大致相同。其主要润滑部位底盘有发动机、变速箱、分动箱、差速器、轮边减速器、制动系统、动力转向系统、传动轴、钢板弹簧销等，润滑方式与通用车辆相同。

台面发动机采用压力润滑和飞溅润滑；分动箱采用压力润滑和飞溅润滑。混砂车台面基本上以液压为主，液压泵、液压马达采用液压油润滑；传动轴、风扇轴承等采取润滑脂润滑。

（1）应定期检查车辆各部位润滑情况，检查润滑油液位是否正常，油质是否满足要求，若油液位不够应及时添加相同品质的油品。定期对各种滤清器进行清洗和保养，或者更换。

（2）各单位应根据实际工况和油品品质，选择合理换油周期，实现定期与按质换油。

（3）更换油品时，需热车后再更换，以便于将润滑油中的胶质和杂质排出（油底有吸附金属屑杂质的磁铁及过滤网应取出清理）。排放干净后，要进行清洗或吹扫，保证用油部位清洁。

（4）加注润滑油时，应做到加注器具规范、清洁，避免污染。加注量执行说明书或润滑手册规定。

（5）车辆集中的单位应建立集中润滑站点，提高换油质量和效率。以便于废油回收。

二、基本要求

（1）底盘车：底盘车的润滑基本要求与通用车辆相同。

（2）台面发动机：台面发动机现在基本均为电喷柴油机，对润滑油的要求比较苛刻，最低要求使用 CH-4 级别的柴油机油，有条件的可使用 CI-4 的柴油机油。

（3）分动箱：混砂车上装基本采用进口贝克或汉莎分动箱，采用齿轮油润滑，一般地区使用 GL-5 85 W/90，高寒地区可根据当地最低气温选用 GL-5 80 W/90。

（4）液压系统：液压泵、液压马达等液压系统原件选用 L-HV46 液压油润滑，高寒地区冬季根据最低气温选用 L-HS32 液压油润滑。

（5）传动轴、风扇轴承等的黄油嘴部位润滑选用脲基脂润滑。

三、润滑图表

本节主要编制了江汉油田四机 HS20 型和杰瑞 SH160 型压裂车上装和奔驰底盘的润滑图表。

1. 四机 HS480 型混砂车润滑图表

（1）四机 HS480 型混砂车润滑图如图 2-7-17 和图 2-7-18 所示。

（2）四机 HS480 混砂车润滑表见表 2-7-17。

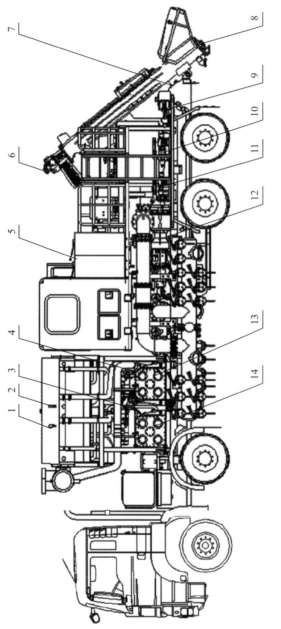

图 2—7—17　四机 HS480 型混砂车（左视图）

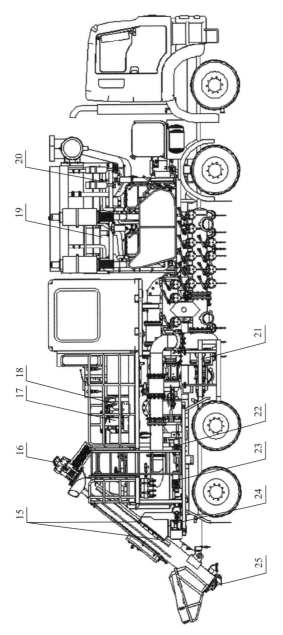

图 2-7-18　四机 HS480 混砂车（右视图）

表 2-7-17　四机 HS20 型混砂车润滑图表

润滑点编号	润滑部位	点数	设备制造厂推荐用油（性能指标）	推荐用油			润滑保养规范			更换规范	
				种类、型号	适用温度范围，℃		最小维护周期	加注方式	推荐换油周期	加注量，L	
1	上装散热器 1 号	1	乙二醇 -45 号	-45℃多效防冻液	-45 ～ 120		日检	添加	24 个月	85	
2	上装散热器 2 号	1	乙二醇 -45 号	-45℃多效防冻液	-45 ～ 120		日检	添加	24 个月	85	
3	上装发动机 1 号	1	15W/40 CH-4	CI-4 15W/40 CI-4 5W/30	-20 ～ 40 -30 ～ 30		日检	添加	500h	65	
4	上装发动机 2 号	1	15W/40 CH-4	CI-4 15W/40 CI-4 5W/30	-20 ～ 40 -30 ～ 30		日检	添加	500h	65	
5	液压油箱	1	46 号抗磨液压油	L-HV 46 L-HM 46 L-HS 32	-30 ～ 80 -10 ～ 80 -40 ～ 80		月检	添加	24 个月	750	
6	左、中绞龙上轴承	2×1	3 号锂基润滑脂	聚脲脂	-40 ～ 200		每月	油枪注脂	6 个月	挤出新脂	
7	左、中绞龙下轴承	2×1	3 号锂基润滑脂	聚脲脂	-40 ～ 200		每月	油枪注脂	6 个月	挤出新脂	
8	水平液压缸轴	1	3 号锂基润滑脂	聚脲脂	-40 ～ 200		每月	油枪注脂	6 个月	挤出新脂	
9	3 号交联泵	1	3 号锂基润滑脂	聚脲脂	-40 ～ 200		每月	油枪注脂	6 个月	挤出新脂	
10	2 号交联泵	1	3 号锂基润滑脂	聚脲脂	-40 ～ 200		每月	油枪注脂	6 个月	挤出新脂	
11	1 号交联泵	1	3 号锂基润滑脂	聚脲脂	-40 ～ 200		每月	油枪注脂	6 个月	挤出新脂	
12	排出泵盘根	2	3 号锂基润滑脂	聚脲脂	-40 ～ 200		每月	油枪注脂	6 个月	挤出新脂	
13	2 号分动箱	1	GL-5 85W/90	GL-5 85W/90 GL-5 80W/90	-20 ～ 49 -35 ～ 49		每季度	添加	24 个月	13	

续表

润滑点编号	润滑部位	点数	设备制造厂推荐用油（性能指标）	推荐用油		润滑保养规范		更换规范	
				种类、型号	适用温度范围，℃	最小维护周期	加注方式	推荐换油周期	加注量，L
14	1号分动箱	1	GL-5 85W/90	GL-5 85W/90 GL-5 80W/90	-20～49 -35～49	每季度	添加	24个月	13
15	绞龙升降液缸轴	4	3号锂基润滑脂	聚脲脂	-40～200	每月	油枪注脂	6个月	挤出新脂
16	右绞龙上轴承	1	3号锂基润滑脂	聚脲脂	-40～200	每月	油枪注脂	6个月	挤出新脂
17	1号干添泵	1	3号锂基润滑脂	聚脲脂	-40～200	每月	油枪注脂	6个月	挤出新脂
18	2号干添泵	1	3号锂基润滑脂	聚脲脂	-40～200	每月	油枪注脂	6个月	挤出新脂
19	2号风扇马达	1	3号锂基润滑脂	聚脲脂	-40～200	每月	油枪注脂	6个月	挤出新脂
20	2号风扇马达	1	3号锂基润滑脂	聚脲脂	-40～200	每月	油枪注脂	6个月	挤出新脂
21	吸入泵密封	2	15W/40 CF-4	15W/40 CF/4	-20～40	日检	添加	保持液面	0.4
22	4号交联泵	1	3号锂基润滑脂	聚脲脂	-40～200	每月	油枪注脂	6个月	挤出新脂
23	5号交联泵	1	3号锂基润滑脂	聚脲脂	-40～200	每月	油枪注脂	6个月	挤出新脂
24	6号交联泵	1	3号锂基润滑脂	聚脲脂	-40～200	每月	油枪注脂	6个月	挤出新脂
25	右绞龙下轴承	1	3号锂基润滑脂	聚脲脂	-40～200	每月	油枪注脂	6个月	挤出新脂

2. 杰瑞 HS16 混砂车润滑图表

（1）杰瑞 HS16 型混砂车润滑图图如图 2-7-19 和图 2-7-20 所示。

（2）杰瑞 HS16 型混砂车润滑表见表 2-7-18。

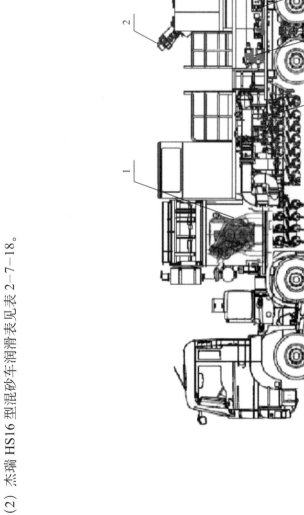

图 2-7-19　杰瑞 HS16 混砂车（左视图）

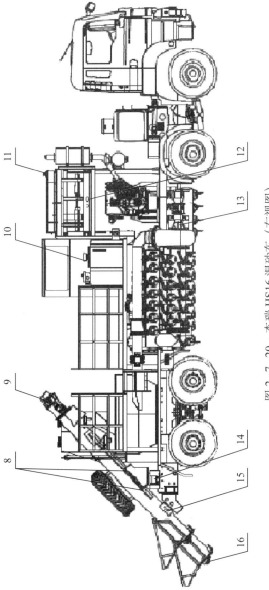

图 2-7-20 杰瑞 HS16 混砂车（右视图）

表2-7-18 杰瑞HS16型混砂车润滑图表

润滑点编号	润滑部位	点数	设备制造厂推荐用油（性能指标）	推荐用油 种类、型号	适用温度范围，℃	润滑保养规范 最小维护周期	加注方式	更换规范 推荐换油周期	加注量，L
1	上装发动机	1	15W/40 CH-4	CI-4 15W/40 CI-4 5W/30	-20~40 -30~30	日检	添加	500h	65
2	左绞龙上轴承	1	3号锂基润滑脂	聚脲脂	-40~200	每月	油枪注脂	6个月	挤出新脂
3	左绞龙导轨	2	3号锂基润滑脂	聚脲脂	-40~200	每月	油枪注脂	6个月	挤出新脂
4	左绞龙下轴承	1	3号锂基润滑脂	聚脲脂	-40~200	每月	油枪注脂	6个月	挤出新脂
5	3号交联泵	1	3号锂基润滑脂	聚脲脂	-40~200	每月	油枪注脂	6个月	挤出新脂
6	4号交联泵	1	3号锂基润滑脂	聚脲脂	-40~200	每月	油枪注脂	6个月	挤出新脂
7	排出泵密封	2	3号锂基润滑脂	聚脲脂	-40~200	每月	油枪注脂	6个月	挤出新脂
8	绞龙升降液缸油轴	4	3号锂基润滑脂	聚脲脂	-40~200	每月	油枪注脂	6个月	挤出新脂
9	右绞龙上轴承	1	3号锂基润滑脂	聚脲脂	-40~200	每月	油枪注脂	6个月	挤出新脂
10	液压油箱	1	46号抗磨液压油	L-HV 46 L-HM 46 L-HS 32	-30~80 -10~80 -40~80	月检	添加	24个月	405
11	上装散热器	1	乙二醇-45号	-45℃多效防冻液	-45~120	日检	添加	24个月	48
12	风窗马达轴承	2	3号锂基润滑脂	聚脲脂	-40~200	每月	油枪注脂	6个月	挤出新脂
13	吸入泵密封	2	15W/40 CF-4	15W/40 CF-4	-20~40	日检	添加	保持液面	0.4
14	水平液压缸轴	1	3号锂基润滑脂	聚脲脂	-40~200	每月	油枪注脂	6个月	挤出新脂
15	右绞龙导轨	2	3号锂基润滑脂	聚脲脂	-40~200	每月	油枪注脂	6个月	挤出新脂
16	右绞龙轴承下	1	3号锂基润滑脂	聚脲脂	-40~200	每月	油枪注脂	6个月	挤出新脂

3. 奔驰底盘车润滑图表

（1）奔驰底盘车润滑如图 2−7−21 所示。

（2）奔驰底盘车润滑表见表 2−7−19。

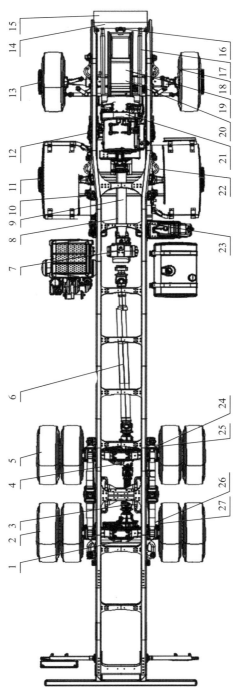

图 2−7−21　杰瑞 HS16 型混砂车底盘车润滑图（奔驰 4144）

表2-7-19　杰瑞HS16型混砂车底盘车润滑表（奔驰4144）

润滑点编号	润滑部位	点数	设备制造厂推荐用油（性能指标）	推荐用油		润滑保养规范		更换规范		备注
				种类、型号	适用温度范围，℃	最小维护周期	加注方式	推荐换油周期	加注量，L	
1	四桥差速器	1	GL-5 85W/90	GL-5 85W/90	-20～49	每季度	油桶加注	24个月	13	
2	四桥轮边减速器	2	GL-5 85W/90	GL-5 85W/90 GL-5 80W/90	-20～49 -35～49	每月	油桶加注	24个月	2.7	每个2.7L
3	三四桥传动轴	2	3号通用锂基润滑脂	3号极压润滑脂	-20～120	每月	脂枪加注	3000km	加至新脂挤出	
4	三桥差速器	1	GL-5 80W/90	GL-5 85W/90 GL-5 80W/90	-20～49 -35～49	每季度	油桶加注	12个月	13	
5	三桥轮边减速器	1	GL-5 80W/90	GL-5 85W/90 GL-5 80W/90	-20～49 -35～49	每月	油桶加注	12个月	2.7	每个2.7L
6	分动箱至三桥传动轴	2	3号通用锂基润滑脂	3号极压润滑脂	-20～120	每月	脂枪加注	3000km	加至新脂挤出	
7	分动箱	1	GL-5 85W/90	GL-5 85W/90	-30～60	每半年	油桶加注	24个月	18	
8	分动箱至一桥传动轴	2	2号通用锂基润滑脂	3号极压润滑脂	-20～120	每月	脂枪加注	3000km	加至新脂挤出	
9	分动箱至变速箱传动轴	2	3号通用锂基润滑脂	3号极压润滑脂	-20～120	每月	脂枪加注	3000km	加至新脂挤出	
10	二桥立轴	2	3号通用锂基润滑脂	3号极压润滑脂	-20～120	每月	脂枪加注	3000km	加至新脂挤出	
11	二桥轮毂轴承	2	3号通用锂基润滑脂	3号极压润滑脂	-20～120	每月	脂枪加注	3000km	加至新脂挤出	

续表

润滑点编号	润滑部位	点数	设备制造厂推荐用油（性能指标）	推荐用油		润滑保养规范			更换规范	备注
				种类、型号	适用温度范围，℃	最小维护周期	加注方式	推荐换油周期	加注量，L	
12	一桥钢板弹簧后轴销	2	3号通用锂基润滑脂	3号润滑脂	−20～120	每月	脂枪加注	3000km	加至新脂挤出	左右各1个
13	一桥轮边减速器	2	GL−5 85W/90	GL−5 85W/90	−30～60	每月	油桶加注	24个月	2.7	每个2.7L
14	动力转向器储液罐	1	液力传动油	ATF Ⅲ	−40～120	每月	油壶加注	24个月	6	
15	离合器储液罐	1	制动液	DOT4		目检	油壶加注	24个月	1	
16	底盘散热器	1	乙二醇−45号	−45℃多效防冻液	−45～12	目检	添加	24个月	48	
17	驾驶室翻转泵	1	液压油	L−HV46	−30～80	每月	添加	24个月	2	
18	一桥制动器凸轮	2	3号通用锂基润滑脂	3号极压润滑脂	−20～120	每月	脂枪加注	3000km	加至新脂挤出	左右各1个
19	发动机	1	CI−4柴油机油	CI−4 15W/40 CI−4 5W/30	−20～40 −30～30	日常检查	检查，补充，禁止超量加注	10000km或12个月	34	
20	一桥差速器	1	GL−5 85W/90	GL−5 85W/90 GL−5 80W/90	−20～49 −35～49	每季度	检查，补充，禁止超量加注	24个月	7	
21	变速箱	1	GL−5 85W/90	GL−5 85W/90 GL−5 80W/90	−20～49 −35～49	每半年	检查，补充，禁止超量加注	24个月	53.6	
22	二桥制动器凸轮	2	3号通用锂基润滑脂	3号极压润滑脂	−20～120	每月	脂枪加注	3000km	加至新脂挤出	
23	二桥钢板弹簧后轴销	2	3号通用锂基润滑脂	3号极压润滑脂	−20～120	每月	脂枪加注	3000km	加至新脂挤出	

续表

润滑点编号	润滑部位	点数	设备制造厂推荐用油（性能指标）	推荐用油		润滑保养规范			更换规范		备注
				种类、型号	适用温度范围，℃	最小维护周期	加注方式	推荐换油周期	加注量，L		
24	三桥制动器调整臂	2	3号通用锂基润滑脂	3号极压润滑脂	−20～120	每月	脂枪加注	3000km	加至新脂挤出	左右各1个
25	三桥制动器凸轮	2	3号通用锂基润滑脂	3号极压润滑脂	−20～120	每月	脂枪加注	3000km	加至新脂挤出	左右各1个
26	四桥制动器调整臂	2	3号通用锂基润滑脂	3号极压润滑脂	−20～120	每月	脂枪加注	3000km	加至新脂挤出	左右各1个
27	四桥制动器凸轮	2	3号通用锂基润滑脂	3号极压润滑脂	−20～120	每月	脂枪加注	3000km	加至新脂挤出	左右各1个

第五节　仪表车润滑图表

压裂仪表车由底盘车、厢体、柜体、减振系统、发电机电源系统、通信系统、冷暖系统、计算机数据采集分析系统、泵车控制系统、混砂车控制系统和井场监测系统组成。适用于陆上油气井的压裂作业全过程的监控，它能够集中控制多台泵车和混砂车，能够实时采集、显示、记录压裂作业全过程数据，并能够对数据进行相关处理，最后打印输出数据和曲线。

仪表车根据配套的压裂车组的不同而型号不同，大部分底盘以进口车为主，车厢为厂家根据客户需求定制，整体结构为全金属框架结构，隔热隔音措施，配备冷暖空调、换气扇保证室内温度能使操作人员和仪器仪表正常工作。车厢根据设计分操作区、指挥区、监控区等区域。配置有泵车网控操作终端、混砂车网控操作终端、井场监视系统、数据采集处理分析系统、通信系统、彩色喷墨打印机复印一体机、UPS电源等，仪表车裙边设有发电机仓和外接电源配电箱。

按照各部件的功用一般分为8大系统：行驶（或移动）系统、车厢空调系统、数据采集仪监控系统、仪表车通信系统、井场监控系统、网络便携式数据采集、不间断电源系统、发电供电系统等。

仪表车的主要润滑部位有底盘车、台面发动机组等。润滑油品包括柴油机油、齿轮油、液压油、刹车油、润滑脂等。

一、润滑方式与管理

仪表车底盘的型号基本是以奔驰3230或国产二类底盘为主，结构形式大致相同。其主要润滑部位底盘有发动机、变速箱、分动箱、差速器、轮边减速器、制动系统、动力转向系统、传动轴、钢板弹簧销等，润滑方式与通用车辆相同。

台面发电机组采用压力润滑和飞溅润滑。

（1）应定期检查车辆各部位润滑情况，检查润滑油液位是否正常，油质是否满足要求，若油液位不够应及时添加相同品质的油品。定期对各种滤清器进行清洗和保养，或者更换。

（2）各单位应根据实际工况和油品品质，选择合理换油周期，实现定期与按质换油。

（3）更换油品时，需热车后再更换，以便于将润滑油中的胶质和杂质排出（油底有吸附金属屑杂质的磁铁及过滤网应取出清理）。排放干净后，要进行清洗或吹扫，保证用油部位清洁。

（4）加注润滑油时，应做到加注器具规范、清洁，避免污染。加注量执行说明书或润滑手册规定。

（5）车辆集中的单位应建立集中润滑站点，提高换油质量和效率。以便于废油回收。

二、基本要求

（1）底盘车：底盘车的润滑基本要求与通用车辆相同。

（2）台面发动机：台面发动机现在基本均为电喷柴油机，对润滑油的要求比较苛刻，最低要求使用 CH-4 级别的柴油机油，有条件的可使用 CI-4 的柴油机油。

三、润滑图表

本节主要编制了四机赛瓦 SEV5151TBC 仪表车润滑图表。

（1）四机赛瓦 SEV5151TBC 仪表车润滑图如图 2-7-22、图 2-7-23 所示。

（2）四机赛瓦 SEV5151TBC 仪表车润滑表见表 2-7-20。

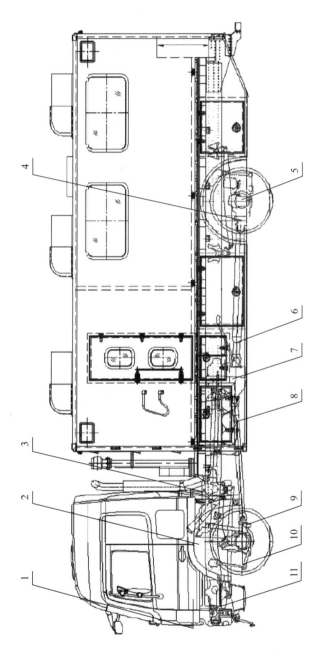

图 2—7—22 四机赛瓦 SEV5151TBC 仪表车润滑图 (左视图)

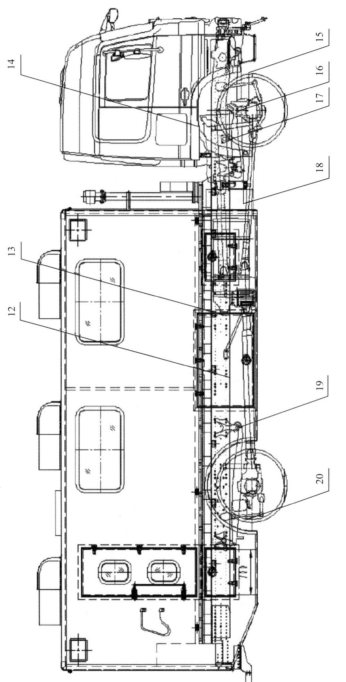

图 2-7-23 四机赛瓦 SEV5151TBC 仪表车润滑图（右视图）

表2-7-20　四机赛瓦 SEV5151TBC 仪表车润滑表

润滑点编号	润滑部位	点数	设备制造厂推荐用油（性能指标）	推荐用油 种类、型号	推荐用油 适用温度范围 ℃	润滑保养规范 最小维护周期	润滑保养规范 加注方式	更换规范 推荐换油周期	更换规范 加注量, L	备注
1	底盘散热器	1	乙二醇-45号	-45℃多效防冻液	-45~120	日检	添加	24个月	40	
2	底盘发动机	1	15W/40 CI-4	CI-4 15W/40 / CI-4 5W/30	-20~40 / -30~30	日检	添加	15000km或12个月	40	见*
3	底盘变速箱	1	75W/90 GL-4	GL-4 75W/90	-45~49	月检	添加	24个月	18	
4	二桥轮间差速器	1	80W/90 GL-5	GL-5 85W/90 / GL-5 80W/90	-20~49 / -35~49	月检	添加	24个月	13	
5	二桥轮边减速器	2	80W/90 GL-5	GL-5 85W/90 / GL-5 80W/90	-20~49 / -35~49	月检	添加	24个月	3.25	
6	传动轴十字节	2	3号锂基润滑脂	聚脲脂	-40~200	每月	油枪注脂	6个月	挤出新脂	
7	底盘分动箱	1	75W/90 GL-4	GL-4 75W/90	-45~49	月检	添加	24个月	14	
8	传动轴伸缩节	1	3号锂基润滑脂	聚脲脂	-40~200	每月	油枪注脂	6个月	挤出新脂	
9	一桥横拉杆球头	2	3号锂基润滑脂	聚脲脂	-40~200	每月	油枪注脂	6个月	挤出新脂	
10	一桥轮间差速器	2	80W/90 GL-5	GL-5 85W/90 / GL-5 80W/90	-20~49 / -35~49	月检	添加	24个月	3.25	
11	底盘方向机	1	ATF 220	ATF 220	-40~120	月检	添加	24个月	8	
12	台上发电机组	1	15W/40 CI-4	CI-4 15W/40 / CI-4 5W/30	-20~40 / -30~30	日检	添加	500h	5	
13	台上柴油机散热器	1	-45℃防冻液	-45℃多效防冻液	-45~120	日检	添加	24个月	3	
14	离合器助力油	1	DOT 04	DOT 04	-40-160	日检	添加	24个月	1.5	
15	一桥轮间差速器	1	80W/90 GL-5	GL-5 85W/90 / GL-5 80W/90	-20~49 / -35~49	月检	添加	24个月	12.5	
16	一桥转向节主销	4	3号锂基润滑脂	聚脲脂	-40~200	每月	油枪注脂	6个月	挤出新脂	
17	一桥刹车摇臂	2	3号锂基润滑脂	聚脲脂	-40~200	每月	油枪注脂	6个月	挤出新脂	
18	一桥钢板吊耳	2	3号锂基润滑脂	聚脲脂	-40~200	每月	油枪注脂	6个月	挤出新脂	
19	二桥钢板吊耳	2	3号锂基润滑脂	聚脲脂	-40~200	每月	油枪注脂	6个月	挤出新脂	
20	二桥刹车摇臂滚杠	6	3号锂基润滑脂	聚脲脂	-40~200	每月	油枪注脂	6个月	挤出新脂	

第八章　钻采特车润滑及用油

钻采特车主要包括修井机、通井机、连续油管作业机、压裂酸化车、清蜡车、洗井车、压风机车、捞油车、作业辅助车、泡沫排液车等类型，其中：修井机、压裂酸化车已在第七章中详细介绍。钻采特车一般由底盘车辆和上装设备组成，底盘车辆润滑按照通用车辆润滑管理执行；上装设备形式各异，润滑方式相近，润滑点、润滑剂选用略有差异。上装设备润滑部位包括发动机、减速箱、分动箱、液压马达、绞车、柱塞泵等，油品类别包括发动机机油、车辆齿轮油、液压油、润滑脂等。

第一节　概　　述

钻采特车中，井下作业机（车）的润滑点较多，相对复杂一些，因此对井下作业机（车）的润滑点予以单独介绍。其他钻采特车如清蜡车等，一般由通用底盘车和具有相应功能的上装组成，润滑点较少，相对简单一些。

一、通井机润滑方式与管理

钻采特车底盘发动机、变速箱、分动箱的润滑方式与底盘车辆相同；液压系统润滑方式是压力润滑；绞车润滑方式是润滑油润滑或润滑脂润滑；柱塞泵润滑方式是压力润滑。由于轮式通井机与其他钻采作业车辆在结构上相差较大，下面分两部分来介绍钻采作业车辆的润滑方式与原理。

1. 轮式通井机润滑方式

轮式通井机主要由发动机、液力变速器、分动箱、绞车、驱动桥中的主减速器和差速器、轮边减速、传动轴轴承、井架等组成。发动机用内燃柴油机油、变矩器用液力传动油润滑，分动箱、绞车、驱动桥中的主减速器和差速器、轮边减速用车辆齿轮油润滑，井架举升系统、各支腿油缸用液压油、传动轴轴承用润滑脂润滑。本部分以 SJX5290TXJ250 型轮式通井机为例，介绍各部位的润滑方式和原理。

1）动力系统、行使系统、转向系统、底盘制动系统

参照通用车辆有关润滑管理要求。

2）传动系统

轮式通井机传动系统主要由液力变速器、角传动分动箱、绞车减速装置、传动轴及前后驱动桥等部分组成。其中分动箱、差速器的摩擦副都是由各种齿轮组成，主要使用齿轮油润滑，传动轴轴承主要用润滑脂润滑，自动变速器使用自动传动液（ATF）润滑。

（1）液力变速器。液力变速器由变矩器、行星齿轮变速箱、气液控制系统组成；变矩器由泵轮、涡轮和导轮组成；发动机驱动泵轮叶片泵动油液，油液驱动涡轮转动，从涡轮

流出的油液经导轮叶片的作用，改变流动方向，再进入泵轮，形成循环流动。

（2）主滚筒总成。主滚筒总成由离合器、组合滚筒体、刹车毂、轴等零部件组成。主滚筒的旋转是通过操作滚筒离合器的气控阀手柄来实现的，主滚筒离合器的气控阀安装在司钻操作台上，是一种组合阀。主滚筒刹把轴座、滚筒主轴等部位采用润滑脂润滑。

（3）绞车减速装置。绞车减速装置是链条传动装置，其功能是将角传动分动箱输出的动力经减速增扭后传递给绞车主滚筒进行起下作业。由链条护罩、链轮、链条等部件组成所示。绞车减速装置链条的冷却、润滑，主要通过链轮、链条的旋转飞溅润滑。

（4）角传动箱。角传动箱主要由箱体、输出轴、输入轴、伞齿轮及法兰盘等零部件组成，其功能是将液力传动箱的动力通过拨叉机构使花键套的挂合或脱离，传递给绞车主滚筒，实现起下作业。通过车辆齿轮油飞溅润滑。

3）液压系统

液压系统主要由油泵取力器、齿轮泵、液压油箱、液压千斤、举升油缸、伸缩油缸、后支腿油缸、多路换向阀、液压小绞车、溢流阀等组成。

齿轮油泵安装在取力器后部，取力器、联轴套带动齿轮泵工作，液压油经齿轮泵从主溢流阀通过各路换向阀，由各路单向阀分别控制液压千斤、井架举升、井架伸缩。

液压小绞车中的液压离合器，通过制动阀在液压马达进出口停止供给高压油时，产生锁紧作用。

2. 其他钻采辅助作业车辆润滑方式

其他钻采辅助作业车辆主要包括清蜡车、洗井车、压风机车、捞油车、试井车、连续油管作业车等车型。一般由通用底盘车和具有相应功能的上装组成，底盘车润滑参照执行载货汽车或载客汽车相关规定。由于上装部分因功能不同，而形式多种多样，这里就不再针对某一特定车型进行详述。

（1）动力系统、行驶系统、转向系统、底盘制动系统，都参照通用车辆标准执行。液压系统及滚筒部分参照通井机标准执行。

（2）钻采辅助作业车辆的动力一般通过取力器自底盘传递到上装，取力器一般使用车辆齿轮油进行飞溅润滑，个别钻采辅助作业车辆含有上装发动机如清蜡车和压风机车，上装发动机采用柴油机油润滑。

3. 润滑管理

参照通用车辆部分执行。

二、基本要求

底盘部分参照通用车辆，液压部分参照工程机械的润滑油更换要求。

第二节　井下作业机（车）润滑图表

井下作业机（车）包括修井机、通井机、海洋修井机、连续油管作业车等。其中通井机按行走方式可以分为轮式通井机和履带通井机；按能力可分为分 30t、40t、50t、60t；按动力方式不同，可分为柴油发动机驱动、电动机驱动。连续油管作业车按其结构可以分为整体车载式、拖车车载式、双车车载式、模块橇装式。根据油气田企业实际，本节编制了SJX5290TXJ250 及 TJ12/50B 型轮式通井机润滑图表、TJ12D 履带通井机润滑图表和杰瑞JR9550TLG 型连续油管作业车润滑图表。

一、SJX5290TXJ250 轮式通井机润滑图表

SJX5290TXJ250 轮式通井机润滑图表见图 2－8－1 至图 2－8－3 和表 2－8－1。

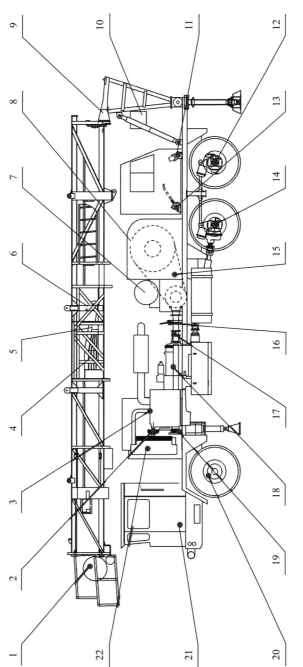

图 2－8－1　SJX5290TXJ250 轮式通井机润滑示意图（主视图）

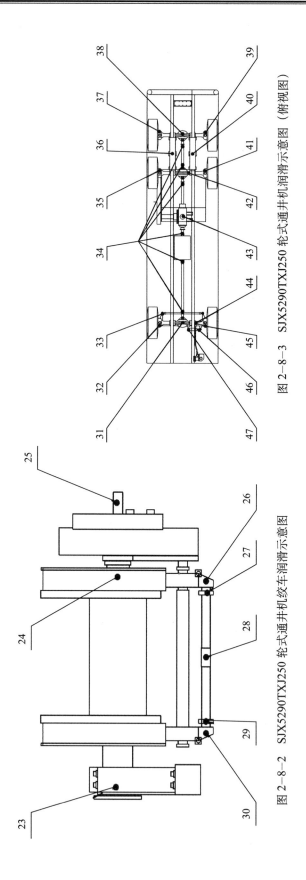

图 2-8-3 SJX5290TXJ250 轮式通井机润滑示意图（俯视图）

图 2-8-2 SJX5290TXJ250 轮式通井机绞车润滑示意图

表2-8-1 SJX5290TXJ250 轮式通井机润滑表

润滑点编号	润滑部位	点数	设备制造厂推荐用油	推荐用油 种类、型号	适用温度范围 ℃	润滑保养规范 最小维护周期	加注方法	推荐换油周期	更换规范 加注量，L
1	天车	6	0号锂基润滑脂	HP-R高温润滑脂	-30~180	每井次	脂枪加注	每井次	适量
2	发动机风扇轴承	1	1号锂基润滑脂	汽车通用锂基润滑脂	-30~120	每日	脂枪加注	每日	适量
3	发动机	1	柴油机油 CH-4 5W/30	柴油机油 CI-4 5W/40	-30~40	每班	注入	480h	35
4	游动滑车	3	1号锂基润滑脂	HP-R高温润滑脂	-30~180	每班	脂枪加注	每周	适量
5	游钩中间体	1	1号锂基润滑脂	通用锂基润滑脂	-30~120	每班	脂枪加注	每周	适量
6	钩体	1	1号锂基润滑脂	通用锂基润滑脂	-30~120	每班	脂枪加注	每周	适量
7	绞车制动毂冷却水箱	1	长效冷却液	-45号乙二醇型重负荷发动机冷却液	-45以上	每班	注入	3000h	210
8	气路系统防冻器	1	乙二醇冷却液	-45号乙二醇型重负荷发动机冷却液	-45以上	每周	注入	3000h	0.21
9	井架主连接销	2×2	1号锂基润滑脂	通用锂基润滑脂	-30~120	每井次	脂枪加注	每井次	适量
10	指重表	1	45号变压器油	45号变压器油	-30~50	每班	注入	1000h	2.5
11	起升油缸轴座	2	1号锂基润滑脂	通用锂基润滑脂	-30~120	每井次	脂枪加注	每井次	适量
12	后桥轮边减速器	1	22号双曲线齿轮油	重负荷车辆齿轮油 GL-5 80W/90	-30~40	每月	注入	3000km 或 2a	2.75
13	主滚筒刹把轴座	3	1号锂基润滑脂	通用锂基润滑脂	-30~120	每班	脂枪加注	每周	适量
14	中桥轮边减速器	1	22号双曲线齿轮油	重负荷车辆齿轮油 GL-5 80W/90	-30~40	每月	注入	3000km 或 2a	2.75
15	滚筒链条箱	1	22号双曲线齿轮油	重负荷车辆齿轮油 GL-5 80W/90	-30~40	每班	注入	1000h	10

续表

润滑点编号	润滑部位	点数	设备制造厂推荐用油	推荐用油		润滑保养规范		更换规范	
				种类、型号	适用温度范围 ℃	最小维护周期	加注方法	推荐换油周期	加注量，L
16	变速箱换挡杆轴销	1	1号锂基润滑脂	通用锂基润滑脂	−30～120	每日	脂枪加注	每周	适量
17	变速箱联轴器	2	1号锂基润滑脂	汽车通用锂基润滑脂	−30～120	每周	脂枪加注	每周	2
18	液力变速箱	1	8D液力传动油或C4	8D液力传动油或ATF Ⅲ	−40～140	每周	注入	1000h	49.2
19	发动机油门轴销	1	1号锂基润滑脂	汽车通用锂基润滑脂	−30～120	每日	脂枪加注	每周	适量
20	前桥轮边减速箱	1	22号双曲线齿轮油	重负荷车辆齿轮油 GL−5 80W/90	−30～40	每月	注入	3000km 或 2a	1
21	主液压油箱	1	液压油 L−HM46	低温液压油 L−HV32	−30～50	每班	注入	1a	420
22	发动机水箱	1	长效冷却液	−45号乙二醇型重负荷发动机冷却液	−45以上	每班	注入	3000h	41
23	滚筒主轴左轴承	1	1号锂基润滑脂	通用锂基润滑脂	−30～120	每班	脂枪加注	每周	适量
24	滚筒主轴右轴承	1	1号锂基润滑脂	通用锂基润滑脂	−30～120	每班	脂枪加注	每周	适量
25	号气旋转接头	1	1号锂基润滑脂	通用锂基润滑脂	−30～120	每周	脂枪加注	每月	适量
26	平衡块轴	1	1号锂基润滑脂	通用锂基润滑脂	−30～120	每班	脂枪加注	每周	适量
27	横轴轴座	1	1号锂基润滑脂	通用锂基润滑脂	−30～120	每班	脂枪加注	每周	适量
28	紧急刹车轴套	1	1号锂基润滑脂	通用锂基润滑脂	−30～120	每班	脂枪加注	每周	适量
29	横轴轴座	1	1号锂基润滑脂	通用锂基润滑脂	−30～120	每班	脂枪加注	每周	适量
30	平衡块轴	1	1号锂基润滑脂	通用锂基润滑脂	−30～120	每班	脂枪加注	每周	适量
31	前桥差速箱	1	22号双曲线齿轮油	重负荷车辆齿轮油 GL−5 80W/90	−30～40	每月	注入	3000km 或 2a	4.5

续表

润滑点编号	润滑部位	点数	设备制造厂推荐用油	推荐用油 种类、型号	适用温度范围 ℃	润滑保养规范 最小维护周期	润滑保养规范 加注方法	更换规范 推荐换油周期	更换规范 加注量, L
32	前桥刹车凸轮轴	2	1号锂基润滑脂	汽车通用锂基润滑脂	−30 ~ 120	每周	脂枪加注	每月	适量
33	横拉杆（左右）	2	1号锂基润滑脂	汽车通用锂基润滑脂	−30 ~ 120	每周	脂枪加注	每月	适量
34	传动轴	6	1号锂基润滑脂	汽车通用锂基润滑脂	−30 ~ 120	每周	脂枪加注	每月	适量
35	中桥刹车凸轮轴	2	1号锂基润滑脂	汽车通用锂基润滑脂	−30 ~ 120	每周	脂枪加注	每月	适量
36	左平衡梁	3	1号锂基润滑脂	汽车通用锂基润滑脂	−30 ~ 120	每周	脂枪加注	每月	适量
37	后桥刹车凸轮轴	2	1号锂基润滑脂	汽车通用锂基润滑脂	−30 ~ 120	每月	脂枪加注	每月	适量
38	后桥差速箱	1	22号双曲线齿轮油	重负荷车辆齿轮油 GL−5 80W/90	−30 ~ 40	每月	注入	3000km 或 2a	11.5
39	后桥刹车凸轮轴	2	1号锂基润滑脂	汽车通用锂基润滑脂	−30 ~ 120	每周	脂枪加注	每月	适量
40	右平衡梁	2 × 2	1号锂基润滑脂	汽车通用锂基润滑脂	−30 ~ 120	每周	脂枪加注	每月	适量
41	中桥刹车凸轮轴	2	1号锂基润滑脂	汽车通用锂基润滑脂	−30 ~ 120	每周	脂枪加注	每月	适量
42	中桥（桥间）差速器	1	22号双曲线齿轮油	重负荷车辆齿轮油 GL−5 80W/90	−30 ~ 40	每月	注入	3000km 或 2a	2.5
43	角传动箱	1	22号双曲线齿轮油	重负荷车辆齿轮油 GL−5 80W/90	−30 ~ 40	每周	注入	1000h	5
44	直拉杆	2 × 2	1号锂基润滑脂	汽车通用锂基润滑脂	−30 ~ 120	每周	脂枪加注	每月	适量
45	前桥刹车凸轮轴	2	1号锂基润滑脂	汽车通用锂基润滑脂	−30 ~ 120	每周	脂枪加注	每月	适量
46	转向节销	2 × 2	1号锂基润滑脂	汽车通用锂基润滑脂	−30 ~ 120	每周	脂枪加注	每月	适量
47	助力油缸座	1	1号锂基润滑脂	汽车通用锂基润滑脂	−30 ~ 120	每周	脂枪加注	每月	适量

二、TJ12/50B 轮式通井机润滑图表

TJ12/50B 轮式通井机润滑图表见图 2-8-4 至图 2-8-6 和表 2-8-2。

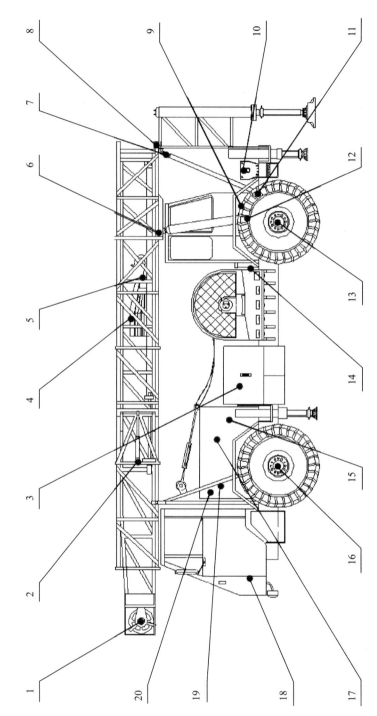

图 2-8-4　TJ12/50B 轮式通井机润滑示意图（主视图）

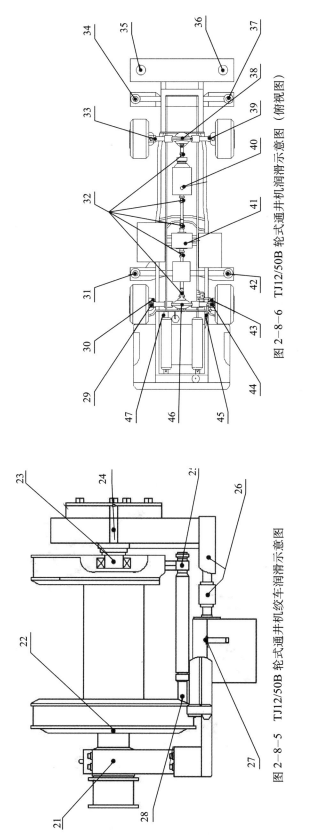

图 2-8-6　TJ12/50B 轮式通井机润滑示意图（俯视图）

图 2-8-5　TJ12/50B 轮式通井机绞车润滑示意图

表2-8-2　TJ12/50B 轮式通井机润滑表

润滑点编号	润滑部位	点数	设备制造厂推荐用油	推荐用油 种类、型号	适用温度范围 ℃	润滑保养规范 最小维护周期	润滑保养规范 加注方式	更换规范 推荐换油周期	更换规范 加注量, L
1	天车	3	2号、3号锂基脂润滑脂	HP-R 高温润滑脂	-30～180	每井次	脂枪加注	每井次	适量
2	气动锁销	2	2号、3号锂基脂润滑脂	通用锂基润滑脂	-30～120	每周	脂枪加注	每周	适量
3	液压油箱	1	上稠50号抗磨液压油/6号传动油	低温液压油 L-HV32	-30～50	每月	注入	1a	400
4	游动滑车	3	2号、3号锂基脂润滑脂	HP-R 高温润滑脂	-30～180	每班	脂枪加注	每周	适量
5	钩体	1	2号、3号锂基脂润滑脂	通用锂基润滑脂	-30～120	每班	脂枪加注	每周	适量
6	主起升液压缸上部	1	2号、3号锂基脂润滑脂	通用锂基润滑脂	-30～120	每班	脂枪加注	每周	适量
7	井架底部斜拉杆上	2	2号、3号锂基脂润滑脂	通用锂基润滑脂	-30～120	每周	脂枪加注	每周	适量
8	井架主连接销	2	2号、3号锂基脂润滑脂	通用锂基润滑脂	-30～120	每班	脂枪加注	每周	适量
9	滚筒刹车连接前	1	2号、3号锂基脂润滑脂	通用锂基润滑脂	-30～120	每班	脂枪加注	每周	适量
10	绞车滚筒	1	2号、3号锂基脂润滑脂	通用锂基润滑脂	-30～120	每周	脂枪加注	每周	适量
11	井架底部斜拉杆下	2	2号、3号锂基脂润滑脂	通用锂基润滑脂	-30～120	每周	脂枪加注	每周	10
12	主起升液压缸下部	1	2号、3号锂基脂润滑脂	通用锂基润滑脂	-30～120	每班	脂枪加注	每周	适量
13	轮边减速器	2	重负荷车辆齿轮油	重负荷车辆齿轮油 GL-5 80W/90	-30～40	每月	注入	3000km 或 2a	3.5
14	滚筒刹车连接后	1	2号、3号锂基脂润滑脂	通用锂基润滑脂	-30～120	每班	脂枪加注	每周	适量
15	油门拉线连接轴	1	2号、3号锂基脂润滑脂	通用锂基润滑脂	-30～120	每日	脂枪加注	每周	适量
16	轮边减速器	2	重负荷车辆齿轮油	重负荷车辆齿轮油 GL-5 80W/90	-30～40	每月	注入	3000km 或 2a	3.5

续表

润滑点编号	润滑部位	点数	设备制造厂推荐用油	推荐用油		润滑保养规范			
				种类、型号	适用温度范围 ℃	最小维护周期	加注方式	推荐换油周期	加注量，L
17	发动机	1	柴油机油	柴油机油 CI-4 5W/40	-30～40	每班	注入	480h	30
18	方向盘下十字轴	1	2号、3号锂基脂润滑脂	汽车通用锂基润滑脂	-30～120	每周	脂枪加注	每周	适量
19	水泵	2	2号、3号锂基脂润滑脂	汽车通用锂基润滑脂	-30～120	每周	脂枪加注	每周	适量
20	发动机水箱	1	LEC-Ⅱ-45冷却液	-45号乙二醇型重负荷发动机冷却液	-45以上	每班	注入	1a	50
21	滚筒内轴承	1	2号、3号锂基脂润滑脂	通用锂基润滑脂	-30～120	每班	脂枪加注	每周	适量
22	滚筒轴承	1	2号、3号锂基脂润滑脂	通用锂基润滑脂	-30～120	每班	脂枪加注	每周	适量
23	滚筒内轴承	1	2号、3号锂基脂润滑脂	通用锂基润滑脂	-30～120	每班	脂枪加注	每周	适量
24	滚筒减速箱	1	GL-5 80W/90W	重负荷车辆齿轮油 GL-5 80W/90	-30～40	每周	注入	1000h	4
25	滚筒刹车连杆	1	2号、3号锂基脂润滑脂	通用锂基润滑脂	-30～120	每班	脂枪加注	每周	适量
26	滚筒小传动轴	2	2号、3号锂基脂润滑脂	通用锂基润滑脂	-30～120	每班	脂枪加注	每周	适量
27	刹车助力轴	1	2号、3号锂基脂润滑脂	通用锂基润滑脂	-30～120	每班	脂枪加注	每周	适量
28	滚筒刹车连杆	1	2号、3号锂基脂润滑脂	通用锂基润滑脂	-30～120	每班	脂枪加注	每周	适量
29	右前轮球笼	1	2号、3号锂基脂润滑脂	汽车通用锂基润滑脂	-30～120	每周	脂枪加注	每月	适量
30	转向横拉杆	1	2号、3号锂基脂润滑脂	汽车通用锂基润滑脂	-30～120	每周	脂枪加注	每月	适量
31	前千斤支腿球头	1	2号、3号锂基脂润滑脂	汽车通用锂基润滑脂	-30～120	每周	脂枪加注	每月	适量
32	传动轴万向节	5	2号、3号锂基脂润滑脂	汽车通用锂基润滑脂	-30～120	每周	脂枪加注	每月	适量

续表

润滑点编号	润滑部位	点数	设备制造厂推荐用油	推荐用油 种类、型号	适用温度范围℃	润滑保养规范 最小维护周期	润滑保养规范 加注方式	更换规范 推荐换油周期	更换规范 加注量,L
33	右后轮刹车分泵	1	2号、3号锂基润滑脂	汽车通用锂基润滑脂	−30～120	每周	脂枪加注	每月	适量
34	后千斤支腿球头	1	2号、3号锂基润滑脂	汽车通用锂基润滑脂	−30～120	每周	脂枪加注	每月	适量
35	底座千斤支腿球头	1	2号、3号锂基润滑脂	汽车通用锂基润滑脂	−30～120	每周	脂枪加注	每月	适量
36	底座千斤支腿球头	1	2号、3号锂基润滑脂	汽车通用锂基润滑脂	−30～120	每周	脂枪加注	每月	适量
37	后千斤支腿球头	1	2号、3号锂基润滑脂	汽车通用锂基润滑脂	−30～120	每周	脂枪加注	每月	适量
38	后桥差速器	1	重负荷车辆齿轮油	重负荷车辆齿轮油 GL-5 80W/90	−30～40	每月	注入	3000km 或 2a	11.5
39	左后轮刹车分泵	1	2号、3号锂基润滑脂	汽车通用锂基润滑脂	−30～120	每周	脂枪加注	每月	适量
40	分动箱	1	重负荷车辆齿轮油	重负荷车辆齿轮油 GL-5 80W/90	−30～40	每周	注入	1000h	26
41	液力变矩器	1	6号液力传动油	车辆自动传动液 ATF Ⅲ	−40～140	每周	注入	1000h	适量
42	前千斤支腿球头	1	2号、3号锂基润滑脂	汽车通用锂基润滑脂	−30～120	每周	脂枪加注	每月	适量
43	转向横拉杆	1	2号、3号锂基润滑脂	汽车通用锂基润滑脂	−30～120	每周	脂枪加注	每月	适量
44	前轮球笼	1	2号、3号锂基润滑脂	汽车通用锂基润滑脂	−30～120	每周	脂枪加注	每月	适量
45	左侧直拉杆	1	2号、3号锂基润滑脂	汽车通用锂基润滑脂	−30～120	每月	脂枪加注	每月	适量
46	前桥差速器	1	重负荷车辆齿轮油	重负荷车辆齿轮油 GL-5 80W/90	−30～40	每月	注入	3000km 或 2a	4.5
47	右侧直拉杆	1	2号、3号锂基润滑脂	汽车通用锂基润滑脂	−30～120	每周	脂枪加注	每月	适量

三、TJ12D 履带通井机润滑图表

TJ12D 履带通井机润滑图表见图 2-8-7 和图 2-8-8 以及表 2-8-3 和表 2-8-4。

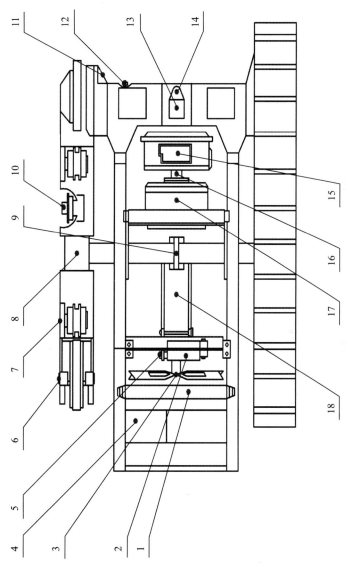

图 2-8-7 TJ12D 履带通井机润滑示意图

表 2-8-3 TJ12D 履带通井机润滑表

润滑点编号	润滑部位	点数	设备制造厂推荐用油	推荐用油 种类、型号	适用温度范围 ℃	润滑保养规范 最小维护周期	加注方式	更换规范 推荐换油周期	加注量 L
1	发动机水箱	1	-40	-45号乙二醇型重负荷发动机冷却液	-45 以上	每周	注入	1a	80
2	水泵轴承	1	2号钙基润滑脂	汽车通用锂基润滑脂	-30～120	每周	脂枪加注	240h	适量
3	风扇轴承	1	2号钙基润滑脂	汽车通用锂基润滑脂	-30～120	每周	脂枪加注	240h	适量
4	风扇张紧轮轴承	1	2号钙基润滑脂	汽车通用锂基润滑脂	-30～120	每周	脂枪加注	240h	适量
5	液压油箱	1	L-HM46	低温液压油 L-HV32	-30～50	每月	注入	960h	50
6	引导轮	2	CD 15W/40 柴油机油（夏季）/ CD 10W/30 柴油机油（冬季）	柴油机油 CF-4 10W/30	-25～30	每月	注入	480h	1
7	拖带轮	4	CD 15W/40 柴油机油（夏季）/ CD 10W/30 柴油机油（冬季）	柴油机油 CF-4 10W/30	-25～30	每月	注入	480h	1
8	履带张紧器	2	3号二硫化铝锂基润滑脂	汽车通用锂基润滑脂	-30～120	每周	脂枪加注	960h	适量
9	平衡梁轴瓦	1	2号钙基润滑脂	汽车通用锂基润滑脂	-30～120	每周	脂枪加注	120h	适量
10	支重轮	10	CD 15W/40 柴油机油（夏季）/ CD 10W/30 柴油机油（冬季）	柴油机油 CF-4 10W/30	-25～30	每月	注入	480h	1
11	最终传动	2	齿轮油 GL-4 85W/90	重负荷车辆齿轮油 GL-5 80W/90	-30～40	每季	注入	960h	20
12	羊轴瓦	2	2号钙基润滑脂	汽车通用锂基润滑脂	-30～120	每周	脂枪加注	120h	适量
13	中央传动	1	齿轮油 GL-4 85W/90	重负荷车辆齿轮油 GL-5 80W/90	-30～40	每季度	注入	960h	16
14	转向增力器	1	L-HM46	低温液压油 L-HV32	-30～50	每季度	注入	2a	4
15	变速箱	1	CD 15W/40 柴油机油（夏季）/ CD 10W/30 柴油机油（冬季）	柴油机油 CF-4 10W/30	-25～30	每季度	注入	960h	16
16	联轴节轴承	2	2号钙基润滑脂	汽车通用锂基润滑脂	-30～120	每月	脂枪加注	960h	适量

续表

润滑点编号	润滑部位	点数	设备制造厂推荐用油	推荐用油			润滑保养规范			更换规范	
				种类、型号	适用温度范围 ℃		最小维护周期	加注方式	推荐换油周期	加注量 L
17	主离合器	1	CD 15W/40 柴油机油（夏季） CD 10W/30 柴油机油（冬季）	柴油机油 CF-4 10W/30	-25 ~ 30		每季度	注入	960h	20
18	发动机	1	CD 15W/40 柴油机油（夏季） CD 10W/30 柴油机油（冬季）	柴油机油 CI-4 5W/40	-30 ~ 40		每班	注入	480h	25

注：依据了 TJ12D 履带通井机进行编制，其他型号履带通井机参照执行。

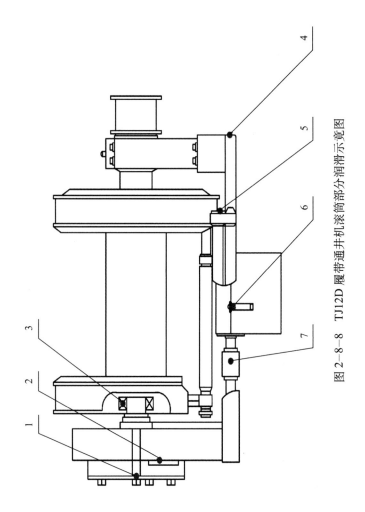

图 2-8-8　TJ12D 履带通井机滚筒部分润滑示意图

表 2-8-4 TJ12D 履带通井机滚筒部分润滑表

润滑点编号	润滑部位	点数	设备制造厂推荐用油	推荐用油		润滑保养规范			更换规范	
				种类、型号	适用温度范围 ℃	最小维护周期	加注方式	推荐换油周期	推荐换油周期	加注量，L
1	滚筒轴轴承	2	2 号钙基润滑脂	通用锂基润滑脂	−30～120	每周	脂枪加注	120h	适量
2	最终传动	1	CD 15W/40 柴油机油（夏季） CD 10W/30 柴油机油（冬季）	柴油机油 CF−4 10W/30	−25～30	每月	注入	960h	15
3	滚筒轴承	2	3 号二硫化铝锂基润滑脂	通用锂基润滑脂	−30～120	每周	脂枪加注	2000h	适量
4	刹车平衡轴	2	2 号钙基润滑脂	通用锂基润滑脂	−30～120	每周	脂枪加注	960h	适量
5	后杠轴承	2	柴油机油 CF−4 10W/30	柴油机油 CF−4 10W/30	−25～30	每月	脂枪加注或注入	960h	10
6	滚筒变速箱	1	CD 15W/40 柴油机油（夏季） CD 10W/30 柴油机油（冬季）	柴油机油 CF−4 10W/30	−25～30	每月	注入	960h	30
7	万向联轴节	2	3 号二硫化铝锂基润滑脂	通用锂基润滑脂	−30～120	500h	脂枪加注	2000h	适量

四、杰瑞 JR9550TLG 型连续油管车润滑图表

杰瑞 JR9550TLG 型连续油管车润滑图表见图 2－8－9，图 2－8－10 和表 2－8－5。

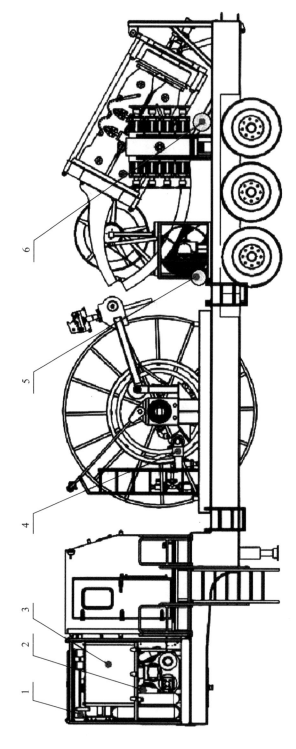

图 2－8－9　杰瑞 JR9550TLG 型连续油管车上装部分润滑示意图（主视图）

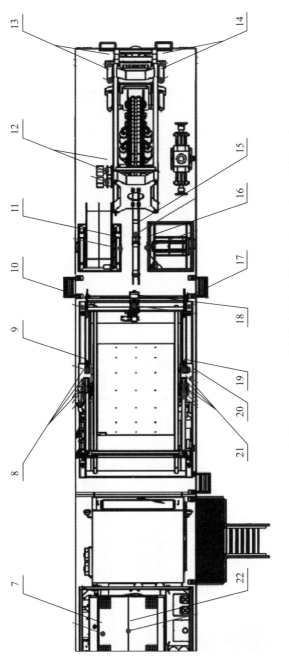

图 2-8-10 杰瑞 JR9550TLG 型连续油管车上装部分润滑示意图（俯视图）

表2-8-5　杰瑞JR9550TLG型连续油管车上装部分润滑表

润滑点编号	润滑部位	点数	设备制造厂推荐用油	推荐用油		润滑保养规范		更换规范	
				种类、型号	适用温度范围，℃	最小维护周期	加注方式	推荐换油周期	加注量，L
1	冷却水箱	1	乙二醇	-45号乙二醇型重负荷发动机冷却液	-45以上	每日	注入	2a	90
2	发动机	1	柴油机油CI-4 10W/30 CI-4 15W/40	柴油机油CI-4 5W/40	-30~40	每日	注入	480h	45
3	液压油箱	1	液压油 L-HS32	超低温液压油 L-HS32	-40~50	每日	注入	2000h	550
4	滚筒马达减速机	1	GL-5 80W/90	重负荷车辆齿轮油 GL-5 80W/90	-30~40	每口井	注入	720h	5
5	滚筒油管润滑油箱	1	液压油美孚DTE25	柴油机油CD 10W30	-25~40	500米	注入	按需	30
6	注入头夹持块润滑油箱	1	柴油机油CI4 15W40	柴油机油CD 10W30	-25~40	500米	注入	按需	30
7	分动箱	1	GL-5 80W/90	重负荷车辆齿轮油 GL-5 80W/90	-30~40	每口井	注入	720h	30
8	滚筒右侧	3	3号通用锂基润滑脂	通用锂基润滑脂	-30~120	每口井	脂枪加注	1000h	适量
9	排管臂（左侧）	1	3号通用锂基润滑脂	通用锂基润滑脂	-30~120	每口井	脂枪加注	1000h	适量
10	排管器螺杆（左侧）	3	3号通用锂基润滑脂	通用锂基润滑脂	-30~120	每口井	脂枪加注	1000h	适量
11	软管滚筒（左侧）	1	3号通用锂基润滑脂	通用锂基润滑脂	-30~120	每口井	脂枪加注	1000h	适量
12	注入头马达减速机	2	GL-5 85W/90	重负荷车辆齿轮油 GL-5 80W/90	-30~40	每口井	注入	720h	5
13	注入头从动轮（左侧）	2	3号通用锂基润滑脂	通用锂基润滑脂	-30~120	每口井	脂枪加注	1000h	适量
14	注入头从动轮（右侧）	2	3号通用锂基润滑脂	通用锂基润滑脂	-30~120	每口井	脂枪加注	1000h	适量
15	鹅头滚轮	18	3号通用锂基润滑脂	通用锂基润滑脂	-30~120	每口井	脂枪加注	1000h	适量
16	软管滚筒（右侧）	1	3号通用锂基润滑脂	通用锂基润滑脂	-30~120	每口井	脂枪加注	1000h	适量
17	排管器螺杆（右侧）	1	3号通用锂基润滑脂	通用锂基润滑脂	-30~120	每口井	脂枪加注	1000h	适量
18	排管器滑车	8	3号通用锂基润滑脂	通用锂基润滑脂	-30~120	每口井	脂枪加注	1000h	适量
19	排管臂（右侧）	2	3号通用锂基润滑脂	通用锂基润滑脂	-30~120	每口井	脂枪加注	1000h	适量
20	旋转接头	1	3号通用锂基润滑脂	通用锂基润滑脂	-30~120	每口井	脂枪加注	720h	适量
21	滚筒左侧	3	3号通用锂基润滑脂	通用锂基润滑脂	-30~120	每口井	脂枪加注	1000h	适量
22	散热风扇马达	2	3号通用锂基润滑脂	通用锂基润滑脂	-30~120	每口井	脂枪加注	1000h	适量

第三节　制氮车辆润滑图表

制氮车辆包括制氮车、增压车等车型。车辆一般由上装和底盘车组成，底盘车润滑参照执行载货汽车相关规定。根据油气田生产实际，本节主要编制了制氮车（NPU1200 移动式橇装制氮设备、NPU600 移动式橇装制氮设备、NPU300 移动式橇装制氮设备）、增压车（35DF 增压移动式橇装设备）等车型上装部位润滑图表。

一、NPU1200 移动式橇装制氮设备润滑图表

NPU1200 移动式橇装制氮设备润滑图表见图 2−8−11 和表 2−8−6。

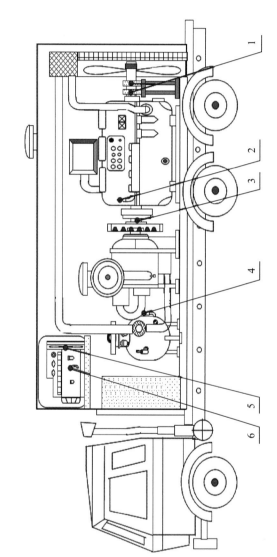

图 2−8−11　NPU1200 移动式橇装制氮设备上装部分润滑示意图

表 2-8-6　NPU1200 移动式橇装制氮设备上装部分润滑表

润滑点编号	润滑部位	润滑点数	设备制造厂推荐用油	推荐用油		润滑保养规范			更换规范	
				种类、型号	适用温度范围 ℃	最小维护周期	加注方式	推荐换油周期	加注量，L
1	发动机风扇轴承座	2	通用锂基脂	通用锂基润滑脂 2 号/3 号	−80～180	每周	脂枪加注	200h	适量
2	发动机缸体	1	昆仑润滑油	柴油机油 0W/40/5W/40/15W/40	−35～120	每月	加注	6 个月	75
3	空压机轴头	1	寿力空压机油	SULI-AIR AWF	−35～120	每月	加注	6 个月	适量
4	油气分离器	1	寿力空压机油	SULI-AIR AWF	−35～120	每月	加注	6 个月	180
5	发电机风扇轴承	1	通用锂基脂	通用锂基润滑脂 2 号/3 号	−80～180	每周	脂枪加注	200h	适量
6	发电机缸体	1	昆仑润滑油	柴油机油 0W/40，5W/40，15W/40	−35～120	每月	加注	6 个月	6

二、NPU600 移动式橇装制氮设备润滑图表

NPU600 移动式橇装制氮设备润滑图表见图 2-8-12 和表 2-8-7。

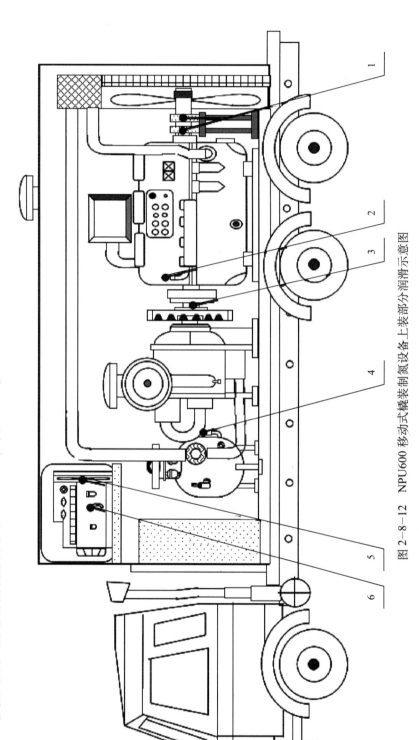

图 2-8-12　NPU600 移动式橇装制氮设备上装部分润滑示意图

表 2-8-7 NPU600 移动式橇装制氮设备上装部分润滑表

润滑点编号	润滑部位	润滑点数	设备制造厂推荐用油	推荐用油		润滑保养规范			更换规范	
				种类、型号	适用温度范围 ℃	最小维护周期	加注方式	推荐换油周期	加注量, L
1	发动机风扇轴承座	2	通用锂基润滑脂	通用锂基润滑脂 2 号/3 号	−80 ~ 180	每周	脂枪加注	200h	适量
2	发动机缸体	1	昆仑润滑油	柴油机油 0W/40、5W/40、15W/40	−35 ~ 120	每月	加注	6 个月	55
3	空压机轴头	1	寿力空压机油	SULI-AIR AWF	−35 ~ 120	每月	加注	6 个月	适量
4	油气分离器	1	寿力空压机油	SULI-AIR AWF	−35 ~ 120	每月	加注	6 个月	180
5	发电机风扇轴承	1	通用锂基润滑脂	通用锂基润滑脂 2 号/3 号	−80 ~ 180	每周	脂枪加注	200h	适量
6	发电机缸体	1	昆仑润滑油	柴油机油 0W/40、5W/40、15W/40	−35 ~ 120	每月	加注	6 个月	6

三、NPU300 移动式橇装制氮设备润滑图表

NPU300 移动式橇装制氮设备润滑图表见图 2-8-13 和表 2-8-8。

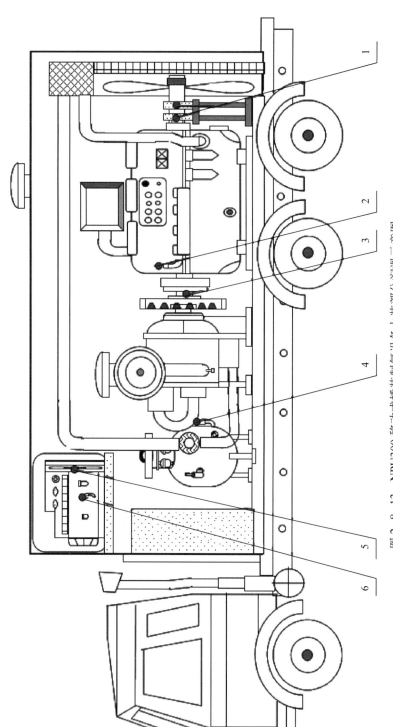

图 2-8-13　NPU300 移动式橇装制氮设备上装部分润滑示意图

第八章　钻采特车润滑及用油

表2-8-8　NPU300移动式橇装制氮设备上装部分润滑表

润滑点编号	润滑部位	润滑点数	设备制造厂推荐用油	推荐用油		润滑保养规范		更换规范	
				种类、型号	适用温度范围 ℃	最小维护周期	加注方式	推荐换油周期	加注量, L
1	发动机风扇轴承座	2	通用锂基润滑脂	通用锂基润滑脂2号/3号	−80 ~ 180	每周	脂枪加注	200h	适量
2	发动机缸体	1	昆仑润滑油	柴油机油0W/40, 5W/40, 15W/40	−35 ~ 120	每月	加注	6个月	40
3	空压机轴头	1	寿力空压机油	SULI-AIR AWF	−35 ~ 120	每月	加注	6个月	适量
4	油气分离器	1	寿力空压机油	SULI-AIR AWF	−35 ~ 120	每月	加注	6个月	180
5	发电机风扇轴承	1	通用锂基润滑脂	通用锂基润滑脂2号/3号	−80 ~ 180	每周	脂枪加注	200h	适量
6	发电机缸体	1	昆仑润滑油	柴油机油0W/40, 5W/40, 15W/40	−35 ~ 120	每月	加注	6个月	6

— 463 —

四、35DF 增压移动式橇装设备润滑图表

35DF 增压移动式橇装设备润滑图表见图 2-8-14，图 2-8-15 和表 2-8-9。

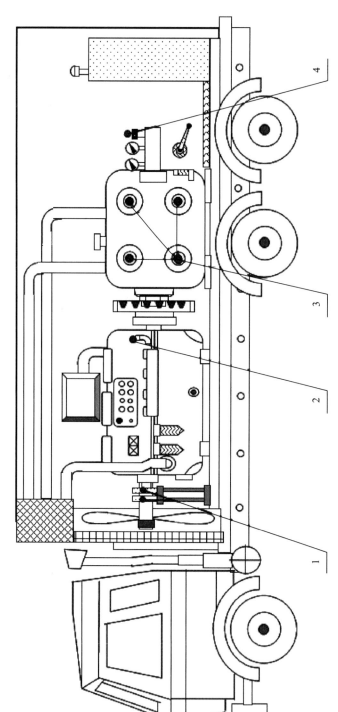

图 2-8-14　35DF 增压移动式橇装设备上装部分润滑示意图（主视图）

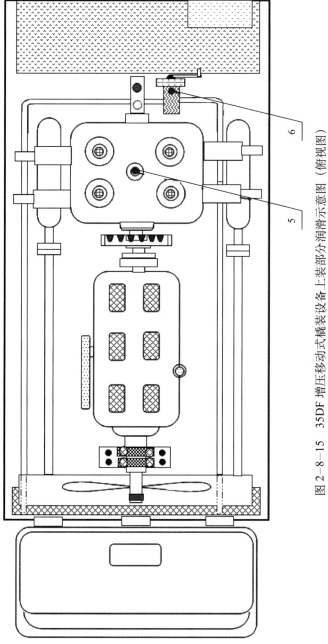

图 2-8-15 35DF 增压移动式橇装设备上装部分润滑示意图（俯视图）

表2-8-9　35DF增压移动式橇装设备上装部分润滑表

润滑点编号	润滑部位	润滑点数	设备制造厂推荐用油	推荐用油		润滑保养规范		更换规范	
				种类、型号	适用温度范围 ℃	最小维护周期	加注方式	推荐换油周期	加注量，L
1	发动机风扇轴承座	2	通用锂基润滑脂	通用锂基润滑脂2号/3号	−80～180	每周	脂枪加注	200h	适量
2	发动机缸体	1	昆仑润滑油	柴油机油0W/40、5W/40、15W/40	−35～120	每月	加注	6个月	45
3	增压机柱塞	8	美孚润滑油	拉力士827	−35～200	每月	加注	6个月	适量
4	增压机泵泵头	2	美孚润滑油	拉力士827	−35～200	每月	加注	6个月	适量
5	增压机缸体	1	美孚润滑油	拉力士827	−80～200	每周	加注	200h	45
6	手动注油泵	1	美孚润滑油	拉力士827	−80～200	每周	加注	200h	适量

第四节　钻采辅助作业车辆润滑图表

　　油田作业辅助车辆包括地锚车、立放运井架车、井架安装车、投捞车、加药车、运管车、二氧化碳罐车等车型。车辆一般由上装和底盘车组成，底盘车润滑参照执行载货汽车或载客汽车相关规定。根据油气田实际，本节主要编制了地锚车、立放运井架车、加药车等车型上装部位润滑图表。

一、地锚车润滑图表

耐力 HSJ5170TDM 型地锚车上装润滑图表见图 2-8-16 和表 2-8-10。

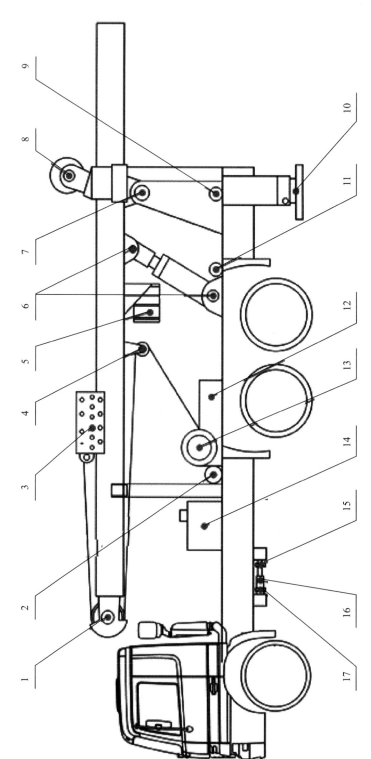

图 2-8-16　耐力 HSJ5170TDM 型地锚车上装润滑示意图

表2-8-10　耐力 HSJ5170TDM 型地锚车上装润滑表

润滑点编号	润滑部位	点数	设备制造厂推荐用油	推荐用油 种类、型号	适用温度范围℃	最小维护周期	加注方式	推荐换油周期	加注量，L
1	导向架顶部滑轮	1	2号锂基润滑脂	通用锂基润滑脂	-30~120	每周	脂枪加注	6个月	适量
2	刹车轴	1	2号锂基润滑脂	通用锂基润滑脂	-30~120	每周	脂枪加注	6个月	适量
3	锤头滚轴	8	2号锂基润滑脂	通用锂基润滑脂	-30~120	每周	脂枪加注	6个月	适量
4	导向轮轴	1	2号锂基润滑脂	通用锂基润滑脂	-30~120	每周	脂枪加注	6个月	适量
5	液压马达输出轴	1	2号锂基润滑脂	通用锂基润滑脂	-30~120	每周	脂枪加注	6个月	适量
6	支架缸销轴	2	2号锂基润滑脂	通用锂基润滑脂	-30~120	每周	脂枪加注	6个月	适量
7	支架座销轴	2	2号锂基润滑脂	通用锂基润滑脂	-30~120	每周	脂枪加注	6个月	适量
8	拔桩支架导向轮	1	2号锂基润滑脂	通用锂基润滑脂	-30~120	每周	脂枪加注	6个月	适量
9	拔桩水平导向轮	1	2号锂基润滑脂	通用锂基润滑脂	-30~120	每周	脂枪加注	6个月	适量
10	千斤腿瓦座	2	2号锂基润滑脂	通用锂基润滑脂	-30~120	每班	脂枪加注	6个月	适量
11	拔桩水平缸前导向轮	1	2号锂基润滑脂	通用锂基润滑脂	-30~120	每周	脂枪加注	6个月	适量
12	上装减速箱	1	GL-5 85W/90 车用齿轮油	重负荷车辆齿轮油 GL-5 80W/90	-30~40	每月	注入	1000h	4
13	小滚筒轴承	2	2号锂基润滑脂	通用锂基润滑脂	-30~120	每周	脂枪加注	6个月	适量
14	液压油箱	1	46号低温抗磨液压油	低温液压抗磨油 L-HV32	-30~50	每月	注入	1000h	220~240
15	取力器传动轴后十字轴	1	2号锂基润滑脂	通用锂基润滑脂	-30~120	每周	脂枪加注	6个月	适量
16	取力器传动轴后伸缩节	1	2号锂基润滑脂	通用锂基润滑脂	-30~120	每周	脂枪加注	6个月	适量
17	取力器传动轴前十字轴	1	2号锂基润滑脂	通用锂基润滑脂	-30~120	每周	脂枪加注	6个月	适量

注：依据耐力 HSJ5170TDM 型地锚车编制了上装设备润滑图表，其他型号地锚车参照执行。底盘车参照解放货车汽车润滑图表。

二、立放运井架车润滑图表

井田 DQJ5240TLF 型立放运井架车上装润滑图表见图 2-8-17 和表 2-8-11。

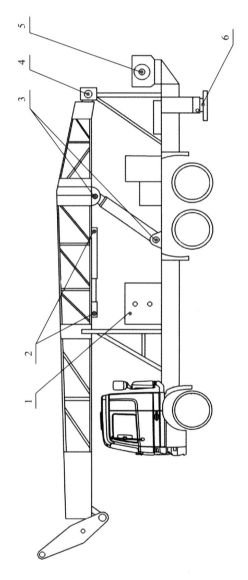

图 2-8-17　井田 DQJ5240TLF 型立放运井架车上装润滑示意图

表 2-8-11 井田 DQJ5240TLF 立放运井架车上装润滑表

润滑点编号	润滑部位	点数	设备制造厂推荐用油	推荐用油		润滑保养规范			更换规范	
				种类、型号	适用温度范围 ℃	最小维护周期	加注方式	推荐换油周期	推荐换油周期	加注量，L
1	液压油箱	1	46号低温抗磨液压油	低温液压油 L-HV32	-30～50	每月	注入	1000h	330～350
2	篃架油缸销轴	2	2号锂基润滑脂	通用锂基润滑脂	-30～120	每周	脂枪加注	6个月	适量
3	支架油销轴	4	2号锂基润滑脂	通用锂基润滑脂	-30～120	每周	脂枪加注	6个月	适量
4	支架座销轴	2	2号锂基润滑脂	通用锂基润滑脂	-30～120	每周	脂枪加注	6个月	适量
5	绞盘中心轴	1	2号锂基润滑脂	通用锂基润滑脂	-30～120	每周	脂枪加注	6个月	适量
6	千斤腿瓦座	2	2号锂基润滑脂	通用锂基润滑脂	-30～120	每班	脂枪加注	6个月	适量

注：依据井田 DQJ5240TLF 型 18m 立放运井架车编制丁上装设备润滑图表，其他型号立放运井架车参照执行。底盘车参照执行载货汽车润滑图表。

三、加药车润滑图表

KSZ5200TZR 型加药车上装润滑图表见图 2—8—18 和表 2—8—12。

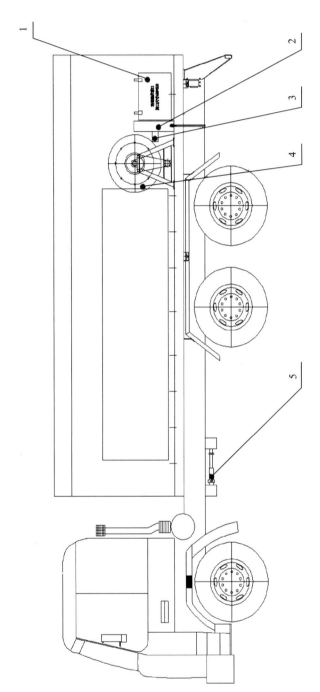

图 2—8—18 KSZ5200TZR 型加药车上装润滑示意图

表 2-8-12 KSZ5200TZR 型加药车上装润滑表

润滑点编号	润滑部位	点数	设备制造厂推荐用油	推荐用油		润滑保养规范			更换规范		备注
				种类、型号	适用温度范围 ℃	最小维护周期	加注方式	推荐换油周期	加注量，L	
1	液压油箱	1	抗磨液压油 L-HM 32	抗磨液压油 L-HM32	-10 ~ 50	每周	注入	2500h	50	
2	齿轮泵	1	抗磨液压油 L-HM 32	抗磨液压油 L-HM32	-10 ~ 50					依托液压油箱自润滑
3	泵联轴器	1	2 号通用锂基脂	2 号通用锂基润滑脂	-30 ~ 120	每周	脂枪加注	6 个月	适量	
4	卷盘	3	2 号通用锂基脂	2 号通用锂基润滑脂	-30 ~ 120	每周	脂枪加注	6 个月	少量	
5	取力器	1	车辆齿轮油 GL-5 80W/90	重负荷车辆齿轮油 GL-5 80W/90	-30 ~ 40	一级定项检查	注入	6 个月	6	

注：依据 KSZ5200TZR 型加药车进行编制，其他型号加药车参照执行上述要求。

第五节 其他辅助作业车辆润滑图表

油田其他钻采特车主要包括清蜡车、洗井车、压风机车、捞油车、试井车等车型。车辆一般由上装和底盘车组成，底盘车润滑参照执行载货汽车或载客汽车相关规定。根据油气田实际，本节主要编制了蒸汽清蜡车、洗井车、试井车、压风机车和捞油车等车型上装部位润滑图表。

一、蒸汽清蜡车润滑图表

LT5112-SM 型蒸汽清蜡车上装润滑图表见图 2-8-19 和表 2-8-13。

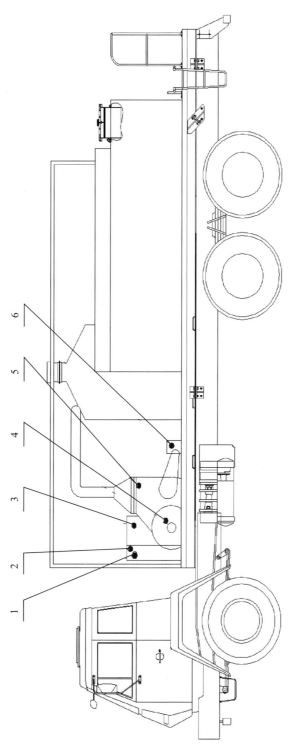

图 2-8-19 LT5112-SM 型蒸汽清蜡车上装润滑点示意图

表 2-8-13　LT5112-SM 型蒸汽清蜡车上装润滑表

润滑点编号	润滑部位	点数	设备制造厂推荐用油	推荐用油		润滑保养规范			更换规范	
				种类、型号	适用温度范围 ℃	最小维护周期	加注方式	推荐换油周期	加注量，L
1	台上发动机	1	柴油机油 CD	柴油机油 CF-4 10W/30	-25 ~ 30	每周	注入	480h	12
2	副机水箱	1	长效防冻液	-45 号乙二醇型轻负荷发动机冷却液	-45 以上	每周	注入	2 年	16
3	发动机水泵	1	2 号汽车通用锂基润滑脂	通用锂基润滑脂	-30 ~ 120	每周	脂枪加注	2 个月	适量
4	传动箱	1	齿轮油 HL-30	工业闭式齿轮油 L-CKD 220	-10 ~ 40	每月	注入	1000h	18
5	传动箱输出轴	1	2 号汽车通用锂基润滑脂	通用锂基润滑脂	-30 ~ 120	每周	脂枪加注	2 个月	适量
6	柱塞式供水泵	1	机械油 N68-N150	柴油机油 CF-4 10W/30	-25 ~ 30	一级定项检查	注入	480h	2

注：依据 LT5112-SM 型蒸汽清蜡车进行编制，其他型号蒸汽清蜡车参照执行上述要求。底盘车参照执行载货汽车润滑图表。

二、洗井车润滑图表

ZYT5151TJC35 型洗井车上装润滑图表见图 2-8-20 和表 2-8-14。

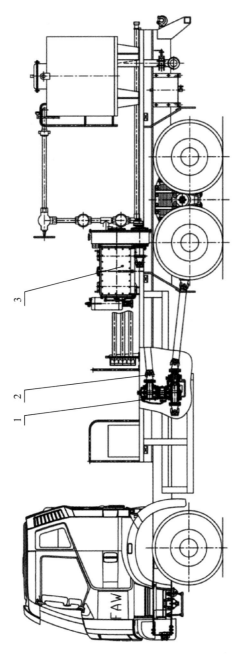

图 2-8-20 ZYT5151TJC35 型洗井车上装润滑点示意图

表 2-8-14　ZYT5151TJC35 型洗井车上装润滑表

润滑点编号	润滑部位	点数	设备制造厂推荐用油	推荐用油		润滑保养规范			更换规范	
				种类、型号	适用温度范围 ℃	最小维护周期	加注方法	推荐换油周期	加注量，L	
1	全功率取力器	1	GL-5 80W/90	重负荷车辆齿轮油 GL-5 80W/90	-30~40	每周	注入	1年	6
2	传动轴总成（共4根）	4	1号锂基润滑脂	2号复合锂基脂或 HP-R 高温润滑脂	-30~180	每周	脂枪加注	6个月	适量
3	三缸柱塞泵	5	GL-5 80W/90	重负荷车辆齿轮油 GL-5 80W/90	-30~40	每周	注入	3000h	140

注：依据 ZYT5151TJC35 型洗井车进行编制，其他型号供液泵参照执行上述要求。底盘车参照执行载货汽车润滑图表。

三、高压试井车润滑图表

DQJ5044/5045TSJ 型高压试井车上装润滑图表见图 2-8-21 和表 2-8-15。

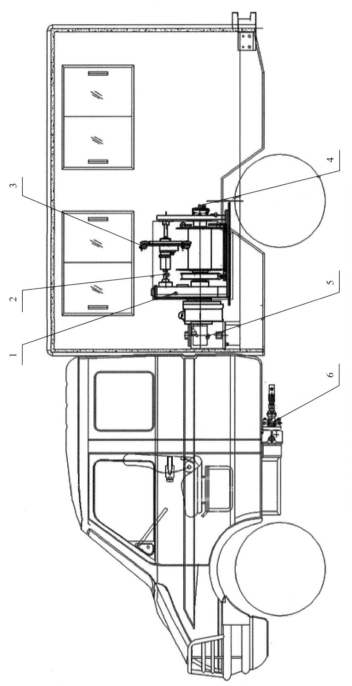

图 2-8-21 DQJ5044/5045TSJ 型高压试井车上装润滑点示意图

表 2-8-15　DQJ5044/5045TSJ 型高压试井车上装润滑表

润滑点编号	润滑部位	点数	推荐用油			润滑保养规范			更换规范	
			设备制造厂推荐用油	种类、型号	适用温度范围, ℃	最小维护周期	加注方法	推荐换油周期	加注量, L
1	主机传动箱	1	GL-4 85W/90	重负荷车辆齿轮油 GL-5 80W/90	-30 ～ 40	每周	注入	1500h	4
2	丝杠（往复轴）	1	1 号锂基润滑脂	通用锂基润滑脂	-30 ～ 120	每周	脂枪加注	6 个月	适量
3	主机机头压线轮轴	1	1 号锂基润滑脂	通用锂基润滑脂	-30 ～ 120	每周	脂枪加注	6 个月	适量
4	绞车尾座	1	1 号锂基润滑脂	通用锂基润滑脂	-30 ～ 120	每周	脂枪加注	6 个月	适量
5	液压系统	1	液压油 L-HS 32	超低温液压油 L-HS32	-40 ～ 50	每周	注入	1 年	77
6	取力器	1	GL-5 85W/90	重负荷车辆齿轮油 GL-5 80W/90	-30 ～ 40	每周	注入	1 年	0.5

注：依据 DQJ5044/5045TSJ 型高压试井车进行编制，其他型号高压试井车参照执行上述要求。底盘车参照载货汽车润滑图表。取力器安装于汽车底盘变速箱上，润滑油与变速箱相通，变速箱换油保养的同时即可以完成取力器的润滑保养。润滑点编号 5，主机机头压线轮轴的润滑仅对 2010 年以前带有注油杯（黄油嘴）的车辆。没有注油杯（黄油嘴）的车辆在此处已做技术改进，不需进行润滑保养。

四、联动试井车润滑图表

DQJ5070TSJ 型联动试井车上装润滑图表见图 2-8-22 和表 2-8-16。

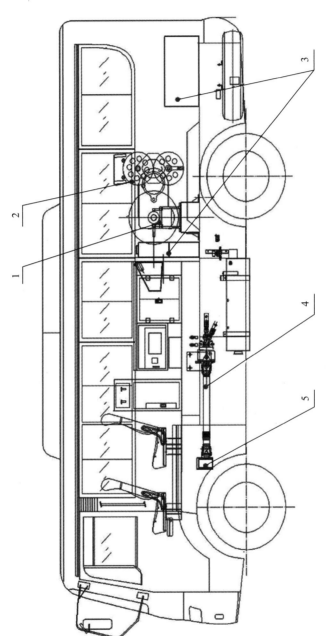

图 2-8-22　DQJ5070TSJ 型联动试井车上装润滑点示意图

表2-8-16　DQJ5070TSJ型联动试井车上装润滑表

润滑点编号	润滑部位	点数	设备制造厂推荐用油	推荐用油		润滑保养规范		更换规范	
				各类、型号	适用温度范围，℃	最小维护周期	加注方法	推荐换油周期	加注量，L
1	主机传动箱	1	GL-4 85W/90	重负荷车辆齿轮油 GL-5 80W/90	-30~40	每周	注入	6个月	4
2	丝杠（往复轴）	1	1号锂基润滑脂	通用锂基润滑脂	-30~120	每周	脂枪加注	6个月	适量
3	液压系统	2	10号航空液压油	超低温液压油 L-HS32	-40~50	每周	注入	1年	80
4	传动轴	1	1号锂基润滑脂	复合锂基脂或HP-R高温润滑脂	-30~180	每周	脂枪加注	6个月	适量
5	取力器	1	GL-5 85W/90	重负荷车辆齿轮油 GL-5 80W/90	-30~40	每周	注入	1年	0.5

注：依据DQJ5070TSJ型联动试井车进行编制，其他型号联动试井车参照执行上述要求。底盘车参照执行载货汽车润滑图表。取力器安装于汽车底盘变速箱上，润滑油与变速箱相通，变速箱换油保养的同时即可以完成取力器的保养。

五、压风机车润滑图表

S-10/250-B 型压风机车上装润滑点见图 2-8-23 和表 2-8-17。

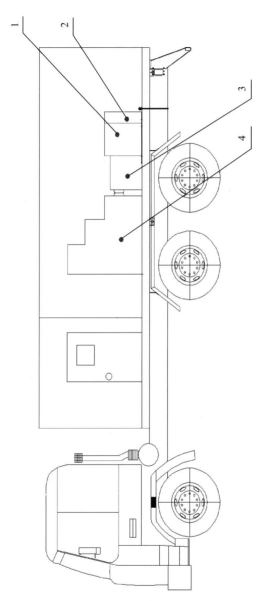

图 2-8-23　S-10/250-B 型压风机车上装润滑点示意图

表 2-8-17　S-10/250-B 型压风机车上装润滑表

润滑点编号	润滑部位	点数	设备制造厂推荐用油	推荐用油		润滑保养规范			更换规范	
				种类、型号	适用温度范围，℃	最小维护周期	加注方式	一级定项检查	推荐换油周期	加注量，L
1	水箱	1	长效防冻液	-45 号乙二醇型重负荷发动机冷却液	-45 以上	每周	注入		2a	80
2	发动机	1	CD 级以上柴油机油	柴油机油 CF-4 5W/40	-30 ~ 40	每周	注入		480h	19
3	减速箱	1	8 号液力传动油	8 号液力传动油	-30 ~ 50	一级定项检查	注入		600h	24
4	压缩机	1	150 号压缩机油	压缩机油 L-DAB150	-30 ~ 50	每周	注入		240h	40

注：依据 S-10/250-B 型压风机车进行编制，其他型号压风机车参照执行上述要求。底盘车参照执行载货汽车润滑图表。

六、捞油车润滑图表

SX5186TCY1 型捞油车上装润滑图表见图 2－8－24 和表 2－8－18。

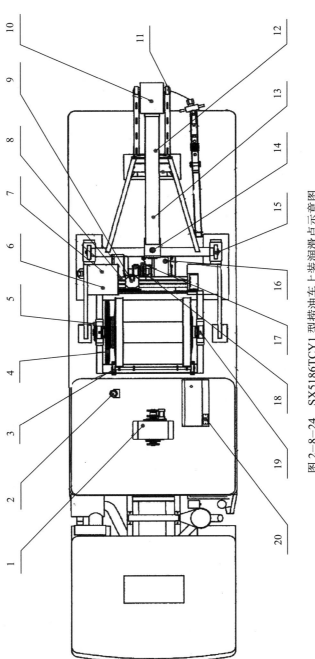

图 2－8－24 SX5186TCY1 型捞油车上装润滑点示意图

表2-8-18　SX5186TCY1型捞油车上装润滑表

润滑点点编号	润滑部位	点数	设备制造厂推荐用油	推荐用油		润滑保养规范		更换规范	
				种类型号	适用温度变化范围，℃	最小维护周期	加注方式	推荐换油周期	加注量，L
1	分动箱	1	GL-5 80W/90	重负荷车辆齿轮油 GL-5 80W/90	-30~40	每季	检查补充	6个月	5
2	副离合油缸	1	DOT3 制动液	DOT4 制动液	-40~50	每周	检查补充	1年	2.4
3	刹车轴	6	机械油	柴油机油 CF-4 10W/30	-25~30	每班	滴注	每班	适量
4	滚筒链条	1	机械油	柴油机油 CF-4 10W/30	-25~30	每班	滴注	每班	适量
5	排绳链条	1	机械油	柴油机油 CF-4 10W/30	-25~30	每班	滴注	每班	适量
6	排绳器齿轮组	1	GL-5 80W/90	重负荷车辆齿轮油 GL-5 80W/90	-30~40	每班	滴注	每班	适量
7	排绳器拨叉轴	1	机械油	柴油机油 CF-4 10W/30	-25~30	每班	滴注	每班	适量
8	排绳器丝杠/光杠	3	机械油	柴油机油 CF-4 10W/30	-25~30	每班	滴注	每班	适量
9	排绳器滚柱	4	二硫化钼锂基润滑脂	通用锂基润滑脂	-30~120	每周	脂枪加注	1个月	适量
10	计量滑轮	1	二硫化钼锂基润滑脂	通用锂基润滑脂	-30~120	每班	脂枪加注	1个月	适量
11	井口支杆轴	2	二硫化钼锂基润滑脂	通用锂基润滑脂	-30~120	每月	脂枪加注	1a	适量
12	悬臂摆动滑轨	1	二硫化钼锂基润滑脂	通用锂基润滑脂	-30~120	每周	脂枪加注	1个月	适量
13	液压油缸支座	6	二硫化钼锂基润滑脂	通用锂基润滑脂	-30~120	每月	脂枪加注	6个月	适量
14	悬臂立轴	1	二硫化钼锂基润滑脂	通用锂基润滑脂	-30~120	每月	脂枪加注	1a	适量
15	悬臂轴支座	2	二硫化钼锂基润滑脂	通用锂基润滑脂	-30~120	每月	脂枪加注	1a	适量
16	减速机	1	GL-5/80W/90	重负荷车辆齿轮油 GL-5 80W/90	-30~40	每季	注入	6个月	5

续表

润滑点编号	润滑部位	点数	设备制造厂推荐用油	推荐用油		润滑保养规范		更换规范	
				种类型号	适用温度范围，℃	最小维护周期	加注方式	推荐换油周期	加注量，L
17	连接链轮	1	二硫化钼基润滑脂	通用锂基润滑脂	−30～120	每周	脂枪加注	6个月	适量
18	中间轴承座	2	二硫化钼锂基润滑脂	通用锂基润滑脂	−30～120	每月	脂枪加注	6个月	适量
19	滚筒轴承支座	2	二硫化钼锂基润滑脂	通用锂基润滑脂	−30～120	每月	脂枪加注	1个月	适量
20	液压油箱	1	L−HV32	低温液压油 L−HV32	−30～50	每周	注入	5000h	30

注：依据 SX5186TCY1 型捞油车进行编制，其他型号捞油车参照执行上述要求。底盘车参照执行载货汽车润滑图表。

第九章　抽油机润滑及用油

　　抽油机是石油开采最主要的生产设备之一，因其结构简单、可靠性高、适应性强等特点，在国内外油田得到了广泛的应用，国内各个油田保有量都非常高。由于抽油机主要安装在野外，分布区域范围广，大部分在较为恶劣的工况下运行，因此，认真进行抽油机保养、科学实施抽油机润滑，对延长抽油机使用寿命、减少故障、提高机采效率非常关键。

第一节　概　　述

一、分类

　　抽油机都是将由电能驱动的旋转运动，再利用机械的方法转变为直线往复运动。按照抽油机结构和原理的不同，抽油机可分为游梁式抽油机和无游梁式抽油机，直线电动机抽油机也是无游梁抽油机的一种。

　　游梁式抽油机按照结构类型可分为常规游梁式抽油机和非常规游梁式抽油机。游梁式抽油机的工作原理是：由电动机提供动力，经减速器、游梁四连杆机构将旋转运动变为抽油机驴头的上下往复运动，再经悬绳器总成带动光杆及抽油泵工作。

　　无游梁式抽油机具有结构紧凑、冲程长、泵效高、换向可靠、平衡性好等特点，逐渐在稀油、稠油、超稠油开采油田及海洋采油平台得以应用。按其换向方式可分为机械换向、电控换向、流体换向三种类型。无游梁式抽油机的工作原理是：由电动机提供动力，再经过转换机构带动光杆及抽油泵上下往复运动。

二、润滑管理要求

　　抽油机的主要润滑部位有油液润滑的减速器、链条箱、轨道及注脂润滑的各类轴承、销轴等。游梁式抽油机的润滑主要是针对减速器、各部轴承及相关运动等部位，其中对减速器的润滑最为重要。处于北方地区的油田冬季都比较寒冷，夏季又比较炎热，每个油田的工作区域及环境不尽相同，所以对润滑的要求又略有差异，但管理上的要求是一致的。

　　1. 定期检查

　　（1）抽油机的润滑应按使用手册规定的保养级别定期进行维护保养。

　　（2）检查各部位润滑剂及润滑组件，各润滑点润滑剂是否充足，保持各润滑部位的清洁、紧固。

　　（3）注脂润滑部位应保持油嘴的完好通畅，轨道、丝杠等需人工涂脂的必须保证涂抹均匀。采用集中润滑的抽油机应检查注脂管线的完整，各接头不得有松动。

　　（4）减速箱、链条箱等部件应定期检查油量、呼吸阀、密封面及丝堵等完好情况。

（5）对使用的润滑剂按要求定期抽样化验运动黏度、水分、总酸值、PQ 指数、不溶物等项目指标，保证设备的优质润滑。

（6）无条件开展定期检测的减速器、链条箱等用油，流体型润滑剂的换油周期一般为 3 年，半流体型润滑剂换油周期为 4 年。

（7）在使用过程中润滑剂失效或达到报废标准的应予以及时更换。

2. 油品选用

1）油品选用考虑的因素

（1）抽油机减速器润滑剂的选择正确与否直接影响减速器的使用寿命。减速器润滑剂要求具有适宜的黏度，良好的黏温性、低温流动性、抗氧化安定性、抗泡沫性、抗腐蚀性、防锈性、抗水性、抗剪切安定性及足够的极压抗磨性，同时，还需要好的密封防渗漏性能。

（2）抽油机各部轴承、旋转部位、相对运动部位均选用润滑脂润滑，润滑脂需要具有良好的低温性、抗氧化性、极压抗磨性、防水防腐性、防漏性等。同时，还需要考虑适宜的稠度和滴点。

（3）抽油机减速器用润滑剂或是轴承用润滑脂，均不得与其他品牌或种类的油品混用。

2）润滑剂的选用

根据抽油机的使用工况，减速器一般选用承载能力高、有足够黏度的极压工业齿轮油或类似性质的半流体润滑脂。气温低时，选用在低温下流动性较好的润滑油，以满足润滑油能够自由地流入减速箱润滑油槽的油孔中，确保减速箱各部轴承的良好润滑，一般最低耐温比该地区的最低温度低 5 ~ 10℃。在工业齿轮油低温指标无法满足要求时，也可选用符合使用性能条件要求的半流体润滑脂或其他抽油机专用油。

3）润滑脂选用

（1）以通用锂基润滑脂或极压锂基润滑脂为主，如有特殊需要也可选用特定品种。

（2）选用润滑脂时，要考虑当地的环境和气候条件，特别是戈壁、沙漠等夏季温度较高的地区，一般冬季使用稠度低的锂基润滑脂，夏季选用稠度高的锂基润滑脂。

（3）用于抽油机集中润滑的一般选用稠度等级较低的润滑脂。

（4）润滑脂的加注必须适量，防止造成漏失及污染。

3. 油品更换

（1）严格注意储存容器和加注工具的清洁，严防杂质、尘土的混入。要加强润滑剂的日常管理，防止日晒雨淋和混入其他物质，在加注润滑剂前，加注部位和供脂口要保持清洁。

（2）新减速器在安装运行三个月后，必须对润滑剂进行一次清洁过滤处理，有条件的两年再过滤一次，更换时必须彻底清洗减速箱。

（3）使用润滑工程车对减速器进行清洗换油过程中，需抽出全部的废旧润滑剂，用高压清洗系统对减速器齿轮、轴承及内壁进行清洗，然后抽净清洗油，确保减速器内部清洗干净后加注相应品种和适量的润滑剂，同时，清洗呼吸阀、更换减速箱上盖垫子、盖好上盖，防止雨水等侵入减速箱内。

（4）润滑油加注时，应避免交叉作业以及在雨、雪、雾等恶劣天气操作，当使用加注机加注时，必须保证现场有两人以上操作，避免出现操作不当。

（5）加注润滑脂时，应将旧脂全部驱替出来或将部件清洗干净，按要求添加适量的润滑脂。

（6）抽油机减速器专用润滑剂已形成适应特殊防盗防漏、流体润滑、寒区及严寒区、磨合及可生物降解等系列产品要求，选用时应注意对相关性能适应性要求。

（7）中央轴承座、横梁轴承座、电动机轴承、曲柄销轴承座应采用的润滑剂为抗水性、机械安定性较好的锂基润滑脂。

（8）为适应油田减速器低转速、低冲次要求，尽量使用方便加注的中小型包装产品。

（9）各种润滑作业必须要满足 HSE 管理要求。

第二节 游梁式抽油机润滑图表

游梁式抽油机指的是含有游梁，通过连杆机构换向、曲柄重块平衡的抽油机。按其结构形式大致可分为常规型游梁式抽油机和非常规型游梁式抽油机。常规型游梁式抽油机是指驴头和曲柄连杆机构分别位于支架前后，曲柄平衡角为零的游梁式抽油机；非常规型游梁式抽油机是以常规抽油机为基础模式而研制出的新机型，在结构上具有常规游梁式抽油机简单、牢靠、耐用等特点，在性能上具有突出的节能特点，主要包括双驴头型游梁式抽油机、天平式抽油机、弯游梁式抽油机、移（摆）动平衡抽油机、调径变矩游梁式抽油机等机型。

一、润滑方式

1．基本方式

减速器润滑的基本方式在本章第四节有专门阐述。轴承座、电动机等轴承及相关运动部位基本上采用润滑脂润滑，通常采用黄油枪加注、手工涂抹和集中润滑等方式加注所需的润滑脂。

除润滑表中所列润滑部位外，还应定期对刹车支座轴、刹车保险挂钩轴、悬绳器螺旋千斤顶、钢丝绳及平衡调节丝杠等部位加抹润滑脂以防锈蚀。

2．集中润滑方式

为克服游梁式抽油机轴承润滑传统方式需停机、效率不高且存在安全风险等问题，各油田普遍开始推广应用抽油机集中润滑工作。该方式实现不停机润滑保养，具有安全可靠、工作效率高、清洁环保、润滑干净彻底及操作方便等优点，集中润滑成为抽油机润滑维护的发展方向。主要有主管线分配阀、点对点分管线两种方式。

1）主管线分配阀方式

分配阀式的集中润滑方式是只有 1 根上行主管线在上端连接分配阀，分配阀再连接 4 根管线到各润滑点，在支架下端的适当位置安装充脂接头组件。利用电动泵、气动泵或手动泵连接充脂接头，泵出后经主管线到分配阀，分配阀按设计量向各润滑点供脂，当带压新脂足量进入处在滚动工作中的轴承时，变质脏脂会逐渐直至全部沿轴封处排出，润滑过程至此结束。优点是注脂泵一次连接注脂接口即可完成一台抽油机的润滑维护。

2）点对点分管线方式

在抽油机支架下端适当位置安装 4 个充脂接头组件，直接引 4 根管线至轴承部位，该方式不需要配置分配阀，直接在接头组件处分别注脂，其注脂过程与分配阀方式相同。优点是直接对润滑点注脂，不需要增加和通过分配阀。

集中润滑两种方式的共同点都是由若干高压柔性管线构成密闭的、可以满足抽油机运动工况润滑维护的润滑脂输送系统。

二、基本要求

（1）采用黄油枪注脂或人工涂抹换脂时一定要停机操作，系好安全带，并尽量将旧脂替出或清理干净。

（2）采用集中润滑方式注脂时，手动泵费时费力，应尽量配置和使用电动泵或气动泵，泵送压力应高于最高注脂压力的 20%。

（3）集中润滑配置的管线长度要适宜，防止管路系统压力过高而注不进脂，尽量选用稠度等级较低的润滑脂，所有管线应打卡固定在适当位置。

（4）管路密封要可靠，管线的耐压等级应大于 30MPa。

（5）充脂接头组件要保证良好的耐压性和密封性，最好使用快装接头。

三、润滑图表

图表对游梁式抽油机结构相同或相近的进行了合并，列出了油田现场常用的常规游梁式、双驴头式、弯游梁式、移（摆）动平衡及天平式等 5 种抽油机，其他类似结构的抽油机在润滑维护上可参照应用。

1. 常规游梁式抽油机润滑图表

常规游梁式抽油机润滑图表见图 2—9—1 和表 2—9—1。

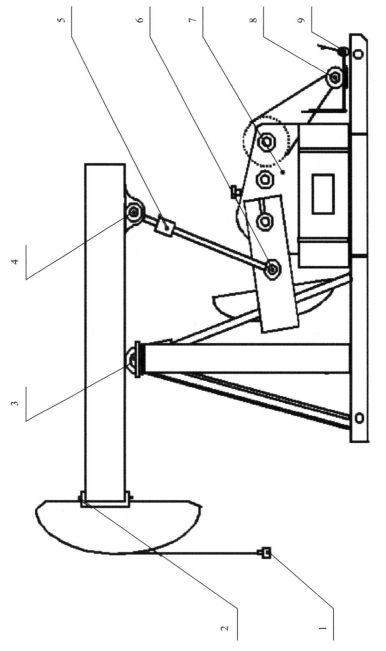

图 2—9—1 常规游梁式抽油机润滑示意图

表2-9-1 常规游梁式抽油机润滑表

润滑点编号	润滑部位	点数	设备制造厂推荐用油（性能指标）	推荐用油		润滑保养规范		更换规范（按质更换）	
				种类、型号	适用温度范围℃	最小维护周期	加注方式	推荐换油周期	加注量,L
1	钢丝绳	1	钢丝绳脂	钢丝绳脂	-30~120		涂抹	依检测结果或视情	适量
2	驴头挂销轴上端	1	2号、3号锂基润滑脂	通用锂基润滑脂/HP-R高温润滑脂	-30~120/180	720h	脂枪加注	半年或2a	适量
3	中央轴承	1	2号、3号锂基润滑脂	通用锂基润滑脂/HP-R高温润滑脂	-30~120/180	720h	脂枪加注	半年或2a	适量
4	横梁轴承	1	2号、3号锂基润滑脂	通用锂基润滑脂/HP-R高温润滑脂	-30~120/180	720h	脂枪加注	半年或2a	适量
5	连杆销子	2	2号、3号锂基润滑脂	通用锂基润滑脂/HP-R高温润滑脂	-30~120/180	720h	脂枪加注	半年或2a	适量
6	曲柄轴承	2	2号、3号锂基润滑脂	通用锂基润滑脂/HP-R高温润滑脂	-30~120/180	720h	脂枪加注	半年或2a	适量
7	减速器	1	极压工业齿轮油 N150-320	抽油机油/半流体润滑剂	-30~40/80	720h	注入	3a或4a	100~350
8	电机轴承	2	3号锂基润滑脂	通用锂基润滑脂/HP-R高温润滑脂	-30~120/180	720h	脂枪加注	半年或2a	适量
9	刹车销轴	1	2号、3号锂基润滑脂	通用锂基润滑脂/HP-R高温润滑脂	-30~120/180	720h	脂枪加注	半年或2a	适量

2. 双驴头游梁式抽油机润滑图表

双驴头游梁式抽油机润滑图图表见图 2-9-2 和表 2-9-2。

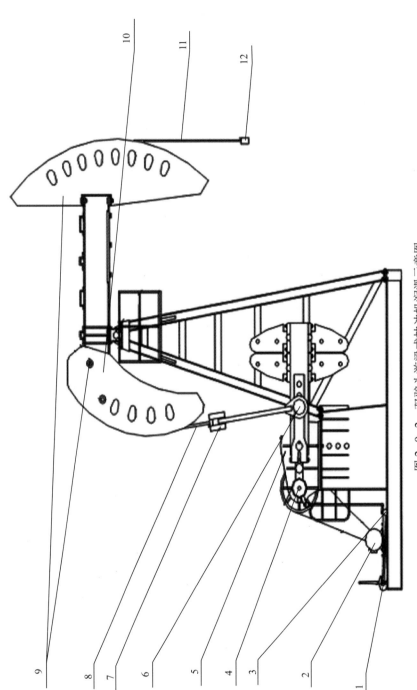

图 2-9-2　双驴头游梁式抽油机润滑示意图

表2-9-2　双驴头游梁式抽油机润滑表

润滑点编号	润滑部位	点数	设备制造厂推荐用油（性能指标）	推荐用油		润滑保养规范		更换规范	
				种类、型号	适用温度范围 ℃	最小维护周期	加注方式	推荐换油周期	加注量，L
1	刹车把销	1	3号锂基润滑脂	通用锂基润滑脂/HP-R高温润滑脂	-30～120/180	720h	脂枪加注	半年或2a	适量
2	电动机	1	3号锂基润滑脂	通用锂基润滑脂/HP-R高温润滑脂	-30～120/180	720h	脂枪加注	半年或2a	适量
3	刹车支座轴	1	3号锂基润滑脂	通用锂基润滑脂/HP-R高温润滑脂	-30～120/180	720h	脂枪加注	半年或2a	适量
4	刹车安全装置销	1	3号锂基润滑脂	通用锂基润滑脂/HP-R高温润滑脂	-30～120/180	720h	脂枪加注	半年或2a	适量
5	减速器	1	极压或中极压工业齿轮油	抽油机油/半流体润滑剂	-30～40/80	720h	注入	3a或4a	150～300
6	曲柄销轴承	2	3号锂基润滑脂	通用锂基润滑脂/HP-R高温润滑脂	-30～120/180	720h	脂枪加注	半年或2a	适量
7	悬绳器顶螺栓	1	3号锂基润滑脂	通用锂基润滑脂/HP-R高温润滑脂	-30～120/180	720h	脂枪加注	半年或2a	适量
8	钢丝绳	2	钢丝绳润滑脂	钢丝绳润滑脂	-30～120	180d	脂枪加注	180d	适量
9	驴头、游梁销轴	8	3号锂基润滑脂	通用锂基润滑脂/HP-R高温润滑脂	-30～120/180	720h	脂枪加注	半年或2a	适量
10	游梁支座	2	3号锂基润滑脂	通用锂基润滑脂/HP-R高温润滑脂	-30～120/180	720h	脂枪加注	半年或2a	适量
11	钢丝绳	2	钢丝绳润滑脂	钢丝绳润滑脂	-30～120	180d	脂枪加注	180d	适量
12	悬绳器顶螺栓	2	3号锂基润滑脂	通用锂基润滑脂/HP-R高温润滑脂	-30～120/180	720h	脂枪加注	半年或2a	适量

3. 弯游梁式抽油机润滑图表

弯游梁式抽油机润滑图表见图 2-9-3 和表 2-9-3。

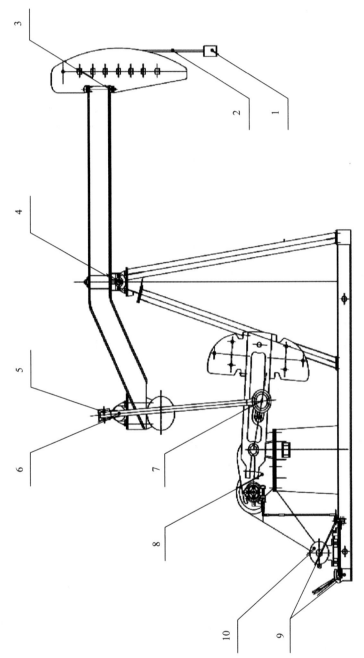

图 2-9-3　弯游梁式抽油机润滑示意图

表2-9-3　弯游梁式抽油机润滑表

润滑点编号	润滑部位	点数	设备制造厂推荐用油（性能指标）	推荐用油 种类、型号	适用温度范围 ℃	润滑保养规范 最小维护周期	加注方式	更换规范 推荐换油周期	加注量，L
1	悬绳器顶丝	1	3号锂基润滑脂	通用锂基润滑脂/HP-R高温润滑脂	-30~120/180	720h	脂枪加注	半年或2a	适量
2	钢丝绳	1	钢丝绳润滑脂	钢丝绳润滑脂	-30~120	720h	涂抹	180d	适量
3	驴头、游梁销轴	4	3号锂基润滑脂	通用锂基润滑脂/HP-R高温润滑脂	-30~120/180	720h	脂枪加注	半年或2a	适量
4	游梁支座	2	3号锂基润滑脂	通用锂基润滑脂/HP-R高温润滑脂	-30~120/180	720h	脂枪加注	半年或2a	适量
5	尾座	2	3号锂基润滑脂	通用锂基润滑脂/HP-R高温润滑脂	-30~120/180	720h	脂枪加注	半年或2a	适量
6	连杆销轴	2	3号锂基润滑脂	通用锂基润滑脂/HP-R高温润滑脂	-30~120/180	720h	脂枪加注	半年或2a	适量
7	曲柄销	2	3号锂基润滑脂	通用锂基润滑脂/HP-R高温润滑脂	-30~120/180	720h	脂枪加注	半年或2a	适量
8	减速器	1	极压或中极压工业齿轮油 70~150号	抽油机油/半流体润滑剂	-30~40/80	720h	注入	3a或4a	100~350
9	刹车销轴	6	3号锂基润滑脂	通用锂基润滑脂/HP-R高温润滑脂	-30~120/180	720h	脂枪加注	半年或2a	适量
10	电动机	1	3号锂基润滑脂	通用锂基润滑脂/HP-R高温润滑脂	-30~120/180	720h	脂枪加注	半年或2a	适量

4.移（摆）动平衡式抽油机润滑图表

移（摆）动平衡式抽油机润滑图表见图 2-9-4 和表 2-9-4。

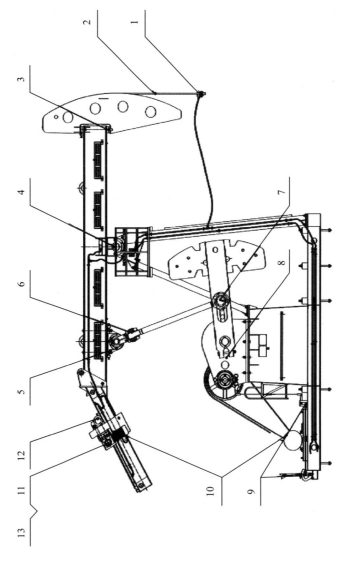

图 2-9-4　移（摆）动平衡式抽油机油润滑示意图

表2-9-4　移（摆）平衡式抽油机润滑表

润滑点编号	润滑部位	点数	设备制造厂推荐用油（性能指标）	推荐用油 种类、型号	适用温度范围 ℃	润滑保养规范 最小维护周期	加注方式	推荐换油周期	更换规范 加注量, L
1	悬绳器顶丝	1	3号锂基润滑脂	通用锂基润滑脂/HP-R高温润滑脂	-30～120/180	720h	脂枪加注	半年或2a	适量
2	钢丝绳	1	钢丝绳润滑脂	钢丝绳脂	-30～120	720h	涂抹	180d	适量
3	驴头、游梁销轴	4	3号锂基润滑脂	通用锂基润滑脂/HP-R高温润滑脂	-30～120/180	720h	脂枪加注	半年或2a	适量
4	游梁支座	2	3号锂基润滑脂	通用锂基润滑脂/HP-R高温润滑脂	-30～120/180	720h	脂枪加注	半年或2a	适量
5	尾座	2	3号锂基润滑脂	通用锂基润滑脂/HP-R高温润滑脂	-30～120/180	720h	脂枪加注	半年或2a	适量
6	连杆销轴	2	3号锂基润滑脂	通用锂基润滑脂/HP-R高温润滑脂	-30～120/180	720h	脂枪加注	半年或2a	适量
7	曲柄销	2	3号锂基润滑脂	通用锂基润滑脂/HP-R高温润滑脂	-30～120/180	720h	脂枪加注	半年或2a	适量
8	减速器	1	极压或中极压工业齿轮油	抽油机油/半流体润滑剂	-30～40/80	720h	注入	3a或4a	100～350
9	刹车销轴	6	3号锂基润滑脂	通用锂基润滑脂/HP-R高温润滑脂	-30～120/180	720h	脂枪加注	半年或2a	适量
10	电动机（包括蜗轮减速器拖动电动机）	1	3号锂基润滑脂	通用锂基润滑脂/HP-R高温润滑脂	-30～120/180	720h	脂枪加注	半年或2a	适量
11	蜗轮减速器	1	耐低温润滑油 L-DRA/A 46	L-HV46低温液压油	-30～50	720h	注入	半年或2a	适量
12	游梁平衡重滚轮	1	3号锂基润滑脂	通用锂基润滑脂/HP-R高温润滑脂	-30～120/180	720h	脂枪加注	半年或2a	适量
13	蜗轮减速器支座	1	3号锂基润滑脂	通用锂基润滑脂/HP-R高温润滑脂	-30～120/180	720h	脂枪加注	半年或2a	适量
14	平衡调节丝杠	1	3号锂基润滑脂	通用锂基润滑脂/HP-R高温润滑脂	-30～120/180	720h	脂枪加注	半年或2a	适量

5. 天平式抽油机润滑图表

天平式抽油机润滑图表见图 2－9－5 和表 2－9－5。

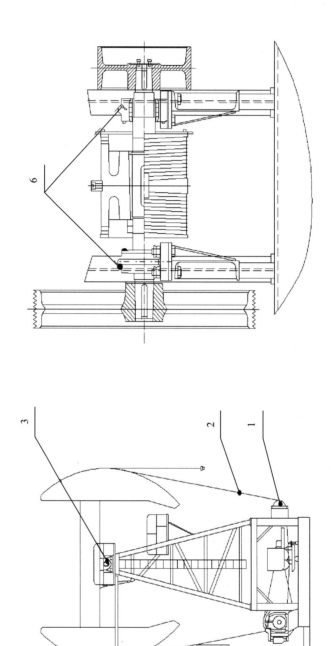

图 2－9－5　天平式抽油机润滑示意图

表2-9-5　天平式抽油机润滑表

润滑点编号	润滑部位	点数	设备制造厂推荐用油（性能指标）	推荐用油		润滑保养规范			更换规范		
				种类型号	适用温度范围℃	最小维护周期，h	加注方式		推荐换油周期	加注量	
1	导向轮	1	3号锂基润滑脂	通用锂基润滑脂／HP-R高温润滑脂	−30～120/180	720	脂枪加注		检修时	适量	
2	驱动绳	8	3号锂基润滑脂	钢丝绳脂	−30～120	720	涂抹		依检测结果或视情	适量	
3	中轴总成	1	3号锂基润滑脂	通用锂基润滑脂／HP-R高温润滑脂	−30～120/180	720	脂枪加注		检修时	适量	
4	导向梁	4	3号锂基润滑脂	通用锂基润滑脂／HP-R高温润滑脂	−30～120/180	720	涂抹		依检测结果或视情	适量	
5	配重箱导向轮	10	3号锂基润滑脂	通用锂基润滑脂／HP-R高温润滑脂	−30～120/180	720	脂枪加注		检修时	适量	
6	驱动轴总成轴承座	2	3号锂基润滑脂	通用锂基润滑脂／HP-R高温润滑脂	−30～120/180	720	脂枪加注		检修时	适量	

第三节　无游梁式抽油机润滑图表

无游梁式抽油机是指不采用游梁即可将原动机的旋转运动或直线运动转换成光杆上下往复运动的抽油机，主要机型为塔架抽油机，包括塔架宽带型、塔架钢丝绳型、塔架开关磁组型等。虽然结构特点各不相同，但润滑保养要求与游梁式抽油机基本相同，无游梁式抽油机润滑点包括动滑轮轴承、移机齿轮箱、电动机、天轮、滑轮、滚轮、链条箱（顶驱式的不含）、减速箱（电控直驱的不含）、地轮箱（顶驱式的不含）、轨道、制动器等，润滑采用的润滑剂为抗水性较好的锂基润滑脂；钢丝绳润滑采用增磨润滑油；电力液压制动器润滑采用变压器油。

一、结构特点

1. 塔架宽带（钢丝绳）型结构特点

塔架宽带（钢丝绳）型无游梁式抽油机属于机械换向机型，由电动机驱动，经传动部分减速后，驱动下链轮旋转，使垂直布置的环形闭合轨迹链条在上下链、链轮之间运转。装在轨迹链条的特殊链节与换向架上滑块中的主轴销相连，使换向架随轨迹链条周而复始地上下运动。由换向架上的上横梁连接着绕过顶部皮带滚筒（或钢丝绳）的负荷皮带来带动光杆（抽油杆、抽油泵）往复运动抽油。该机型的重点润滑部位主要包括滚筒轴承、链轮处、链条箱等，其中链条箱使用油品的更换应视具体情况确定，建议每两个月作油样分析，重点分析包括黏度、酸值、含水、杂质等指标，符合要求则继续使用，不符合要求则立即更换。

2. 塔架开关磁组型结构特点

塔架开关磁组型无游梁式抽油机属于电控换向机型，采用模块化设计由底座、主框架、上平台"三分体"组成，相互用高强度螺栓连接。减速器输入、输出轴在同一侧，电动机在主框架中心，电动机及减速器全部安装在上平台。电动机选用开关磁阻电动机，具有启动电流小、扭矩大，适合频繁正反转工况的特点。配重体由主配重箱和副配重箱组成，内部装有配重块，可精确调整配重。其主要润滑点位与塔架宽带（钢丝绳）型相似。

3. 永磁电机型（电控直驱）型结构特点

永磁电动机型抽油机属于电控换向机型，该型抽油机通过智能电气控制柜驱动、控制复式永磁电动机做正反向转动，带动井口端抽油杆柱和后平衡装置做上下往复直线运动，完成采油举升。其主要组成部件为：复式永磁电动机、塔架、后平衡装置、智能电气控制柜、悬挂梁等。该机型无减速器，润滑点位少，维护保养简单，润滑脂不易稀化流失，环保节约，管理维护成本低。

4. 直线电动机抽油机结构特点

直线电动机抽油机主要包括承载与转向系统（天轮，翻转轮和桁架）、直线电动机、平衡及其他辅助系统（平衡箱、钢丝绳、悬绳器、防撞器、无触点限位器和电磁刹车等）三部分。直线电动机动子在通入变频控制器输出的低频电流后，沿主板上安装的导轨上下往复运动，并通过扁钢丝绳直接与抽油杆连接（经过承载桁架的顶部转向轮换向）带动抽油杆达到往复抽油目的。具备机械效率高、体积小、重量轻、噪声低、性能可靠、安全耐用等优点。

二、润滑图表

1. 塔架宽带型无游梁式抽油机润滑图表

塔架宽带型无游梁式抽油机润滑图表见图2-9-6和表2-9-6。

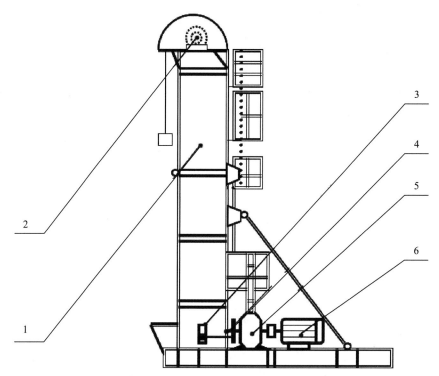

图2-9-6　塔架宽带型无游梁式抽油机润滑示意图

表 2-9-6　塔架宽带型无游梁式抽油机润滑表

润滑点编号	润滑部位	点数	设备制造厂推荐用油（性能指标）	推荐用油		润滑保养规范			更换规范	
				种类型号	适用温度范围℃	最小维护周期	加注方式	推荐换油周期	加注量，L	
1	链条箱	1	机械油 AN 68	柴油机油 CD 15W/40	−20～40	720h	注入	4300h	200
2	天轮轴承	1	2 号锂基润滑脂	通用锂基润滑脂／HP-R 高温润滑脂	−30～120/180	720h	脂枪加注	半年或 2a	适量
3	刹车销轴	4	2 号锂基润滑脂	通用锂基润滑脂／HP-R 高温润滑脂	−30～120/180	720h	脂枪加注	半年或 2a	适量
4	从动轴	2	2 号锂基润滑脂	通用锂基润滑脂／HP-R 高温润滑脂	−30～120/180	720h	脂枪加注	半年或 2a	适量
5	减速器	2	工业齿轮油 CKC150 或 CKC220	抽油机专用油／半流体润滑剂	−30～40/80	720h	注入	3a 或 4a	150～200
6	电机轴承	2	3 号锂基润滑脂	通用锂基润滑脂／HP-R 高温润滑脂	−30～120/180	720h	脂枪加注	半年或 2a	适量

2. 塔架钢丝绳型无游梁式抽油机润滑图表

塔架钢丝绳型无游梁式抽油机润滑图表见图 2-9-7 和表 2-9-7。

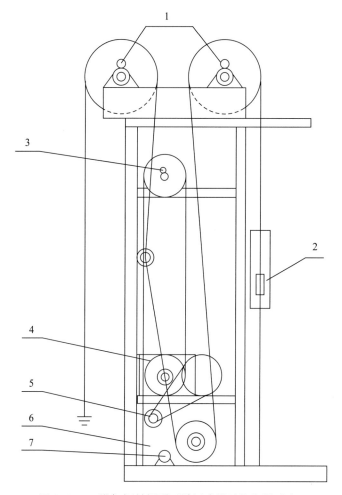

图 2-9-7 塔架钢丝绳型无游梁式抽油机润滑示意图

表2-9-7　塔架钢丝绳型无游梁式抽油机润滑表

润滑点编号	润滑部位	点数	设备制造厂推荐用油（性能指标）	推荐用油		润滑保养规范			更换规范	
				种类型号	适用温度范围 ℃	最小维护周期	加注方式	推荐换油周期	加注量，L
1	天轮轴承	2	2号锂基润滑脂	通用锂基润滑脂/HP-R高温润滑脂	−30～120/180	720h	脂枪加注	半年或2a	200
2	配重箱精轮	2	2号锂基润滑脂	通用锂基润滑脂/HP-R高温润滑脂	−30～120/180	720h	脂枪加注	半年或2a	适量
3	从动轮座	2	2号锂基润滑脂	通用锂基润滑脂/HP-R高温润滑脂	−30～120/180	720h	脂枪加注	半年或2a	适量
4	减速器	2	工业齿轮油	抽油机专用油/半流体润滑剂	−30～40/80	720h	注入	3a或4a	150～200
5	电动机轴承	2	2号锂基润滑脂	通用锂基润滑脂/HP-R高温润滑脂	−30～120/180	720h	脂枪加注	半年或2a	适量
6	地轮箱	1	机械油AN68	柴油机油CD 15W/40	−20～40	720h	注入	4300h	适量

3. 电控直驱抽油机润滑图表

电控直驱抽油机润滑图表见图 2-9-8 和表 2-9-8。

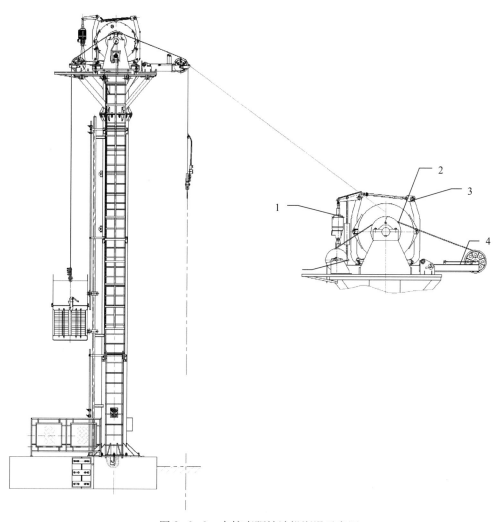

图 2-9-8　电控直驱抽油机润滑示意图

表 2-9-8　电控直驱抽油机润滑表

润滑点编号	润滑部位	点数	设备制造厂推荐用油（性能指标）	推荐用油		润滑保养规范			更换规范	
				种类、型号	适用温度范围 ℃	最小维护周期	加注方式	推荐换油周期	推荐换油周期	加注量, kg
1	液压推进器	1	45 号变压器油	45 号变压器油	-30 ~ 50	720h	注入	半年	7.5
2	复式永磁电机轴承	1	7014-2 高温润滑脂	HP-R 高温润滑脂	-30 ~ 180	720h	脂枪加注	半年	1
4	皮带轮轴承（左）	1	昆仑白色特种润滑脂	昆仑白色特种润滑脂	-20 ~ 120	720h	脂枪加注	半年	2
3	制动器传动铰链	3	昆仑白色特种润滑脂	昆仑白色特种润滑脂	-20 ~ 120	720h	脂枪加注	半年	0.5
5	皮带轮轴承（右）	1	昆仑白色特种润滑脂	昆仑白色特种润滑脂	-20 ~ 120	720h	脂枪加注	半年	2

4. 复式永磁电动机无游梁式抽油机润滑图表

复式永磁电动机无游梁式抽油机润滑图表见图 2-9-9 和表 2-9-9。

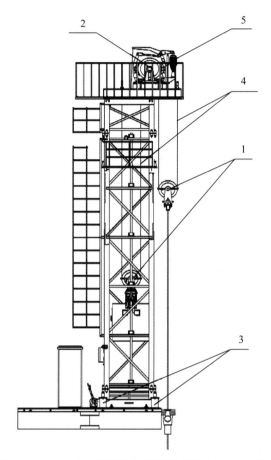

图 2-9-9 复式永磁电动机无游梁式抽油机润滑示意图

表 2-9-9　复式永磁电动机无游梁式抽油机润滑表

润滑点编号	润滑部位	点数	设备制造厂推荐用油（性能指标）	推荐用油		润滑保养规范			更换规范	
				种类、型号	适用温度范围℃	最小维护周期	加注方式	推荐换油周期	换油加注量	
1	牵引梁及配重动滑轮各轴承	4	3号锂基润滑脂	通用锂基润滑脂/HP-R高温润滑脂	-30～120/180	720h	脂枪加注	半年或2a	适量	
2	曳引永磁同步电动机轴承	1	3号锂基润滑脂	通用锂基润滑脂/HP-R高温润滑脂	-30～120/180	720h	脂枪加注	半年或2a	适量	
3	机座移机齿轮箱	2	3号锂基润滑脂	通用锂基润滑脂/HP-R高温润滑脂	-30～120/180	720h	脂枪加注	半年或2a	适量	
4	钢丝绳	10	增磨润滑油	钢丝绳脂	-30～120	720h	涂抹	180d	适量	
5	电力液压制动器（电刹车）推动器	1	25号、45号变压器油	变压器油	-30～50	720h	注入	一年抽样化验，按质换油	适量	

5. 直线抽油机润滑图表

直线抽油机润滑图表见图 2-9-10 和表 2-9-10。

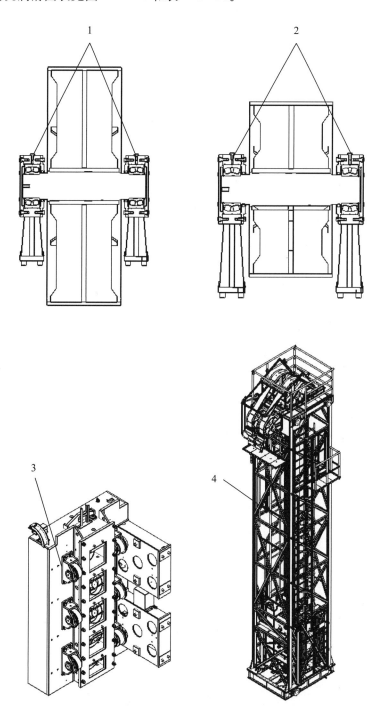

图 2-9-10　直线抽油机润滑示意图

表 2-9-10　直线抽油机润滑表

润滑点编号	润滑部位	点数	设备制造厂推荐用油（性能指标）	推荐用油		润滑保养规范			更换规范	
				种类、型号	适用温度范围 ℃	最小维护周期	加注方式	推荐换油周期	加注量	
1	天轮轴承	4	极压锂基润滑脂	极压锂基润滑脂	-20 ~ 120	720h	脂枪加注	检修时	轴承容油量的 1/3 ~ 2/3
2	翻转轮轴承	4	极压锂基润滑脂	极压锂基润滑脂	-20 ~ 120	720h	脂枪加注	检修时	轴承容油量的 1/3 ~ 2/3
3	动子滚轮轴承	12	极压锂基润滑脂	极压锂基润滑脂	-20 ~ 120	720h	脂枪加注	检修时	轴承容油量的 1/3 ~ 2/3
4	定子轨道	4	抗磨液压油	低温液压油 L-HV46	-30 ~ 50	720h	注入	按需	适量

第四节　减速器的润滑

减速器是抽油机的关键部件之一，其主要功能是降低转速、增加转矩和传递动力。具有承载能力大、使用寿命长、工作平稳、噪声小、密封性好、安全可靠、安装使用方便等特点，适用于各种野外条件下的连续作业生产。

一、结构特点

油田抽油机用减速器按照传动类型可分为齿轮减速器和蜗杆减速器，按照传动级数可分为单级减速器和多级减速器；按照齿轮形状可分为圆柱齿轮减速器、圆锥齿轮减速器。游梁式抽油机减速器多采用双圆弧圆柱人字齿轮，一般为简单三轴（主动轴、中间轴、输出轴）平行二级减速结构。无游梁塔架式抽油机减速器与游梁机的结构大致相同，一般为二级或多级减速机构，减速器容量相对同规格游梁机要小。蜗杆减速器主要用在移（摆）动抽油机的平衡调节上，应用数量较少，对润滑的要求也较低。图2-9-11所示为减速器剖面图。

二、润滑方式

减速箱内的齿轮均采用油浴飞溅润滑、自然冷却的方式，箱体结合面涂密封胶防止飞溅油液渗漏，左右旋齿轮与箱体之间装有油槽盒（带刮油器），箱体结合面开有油槽，可向各轴承供给润滑油。在正常情况下，大齿轮的飞溅润滑就可满足需要，但在较低冲次的情况下，浸于油液的大齿轮转数较低，不能完全满足飞溅润滑的条件，可采用安装刮油（导流）板的集油方式，加强对减速器各轴承和齿轮的润滑，为进一步提高润滑效果，也可采用增设甩油盘和舀油装置的方法，增加流入润滑油道的流量进行润滑和冷却。

三、运行工况

（1）减速器通常在野外露天条件下工作，要经受日晒、雨淋、风吹、热烤、寒冷的考验，在很多场合，减速器还面临风沙的侵蚀，沙漠、戈壁阳光的辐射热也能使减速器的运行温度很高。不同地区的气温变化为 $-46 \sim 52℃$，在潮湿的季节，早晚的温度变化会使水蒸气凝结在减速器内。

（2）抽油机常常在边远或地广人稀的区域工作，减速器易出现缺油、漏油或损坏等故障，如果不及时处理，可能会造成较大损失。

四、管理要求

（1）在减速箱检查中发现以下情况时，应及时净化或更换润滑油：

①减速器内部有沉淀物；

②润滑油呈乳化状或泥浆状；

③润滑油被灰尘、沙子或其他杂质污染；

④经油液检测后发现润滑油指标不符合规定要求；

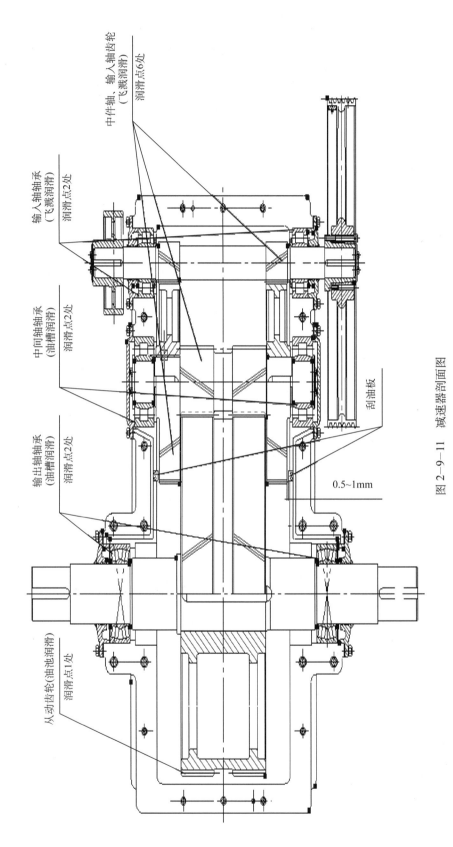

图 2-9-11　减速器剖面图

中件轴、输入轴齿轮
（飞溅润滑）
润滑点6处

输入轴轴承
（飞溅润滑）
润滑点2处

中间轴轴承
（油槽润滑）
润滑点2处

输出轴轴承
（油槽润滑）
润滑点2处

刮油板

0.5~1mm

从动齿轮（油池润滑）
润滑点1处

⑤减速器齿轮磨损严重或断齿后形成较多的金属磨粒。

（2）减速器的油面指示可分为油窗和油位螺塞两种，加注润滑油时，应使其油面处于减速器油窗上两条刻度指示线或两油位螺栓之间。减速器箱体下部易积水，应经常检查和排出，以防油品乳化变质。

（3）新油品加注时一定要注意过程污染控制，最好配置相应的净化加注设备，从源头和加注过程中控制和解决污染问题。

五、油品选用

减速器由于连续长时间在重负荷、低速、交变载荷等恶劣工况下运转，要求润滑油具有良好的抗交变载荷能力、一定的极压抗磨性、适宜的黏温特性、良好的抗氧化能力、良好的剪切安定性和抗泡沫性等，需要根据环境温度、工作载荷等条件综合选择。

（1）合适的黏度，以保证形成完整的油膜。

（2）良好的极压抗磨性能，有效减少齿轮磨损，延长使用寿命。

（3）一定的氧化安定性，减缓润滑油氧化衰变，延长油品的使用寿命。

（4）较好的低温性能要求，润滑油适应温度要宽泛。

（5）良好的防腐蚀性和防锈性能。防止氧化产生的酸性物质对齿轮造成的腐蚀和锈蚀而引起油品的变质。

（6）良好的抗水性和抗乳化性能，防止油品乳化变质，产生沉淀。

（7）较好的防漏性能，以防污染设备和周边环境。

六、污染控制

抽油机润滑油在使用过程中不可避免地被周围环境及系统工作中产生的各种杂质、粉尘、水分、气体、磨屑、油泥等污染，这些污染会造成润滑油品质劣化、氧化加剧、性能下降，缩短润滑油的使用期限，必须采取控制措施。

（1）开展油液监测工作，及时查找污染源并进行处理。

（2）加大润滑工程车的使用，开展集中润滑，减少操作环节和人为因素影响。

（3）尽量避免缺油就添加的管理方式，使用净油机定期开展减速器润滑油的净化过滤工作，去除润滑油中的各种污染物及水分。

（4）加强设备维修保养过程的清洁管理，降低润滑系统受污染的概率。

（5）做好抽油机运行参数的合理匹配，避免因冲击、超负荷等产生的机械磨损。

（6）加强关键环节的管控，做好设备的防漏治漏工作。

（7）建立好设备润滑台账，不同品种的油品不得混用。

七、防漏治漏

抽油机减速器由于受工作环境、载荷匹配、产品质量、结构设计及密封材料等方面的影响，加之设备本身密封不严、油品污染物控制和清洁不到位、运行操作不当、维修保养不及时等因素，极易造成渗漏污染，因此必须要加强抽油机的防漏治漏管理工作。

（1）检查疏通呼吸器。疏通各呼吸孔，清洗干净孔内油泥杂物，通气检查，保持呼吸通畅。

（2）定期清洗、疏通回油孔。减速器运行 3 年后，在换油过程中要对减速器内进行一次回油孔油道、刮油板、舀油装置的全面检查。

（3）按时进行减速器的保养。严格按设备管理要求添加、更换润滑油，减速器加油量不得超过规定液面要求；在开展减速器保养作业时，检查调整轴承间隙，避免间隙过大或过小；防止密封材料磨损和老化，及时处理箱体结合面的翘曲变形。

（4）开展技术改造和革新活动。改进减速器回油孔结构和轴承端盖处密封，开发新型导流密封装置，积极应用适合现场工况的新材料和新技术，以提高密封效果。

（5）保证维修和安装质量。严格减速器的维修和安装质量标准，零部件装配不能出现回油孔与轴承压盖内密封圈开口槽错位的现象。安装轴承压盖时，一定要保证回油孔开口位置与开口槽位置重合，要保证轴承压盖的螺栓孔位与减速器上的孔位对准。

（6）调节抽油机的平衡。抽油机在上下冲程运动过程中，使输出轴轴承在垂直方向上受到的是对称循环交变应力，可延长轴承的使用寿命，减小输出轴与轴承压盖内密封圈的磨损。

（7）加强操作管理，尽量避免冲击、超负荷、急停、急刹等对减速器产生的影响。

（8）科学分析减速器漏油的根本原因，结合现场实际，加大科学管理力度，采取合理措施，确保清洁文明生产。

第十章　压缩机组润滑及用油

压缩机组是石油天然气工业生产中广泛使用的一类动力设备，在油气田生产中常用于天然气集输增压、轻烃回收、高压注气、排水采气及城市燃气等工艺场合。压缩机组的润滑技术管理工作是其使用阶段的基本内容之一，事关设备平稳运行和油气田正常生产，长期以来备受关注。

第一节　概　　述

压缩机组由机体、传动机构、气缸、工艺管路以及冷却、润滑、控制等辅助系统组成，在电机、内燃机等动力机的驱动下工作。

一、压缩机组分类

由于压缩机组种类多，结构形式差异大，故分类方式也较多。按工作原理可分为容积型和速度型两大类（图 2-10-1），油气田常用的有往复活塞式、离心式、螺杆式、滑片式等。按压缩介质可以分为天然气压缩机、空气压缩机、二氧化碳压缩机、氮气压缩机、丙烷压缩机、氧气压缩机等。按工作排气压力可分为低压（≤ 1MPa）、中压（1 ~ 10MPa）、高压（10 ~ 100MPa）及超高压（≥ 100MPa）压缩机。

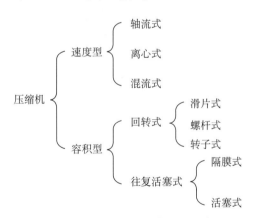

图 2-10-1　压缩机工作原理分类

因压缩机组的工作原理、结构形式不同，其润滑方式也差异较大，但通常设计为压力润滑、飞溅润滑两种方式。压缩机的油品选用与工作介质和压力等工况条件密切相关，即使同型号的压缩机，因工作介质和压力等级不同，润滑油选用差异较大，在以下各节中有具体明确要求。但无论何种结构形式的压缩机，其润滑部位主要包括轴承、传动机构、气缸、填料等，用油品种以内燃机油、压缩机油、齿轮油和润滑脂为主。

压缩机组冷却系统通常采用风冷（自然冷却）和水冷两种方式，对气缸、填料和工作介质进行冷却。选用冷却液应符合 ASTM D4985 技术规范，根据环境最低温度选用 −25 号、−35 号和 −45 号防冻液，也可选用符合要求的软化水或去离子水。

二、润滑管理基本要求

压缩机组种类、结构形式较多，其润滑管理不尽相同，但应做到以下基本要求：

（1）润滑油加注时，应尽可能采用闭式加注，做到"六定、三过滤、两洁、一密封"；加注量执行说明书或润滑手册规定。更换油品时，应在热机状态下更换，放尽油冷器、油滤器及管线中的残油，以排出润滑油中的胶质和杂质；每次更换润滑油时必须同时更换滤芯；换油完成后必须开启预润滑泵对润滑系统进行放空，以确保发动机在启动前涡轮增压器得到充分润滑。

（2）使用中应定期巡查压缩机组各部位润滑情况，包括润滑油位是否正常，是否存在跑、冒、滴、漏现象，是否存在过滤器压降异常，润滑油压力、油温是否正常，发动机排烟温度是否正常，并定期对润滑油路上的各种滤清器进行清洗、保养或更换。

（3）对大型压缩机应定期抽样化验润滑油运动黏度、黏度指数、碱值、水分、氧化度、硝化度、乙二醇、光谱元素等指标，根据实际工况和油品品质，实现按质换油。采取按期换油的，在临近换油期时，应注意对油品失效外观特征进行判断，如发现油品颜色变黑或呈深褐色、浑浊，油品杂质多、油泥多、黏稠有块状物，油品乳化、发白等现象时，应及时更换。

（4）不同厂家的油品不提倡代用和混用。原则上，压缩机选择油品的质量等级宜高不宜低；另外，要注重选择油品的黏度等级，黏度等级要根据压缩机组工作环境温度来适当选择；如需代用，尽量用同一类油品或性能相近的油品代用。

（5）压缩机启动前，应按使用说明书要求进行预润滑，对于大型压缩机，当外界环境温度较低时，应先启动润滑油预加热系统，在润滑油达到使用说明书温度要求后方可启车、加载。

（6）按照压缩机技术手册要求定期补充和更换润滑脂，补充润滑脂应做到"多次少量"。定期检查注脂点，确保润滑脂适量、无变质；注意风扇轴承、燃料喷射阀等部位用脂的品种要求；更换润滑脂前应将原润滑腔清洗干净，并保持注脂过程清洁。

（7）配置有冷却系统的压缩机应定期检查冷却状况，包括冷却液面高度、冷却系统密封性和冷却参数异常等；冷却液应进行定期检测，并结合使用说明书要求和现场管理规定进行更换；不同类型冷却液不得混用。

（8）如果压缩机及其配套系统连续 5 个月以上不运行，必须排出曲轴箱、注油泵润滑油及冷却系统冷却液，并在冷却系统加入油水乳化液运行 30min 以上再排空。

第二节　油气田天然气压缩机组润滑图表

在油气田开发生产中广泛应用了各型天然气压缩机组，其中往复活塞式天然气压缩机组是油气田生产后期天然气增压开采作业中最常用的设备，页岩气和煤层气低压采气生产还常用喷油螺杆式天然气压缩机组。

往复活塞式天然气压缩机组主要由安装基座和橇装部分构成，分为整体式压缩机组与分体式（含车载移动式）压缩机组两种。其中整体式的特点为动力机和压缩机共用一个机身，通过一根曲轴组合成一个整体；分体式的特点为动力机和压缩机完全分离，动力部分和压缩部分通过联轴器连成一个橇体。喷油螺杆式天然气压缩机组通常采用电动机经联轴器驱动阳转子和阴转子压缩天然气做功。

一、润滑冷却方式

1. 润滑方式

（1）整体式压缩机组曲轴箱、十字头、曲轴齿轮及卧轴齿轮均采用飞溅润滑方式，动力缸、压缩缸与填料均采用压力注油润滑方式。分体式压缩机组的发动机润滑方式按照相应机型润滑系统要求进行，压缩机部分曲轴箱常采用压力循环润滑方式，压缩缸与填料均采用压力注油润滑方式。整体式与分体式压缩机组工作过程中，润滑油的消耗主要通过高位油箱进行自动补充。

（2）当分体式压缩机组采用内燃机作为驱动机时，内燃机通过自己独立的润滑系统，对曲轴箱、连杆、压缩缸等部位进行润滑，并在润滑油完成一次循环过程后，还需经过独立的油冷器（水冷）对高温润滑油强制冷却；以电动机作为驱动机时，主要是对电动机主轴承进行油润滑或脂润滑。

（3）喷油螺杆式天然气压缩机组的转子腔和前后转子轴承采用压力润滑方式，通过机组排气压力和进气压力的压差，将油气分离器（兼做储油罐）中的润滑油压回到压缩机主机并喷入转子腔和前后轴承盒中，与吸入的低压气体一起对双螺杆运动副进行润滑、冷却，然后同高压气体一起排出，经过分离后再储存到油气分离器中。喷入前后轴承盒的润滑油，在压力作用下对转子和轴承实现润滑。在喷入转子腔的润滑油完成一次循环过程后，润滑油温度升高，还需采用空冷器强制冷却。

2. 冷却方式

（1）油气田天然气压缩机组的冷却方式主要为闭式循环冷却系统，对压缩机气缸、填料和压缩天然气进行冷却，不同的是分体式压缩机组气缸多采用风冷（自然冷却）方式，气缸内无冷却水夹套，整体式则有冷却水夹套。当采用内燃机作为驱动机时，驱动机气缸、油冷器的冷却与压缩机共用一套冷却系统。在轻烃厂、LNG 厂等有较便利水资源的情况下，分体式天然气压缩机组也常采用凉水塔的开式循环冷却方式。

（2）喷油螺杆式天然气压缩机组的冷却方式一般为闭式循环冷却系统，通过空冷器对压缩后的高温天然气和高温润滑油进行冷却。为使空冷器结构紧凑、合理，冷却润滑油和天然气的空冷器管束设计在一套冷却系统上。

二、润滑基本要求

油气田天然气压缩机组润滑油的选用依据其结构特点、工况、环境温度、排放要求等综合选择润滑油的质量等级和黏度级别。冷却液的选用根据机型、冷却系统方式及使用环境条件选择 pH 值、总硬度等技术指标。

1. 往复活塞式天然气压缩机组润滑油选用要求

（1）往复活塞式天然气压缩机组常常采用燃气发动机驱动，发动机通常在高负荷、高温下运行，对发动机油的性能要求极高，即高性能的燃气发动机油必须满足燃气发动机在苛刻的工况条件下高输出、低排放、节省燃料等润滑需求。发动机润滑油需要良好的抗氧化性能、抗硝化性能、严格的灰分要求、优异的清洁性能及良好的碱值保持能力。对整体式压缩机的两冲程天然气发动机，润滑油与天然气在缸内混合燃烧，因此要求使用无灰分或低灰分润滑油，防止在燃烧室内积炭造成机械损伤。分体式压缩机的四冲程发动机，合理的灰分能减少气门与气门座磨损，要求使用低灰分或中灰分润滑油。

（2）对往复活塞式压缩机而言，曲轴箱、填料和气缸润滑油通常要综合考虑工况条件、质量等级、黏温性能和抗氧化性等。曲轴箱的润滑一般使用柴油机油；气缸与填料的润滑按压力等级、硫化氢含量、二氧化碳含量及水露点等参数选用，参考美国 Ariel 公司推荐标准，压缩机排气压力 ≤ 34.5MPa，选用 ISO VG150—VG460 黏度等级的矿物油或合成油；排气压力 > 34.5MPa 时，润滑油黏度等级可提高到 ISO VG680。在实际使用中，整体式压缩机组通常未分开用油，其二冲程燃气发动机和压缩机均采用柴油机油。

（3）其他要求：在重负荷、低转速和温度较高的情况下，燃气发动机宜选用高黏度润滑油或添加极压抗磨剂的润滑油；在低负荷、高转速和低温等工况下，宜选用低黏度润滑油。对于东北、华北、西北等冬季环境温度低（< −25℃）的地区，压缩机组润滑油的选用要充分考虑倾点要求，因此，四冲程燃气发动机选用低灰分或中灰分燃气发动机润滑油，二冲程燃气发动机选用无灰分或低灰分燃气发动机润滑油。

2. 螺杆式天然气压缩机组润滑油选用要求

润滑油在喷油螺杆式天然气压缩机组中主要起到润滑、冷却、密封及降噪作用，要求采用加入抗氧、抗泡等添加剂的压缩机润滑油。其油品黏度等级推荐 ISO VG46 和 ISO VG68，并按表 2—10—1 要求选用。

表 2—10—1　螺杆式天然气压缩机组润滑油技术指标要求

项目		单位	参数	测试方法
黏度指数（不低于）			105	GB/T 1995
开口闪点（不低于）		℃	220	GB/T 3536
总酸值（不高于）		mg(KOH)/g	0.25	GB/T 7304
倾点（不高于）		℃	−45	GB/T 3535
抗泡沫性（泡沫倾向/稳定性）	程序Ⅰ（24℃）	mL/mL	60/0	GB/T 12579
	程序Ⅱ（93.5℃）		40/0	
	程序Ⅲ（24℃）		60/0	
铜片腐蚀（100℃，3h）		级	1b	GB/T 5096
抗磨性能（FZG）失效负荷		级别	11F	
旋转氧弹试验（不低于）		min	700	

3. 往复式天然气压缩机组液压油选用要求

整体式与分体式机组的调速器、整体式机组的喷射阀工作过程中，还需要用到液压油，其选用应根据天然气压缩机组技术手册推荐选择相应级别，一般选用 L—HM32 号、L—HM68 号和 L—HM100 号抗磨液压油或 L—TSA32 号汽轮机油。

4. 油气田天然气压缩机组冷却液选用要求

（1）整体式机组冷却液推荐使用依次为：去离子水、软化水、防冻冷却液；分体式机组冷却液推荐使用依次为：防冻冷却液、去离子水、软化水。冬季低温条件下，应使用防冻冷却液。

（2）闭式循环冷却系统用冷却液应满足 GB 29743 标准要求，并综合考虑以下三方面的因素：防冻冷却液的冰点应至少比最低环境温度低 $10℃$，同时，应考虑冰点过低对冷却效果的影响，乙二醇类的防冻冷却液中乙二醇含量不应低于 30%，一般为 50%；防腐、防结垢、抗泡效果优良；pH 值应控制在 7.5 ~ 11 范围内。

（3）开式循环冷却系统用冷却液应符合标准 GB 50050 的规定。未使用防冻冷却液的机组应选用软化水，pH 值应控制在 6.5 ~ 8.5 的范围内，总硬度小于 80mg/L。

5. 油气田天然气压缩机组润滑油、冷却液的维护要求

（1）压缩机组采用按期换油的，按以下要求执行：压缩机曲轴箱润滑油至少一年更换一次；四冲程发动机曲轴箱润滑油更换按使用说明书要求；新投运和经过大修的压缩机组，应在初次运行 150h 后更换曲轴箱润滑油。

（2）压缩机组采用按质换油的，按以下要求执行：根据润滑油牌号、原料气成分、燃料气成分和机组运行工况摸索合理的检测周期和换油周期，推荐每 720h 对介电常数、黏度、酸碱值、水分、元素含量等指标进行取样检测，根据检测结果合理换油。

（3）压缩机组使用软化水和去离子水的，应每年更换一次；使用防冻冷却液的，依据厂家推荐周期更换。使用防冻液的压缩机组推荐每年检测一次防冻液的参数指标，检测参数类型及数值依据防冻液厂家推荐，并参考标准 GB 29743 规定执行。

三、润滑图表

1.JGT-4/G3516型天然气压缩机组润滑图表

JGT-4/G3516型天然气压缩机组润滑图表见图2-10-2和表2-10-2。

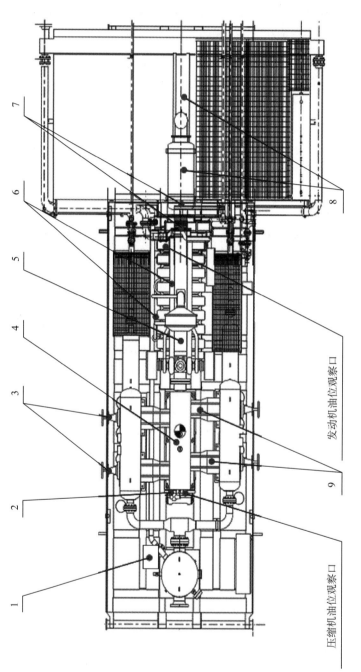

压缩机油位观察口

发动机油位观察口

图2-10-2　JGT-4/G3516型天然气压缩机组润滑示意图

表2-10-2　JGT-4/G3516型天然气压缩机组润滑表

润滑点编号	润滑部位	点数	设备制造厂推荐用油（性能指标）	推荐用油		润滑保养规范		更换规范		备注
				种类、型号	适用温度范围 ℃	最小维护周期	加注方式	推荐换油周期	换油加注量，L	
1	高位油箱	1	SAE40W	固定式燃气发动机油 7805 或 7905	−30～50	4000h	注入	—	—	—
2	压缩机强制注油泵箱	1	SAE40W	固定式燃气发动机油 7805 或 7905	−30～50	4000h	注入	4000h	1	—
3	压缩余隙缸注油脂点	4	通用锂基润滑脂	通用锂基润滑脂	−30～120	4000h	脂枪加注	4000h	适量	—
4	压缩机油曲轴箱	1	SAE40W	固定式燃气发动机油 7805 或 7905	−30～50	4000h	注入	4000h	110	—
5	发动机曲轴箱	1	SAE40W	固定式燃气发动机油 7805 或 7905	−30～50	1000h	注入	1000h	420	—
6	发动机调速拉杆	4	通用锂基润滑脂	通用锂基润滑脂	−30～120	720h	脂枪加注	4000h	适量	—
7	皮带张紧风轮轴承	2	通用锂基润滑脂	通用锂基润滑脂	−30～120	720h	脂枪加注	4000h	适量	—
8	空冷器风扇轴承	2	通用锂基润滑脂	通用锂基润滑脂	−30～120	720h	脂枪加注	4000h	适量	—
9	压缩缸和填料	4	SAE40W	固定式燃气发动机油 7805 或 7905	−30～50	4000h	注入	4000h	—	由压缩机强制注油泵箱供油

2.JGZ－6/G3616 型天然气压缩机组润滑图表

JGZ－6/G3616 型天然气压缩机组润滑图表见图 2－10－3 和表 2－10－3。

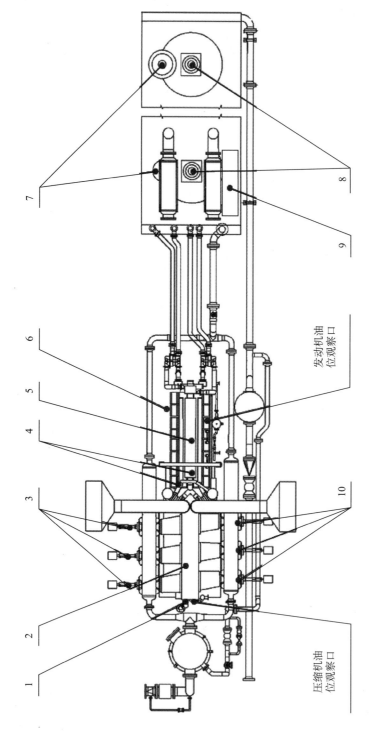

图 2－10－3　JGZ－6/G3616 型天然气压缩机组润滑示意图

表 2-10-3 JGZ-6/G3616 型天然气压缩机组润滑表

润滑点编号	润滑部位	点数	设备制造厂推荐用油（性能指标）	推荐用油 种类、型号	推荐用油 适用温度范围 ℃	润滑保养规范 最小维护周期	润滑保养规范 加注方式	更换规范 推荐换油周期	更换规范 换油加注量，L	备注
1	压缩机强制注油缸泵油箱	1	SAE40W	固定式燃气发动机油 7805 或 7905	−30 ~ 50	5000h	注入	5000h	1	
2	压缩机曲轴箱	1	SAE40W	固定式燃气发动机油 7805 或 7905	−30 ~ 50	5000h	注入	5000h	500	
3	压缩余隙注脂点	6	通用锂基润滑脂	通用锂基润滑脂	−30 ~ 120	720h	脂枪加注	5000h	适量	
4	发动机促动器拉杆	12	通用锂基润滑脂	通用锂基润滑脂	−30 ~ 120	720h	脂枪加注	5000h	适量	
5	发动机曲轴箱	1	SAE40W	固定式燃气发动机油 7805 或 7905	−30 ~ 50	5000h	注入	2000h	1280	
6	发动机液压油箱	1	CAT 专用液压油	CAT 专用液压油	−30 ~ 50	5000h	注入	5000h	25	
7	空冷器电机轴承	4	通用锂基润滑脂	通用锂基润滑脂	−30 ~ 120	720h	脂枪加注	5000h	适量	
8	空冷器风扇轴承	4	通用锂基润滑脂	通用锂基润滑脂	−30 ~ 120	720h	脂枪加注	5000h	适量	
9	高位油箱	1	SAE40W	固定式燃气发动机油 7805 或 7905	−30 ~ 50	5000h	注入	5000h	—	
10	压缩缸和填料	6	SAE40W	固定式燃气发动机油 7805 或 7905	−30 ~ 50	5000h	注入	5000h	适量	由压缩机强制注油泵箱供油

3.2RDSA—2/F3524GS 型天然气压缩机组润滑图表

2RDSA—2/F3524GS 型天然气压缩机组润滑图表见图 2—10—4 和表 2—10—4。

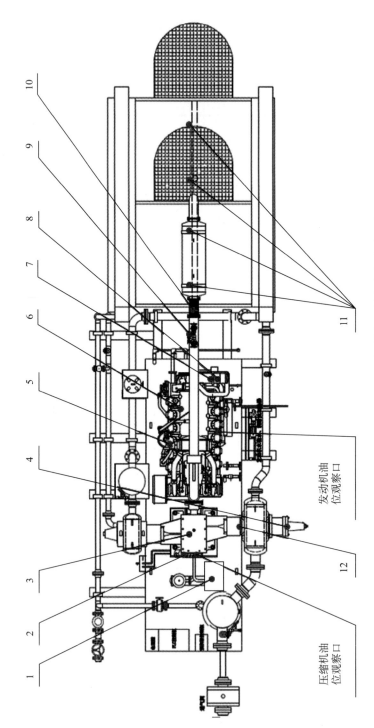

图 2—10—4　2RDSA—2/F3524GS 型天然气压缩机组润滑点示意图

表 2-10-4 2RDSA-2/F3524GS 型天然气压缩机组润滑表

润滑点编号	润滑部位	点数	设备制造厂推荐用油（性能指标）	推荐用油		润滑保养规范			更换规范		备注
				种类、型号	适用温度范围 ℃	最小维护周期	加注方式	推荐换油周期	换油加注量，L		
1	高位油箱	1	SAE40	固定式燃气发动机油 7805 或 7905	-30～50	5000h	注入	—	—	
2	压缩机强制注油泵箱	1	SAE40	固定式燃气发动机油 7805 或 7905	-30～50	5000h	注入	5000h	1	
3	压缩机曲轴箱	1	SAE40	固定式燃气发动机油 7805 或 7905	-30～50	5000h	注入	5000h	150	
4	压缩余隙缸注脂点	1	通用锂基润滑脂	通用锂基润滑脂	-30～120	720h	脂枪加注	5000h	适量	
5	发动机调速拉杆	4	通用锂基润滑脂	通用锂基润滑脂	-30～120	720h	脂枪加注	5000h	适量	
6	发动机曲轴箱	1	SAE40	固定式燃气发动机油 7805 或 7905	-30～50	1000h	注入	1000h	300	
7	辅助水水泵	1	通用锂基润滑脂	通用锂基润滑脂	-30～120	720h	脂枪加注	5000h	适量	
8	夹套水水泵	1	通用锂基润滑脂	通用锂基润滑脂	-30～120	720h	脂枪加注	5000h	适量	
9	万向节	2	通用锂基润滑脂	通用锂基润滑脂	-30～120	720h	脂枪加注	5000h	适量	
10	传动轴	2	通用锂基润滑脂	通用锂基润滑脂	-30～120	720h	脂枪加注	5000h	适量	
11	空冷器风扇轴承	4	通用锂基润滑脂	通用锂基润滑脂	-30～120	720h	脂枪加注	5000h	适量	
12	压缩缸和填料	2	SAE40	固定式燃气发动机油 7805 或 7905	-30～50	5000h	注入	5000h	适量	由压缩机强制注油泵箱供油

4.ZTY470，DPC2803 型天然气压缩机组润滑图表

ZTY470，DPC2803 型天然气压缩机组润滑图表见图 2–10–5 和表 2–10–5。

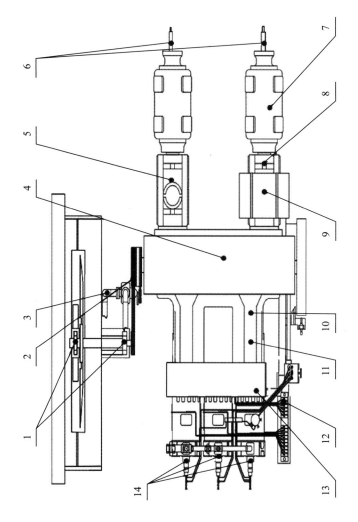

图 2–10–5　ZTY470，DPC2803 型天然气压缩机组润滑点示意图

表2-10-5　ZTY470, DPC2803型天然气压缩机组润滑表

润滑点编号	润滑部位	点数	设备制造厂推荐用油（性能指标）	推荐用油 种类、型号	适用温度范围 ℃	最小维护周期	加注方式	推荐换油周期	换油加注量, L	备注
1	空冷器风扇轴承	2	通用锂基润滑脂	通用锂基润滑脂	−30～120	720h	脂枪加注	8000h	适量	
2	皮带张紧轮轴承	2	通用锂基润滑脂	通用锂基润滑脂	−30～120	720h	脂枪加注	8000h	适量	
3	水泵	2	SAE30	通用锂基润滑脂	−30～120	720h	注入	8000h	适量	
4	曲轴箱	1	SAE30	固定式燃气发动机油7801或7901	−30～50	8000h	注入	8000h	300	
5	压缩十字头与滑道	2	SAE30	固定式燃气发动机油7801或7901	−30～50	8000h	注入	8000h	300	与曲轴箱主轴承同为飞溅润滑
6	压缩余隙缸导向架	4	通用锂基润滑脂	通用锂基润滑脂	−30～120	720h	脂枪加注	8000h	适量	
7	压缩缸活塞环	2	SAE30	固定式燃气发动机油7801或7901	−30～50	8000h	注入	8000h	2	由压缩机强制注油泵箱供油
8	压缩活塞杆填料	2	SAE30	固定式燃气发动机油7801或7901	−30～50	8000h	注入	8000h	2	由压缩机强制注油泵箱供油
9	高位油箱	1	SAE30	固定式燃气发动机油7801或7901	−30～50	8000h	注入	—	—	
10	动力十字头与滑道	2	SAE30	固定式燃气发动机油7801或7901	−30～50	8000h	注入	8000h	300	与曲轴箱主轴承同为飞溅润滑
11	动力活塞环	3	SAE30	固定式燃气发动机油7801或7901	−30～50	8000h	注入	8000h	2	由压缩机强制注油泵箱供油
12	压缩机强制注油泵箱	1	抗磨液压油	固定式燃气发动机油7801或7901	−30～50	8000h	注入	8000h	2	
13	液压油罐	1	抗磨液压油	ZYAE-2150-2	−30～50	8000h	注入	8000h	5	
14	喷射阀	3	高温润滑脂	高温润滑脂HP-R	−30～120	720h	脂枪加注	8000h	适量	

注：本表同样适用于ZTY、DPC系列的其他机型。

5.LGN20/0.08—1.5 型螺杆式天然气压缩机组润滑图表

LGN20/0.08—1.5 型螺杆式天然气压缩机组润滑图表见图 2—10—6 和表 2—10—6。

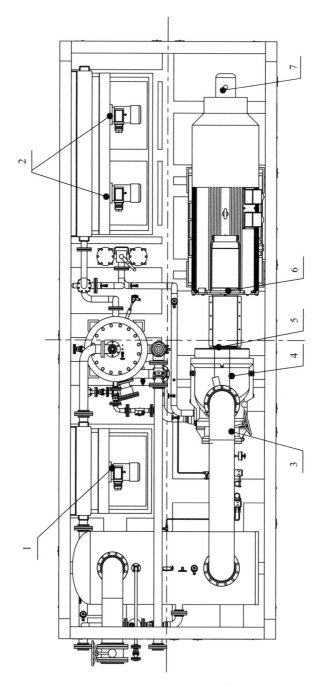

图 2—10—6　LGN20/0.08—1.5 型螺杆式天然气压缩机组润滑点示意图

表2-10-6 LGN20/0.08-1.5型螺杆式天然气压缩机组润滑表

润滑点编号	润滑部位	点数	设备制造厂推荐用油(性能指标)	推荐用油		润滑保养规范		更换规范	
				种类、型号	适用温度范围℃	最小维护周期	加注方式	推荐换油周期	加注量,L
1	气体空冷器风机轴承	2	通用锂基润滑脂	通用锂基润滑脂	-30~120	720h	脂枪加注	1a	适量
2	润滑油空冷器风机轴承	4	通用锂基润滑脂	通用锂基润滑脂	-30~120	720h	脂枪加注	1a	适量
3	螺杆压缩机轴承	1	46号压缩机润滑油	螺杆式压缩机油	-30~50	3000h	注入	3000h	适量
4	螺杆压缩机转子	1	46号压缩机润滑油	螺杆式压缩机油	-30~50	3000h	注入	3000h	适量
5	螺杆压缩机机械密封	1	46号压缩机润滑油	螺杆式压缩机油	-30~50	3000h	注入	3000h	适量
6	主电动机动轴承	2	通用锂基润滑脂	通用锂基润滑脂	-30~120	720h	脂枪加注	1a	适量
7	主电动机强迫风机轴承	4	通用锂基润滑脂	通用锂基润滑脂	-30~120	720h	脂枪加注	1a	适量

6.JC-2DW/64/0.3-14.5 型往复式天然气压缩机润滑图表

JC-2DW/64/0.3-14.5 型往复式天然气压缩机润滑图表见图 2-10-7 和表 2-10-7。

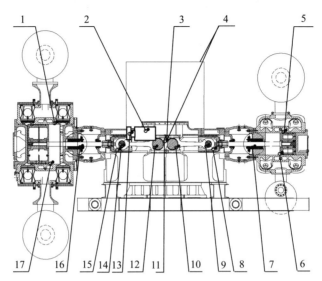

图 2-10-7　JC-2DW-64/0.3-14.5 型往复式天然气压缩机润滑点示意图

表 2-10-7　JC-2DW-64/0.3-14.5 型往复式天然气压缩机润滑表

润滑点编号	润滑部位	点数	设备制造厂推荐用油（性能指标）	推荐用油		润滑保养规范		更换规范	
				种类型号	适用温度范围℃	最小维护周期	加注方式	推荐换油周期	加注量 L
1	一级缸体上侧	1	空气压缩机油 L-DAB150	空气压缩机油 L-DAB150	-10~50	8000h	注入	8000h	适量
2	注油泵储油箱	2	空气压缩机油 L-DAB150	空气压缩机油 L-DAB150	-10~50	8000h	注入	8000h	适量
3	电动机驱动端轴承	1	汽轮机油 L-TSA32	汽轮机油 L-TSA32	-10~50	2000h	注入	2000h	1.5
4	电动机非驱动端轴承	1	汽轮机油 L-TSA32	汽轮机油 L-TSA32	-10~50	2000h	注入	2000h	1.5
5	二级缸体上侧	1	空气压缩机油 L-DAB150	空气压缩机油 L-DAB150	-10~50	8000h	注入	8000h	适量
6	二级缸体下侧	1	空气压缩机油 L-DAB150	空气压缩机油 L-DAB150	-10~50	8000h	注入	8000h	适量
7	二级填料	1	空气压缩机油 L-DAB150	空气压缩机油 L-DAB150	-10~50	8000h	注入	8000h	适量
8	二级十字头	1	抗磨液压油 L-HM68	抗磨液压油 L-HM68	-10~50	8000h	注入	8000h	适量
9	二级连杆小头瓦	1	抗磨液压油 L-HM68	抗磨液压油 L-HM68	-10~50	8000h	注入	8000h	适量

续表

润滑点编号	润滑部位	点数	设备制造厂推荐用油（性能指标）	推荐用油		润滑保养规范		更换规范	
				种类型号	适用温度范围 ℃	最小维护周期	加注方式	推荐换油周期	加注量 L
10	二级连杆大头瓦	1	抗磨液压油 L—HM68	抗磨液压油 L—HM68	−10～50	8000h	注入	8000h	适量
11	主轴瓦	3	抗磨液压油 L—HM68	抗磨液压油 L—HM68	−10～50	8000h	注入	8000h	适量
12	一级连杆大头瓦	1	抗磨液压油 L—HM68	抗磨液压油 L—HM68	−10～50	8000h	注入	8000h	适量
13	注油泵齿轮箱	2	抗磨液压油 L—HM68	抗磨液压油 L—HM68	−10～50	8000h	注入	8000h	适量
14	一级连杆小头瓦	1	抗磨液压油 L—HM68	抗磨液压油 L—HM68	−10～50	8000h	注入	8000h	适量
15	一级十字头	1	抗磨液压油 L—HM68	抗磨液压油 L—HM68	−10～50	8000h	注入	8000h	适量
16	一级填料	1	空气压缩机油 L—DAB150	空气压缩机油 L—DAB150	−10～50	8000h	注入	8000h	适量
17	一级缸体下侧	1	空气压缩机油 L—DAB150	空气压缩机油 L—DAB150	−10～50	8000h	注入	8000h	适量

7.JGD/4-3 型往复式天然气压缩机润滑图表

JGD/4-3 型往复式天然气压缩机润滑图表见图 2-10-8 和表 2-10-8。

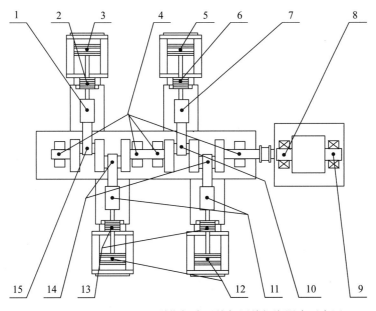

图 2-10-8　JGD/4-3 型往复式天然气压缩机润滑点示意图

表 2-10-8　JGD/4-3 型往复式天然气压缩机润滑表

润滑点编号	润滑部位	点数	设备制造厂推荐用油（性能指标）	推荐用油		润滑保养规范		更换规范		备注
				种类型号	适用温度范围 ℃	最小维护周期	加注方式	推荐换油周期	换油加注量	
1	2级十字头	1	燃气发动机油美孚飞马805	固定式燃气发动机油7805	-30 ~ 50	8000h	注入	8000h	适量	
2	2级填料	1	燃气发动机油美孚飞马805	固定式燃气发动机油7805	-30 ~ 50	8000h	注入	8000h	适量	
3	2级活塞环	1	燃气发动机油美孚飞马805	固定式燃气发动机油7805	-30 ~ 50	8000h	注入	8000h	适量	
4	主轴瓦	4	燃气发动机油美孚飞马805	固定式燃气发动机油7805	-30 ~ 50	8000h	注入	8000h	适量	
5	3级活塞环	1	燃气发动机油美孚飞马805	固定式燃气发动机油7805	-30 ~ 50	8000h	注入	8000h	适量	
6	3级填料	1	燃气发动机油美孚飞马805	固定式燃气发动机油7805	-30 ~ 50	8000h	注入	8000h	适量	
7	3级十字头	1	燃气发动机油美孚飞马805	固定式燃气发动机油7805	-30 ~ 50	8000h	注入	8000h	适量	润滑油泵及注油器的润滑油均来自曲轴箱，换油一次性填充量为500L
8	电动机驱动端轴承	1	美孚力士润滑脂EP2	美孚力士润滑脂EP2	-30 ~ 120	2000h	脂枪加注	2000h	适量	
9	电动机非驱动端轴承	1	美孚力士润滑脂EP2	美孚力士润滑脂EP2	-30 ~ 120	2000h	脂枪加注	2000h	适量	
10	3级连杆	1	燃气发动机油美孚飞马805	固定式燃气发动机油7805	-30 ~ 50	8000h	注入	8000h	适量	
11	1级十字头	2	燃气发动机油美孚飞马805	固定式燃气发动机油7805	-30 ~ 50	8000h	注入	8000h	适量	
12	1级活塞环	2	燃气发动机油美孚飞马805	固定式燃气发动机油7805	-30 ~ 50	8000h	注入	8000h	适量	
13	1级填料	2	燃气发动机油美孚飞马805	固定式燃气发动机油7805	-30 ~ 50	8000h	注入	8000h	适量	
14	1级连杆	2	燃气发动机油美孚飞马805	固定式燃气发动机油7805	-30 ~ 50	8000h	注入	8000h	适量	
15	2级连杆	1	燃气发动机油美孚飞马805	固定式燃气发动机油7805	-30 ~ 50	8000h	注入	8000h	适量	

第三节　空气压缩机组润滑图表

在油气田生产中还常用到各种结构形式的空气压缩机组，主要是为仪表风、增压空气启动、阀门气动执行器及气体钻井工艺等提供空气动力气源。

仪表风、增压空气启动、阀门气动执行器等动力气源普遍采用回转式压缩机提供，如螺杆式、滑片式，也有使用往复活塞式的。这类空气压缩机采用电动机经联轴器直接驱动转子压缩空气做功，压缩空气经脱水干燥后储存到储气罐用作仪表风、启动气源等。其工作压力一般在 1MPa 以内，负荷轻、运行工况稳定，特殊工艺场合也可能高达 10MPa，则需要增加压缩空气后冷却。

气体钻井工艺中主要使用螺杆压缩机和往复式压缩机，螺杆压缩机作为初级增压对制氮设备提供压力 ≤ 1MPa 的空气进气，其结构原理及润滑要求与仪表风、空气启动螺杆压缩机相同。往复式压缩机为后续空气（氮气）钻井提供可高达 35MPa 的动力气源，也可作为油田管道、设备氮气置换的动力气源。它由压缩机、柴油机、离合减速器、冷却系统、仪表系统、电器设备和辅助设备等组成。

一、润滑冷却方式

（1）螺杆式、滑片式空气压缩机润滑部位主要包括转子腔室、主轴承等，转子腔采用喷油压力润滑方式，主轴承采用脂润滑方式。往复活塞式空气压缩机润滑部位主要包括曲轴箱主轴承、十字头、曲柄连杆机构、活塞与气缸、填料等，曲轴箱主轴承、十字头、曲柄连杆机构采用飞溅润滑方式，活塞、气缸、填料采用压力润滑方式。用于仪表风、增压空气启动、阀门气动执行器的回转式和往复式空气压缩机因排气压力较低，排气温度也较低，只需要小型冷干机进行适当降温和油水分离即可。

（2）气体钻井往复式空气压缩机润滑系统采用压力与飞溅相结合的润滑方式，其中连杆大头轴瓦、连杆铜套、气缸及填料采用压力润滑方式；十字头滑道、主轴承及其他机件采用飞溅润滑方式。其冷却系统采用闭式循环冷却系统，冷却要求与本章第二节的分体式天然气压缩机组冷却系统相同。

二、基本要求

1. 回转式及小功率往复式空气压缩机润滑油选用要求

润滑油选用应符合 GB 12691—1990《空气压缩机油》要求，具有抗氧化性、抗腐蚀、抗乳化性好，残碳少，主要性能指标包括：倾点 ≤ −10℃；闪点 ≥ 180℃；酸值约 0.2mg（KOH）/g。

根据空气压缩机的设计类型、环境条件、操作负荷选择空压机油的类型，在长期高于 30℃ 的高温环境下选用合成油，高速水冷或低压、小压缩比的压缩机可选用低黏度压缩机油。针对不同机型的一般要求如下：

（1）空冷活塞式轴功率小于 20kW 的，选用 ISO 32、ISO 46、ISO 100（环境温度低

于 -10℃ 可选 ISO 32）DAA、DAB、DAC 空压机油；

(2) 水冷活塞式选用 ISO68、ISO100 的 DAA 空压机油；

(3) 滴油回转式选 ISO100、ISO150 的 DAB、DAC 空压机油；

(4) 喷油回转式选 ISO32 的 DAG、DAH、DAJ 空压机油。

2. 气体钻井大功率往复式空气压缩机润滑油选用要求

气体钻井用大功率往复式空气压缩机的柴油机驱动机规格、型号较多，其润滑与冷却按相应机型使用说明书执行。这类空气压缩机工作压力高，负荷较大，润滑油选用与气缸直径、冲程、转速、压力、温度、气体组分等密切相关，推荐按以下性能指标选用 SAE40 润滑油：

(1) 运动黏度，40℃ 时为 137.6 mm²/s，100℃ 时为 14.4 mm²/s；

(2) 黏度指数为 103；

(3) 闪点（闭口杯）为 228℃；

(4) 灰分 < 0.8%（质量分数）；

(5) 总碱值为 6.57mg（KOH）/g；

(6) 倾点为 -15℃。

3. 润滑油维护要求

(1) 回转式及小功率往复式空气压缩机在累计运转 50 ~ 100h 后应更换润滑油。因这类仪表风、增压空气启动、阀门气动执行器的空气压缩机长期为断续运行，正常运行 6 个月应清洗曲轴箱或润滑油过滤器，更换润滑油，并为电动机轴承、风扇轴承加注锂基润滑脂。

(2) 气体钻井大功率往复式空气压缩机初次运行时，应加大润滑油量以利于机组磨合，在运行 200h 后更换曲轴箱润滑油，并将润滑油量调至正常范围。正常运行中应检查润滑油过滤器压降，当压降超过 0.068MPa 时或已运行了 4000h 应更换滤芯。每 4000h 更换曲轴箱、冷却器齿轮箱润滑油。

三、润滑图表

1.G37 型螺杆式空气压缩机润滑图表

G37 型螺杆式空气压缩机润滑图表见图 2—10—9 和表 2—10—9。

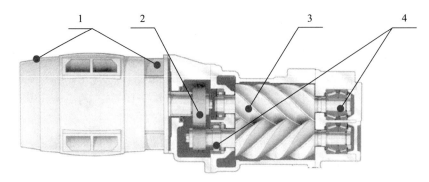

图 2—10—9　G37 型螺杆式空气压缩机润滑点示意图

表 2-10-9　G37 型螺杆式空气压缩机润滑表

润滑点编号	润滑部位	点数	设备制造厂推荐用油（性能指标）	推荐用油		润滑保养规范		更换规范	
				种类型号	适用温度范围，℃	最小维护周期	加注方式	推荐换油周期	换油加注量
1	电机主轴承	2	通用锂基润滑脂	通用锂基润滑脂	-30～120	720h	脂枪加注	4000h	适量
2	齿轮箱	1	ISO100，ISO150	螺杆式空气压缩机油	-30～50	4000h	注入	4000h	适量
3	转子工作腔	1	ISO100，ISO150	螺杆式空气压缩机油	-30～50	4000h	注入	4000h	适量
4	转子主轴承	4	ISO100，ISO150	螺杆式空气压缩机油	-30～50	4000h	注入	4000h	适量

2.ERC1022L 型滑片式空气压缩机润滑图表

ERC1022L 型滑片式空气压缩机润滑图表见图 2-10-10 和表 2-10-10。

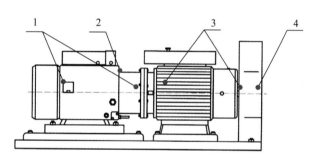

图 2-10-10　ERC1022L 型滑片式空气压缩机润滑点示意图

表 2-10-10　ERC1022L 型滑片式空气压缩机润滑表

润滑点编号	润滑部位	点数	设备制造厂推荐用油（性能指标）	推荐用油		润滑保养规范		更换规范	
				种类型号	适用温度范围，℃	最小维护周期	加注方式	推荐换油周期	换油加注量
1	转子主轴承	2	ISO100，ISO150	螺杆式空气压缩机油	-30～50	720h	注入	4000h	适量
2	转子工作腔	1	ISO100，ISO150	螺杆式空气压缩机油	-30～50	4000h	注入	4000h	适量
3	电机主轴承	2	通用锂基润滑脂	通用锂基润滑脂	-30～120	720h	注入	4000h	适量
4	冷却器风扇轴承	1	通用锂基润滑脂	通用锂基润滑脂	-30～120	720h	脂枪加注	4000h	适量

3.WB-1/20型往复式空气压缩机润滑图表

WB-1/20型往复式空气压缩机润滑图表见图2-10-11和表2-10-11。

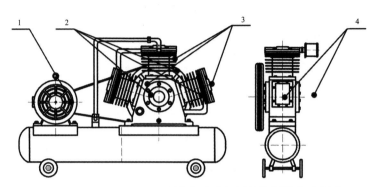

图2-10-11　WB-1/20型往复式空气压缩机润滑点示意图

表2-10-11　WB-1/20往复式空气压缩机润滑表

润滑点编号	润滑部位	点数	设备制造厂推荐用油（性能指标）	推荐用油		润滑保养规范		更换规范	
				种类型号	适用温度范围℃	最小维护周期	加注方式	推荐换油周期	换油加注量 L
1	电动机主轴承	2	通用锂基脂	通用锂基润滑脂	−30～120	720h	脂枪加注	4000h	适量
2	连杆大头瓦、小头铜套	6	ISO32，ISO46，ISO68，ISO100	空气压缩机油DAB100，DAB150	−10～50	4000h	注入	4000h	适量
3	压缩缸活塞环	3	ISO32，ISO46，ISO68，ISO100	空气压缩机油DAB100，DAB150	−10～50	4000h	注入	4000h	—
4	曲轴箱内主轴承	2	ISO32，ISO46，ISO68，ISO100	空气压缩机油DAB100，DAB150	−10～50	4000h	注入	4000h	适量

4.CKY500 型往复式空气压缩机润滑图表

CKY500 型往复式空气压缩机润滑图表见图 2-10-12 和表 2-10-12。

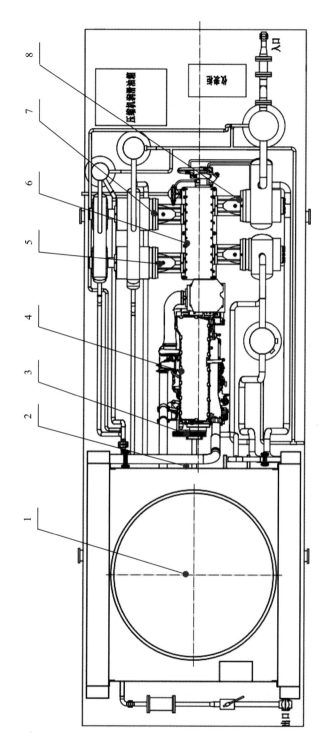

图 2-10-12 CKY500 型往复式空气压缩机润滑点示意图

表2-10-12　CKY500型往复式空气压缩机润滑表

润滑点编号	润滑部位	点数	设备制造厂推荐用油（性能指标）	推荐用油 种类型号	适用温度范围 ℃	润滑保养规范 最小维护周期	加注方式	更换规范 推荐换油周期	换油加注量，L
1	空冷器风扇轴承	1	通用锂基润滑脂	通用锂基润滑脂	−30～120	720h	脂枪加注	4000h	适量
2	空冷器齿轮箱	1	美孚齿轮油630	合成工业齿轮油220	−10～50	4000h	注入	4000h	5
3	柴油机风扇轴承	1	通用锂基润滑脂	通用锂基润滑脂	−30～120	720h	脂枪加注	4000h	适量
4	柴油机曲轴箱主轴承与连杆瓦	4	CD400	柴油机油 CD 15W/40	−20～40	4000h	注入	4000h	48
5	压缩机十字头与连杆铜套	4	SAE40	空气压缩机油 DAC150	−10～50	4000h	注入	4000h	
6	压缩机曲轴箱主轴承与连杆瓦	4	SAE40	空气压缩机油 DAC150	−10～50	4000h	注入	4000h	42
7	压缩机填料	4	SAE40	空气压缩机油 DAC150	−10～50	4000h	注入	4000h	
8	压缩机气缸活塞环	4	SAE40	空气压缩机油 DAC150	−10～50	4000h	注入	4000h	

第四节　CNG 压缩机润滑图表

天然气加气站普遍使用往复活塞式压缩机，通过电动机经联轴器直接驱动曲柄连杆机构对净化天然气压缩做功至排气压力 25MPa，并储存到储气罐或储气井供运输车辆使用，通常称为 CNG 压缩机。CNG 压缩机结构形式多样，主要包括 L 型、D 型、V 型、ZW 型等，多采用 2 ~ 4 级压缩工作，适用于有一定工况变化的天然气加气站增压场合。

一、润滑方式

CNG 压缩机润滑部位主要包括十字头、曲柄连杆机构、活塞与气缸、填料和冷却系统轴承。CNG 压缩机的传动机构采用压力润滑和飞溅润滑相结合的方式，气缸与填料的润滑方式为压力润滑，其冷却系统风扇轴承润滑采用锂基润滑脂，冷却液通常使用去离子水、软化水、防冻液。

二、基本要求

1. 润滑油选用要求

CNG 压缩机的润滑油应根据机型特点、负荷、转速、工作温度和天然气介质选用，综合考虑润滑油的质量等级、黏温性能、抗氧化性和经济性等，见表 2-10-13。宜选用同一种油品润滑十字头、曲柄连杆机构、填料、活塞与气缸等部位，高寒地区冬季、夏季宜选用不同的润滑油。

表 2-10-13　CNG 压缩机润滑油选用参考因素

润滑因素	具体内容	选用基本要求	性能指标
润滑部位	气缸、曲轴、连杆材料一般为铸铁或锻钢；轴承材料可为铜、巴氏合金等有色金属；活塞环、填料一般为聚四氟乙烯等非金属材料	加脂肪油、防锈剂、抗泡添加剂，以减少生产油泥、酸化物、沉积物等对气缸壁或有色金属的腐蚀	抗磨性及抗氧化性、清洁、防锈防腐
润滑方式	气缸、填料为点对点喷入压力润滑	在运动副间形成高压油膜，起密封和冷却作用	密封、冷却
工作介质	管输天然气，C_1 占 90% 以上，存在少许 C_2，不含硫	矿物油中添加脂肪油以防 C_2 以上的烷烃类可凝物冲洗、破坏油膜；还应考虑闪点、分水性能	黏度、闪点、破乳化性
压力、负荷	排气压力 25MPa	重载情况下应使用极压齿轮油或复合油，以高黏度使密封可靠	黏度、密封
温度	按 GB/T 25360—2010《汽车加气站用往复活塞天然气压缩机》，各级气缸排温 ≤ 160℃	黏度指数高，满足环境温度和工作温度需要，随温度变化黏度变化小，低温流动性好	黏度指数

根据美国 Ariel 公司对以 CNG 用干气、管输气为介质的往复活塞式压缩机润滑要求，推荐在 14 ~ 24MPa 工作压力情况下选用 SAE50W 或 ISO VG220W 黏度等级的矿物型多级油。根据现场使用经验并结合 CNG 压缩机润滑经济性，也可选用黏度等级更低的

L-DAB150（夏季）或 L-DAB100（冬季）空气压缩机油。

当环境温度低于 20℃时，应选用 L-DAB100 压缩机油，当环境温度高至 20℃以上时，应选用 L-DAB150 压缩机油；另外，也可采用 SY1216-88 标准中牌号为 HS-1 通用（冬季）或 HS-19（夏季）压缩机油替代。

2. 润滑油维护要求

（1）新安装的或大修后的 CNG 压缩机初次运行 40h 后，应更换曲轴箱润滑油；在运转的前 500h，气缸、填料润滑油应比正常运转时加倍供给；在 500～1000h，注油量应逐渐减少，到 1000h 后调至正常耗油量。

（2）CNG 压缩机运行 1000h 取油样，分析润滑油的污染情况和物理性质，确定润滑油是否需要更换或处理后再用。

（3）CNG 压缩机运行 500h 后应清洁润滑油过滤器，运行 4000h 后应更换滤芯和润滑油。

三、润滑图表

1. L 型 CNG 压缩机润滑图表

L-15/18-250 型 CNG 压缩机润滑图表见图 2-10-13 和表 2-10-14。

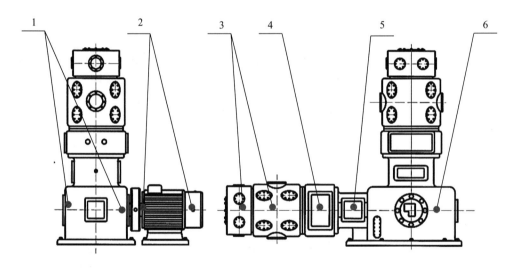

图 2-10-13　L-15/18-250 型 CNG 压缩机润滑点示意图

表 2-10-14　L-15/18-250 型 CNG 压缩机润滑表

润滑点编号	润滑部位	点数	设备制造厂推荐用油（性能指标）	推荐用油		润滑保养规范		更换规范	
				种类型号	适用温度范围，℃	最小维护周期	加注方式	推荐换油周期	换油加注量，L
1	曲轴箱主轴承	2	SAE50W 或 ISO220W	空气压缩机油 DAB150 或 DAB100	-10～50	4000h	注入	4000h	适量
2	电动机主轴承	2	通用锂基润滑脂	通用锂基润滑脂	-30～120	720h	脂枪加注	4000h	适量

润滑点编号	润滑部位	点数	设备制造厂推荐用油（性能指标）	推荐用油		润滑保养规范		更换规范	
				种类型号	适用温度范围，℃	最小维护周期	加注方式	推荐换油周期	换油加注量，L
3	压缩缸活塞环	4	SAE50W 或 ISO220W	空气压缩机油 DAB150 或 DAB100	−10 ～ 50	4000h	注入	—	适量
4	压缩活塞杆填料	2	SAE50W 或 ISO220W	空气压缩机油 DAB150 或 DAB100	−10 ～ 50	4000h	注入	—	适量
5	十字头销、滑道	2	SAE50W 或 ISO220W	空气压缩机油 DAB150 或 DAB100	−10 ～ 50	4000h	注入	4000h	适量
6	连杆大头瓦	2	SAE50W 或 ISO220W	空气压缩机油 DAB150 或 DAB100	−10 ～ 50	4000h	注入	4000h	适量

2.ZW 型 CNG 压缩机润滑图表

ZW-1.1/10-250JX 型 CNG 压缩机润滑图表见图 2-10-14 和表 2-10-15。

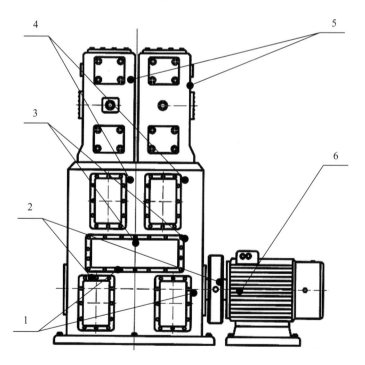

图 2-10-14　ZW/1.1/10-250JX 型 CNG 压缩机润滑点示意图

表 2-10-15　ZW/1.1/10-250JX 型 CNG 压缩机润滑表

润滑点编号	润滑部位	点数	设备制造厂推荐用油（性能指标）	推荐用油		润滑保养规范		更换规范	
				种类型号	适用温度范围℃	最小维护周期	加注方式	推荐换油周期	换油加注量
1	连杆大头瓦	2	SAE50W 或 ISO220W	空气压缩机油 DAB150 或 DAB100	−10 ~ 50	4000h	注入	4000h	适量
2	曲轴箱主轴承	2	SAE50W 或 ISO220W	空气压缩机油 DAB150 或 DAB100	−10 ~ 50	4000h	注入	4000h	适量
3	十字头销、滑道	2	SAE50W 或 ISO220W	空气压缩机油 DAB150 或 DAB100	−10 ~ 50	4000h	注入	4000h	适量
4	压缩活塞杆填料	2	SAE50W 或 ISO220W	空气压缩机油 DAB150 或 DAB100	−10 ~ 50	4000h	注入	—	适量
5	压缩缸活塞环	2	SAE50W 或 ISO220W	空气压缩机油 DAB150 或 DAB100	−10 ~ 50	4000h	注入	—	适量
6	电动机主轴承	2	通用锂基润滑脂	通用锂基润滑脂	−30 ~ 120	720h	脂枪加注	4000h	适量

3.D 型 CNG 压缩机润滑图表

D-4.46/（5-8）-250 型 CNG 压缩机润滑图表见图 2-10-15 和表 2-10-16。

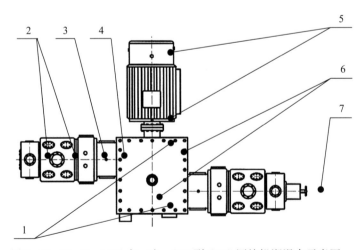

图 2-10-15　D-4.46/（5-8）-250 型 CNG 压缩机润滑点示意图

表 2-10-16　D-4.46/（5-8）-250 型 CNG 压缩机润滑表

润滑点编号	润滑部位	点数	设备制造厂推荐用油（性能指标）	推荐用油		润滑保养规范		更换规范	
				种类型号	适用温度范围，℃	最小维护周期	加注方式	推荐换油周期	换油加注量
1	曲轴箱主轴承	2	SAE50W 或 ISO220W	空气压缩机油 DAB150 或 DAB100	-10 ~ 50	4000h	注入	4000h	适量
2	压缩缸活塞环	2	SAE50W 或 ISO220W	空气压缩机油 DAB150 或 DAB100	-10 ~ 50	4000h	注入	—	适量
3	压缩活塞杆填料	2	SAE50W 或 ISO220W	空气压缩机油 DAB150 或 DAB100	-10 ~ 50	4000h	注入	—	适量
4	十字头销、滑道	2	SAE50W 或 ISO220W	空气压缩机油 DAB150 或 DAB100	-10 ~ 50	4000h	注入	4000h	适量
5	电动机主轴承	2	通用锂基润滑脂	空气压缩机油 DAB150 或 DAB100	-10 ~ 120	720h	脂枪加注	4000h	适量
6	连杆大头瓦	2	SAE50W 或 ISO220W	空气压缩机油 DAB150 或 DAB100	-10 ~ 50	4000h	注入	4000h	适量
7	压缩余隙缸	1	通用锂基润滑脂	通用锂基润滑脂	-30 ~ 120	720h	脂枪加注	4000h	适量

第五节　冷剂压缩机润滑及用油

石油天然气及化工生产中常需要冷剂压缩机，主要用于化工、轻烃生产工艺中乙烯、丙烷、氨等冷剂的压缩，常用结构形式为往复迷宫式、螺杆式。

冷剂压缩机基本要求是不能有润滑油污染乙烯、丙烷等工作介质。往复迷宫式压缩机采用立式结构，工作过程中活塞通过迷宫密封无需润滑，压缩介质无油；用于冷剂压缩的螺杆式压缩机多为双螺杆压缩机。

一、润滑方式

往复迷宫式压缩机采用飞溅润滑和压力润滑的方式，润滑部位主要包括曲轴箱、导向轴承、主轴承、十字头等。迷宫式压缩机的气缸夹套、十字头夹套、导向轴承夹套和各级间冷却器和润滑油冷却器均需要进行冷却。

螺杆式冷剂压缩机润滑方式是压力润滑，主要润滑部位是主轴承、转子腔，通过压缩机运转增压后的压差将润滑油从油分离器压输送到油冷却器，润滑油经过油冷却器降温后一路由油道进入压缩机机头，喷散到转子腔中阴阳转子上，另一路经油道进入两端的轴承位置。

二、基本要求

1.迷宫式冷剂压缩机润滑油选用要求

(1) 用油选择：首选合成油，包括聚 α 烯烃、聚醚、多元醇、酯类等；

(2) 倾点：≤ −30℃；闪点：≥ 250℃；

(3) 酸值：约 0.2mg（KOH）/g，根据压缩气体适当调整；

(4) 性能要求：抗氧化性、抗腐蚀、抗乳化性好，残碳少；

(5) 黏度选择：ISO VG32—VG150，根据迷宫式压缩机的设计类型、环境条件、操作负荷选择润滑油类型，推荐选用 ISO VG100 和 ISO VG150 的 DAC 空压机油或齿轮油。当转速小于 700r/min 时，推荐选用 ISO VG150。

2.螺杆式冷剂压缩机润滑油选用要求

采用喷油润滑的螺杆式压缩机其润滑油黏度、酸值、闪点及与制冷剂的相溶性等指标直接影响着运行效果，常用黏度等级推荐 ISO VG68—VG220 的合成油，能表现出抗碳氢化合物和压缩气体的稀释的独特优点，具体性能指标详见表 2–10–17。

表 2–10–17　常用螺杆式冷剂压缩机润滑油参数指标

黏度等级	68	85	100	150	220
cSt40℃，（ASTM D445）	61.5	85.0	92.3	153.0	218.5
cSt100℃	10.8	12.0	18.6	23.5	35.9
cSt100℉	67.2	94.2	100.3	156.0	239.0
cSt210℉	11.0	12.3	19.0	24.0	36.8
ASTM D2270	168	137	223	196	214

3.冷剂压缩机润滑油维护要求

(1) 新安装的或大修后的迷宫式冷剂压缩机初次运行 200h 后，应更换曲轴箱润滑油，再次运行 4000h 后应更换润滑油，以后每 8000h 更换一次润滑油。螺杆式冷剂压缩机推荐每运行 20000h 换一次润滑油。

(2) 对运行工况恶劣的迷宫式冷剂压缩机应定期检测、分析曲轴箱润滑油劣变情况，具体的换油指标：含水量 ≤ 0.2%，酸值 ≤ 0.2mg（KOH）/g。当冷却液或压缩冷剂泄漏导致曲轴箱污染，也应更换润滑油。

三、润滑图表

1.MG–69.85/1.5 ～ 33.3 型迷宫式压缩机润滑图表

MG–69.85/1.5 ～ 33.3 型迷宫式压缩机润滑图表见图 2–10–16 和表 2–10–18。

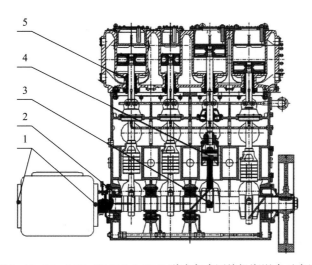

图 2-10-16　MG-69.85/1.5~33.3 型迷宫式压缩机润滑点示意图

表 2-10-18　MG-69.85/1.5~33.3 型迷宫式压缩机润滑表

润滑点编号	润滑部位	点数	设备制造厂推荐用油（性能指标）	推荐用油		润滑保养规范		更换规范	
				种类型号	适用温度范围 ℃	最小维护周期	加注方式	推荐换油周期	换油加注量，L
1	主电动机轴承	2	通用锂基润滑脂	通用锂基润滑脂	-30 ~ 120	720h	脂枪加注	2000h	适量
2	曲轴箱内主轴承	4	ISO100，ISO150	美孚格高 150	-30 ~ 50	4000h	注入	20000h	250
3	连杆大头瓦	4	ISO100，ISO150	美孚格高 150	-30 ~ 50	4000h	注入	20000h	—
4	十字头销及滑道	4	ISO100，ISO150	美孚格高 150	-30 ~ 50	4000h	注入	20000h	—
5	导向轴承	4	ISO100，ISO150	美孚格高 150	-30 ~ 50	4000h	注入	20000h	—

注：各润滑点由曲轴箱共用润滑油。

2. 美国约克 RWB、RWF 螺杆式冷剂压缩机润滑图表

美国约克 RWB、RWF 螺杆式冷剂压缩机润滑图表见图 2-10-17 和表 2-10-19。

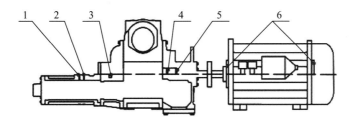

图 2-10-17　美国约克 RWB、RWF 螺杆式冷剂压缩机润滑点示意图

表 2–10–19　RWB、RWF 螺杆式冷剂压缩机润滑表

润滑点编号	润滑部位	点数	设备制造厂推荐用油（性能指标）	推荐用油		润滑保养规范		更换规范		备注
				种类型号	适用温度范围，℃	最小维护周期	加注方式	推荐换油周期	换油加注量	
1	轴承	1	Frick 12b 专用润滑油	美孚格高 22 号或专用油	−30 ~ 50	4000h	注入	20000h	适量	介质为丙烷
2	滚珠止推轴承	1	Frick 12b 专用润滑油	美孚格高 22 号或专用油	−30 ~ 50	4000h	注入	20000h	适量	
3	平衡活塞	1	Frick 12b 专用润滑油	美孚格高 22 号或专用油	−30 ~ 50	4000h	注入	20000h	适量	
4	滚柱轴承	1	Frick 12b 专用润滑油	美孚格高 22 号或专用油	−30 ~ 50	4000h	注入	20000h	适量	
5	双螺杆	1	Frick 12b 专用润滑油	美孚格高 22 号或专用油	−30 ~ 50	4000h	注入	20000h	适量	
6	电动机主轴承	2	昆仑通用	通用锂基润滑脂	−30 ~ 120	700h	脂枪加注	2000h	适量	

3. RWB Ⅱ–270E 型螺杆式丙烷压缩机润滑图表

RWB Ⅱ–270E 型螺杆式丙烷压缩机见图 2–10–18 和表 2–10–20。

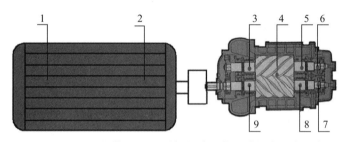

图 2–10–18　RWB Ⅱ–270E 型螺杆式丙烷压缩机润滑点示意图

表 2–10–20　RWB Ⅱ–270E 型螺杆式丙烷压缩机润滑表

润滑点编号	润滑部位	点数	设备制造厂推荐用油（性能指标）	推荐用油		润滑保养规范		更换规范		备注
				种类型号	适用温度范围，℃	最小维护周期	加注方式	推荐换油周期	换油加注量	
1	电动机后端轴承	1	美孚滑脂 MP	美孚润滑脂 MP	−30 ~ 120	720h	脂枪加注	2000h	适量	油分离器油箱换油一次性填充量 650L
2	电机前端轴承	1	美孚滑脂 MP	美孚润滑脂 MP	−30 ~ 120	720h	脂枪加注	2000h	适量	
3	阴转子前端滑动轴承	1	Frick12b 专用润滑油	美孚格高 22	−30 ~ 50	4000h	注入	20000h	适量	
4	阴、阳转子啮合面	1	Frick12b 专用润滑油	美孚格高 22	−30 ~ 50	4000h	注入	20000h	适量	

润滑点编号	润滑部位	点数	设备制造厂推荐用油(性能指标)	推荐用油		润滑保养规范		更换规范		备注
				种类型号	适用温度范围，℃	最小维护周期	加注方式	推荐换油周期	换油加注量	
5	阴转子后端滑动轴承	1	Frick12b专用润滑油	美孚格高22	-30～50	4000h	注入	20000h	适量	油分离器油箱换油一次性填充量650L
6	阴转子后端止推轴承	1	Frick12b专用润滑油	美孚格高22	-30～50	4000h	注入	20000h	适量	
7	阳转子后端止推轴承	1	Frick12b专用润滑油	美孚格高22	-30～50	4000h	注入	20000h	适量	
8	阳转子后端滑动轴承	1	Frick12b专用润滑油	美孚格高22	-30～50	4000h	注入	20000h	适量	
9	阳转子前端滑动轴承	1	Frick12b专用润滑油	美孚格高22	-30～50	4000h	注入	20000h	适量	

4.VRS2700型螺杆式丙烷压缩机润滑图表

VRS2700型螺杆丙烷压缩机润滑图表见图2-10-19和表2-10-21。

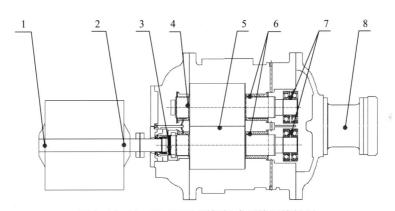

图 2-10-19　VRS2700 型螺杆式丙烷压缩机图

表 2-10-21　VRS2700 型螺杆式丙烷压缩机润滑表

润滑点编号	润滑部位	点数	设备制造厂推荐用油(性能指标)	推荐用油		润滑保养规范		更换规范		备注
				种类型号	适用温度范围，℃	最小维护周期	加注方式	推荐换油周期	换油加注量，L	
1	平衡活塞	1	HC-100	专用油HC-100或同类产品	-30～50	4000h	注入	20000h	适量	油箱换油一次性填充量650L
2	电动机后支撑轴承	1	汽轮机油L-TSA32	汽轮机油L-TSA32	-10～50	4000h	注入	20000h	0.6	
3	电动机前支撑轴承	1	汽轮机油L-TSA32	汽轮机油L-TSA32	-10～50	4000h	注入	20000h	0.6	
4	轴封	1	HC-100	专用油HC-100或同类产品	-30～50	4000h	注入	20000h	适量	

续表

润滑点编号	润滑部位	点数	设备制造厂推荐用油（性能指标）	推荐用油		润滑保养规范		更换规范		备注
				种类型号	适用温度范围，℃	最小维护周期	加注方式	推荐换油周期	换油加注量	
5	阳、阴转子前支撑轴承	2	HC-100	专用油 HC-100 或同类产品	-30 ~ 50	4000h	注入	20000h	适量	油箱换油一次性填充量650L
6	阴、阳螺杆	2	HC-100	专用油 HC-100 或同类产品	-30 ~ 50	4000h	注入	20000h	适量	
7	阳、阴转子后支撑轴承	2	HC-100	专用油 HC-100 或同类产品	-30 ~ 50	4000h	注入	20000h	适量	
8	阴、阴转子止推轴承	2	HC-100	专用油 HC-100 或同类产品	-30 ~ 50	4000h	注入	20000h	适量	

第六节　其他压缩机润滑图表

在石油天然气工业生产中还常常用到其他结构形式的压缩机，如离心式压缩机、膨胀压缩机等。离心式压缩机通过叶轮对气体做功使气体的压力和速度升高，完成气体的运输，又称透平式压缩机。离心式压缩机工作压力可达70MPa，常用于天然气、丙烯、乙烯、丁二烯、苯等介质的压缩做功。膨胀压缩机是用来使气体膨胀输出外功并产生冷量的机器，其工作原理是利用气体的绝热膨胀将气体的位能转变为机械功，广泛地使用于制冷、回收能量和其他需要紧凑动力源的系统。

一、润滑方式

离心式压缩机的主要润滑部位为齿轮箱和轴承，齿轮箱润滑采用飞溅润滑方式，轴承润滑则采用压力润滑方式。

膨胀压缩机的主要润滑部位是转子轴承，采用压力润滑方式，由润滑系统集中润滑，其润滑油系统由润滑油箱、润滑油泵、油冷器、油过滤器、蓄能器、油压调节阀、安全阀及管路等部分组成。

二、基本要求

1. 润滑油选用要求

离心式压缩机与膨胀机润滑油通常采用符合 GB/T 7631.10《润滑剂、工业用油和有关产品（L类）的分类 第10部分：T组（涡轮机）》的汽轮机油，为保证机组的安全经济运行，汽轮机油必须具备良好的氧化安定性、适宜的黏度、良好的黏温性、良好的抗乳化性及良好的防锈防腐性。

离心式压缩机多采用燃气轮机、蒸汽轮机驱动，其轴承润滑用油结合驱动机进行选择，应符合 GB 11120《涡轮机油》标准要求，如 L-TSA32、L-TSA46；离心式压缩机采用电动机驱动的，其轴承润滑推荐燃气轮机油，如 L-TGA46。

膨胀压缩机因转速高、轴承间隙小，轴承结构形式一般采用径向推力联合式轴承，其润滑油应符合 GB 11120《涡轮机油》要求，常用牌号为 L−TSA32、L−TSA46 和 L−TSA68 等，具体依据膨胀压缩机的结构及负荷等情况选用相应牌号。

2．润滑油维护要求

（1）汽轮机润滑油接触天然气后，其闪点会降低，如遇湿气时，因润滑油含水还会形成杂质等，因此，离心式压缩机和膨胀机还需要监测运动黏度、水分、酸碱值、闪点、杂质、氧化安定性等指标，具体可参考 NB/SH/T 0636《L−TSA 汽轮机油换油指标》要求。

（2）离心式压缩机与膨胀机应依据润滑油监测指标进行换油，推荐换油周期 20000h，一般情况下使用 3 年后必须更换主油箱和高位油箱里的润滑油。

三、润滑图表

1.BCL506+407 型离心式压缩机润滑图表

BCL506+407 型离心式压缩机润滑图表见图 2−10−20 和表 2−10−22。

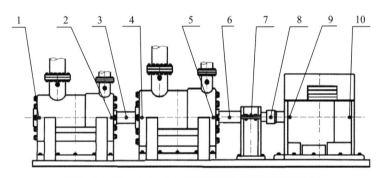

图 2−10−20　BCL506+407 型离心式压缩机润滑图

表 2−10−22　BCL506+407 型离心式压缩机润滑表

润滑点编号	润滑部位	点数	设备制造厂推荐用油（性能指标）	推荐用油		润滑保养规范		更换规范		备注
				种类型号	适用温度范围，℃	最小维护周期	加注方式	推荐换油周期	换油加注量	
1	二段压缩机非驱动端轴承	1	汽轮机油 L−TSA46	汽轮机油 L−TSA46	−10～50	4000h	检查，过滤补充到油站油箱	20000h	适量	油站油箱换油一次性填充量15600L
2	二段压缩机驱动端轴承	1	汽轮机油 L−TSA46	汽轮机油 L−TSA46	−10～50	4000h	检查，过滤补充到油站油箱	20000h	适量	
3	一、二段联轴器齿轮	1	汽轮机油 L−TSA46	汽轮机油 L−TSA46	−10～50	4000h	检查，过滤补充到油站油箱	20000h	适量	
4	一段压缩机非驱动端轴承	1	汽轮机油 L−TSA46	汽轮机油 L−TSA46	−10～50	4000h	检查，过滤补充到油站油箱	20000h	适量	
5	一段压缩机驱动端轴承	1	汽轮机油 L−TSA46	汽轮机油 L−TSA46	−10～50	4000h	检查，过滤补充到油站油箱	20000h	适量	
6	压缩机联轴器齿轮	1	汽轮机油 L−TSA46	汽轮机油 L−TSA46	−10～50	4000h	检查，过滤补充到油站油箱	20000h	适量	

续表

润滑点编号	润滑部位	点数	设备制造厂推荐用油（性能指标）	推荐用油		润滑保养规范		更换规范		备注
				种类型号	适用温度范围，℃	最小维护周期	加注方式	推荐换油周期	换油加注量	
7	齿轮箱齿轮	1	汽轮机油 L–TSA46	汽轮机油 L–TSA46	–10～50	4000h	检查，过滤补充到油站油箱	20000h	适量	油站油箱换油一次性填充量15600L
8	电动机联轴器齿轮	1	汽轮机油 L–TSA46	汽轮机油 L–TSA46	–10～50	4000h	检查，过滤补充到油站油箱	20000h	适量	
9	电动机驱动端轴瓦	1	汽轮机油 L–TSA46	汽轮机油 L–TSA46	–10～50	4000h	检查，过滤补充到油站油箱	20000h	适量	
10	电动机非驱动端轴瓦	1	汽轮机油 L–TSA46	汽轮机油 L–TSA46	–10～50	4000h	检查，过滤补充到油站油箱	20000h	适量	

2.MCL526+2BCL458 型离心压缩机润滑图表

MCL526+2BCL458 型离心压缩机润滑图表见图 2–10–21 和表 2–10–23。

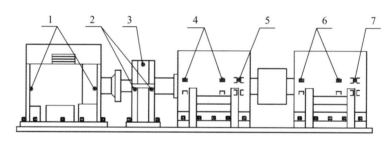

图 2–10–21　MCL526+2BCL458 型离心压缩机润滑图

表 2–10–23　MCL526+2BCL458 型离心压缩机润滑表

润滑点编号	润滑部位	点数	设备制造厂推荐用油（性能指标）	推荐用油		润滑保养规范		更换规范		备注
				种类型号	适用温度范围，℃	最小维护周期	加注方式	推荐换油周期	换油加注量	
1	电动机主轴承	2	汽轮机油 L–TSA46	汽轮机油 L–TSA46	–10～50	4000h	检查，过滤补充到油站油箱	20000h	适量	油站油箱换油一次性填充量14000L
2	齿轮箱轴承	4	汽轮机油 L–TSA46	汽轮机油 L–TSA46	–10～50	4000h	检查，过滤补充到油站油箱	20000h	适量	
3	齿轮箱齿轮	1	汽轮机油 L–TSA46	汽轮机油 L–TSA46	–10～50	4000h	检查，过滤补充到油站油箱	20000h	适量	
4	低压缸支撑轴承	2	汽轮机油 L–TSA46	汽轮机油 L–TSA46	–10～50	4000h	检查，过滤补充到油站油箱	20000h	适量	
5	低压缸止推轴承	1	汽轮机油 L–TSA46	汽轮机油 L–TSA46	–10～50	4000h	检查，过滤补充到油站油箱	20000h	适量	
6	高压缸支撑轴承	2	汽轮机油 L–TSA46	汽轮机油 L–TSA46	–10～50	4000h	检查，过滤补充到油站油箱	20000h	适量	
7	高压缸止推轴承	1	汽轮机油 L–TSA46	汽轮机油 L–TSA46	–10～50	4000h	检查，过滤补充到油站油箱	20000h	适量	

3.D10R09B 型离心压缩机润滑图表

D10R09B 型离心压缩机润滑图表见图 2-10-22 和表 2-10-24。

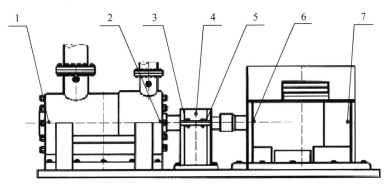

图 2-10-22　D10R09B 型离心压缩机润滑图

表 2-10-24　D10R09B 型离心压缩机润滑表

润滑点编号	润滑部位	点数	设备制造厂推荐用油（性能指标）	推荐用油		润滑保养规范		更换规范		备注
				种类型号	适用温度范围℃	最小维护周期	加注方式	推荐换油周期	换油加注量	
1	压缩机非驱动端轴承	3	汽轮机油 L-TSA32	汽轮机油 L-TSA32	-10～50	4000h	检查，过滤补充到油箱	20000h	适量	油站油箱换油一次性填充量 15600L
2	压缩机驱动端轴承	1	汽轮机油 L-TSA32	汽轮机油 L-TSA32	-10～50	4000h	检查，过滤补充到油箱	20000h	适量	
3	高速齿轮箱轴承	2	汽轮机油 L-TSA32	汽轮机油 L-TSA32	-10～50	4000h	检查，过滤补充到油箱	20000h	适量	
4	齿轮箱齿轮	2	汽轮机油 L-TSA32	汽轮机油 L-TSA32	-10～50	4000h	检查，过滤补充到油箱	20000h	适量	
5	低速齿轮箱轴承	2	汽轮机油 L-TSA32	汽轮机油 L-TSA32	-10～50	4000h	检查，过滤补充到油箱	20000h	适量	
6	电动机驱动端轴瓦	1	汽轮机油 L-TSA32	汽轮机油 L-TSA32	-10～50	4000h	检查，过滤补充到油箱	20000h	适量	
7	电动机非驱动端轴瓦	1	汽轮机油 L-TSA32	汽轮机油 L-TSA32	-10～50	4000h	检查，过滤补充到油箱	20000h	适量	

4.EC2-576 型膨胀压缩机润滑图表

EC2-576 型膨胀压缩机润滑图表见图 2-10-23 和表 2-10-25。

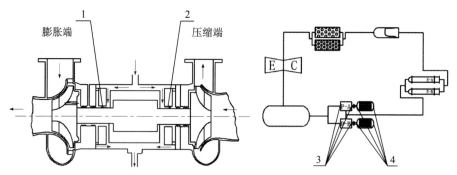

图 2-10-23　EC2-576 型膨胀压缩机润滑图与流程图

表 2-10-25　EC2-576 型膨胀压缩机润滑表

润滑点编号	润滑部位	点数	设备制造厂推荐用油(性能指标)	推荐用油		润滑保养规范		更换规范		备注
				种类型号	适用温度范围，℃	最小维护周期	加注方式	推荐换油周期	换油加注量	
1	膨胀端轴瓦	1	汽轮机油 L-TSA46	汽轮机油 L-TSA46	-10～50	4000h	注入	20000h	适量	油箱换油一次性填充量 450L
2	压缩端轴瓦	1	汽轮机油 L-TSA46	汽轮机油 L-TSA46	-10～50	4000h	注入	20000h	适量	
3	润滑油泵轴承	4	汽轮机油 L-TSA46	汽轮机油 L-TSA46	-10～50	4000h	注入	20000h	适量	
4	润滑油泵电动机轴承	4	通用锂基润滑脂	通用锂基润滑脂	-30～120	720h	脂枪加注	8000h	适量	

第十一章 注输机泵润滑及用油

注输机泵类设备在油气田矿场上主要有离心式、容积式及其他类型泵三种形式。任何形式的机泵都是流体的增能机械，由原动机提供动力，通过各种机械结构使需要数量的液体输送到要求的位置或获得要求的压力值。这类机械设备在油气田矿场上应用十分广泛。

第一节 概 述

油气田现场常用的注输机泵，相对于其他矿场设备而言，其结构形式简单，造价也低，但是种类繁多。主要用来输送油、水，也可输送气液混合物或含悬浮固体物的液体，通常以输送介质名称来命名，如，注水泵、输油泵、热水泵等。

一、泵的分类

结合油田现场，按其结构型式分类见表 2−11−1。

表 2−11−1 油田常见注输机泵分类表

类别	总类		分类			油田常见种类	原理
离心（叶片式）泵	单级	单吸	双吸	自吸		热水泵、消防泵	都是连续地给液体施加能量
	多级	中开式	节段式			输油泵	
	高压					注水泵	
容积式泵	往复式	柱塞	单柱塞	多柱塞	隔膜式	注水泵、输油泵、注醇泵	通过封闭而充满液体容积的周期性变化，不连续地给液体施加能量
		活塞	单作用	双作用		混输泵	
	螺杆式		单螺杆	双螺杆	三螺杆	输油泵	
	齿轮式		内啮合	外啮合		循环泵、稠油泵	
	滑片泵					装车（烃送）泵	
其他类型泵	射流泵、水锤泵、电磁泵等						这些泵的原理各异

其他类型的注输机泵油田现场应用较少，如射流泵、水锤泵、电磁泵等。润滑品的选择及用油要求参照离心泵或容积式泵。

二、管理要求

注输机泵是保障油气田生产的重要设备，常因润滑故障而对生产造成影响。因此，做好设备润滑工作十分重要。注输机泵由于结构简单，润滑点少，对其润滑管理一般应遵循以下几点要求：

（1）定期检查各部位润滑情况，检查润滑油液位是否在正常范围内，不足时应及时添加相同品质的油品。观察油品颜色如有乳化、变质应及时更换。

（2）有条件的单位应定期检测润滑油运动黏度（40℃）、水分、酸值、PQ 指数等指标，根据油品品质，实现按质换油。

（3）更换油品时，一定要在热态下停机进行，换油后空载或低载荷运行 10min，确保工作时润滑剂已经送达各润滑部位，同时要检查排油（放油）阀有无渗漏。

（4）加注润滑油时，应严格按规定过滤，并采取必要的防护措施，避免水及灰尘污染。

（5）就地换油时，废油应装入密封容器，以便于废油集中回收，集中处理。

（6）不同厂家的油品不提倡代用和混用，特殊场合必须代用和混用时，应掌握尽量选择性能相近的油品和遵循质量等级以高代低原则，并要做混兑试验。

（7）润滑油盛装容器必须洁净，并应密封保存，防止日晒雨淋及水分、杂质混入。润滑油品应储存在干燥、通风、清洁、避光的仓库内。有条件的站点最好采用闭式加注。

（8）日常保养时以检查补充为主，需更换轴承润滑脂时必须将旧润滑脂清理干净并清洗注脂腔，加入量一般以 1/2 ~ 2/3 为宜，不可多加。

三、影响润滑的因素

（1）注输机泵润滑剂选择要考虑的因素。主要是依据机泵使用场所而定，如：转速、DN 值和载荷、环境和工作温度、轴承类型等。基本要求是：适当的稠度、良好的高低温性能，以及抗磨性、抗水性、防锈性、防腐性和抗氧化安定性等。同时，还要考虑使用时的经济性，综合分析使用的润滑脂加注次数、消耗量、轴承的失效率、维修费用及润滑周期等。如有特殊选用，应与油品供应商或机泵生产厂家进一步协商。

（2）注输机泵轴承润滑要考虑的因素。注输机泵设备的轴承，大多数采用的是滚动轴承，各轴承制造厂对于滚动轴承润滑油的黏度规定大体相同。如瑞典 SKF 公司、日本精工（NSK）和美国的《润滑工程标准手册》等都规定，在运转温度条件下，一般球型滚动轴承、圆柱滚动轴承等用黏度为 13 mm²/s，圆锥型、球面型滚柱轴承用黏度为 20 mm²/s，推力球面滚柱轴承用黏度为 32 mm²/s 的精制润滑油，并依运转条件，适当加抗氧化、抗磨损、防锈等添加剂。因此，注输机泵类设备轴承选择润滑油品种时要考虑轴承类型、运转、温度、DN 值 [轴承内径（mm）与轴转速（r/min）的乘积] 和载荷等因素。

（3）电动机润滑要考虑的因素。注输机泵设备的原动机，除少量的天然气发动机外，大多数是电动机，在电动机轴承润滑脂的选择上，依油田现场情况选择 2 号、3 号锂基润滑脂，其他工况下，可选择昆仑合成润滑脂。对于电动机防护等级高，即 IP 后第一个数字在 5 以上，第二数字在 4 ~ 6 之间，绝缘等级在 E 级、B 级、F 级、H 级的电动机，一般要选择高温润滑脂（表 2−11−2 电动机的绝缘等级与最高允许温度）。

表 2−11−2　电动机的绝缘等级与最高允许温度

绝缘的温度等级	A 级	E 级	B 级	F 级	H 级
最高允许温度，℃	105	120	130	155	180
绕组温升限值，K	60	75	80	100	125
性能参考温度，℃	80	95	100	120	145

第二节　离心泵润滑图表

叶轮、叶片式泵，油田一般统称为离心泵，通常以卧式、立式结构为基本特征，主要由叶轮或叶片及泵壳组成，依靠叶轮旋转在离心力的作用下使液体甩出，被叶轮甩出的液体经过压出室，然后沿排出管路输送出去，离心泵所产生流量与压力的大小，完全取决于叶轮的大小及转速高低与叶轮形状。

一、润滑方式

离心泵的润滑部位通常只有 4 个润滑点。泵的两端 2 个轴承室润滑，多采用的润滑方式是油浴式润滑，在轴承室本体上有视窗，一般润滑油加至 2/3 处。电动机的 2 个轴承润滑，采用润滑脂的润滑方式。

部分大型注水泵机组也采用多级离心泵，机组润滑系统采取润滑油站集中润滑的方式，即一套润滑系统供数台高压离心式注水泵机组润滑用油。润滑油站配有油箱、润滑油泵、过滤器、冷却器、缓冲管、高架事故油箱、控制系统等装置，可实现定量、定压地向离心式注水泵轴承和电动机轴承供送一定温度的润滑油并接收回流油液，从而使注水泵机组正常运行。

润滑站集中润滑流程：油箱—润滑油泵机组—精细过滤器—换热器—压力调节—事故缓冲油管—主油路—注水机组分油路—压力和流量控制—回油分油路—回油主油路—回油过滤器—油箱。

二、基本要求

从离心泵运行环境考虑，在其选油选脂上要考虑以下因素。

（1）温度：自然环境温度和工作温度的差值。为降低润滑部位或润滑系统内的润滑油温度，可以考虑在润滑系统某一环节加装冷却器或散热片，以延长润滑油的使用寿命，减少离心泵的润滑故障。

（2）潮湿条件：在潮湿的工作环境里或者与水接触较多的工作条件下，一般润滑油容易变质或被水冲走，应选用抗乳化、憎水能力强、防锈蚀能力较好的润滑剂，不能选用钠基润滑脂。钙基润滑脂和锂基润滑脂有较强的抗水能力，宜用在潮湿的条件。输油泵、热水泵因其运行的环境和输送的介质温度相对较高，电动机选择润滑脂就要选择锥入度小的润滑脂，还要具有一定的抗磨性。

（3）特殊条件：在化学气体比较严重的地方，应采用有防腐蚀性能的润滑脂。如 PW 泵、IH 泵润滑脂的选择，就要考虑润滑脂有良好的胶体安定性和抗腐蚀性，且不允许含有机械杂质。

（4）集中润滑：高压离心注水泵机组的润滑油站润滑系统使用汽轮机油，每月须使用真空滤油机对水分和污染物至少过滤一次，每季度对润滑油的运动黏度、水分、酸值、抗乳化性、污染度等指标进行检测，若不合格，必须采取措施处理或更换润滑油。

三、离心泵润滑图表

油气田现场常用的离心泵类型有：AY 型系列单级两级离心油泵、DF 型多级耐腐蚀离心泵、DY 型卧式多级节段式离心油泵、D 型多级离心水泵、IH 型系列单级单吸耐腐蚀离心泵、ISR 型系列单级单吸热水离心泵、DY 型卧式多级节段式离心油泵、IS 系列单级单吸离心清水泵、IY 型系列单级单吸离心油泵、KDY 型卧式多级水平中开式离心油泵、KSY 型卧式单级双吸水平中开式离心油泵、KY 型卧式两级单吸水平中开离心油泵、DF 离心式多级高压注水泵、PW 型系列单级污水泵、潜污泵、液下泵等。对结构相同或相近的离心泵润滑图表进行了合并，其他同结构的机泵可参照应用。

（1）AY 型系列单级单吸、单级双吸离心油泵、DF 型多级耐腐蚀离心泵、D 型多级离心水泵润滑图表见图 2—11—1 至图 2—11—3 和表 2—11—3。

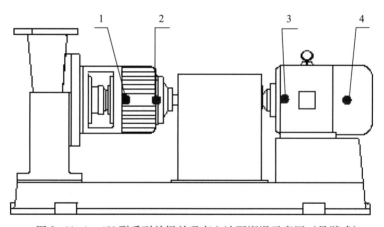

图 2—11—1　AY 型系列单级单吸离心油泵润滑示意图（悬臂式）

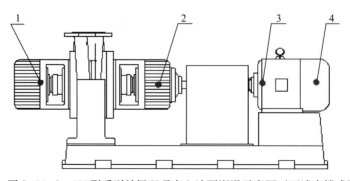

图 2—11—2　AY 型系列单级双吸离心油泵润滑示意图（两端支撑式）

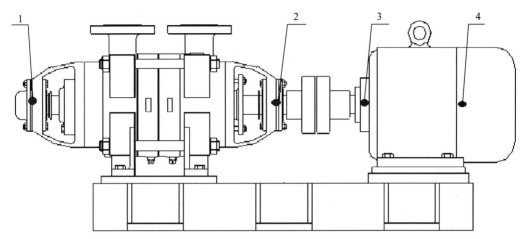

图 2-11-3　DF 型多级耐腐蚀离心泵、D 型多级离心水泵润滑示意图

表 2-11-3　AY 型系列单级单吸、单级双吸离心油泵、DF 型多级耐腐蚀离心泵、D 型多级离心水泵润滑表

润滑点编号	润滑部位	点数	设备制造厂推荐用油（性能指标）	推荐用油		润滑保养规范		油品更换		备注
				种类型号	使用温度范围℃	最小维护周期	加注方式	推荐换油周期	加注量	
1	泵轴承	1	全损耗系统轴承油 L-AN46	汽轮机油 L-TSA32	-10～50	720h	注入	4000h	适量	泵的大、小不同，轴承室的容积不同。加注量以视窗的 1/2～2/3 为宜。加注时也可选用 L-CKC68 齿轮油、CD 15W/40 级柴油机油
2	泵轴承	1	全损耗系统轴承油 L-AN46	汽轮机油 L-TSA32	-10～50	720h	注入	4000h	适量	
3	电动机轴承	1	3 号锂基润滑脂	通用锂基润滑脂	-30～120	2000h	脂枪加注	4000h	适量	
4	电动机轴承	1	3 号锂基润滑脂	通用锂基润滑脂	-30～120	2000h	脂枪加注	4000h	适量	

注：本表由华北油田分公司推荐，用户也可根据油液监测结果，按质换油。

　　（2）IH 型系列单级单吸耐腐蚀离心泵、ISR 系列单级单吸热水离心泵润滑图表见图 2-11-4 和表 2-11-4。

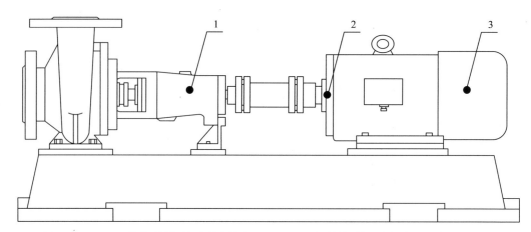

图 2-11-4 IH 型系列单级单吸耐腐蚀离心泵、ISR 系列单级单吸热水离心泵润滑示意图

表 2-11-4 IH 型系列单级单吸耐腐蚀离心泵、ISR 系列单级单吸热水离心泵润滑表

润滑点编号	润滑部位	点数	设备制造厂推荐用油（性能指标）	推荐用油		润滑保养规范		油品更换		备注
				种类型号	使用温度范围 ℃	最小维护周期	加注方式	推荐换周期	加注量，L	
1	泵轴承	1	32 号机械油 L-AN32	汽轮机油 L-TSA32	−10 ~ 50	720h	注入	4000h	5	泵的大、小不同，轴承室容积的大小也不同。加注量以视窗的 1/2 ~ 2/3 为宜
2	电动机前轴承	1	3 号锂基润滑脂	通用锂基润滑脂	−30 ~ 120	720h	脂枪加注	4000h	适量	
3	电动机后轴承	1	3 号锂基润滑脂	通用锂基润滑脂	−30 ~ 120	720h	脂枪加注	4000h	适量	

注：本表由华北油田分公司推荐，用户也可根据油液监测结果，按质换油。

（3）IS 系列单级单吸离心清水泵、IY 型系列单级单吸离心油泵、PW 型系列单级污水泵润滑图表见图 2-11-5 和表 2-11-5。

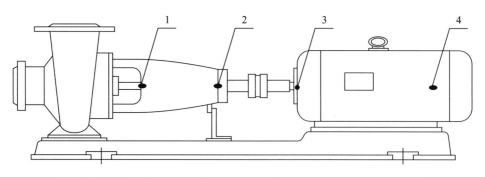

图 2-11-5 IS 系列单级单吸离心清水泵、IY 型系列单级单吸离心油泵、
PW 型系列单级污水泵润滑示意图

表 2-11-5 IS 系列单级单吸离心清水泵、IY 型系列单级单吸离心油泵、PW 型系列单级污水泵润滑表

润滑点编号	润滑部位	点数	设备制造厂推荐用油(性能指标)	推荐用油 种类型号	使用温度范围 ℃	最小维护周期	加注方式	推荐换油周期	加注量,L	备注
1	泵前轴承	1	32 号机械油 L-AN32	汽轮机油 L-TSA32	-10 ~ 50	720h	注入	4000h	5	此三种泵结构完全相同,泵的大、小不同,轴承室的容积大小也不同。加注量以视窗的 1/2 ~ 2/3 为宜
2	泵后轴承	1								
3	电动机前轴承	1	3 号锂基润滑脂	通用锂基润滑脂	-30 ~ 120	720h	脂枪加注	4000h	适量	
4	电动机后轴承	1	3 号锂基润滑脂	通用锂基润滑脂	-30 ~ 120	720h	脂枪加注	4000h	适量	

注:本表由华北油田分公司推荐,用户也可根据油液监测结果,按质换油。

(4) KDY 型卧式多级水平中开式离心油泵润滑图表见图 2-11-6 和表 2-11-6。

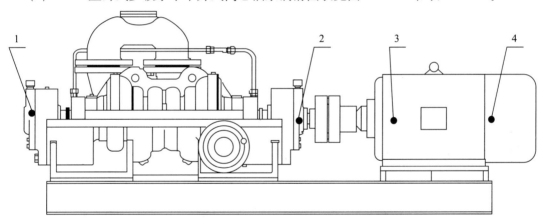

图 2-11-6 KDY 型卧式多级水平中开式离心油泵润滑示意图

表 2-11-6 KDY 型卧式多级水平中开式离心油泵润滑表

润滑点编号	润滑部位	点数	设备制造厂推荐用油	推荐用油 种类型号	使用温度范围,℃	最小维护周期	加注方式	推荐换油周期	加注量L	备注
1	泵前轴承	1	L-AN46	汽轮机油 L-TSA32	-10 ~ 50	720h	注入	2100h	2.5	加注时也可选用 L-CKC68 齿轮油、CD 15W/40 级柴油机油
2	泵后轴承	1	L-AN46							
3	电动机轴承	1	2 号锂基润滑脂	通用锂基润滑脂	-30 ~ 120	2000h	脂枪加注	4000h	适量	
4	电动机轴承	1	2 号锂基润滑脂	通用锂基润滑脂	-30 ~ 120	2000h	脂枪加注	4000h	适量	

注:本表由华北油田分公司推荐,用户也可根据油液监测结果,按质换油。

（5）KSY 型卧式单级双吸水平中开式离心油、KY 型两级单吸水平中开离心油泵润滑图表见图 2-11-7 和图 2-11-8 以及表 2-11-7。

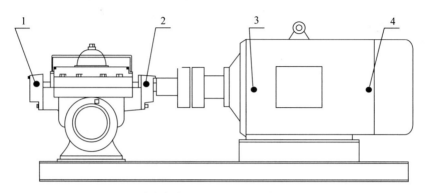

图 2-11-7　KSY 型卧式单级双吸水平中开式离心油泵润滑示意图

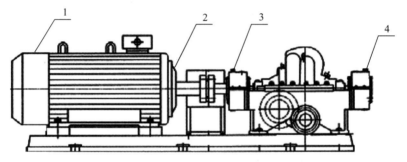

图 2-11-8　KY 型两级单吸水平中开离心油泵润滑示意图

表 2-11-7　KSY 型卧式单级双吸水平中开式离心油、KY 型两级单吸水平中开离心油泵润滑表

润滑点编号	润滑部位	点数	设备制造厂推荐用油(性能指标)	推荐机油		润滑保养范围		油品更换		备注
				种类型号	使用温度范围℃	最小保养周期	加注方式	推荐换油周期	加注量	
1	电动机尾端	1	2 号锂基润滑脂	通用锂基润滑脂	-30～120	720h	脂枪加注	2100h	容积的 1/3～1/2	高温时周期需缩短
2	电动机前端	1	2 号锂基润滑脂	通用锂基润滑脂	-30～120	720h	脂枪加注	2100h	容积的 1/3～1/2	不得混用
3	泵前端轴承箱	1	150 号或 220 号中负荷齿轮油	汽轮机油 L-TSA32	-10～50	720h	注入	4000h	容积的 1/3～1/2	根据轴承箱容积进行定量。加注时也可选用 L-CKC68 齿轮油、CD-15W40 级柴油机油
4	泵后端轴承箱	1	150 号或 220 号中负荷齿轮油	汽轮机油 L-TSA32	-10～50	720h	注入	4000h	容积的 1/3～1/2	

注：本表由华北油田分公司推荐，用户也可根据油液监测结果，按质换油。

（6）潜污泵润滑图表见图 2−11−9 和表 2−11−8。

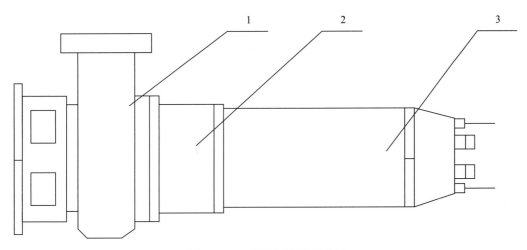

图 2−11−9　潜污泵润滑示意图

表 2−11−8　潜污泵润滑表

润滑点编号	润滑部位	设备制造厂推荐用油（性能指标）	推荐用油		润滑保养规范		油品更换		备注
			种类型号	使用温度范围，℃	最小维护周期	加注方式	推荐换油周期	加注量	
1	油室	API：GL−5 SAE：85W/90	重负荷车辆齿轮油 GL−5 85W/90	−15 ~ 40	—	—	1 a	油室的 2/3	用户每年保持对潜污泵进行一次保养
2	转子轴承	2 号锂基润滑脂	极压锂基润滑脂	−30 ~ 120	—	—	1 a	适量	
3	转子轴承	2 号锂基润滑脂	极压锂基润滑脂	−30 ~ 120	—	—	1 a	适量	

注：本表由华北油田分公司推荐，用户也可根据油液监测结果，按质换油。

（7）DWY 型多级液下泵润滑图表见图 2−11−10 和表 2−11−9。

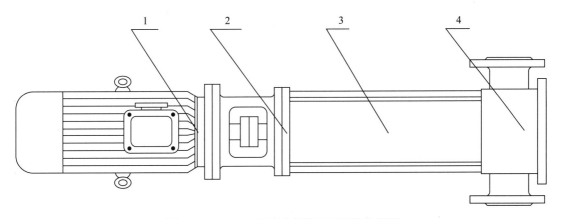

图 2−11−10　DWY 型多级液下泵润滑示意图

表 2-11-9　DWY 型多级液下泵润滑表

润滑点编号	润滑部位	点数	设备制造厂推荐用油（性能指标）	推荐用油		润滑保养范围		油品更换		备注
				种类型号	使用温度范围，℃	最小维护周期	加注方式	推荐换油周期	加注量	
1	电动机尾端	1	合成脂	HP-R 高温润滑脂	-30 ～ 180	720h	脂枪加注	2000h	适量	
2	电动机前端	1	合成脂	HP-R 高温润滑脂	-30 ～ 180	720h	脂枪加注	2000h	适量	
3	泵前端轴承箱	1	合成脂	HP-R 高温润滑脂	-30 ～ 180	720h	脂枪加注	2000h	适量	容积的 1/3 ～ 1/2
4	泵后端轴承箱	1	合成脂	HP-R 高温润滑脂	-30 ～ 180	720h	脂枪加注	2000h	适量	

注：本表由华北油田分公司推荐，用户也可根据油液监测结果，按质换油。

（8）DF 离心式多级高压注水泵润滑图表见图 2-11-11 和图 2-11-12 以及表 2-11-10。

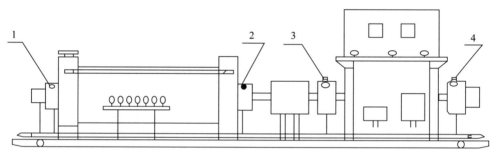

图 2-11-11　DF 离心式多级高压注水泵润滑图

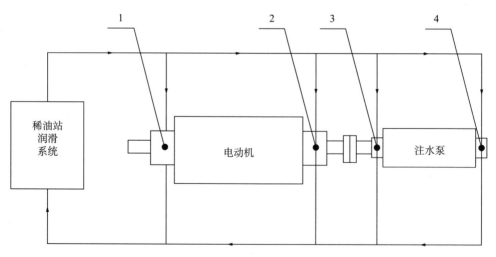

图 2-11-12　DF 离心式多级高压注水泵机组润滑系统油路图

表 2-11-10　DF 离心式多级高压注水泵润滑表

润滑点编号	润滑部位	点数	设备制造厂推荐用油（性能指标）	推荐用油		润滑保养规范		更换规范		备注
				种类、型号	适用温度范围，℃	最小维护周期	加注方式	推荐换油周期	加注量	
1	泵后轴瓦	2	32 号汽轮机油	汽轮机油 L-TSA32	-10 ~ 50	720h	注入	8000h	适量	容积的 1/3 ~ 1/2
2	泵前轴瓦	1	32 号汽轮机油	汽轮机油 L-TSA32	-10 ~ 50	720h	注入	8000h	适量	
3	电动机前轴瓦	1	32 号汽轮机油	汽轮机油 L-TSA32	-10 ~ 50	720h	注入	8000h	适量	
4	电动机后轴瓦	1	32 号汽轮机油	汽轮机油 L-TSA32	-10 ~ 50	720h	注入	8000h	适量	

注：本表由大庆油田有限责任公司提出并推荐，用户也可依监测结果，按质换油。

第三节　柱塞泵润滑图表

柱塞泵是一种典型的容积泵，在石油矿场上应用非常广泛，常用于高压下输送高黏度、大密度和高含砂量的液体，而流量相对较小。油气田常见形式，按柱塞的数量不同可分为单柱塞泵、三柱塞泵和五柱塞泵，其基本工作原理是：电动机带动曲轴进行旋转运动，通过连杆机构将曲轴的旋转运动转化为柱塞的直线往复运动，柱塞的往复直线运动形成吸入与排出过程，通过进液阀与排液阀的关闭与开启达到对液体增压及输送的目的。依用途、使用、安装地点不同而名称不同，如，为造成油层的人工裂缝，提高原油产量和采收率，用于向井内注入含有大量固体颗粒的液体或酸碱液体，称为压裂泵；为改善地层驱替效果的注水泵，提高原油输送压力的输油泵，还有注聚泵、注二氧化碳泵、调剖泵等，其外形结构、内部构造类似，由动力端、液力端、传动部分、动力装置和公共底座 5 部分组成，润滑方式也相近，润滑点、润滑剂选用基本一致。

一、润滑方式

柱塞泵动力端的润滑方式有飞溅润滑和强制润滑两种。飞溅润滑适用于往复次数在一定范围（150 次 /min < n < 370 次 /min）、功率较小（< 400kW）、润滑油量不多的柱塞泵。强制润滑适用于往复次数较低（n < 150 次 /min）、压力高、功率大（> 400kW）的柱塞泵。柱塞泵如采用变频器控制时，当变频器的频率较低，因飞溅润滑油量小，使泵的曲轴箱温度高，曲轴、十字头等润滑不足，此时应采用强制润滑，避免润滑事故。冬季启泵前还应注意盘泵 5 ~ 10 转。

二、基本要求

依据往复泵动力端的结构特点、工况、环境温度等综合选择润滑油的质量等级（表2-11-11）和黏度级别，应结合实际，推广冬夏通用的多级油。在润滑油脂选择上考虑因素有：

表2-11-11 往复泵润滑油质量等级选用

润滑油标准	主要用途	推荐用油
GB 11122—2006	适用中及重载荷，控制高温沉积物和轴瓦腐蚀性能	柴油机油或抗磨液压油

（1）运动速度。泵的转速越高，其形成油楔的作用也越强，高转速泵采用低黏度润滑油和锥入度较大（较软）的润滑脂。反之，应用黏度较大的润滑油和锥入度较小的润滑脂。同时要注意，变频器调速的柱塞泵，当转速小于额定转速，此时在选择润滑品上，黏度要适当降低（润滑脂的锥入度要适当增大）。

（2）载荷大小。泵类的载荷或压力越大，应选用黏度大或油性好的润滑油；反之载荷越小，选用润滑油的黏度应越小。各种润滑油均有一定的承载能力，在低速、重载荷的运动副上，首先考虑润滑油的允许承载能力，如注聚泵。

（3）运动特点。冲击振动载荷将形成瞬间极大的压强，而往复运动与间歇运动对油膜的形成不利，故均应采用黏度较大的润滑油来改善极压抗磨性能。

（4）运行温度。当环境温度为35～50℃，建议选用高黏度牌号油品；当环境温度低于15℃，选用低黏度牌号油品。由于柱塞泵启动扭矩较大，低温带压启动时，润滑油黏度阻力会对柱塞泵部件造成伤害，故当环境温度低于15℃时，建议对柱塞泵无压启动或将润滑油加热后启动。可选用宽温度范围的CD级15W/40柴油机油，冬夏通用。

三、润滑图表

柱塞式往复泵润滑图表见图2-11-13和表2-11-12。

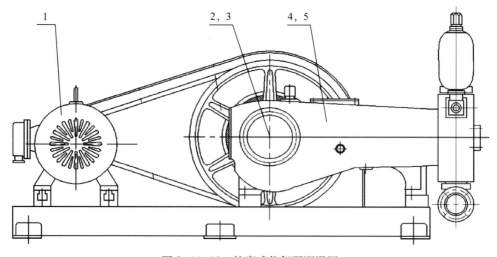

图 2-11-13 柱塞式往复泵润滑图

表 2-11-12　柱塞式往复泵润滑表

润滑点编号	润滑部位	点数	设备制造厂推荐用油（性能指标）	推荐用油		润滑保养规范		更换规范		备注
				种类、型号	适用温度范围，℃	最小维护周期	加注方式	推荐换油周期	加注量，L	
1	电动机前后轴承	2	3号锂基润滑脂	通用锂基润滑脂	−30 ～ 120	2000h	脂枪加注	4000h	适量	三柱塞、五柱塞通用，注水泵可选用专用润滑油
2	主轴承	2	5W（10W）−CD40	柴油机油 CD 15W/40	−25 ～ 40	720h	注入	5000h	10	
3	轴瓦曲柄销	3	5W（10W）−CD40	柴油机油 CD 15W/40	−25 ～ 40	720h	注入	5000h		
4	轴套十字头销	3	5W（10W）−CD40	柴油机油 CD 15W/40	−25 ～ 40	720h	注入	5000h		
5	十字头导轨孔	3	5W（10W）−CD40	柴油机油 CD 15W/40	−25 ～ 40	720h	注入	5000h		

注：本表由华北油田分公司推荐，用户也可根据油液监测结果，按质换油。

第四节　螺杆泵润滑图表

螺杆泵多用在集输过程中的油气混输场合，按结构形式主要分为单螺杆泵、双螺杆泵、三螺杆泵等。螺杆泵一般由电动机、公用底座、轴承箱传动部件、变速齿轮箱、主动螺杆、次动螺杆、腔体及泵头部件组成。

单螺杆输液泵是根据莫依诺原理（Moineau Principle）设计制造的转子式容积泵，它是依靠螺杆与衬套相互啮合在吸入腔和排出腔产生容积变化来输送液体的。主要工作部件由具有双头（或多头）螺旋空腔的衬套（定子）和在定子腔内与其啮合的单头（或多头）螺旋螺杆（转子）组成。当输入轴通过万向节驱动转子绕定子中心作行星回转时，定子—转子副就连续地啮合形成密封腔，介质在密封腔容积内不变地作匀速轴向运动，把输送介质从吸入室经定子—转子副输送至排出端。

双螺杆泵是采油工程中多相混输系统的核心设备，在不使用任何分离装置的情况下，输送井下产出物。工作时多相介质被吸入，进入螺纹与泵壳所包围的密闭空间，在螺杆转动时，螺杆泵密封容积在螺牙的挤压下逐步提高螺杆泵体内压力，并沿轴向移动，在泵的吸入端不断形成真空，将吸入室的多相介质纳入其中，并从吸入室连续推移至排出端。

三螺杆泵由于主螺杆与从动螺杆上螺旋槽相互啮合及它们与衬套三孔内表面的配合，得以在泵的进口与出口之间形成数级动密封室，这些动密封室将不断把液体由泵进口轴向移动到泵出口，并使所输送液体逐级升压，从而形成一个连续、平稳、轴向移动的压力液体。其泵体具有结构简单、重量轻、运转平稳、流量均匀、自吸能力强、效率高、无困油现象等优点，但螺杆齿形复杂，不易加工，精度难以保证。

一、润滑方式及基本要求

（1）单螺杆泵。

①定期检查单螺杆泵轴承座部位、减速机润滑油是否达到液位要求，泵在正常运转时，润滑油液面应处于油窗 1/2 ~ 2/3 位置。单螺杆泵轴承座部位及减速机更换润滑油前，应在放油孔放掉腔内的旧油，同时，确保加油口干净、无污油，确保腔内不进入杂物。当发现轴承座或减速机油位低于油窗中线时，应补加相同品牌、等级的润滑油。

②减速机出厂时未加足润滑油，用户使用前务必加足润滑油，加至油标中线位置。新减速机运行 200h 左右，必须将润滑油放掉，冲洗干净，然后重新加入新的润滑油至油标中心，油位过高或过低都可能导致运转温度升高，以后每 6 个月更换一次。运转中经常检查油位变化情况，不足时予以补加。

③电动机一般运行 4000h 左右，应补充或更换润滑脂（封闭轴承在使用寿命期内不必更换润滑脂），运行中发现轴承过热或润滑脂变质时，应及时换润滑脂。更换润滑脂时，应清除旧的润滑脂，并且清洗干净轴承及轴承盖的油槽，然后将润滑脂填充轴承内外圈之间空腔的 1/2（2 级电动机）或 2/3（4/6/8 级电动机）。

（2）双螺杆泵。前端为一对滚动轴承，因此采用浸油润滑的方式对其进行润滑；泵的后端为同步齿轮及一对滚动轴承，通过同步齿轮的旋转，带动润滑油飞溅，从而轴承和齿轮得到润滑。应定期检查双螺杆泵齿轮箱、前轴承室处润滑油是否达到液位要求。

（3）轴承内置结构三螺杆泵，轴承是由所输送的介质自身润滑的，在运转过程中无需再另行润滑；轴承外置结构三螺杆泵，轴承是润滑脂润滑。配套电动机轴承是润滑脂润滑。

（4）由于单螺杆泵、双螺杆泵的轴承座部位只是对轴承进行润滑，因此，该部位一般使用高温复合锂基润滑脂，三螺杆泵轴承使用通用锂基润滑脂。电动机根据使用说明书或润滑表推荐，选择通用锂基润滑脂，如 ZL-3 锂基润滑脂。减速器：齿轮箱内主要是对啮合齿轮进行润滑，其润滑方式为闭式飞溅润滑，依据说明书选用，一般选用极压工业齿轮油，推荐选用表 2-11-13 所列规格的润滑油。

表 2-11-13 选用润滑油环境温度与 ISO 黏度关系表

环境温度，℃	0 ~ +40	−15 ~ +25	−30 ~ +10
ISO 黏度（GB/T 3141—1994）	VG220	VG150/VG 100	VG68—VG46/VG32

二、润滑图表

（1）G 型单螺杆泵润滑图表见图 2-11-14 和表 2-11-14。

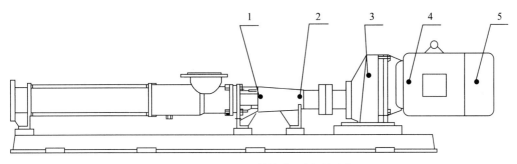

图 2-11-14　G 型单螺杆泵润滑示意图

表 2-11-14　G 型单螺杆泵的润滑表

润滑点编号	润滑部位	点数	设备制造厂推荐用油（性能指标）	推荐用油		润滑保养规范		油品更换	
				种类型号	使用温度范围 ℃	最小维护周期	加注方式	推荐换油管周期	加注量
1	万向节	2	2 号锂基润滑脂	通用锂基润滑脂	−30 ～ 120	按需	脂枪加注		适量
2	传动箱轴承	2	2 号锂基润滑脂	通用锂基润滑脂	−30 ～ 120	720h	脂枪加注	4000h	适量
3	减速器	2	150 号或 220 号中负荷齿轮油	工业闭式齿轮油 L−CKC 150	−10 ～ 40	720h	注入	4000h	适量
4	电动机轴承	1	润滑脂	通用锂基润滑脂	−30 ～ 120	2000h	脂枪加注	4000h	适量
5	电动机轴承	1	润滑脂	通用锂基润滑脂	−30 ～ 120	2000h	脂枪加注	4000h	适量

注：本表由华北油田分公司推荐，用户也可根据油液监测结果，按质换油。

（2）双螺杆泵润滑图表见图 2-11-15 和表 2-11-15。

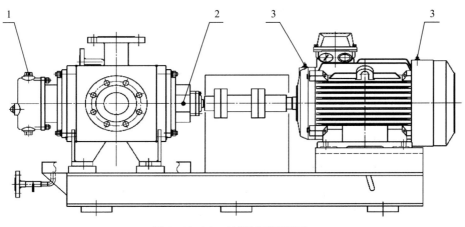

图 2-11-15　双螺杆泵润滑图

表 2-11-15　双螺杆泵润滑表

润滑点编号	润滑部位	点数	设备制造厂推荐用油（性能指标）	推荐用油		润滑保养规范		油品更换		备注
				种类型号	使用温度范围，℃	最小维护周期	加注方式	推荐换油周期	加注量	
1	齿轮副	1	150号或220号中负荷齿轮油	工业闭式齿轮油 L-CKC 150	-10～40	720h	注入	4000h	适量	据齿轮箱容积进行定量
2	驱动侧轴承	2	2号通用锂基润滑脂	通用锂基润滑脂	-30～120	720h	脂枪加注	4000h	适量	高温时周期需缩短
3	电动机前后轴承	2	2号通用锂基润滑脂	通用锂基润滑脂	-30～120	720h	脂枪加注	4000h	适量	

注：本表由华北油田分公司推荐，用户也可根据油液监测结果，按质换油。

（3）三螺杆泵润滑图表见图 2-11-16 和表 2-11-16。

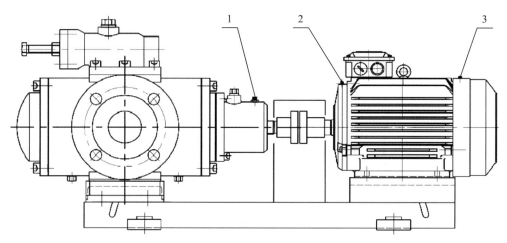

图 2-11-16　三螺杆泵润滑图

表 2-11-16　三螺杆泵润滑表

润滑点编号	润滑部位	点数	设备制造厂推荐用油（性能指标）	推荐用油		润滑保养规范		油品更换	
				种类型号	使用温度范围，℃	最小维护周期	加注方式	推荐换油周期	加注量
1	驱动侧轴承	1	2号锂基润滑脂	通用锂基润滑脂	-30～120	2000h	脂枪加注	4000h	适量
2，3	电动机	2	2号锂基润滑脂	通用锂基润滑脂	-30～120	2000h	脂枪加注	4000h	适量

注：本表由华北油田分公司推荐，用户也可根据油液监测结果，按质换油。

第五节　齿轮泵润滑图表

齿轮泵按照啮合形式来分有外啮合、内啮合齿轮泵，外啮合齿轮泵油田现场常见的有直齿轮泵、圆弧齿轮泵，圆弧齿轮泵在油田多用于稠油的输送或给大型设备集中润滑作为润滑泵使用。主要由泵体、齿轮、轴、泵盖、轴套和安全阀等部件组成，轴承采用滚动轴承，轴封采用机械密封，泵通过爪型联轴器与电动机联结，当齿轮泵主动齿轮转动，吸油腔齿轮脱开啮合，齿轮的轮齿退出齿间，使密封容积增大，形成局部真空，油液吸入齿间。随着齿轮转动，吸入齿间的油液被带到另一侧，进入压油腔。齿轮间的部分油液被挤出，形成了齿轮的压油过程。此泵的润滑点少，甚至不用润滑（电动机轴承除外）。

内啮合齿轮泵主要是渐开线齿轮泵，带有月牙形隔板，与外齿轮泵所不同的是靠月牙板分隔吸排腔，不像外齿轮泵是由啮合的两个轮齿来分隔吸排腔。在改变转动方向时，借助移动月牙板的位置180°，可保持吸排油方向不变。

一、润滑方式及基本要求

（1）外啮合齿轮泵：轴承箱采用润滑油润滑。应定期检查齿轮泵轴承及减速器机体部位润滑情况，检查润滑油液是否正常，油液位不够应及时添加相同品质的油品。

（2）外啮合弧齿轮泵轴承箱或减速器机体采用的润滑油依据结构特点、工况、环境温度等综合选择润滑油的质量等级和黏度级别，应结合实际推广冬夏通用的多级油。见表2-11-17。

表2-11-17　轴承箱选用润滑油

润滑部位	环境温度，℃	润滑油品
轴承/减速器机体	0 ~ 40	昆仑润滑油20W/50或VG30
轴承/减速器机体	−20 ~ 60	昆仑润滑油10W/30
轴承/减速器机体	−30 ~ 80	昆仑润滑油5W/30
轴承/减速器机体	−45 ~ 100	昆仑润滑油0W/40

（3）内啮合渐开线齿轮泵用于输送清洁的润滑性介质，因此，这种泵靠所输送的介质而自润滑，泵自身不需要单独进行润滑。

（4）内啮合渐开线齿轮泵电动机用脂润滑，推荐使用2号、3号通用锂基润滑脂，可以满足基本的功能要求。

二、润滑图表

（1）外啮合（稠油）泵润滑图表见图2-11-17和表2-11-18。

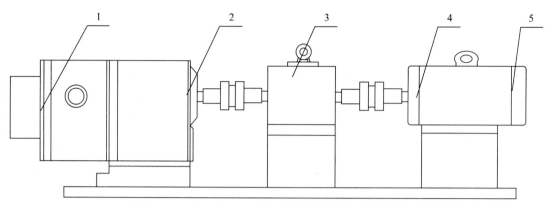

图 2-11-17 外啮合（稠油）泵润滑图

表 2-11-18 外啮合（稠油）泵润滑表

润滑点编号	润滑部位	点数	设备制造厂推荐用油（性能指标）	推荐用油		润滑保养规范		油品更换	
				种类型号	使用温度范围，℃	最小维护周期	加注方式	推荐换油周期	加注量 L
1	泵后轴承	1	钙钠基润滑脂	通用锂基润滑脂	-30 ~ 120	720h	脂枪加注	6000h	0.5
2	泵前轴承	1	钙钠基润滑脂	通用锂基润滑脂	-30 ~ 120	720h	脂枪加注	6000h	0.5
3	减速机齿轮	1	齿轮油 N320	工业闭式齿轮油 L-CKC320	-10 ~ 40	720h	注入	4000h	12
4	电动机前轴承	1	钙钠基润滑脂	通用锂基润滑脂	-30 ~ 120	720h	脂枪加注	6000h	0.6
5	电动机后轴承	1	钙钠基润滑脂	通用锂基润滑脂	-30 ~ 120	720h	脂枪加注	6000h	0.6

注：本表由华北油田分公司推荐，用户也可根据油液监测结果，按质换油。

（2）外啮合（双圆弧齿轮）泵润滑图表见图 2-11-18 和表 2-11-19。

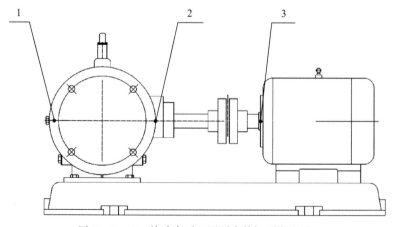

图 2-11-18 外啮合（双圆弧齿轮）泵润滑图

表 2–11–19　外啮合（双圆弧齿轮）泵润滑表

润滑点编号	润滑部位	点数	设备制造厂推荐用油（性能指标）	推荐机油		润滑保养范围		油品更换	
				种类型号	使用温度范围，℃	最小维护周期	加注方式	推荐换油周期	加注量
1	齿轮室轴承	1	2号锂基润滑脂	通用锂基润滑脂	−30 ~ 50	2000h	脂枪加注	4000h	适量
2	齿轮室轴承	1	2号锂基润滑脂	通用锂基润滑脂	−30 ~ 50	2000h	脂枪加注	4000h	适量
3	电动机轴承（前后）	2	2号锂基润滑脂	通用锂基润滑脂	−30 ~ 50	2000h	脂枪加注	4000h	适量

注：本表由华北油田分公司推荐，用户也可根据油液监测结果，按质换油。

（3）内啮合（渐开线齿轮）泵润滑图表见图 2–11–19 和表 2–11–20。

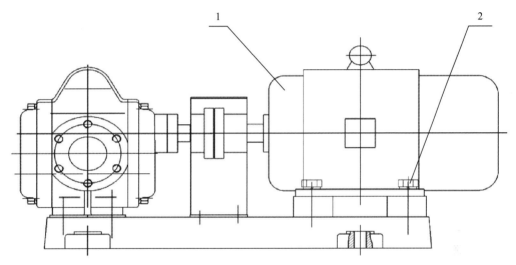

图 2–11–19　内啮合（渐开线齿轮）泵润滑图

表 2–11–20　内啮合（渐开线齿轮）泵润滑表

润滑点编号	润滑部位	点数	设备制造厂推荐用油（性能指标）	推荐用油		润滑保养规范		油品更换	
				种类型号	使用温度范围，℃	最小维护周期	加注方式	推荐换油周期	加注量
1	电动机前轴承	1	2号锂基润滑脂	通用锂基润滑脂	−30 ~ 120	2000h	脂枪加注	4000h	适量
2	电动机后轴承	2	2号锂基润滑脂	通用锂基润滑脂	−30 ~ 120	2000h	脂枪加注	4000h	适量

注：本表由华北油田分公司推荐，用户也可根据油液监测结果，按质换油。

第六节　滑片泵润滑图表

滑片泵一般有卧式和立式两种，油田现场上多用的是卧式滑片泵，用在气站的轻油类液体的装卸。它主要由转子、定子（即泵壳）、滑板及两侧盖板所组成。依靠偏心转子旋转时泵缸与转子上相邻两叶片间所形成工作容积的变化来输送液体或使之增压的回转泵。转子是具有径向槽的圆柱体，槽内安放滑片，滑片可以在槽内自由滑动。转子偏心地安放在泵体内，当转子由原动机带动旋转时，滑片依靠离心力或弹簧力紧压在泵体的内壁上。在转子前半转，相邻两叶片所包围的空间逐渐增大形成局部真空而吸入液体。而后半转，此空间逐渐减小，挤压液体，将液体压送到排出管中。一般这类泵工作压力在7MPa以下。滑片泵结构较紧凑，外形尺寸不大，流量较均匀，运转平稳，脉动和噪声小，效率比一般齿轮泵高。滑片泵结构复杂，零件易磨损。

一、润滑方式和基本要求

（1）滑片泵润滑油点为电动机轴承润滑，正常使用的泵，一般每运行6000h加注一次润滑脂，多选用锂基润滑脂。HGB（W）80-5型以上大规格的滑片泵轴承室为润滑油润滑，一般选用L-CKC150齿轮油。

（2）滑片泵适合于脂类润滑，带润滑脂的轴承已在工厂时预润滑。脂润滑有预先在密封型轴承中充填润滑脂的密封方式，无需补充。在外壳内部充填适量润滑脂轴承，每运行3个月进行补充或更换。

（3）选用润滑脂时，最高使用温度应比润滑脂的滴点低20～30℃。使用温度应按规定严格控制。

二、润滑图表

滑片泵润滑图表见图2-11-20和表2-11-21。

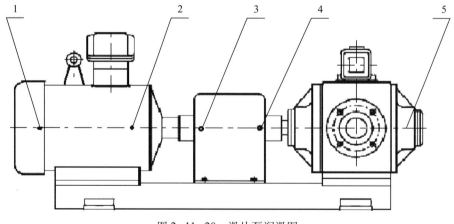

图2-11-20　滑片泵润滑图

表 2–11–21　滑片泵润滑表

润滑点编号	润滑部位	点数	设备制造厂推荐用油（性能指标）	推荐用油		润滑保养规范		油品更换	
				种类型号	使用温度范围 ℃	最小维护周期	加注方式	推荐换油周期	加注量 L
1	电动机前轴承	1	锂基润滑脂	通用锂基润滑脂	−30 ～ 120	720h	脂枪加注	6000h	适量
2	电动机后轴承	1	锂基润滑脂	通用锂基润滑脂	−30 ～ 120	720h	脂枪加注	6000h	适量
3	减速机齿轮	1	齿轮油 N150	工业闭式齿轮油 L–CKC150	−10 ～ 40	720h	注入	4000h	12
4	泵前轴承	1	锂基润滑脂	通用锂基润滑脂	−30 ～ 120	720h	脂枪加注	6000h	适量
5	泵后轴承	1	锂基润滑脂	通用锂基润滑脂	−30 ～ 120	720h	脂枪加注	6000h	适量

注：本表由华北油田分公司推荐，用户也可根据油液监测结果，按质换油。

第三篇
设备润滑管理

　　设备润滑管理就是采用科学管理的手段，按照技术规范的要求，保证设备正确、合理润滑，实现设备经济可靠高效运行，并满足安全、环境保护及节约能源等方面要求。润滑管理涉及油品选用、现场管理、污染控制、油液监测、废油回收等工作内容。

第一章　设备润滑管理概述

设备润滑管理是设备管理的重要组成部分。加强设备润滑管理工作，并把它建立在科学管理的基础上，对促进企业生产发展、提高企业经济效益和社会效益有着极其重要的意义。

第一节　设备润滑管理的目的和内容

据统计，机械零件的摩擦导致世界能源损失 1/3 之多；80% 的机械零部件失效是由于摩擦学（摩擦、磨损、润滑）的问题造成，60% 的设备故障是由于油品选用不当及润滑不良等原因引起。BHP 调查报告显示，63% 的齿轮箱的失效和更换与润滑油直接有关。美国通用汽车指出，通过使用高效率的油过滤器，发动机的磨损能被减少 75%。

一、设备润滑管理的目的

从油气田实际来说，做好设备润滑管理工作，可以达到以下目的：

（1）保证生产运行。自蒸汽机革命以来，人类社会越来越依赖于机械设备的可靠运行，许多人身伤亡事故就是设备部件失效造成的。油气田的生产运行也依赖设备的可靠运行。设备良好的润滑状态，能够提高设备的可靠性，从而提高设备利用率，为企业创造可观的经济效益。

（2）延长设备使用寿命。根据美国钢铁企业的调查报告，超过 75% 的液压系统的故障是由于液压油中的颗粒污染所引起。通过实施科学的润滑管理，能够减少设备事故的发生，保证设备安全运行，延长设备使用寿命，减少设备的购置及维护费用。

（3）降低运行维护成本。润滑剂最重要的作用就是减少摩擦，降低磨损。通过科学、合理润滑，可以节约可观的润滑剂和能源消耗，降低设备故障率，极大降低设备运行维护成本，对于油气田企业开源节流、降本增效工作来说，具有重要的现实意义。

（4）保护环境。在实际工作中，润滑失效和过度磨损造成的恶性事故，对生态环境的破坏是灾难性的。严重的雾霾天气与煤炭、石油等一次能源消耗有很大关系，科学润滑可以降低能源消耗，减少汽车尾气的排放，从而减少一次能源所造成的环境污染。另外，科学润滑，可以减少废（旧）润滑油的产生和处置量，有利于环境保护。

二、设备润滑管理的内容

GB/T 13608《合理润滑技术通则》规定，合理润滑就是在技术、经济允许的条件下，为实现设备的可靠运行、性能改善、降低摩擦功耗、减少温升和磨损及油品的消耗量，对设备的润滑设计、润滑系统的运行操作、状态监测和使用油品的品种、性能等所采取的各种技术措施的总称。润滑管理就是通过一系列技术措施和手段，实现油品的合理使用和设备的良好运行。有效地实施润滑管理需要抓住以下几个环节。

1.建立健全润滑管理的组织体系

建立和健全润滑管理的组织体系是实现润滑管理的目的和落实润滑管理全过程的基础。从国内企业来看，组织体系健全与否直接决定了润滑管理水平的高低。由专业润滑技术队伍作为技术骨干来具体实施润滑工作，彻底改变过去那种由千百个设备操作者进行的分散、落后的润滑管理。从多年实践看，在油气田企业配备专门润滑管理科室，配备专职润滑管理工程师，建立润滑站和化验室，是保证润滑管理工作正常开展的行之有效的办法。油气田企业润滑管理组织机构网络见图 3-1-1。

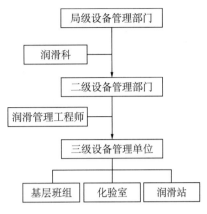

图 3-1-1 油气田企业润滑管理网络图

油气田企业润滑管理职责如下：

（1）制定润滑管理制度、设备润滑手册及各类设备润滑技术标准，并组织实施。

（2）指导、监督油品选型，把好入口关，科学开展进口专用油的国产化替代研究。

（3）推进润滑站建设，实现专业化换油。

（4）开展油液监测，确定监测指标、方法，实现设备按质换油。

（5）开展油品净化，控制油液污染，延长润滑油使用周期。

（6）开展润滑技术交流和培训，总结推广先进技术和管理经验。

（7）开展设备润滑故障分析，消除设备故障隐患根源。

2.强化润滑管理制度建设

油气田企业应结合实际建立一套符合实际、富有成效的润滑管理制度体系。

（1）润滑管理制度：包括润滑管理办法、实施细则，润滑管理流程图、网络图、岗位责任制，润滑管理检查及评比标准等。

（2）各类标准：包括换油指标，换油规程，润滑技术规范，润滑站建设标准，主要设备润滑图表，先进润滑站验收标准等。

（3）润滑基础资料：包括产品合格证，化验分析报告单，设备润滑档案，加换油台账，油品监测仪器、设备台账，油品消耗台账及需求计划，旧油回收资料等。

3.正确用油

做到正确用油，除针对设备实际工况特点选择适合的油品、保障设备得到合理润滑外，特别要注意防范伪劣和不对路的润滑油品。目前国产著名品牌不多，如昆仑、长城等，但注册的品牌却很多，润滑油品市场相对混乱、良莠不齐的情况比较普遍。

4.污染控制

对油品从进厂入库、更换使用，润滑器具保管等各环节进行清洁管理，切断污染源，减少污染物的生成与进入，确保油品保持良好的质量状态。要提高设备运行、使用及维修的管理水平，经常监测在用油的污染程度，判断产生污染的原因并及时采取措施处理。油品污染控制涉及两个重要环节：一是油品储存、加注等环节的污染控制；二是在用油的净化处理，保证设备正常运转，使油品得到最大限度利用。

5. 集中润滑

对于活动设备,建立润滑站,采用专用的加注设备、专业的场地和人员开展活动设备的集中润滑工作;对于抽油机、钻机等野外作业设备,采用润滑工程车,配备专业的人员开展集中专业化润滑。同时,推广油气润滑、集中润滑等润滑新技术,解决传统润滑装置技术落后、工作效率低的问题,并减轻员工劳动强度。

6. 油液监测

油液监测是设备润滑管理的"眼睛",可以了解油品的使用状态,掌握油品的劣化规律,提前发现设备部件的异常磨损和故障隐患,判断设备故障原因,及时采取正确措施,避免损失扩大。同时,通过油液监测手段,摸索油气田设备的油品衰变规律,通过大量状态特征指标的统计分析,从而精确确定各类设备的换油周期,对于推进按质换油、延长油品的换油周期、减缓设备磨损以及预知维修具有重要意义。

7. 信息化建设

传统的润滑管理模式,纸质文档审批、人工填写报表等模式制约了工作效率的发挥。在当今信息化高度发展的时代,油气田企业应建立完善润滑管理信息系统,实现油品采购、加注、检测、回收、结算等各类润滑业务的全面覆盖,真正做到制度流程化、流程表单化、表单信息化。在信息化建设中应注意以下几点:

(1) 电脑版、移动版(手机、PAD)综合开发。系统开发时应使用更为直观的 UI 界面。利用移动端进行预约等各项业务的办理、数据查询等,节省时间,提高效率。

(2) 自动短信提醒功能。如润滑站应与车辆 GPS 系统对接,根据行驶里程自动短信提醒。业务办结后,也可短信提醒设备管理人员进行查询结果等。

(3) 引入手持机、AR 扫描、电子签字等数字化设施。如润滑站车辆到站后,工作人员持设备扫描车牌照或识别卡后,加注/检测申请信息、润滑档案信息自动弹出,业务办理中通过扫描条形码录入数据,如加注信息、检测信息等,办结后,客户只需在屏幕上签字确认。

(4) 车间大屏幕施工动态显示。如润滑站信息系统与车间大屏幕对接,时时显示各工位动态施工数据、数据分析图、电子叫号等。

8. 技术培训与考核

目前,油气田企业设备润滑管理工程师严重不足,管理人员的润滑知识仅仅来源于有限的培训、讲座、网络和使用说明书,润滑管理培训的系统性不够,部分人员润滑知识仍停留在 20 世纪 90 年代水平。随着润滑技术的不断进步,新设备、新技术、新工艺不断涌现,同时,人们对设备运行可靠性及环境适应性的要求也在不断提高,与之相适应的润滑剂质量、品种及应用技术也日新月异。通过技术培训与检查考核工作,就可以把润滑新技术、润滑管理理念贯穿于实际工作中,做到"用对油""用好油""管好油",为设备的高效、可靠运行保驾护航,并达到节能降耗、减支增收的目的。

润滑管理是设备管理的重要内容之一,应纳入企业设备管理监督考核范围。考核内容主要包括:润滑管理制度建立和执行情况,油品选型情况,油品使用情况,油液监测开展情况等。对于因润滑管理不善、使用不合格油品等造成设备事故和损失的,应按照规定进行严肃处理。

第二节　设备润滑技术与管理的发展

设备润滑技术与管理，伴随着设备制造技术、润滑材料和润滑方法的不断进步而逐步发展。

一、设备润滑技术的最新发展

近年来，油雾润滑、油气润滑、磨损修复、仿生润滑等新技术和新材料应用越来越广泛。

1. 油雾润滑技术

油雾润滑技术，简单地说，就是将润滑油雾化成微米级，然后通过管道送到每台机泵需要润滑的部位。对于油雾润滑系统而言，能够精确计算每个润滑点需要的油雾量，并且可以调节油雾浓度，使系统总耗油量大幅降低。与传统的润滑技术相比，油雾润滑技术具有更高的润滑油利用率。与单点的润滑技术相比较，油雾润滑技术提供的是连续的、清洁的润滑油膜，因此改善了系统的润滑效果；由于油雾润滑系统只需要定期向油箱加油，减少了工作量；对于季节性运转的机泵，由于在其非运行期也可以保证系统的油雾供应，保证了轴承腔的清洁，改善了轴承的工作环境；同时，油雾可以带走大量热量，延长设备的使用寿命；可以很好地实现系统的自动化，从而降低人力成本，减轻管理压力。当前，我国大量的石油化工、冶金等行业都已经引入了油雾润滑系统。

2. 油气润滑技术

油气润滑技术是将润滑油直接或间接通过递进式分配器输送至与压缩空气管道相连接的油气混合器中，由于油气混合器的特殊结构，润滑油和压缩空气被定量地分配到多个油气管道；在油气管道中，借助压缩空气的作用，使以脉冲形式进入管道的润滑油沿管壁以波浪状向前移动，逐渐形成连续的油膜，以滴状喷至润滑点。因此，润滑点将得到适度的润滑，并被压缩空气冷却，同时，润滑点部位空气不断溢出，有效阻止了尘埃、水或有害气体的侵入，提高润滑部位的密封性能。油气润滑系统可适用于多种恶劣工况，如高速或极低速、重载、高温及化学危害性流体侵蚀的传动件运行的场合，可大幅提高摩擦副的寿命，具有润滑效能高、运行可靠、机电一体化程度高、适用范围广等特点。

3. 磨损修复润滑技术

又称摩圣技术，它的突出特点是在设备不解体的运行状态下，以润滑剂为载体将制剂带入摩擦副表面，通过力学作用选择性地原位修复磨损表面，优化机械元件配合间隙，恢复原设计尺寸，达到最佳运行状态。经修复后的金属摩擦表面具有超滑、高硬、耐磨、耐腐蚀、耐高温等物理机械性能，可有效控制机械设备的摩擦磨损，节能、降耗、延长设备使用寿命，减振、降噪等。

4. 仿生润滑技术

通过对生物体系的减摩、抗黏附、抗磨损及高效润滑机制的研究，从几何、物理、材料和控制等角度借鉴生物体的成功经验和创成规律，研究、发展和提升工程摩擦副的性能。

5. 新型润滑材料

1）纳米润滑

纳米科学技术是于 20 世纪 90 年代兴起的高新技术，随着纳米摩擦学研究的不断深入，在润滑领域的应用前景也逐渐被人们所认知。在润滑剂中添加纳米润滑材料，如将 CuO、ZrO_2 和 ZnO 分别添加到聚 α - 烯烃（PAO6）中，展现出极高的抗磨减磨性能，不仅可显著提高设备的润滑性能和承载能力，尤其在润滑条件苛刻的工况，表现出了良好效果，大大开拓了润滑剂新的发展空间。

2）固体润滑材料

固体润滑材料以其良好的润滑性和耐化学安定性已经得到了广泛认可，广泛应用于军工、航空航天等高科技领域，现在逐步推广到汽车、船舶、机械工程等领域，解决了一些常规润滑难以解决的问题。

3）液晶润滑

物质存在三种状态：固态、液态和气态。随着温度的升高和降低，三种状态相互转化。但是，有一类有机材料在一定的温度区间呈现第四种状态——中间相，称之为液晶态。在垂直于表面的方向，液晶表现固体特性，阻止表面间的直接接触，因而具有较强的承载能力，而在滑动剪切方向，液晶表现为低黏度的液体，可有效地降低摩擦系数。液晶良好的润滑特性，在用作润滑添加剂和新型润滑材料时均具减摩、抗损的效果。

二、设备润滑管理的发展

20 世纪 70 年代，日本新日铁公司为提高设备管理水平，从设备润滑管理的各节点出发，建立了系统的润滑管理体系，并付诸实施，设备管理水平得到大幅提升。20 世纪 80 年代，美国积极学习日本经验，从电力行业开始，并迅速推广至其他行业，乃至扩展到全球，积极推行设备的润滑管理。

我国于 1992 年颁布了《合理润滑技术通则》（GB/T 13608—1992），这是我国第一部关于润滑管理的国家标准，标志着我国在加强润滑管理方面迈出了重要一步。我国石油石化行业一直沿用"五定三过滤"润滑管理模式，这也是目前国内企业润滑管理的核心内容。国家质检总局与标准化管理委员会于 2009 年对《合理润滑技术通则》进行了重新修订，进一步明确了油品使用、按质换油等内容。

进入 21 世纪，随着摩擦、磨损及润滑相关理论、技术、方法的成熟与完善，"合理润滑""全优润滑""全面润滑""精细润滑"等理念得到发展，我国的润滑管理工作开始向世界先进水平看齐，油品选用、污染控制、油液监测、按质换油等理念与方法得到深入发展，并进行了探索和实践，取得了良好效果。

三、润滑管理新理念

随着设备润滑管理的发展，润滑管理新理念也被广泛认知。

1. 设备管理的"以养代修"

过去设备维修的意识是设备坏了要修好设备，设备没坏那就等设备坏。现代企业管理要求在设备没坏时就要做好点检、维护保养等工作，实施润滑管理，科学合理地润滑，大大降低设备故障率，减少设备的维修工作量。近年来，"以养代修"的理念逐渐得到了现场管理人员的认可和接受。

2. 润滑创造财富

设备润滑管理是一项系统工程，贯穿于整个寿命周期，与设备的安全和维修成本密切相关。润滑工作的实施效果会直接影响设备的维护成本。国内外许多企业设备润滑管理的成功经验证明：科学有效开展设备润滑管理工作，能极大地降低设备的维修费用，提高设备利用率和生产效率，为企业创造更多的财富。

3. 润滑剂是设备最重要的"零部件"

机械设备有许多需要润滑的零部件，润滑的失效可以导致设备大多数零部件的损坏，如发动机、变速箱、液压系统等，可以说润滑剂是设备最重要的"零部件"，是机械设备的"血液"。

4. 工业是骑在 $10\mu m$ 厚度的油膜上

典型零件的油膜厚度：滚动轴承 $0.1 \sim 0.3\mu m$，齿轮 $0.1 \sim 1\mu m$，发动机滑动轴承 $0.5 \sim 50\mu m$，往复注水泵及其他滑动轴承 $0.5 \sim 100\mu m$。人体头发丝的直径为 $75 \sim 80\mu m$，人肉眼可见的最小尺寸为 $40\mu m$。因此，很多润滑管理专家学者形象地提出了工业是骑在 $10\mu m$ 厚度的油膜上。

5. 润滑隐患是设备故障的根源

除机械本身设计因素产生的故障外，运行中的设备无论是异常磨损，还是高温、振动、噪声及机械性能下降出现的隐患，都与润滑失效或过度磨损有关。

6. 润滑污染控制是主动维护的基础

英国流体协会的液压系统寿命研究表明：按照 ISO 4406 液压油污染度 10/7 的系统寿命为 24/21 的系统寿命的 100 倍。SKF 的轴承寿命研究表明，轴承润滑的污染状况可使轴承寿命相差 500 倍；54% 的轴承失效是由于润滑不良引起，将润滑脂中的微粒粒径控制在 $2 \sim 5\mu m$，轴承寿命延长 $10 \sim 50$ 倍；如果将微粒控制在 $1\mu m$ 以下，轴承寿命将无限延长。

第二章　设备润滑管理工作的基本要求

本章结合油气田企业实际，对油品选用、油品质量检验、油品储存、油品加注等方面内容与基本要求进行说明，使润滑管理工作具有针对性和可操作性。

第一节　润滑剂选用和质量管理

正确选油对油气田企业来说十分重要。油气田企业拥有大量钻井、采油、集输等机械设备，设备结构复杂，高负荷、高功率，长年连续运转，野外作业，环境恶劣，北方油气田冬夏季温差大，对选油提出了更高的技术要求。油品选用要根据摩擦副的运动性质、材质、工作负荷、工作温度、配合间隙、润滑方式、工作介质等因素综合确定。润滑剂的选用既与设备制造商有关，也与设备使用者（用户）有关，同时也可以咨询润滑剂供应商。

一、润滑剂选用的基本原则与要求

选择润滑剂应根据设备使用说明书要求及设备的具体工作状态和环境综合考虑。设备的设计者若对其机械系统结构、润滑方式及装置、工作条件等已作充分考虑，并根据摩擦副的工作条件推荐或指定了适用的油品，用户应采纳。油气田企业也可参照本手册的设备润滑与用油要求。

1. 工作温度

摩擦副的工作温度是选择润滑剂的主要因素之一，工作温度的高低会影响润滑剂黏度变化及氧化变质。工作温度越高，选用的润滑油黏度应越大，润滑脂锥入度应越小，并应增加润滑油量或循环油量，以保证润滑剂在温度较高时有满足要求的油膜厚度。工作温度越低，选用的润滑油黏度应越小，润滑脂锥入度应越大，以保证在较低温度时有良好的流动性。当摩擦副的工作温度变化较大时，应选用黏温特性较好即黏度指数较高的润滑剂，以保证设备润滑良好。一般矿物油的最高使用温度为 $120 \sim 150℃$，酯类合成油和硅油的最高使用温度为 $220 \sim 250℃$。

2. 运动速度

摩擦副的运动速度是影响选择润滑剂的另一主要因素。运动速度越快，选用的润滑油的黏度应越小，润滑脂的锥入度应越大，并应增加润滑油量或循环油量，以减少摩擦副的运动阻力，降低功率消耗和降低温度。反之，运动速度越慢，选用的润滑油的黏度应越大，润滑脂的锥入度应越小，有利于建立适当的油膜厚度和避免润滑剂流失。如果黏度太大和锥入度太小，也会增加摩擦造成功率消耗。

3. 工作载荷

摩擦副油膜的建立与工作载荷的大小直接相关，也与润滑油的流动性和抗磨性直接相关。当摩擦副承受的工作载荷比较大时，应选用黏度较高的润滑油或锥入度较小的润滑脂，以保证有足够的油膜强度。反之，当摩擦副承受的工作载荷较小时，应选用黏度较低的润滑油或锥入度较大的润滑脂，以减少运动部件的摩擦阻力。

选择适用的润滑剂时上述三方面通常综合考虑，但有时还需要综合设备的具体参数、使用年限等，如滚动轴承的润滑剂，黏度或锥入度的选择就与轴承的平均直径与转速的乘积有关。

4. 环境条件

环境条件指空气温度、湿度、粉尘及腐蚀性介质等润滑点周围的状况。当相对湿度较大时，常导致水汽的凝聚，对润滑剂产生侵蚀、腐蚀，导致润滑剂乳化变质。设备在潮湿的工作环境中或在与水接触机会较多的工作条件下，应选择水分离能力强和油性及防锈性较好的润滑剂。条件苛刻时应选用加有防锈剂的润滑脂，不宜选用钠基脂。处在化学介质影响严重的润滑点，应选用合成润滑脂。

5. 其他影响因素

除上述提到的主要因素外，其他因素包括压力、真空度、辐射以及设备本身结构设计、制造精度、摩擦副材料以及设备利用率和润滑剂的成本费用等，均应综合在一起考虑。实际工作中还应考虑以下一些问题：

（1）对于设备密封性要求不高、而防护要求很高，但又不可能采用经常加油的方式解决，以及低速重载不易快速形成和保持良好油膜的设备，应选用润滑脂润滑。选脂时应注意润滑脂与密封件材质尤其是橡胶的相容性。对于静密封，应选锥入度高一些的润滑脂；对于动密封，应选用锥入度小一些的润滑脂。若与润滑脂接触的介质有水和醇类时，则应选用磺酸钙脂或脲基脂；当介质是油类时，应选用耐油密封脂。

（2）在有特殊要求的工况下，如工作温度太高或太低，或要求润滑剂使用寿命较长，不宜使用矿物型润滑剂的场合，应选用合成型润滑剂。

（3）当工况温度过高或过低，不能选用任何一种油脂作润滑剂或不允许有油脂污染的，或经常在有酸、碱介质强腐蚀的环境下工作或在高真空、高辐射条件下运行的设备，可以选用磺酸钙脂以及固体润滑材料。

6. 油气田企业油品选用的基本要求

（1）应优先选用节能、环保的油品，积极推广使用多级润滑油和长寿命油品。

（2）要简化油品品牌，同型设备要选用同种润滑剂，润滑剂要尽量采购同一品牌，做到油品种类和级别优化，避免油品的随意混加。

（3）对于专用油和已过合同保修期的进口设备用油，在取得相关认证、有使用案例且各项指标能够满足设备润滑要求的前提下，优先选用国产品牌。

二、润滑油的代用和混用

首先需要强调，正确选用润滑油，应避免乱代乱混。在油气田实际工作中，由于油品采购、冬夏季分开选油等因素影响，确实存在着油品的代用和混用问题。

1. 润滑剂的代用原则

（1）尽量用同类油品和性能相当或高于原级别的产品。

（2）黏度要适当，以不超过原用油黏度 ±15% 为宜。一般情况，选用黏度稍大的润滑油代替，但是精密机床用液压油、轴承油要选用黏度稍低的润滑油。

（3）质量以高代低，即选用质量高一档的油品代用，对设备润滑较为可靠，同时可延长润滑剂使用寿命，经济上较为划算。

（4）选择代用油品时，要考虑环境与工作温度，对工作温度变化大的机械设备，代用油的黏温性要好。

（5）代用时应加强油液监测，在监测指标正常的前提下才可正式代用。

2. 润滑油混用原则

不同生产厂家、不同种类的润滑油原则上不能混用，避免影响使用性能。在实际工作中，受采购等因素影响，存在着不同厂家的油品混加的情况，在使用前要进行油品的相容性试验并在检测合格后方可混用。在下列情况下，油品可以混用：

（1）同一厂家同类产品质量基本相近，或高质量油混入低质量油仍作为低质量油使用。

（2）同一厂家生产的同一种类不同牌号的产品。

（3）不同厂家的同类油品经混兑试验无异味或沉淀等异常现象，混兑前后润滑油的性能无明显变化的。

（4）一般矿物油之间可以混用，矿物油和半合成油之间也可混用，全合成油和矿物油之间的混用要慎重。

下列油品禁止混用：

（1）特种油、专用油不能与别的油品混用。

（2）有抗乳化性能要求的油品不得与无抗乳化要求的油品相混。

（3）抗氨汽轮机油不得与其他汽轮机油相混。

（4）含锌抗磨液压油不得与抗银液压油相混。

（5）齿轮油不能与蜗轮蜗杆油相混。

三、新油质量管理要求

采购润滑剂时，必须有质量合格证、化验报告单等有效证件，并留存备查。验收时应核查供应方提供的质量检测报告，确认产品种类和黏度牌号，注意油品的外包装，保证生产厂家与订货单一致，确保接收无误。对于桶装产品，应注意桶上的生产批号，可根据生产批号向生产厂家索要产品合格证，然后进行抽检。油品质量检验，必须遵循国家标准和行业标准，确保检验结果准确可靠。质量检验内容包括外观检查和抽样检验。

1. 新油验收

应对所有产品进行外观检查，检查内容包括包装及标志、颜色或色度、形态、气味，对于有问题的产品和没有合格证的产品，应拒绝验收入库。

2. 新油检验

新购进的油品应按照产品质量管理规定进行抽样和检验，油品的主要检验项目包括：

运动黏度；倾点、凝点或成沟点；闪点；水分；酸值；碱值；破乳化度；泡沫特性等。油气田企业可根据国家有关规定自行确定检验项目。对于合成油和专用油，必要时应对黏度指数、清洁度等级、基础油类型、添加剂含量等数据和指标进行检测。

检验合格的油品入库后应挂上检验合格标志；检验不合格的不得入库并在明显处挂上检验不合格标志；尚无检验结果的，应在明显处挂上待检标志。对于检验不合格和没有检验报告的油品，物资部门不得办理付款手续，不得发放，造成损失的应提出索赔。

3. 新油检验取样规定

（1）新油以桶装形式交货时，应从可能受污染最严重的底部取样，必要时可抽取上部油样；如怀疑大部分桶装油有不均匀现象时，应对每桶油逐一取样，并核对每桶的牌号、标志。

（2）对以油槽车方式交货时，应从下部阀门处取样，取样时应先擦净阀门处导管。必要时还应抽检上部、中部油样。

（3）用外接软管取样或从油箱底部的阀门导管处取样，应在取样前将这些管道用油冲洗后才能进行，同时取样时应维持一定的流速。

（4）样品的保存：如果实验不是马上进行，所取样品应避光放置在阴凉通风的地方保存。

（5）一般应取两份以上样品，除实验所需外，应保留一份以上样品，以备复核或仲裁用。

第二节　润滑剂储存和使用管理

润滑剂的储存、发放除了执行物资相关管理规定外，还要结合润滑剂的特性，做好相关管理工作。

一、润滑剂储存要求

1. 油品储存一般要求

应室内储存，做到防雨、防晒、防尘、防冻，保持干燥清洁、通风良好，符合安全消防要求。油品保管时，应区分油品厂家和型号，做到分类存放、标识清晰。桶装油应卧置存放，油桶口下置。桶装油品要配齐密封胶圈，拧紧桶盖，抗磨液压油、变压器油、汽轮机油、润滑脂等严禁露天存放。

2. 储油容器要求

储油容器应保持清洁完好，定期清洗。容器换装不同种类、不同牌号的油品时，必须按规定彻底清洗干净，经检验合格后，方可使用。要保持储油容器的清洁干净，定期擦除容器表面灰尘，往油罐内卸油或灌桶前，必须认真检查罐、桶内部是否清洁，清除水和杂质等污染物，做到不清洁不灌装。

3. 润滑器具要求

各类润滑器具应齐全、完好，标识清晰，专油专用。油桶、油罐、管线、油泵以及计量、取样工具等必须保持清洁，一旦发现内部积水、脏污、锈蚀以及接触过不同油品或不合格油时，须及时清理干净。

4. 库存油品要求

库存油品一般不超过三个月用量。储存期超过半年的未开封油品，使用前应进行检测，发现油品变质或包装毁损的严禁发放，并妥善处理，杜绝失效油品加入设备。已开封油品超过一个月的，使用前应对水分、运动黏度等指标进行检测。储存油品推荐检验周期见表3-2-1。

表3-2-1　储存油品推荐检验周期

储存条件		检验周期	
		一般油品	质量要求严格的油品
桶装	室内	6个月	3～6个月
	露天	3～6个月	
罐装	土油池	3～6个月	
	钢罐	6～12个月	3～6个月
	地下钢罐	≥1年	≥6个月

5. 油品检查要求

经常检查储油罐管线、阀门开关情况，严防窜油、窜气和窜水。定期查看储油罐底部沉淀物，并清洗储油容器。油品储存的时间越长，氧化、粉尘等产生的沉积物越多，对油品质量的影响越严重，因此应每年检查罐底一次，以判断是否需要清洗。各种润滑油罐的清洗周期一般是每3年清洗一次。尽量减少倒罐、倒桶次数，避免油品意外污染。

6. 油品发放要求

油品发放执行先进先出的原则，避免油品过期失效；各项操作应严格执行有关安全规定；领用器具应标识清晰，符合要求。油库（油站）应建立出库和入库台账，按计划发放、按需要领用、按规定使用，杜绝滥用多领。发放人员应熟悉油品名称、牌号、性能指标、存放地点，发放时应核对领用单据及标签，确认无误后方可发放。成批发放时，发放人员应向领用人员提供所领用油品的合格证及化验单，严禁发放不合格油品。

二、油品加注与更换要求

1. 现场润滑管理要求

油气田企业现场润滑执行"六定、三过滤、二洁、一密封"，相关要求与内容如下：

（1）"六定"。即对设备润滑采用"定点、定质、定量、定期、定人、定法"的管理方式。

①定点。即明确每台设备的润滑部位和润滑点，它是润滑管理的基本要求。设备的操作人员、润滑维护人员要熟悉所负责设备的润滑部位和润滑点，各种设备都要按照润滑图表规定的部位和润滑点加、换润滑剂。

②定质。即按照设备制造商、润滑油生产商以及润滑手册的推荐合理选油，并通过油液监测手段进行跟踪检测，确保润滑剂的品种和质量，做好润滑剂入库、领用、加注全过

程污染控制。

③定时（定期）。即按照润滑图表或设备使用说明书所规定的换油周期加油和换油，对于开展油液监测的设备按照监测结果进行加油和换油。

④定量。即在保证设备良好润滑的基础上实行定量补油、加油，避免多加或少加。要按照油池油位、油标尺的要求补充，系统要开机循环运行，确认油位不再下降后补充至规定油位。

⑤定人。每台设备的润滑工作都要指定专人负责，明确相润滑工作的职责，熟悉并掌握设备的润滑要求，开展例行检查，按照操作规程进行油品添加、更换等工作。

⑥定法。就是确定加换油、清洗等润滑工作的方法，包括专业自动加油、手工加油、集中循环给油、油浴润滑、油雾润滑、油气润滑、滴油润滑、油枪加脂、手工涂抹等，明确润滑方法符合企业润滑管理的实际需要，对于正确润滑工作具有很重要的现实意义。

（2）"三过滤"。即对油品采用"领油过滤、转桶过滤、加油过滤"的污染控制方法。领油过滤，要求油品从库房到润滑点的储油容器都要经过过滤；转桶过滤，油品在容器之间转移，例如从固定油罐到小桶，从小桶到油壶，都要经过过滤；加油过滤，油品通过加油工具进入设备加油口时也要经过过滤。目前，油气田企业随着专业化集中换油工作的开展和润滑油包装形式的变化，油品实现了密闭加注，已不再区分"三过滤"，但"三过滤"的理念却值得坚持和发扬光大。

（3）二洁。即加油口要清洁、加油工具要清洁，防止污染物的混入。

（4）一密封。是指设备润滑系统密封要可靠，防止润滑油品的泄漏。泄漏意味着油品的流失浪费，并由于润滑油不足造成设备润滑不良。

油气田企业都应严格按照"六定、三过滤、二洁、一密封"的要求开展现场润滑工作，确保设备正常运行。

2.加注与更换要求

（1）为避免二次污染，所有加注流程应采用封闭式加注，加油容器、工具、油管线应洁净，密闭存放，专油专用，不得与铜、锡等易于促进油品氧化的金属接触。加油前应清洁加油口，油气田"精、大、稀、关"设备在加注润滑油时，应使用滤油机过滤加注，达到油品清洁度等级要求，并且要始终保证滤油机良好的滤油效果。

（2）在没有配备滤油机的工作场所，也可以使用自制的带过滤功能的滤油小车，要保持外表面清洁，加油管口要采用洁净的塑料布扎紧密闭，防止污染。

（3）操作人员在加注润滑油时要保持双手清洁，不得戴油手套操作，并且掌控好加注速度，加注时注意观察加注量的情况，避免加注过多。

（4）对于活动设备，油气田企业应采用润滑站集中更换加注；野外作业设备，如抽油机等，推广应用润滑工程车，做到润滑油密闭输送加注，沙尘、雨天、雾天等恶劣天气应停止加注作业。

（5）润滑系统检修或更换润滑油品牌后，先用同牌号的油冲洗干净，达到要求后再行加注。润滑油加注前，应将润滑系统中的旧油排放干净，检查油箱和油系统，应无杂质和油泥，必要时可对润滑系统和油箱进行清理，用冲洗油将系统彻底冲洗干净，清洗时不宜采用化学清洗方法，也不宜使用热水或蒸汽清洗。

（6）设备使用中补加油品时，应加注同品牌、同级别的油品。当现场需要加不同品牌的同级别油品时，除应进行混油试验外，还应对混合油样进行油液分析，混合油样的质量不得低于在用油的质量标准。

（7）在使用周期内，在用油发生稀释、乳化、严重污染变质时，应对油品失效原因进行分析，并及时排除故障。应定期检查和更换滤清器。滤清器及滤芯的纳污量和过滤精度应符合要求。

（8）在用油有下列情况之一者，应采取措施处理或更换：

①达到换油指标所规定的极限值。

②外观颜色明显改变。

③乳化严重。

④变干变硬。

⑤有明显可见的固体颗粒。

（9）更换下来的旧油应统一回收、分类存放。

（10）油气田企业应建立油品更换操作规程，明确加注标准和要求。

油气田企业有条件的应推行专业化换油，即由专业队伍使用专业化装备和工具为设备实施换油、清洗等作业服务，能够有效保证装备润滑质量，提高换油效率。

三、清洗换油方法

人们一般认为润滑系统只要按照"三过滤"要求进行加注换油，系统就不需要专门清洗，实际上即使定期更换润滑油，设备油池容腔及管路内部仍然会积攒很多杂质、油泥、积炭等污垢，许多机械杂质不仅沉积在油池底部，而且也吸附在设备容腔细小的油道内和摩擦副表面，导致润滑油过早失效，冷却效果减弱，部件过早磨损。如汽车发动机采用常规方式换油，会有几百毫升的润滑油残留在管路中，加速污垢形成，缩短润滑油使用期限，降低润滑油的抗磨减磨能力，影响发动机使用寿命。因此，对润滑油箱箱体、油池、容腔及管路系统进行清洗是非常必要的。下面仅列举油气田车辆发动机和抽油机减速器的清洗方法。

1. 运输车辆的清洗换油方法

在传统的维护工艺中，过去润滑系统的清洗方法为拆油底壳、缸盖、解体发动机等清洗润滑油道。但是随着技术的不断发展，发动机的结构更加精密，加工、制造工艺更高，发动机使用时间更长。如果采取传统的解体发动机的清洗方法，势必会造成发动机渗漏增加、动力下降、寿命缩短等一系列问题。所以，对发动机润滑系统不解体免拆清洗非常必要。

免拆清洗根据使用清洗化学品的不同，主要有以下三种类型：

（1）按一定比例添加到旧机油中的清洗剂，一般称为发动机润滑系统免拆清洗剂。使用时将适量清洗剂注入机油箱中，与待换旧机油混合，然后使发动机怠速运行 15～20min，以便清洗液在润滑系统中循环流动进行清洗操作。

（2）代替机油靠发动机运行而在润滑系统中循环流动的清洗液。使用时将待换旧机油完全放掉，添加该类清洗液至正常机油刻度线范围，然后使发动机怠速运行 15～20min，以便清洗液在润滑系统中循环流动进行清洗操作。

（3）代替机油靠清洗机在润滑系统中循环流动的清洗液。该类产品使用时无需启动发动机，但需借助清洗机使清洗液在润滑系统中循环流动进行清洗操作。

清洗效果案例：某单位运输车辆未清洗前约 5000km 换油一次，换油后机油颜色明显变深；清洗后，发动机换油延长至 8000km 以上，并且运转平稳，动力明显上升。清洗后的油底干净，没有油泥。油品的色度明显改善，不溶物含量和油品中金属元素的含量大幅降低，使用周期变长，发动机内部更干净了。

2. 抽油机减速器清洗换油方法

应用润滑工程车对抽油机减速器进行换油作业，首先通过车载抽油泵将减速器里的旧油全部吸出，然后用清洗油或加入专用清洗剂的基础油对减速器齿轮和轴承进行清洗，再通过车载抽油泵把清洗油吸出，并利用专用工具将油底擦拭干净，加入新油。

第三章　润滑油污染及其控制

设备运行过程中，运行环境及设备工作过程中产生的各种杂质、尘埃、水分、磨屑及油泥等污染物，会加速润滑油劣化变质，使设备零件表面产生磨损、腐蚀，最终使设备产生故障。因此，油气田企业应对主要设备润滑油的污染物进行有效的控制，保持润滑油的清洁度水平，满足设备的润滑需要。

第一节　润滑油污染

设备润滑油中的污染物，主要包括水、空气、外界污染颗粒、磨损颗粒、油品氧化产物、微生物等。根据污染物产生的原因，可分为三类：（1）系统内部残留的污染物，包括原件铸造时使用的型砂、铁屑、磨料、焊渣、锈片、灰尘等污垢在系统使用前未被清洁干净；（2）内部生成的污染物，如金属磨损颗粒、氧化物、积炭、胶质物、漆膜等；（3）外部侵入的污染物，如水分、空气、灰尘、砂粒等。通常情况下，机械设备润滑油的污染物并不是单一种类，往往都是多种污染物同时存在，共同作用，如油气田抽油机，野外运行，由于密封不良、齿轮磨损、齿轮油氧化等原因，减速器中往往存在水分、灰尘、油泥等多种污染物，堵塞油道，严重时造成齿轮破坏、轴承烧蚀。下面按照污染物的不同类别及其危害分别叙述。

一、水分污染

1. 水分来源及存在形式

设备润滑油中的水分污染主要来源于冷却液泄漏、密封失效、空气中水分冷凝和外界进入的水分等。

水分在润滑油中的存在形式主要有溶解水、乳化水和自由水三种形式。

（1）溶解水，是指油液分子间存在的水，其尺寸一般在 $0.1\mu m$ 以下；

（2）乳化水，是指高度分散在油液中的水，其尺寸一般在 $10\mu m$ 以下；

（3）自由水，是指沉降在油液下部的水，其尺寸一般在 $100\mu m$ 以下。

油中水分的存在形式会随着润滑系统的水含量、系统工况、油品的饱和度、温度等不断发生转变。温度对油液中水分存在形式有直接影响，当油温升高、压力上升时，乳化水和自由水会溶解在油液中，其溶解水含量会增大。当系统温度降低、压力下降时，油液中的溶解水会析出，成为乳化水或自由水。

2. 水分污染的危害

水分会使油液黏度下降，破坏油膜，引起严重的机械磨损，并产生酸性物质，增加油液的酸值，对系统增加腐蚀，严重弱化油品性能，降低使用寿命。

（1）油品乳化。如果润滑油本身抗乳化能力较差，系统停机油液静止一段时间后，水分也不能从油中分离，使油总处于乳浊状态，这种乳化油进入润滑系统内部，不仅使机器的摩擦部件、液压元件内部生锈，同时降低其润滑性能，使零件的磨损加剧，系统的效率降低。

（2）生成泡沫。润滑油中混入水分后易产生泡沫，堵塞油道，还会提高润滑油的凝点，不利于低温流动性能；同时，也会减弱油膜的强度，降低润滑功能，导致机件磨损。

（3）水解添加剂。水分与油中的某些添加剂（如清净分散剂、抗氧抗腐剂、抗爆剂等）作用，发生水解反应，产生沉淀和胶质等污染物，加速润滑油的氧化。

（4）产生锈蚀。一般来说，机器润滑系统中的水含量超过 $300L/m^3$ 就可能引起碳素钢或合金钢生锈，剥落的铁锈在系统管道和系统内流动，蔓延扩散下去，将导致整个系统内部生锈，产生更多的剥落铁锈和氧化物。

（5）促进油泥生成。水分会与磨损金属颗粒及铁的氧化产物作用生成铁皂，铁皂与润滑油中的灰尘、机渍和胶质等污染物混合而生成油泥；同时，水与油中的硫和氯作用产生硫酸和盐酸，使元件的腐蚀磨损加剧，加速油液的氧化变质，甚至产生很多油泥。油泥聚积在润滑油系统油道以及各种滤清器的滤网内，造成各摩擦表面供油不足，加速机件的磨损。

（6）产生冰粒。在北方冬季，润滑油中含水，极易凝结成微小冰粒，在润滑系统中易堵塞控制元件的间隙和出口，严重时造成油泵烧蚀。

（7）降低绝缘性。如变压器油，进水后绝缘性能急剧变坏。

二、颗粒污染

1.颗粒来源及存在形式

机械设备润滑油中固体颗粒污染物主要来源于设备生产装配、初期清洗过程中的残留物、运转中产生的磨损颗粒以及从外界进入的固体颗粒等。

颗粒污染根据设备所处的工况条件不同，其来源也不同。如油气田抽油机、钻机等设备在野外运行，润滑油污染颗粒以环境中的灰尘（SiO_2）和运行中摩擦副的磨损产物为主。

2.颗粒污染的危害

根据相关资料，机器零部件 80% 的失效都是因为磨损，而磨损主要是由系统内的固体颗粒污染物造成的，如液压元件失效 70% ~ 85% 归因于固体颗粒污染。因此，固体颗粒污染是引起各种机械寿命缩短和工作故障的主要因素。

（1）引起磨损破坏。固体颗粒尤其是钢质磨损金属颗粒、粉尘固体颗粒在润滑系统中，破坏油膜，划伤运动表面，易使摩擦副表面发生疲劳破坏，引起机械失效。对于液压系统，固体颗粒导致阀件、液压缸、液压杆严重划伤，富集的磨损颗粒导致阀件卡阻、液压缸磨损加剧。对于齿轮齿面，硬质的固体颗粒进入齿面接触区，造成齿面的剧烈磨损，油温升高，导致齿面产生凹痕、点蚀等，硬度大的颗粒划伤更为严重。

（2）导致密封失效。密封件的寿命与油液固体污染息息相关，污染度越高，固体颗粒嵌入密封胶圈的机会越多，造成胶圈被划伤、剥落，对运动表面产生磨蚀，产生新的污染物。温度越高，对密封胶圈的损坏越大，漏油量增加，油液温度升高，效率降低，产生链式反应，加速磨损。

（3）促进油液氧化。润滑油在摩擦高温和机械剪切作用下，极易发生氧化变质，油品产生氧化反应时，细小的金属颗粒成为加速氧化的催化剂，进一步导致摩擦聚合物与胶质物的产生。

三、空气污染

1. 空气来源及存在形式

空气通常以混入式和溶入式两种方式进入润滑系统，润滑油在油泵作用下不断地循环流动，在润滑油流动中与空气接触并受到强烈搅动时，就有可能将空气混入润滑油中产生泡沫。

空气进入设备润滑系统与油箱工作状态关系密切。许多系统的油箱是采用气液接触式增压油箱，将造成空气在润滑油中的空气溶解度增大；系统油箱液面过低时，会加速润滑油的循环，造成外部进入油箱的空气增加，溶入的空气难以排出。

在开式系统中，空气是通过空气滤清器与油箱相通，空气的进入与管路安装有直接关系。若泵的进油管路漏气，则大量的空气会被吸入；若系统回油管口高于油箱液面，高速喷射的回油会将空气带入油中。油管接头密封不严或橡胶油管老化等也会使空气进入油中；另外，更换系统元件过程也是造成空气进入系统的重要原因。

油液中的空气存在形式有三种：溶解态、乳化态及自由态。溶解态空气是指油液分子间存在的空气，尺寸较小；乳化态空气是指高度分散在油液中空气泡；自由态空气是指积聚在润滑系统内部高点的空气，通常在润滑油表面。油液中空气的三种形式能够互相转化，温度升高、压力下降时，油液中的溶解态空气会析出，成为气泡或自由态空气而析出油面，这对防止油中泡沫产生是有利的；温度下降、压力上升时，油液中的气泡和自由态空气会溶解在油液中，形成溶解态空气。

2. 空气污染的危害

润滑油中空气对系统破坏最为严重的属自由态空气，通常以直径为 0.05～0.5mm 的气泡状态悬浮于油中，对润滑系统尤其液压系统产生很大影响。在油气田中，如离心式压缩机油箱中出现大量气泡会对设备润滑产生极其不利的影响。

（1）产生气蚀。当机械设备润滑系统的油液由低压区进到高压区时，气泡会瞬间被压缩破灭，产生的局部高温和高压冲击造成元件表面恶化和剧烈振动，造成元件的破坏。

（2）促进油液氧化。油液中空气含量增多时，增大了润滑油与空气的接触面积，加速油品的氧化变质，增加了油液的酸值，缩短了油液的使用寿命。另外，油液中气泡被压缩瞬间产生"微燃烧"，导致油中各种添加剂破坏，产生积炭、灰分、酸和胶泥状沉淀物，造成油液发黑，加速了油质的劣化，使金属产生化学腐蚀。

（3）引起部件失灵。对于液压系统，当液压油中有微小细泡时，气泡会影响阀件节流孔的通油能力，造成阀件的工作瞬间失灵；另外，空气进入系统后，大大恶化了泵和整个系统的工作条件，造成泵性能变坏和寿命缩短，阀、泵、液压缸产生异常磨损。

（4）降低油液弹性模量。当油液中有自由态空气存在时，就会大幅降低油液的弹性模量，引起系统工作响应迟缓，导致液压系统工作不稳定，工作机构产生爬行、工作不灵，严重影响系统工作的可靠性。

（5）增加系统温升。油中含有大量空气影响到润滑油的冷却作用以及对机械设备的散热效果。油液中气体含量增多，低压区必然游离出气泡，而气泡被压缩耗费的能量转变成热量，导致系统温升。另外，气泡破裂产生的"微燃烧"也会加剧油温升高。机械设备润滑系统温度过高会带来一系列问题，如密封老化、系统漏油、润滑油润滑性能变差等，加剧设备磨损。

四、氧化污染物

1. 氧化污染物来源

润滑油是各种烃类的混合物，在高温、高压及水分、燃料和固体微粒的共同作用下，将不断地直接或间接发生氧化反应，生成漆膜、油泥等物质，这些物质一般都是有害的。

2. 氧化污染物危害

1）积炭

积炭是一种坚硬、黑色或灰色的炭状物。发动机对于高温工作状态时，润滑油发生剧烈的氧化作用，形成羧酸和树脂状胶质黏附在金属零件表面，随着温度的升高和时间的延长，黏附在金属表面的胶质进一步缩聚，生成不溶于油的沥青质、半焦油质和炭青质的混合物，即积炭。积炭一般生成于内燃机的高温部位，积炭对机件的直接危害主要有以下几个方面：

（1）积炭脱落形成磨料颗粒，加速机件的磨损，这种情况常发生在活塞、活塞环、气缸、轴颈及轴瓦处。

（2）积炭形成高温颗粒，导致汽油机表面点火，使内燃机功率下降，工作紊乱，表面点火使内燃机功率下降 2% ～ 15%。

（3）活塞环的硬积炭作用于缸套，气缸表面的珩磨纹被磨光，造成润滑油消耗增加。

（4）积炭会加速润滑油的污染变质，堵塞油路，影响润滑系统的正常工作，造成机件磨损。

2）漆膜

第一类漆膜，主要存在于汽轮机系统、压缩机系统以及抗燃油调节系统中，是一种高分子烃类聚合物。是润滑油中添加剂消耗后生成的产物，与基础油降解生成的物质发生反应并最终在金属表面聚结形成漆膜。颜色从浅棕色、棕色至棕褐色，有极性，易黏附在金属表面。这类漆膜对润滑系统的危害主要表现在以下几个方面：

（1）阀门性能不稳定。

（2）提高了系统运行温度。

（3）堵塞了油孔，妨碍油液流动。

（4）影响滤清器的过滤效果和使用寿命。

（5）增加了轴承和齿轮磨损。

（6）早期密封失效，渗漏物增加。

第二类漆膜，主要存在于发动机系统中，是一种坚固的、有光泽的漆状薄膜。主要是烃类在高温和金属的催化作用下经氧化、聚合生成的胶质、沥青质等高分子聚合物，其生成部位的温度比积炭低。这类漆膜对内燃机的危害主要有以下几个方面：

（1）漆膜在热状态下是一种黏稠性物质，能把大量的烟炱、碳粒黏在活塞上，使环槽间隙减小，降低了环的灵活性，甚至发生黏环现象，造成密封不良，从而增加燃烧气体大量漏入曲轴箱，导致内燃机功率下降和润滑油的污染。

（2）漆膜的导热性很差，使活塞的高温热量不能被及时带走，导致活塞过热，造成膨胀以及拉缸。

（3）漆膜沉积物混在润滑油中，会堵塞供油系统，使供油量减少，影响润滑效果。

3）油泥

油泥是一种棕黑色稀泥状物质，稠度介于软膏状、半固体或固体之间，一般分散在润滑油中或沉淀在油底壳底部，也可能沉积在机器摩擦部件上以及滤网上。油泥在温度稍高时干燥像烟炱状物质，在温度稍低时则较稀。油泥在发动机润滑系统中是一种经常出现的胶状混合物，发动机燃烧室的气体通过活塞环和气缸壁之间的间隙窜入曲轴箱是形成油泥的主要原因，常聚积在曲轴箱内壁和油路中。曲轴箱内壁上的油泥会降低缸体的散热能力，油路中的油泥增加了机油的流动阻力，减少了相对运动机件摩擦表面的机油量，恶化了润滑条件，严重时会造成油路堵塞，影响润滑系统的正常工作。

五、其他污染

除上述常见污染外，润滑油可能受到来自系统内外的其他污染，如燃油稀释、清洗剂、冷却剂、乙二醇等。

1. 燃油稀释

对发动机而言，当气缸壁或者活塞环磨损导致气缸活塞环间隙过大，或者机油黏度过稀导致油膜不够，或者喷油嘴堵塞等都有可能导致燃油稀释。《汽车博览》2018 年 3 月刊登的"机油液面升高风波"，就是燃油稀释问题。燃油稀释会产生以下危害：

（1）燃油进入机油，可能对发动机零部件造成腐蚀。

（2）机油被燃油稀释，造成黏度下降，无法形成足够的油膜，加剧磨损。

（3）某些需要机油发挥液压油控制作用的部件，如配气机构气门控制系统等，可能因为机油黏度变化导致控制错误，或产生异响。

（4）在曲轴箱强制通风时，会增加燃油和机油消耗，增加排放。

2. 冷却液污染

对于发动机来说，管路泄漏等原因均会造成冷却液泄漏窜入发动机中，使润滑油中添加剂发生水解、乳化、凝聚和分离沉降等破坏作用，导致润滑油失效。冷却液与油品发生化学反应，产生大量油泥与胶质，堵塞过滤器，导致阀门卡死，设备工作异常，对设备零部件造成腐蚀。

第二节　润滑油污染控制

设备润滑油污染是全方位的，如油品储存污染、油箱加油污染、系统内部磨损污染、油品氧化污染以及外界污染物的侵入污染等，都对润滑油和设备产生重要影响。因此润滑油的污染控制需要从多方面着手。

一、污染控制防范措施

在日常设备润滑管理中，应做好新油的污染防范、设备维修过程的污染防范、密封件使用的污染防范等方面的工作。

1. 新油的污染防范

润滑油加入设备前的污染防范是实施污染控制的第一步，要求做到：

（1）加强新油验收管理。加入设备的新油清洁度至少应等于该设备润滑油的目标清洁度，最好优于该设备润滑油目标清洁度 1 ～ 2 级。

（2）加强储存和使用管理。润滑油储存的环境应保持高度清洁，在被加入设备前应确保所储存的润滑油达到要求的清洁度水平。

（3）加油工具应密闭存放，防范污染，做到加油工具洁净。

2. 设备维修过程的污染防范

在日常设备使用、维修过程中，不少检维修人员对污染认识不足，施工中元件乱摆乱放，拆下的管道、元件随地敞口。在设备管理现场要求做到：

（1）元件、管道装拆时，把油口包住，防止污染物进入。

（2）保证所更换的元件是清洁的。

（3）大修后，内部应彻底冲洗，油液应达到目标清洁度水平。

（4）加注新油时应经过过滤。

3. 密封部位的污染防范

在日常的设备运行维护中，要注意检查机器内部各密封部位，杂质会从密封不良部位进入系统，如抽油机减速器上端盖密封部位进水。而各类泵吸入管和轴承封等低于大气压的地方还会漏进气体。对密封不好的部位，要及时处理或更换，如空气滤清器要完好有效，油箱上的注油口不用时要密封好，吸油管和回油管通过油箱处也要密封好。

在油气田修井作业现场，修井机等作业设备施工后需要用蒸汽或热水清洗，水分会从液压油箱加油盖渗进液压油中，长期将造成液压油失效和液压系统故障，因此应注意对加油盖等部位的密封和检查。

二、在用油的净化过滤

1. 油液净化过滤方法

针对不同的污染物和油液净化要求，可采取不同的净化方法，这些方法包括机械过滤、离心、聚结、静电吸附、磁性、真空和吸附等方法，见表3-3-1。

表3-3-1 油液净化方法

净化方法	原 理	应用特点
机械过滤	利用多孔可透性介质，滤除油液中的不溶性物质	滤除固体颗粒（>1μm），纸质纤维可吸收少量水分
离心	通过离心机械使油液作高速旋转，利用径向加速度分离与油液密度不同的不溶性物质	分离较大尺寸固体颗粒、游离水和少量乳化水
聚结	利用两种液体对某一多孔隙介质湿润性（或亲和作用）的差异，分离两种不溶性液体的混合液	分离游离水和少量乳化水
静电吸附	利用静电场力使油液中的非溶性污染物吸附在静电场内的集尘器上	分离固体颗粒、油泥和<1μm的"软颗粒"
磁性	利用磁场力吸附油液中的铁磁性颗粒	分离铁磁性金属颗粒
真空	利用饱和蒸汽压的差别，在负压条件下从油液中分离其他液体和气体	分离水、空气和其他挥发性物质
吸附	利用分子附着力分离油液中可溶性和不溶性物质	分离固体颗粒、水和胶状物等
平衡电荷	通过带电荷颗粒物聚结，能高效去除系统所有的不可溶性污染物，包括亚微米级的油泥胶质物	分离油品氧化产生的胶状物质，如漆膜、油泥等

（1）机械过滤。机械过滤是指在压力差的作用下，使油液中的液体穿过多孔可透性介质，固体颗粒被介质所截留，实现液体与固体分离。按过滤介质的不同，可将机械过滤分为表面过滤和深度过滤。表面过滤是指通过过滤介质将油中的杂质直接截留在介质表面，其过滤精度较低，多用于粗过滤，如钢网过滤器，这类设备容易清洗，可重复使用。深度过滤是指采用可透性材料，将固体颗粒截留在介质表面及内部的空隙中，其过滤精度高，容污量大，使用寿命长，多用于精密过滤。

大庆油田与西安天厚公司联合研发的液压油旁路过滤设备，采用的是一体化复合滤芯，解决了过滤精度、纳污能力与流通阻力之间的矛盾，对清除机械杂质兼有表面和深层截留作用，实现润滑油的高精度过滤，其截留颗粒的最小直径可以达到1μm，还对水分与酸类物质有吸收或吸附作用。

（2）离心。离心是指通过离心机械使油液作高速旋转，润滑油中的油、水和杂质由于密度不同，会因受到不同大小离心力作用而迅速分离开来。离心式过滤通常用于分离尺寸较大的固体颗粒和游离水。离心净化有转子离心式和碟片离心式两种。离心净化目前在油田钻井队柴油发电机组上应用较普遍，用于滤除油泥等污染颗粒。

（3）聚结。聚结是指利用两种液体对某一多孔介质润湿性（或亲和作用）的差异，分离两种不溶性液体的混合液。利用油、水不同的表面张力，首先通过采用极性分子结构的聚结滤芯将油中的游离水、乳化水聚结成大颗粒，再通过由特殊的憎水材料制成分离滤芯将油、水分离，分离后的水沉降到壳体底部，经排污口排出。

（4）静电吸附。静电吸附利用静电场力，使油液绝缘体中的非溶性污染物吸附在静电场内的集尘器上，主要用于分离固体颗粒和胶状物质。

（5）磁性。利用磁场力吸附油液中的铁磁性颗粒，避免对摩擦副引起磨损和破坏，集中润滑系统中通常安装在回油管路末端。另外，汽车发动机油底壳安装磁塞，油田柱塞泵曲轴箱底部装有磁条，均用于吸附铁磁性颗粒。

（6）真空。真空过滤是利用饱和蒸汽压的差别，在负压条件下使油液中的其他液体分离出来的一种净化方法。利用"水在真空状态下沸点低"这一原理，油液经油泵喷入真空罐中，油中的水分急速蒸发形成水蒸气并连续被真空泵排出，从而达到了脱水、脱气的目的。同时，通过泵前吸油粗滤器、前级过滤器、后级过滤器三级过滤系统去除油液中的颗粒污染物。

（7）吸附。吸附是利用分子附着力或者化学键将油液中的可溶性和不溶性物质分离的一种净化技术，通常用于分离润滑油中的酸性氧化物和水。按照原理不同，可分为物理吸附、化学吸附和离子交换吸附。

（8）平衡电荷。平衡电荷是利用正负相吸的原理，使流体中微颗粒物不断相互吸附，逐渐变大到被常规精密过滤器收集清除的一种净化方法，通常用于分离油品氧化产生的胶状物质，如漆膜、油泥等。

2. 过滤器性能参数

过滤是目前各类机械设备润滑系统应用最广泛的油液净化方法，它主要用于滤除油液中的各种固体颗粒污染物。过滤器的主要性能参数有压差特性、纳污容量、过滤精度、过滤效率与工作压力等。其中过滤精度是选用过滤器时首先要考虑的一个关键指标，它直接关系到系统中的油液所能达到的清洁度水平，决定着系统的污染控制水平。过滤器的过滤精度越高，系统油液的清洁度越高，相应污染度就越低。

（1）过滤器的压差特性。是指当液体流经过滤器时，由于过滤介质对液体流动的阻力产生一定的压力损失，因而在滤芯元件的出入口两端出现一定的压力差。

（2）纳污容量。是过滤器在压差达到规定值以前，可以滤除并容纳的污染物数量。最佳的过滤器应同时具有过滤效率高和纳污容量大的特性，以兼顾效率与经济两个方面。

（3）过滤精度。是指过滤器能有效滤除的最小颗粒污染物的尺寸。它反映了过滤器对某些尺寸颗粒污染物控制的有效性，包括过滤效率与颗粒尺寸两个方面。通常有三种过滤精度的表示方法：名义过滤精度、绝对过滤精度、过滤比。

名义过滤精度，指过滤器制造厂给定的微米（μm）值；绝对过滤精度，指能够通过滤芯元件的最大球形颗粒的直径，以微米（μm）表示；过滤比 β_x：指过滤器上游油液单位容积中大于某一给定尺寸 x 的颗粒污染物数量 N_u 与下游油液单位容积中大于等于同一给定尺寸的颗粒污染物数量 N_d 之比。过滤比能够确切反映过滤器对于不同尺寸颗粒污染物的过滤能力，因此已被国际标准化组织作为评定过滤器过滤精度的性能指标，β_x 值越大，过滤器过滤精度越高。GB/T 20079—2006《液压过滤器技术条件》规定，当 $\beta_x \geqslant 100$ 时的最小颗粒尺寸 x 为指定过滤器的过滤精度，以微米（μm）为计量单位。

按照过滤精度等级，过滤器分为 4 种类型。

①高精度过滤器：$x=4\mu$m，5μm，6μm（$\beta_x \geqslant 100$）；

②精密过滤器：$x=10\mu$m，15μm，20μm（$\beta_x \geqslant 100$）；

③中等精度过滤器：$x=30\mu$m，40μm（$\beta_x \geqslant 100$）；

④粗过滤器：$x \geqslant 50\mu$m（$\beta_x \geqslant 100$）。

第四章　润滑站建设与管理

润滑站是设备润滑尤其活动设备润滑的重要载体，是落实"六定"润滑要求的集中体现，具有新油接收、存储、过滤、加注、化验、废油回收等功能。润滑站建设是油气田企业多年一直秉承的优良传统，也是设备管理与设备维护保养的重要组成部分，通过润滑站开展集中润滑，在提高设备润滑水平、降低设备故障率、延长设备使用寿命等方面发挥了重要作用。

第一节　润滑站分类

润滑站按照规模和移动性，可以分为固定式润滑站、移动式润滑站和橇装式润滑站三种。

一、固定式润滑站

适合活动设备数量多、设备集中的企业。固定式润滑站建设，应注意以下几点：一是以实用为前提，避免功能浪费；二是应借鉴汽车"4S"店和快速换油中心的运行模式，提供"一站式服务"；三是润滑站应实施标准化管理、市场化服务和专业化运营，提高换油效率和质量。

二、移动式润滑站

对油气田企业来说，野外作业设备多，工作环境恶劣。例如，抽油机作为油田采油主要设备，常年连续运转，减速器和曲柄轴承是抽油机最重要的润滑部件，安装位置高，用油量大，原来现场采用人工换油方式，劳动强度大，安全风险高，野外现场加油容易被污染。

润滑工程车是为满足野外作业设备的润滑、保养需要而设计的专用工程车。该车由底盘、操作间、组合油罐和换油设备舱四部分组成，油品净化机组和化验仪器安装在操作间内，换油设备安装在尾部设备舱内。车台部分装载在载重汽车底盘上，具有良好的机动性。通过润滑工程车可实现油品专罐专储、专泵专管专输、密闭输送、现场化验、计量加注、现场过滤净化等功能。润滑工程车见图3－4－1。

三、橇装式润滑站

橇装式润滑站具有安装灵活、移动方便、按需定制等优点，适合野外施工设备和地域分散的企业，如钻井、采油、压裂等现场设备润滑。企业根据实际需求可配备一套或多套加油系统，配套油泵、数显加油枪、卷管器等，实现加油过程全密闭操作；油桶及所有部件安装固定在底座上，安全牢固。润滑站可方便吊装移动或固定在运输车辆上。西安勤业石油设备有限责任公司生产的橇装式润滑站见图3－4－2。

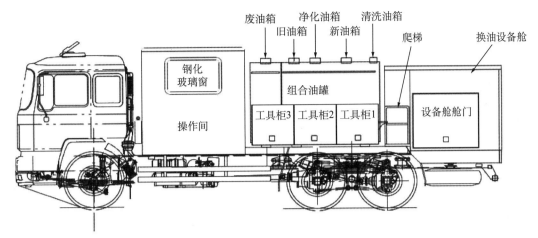

注：(1) 净化操作间内部安装有油品净化系统。
　　(2) 换油设备舱内安装有换油系统，清洗系统。
(3) 工具柜内部安装有换油单元的手动控制系统、远程控制系统、
　　　油罐电子液位显示系统、车载综合润滑油数字化信息系统、
　　　　自动加热系统、外接电源接入系统。

图 3-4-1　润滑工程车示意图

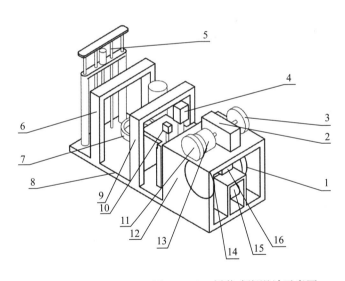

16	气动隔膜泵1
15	气动隔膜泵2
14	卷管器4
13	卷管器6
12	固定座
11	卷管器2
10	气动油泵2
9	吊装架2
8	整体底座
7	油桶固定架
6	吊装架1
5	双臂黄油加注泵
4	气动油泵1
3	卷管器1
2	卷管器5
1	卷管器3
序号	名称

图 3-4-2　橇装式润滑站示意图

第二节　润滑站管理规范与要求

　　本节主要介绍润滑站的现场管理、主要工艺流程、信息化要求等内容，其他润滑站管理要求，如岗位职责、管理制度等内容可根据实际需要自行制订。油气田企业润滑站检查验收标准参见表 3-4-1。

一、标准化可视化管理

站内设备需建立设备管理卡片，包含设备名称、规格型号、责任人等信息。

1. 油水储存区

(1) 油品标识牌安装在油罐补油泵一侧的中间处。

(2) 主要阀门有开、关标识，各管线有走向箭头。

(3) 进入储存区门口悬挂有 HSE 区域提示牌。

(4) 有制度牌，包含《工具使用管理》《物资库房管理》《消防安全管理》等内容。

2. 操作区

(1) 油品标识牌安装在对应加注枪一侧上方。

(2) 进入加注区，门口悬挂有 HSE 区域提示牌、减速慢行提示牌、入站须知牌等标识。

(3) 为方便引导进出站车辆行驶，加油站场地应喷涂必要的道路划线、警示划线、方向标识、作业位置和停车位等地面指示标识，应采用热喷工艺。

(4) 回收泵组上方设有回收类型标识（包含回收油品类型及去向等内容），各管线有走向箭头。

(5) 有润滑站主要流程标牌，主要包含换油计划、油品更换、旧油排放流程、油水检测等内容。

(6) 有润滑站主要制度标牌，包含安全生产、油水使用、油品储存、健康环保、消防等内容。

3. 动力区

(1) 进入动力区，门口悬挂有 HSE 区域提示牌。

(2) 有压力容器许可证副本，粘贴至储气罐表面。

4. 化验区

(1) 待检、在检、留样等区域有明显标识。

(2) 有 HSE 区域提示牌、管理制度牌等标识。

5. 综合区

(1) 有门牌标识、岗位职责、企业文化标识等。

(2) 进入综合区门口悬挂有 HSE 区域提示牌、站简介牌等标识。

二、基础资料管理

(1) 建立设备润滑手册，油品出、入库记录，油品月度盘点，设备加注档案等基础资料。

(2) 开展油液监测工作的，需有化验记录，按要求分类存档，定期分析摸索换油周期、油品劣化规律、设备磨损规律。

三、润滑站加注管理要求

1. 进站前准备

(1) 系统操作员核实票据油水名称、规格型号、数量是否准确，并进行登记。

（2）地面加注员面向车辆进入方向，引导车辆驶入。

（3）车辆停稳后，地面加注员提示驾驶员发动机熄火，并告知站内安全注意事项。

2. 油水加注

（1）打开需加注部位的加油盖。

（2）将废旧油收集槽移动到排油螺塞下方。

（3）松开排油螺塞，排出旧油。

（4）观察排出的旧油，如存在过多的金属颗粒或异物等异常情况，需留样化验。

（5）视情对换油部位进行不解体清洗。

（6）安装排油螺塞。

（7）用滤清器扳手卸下滤清器滤筒。

（8）清洁滤清器座，在新的滤清器滤筒加入新油，然后在密封圈和滤清器滤筒的螺纹上涂上新油。

（9）用滤清器扳手，安装滤清器滤筒。

（10）安装滤清器滤筒后，通过注油口加油，加注至标准油位。

3. 收尾工作

（1）加油完毕，加注班班长、设备操作手共同进行试车验收作业，合格后，双方签字确认。

（2）加注人员清理废旧油收集槽，清点工具。

四、润滑油检测要求

1. 取送油样

（1）车辆抵达润滑站后，取样人员进行油品取样工作，将填好的取样标签粘贴至相应的取样瓶外表，并对样品进行编号。

（2）取样结束后，取样人员带领驾驶员前往样品登记处进行登记，双方复核信息无误后在登记本上签字确认。

2. 油水检测

（1）根据油品类型，选定需检测的项目。

（2）化验员按照操作规程，对所需检测的项目进行检验，登记原始数据。

（3）资料员对原始数据汇总，生成检测报告。

（4）技术负责人对检测报告进行审核、签发。

3. 报告查询

（1）及时按照标准进行指标检测，出具油品检测报告单。

（2）汇总化验结果并进行综合分析，及时反馈至使用单位设备管理人员。

（3）设备管理人员根据反馈结果，组织相关人员，结合设备实际使用情况，进行设备润滑状态分析。

五、信息化管理

1. 加注系统

（1）流体管理软件主要具备流体处理过程中各种参数的动态监视、关键节点（泵、管路、储油罐、补油系统等）的全闭环控制、流体处理过程中各种数据自动处理功能。

（2）按需配备操作软件、数据信号收发器、气泵进气控制阀、油罐液面监测器等软硬件设施。

2. 管理系统

采用一套全面、完善的设备润滑管理系统，包含计划管理、库存管理、加注管理、油水检测、报表查询、数据分析等模块，可实现计划填报与审批、换油预约、检测报告查询等功能。

3. 监控系统

（1）图像监控系统：采用数字高清监控系统，加注工位及各关键点图像均能在计算机屏幕中清晰显示。

（2）室外选用一体化摄像机或枪式摄像机，室内可选用半球摄像机。

（3）摄像机应具备低照度监视功能。硬盘录像机录像存储时间不少于 15 天。

（4）通信设施：润滑站应覆盖 wifi，方便驾驶员使用润滑站 APP 等相关功能。

表 3-4-1　油气田企业润滑站验收标准

内容	标准	要求
润滑站功能	主要生产单位润滑站应具有油品集中存储、过滤净化、密闭加注、废油回收、信息化管理等功能；油品不局限于发动机油，拓展到车辆齿轮油、液压油、润滑脂等	（1）主要生产单位润滑站功能健全； （2）润滑站加注的润滑油应涵盖车辆主要用油
设施设备	（1）储油罐、输油泵、加油枪配置实现专用专输； （2）桶装油的润滑站应配备专用搬运设备、油品计量器具； （3）设备及仪器应保持完好，设备运行平稳，检测仪器定期校验； （4）配备滤油机过滤加注，加油枪应配备滤网，淘汰加油桶、加油壶加油方式； （5）站内设备、仪器利用率符合要求，没有闲置状态； （6）有设备和仪器的操作规程	（1）站内设备及仪器配备科学合理，有效使用，无闲置现象； （2）设备及仪器保持完好，符合安全要求和精度要求； （3）操作规程落实到具体岗位
站容站貌	（1）有站名、安全警示标牌、可视化看板、导引线； （2）接待室、换油间、库房布局合理，便于工作开展； （3）现场设备、地面、地沟无油污和杂物，墙壁清洁、门窗完好密封、玻璃清洁； （4）站内储油罐、桶、加油器具、滤油机以及管线布局合理、摆放规范； （5）库房内油品摆放规范、卫生清洁； （6）储罐、输油泵、加油机等设备标有明显、规范的编号及标识； （7）地面管汇流程标有规范、明显的流向箭头； （8）员工工服整洁、规范	润滑站有接待室、库房、换油间。场地规范整洁，各类标识清楚、明显、整齐、规范

续表

内容	标准	要求
现场管理	(1) 润滑油质量级别与黏度级别符合要求，推广多级油； (2) 落实"六定"，根据实际摸索对应油品的换油周期； (3) 油品入罐前，要过滤去除杂质，抽样化验； (4) 储油罐每月排污不少于1次，每年清洗1次； (5) 油品发放应遵循先进先出、后进后出的原则，存放一年以上的油品应取样化验，确认合格后才能发放； (6) 润滑脂保管、储存做到密封存放，桶装脂用后抹平，以免析油； (7) 储油罐（桶）外表无油污、锈迹，进出口滤网、盖完好有效，内外部无泥污、油污； (8) 加油枪、滤油机定期清理，并有记录； (9) 实现滤清器等物资代储代销，降低成本	(1) 油品选用、化验、储存、发放、保管符合要求； (2) 储油设施和加注工具、管线洁净无污染； (3) 对于消耗物资润滑站推广代储代销方式； (4) 换油周期与油品级别匹配，科学合理
安全环保	(1) 站内有废油回收装置或设备，有废油回收记录； (2) 站内有必要的通风口，站内灯具和电源开关应采用防爆，站内按要求配备灭火器材并按期检查	(1) 废油应收集起来统一处理，不得随意丢弃或处理，避免环境污染； (2) 润滑站的设计、管理要符合相关安全要求，要对操作工进行用油安全监督，杜绝安全事故
人员素质	(1) 管理、技术、操作人员齐全，并保持其工作的相对稳定； (2) 持证上岗，能够按岗位做到应知应会； (3) 有润滑站各岗位责任制； (4) 有润滑站工作流程	(1) 人员岗位稳定，技能熟练，能够胜任工作要求； (2) 熟悉所用油品品种、规格及主要质量指标、换油指标和一般油品常识，会判断油品质量，会正确使用消防器材； (3) 工作流程清晰，职责明确
基础资料	(1) 有油品管理、安全防火、防盗、防爆、环保等制度； (2) 有油品入库验收记录、发放记录、月度用油计划、加油记录、储罐排污记录等； (3) 开展油液监测的有化验记录； (4) 有主要油品的质量指标、换油指标、润滑油标准油样	(1) 制度内容全面，报表填写规范、格式统一、摆放整齐； (2) 理解油品质量指标、换油指标

第五章　油液监测技术与管理

　　油液监测是通过对润滑剂样品的检测分析，以判断油品和设备所处状态的一门应用技术。它是通过对油品衰变、污染以及零部件磨损等方面的异常征兆进行早期预报，让设备管理者可以适时进行维护和修理，以避免设备的意外失效，延长油品和设备的使用寿命。油液监测主要应用于设备润滑和磨损状态监测（在用油监测），同时也可用于油品生产的质量控制、新油入库验收和储存状态监测。

第一节　油液监测概述

　　现代社会对设备运行可靠性的要求越来越高，激烈的竞争、安全生产的压力均要求设备管理者必须以最低的费用来维持设备的可靠运行，状态监测技术为设备的可靠运行提供了有力的技术支持。同时，国内外研究结果也表明，超过70%的设备失效都与润滑有关，因此设备的良好润滑是设备可靠性管理的重要基础。而无论对于润滑管理还是设备状态监测，油液监测都是其重要的组成部分。

一、油液监测的分类

　　根据监测条件的不同，油液监测可以分为在线监测（on-line）、现场监测（on-site）和离线监测（off-site）等不同形式。按照润滑油的生命周期，可以分为新油、在用油的监测，监测指标与判定指标也不相同。

　　1. 新油监测

　　从润滑油生产供应的角度，新油是调和生产完成并满足相关标准的产品。新油分析关注的是符合性，即通过分析判断油品的质量是否符合标准的要求。其分析项目除了理化指标如黏度、倾点、泡沫特性、水分、闪点，添加剂元素含量如硫、磷、氮、钙、钡、锌、镁等以外，不同的润滑油品种还有其各自的特殊要求，如内燃机油的清净分散性和氧化安定性，齿轮油的极压抗磨性，变压器油的电学性能等。新油分析是一次性的分析，即出厂合格判定的分析。

　　从油品使用者的角度，还有两种特殊情况需要引起注意：一种是像大型变压器这样的设备，购买来的新油一般不能直接使用，还必须进行装油前的净化处理达到清洁性和干燥指标，才能投入使用。另一种是购买来的新油，由于种种原因储存了很长时间（如1年以上，也有人称之为旧油）之后才准备投入使用，用户在使用前应进行必要的检验，确认油品没有变质，才能投入使用。对于计划性的长期、大量油品储存应建立定期（如每半年）跟踪性检测，必要时应用红外光谱进行组分的验证性分析，以指导油品储存和处置。

2. 在用油监测

在用油即正在设备中使用的油品。在用油的监测，关注的是油品在运行中物理化学性质及使用性能的变化梯度、设备的磨损状况以及密封状况（污染状况），即通过理化分析、磨损分析、污染分析来判断油品是否应更换、设备是否有异常磨损、密封状态是否良好等。在用油分析属于定期的跟踪性趋势分析，除了特征性理化指标分析、污染分析、化学组分分析外，还要突出磨粒的组成、含量、尺寸、形态和形貌及在油中的浓度分布等磨损分析。不仅关注润滑油的劣化变质程度，更要通过油液分析获得的信息来判断机械设备的运行状态。

二、油液监测的技术发展

最初的油液监测技术起源于油污染分析，主要是通过油品理化指标常规检测来反映油品的质量以及润滑性能。1941 年，美国铁路行业首先采用了光谱分析方法，监测在用内燃机车润滑油中的磨粒元素种类和含量。20 世纪 60 年代中期，出现了油液监测中的颗粒计数法，这种方法可获得一个数字化的分析结果，用于判定油品污染的程度。20 世纪 70 年代初，铁谱技术问世并很快在机器的故障诊断中得到应用，由于这一技术可以全面分析磨粒的浓度、尺寸分布、形貌和成分，因而丰富了油液监测中磨粒分析的内涵，并产生了"微粒摩擦学"的概念。与此同时，美国军方率先采用油液监测技术取得明显效果，并将此技术推广到工业领域，获得了普遍的应用和认可。20 世纪 80 年代，油液监测工作者大力推广红外光谱仪检测在用润滑油，尤其是傅里叶变换红外光谱仪的出现，更是促进了油液监测技术的进一步发展。进入 20 世纪 90 年代，开始利用气相色谱和质谱仪测定在用润滑油的组分变化。目前，油液监测技术已成为设备状态监测的一个重要手段，成为一种融合多学科、在线与离线并举、监测诊断与维修管理的先进技术。

油液监测分析中的两大里程碑事件为元素光谱分析技术和红外光谱分析技术的引入，二者均从物质本征分析角度出发，通过成分分析确定润滑油状态和设备磨损状态，实现润滑油液态的本质分析，两种技术具有多参数、分析速度快、可车载化等特点，使油液分析技术从实验室扩展到现场，极大提高油液监测的效能。

三、油液监测流程

油气田企业的在用油监测流程如图 3-5-1 所示。油液分析人员、设备维修人员或者技术人员，根据监测计划，定期采集在用油样品，送往油液分析实验室进行油液分析。根据油液分析数据，提出设备管理或维护建议。

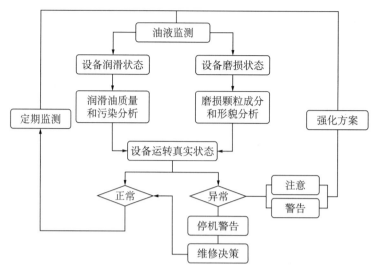

图 3-5-1　油气田企业在用油监测流程图

第二节　油液监测常用指标及检测方法

根据油液监测的目的和内容，监测指标可以概括为理化指标分析、使用性能分析、油品液体污染分析、颗粒污染度分析、磨损分析、油品组成分析等六方面。

一、理化指标分析

1. 外观颜色

润滑油的颜色在储存和使用过程中会因为氧化变质而发生变化，光照下不再透亮而显混浊，而且颜色变化的程度与油品变质的程度密切相关。如果颜色呈乳白色，则说明油品遇水乳化；颜色变深，则说明油品氧化变质或受到污染。所以，有经验的润滑管理工程师，可以根据油品的颜色来判断油品的变质程度，确定是否需要更换润滑油。

常用的润滑油颜色的测定方法有 GB/T 3555（对应 ASTM D156）和 GB/T 6540（对应 ASTM D1500）。其中 GB/T 3555 适用于测定颜色较浅的油品，对于颜色较深的油品应采用 GB/T 6540。当油品深度氧化变质颜色已经变得很深时，这两种方法都很难适用，这时也就没必要再去测定颜色变化了。

2. 运动黏度

运动黏度是衡量润滑油油膜强度、流动性的重要指标。润滑油在使用过程中，油品本身因老化变质产生油泥或酸性氧化物质，或受外界环境因素影响，会导致润滑油运动黏度增加；而混入其他轻质液体则会导致运动黏度降低。实际监测中用运动黏度变化率来表征油品质量变化情况。运动黏度变化率增幅太大，说明油品氧化加剧，油泥增多，流动性变差，无法及时有效润滑，会加速部件磨损；反之，运动黏度变化率降幅太大，说明油品运动黏度较低，易导致油品油膜强度降低，也会进一步加剧磨损。

运动黏度检测方法有毛细管法和落球法两种。

1）毛细管法

检测精度取决于温度是否恒定、毛细管内壁是否洁净、毛细管的标定常数是否正确以及计时是否精确等，毛细管法检测所需时间较长。毛细管法检测标准执行 GB/T 265 和 GB 11137。润滑油使用后颜色变黑变深，这时用 GB/T 265 方法不易测定。

2）落球法

落球法的检测精度取决于金属小球的标定常数是否正确、计时是否精确以及试样温度、黏度指数、密度是否正确。与毛细管法相比，落球法检测所需时间较短。

3. 闪点

闪点是指在规定条件下加热油品到一定的温度，油品中的轻组分和不稳定组分的裂解组分挥发形成的可燃性气体与空气混合并与火焰接触时能发生瞬间闪火的最低温度。根据测定方法和仪器的不同，闪点可分为开口闪点和闭口闪点。

开口闪点采用的标准方法是 GB/T 3536，也称克里夫兰法，对应的国际标准为 ISO 2529，ASTM D92，适用于闪点高于 79℃ 的石油产品。闭口闪点采用的标准方法是 GB/T 261，也称宾斯基—马丁法，对应的国际标准是 ISO 2719，ASTM D93。

内燃机油的在用油分析中，由于要对油品是否裂解和是否存在燃油稀释做出判断，因此不能采用开口闪点（测定过程中低沸点污染物挥发），而应采用闭口闪点，否则会做出错误判断。

闪点是表示润滑油高温蒸发性的一项指标，同时又是表示油品安全性能的指标，是润滑油储运和使用的重要指标之一，在选用润滑油时应根据使用温度和润滑油的工作条件进行选择，若不考虑黏度，一般认为润滑油的工作温度应低于闪点的 20 ~ 30℃。在使用过程中，如果闪点下降很快，则说明润滑油裂解，或对内燃机油而言则存在燃油稀释，此时需要对设备进行维修或更换润滑油。如汽轮机油、变压器油在使用过程中闪点下降 5 ~ 8℃ 时，说明油品氧化变质严重，应立即更换新油。

4. 酸碱值

对于在用油来说，酸值和碱值代表油品在储运和使用过程中氧化变质的程度，酸值过大或碱值过低，都说明油品氧化变质严重或添加剂已经耗尽，应考虑换油，所以酸值和碱值是在用油更换的主要依据之一。但是需要引起注意的是，新油在使用初期，由于添加剂逐步耗解，酸值会首先下降，而当添加剂耗尽、油品氧化，酸值又会缓慢上升。

酸值的测定方法主要有三种，即 GB/T 264、GB/T 4945、GB/T 7304。其中 GB/T 264（俗称热法酸值）是乙醇抽提法，适用于测定颜色较浅的油品，而且测定的是强酸值。GB/T 4945 是颜色指示剂法，对应的 ASTM D974，它同样适用于测定颜色较浅的油品，但它测定的是总酸值。这两种方法的最大优点是操作简单，测定速度快，易于推广，但也有明显的不足之处。GB/T 7304 是电位滴定法，对应的 ASTM D664，它测定的是总酸值，而且不受油品颜色的限制，所以无论新油还是在用油甚至废油，都可以用它来测定酸值，但该方法要配备电位滴定仪，操作时间也较颜色指示法长。其他酸值测定方法也有人一直在探索，如胡海豹等人提出润滑油总酸值测定新方法——温度滴定法，李咏提出航空润滑油酸值测定方法——差分脉冲伏安法，姜旭峰等人提出航空润滑油酸值测定方法——中红外光谱法。

总碱值是发动机油的重要质量指标，通过检测总碱值能判断发动机油添加剂（主要是清净分散剂）的消耗和降解程度，判定发动机油的抗氧化能力。实际检测中用碱值下降率表示。碱值测定方法有两种，即 NB/SH/T 0251（ASTM D2896）和 SH/T 0688（ASTM D4739）。两个方法都是电位滴定法，只是所用的溶剂和滴定剂不同。

二、使用性能分析

1. 氧化安定性

氧化安定性是指润滑油在一定条件下抗氧化作用的能力。润滑油氧化变质后，生成各种酸、胶质和沥青质，使油品的颜色变深，黏度增大，酸值升高，表面张力下降，从而使润滑油的性能降低，还会导致油品的使用寿命缩短、设备部件腐蚀、油路堵塞等。

常用的评价润滑油氧化安定性的方法是 SH/T 0193（俗称旋转氧弹法），对应的 ASTM D2272。由于旋转氧弹法样品用量多，操作复杂，测定时间长，近年来人们也逐步采用压力差扫描量热法（PDSC）（ASTM D6186）来测定氧化安定性。

2. 极压抗磨性

润滑油的极压抗磨性是衡量润滑油润滑性能的重要指标。润滑油在使用过程中会因为油品的劣化而使其极压抗磨性能变差，从而导致设备部件的异常磨损。在油液监测中，有必要对"精、大、稀、关"设备使用的齿轮油检测其极压抗磨性，以确保设备用油安全。

测试极压抗磨性主要采用四球法，标准有 GB/T 3142、GB/T 12583（对应 ASTM D2783）和 NB/SH/T 0189（对应 ASTM D4172）。

3. 抗乳化性

润滑油的抗乳化性（也称为分水性）是指油品遇水不发生乳化或虽然乳化但经过加热或静置则能够迅速实现油水分离的能力。对在用油而言，大部分场合都不可避免地要混入水分，这就要求润滑油要有很强的分水能力，即迅速将水从润滑油中分离出来，否则将会降低润滑油的润滑性能，增加磨损，产生腐蚀，生成油泥阻碍润滑油的正常循环。所以对于某些润滑油，如汽轮机油等，抗乳化性也是判断换油的重要指标。

测定润滑油抗乳化性的方法是 GB/T 7305（对应 ASTM D1401）。在测定油品抗乳化性时需要特别引起注意的是，新油采用的是蒸馏水，而在用油则要使用设备现场进入润滑油的水进行检测，否则将无法得到准确的结果。

三、油品液体污染分析

1. 水分

水分的测定一般分为常量水测定方法和微量水分测定方法，常量水分测定又分为蒸馏法和离心法，微量水分测定则可分为电量法和容量法。GB/T 260 是蒸馏法（对应 ASTM D95），适用于测定水含量大于 0.03% 的润滑油样品，适合在用油监测。离心法测定润滑油水含量的标准是 ASTM D96，目前应用很少。容量法测定水含量的标准是 GB/T 11133（对应 ASTM D1744），电量法测定水含量的标准是 NB/SH/T 0207（对应 ASTM D1533）和

ASTM D6304。微量水测定对变压器油来说非常重要。

2. 燃油稀释分析

燃油稀释的监测方法主要有闪点法、黏度法、红外光谱法和气相色谱法等。闪点法和黏度法都是间接测定法，不能直接反映燃油的稀释情况，红外光谱法也可以用于测定燃油稀释，但不能准确定量测量。因此，气相色谱法是目前最有效的准确测定燃油稀释的方法。

柴油机油中柴油燃料稀释测定采用 ASTM D3524 方法，汽油机油中汽油燃料稀释的测方法采用 ASTM D3525 方法。另外，也有采用蒸馏的方法测定内燃机油中的燃油稀释，该方法为 ASTM D322。

3. 乙二醇分析

作为内燃机冷却液的主要成分——乙二醇，如果混入润滑油，也会产生严重后果。作为一种化学试剂，它可以和内燃机油中的基础油以及添加剂发生化学反应，使润滑油的黏度增大，同时，加速润滑油的氧化生成油泥等沉积物。另外，它还会造成发动机部件腐蚀。

常用的内燃机油中乙二醇的测定方法是 ASTM D4291 以及 ASTM D2982。

四、颗粒污染度测试

颗粒污染度，又叫油品的清洁度，是液压和润滑系统的关键参数。

1. 颗粒污染度测定方法

颗粒污染度的测定方法很多，常用的方法主要有重量分析法、滤膜阻塞法、遮光法、光散射法和光学显微镜法。

（1）重量分析法（ISO 4405），是采用滤膜过滤器将油样中的颗粒物收集在滤膜上，通过称量滤膜过滤前后的质量即可得到污染物的含量，这种方法类似于新油分析中的机械杂质测定方法。该方法测定装置简单，但操作时间长，而且测定结果只能反映出油液中颗粒污染物的总量，而无法反映出颗粒的大小和分布。

（2）滤膜阻塞法（ISO 21018-3），测定原理是当油液通过滤膜时，油液中的颗粒污染物被滤膜收集，使滤膜逐渐阻塞。如果滤膜两端的压差一定，则油液通过滤膜的流量随着滤膜堵塞的增大而减小；如果通过滤膜的流量一定，则滤膜两端的压差逐渐增大。通过流量和压差等参数就可以测定油液的颗粒污染程度，并且和 ISO 4406 以及 NAS 1638 相关联。

（3）遮光法（ISO 11500），是目前应用最广泛的一种测定油液污染度的方法，测定原理是当油液通过遮光型传感器所在的区域时，如果有颗粒存在，则一部分光被颗粒挡住，使得接受光电二极管的强度减弱，此时输出电压产生一个脉冲。由于被遮挡的光强与颗粒的投影面积成正比，因而输出电压的脉冲幅度直接反映出颗粒的尺寸大小。

（4）光散射法（ISO 22412），测定原理是通过传感器的窗口，在传感器的窗口有一束光照到另一端的光电探测器上，而光电探测器可经过传感器窗口的光强度进行测量。当某一颗粒通过传感器窗口时，它就挡住了光，使光不能达到光电探测器。光电探测器测出的颗粒所引起光强变化，光强变化与颗粒尺寸成正比，根据光电探测器的输出 就反映了颗粒尺寸大小。

（5）光学显微镜法（ISO 4407），测定原理是将油样在真空条件下通过滤膜过滤，颗粒污染物被收集在滤膜表面，然后将滤膜安放在两个玻璃片之间，用显微镜及显微投影仪在透射光下检测颗粒尺寸和数量。

颗粒度测试比较重要的标准有 NAS 1638、ISO 4406、ISO/DIS 11218 和 SAE AS4059，其中 ISO 4406 被我国等效采用为 GB/T 14039，NAS 1638 被军方等效采用为 JGB 420。读者可根据需要自行查阅。

2. 机械杂质和不溶物分析

机械杂质是指润滑油中不溶于溶剂的沉淀物和固体杂质，主要来源于生产、储存、使用过程中的外界污染、设备磨损和腐蚀产物。当机械杂质超过一定量时（一般为 0.2%）就应当立即换油。机械杂质的测定方法采用 GB/T 511（滤膜分析法）。

不溶物是指在润滑油中不溶于正戊烷或甲苯的物质。正戊烷不溶物主要是指磨损金属、粉尘杂质、积炭等固体物质以及油品裂解和降解所产生的胶状物质。甲苯不溶物主要是指磨损金属、粉尘杂质、积炭等固体物质。由此可见，二者的差值可以反映出油品劣化的程度。不溶物测定方法是 GB/T 8926（离心法，对应 ASTM D893）。对于含有清净剂的内燃机油，测定不溶物时要加入一定的聚凝剂，以解决部分悬浮物用常规方法无法测定的问题。

五、磨损分析

1. 磨损物含量分析

对于在用油分析，最通用的磨损金属含量测定技术是原子光谱。原子光谱具有单元素有序测定和多元素同时测定两方面特点。有序测定是一次测定一种元素，需要重复运行才能获得所有想要元素的数据；同时，测定是在一个周期内测定所有元素，即在 1min 内提供 20 ~ 60 种元素的数据。最常用的原子光谱有转盘电极发射光谱（RDE）、电感耦合等离子发射光谱（ICP）、X 射线荧光光谱（XRF）和原子吸收光谱（AAS）等。原子发射光谱和吸收光谱分析在用油中磨损金属时，受到共存元素和基体的干扰是无法避免的，同时，磨损金属颗粒的大小也会对测定结果产生很大的影响。受颗粒大小影响的次序分别是：AAS ＞ ICP ＞ RDE ＞ DCP（直流电弧等离子体）＞ GFA（石墨炉原子吸收）＞ PSIM（酸灰化样品）＞ XRF。直接准确测定颗粒尺寸小于 $30\mu m$ 磨损金属含量的方法只有 GFA。

在用油中的磨损金属颗粒极易团聚，而且一旦团聚，很难使用手摇的方法使其再分散在油中。所以，从现场采到的样品最好立即进行分析。如果无法实现这一点，则最好使用超声波浴对样品进行 20min 的处理或对样品进行加热，使已经团聚的磨损颗粒均匀地分散在油中。

1）转盘电极发射光谱（RDE）

样品通过旋转的碳圆盘被送至高温电弧中，此圆盘浸入样品中，油和磨损金属随同它的旋转而被提升并送至高温电弧中。电弧激发油品中金属原子，使其从基态跃迁至激发态，并产生特征发射谱线，用光学系统测量此特征谱线即可得到所测元素的含量。

转盘电极发射光谱仪具有良好的精度和重复性，操作简单、快速，不需要特殊的样品制备，其消耗品仅仅是电极棒、电极圆盘和少量的清洗溶剂。

使用转盘电极测定磨损金属含量的标准方法是 ASTM D6595，该方法适用于测定油溶性的磨损金属以及颗粒尺寸小于 $10\mu m$ 的磨损金属含量。对于含有较大尺寸磨损颗粒的油品，该方法得到的结果要明显偏低。

2）电感耦合等离子发射光谱（ICP）

在电感耦合等离子方法中，氩气穿过射频感应圈后被加热到 $8000 \sim 10000K$ 的温度，产生一个等离子体。油样用低黏度溶剂，如二甲苯或煤油稀释后雾化，由氩气携带进入等离子炬，高温激发金属原子，金属原子发射的特征发射谱线由光学系统进行测量。电感耦合等离子仪器具有同时测定和有序测定两种模式。与转盘电极方法相比，电感耦合等离子方法有较高的准确度、精度和较宽的线性范围。

但是电感耦合等离子结构复杂、价格昂贵，并且运行成本也很高。同时，电感耦合等离子得到的磨损金属数据与其他原子发射光谱所得到的数据没有关联性。

使用电感耦合等离子体发射光谱测定磨损金属含量的标准方法是 GB/T 17476，对应 ASTM D5185。该方法适用于测定油浴性的磨损金属以及颗粒尺寸较小的磨损金属含量，对于尺寸小于 $3\mu m$ 的磨损金属类化合物，灵敏度可达到 10^{-9} 级。然而当颗粒尺寸增大时，灵敏度会迅速降低。

3）X 射线荧光光谱（XRF）

X 射线荧光光谱利用一个高能量 X 射线源照射少量的样品，使样品中原子的能量级别发生变化，依据激发态原子释放出的 X 射线能量得出结果。

X 射线荧光光谱适用于多种形态的样品，如固体、液体、粉尘、泥浆。X 射线荧光光谱既可以直接监测在用油中的元素含量，也可以用来检测过滤器滤膜上沉积的固态磨粒和污染物中的元素含量。

X 射线荧光光谱用于定量测定过滤在用油的金属碎片，这种方法称为 X 射线荧光过滤碎片分析，它可以测量所有尺寸的颗粒。X 射线荧光过滤碎片分析法通常用于配有循环润滑系统的设备。该方法是一个很灵敏的磨损率度量，它可以提供设备与磨损有关的远期故障预警。依据 X 射线源的能量，X 射线荧光光谱可以涵盖比原子发射光谱或原子吸收光谱范围更广的化学元素。

4）原子吸收光谱（AAS）

在用油分析中，原子吸收光谱也是一个用于测定磨损金属浓度的通用方法。原子吸收光谱仪是一种元素有序测量仪器，测定一种元素需要配置该元素的专用空心阴极灯，这样就增加了分析时间，减少了实验室元素测定的数量。

虽然原子吸收光谱有分析时间较长的缺点，但与原子发射光谱相比，它不受光谱干扰的影响，在测定成本相同的情况下，与转盘电极发射光谱相比，原子吸收光谱具有较高的精度和准确度。因此，该方法普遍用于小型油品分析室，在样品分析量很大的实验室很少使用。

5）PQ 分析

PQ 是 Particle Quantifier 的缩写，即颗粒定量仪，它分为 PQA、PQI、PQM、PQ90 等类型的仪器。PQ 仪实际上是铁颗粒定量仪，它对非铁磁性的材料没有感应能力，只有铁和钴具有铁磁性，而钴在设备中很少使用，所以 PQ 仪实际上就是铁颗粒定量仪，简称铁量仪。

PQ分析的特点是便携（1kg）、快速（2～3s）、用样量少（2mL），而且不用处理，测量范围宽（1～2000μg/g），重复性好，操作简单，运行费用低，与原子光谱分析关联性好等，对较大颗粒（大小10μm）铁含量的准确测定更是原子光谱所无法比拟的。

2. 磨损物形态分析

在油液监测的磨损分析中，除了要了解磨损物的类型和含量之外，磨损物的尺寸大小、形貌特征也是分析者关注的分析内容之一。因为通过磨损颗粒的尺寸和形貌特征，可以判断设备的磨损类型、如疲劳磨损、滑动磨损、切削磨损等，同时，还可以研究设备的磨损机理。

1）铁谱分析

铁谱分析仪包括一个载玻片（铁谱片）制备装置和一个高能（1000×）双色显微镜。被测样品用固定溶剂（一般为四氯化碳）稀释，然后将稀释后的样品在梯度磁场的作用下流经铁谱片。金属颗粒随尺寸大小依次沉积在铁谱片上。大尺寸金属颗粒沉积在靠近入口位置，细小的颗粒（包括腐蚀产物）沉积在靠近铁谱片出口位置。铁磁性颗粒可以通过它们在磁场作用下的有序排列来区分。非铁磁性和非金属碎片在整个谱片上是无序分布的。制备好的铁谱片在显微镜下进行分析，即可得到各种颗粒的数量、尺寸、形貌以及颜色。铁谱片还可以加热或化学处理，来测定铁谱片上那些单个的大颗粒的特殊冶金学组成，进而得到设备的磨损机理。

铁谱分析常被作为一种设备磨损的诊断工具，对其他测试如ICP等光谱数据进行补充。双色显微镜的使用提供了一种区分磨损金属和其他固体颗粒的手段，也是相对于其他非在线颗粒计数技术的一种独特优势。

铁谱分析的缺点是需要操作者具有丰富的经验及长期的样品制备和分析经历；另外，样品的稀释也降低了样品反映机器真实磨损情况的几率，同时，无法对磨损物进行定量分析也限制了铁谱技术的普及。

（1）直读铁谱：用于测定大于和小于5μm铁磁性磨损颗粒的相对浓度，通过得到的大颗粒和小颗粒数据，可以计算出总磨损颗粒浓度（WPC）和大颗粒的百分数（PLP），表征了设备润滑状况和磨损状态。

（2）分析铁谱：通过对润滑油和润滑脂中的磨损金属颗粒的类型、浓度、尺寸、分布以及形貌来预测和判断设备的磨损情况。分析铁谱除了可以区分多种磨损金属、颗粒尺寸、尺寸分布以及形貌，还可用于许多非金属污染物颗粒的定性。在用润滑油磨损颗粒的测定标准是SH/T 0573，适用于分析内燃机油、齿轮油、液压油等油品在使用过程中由于设备部件磨损而产生的磨损颗粒的形态、尺寸大小和浓度变化趋势。

2）电镜分析

当电子束照过样品时，扫描电子显微镜（SEM）也会产生典型的用于鉴别化学元素的X射线。除了可以在高倍数下真实呈现颗粒结构外，扫描电子显微镜还可以通过一个和X射线荧光光谱相似的过程来定量单个金属颗粒中的合金含量，可以高质量地提供油样中单个碎片颗粒信息，但操作费用和设备成本都很高，因此一般只用于深层次的磨损机理分析。

六、油品组成分析

1. 气相色谱

气相色谱（GC）在用油的分析中被用来验证某种分子组成或污染物的存在，尤其是在污染物含烃组分的情况下，是否存在燃油和冷却液的污染等。

2. 红外光谱

红外光谱（IR）在油品分析中的应用发展迅速。早期的红外光谱仪器需要由经验丰富的化学家或光谱学家来完成，但随着傅里叶转换技术的引入，红外光谱在油品分析中的应用变得相当普遍。

傅里叶转换红外光谱（FT–IR）的原理和原子吸收光谱有些相似，二者均可以通过测量特定波长下的吸光度来确定样品中特定的组分的浓度。原子吸收光谱和傅里叶转换红外光谱的主要区别是后者在更低的能量水平下工作，因此不会破坏样品中的分子类型。

红外光谱分析是基于有机化合物中不同的官能团在不同的波长下有不同的特征吸收，而石油产品正是由不同的烃类及其他有机化合物组成的混合物，所以红外光谱无论是在新油分析、在用油分析还是废油分析中都有很大用处。它可以判断基础油是矿物型还是合成型；它可以分析润滑油中添加剂的类型；它可以分析在用油中添加剂的耗解情况以及氧化副产物的组分，如内燃机油的氧化、硝化和硫化等。但是红外光谱也有它的不足之处，就是无法进行精确的定量分析。

红外光谱监测在用油的氧化衰变及化学污染的方法是 ASTM E2412，该方法适用于监测在用润滑油中添加剂的耗解、基础油的降解以及污染物。其中污染检测包括水、烟炱、燃油、乙二醇，基础油的降解包括氧化、硝化和硫化。其中水的吸收峰在 $3500 \sim 3150cm^{-1}$，烟炱的吸收峰在 $2000cm^{-1}$，氧化吸收峰在 $1800 \sim 1670cm^{-1}$，硝化吸收峰在 $1650 \sim 1600cm^{-1}$，硫化吸收峰在 $1150cm^{-1}$，乙二醇的吸收峰在 $1100 \sim 1030cm^{-1}$，抗磨组分 ZDDP 的吸收峰在 $1025 \sim 960cm^{-1}$，稀释柴油的吸收峰在 $815 \sim 805cm^{-1}$，稀释汽油吸收峰在 $755 \sim 745cm^{-1}$。

3. 核磁共振

核磁共振是有机化合物结构组成鉴定中必不可少的手段之一，它主要是根据单质子数原子在电磁场中的化学位移不同进行分析，如氢原子、碳原子、磷原子等。在用油分析中，主要是利用核磁共振磷谱进行添加剂的耗解分析。这是因为润滑油中抗磨剂和极压剂的主要组分是含磷化合物，如 ZDDP，含有两种不同结构的含磷化合物，一个称为中性 ZDDP，另一个称为碱性 ZDDP，一般认为碱性盐含量越高，ZDDP 的抗氧防腐性能越好。

含有含磷添加剂的润滑油在设备运行过程中，这些含磷添加剂经过耗解和分解，生成其他类型的含磷化合物，这些化合物会对润滑油的性能产生副作用。当含磷添加剂耗尽后，油品的极压抗磨性能就会丧失。通过核磁共振分析，就可以了解含磷添加剂的耗解机理，从而为含磷添加剂的研究及润滑油配方的改进提供依据。

第三节　油液监测的实施

取样是油液监测的第一步，也是油液监测中关键的一个步骤。而监测后的正确分析，才能给出恰当的诊断和有价值的建议。

一、油气田油液监测策略

油气田企业设备数量繁多，润滑油消耗量大，同时，油液监测工作需要投入大量物力人力。油气田企业油液监测工作，需要结合实际采取切实可行的监测策略。

（1）了解被监测设备的价值、寿命及在整个生产工序中的地位，确定哪些设备实施监测。

（2）了解被监测设备已表现出的故障率和拟要求的故障预报准确程度，确定监测策略。

（3）了解被监测设备的维修费用，以及被监测设备应用油液监测技术后可能带来的成本增加与经济效益之比较，即油液监测效益分析。

（4）建立分级监测体系，确定不同的监测要求。构成监测体系的要素包括监测对象、监测指标和项目、控制标准、检测周期。

（5）逐步推广红外光谱分析技术，监测在用油的质量和污染情况，实现多参数分析，简化操作，提高分析速度。红外光谱分析由于没有废液产生，对监测人员防护、环境通风等没有特殊要求，更环保。

（6）对于油气田"精、大、稀、关"设备，应对其设备磨损情况进行监测与分析。

（7）监测后应出具正规的油液监测报告单。油液监测报告单一般应在提交油样 5 个工作日内出具。监测报告单内容包括设备名称编号、样品名称牌号、取样部位、油品运行周期、取样日期、收样日期、报告日期、分析人、审核人等信息。

二、油液监测的数据分析

在采集了具有代表性的油样，应用了正确的分析技术并获得相应结果之后，必须对所得到的数据进行合理的分析和解读，给出有价值的建议。实践证明，监测分析往往是最复杂最困难的工作，理论与实践紧密结合是监测分析应遵循的重要原则。

其中界限值的制订一直是油液监测分析中最关键的技术问题之一，界限值制订的正确与否往往决定着油液分析的成败。影响界限值的因素非常复杂，任何方法都不可能放之四海而皆准。

1. 界限值的制订

考察当前的现实情况，界限值的制订者多为设备制造商或润滑剂生产商，也不乏一些分析仪器制造商、油液监测专业机构和设备使用者等。

目前，我国也有换油指标国家标准，但标准也缺乏针对性，指标使用也非常笼统，用户应结合换油指标标准，以及设备制造商、润滑油生产商和实际工作，综合制订设备润滑油的警告值、界限值等相关指标。

2. 界限值的分类

长期以来，人们的主要精力大都集中在磨损元素浓度的监测准则上。实际上应更全面地考虑油液分析的多样性和复杂性，监测准则至少应包括以下几个方面。

（1）磨损类监测准则：浓度值、趋势分析值。

（2）油液衰变变质的监测准则：黏度变化、氧化、硝化、硫化、总酸、总碱。

（3）油液污染监测准则：水分、乙二醇、颗粒、烟炱、燃油。

（4）综合监测—专家系统。

三、油液取样技术与要求

1. 取样要求

获取有代表性的油样，是一项看似简单却又极其重要的工作，油样的代表性是准确进行监测分析的前提。用于油液监测的油样，仅是设备在用油中的小部分，要保证油样中固体颗粒的浓度、大小分布以及油液性质与它们在设备润滑系统中一致，必须建立规范的取样程序、严格控制取样过程，从取样方法、取样位置、取样周期、取样要求等几个方面进行监控管理，确保所取油样应携带尽可能多的信息，包括油样的清洁度、功能添加剂损耗、水污染、设备磨损和污染杂质颗粒以及样品名称及取样日期等详细信息；同时，要尽量减少干扰因素，包括取样方法不合适、取样位置不当、样品信息填写错误、取样器具和样品瓶受污染、取样操作不规范、样品存放和运输不当、在恶劣工况下取样使样品受污染等。

2. 取样标准

目前，液体石油产品的取样方法有 GB/T 4756《石油液体手工取样法》和 GB/T 27867《石油液体管线自动取样法》。《石油液体手工取样法》包括两个基本的取样法：油罐取样法和管线取样法。对于一批油品，既可采用油罐取样也可采用管线取样，或者两者都采用，使用两种方法所取得的样品不应被混合。

3. 取样规范

（1）取样时要做好安全防护和防火措施，及时清理取样时泄漏的油品和现场废弃物，防止污染现场环境和设备。

（2）保证所取样品的代表性和数量满足分析要求。

（3）保证油样标签信息的准确完整，设备运行异常的应书面报告异常现象。

（4）按规定周期取样。

（5）用吸油软管等一次性物品取样时，不得重复使用，用后按规程处理。

（6）每次应在同类设备的同一部位取样。

（7）取样后应密封样品瓶并尽快送检，运输距离远的不宜使用玻璃等易破损样品瓶。

（8）取样后样品瓶上方应留有 1/4 ～ 1/3 空间。

4. 取样器具要求及样品分类

取样设备及样品容器不应该干扰油品本身的品质，同时取样设备应轻巧、操作方便、清洁简单；样品容器可以是玻璃瓶、塑料瓶、带金属盖的瓶等，瓶壁应光滑，尤其平底广口便于清洗，容器的容积一般为 0.25 ～ 5L。容器密封可以采用软木塞、磨砂玻璃塞、塑料或金属的螺旋帽。取样瓶参照 GB/T 17484《液压油液取样容器净化方法的鉴定和控制》进行清洗和检验。同时，取样器具和样品瓶应专人保管，注意防潮防尘，取样前应检查。

按照取样位置不同，样品可分为 12 种类型，包括全层样、底部样、组合样、代表性样品、例行样、点样、出口液面样、上部样、中部样、下部样、顶部样、撇取样（表面样）。

5. 样品标签

取样后，取样瓶应贴有标签，标签内容如下：

（1）单位名称；

（2）设备编号；

（3）润滑油名称；

（4）润滑油牌号；

（5）取样部位；

（6）取样日期；

（7）润滑油运行周期；

（8）取样人；

（9）备注。

第六章　设备润滑安全、环保与经济

科学合理的润滑工作，能够给企业带来可观的经济效益。同样，润滑剂储存及使用过程中的安全、环保工作抓好抓细，也会带来巨大的经济效益和社会效益。

第一节　油品安全管理

油品安全管理包括储存中的安全管理和使用过程中的安全防护。尤其油气田企业，作业环境中常有易燃易爆品，更应重视油品的安全管理。

一、控制可燃物

（1）杜绝跑、冒、滴、漏，一旦发生，要立即清除处理。

（2）严禁将油污、油泥、废油等倒入下水道，应集于指定地点，妥善处理。

（3）油罐、库房、泵房、换油操作间、容器清洗间等附近，要清除一切易燃物。

（4）用过的棉纱、抹布等，严禁随地乱扔，应放入工作间外有盖的铁桶内，并由专人及时清除。

二、断绝火源

（1）不准携带火柴、打火机或其他火种进入润滑油脂储存区和工作区，严禁在润滑油脂储存区和工作区吸烟。

（2）严格控制火源流动和明火作业。必须使用明火时，要申报批准，并采取可靠的安全防范措施。

三、防止电火花引起燃烧和爆炸

（1）润滑油库及一切作业场所的各种电器设备，都必须是防爆型，安装要符合安全要求，电线不得有破皮、露线和短路现象。

（2）润滑油库上空，严禁高压电线跨越，与电线的水平距离，必须大于电杆长度的 1.5 倍以上。

四、防止金属摩擦产生火花引起燃烧和爆炸

（1）禁止穿钉子鞋或铁掌鞋进入润滑油库和作业区。

（2）禁止用铁质工具敲打储油容器的盖，开启大桶盖和罐盖时，应使用防爆扳手。

（3）应避免金属容器互相碰撞，不得在水泥地面上滚动无垫圈的油桶。

（4）在接卸作业中，要避免卸油鹤管碰撞油罐车罐口。

五、防止静电

（1）油罐、管线和装卸设备都必须有良好的接地装置，以便及时将静电导入地下。接地线必须有良好的导电性、适当的截面积和足够的强度。

（2）向油罐或罐车内装油时，输油管必须插入油面以下或接近罐底，以减少润滑油的冲击和与空气的摩擦。

（3）在空气特别干燥、温度较高的季节，尤其要注意检查接地装置，适当放慢灌油速度，必要时在作业场地和接地极周围浇水。

（4）在输油、装油开始和装到容器的 3/4 至结束时，最易发生静电放电事故，这时应控制流速在 $1m^3/s$ 以下。

（5）油库内严禁向塑料桶里灌注轻质燃料油，禁止在影响油库安全的区域内用塑料容器倒装轻质燃料油。

（6）所有登上油罐和从事润滑油罐装作业的人员，均不得穿着化纤服装（经鉴定的防静电工作服除外），上罐人员登罐前要消除静电。

六、安全防护

（1）库房要保持良好的通风，进入库房作业前，应先打开门窗，让润滑油蒸气尽量逸散后再作业。

（2）油罐、油箱、油泵、管线等要保持不漏，及时收集和彻底清除漏洒的润滑油脂，避免润滑油产生蒸气，加重作业区的空气污染。

（3）进入油罐作业时，要先打开人孔通风，穿戴有通风装置的防毒设备，佩带保险带和信号绳。操作时罐外要有专人值守，并轮换作业。

（4）室外作业时，人员要处于上风口；室内作业时，要有排风装置，尽量减少油蒸气吸入。

（5）润滑油脂中的芳香烃、环烷烃、防锈剂、抗腐剂都有毒性，通过呼吸道、消化道和皮肤侵入人体，能够造成人身中毒，因此要采取正确的防护措施，避免中毒。

（6）避免用嘴吸润滑油，必须从容器中通过胶管将油抽出时，可用橡皮球或抽吸设备；作业完毕后，要用碱水或肥皂水洗手。

第二节　废润滑油回收与管理

我国党的十九大提出"坚持人与自然和谐共生。建设生态文明是中华民族永续发展的千年大计。必须树立和践行绿水青山就是金山银山的理念，坚持节约资源和保护环境的基本国策，像对待生命一样对待生态环境，统筹山水林田湖草系统治理，实行最严格的生态环境保护制度，形成绿色发展方式和生活方式，坚定走生产发展、生活富裕、生态良好的文明发展道路，建设美丽中国，为人民创造良好生产生活环境，为全球生态安全作出贡献。"从资源循环利用和经济发展的角度看，加强废润滑油管理，最大限度地再生利用废润滑油对缓解资源紧张、减少环境污染、推进生态文明建设，以及促进我国经济社会可持续发展具有重要意义。

一、废润滑油属性

根据国务院发展研究中心公共管理与人力资源研究所课题组《中国危废润滑油再生利用行业政策研究》(2015)，废润滑油、废矿物油具有腐蚀性、毒性、易燃性、反应性或者感染性的特征，属于危险废弃物，是对人类健康和环境造成重大危险且具有有害影响的物质，同时它们也是可再生利用的资源，基于环境安全和能源安全角度，研究废润滑油再生利用对于保护环境、节约资源具有重要意义，是一项利国利民、促进经济社会可持续发展的重大战略举措。

二、废润滑油回收要求

1997 年 12 月 12 日，国家质量技术监督局发布，于 1998 年 7 月 1 日实施了《废润滑油回收与再生利用技术导则（GB/T 17145—1997)》（简称《技术导则》)。这是我国对废润滑油再生利用的第一个国家标准，对废润滑油的定义、分级、回收与管理、再生利用进行了详细规定，是国内废润滑油再生利用的指导性文件。

1. 废润滑油的分类与分级

更换下来的废油按 GB/T 7631.1 进行对应的分类和命名。回收利用的废油包括：

(1) 废内燃机油；

(2) 废齿轮油；

(3) 废液压油；

(4) 废专用油（包括废变压器油、废压缩机油、废汽轮机油、废热处理油等)。

根据废油的变质程度、被污染情况、水分含量及轻组分含量等来划分等级。一级废油变质程度低，包括因积压变质及混油事故而不能使用的油；二级废油变质程度较高。具体分级标准参见《技术导则》规定。

2. 回收管理规定

(1) 企业应指定专人管理废油的回收工作。

(2) 回收的废油要集中分类存放管理，定期交售给有关部门认可的废油再生厂或回收废油的部门，不得交售无证单位和个人。

(3) 废油回收率见表 3-6-1。

表 3-6-1　废油回收率

单位：%

废油种类	内燃机油	齿轮油	液压油	专用油
回收率	≥ 35	≥ 50	≥ 80	≥ 90

(4) 回收的废油应分类分级并妥善存放，防止混入泥沙、雨水或其他杂物。严禁人为混杂或掺水。

(5) 废油回收部门和废油管理部门都应作好回收场地的环境保护工作，严禁各单位及个人私自处理和烧、倒或掩埋废油。

三、废矿物油回收利用污染控制技术规范

2011年2月16日，国家环境保护部发布了《废矿物油回收利用污染控制技术规范》，规定了废矿物油的收集污染控制技术、储存污染控制技术、利用污染控制技术、利用和处置控制技术等。

1. 收集污染控制技术规范

废矿物油收集容器应完好无损，没有腐蚀、污染、损毁或其他可能导致其使用效能减弱的缺陷。废矿物油收集应在产生源收集，不宜在产生源收集的应设置专用设施集中收集，收集过程中产生的含油棉、含油毡等含油废物应一并收集。

2. 储存污染控制技术规范

废矿物油储存应远离火源，并避免高温和阳光直射。应使用专用设施储存，储存前应进行检验，不应与不相容的废物混合，实行分类存放。储存设施内地面应作防渗处理，并建设废矿物油收集和导流系统，用于收集不慎泄漏的废矿物油。废矿物油容器盛装液体废矿物油时，应留有足够的膨胀余量，预留容积应不少于总容积的5%。已盛装废矿物油的容器应密封，贮油罐应设置呼吸孔，防止气体膨胀，并安装防护罩，防止杂质落入。

3. 运输污染控制技术规范

废矿物油的运输转移过程控制应按《道路危险货物运输管理规定》（中华人民共和国交通运输部，2012）、《铁路危险货物运输管理规则》（铁总运〔2017〕164号）、《水陆危险货物运输规则》（中华人民共和国交通运输部，1996）、《危险废物转移联单管理办法》（国家环境保护部，1999）的规定执行。转运前应检查危险废矿物油转移联单，核对品名、数量和标志等。转运前应制订突发环境事件应急预案。转运前应检查转运设备和盛装容器的稳定性、严密性，确保运输途中不会破裂、倾倒和溢流。转运过程中应设专人看护。

4. 利用和处置技术规范

废矿物油的再生利用宜采用沉降、过滤、蒸馏、精制和催化裂解工艺，可根据废矿物油的污染程度和再生产品质量要求进行工艺选择。废矿物油再生利用产品应进行主要指标的检测，确保再生产品质量。

5. 利用和处置污染控制技术规范

废矿物油经营单位应对废矿物油在利用和处置过程中排放的废气、废水和场地土壤进行定期监测，监测方法、频次应符合相关要求。利用和处置过程中的废水、废气、噪声应符合相关要求。废矿物油经营单位应按照《危险废物经营单位记录和报告经营情况指南》（国家环境保护部公告，2009年第55号）建立废矿物油经营情况记录和报告制度。废矿物油产生单位的产生记录，废矿物油经营单位的经营情况记录以及污染物排放监测记录应保存10年以上，并接受环境保护主管部门的检查。同时，废矿物油经营单位应建立污染预防机制和环境污染事故应急预案。

第三节 润 滑 经 济

"润滑经济"在国外是日本最先提出来的，润滑的投资回报率高达 1 : 10 以上。润滑经济特点是低消耗、高产出。目前，世界各国都十分重视润滑管理和润滑的创效潜力与空间。对油气田企业来说，加强润滑管理，开展油液监测工作，可以为企业产生真正的经济效益，直接表现在延长换油周期、节省维修成本、降低设备故障率、提高设备出勤率等多个方面。以大庆油田的"六精"润滑管理模式所产生的经济效益为例进行说明。

一、节省润滑油成本

加强润滑管理，开展油液监测，能够科学有效延长设备的换油周期，这是最直接的节约成本。如大庆油田通过实施精细润滑，用宽温黏度的四季通用油品替代原来的冬夏季油品，并通过油液监测手段，将运输车辆的换油周期由原来的 5000km 调整到 15000km，每年节省的润滑油和机油滤的采购费用达到 3000 万元。在节约采购费用的同时，减少换油次数而节省的人工费用也相当可观。

另外，借助油液监测手段，用国产润滑油科学替代专用油品，润滑油采购费用下降 30% 以上。即使仅仅改变润滑油的包装形式，通过大包装替代小包装，采购费用也可以降低 5% 以上。通过精细润滑，能够有效减轻设备的泄漏，也可以有效减少润滑油的流失。

以上这些做法和案例，都是企业润滑油采购成本下降的直接表现。

二、维修成本

通过精细化润滑工作，提高设备润滑质量，设备故障率得到降低，能够有效降低设备维修成本。根据相关数据，润滑油的支出仅占设备维修费用的 2% ~ 3%。实践证明，设备出厂后的运转寿命绝大程度取决于润滑条件，80% 的零件损坏是由于异常磨损引起的，60% 的设备故障由于不良润滑引起。根据日本的管理经验，通过精细润滑工作，润滑油下降 83%，轴承采购量下降 50%，液压泵更换下降 80%，各种泵大修下降 90%，润滑相关故障下降 90%。

以油气田为例，大庆油田通过为抽油机开展专业化换油，专业清洗、密闭加注，彻底提高了抽油机润滑质量，单台抽油机年节约维保费用 0.4 万元。

三、停机损失

对油气田企业来说，如果一台关键设备停止运转，就会对上下游生产产生重大影响，损失也很大。因此，精细化润滑对于减少停机损失所带来的间接效益非常可观。

仅以抽油机为例，减速器维修周期按 3 天计算，大庆油田第四采油厂通过精细润滑，年少修抽油机减速器 77 台，减少停机损失 231 天，按单井平均日产油 2t 计算，年多产油 462t；推广专业化换油，换油效率提高，由原来的人工换油的每口井 1.5h 提高到目前每口井 0.5h，平均单井减少停机 1h，每年 1400 口井换油就减少停机 1400h，每年多产油近 120t。

四、能耗成本

通过精细润滑管理，选用合适油品，能够降低摩擦损失和功率消耗。以抽油机为例，通过减速器和中尾轴的精细润滑，设备润滑质量提高以后，降低了摩擦功率消耗，单井降低能耗 3% 以上，对于几万口井的油田来说，意义重大。

五、产品品质

润滑良好的设备，能够有效降低不合格品率，尤其机加工企业尤为明显，机床液压系统、伺服系统的性能决定了加工精度。

六、提高产量

如果设备润滑不良或油品污染均造成设备运行时间的减少和效率的下降，从而降低产量。如挖掘机液压油污染可导致效率下降 20%，而一旦设备润滑搞好了，5 台挖掘机就相当于 6 台工作，工作效率提升明显。从长远而言，运转良好的设备能够生产出品质更高的产品，也能够生产出更多的产品，这源于设备润滑良好，提高了设备的可靠性，这也是主动维护和预知维修所倡导的。

七、风险成本

精细润滑工作，能够有效降低设备的安全风险和作业风险，设备更加可靠。如油气田的压裂车，如果能够利用油液监测手段对发动机油、C-4 变速器油等开展油液监测，就可以极大地降低大型压裂作业发生突发设备故障的风险。载重车辆的轮毂轴承使用复合锂基脂就可以在车辆安全运行上提高一个台阶，车辆冬季使用合适的机油就可以避免拉缸风险，加强废油回收管理就可以避免直接扔掉或填埋造成的环境污染风险等。

八、延长设备使用寿命

根据美国钢铁企业的调查报告，超过 75% 的液压系统的故障是由于液压油中的颗粒污染所引起。通过实施科学的润滑管理，能够延长设备使用寿命，减少设备的购置及维护费用，以大庆油田为例，通过科学的润滑管理，设备寿命如果能够延长一个月，少购设备节约资金就可以达到 4.7 亿元。

应该说，润滑经济的测算和研究是长期的任务，人们对精细润滑所能够产生的综合经济效益不难理解，但这个效益的体现是一个长期过程，尤其在个别企业短期行为的思想影响下，人们对润滑管理这个时间长、见效慢的工作容易轻视或不愿意做，而润滑效益的量化也需要大量数据的积累。

对油气田企业来说，从领导层到执行层，从管理人员到操作人员，都应该加深润滑重要性的认识，宣贯"润滑创造财富"等润滑管理理念，树立长远观点，持之以恒，苦练内功，以精细促进管理，以管理提升效益，在当前经济发展新常态下，通过合理应用润滑新技术，不断提升设备润滑的精细化水平，从而为企业、为社会创造更多的经济效益和社会效益，体现出油气田特色的"润滑经济"。

参 考 文 献

[1] 贺石中，冯伟. 设备润滑诊断与管理 [M]. 北京：中国石化出版社，2017.

[2] 刘彭，刘宪武，吴钰婷. 设备润滑技术的最新研究和发展 [J]. 润滑油，2015（4）：59−64.

[3] 李开连. 油气田设备润滑管理及油液监测技术 [M]. 北京：石油工业出版社，2014.

[4] 杨俊杰，陆思聪，周亚斌. 油液监测技术 [M]. 北京：石油工业出版社，2009.

[5] 杨梭杰，周洪澍. 设备润滑技术与管理 [M]. 北京：中国计划出版社，2008.

[6] 陈赤阳，张丽芳，任保勇. 汽车发动机润滑系统的免拆清洗 [J]. 清洗世界，2017（7）：1−4.

[7] 汪德涛. 润滑油及润滑脂实用手册 [M]. 广州：广东科技出版社，1997.